DIE EXPLOSIVSTOFFE

MIT BESONDERER BERÜCKSICHTIGUNG

DER NEUEREN PATENTE

BEARBEITET

VON

DR. RICHARD ESCALES

SECHSTES HEFT

NITROSPRENGSTOFFE

(PIKRINSÄURE, TRINITROTOLUOL U. A.)

LEIPZIG

VERLAG VON VEIT & COMP.

1915

NITROSPRENGSTOFFE

(PIKRINSÄURE, TRINITROTOLUOL U. A.)

VON

DR. RICHARD ESCALES

MIT ZAHLREICHEN FIGUREN

LEIPZIG
VERLAG VON VEIT & COMP.
1915

Druck von Metzger & Wittig in Leipzig.

Vorwort.

Mit dem vorliegenden sechsten Heft dieses Werkes über die Explosivstoffe ist die Darstellung des reichverzweigten Gebietes der eigentlichen Sprengstoffe zum Abschluß gekommen; was dieser Sammlung noch zu behandeln übrig bleibt, sind die Initialsprengstoffe, denen das bereits im Drucke befindliche Heft 7 gewidmet ist, sowie die rauchlosen Pulver, welche den letzten, achten Band bilden werden.

Der vorliegende Band bringt eine Übersicht über die organischen Nitrokörper, in erster Linie die aromatischen Nitroverbindungen, wobei Pikrinsäure und Trinitrotoluol besonders eingehende Behandlung erfahren haben; als Militärsprengstoffe spielen dieselben sowohl im Land-, als dem See- und Luftkriege zurzeit eine große Rolle. Berücksichtigt ist daneben aber auch das Gefolge von neuen und neuesten Nitrokörpern, wie Tetranitroanilin, Hexanitroverbindungen des Diphenylamins, Diphenylsulfids u. a. — Der Vollständigkeit halber sind auch die kürzlich gewonnenen aliphatischen Nitrokörper mit einbezogen, so daß das Ganze eine vollständige Zusammenstellung der für die Sprengstoff-Industrie und Sprengtechnik in Betracht kommenden Nitroverbindungen ergibt, auf Grund sorgfältiger Durcharbeitung und Sichtung der in- und ausländischen Patent- und Spezialliteratur. Außer dem vorwiegend empirischen Material betreffend die Herstellung und Verwendung der Nitrokörper sind auch wissenschaftliche Forschungen berücksichtigt, besonders Methoden und Apparate zur Untersuchung, ferner die Annahmen über die Reaktionsvorgänge bei der Explosion und während der Abkühlung der Explosionsgase u. a. Auch hygienische Fragen, wie Giftigkeit der nitrosen

Gase und aromatischen Nitroverbindungen sind herangezogen, ebenso haben bei der Fabrikation auch Nebenzweige, wie Regenerierung der Abfallsäuren usw. Erwähnung gefunden.

Herrn Dr. A. Stettbacher, der mich bei Abfassung des Buches „Nitrosprengstoffe" in sehr fleißiger Weise unterstützt hat, danke ich auch an dieser Stelle verbindlichst für seine Mitarbeit.

München, Februar 1915.

Dr. R. Escales.

Inhalt.

Erster Abschnitt.

Geschichtliches.

In der Geschichte der Explosivstoffe bedeutet zweifellos die erste Anwendung der Treibkraft eines Gemisches von Salpeter, Schwefel und Kohle, also die gewöhnlich mit der „Erfindung des Schießpulvers“ bezeichnete Erfindung der Feuerwaffen einen Markstein. Von da ab, ungefähr von Anfang des dreizehnten Jahrhunderts bis zur Mitte des neunzehnten Jahrhunderts, in einem Zeitraum von etwa 600 Jahren, hat sich die Menschheit für Schieß- und Sprengzwecke mit dem alten Schwarzpulver oder unwesentlichen Variationen desselben beholfen. Die neuere Chemie hat dann dazu geführt, durch Einführung leicht Sauerstoff abgebender Gruppen in organische Verbindungen, also auf dem Wege der Substitution, eine Fülle neuer explosibler Systeme darzustellen, welche die explosiven Eigenschaften des Schwarzpulvers um ein bedeutendes übertrafen. Das mechanische Gemenge des Schwarzpulvers, bestehend aus verbrennlicher und sauerstoffabgebender Substanz konnte nun auf die vollkommenste und mannigfaltigste Weise durch einheitliche, stabile, chemische Verbindungen ersetzt werden, die schon im Molekül den nötigen Sauerstoff gebunden enthalten, der zur Verbrennung der Substanz notwendig ist.

Das Schwarzpulver besteht bekanntlich aus einer mechanischen Mischung dreier, in der Natur vorhandener bzw. aus natürlichen Produkten leicht herstellbarer Stoffe, nämlich Schwefel, Kohle und Salpeter. Die Vervollkommnung, die das Schwarzpulver in der langen Zeit seiner Auswertung hinsichtlich Beschaffenheit und Art der Darstellung erfahren hat, betraf außer geringen Änderungen in den Gewichtsverhältnissen der Komponenten in der Hauptsache nur die mechanische Behandlung der Sprengstoffmischung. Auch die Art der Auslösung der Explosion ist im wesentlichen stets dieselbe geblieben; die Berührung mit einem Funken oder einer Flamme genügt, die Oxydation des Schwefels und der Kohle durch den Salpeter unter plötzlicher Wärme- und Gasentwicklung, also die Explosion, herbeizuführen. Als Mittel, die Zündung ungefährdet zu bewirken, dienten mit Pulver gefüllte Papierröhren, Stoppinen und später Zündschnüre in mehr oder weniger vollkommener Form. Diese Art der Zündung, so unentbehrlich sie auch heute in der Sprengtechnik noch ist, erwies sich indessen für die Explosion moderner Explosivstoffe als ungenügend.

Während früher die anorganische Chemie die Grundlagen für die Explosivstofftechnik bildete, ging man mit der Entwicklung der organischen Chemie dazu über, durch direkte Einwirkung von Salpetersäure auf organische Substanzen explosive Körper herzustellen. Dieser Gedanke führte zur Entdeckung der organischen Nitrate, die durch Behandlung organischer Hydroxylverbindungen mit starker Salpetersäure unter Zusatz von Schwefelsäure erhalten wurden. Diese neuen Verbindungen enthielten jetzt die Salpetersäure, statt wie es beim Schwarzpulver in Form mechanisch beigemengten Salpeters der Fall ist, viel inniger und vollkommener an die oxydable Substanz des Moleküls gebunden.

Vor allem waren es zwei merkwürdige neue Körper, welche die Aufmerksamkeit der Sprengtechniker erregten und fortan intensiv beschäftigen sollten: die Schießbaumwolle oder Nitrozellulose, Salpetersäureester der Zellulose (Baumwolle), entdeckt durch die beiden deutschen Chemiker Schönbein und Böttcher im gleichen Jahre 1846 und das Nitroglyzerin, das von dem italienischen Forscher Sobrero durch Einwirkung von Salpetersäure auf Glyzerin in demselben Jahre erhalten wurde. Beide Substanzen erwiesen sich stark explosiver Natur und dem Schwarzpulver an Sprengkraft weit überlegen. Der Vorteil der rückstandlosen Vergasung, der bedeutenden Brisanz bei der Explosion, die Möglichkeit einer Großfabrikation im Hinblick auf das in ausreichender Menge vorhandene Rohmaterial — alles dies weckte rasch das Bestreben, sie in den Dienst der Spreng- und Schießtechnik zu stellen. Hierbei stieß man aber bald auf unliebsame Eigenschaften dieser Stoffe, welche einer technischen Ausbeutung erschwerend im Wege standen. Einerseits kamen aus zunächst nicht verständlichen Ursachen bei der Aufbewahrung dieser neuen Sprengstoffe plötzlich Detonationen vor, welche großes Unheil anrichteten, andererseits stellte sich heraus, daß die übliche, für Schwarzpulver ausreichende Methode der Auslösung durch einfache Zündung mit einer Flamme oder einer Zündschnur nicht genügte, um jederzeit mit Sicherheit den explosiblen Zerfall herbeizuführen.

Nun stand man vor einer zweiten großen Aufgabe, der Schaffung einer geeigneten Methode, die Sprengkraft dieser neu entdeckten Explosivstoffe nach Wunsch jederzeit sicher auszulösen. Man ahnte wohl bei den Bemühungen, die man sich damals zur Lösung dieser Frage angelegen sein ließ, noch kaum die umwälzende Bedeutung, die in der Auffindung eines solchen Auslösungsmittels dem ganzen zukünftigen Entwicklungsgang der Sprengtechnik zukommen sollte.

Der schwedische Ingenieur Alfred Nobel, der sich in dieser Zeit mit der fabrikatorischen Herstellung und Verwertung des Nitroglyzerins intensiv beschäftigte, war der erste, der, auf der Suche nach einem geeigneten Mittel, um die Sprengkraft seines neuen Explosivstoffs auszulösen, sich viele Jahre hindurch systematisch mit dem Problem der Initialzündung abgab, bis er endlich nach vielen Versuchen im Jahre 1864 zu der Form der Knallquecksilbersprengkapsel gelangte und mit dieser, scheinbar nebensächlichen Erfindung den größten Fortschritt auf dem Gebiete der Sprengtechnik seit der Erfindung des Schwarzpulvers ermöglichte.

Vergegenwärtigt man sich die Situation, in der sich das Sprengstoffwesen mit den damaligen Erzeugnissen der organischen Chemie vor der Erfindung der Nobelschen Initialzündung befand, so sieht man, daß in dieser Zeit schon mehrere Verbindungen bekannt waren, die wir jetzt als brisante Sprengstoffe kennen, die aber wegen ihrer relativ großen Beständigkeit und Unempfindlichkeit als Explosivkörper gar nicht bemerkt und deshalb ganz außer acht gelassen wurden. Der Gedanke, daß man das molekulare Gebäude einer Kohlenstoffverbindung, die genügend oder teilweise genügend Sauerstoff zur Verbrennung enthält, zum plötzlichen Einsturz — zur Explosion bringen könne, war damals noch unbekannt. Man bemerkte nur den auffälligen Unterschied, den diese neu entdeckten explosibeln Körper in ihrem Verhalten gegen Schwarzpulver offenbarten. Während Schießpulver gegen Schlag vollständig unempfindlich, dagegen durch eine Flamme sehr leicht zur Explosion zu bringen ist, lag der Fall bei den organischen Nitraten gerade umgekehrt, ja Nitroglyzerin konnte man ruhig entzünden und mit Flamme ohne Explosionsgefahr abbrennen lassen, durch Schlag aber zu heftiger Explosion bringen. Nobel hielt diese Eigenschaft des Nitroglyzerins für einen besonderen Vorzug des neuen Sprengstoffs.

Die praktische Auslösung und Auswertung der Sprengkraft des Nitroglyzerins gestaltete sich nun für Nobel zu einem Problem, das ihn, nachdem er einmal die Sprengkraft seines nach ihm benannten Öles erkannt hatte, fortdauernd beschäftigte. Mancherlei hat er versucht und erst über viele Mißerfolge und

Halberfolge das Ziel erreicht. Die Einführung einer Initialzündung zur Einleitung der Explosion dieser organischen Nitrate, speziell des Nitroglyzerins begegnete großen Schwierigkeiten. Es entstanden die Nobelschen „Patentzünder", Vorrichtungen in Form von Glasröhren oder Metallbehältern, die zu einer Düte gerollt, mit Schwarzpulver gefüllt und mit einer Zündschnur versehen waren. Diese sog. Nobelschen Zünder wurden soweit in die Sprengpatronen eingeführt, daß die Schwarzpulverschicht in das Sprengöl tauchte. Erfolgte dann die Entzündung des gepreßten Schwarzpulvers durch eine Zündschnur, so wurde das innere (Glas-)Rohr zersprengt und der umgebenden Nitroglyzerinflüssigkeit durch die Explosion der nötige Initialimpuls erteilt. Diese Schwarzpulverzünder waren jedoch in vielen Fällen ungenügend und führten nicht immer eine vollständige Explosion des Sprengöls herbei, trotzdem Nobel alle erdenklichen Konstruktionen bei diesen Initialzündvorrichtungen anwandte. (Eine illustrierte Übersicht der vielen Variationen der Nobelschen Patentzünder ist in der geschichtlichen Einleitung zum dritten Bande dieser Bücherreihe über Explosivstoffe wiedergegeben, S. 9 bis 16.) Erst als der Erfinder auf die Idee kam, zur Füllung seiner Zündröhren Knallquecksilber zu verwenden, da war der letzte Übelstand beseitigt und das folgenreiche Prinzip der Initialzündung für immer aufgestellt. Anfänglich wurde zwar das Knallquecksilber nicht für sich allein, sondern stets in Verbindung mit Schießpulver benutzt, erst später verwandte man reines Knallquecksilber bzw. Mischungen mit Chlorat. Nobel hatte, wie bereits schon angedeutet wurde, für die Anwendung der Initialexplosion durch Knallpräparate in der Technik Metallbehälter aus Weißblech, sog. Nobels Zünder, später kleine kupferne Hütchen oder Kapseln konstruiert; in seinem englischen Patent 1345 vom 7. Mai 1867 sind die Knallquecksilbersprengkapseln zum erstenmal von Nobel beschrieben. Bereits zu Anfang des 19. Jahrhunderts war diese Quecksilberverbindung nach einem Vorschlage von Wright[1] 1823 als Zündsatz zur Entzündung des Pulvers in Perkussionswaffen verwandt worden; mit ihrer Hilfe konnte die Schlag- und Stoßenergie eines vorgeschnellten Hahnes oder Schlagbolzens zuverlässig für die Zündung des Pulvers ausgewertet werden. Nobel zeigte nun, daß bei Zwischenschaltung eines mit Knallquecksilber gefüllten Kupferhütchens zwischen die Zündflamme einer Zündschnur und den Nitroglyzerinsprengstoff volle Detonation des Sprengstoffs mit Sicherheit erzielt wird.

---

[1] Phil. Mag. LXII, S. 203.

So einfach und klein auch uns jetzt der Schritt von der Verwendung des Knallquecksilbers in Zündhütchen der Perkussionswaffen zur Auswertung des Knallquecksilbers in Sprengkapseln zur Umwandlung der Zündschnurzündung in eine Stoßwelle, welche die Detonation der neuen Sprengstoffe bewirkt, erscheinen mag, so ist es doch dieser Schritt, der, wie man mit Recht darauf hingewiesen hat, allein die sprengtechnische Verwertung des Nitroglyzerins und damit aller modernen Brisanzstoffe ermöglicht hat. Der Gedanke hätte nun nahe gelegen, diese Errungenschaft der Knallquecksilber-Initialzündung vom Nitroglyzerin auch auf andere organische Nitrate uud Nitroverbindungen zu übertragen und systematisch alle Körper, von denen man nach ihrer Zusammensetzung annehmen konnte, daß sie sich zu Sprengstoffen eignen würden, auf die Detonationsfähigkeit mit den neuen Knallquecksilbersprengkapseln zu untersuchen. Statt dessen beschränkte man sich vorerst auf das Nitroglyzerin und ließ sich's an diesem Fortschritt genügen. Im Jahre 1868 fand dann Edwin O. Brown, Mitarbeiter von Abel und zweiter Chemiker des englischen Kriegsministeriums, daß auch die Abelsche gepreßte Schießbaumwolle auf diese Weise durch eine starke Initialzündung zur Explosion gebracht werden könne. Dann aber trat in den Bestrebungen, andere chemisch geeignete Verbindungen auf Explosionsfähigkeit durch den Initialimpuls einer Sprengkapsel zu prüfen, eine längere Pause ein. Dies ist ein merkwürdiger Umstand, besonders wenn man bedenkt, wie schnell sonst gerade auf dem Gebiete der Chemie eine Erfindung aufgegriffen, überall angeeignet und auf alle Stoffe angewendet und ausprobiert wird, wie das z. B. bei der Entdeckung der Diazoverbindungen im Jahre 1858 durch Peter Griess der Fall war. Der Grund zu dieser Tatsache mag wohl darin zu suchen sein, daß den wissenschaftlichen Chemikern das Explosivstoffgebiet verhältnismäßig fern lag.

Nachdem also gegen Ende der sechziger Jahre durch die Anstrengungen Nobels die Sprengtechnik so weit vervollkommnet war, daß Nitroglyzerin als solches oder in der handhabungsbequemeren Form des Dynamits und auch die Schießbaumwolle für Sprengzwecke jeder Art benutzt werden konnte, dauerte es nun mehr als anderthalb Jahrzehnte, bis die plötzliche Entdeckung eines neuen Explosivstoffs von großer Brisanz den bis dahin ruhigen Gang der Sprengtechnik in neue Bewegung versetzte. Was diese Entdeckung besonders auffällig machte und ihr auch besonderen Nachdruck verlieh, war der überraschende Umstand, daß man diesen Sprengstoff schon seit Jahrzehnten technisch dargestellt und industriell angewandt hatte, ohne indessen auf seine eminent explosiven Eigenschaften aufmerksam geworden zu sein. Dieser Stoff, der schon seit längerer Zeit in der chemischen Industrie eine bescheidene Rolle gespielt hatte, sollte nun bald eine der wichtigsten in der Sprengstofftechnik spielen und zwar bis zu Ende des vorigen Jahrhunderts: es ist das die Pikrinsäure, deren Detonationsfähigkeit durch Turpin im Jahre 1885 entdeckt wurde.

Die Pikrinsäure ist schon seit sehr langer Zeit als der älteste künstliche Farbstoff bekannt. Bereits im Jahre 1771 wurde ihre Bildung bei der Einwirkung von Salpetersäure auf Seide von Woulfe beobachtet. Zwölf Jahre später entdeckte sie Haussmann unabhängig von Woulfe, indem er Indigo mit Salpetersäure behandelte. Seitdem haben verschiedene Rohstoffe zu ihrer Darstellung gedient; im Jahre 1795 stellte sie Welter durch Einwirkung von Salpetersäure auf Seide her und seit 1799 wurde die Pikrinsäure auf diese Art in kristallisiertem Zustande gewonnen. Laurent war dann 1843 der erste, der die Pikrinsäure durch Nitrierung des Phenols und des Dinitrophenols darstellte und nachwies, daß die schon längst unter diesem Namen bekannte Verbindung identisch mit dem Trinitrophenol sei.

Die sauren Eigenschaften der Pikrinsäure wurden nicht lange nach ihrer Entdeckung bekannt, ebenso die leichte Salzbildung bei der Neutralisierung der Säure mit Alkalien und die explosiven Eigenschaften dieser Verbindungen. Als dann die Bildung der Pikrinsäure durch Laurent auch auf synthetischem Wege aus Phenol gezeigt ward und das Trinitrophenol in größeren Mengen hergestellt werden konnte, da versuchte man, auch die explosiven Salze der Pikrinsäure für Sprengzwecke nutzbar zu machen. Etwa im Jahre 1869 haben ziemlich gleichzeitig Désignolle, Brugère und Abel Salze der Pikrinsäure zur Herstellung von direkten Explosivstoffen empfohlen und dazu insbesondere die Kali-, Natron- und Ammonsalze der Pikrinsäure verwendet. Désignolle ließ in Le Bouchet drei Gattungen von Pulvern herstellen, die aus einer Mischung von Kaliumpikrat und Salpeter mit oder ohne Beimengung von Kohle hergestellt waren. Ihre Zusammensetzung war nach Désortiaux wie folgt:

	Pulver für Torpedos und Hohlgeschosse		Geschützpulver			Gewehrpulver	
			gewöhnliches		für große Geschütze		
Kaliumpikrat	55	50	16·4	9·6	9	28·6	22·9
Salpeter . . .	45	50	74·4	79·7	80	65·0	69·4
Kohle	—	—	9·2	10·7	11	6·4	7·7

Diese Désignolleschen Pulver (poudres Désignolle) wurden noch mit anderen Mischungen, bestehend aus Kaliumchlorat, Pikrat únd Ferrocyankalium, und aus Chromat oder Bleipikrat und Kohle in England patentiert (Nr. 3469 vom 5. Dez. 1867). — Fontaine gab Pulver aus Kaliumpikrat und Kaliumchlorat an, deren Kraft viel größer als die der vorerwähnten war und die gleichfalls zur Füllung von Torpedos und Hohlgeschossen dienen sollten. — Brugère und Abel haben gleichzeitig im Jahre 1869 ein Gemenge von Ammonpikrat und Salpeter als Pulver empfohlen. Das Pulver von Brugère bestand aus 54 Teilen Ammonpikrat und 46 Teilen Salpeter, das von Abel aus 60 Teilen Salpeter und 40 Teilen Ammonpikrat. Außer in den bereits erwähnten Pulvermischnungen war die Anwendung der Pikrinsäure vor der Entdeckung ihrer Detonationsfähigkeit durch Turpin 1885 eine sehr beschränkte. Man war nämlich früher der Meinung, daß man der Pikrinsäure wegen Mangel an Sauerstoff einen Sauerstoffträger hinzufügen müsse, um aus ihr einen guten Sprengstoff zu machen. Borlinetto hatte schon im Jahre 1867 eine Mischung von

10	Teilen	Pikrinsäure,
10	„	Natronsalpeter,
$8^1/_2$	„	Kaliumchlorat

als Sprengpulver empfohlen. Man hatte die Pikrinsäure ferner mit Metalloxyden und Kaliumchlorat gemischt und ebenfalls sprengkräftige Mischungen erhalten. Bisher war die Pikrinsäure, sei es als Säure oder in Form von Pikraten, nur als verbrennliche Substanz, besonders als wirksamer Ersatz für Kohle, als Bestandteil von direkten, schwarzpulverähnlichen Mischungen angewendet worden.

In den nächstfolgenden Jahren beschäftigte sich auch Sprengel mit der Pikrinsäure; in einem seiner englischen Patente (Nr. 2642 vom 2. Okt. 1871), wo mehrere Zusammensetzungen der später unter dem Namen „Sprengelsche Explosivstoffe" bekannten Typen angeführt sind, sagt er, scheinbar ohne Bezugnahme auf den Text des Patents: „Ich verwende auch Pikrinsäure." In seinem berühmten Vortrag aber, den er im Jahre 1873 vor der Chemical Society in London hielt, sagte er ausdrücklich: „Es sei hier bemerkt, daß Pikrinsäure allein eine genügende Menge von verfügbarem Sauerstoff enthält, um sie ohne die Hilfe von fremden Oxydationsmitteln zu einem mächtigen Explosivstoffe zu gestalten, wenn sie durch ein Zündhütchen abgefeuert wird; ihre Explosion ist beinahe gar nicht von Rauch begleitet."

Nach diesem Wortlaut wäre also Sprengel der erste gewesen, der die Detonationsfähigkeit der reinen Pikrinsäure entdeckt hat, und wenn Daniel in seinem Dictionnaire des Matières explosives, Paris 1902, anschließend an obigen Text, sagt, daß diese Beobachtung Sprengels nur eine rein theoretische gewesen, dagegen Turpin 1885 der eigentliche Entdecker der Explodierbarkeit der Pikrinsäure sei, so ist dies insofern nicht ganz richtig, als Sprengel im Jahre 1871 tatsächlich einige Schüsse mit Pikrinsäure in der Fabrik der Herren Hall & Sons abgefeuert hat. Er scheint aber von der Heeresleitung zur Fortsetzung seiner Versuche nicht ermutigt worden zu sein.

Seitdem verlautete nichts weiter über die Verwendung von Pikrinsäure bis zum Jahre 1885, wo Eugène Turpin die Entdeckung machte, daß gerade die reine Pikrinsäure einer der heftigst wirkenden Explosivstoffe sei, wenn die Zersetzung durch eine genügend starke Initialzündung eingeleitet werde. Zugleich zeigte er, wie dieser Sprengstoff in geschmolzenem Zustand in Granaten gepreßt und gegossen werden könne. Im folgenden sei der Wortlaut des deutschen Patents, das Turpin gleich nach seiner wichtigen Entdeckung nahm, wiedergegeben (D.R.P. 38734 vom 12. Januar 1886; Franz. Patent 167512 vom 7. Februar 1885):

Bisher herrschte in den bezüglichen Kreisen allgemein die Ansicht, daß Pikrinsäure für sich als Sprengstoff durchaus unbrauchbar wäre, da dieselbe nur die Hälfte von dem zur vollständigen Verbrennung erforderlichen Sauerstoff enthält. Es wurde deshalb vorgeschlagen, dieselbe mit 40 bis 55 % kräftiger Oxydationsmittel, wie z. B. Chloraten, Nitraten, Chromaten, Salpetersäure usw. zu mischen. Es wurde jedoch bald erkannt, daß in diesem Falle die Pikrinsäure die Salpeter- und Salzsäure aus ihren Verbindungen zu verdrängen vermag, wodurch leicht Selbstexplosionen entstehen. Infolgedessen verwarf man in der Praxis diese gefährlichen Gemische und schlug vor, in demselben statt Pikrinsäure nur Pikrate zu verwenden.

Es geht hieraus hervor, daß Pikrinsäure für sich ohne Vermischung mit einem aktiven Stoffe niemals als Sprengmittel angewendet worden ist.

Die vorliegende Erfindung basiert nun auf der Beobachtung, daß — im Gegensatz zu den bisher für richtig erachteten Theorien — gerade die unvermischte Pikrinsäure einer der heftigsten und vorzüglichsten Explosivstoffe ist. Die Wirkung derselben übertrifft sowohl die komprimierte Schießbaumwolle, als auch verschiedene Dynamite und andere Sprengstoffe; dabei besitzt sie eine beachtenswerte Stabilität und Unempfindlichkeit gegen Stoß.

Es wurde nämlich gefunden, daß das Maximum der Explosivwirkung keineswegs mit der vollständigen Verbrennung im chemischen

Sinne zusammenfällt, sondern vielmehr dann eintritt, wenn die Verbrennung Kohlenoxydgas liefert. Hiernach kann man sehr wohl ein Maximum der Wirkung erzielen, ohne daß dabei auch die Sensibilität des Stoffes ihr Maximum erreicht. Man hat eben irrtümlicherweise angenommen, die Explosivwirkung sei der entwickelten Wärmemenge proportional, und hat aus diesem Grunde zur Erzielung einer vollkommenen Verbrennung stets einen Überschuß von Oxydationsmitteln hinzugefügt. Berücksichtigt man, daß dieselbe Menge Sauerstoff, welche zur Verbrennung von Kohle zu Kohlensäure erforderlich ist, die doppelte Menge Kohle zu Kohlenoxyd zu oxydieren vermag, so ist ersichtlich, daß in diesem Falle eine größere Arbeit geleistet wird, welche durch die höhere Temperatur in ersterem Falle bei Bildung von Kohlensäure keineswegs kompensiert wird. Übrigens wird das Kohlenoxydgas schließlich unter der Einwirkung der Explosionsflamme, sobald es mit der äußeren Luft in Berührung kommt, durch den Sauerstoff derselben ebenfalls zu Kohlensäure oxydiert.

Durch Versuche ist weiter gefunden worden, daß die Pikrinsäure für sich, ohne jede Beimengung, durch eine genügend kräftige Zündmasse zur Explosion gebracht werden kann und hierbei eine ungemein starke Explosivwirkung erzeugt. Außerdem besitzt die Pikrinsäure eine Reihe anderer Eigenschaften, welche dieselbe bei geeigneter Behandlung und Anwendung sowohl für industrielle als militärische Zwecke als Explosivstoff äußerst geeignet machen.

Unter diesen Eigenschaften sind besonders zu nennen:

1. die absolute chemische Stabilität;
2. die absolute physikalische Stabilität;
3. die Unempfindlichkeit gegen Temperaturunterschiede;
4. die unbegrenzte Dauerhaftigkeit;
5. die Nichtaufnahme von Feuchtigkeit;
6. die Ungefährlichkeit der Fabrikation, des Transports und der Handhabung;
7. die äußerst schwierige Entzündbarkeit an der Luft;
8. die bedeutende Sprengwirkung auf Gesteine, welche stärker ist als die der Schießbaumwolle oder der Dynamite;
9. die Unempfindlichkeit gegen Stoß.

Diese Unempfindlichkeit der Pikrinsäure gegen äußere Einflüsse, welch letztere bei den zurzeit gebräuchlichen Sprengmitteln oft zu Unglücksfällen Veranlassung geben, ist wesentlich auf den überschüssigen Gehalt an Kohlenstoff zurückzuführen, und es muß daher als durchaus unrationell gelten, wenn der Pikrinsäure Oxydationsstoffe zugesetzt werden, da hierdurch nur die Sensibilität beträchtlich erhöht, die Kraftwirkung aber erniedrigt wird.

Obgleich die unvermischte Pikrinsäure, besonders in feinpulverigem Zustande, an sich schon äußerst unempfindlich ist, so kann diese Eigenschaft behufs noch weiterer Erhöhung der gefahrlosen Handhabung durch verschiedene Verfahren noch erhöht werden, und zwar:

1. durch Kompression, wodurch gleichzeitig die Dichtigkeit vermehrt wird. Die Pikrinsäure verhält sich somit umgekehrt wie die Schießbaumwolle, deren Sensibilität durch Komprimieren gerade wesentlich erhöht wird;
2. durch Vermischen mit einer Lösung arabischen Gummis oder mit irgend einem geeigneten Fett, z. B. schweren Ölen usw., welche letzteren die Pikrinsäure nach dem Trocknen der Mischung unlöslich machen;
3. durch Vermischen mit einer etwa 3 bis 5 prozentigen Gallerte von Kollodium in einer Alkohol- und Äthermischung. Die Pikrinsäure wird hierdurch derart verdichtet und zusammengeballt, daß sie bequem in jede beliebige Form gebracht werden kann.

Die auf vorgenannte Weise erhaltene Masse wird in geschlossenen Behältern schon durch 1 bis 3 g Knallquecksilber zur Explosion gebracht.

Das Maximum an Unempfindlichkeit erlangt die Masse beim Schmelzen und empfiehlt sich die Anwendung in diesem Zustande ganz besonders. Die Masse wird dann im Freien selbst durch ein mitten in der Masse befindliches Zündhütchen mit 3 g Knallsilber noch nicht zur Explosion gebracht; nur wenn die Masse in einen Behälter eingeschlossen wird, z. B. als Füllung einer Granate, erfolgt in diesem Falle die Explosion.

Die geschmolzene Pikrinsäure verhält sich ähnlich wie angefeuchtete Schießbaumwolle, d. h. man kann sie auch unter Wasser durch einen Zündhut, welcher trockene Pikrinsäure enthält und selbst durch Knallsilber entzündet wird, zur Explosion bringen.

Die geschmolzene Pikrinsäure explodiert durch Stoßwirkung selbst dann noch nicht, wenn sie beispielsweise als Füllung von Granaten dient, die etwa mit einer Anfangsgeschwindigkeit von 600 m abgeschossen werden. Dagegen ist die Masse von ungemein heftiger Wirkung, wenn dieselbe beim Aufschlagen der Granate durch den Zündhut zur Explosion gebracht wird.

Man schmilzt die Pikrinsäure zweckmäßig in einem Behälter mit doppeltem Boden, welcher mittels Wasserdampfes oder einer geeigneten, entsprechend erhitzten Zirkulationsflüssigkeit (z. B. Öl, Glyzerin usw.) auf 130 bis 145° erhitzt wird.

Die geschmolzene Masse wird in Formen gegossen, welche der Form, in welcher die Masse zur Anwendung kommen soll, entsprechen. Um ein zu rasches Abkühlen zu verhüten, werden die Formen zweckmäßig auf etwa 100° erwärmt. Für Geschoßfüllungen kann die Pikrinsäure sowohl als komprimiertes Pulver, besser aber noch in geschmolzenem Zustande angewendet werden, da sie in dieser Form durch enge Öffnungen in beliebig geformte Behälter, Granaten, Torpedos, Röhren usw. gegossen werden kann.

Benutzt man die trockene, pulverförmige Masse zum Füllen von Petarden, wie sie zur Zerstörung von Eisenbahngeleisen und Mauern beim Militär Anwendung finden, so muß das Pulver in der aus Weißblech, Kupferblech oder Karton bestehenden Büchse fest zusammengeschüttelt werden. Eine solche Füllung aus trockenem Pulver kann direkt mittels 1·5 g Knallsilber zur Explosion gebracht werden. Die zusammengeballte oder geschmolzene Pikrinsäure entzündet man zweckmäßig mittels einer Zwischenmasse aus pulverförmiger Pikrinsäure, welche das mit Knallsilber gefüllte Zündhütchen enthält.

Man kann schließlich die Pikrinsäuremasse auch mittels gewöhnlichen Pulvers entzünden, welches hierzu zweckmäßig in einer geeigneten Röhre in die Sprengmasse eingefügt wird.

Die letztere Entzündungsart eignet sich besonders für Artilleriezwecke. Die Spitze des Mantels der dabei benutzten Granate ist durch ein rohrartiges Mundstück verschlossen; der Hohlraum desselben dient zur Aufnahme der Zwischenzündladung aus gewöhnlichem Pulver, welches, wie aus obigem hervorgeht, auch durch eine Ladung von Pikrinsäure in Pulverform ersetzt werden kann, in welch letzterem Falle der Zündhut mit einer stärkeren Zündladung (0·8 bis 1 g Knallsilber) gefüllt sein muß. Die Granate wird mit der geschmolzenen Pikrinsäuremasse gefüllt und das mit Pulver gefüllte Mundstück eingefügt, dessen aus Stahl, Guß oder sonstigem genügend festen Material bestehendes Rohr dann beim Aufschlagen der Granate bzw. beim Explodieren zertrümmert und hierdurch schließlich die eigentliche Granaten-Sprengmasse ebenfalls zur Explosion gebracht wird. Das einfache Pulver in dem Rohrstutzen kann besser durch solches aus Kaliumchlorat, Teer und Kohle ersetzt werden. Der eigentliche Zündhut ist der gewöhnliche. Will man bei Bergwerkszwecken nur das Pulver zur Explosion bringen, so ist dasselbe in eine leichte Hülle von Papier oder dichtem Stoff zu wickeln und mittels der gewöhnlichen Bergmannslunte anzuzünden. Das explodierende Pulver bleibt dann ohne jede Wirkung auf die frei daliegende Pikrinsäure. Dieselbe kann in derselben Weise wie Dynamit und Schießbaumwolle für alle Sprengzwecke benutzt werden. Im Trocknen genügt es, die Masse als Pulver, in Kristallform, in Ballen oder in geschmolzenem Zustande in die Löcher zu füllen und durch einen der oben angegebenen Zündstoffe zur Explosion zu bringen.

Im Feuchten oder unter Wasser muß die Pikrinsäure in eine dichte Hülle gefüllt und durch eine durch Zündmasse entzündete Zwischenfüllung aus trockener Pikrinsäure oder Pulver zur Explosion gebracht werden. Übrigens ist die Pikrinsäure in kaltem Wasser fast unlöslich und wird auch noch bei 3% Wassergehalt durch 1·5 g Knallsilber zur Explosion gebracht.

In bezug auf militärische Zwecke kann die Pikrinsäure zur Füllung aller Arten von Hohlgeschossen, von Erd-, Wasser- und Lufttorpedos, Minen, Kartuschen, Petarden usw. dienen. Ebenso kann die Masse zum Laden von Feuerwerksbomben usw. und auch dazu benutzt werden, andere Spreengstoffe, wie Schießbaumwollenpulver, welches bis zu 20% Wasser enthalten kann, und Dynamit zur Explosion zu bringen.

Nachdem Turpin schon mit seinem ersten Patente zu Anfang des Jahres 1885 die sprengtechnische Verwertbarkeit der reinen Pikrinsäure in vollem Maße erkannt und in den Grundzügen ausführlich dargelegt hatte, kam er in seinem Zusatzpatent vom gleichen Jahre (17. Okt. 1885) und später in einem zweiten Zusatz vom 1. Sept. 1892 nochmals auf seine Neuerungen zurück, indem er aus seinen Erfindungen speziell folgende Punkte hervorhob: 1. Die Entdeckung der Gesetze der Kraftwirkung und der Empfindlichkeit der Sprengstoffe; 2. die Einführung einer rationellen, methodischen und praktischen Füllung von Hohlgeschossen mit brisanten Explosivstoffen, im besonderen mit Hilfe nitroaromatischer Nitroverbindungen ohne Zusatz von oxydierenden Mitteln; 3. die Einführung einer detonierenden Zündkapsel, gefüllt mit pulverförmiger Pikrinsäure und einer darauffolgenden Schicht von Knallquecksilber — mit Explosionsverzögerung; 4. das Prinzip, das Geschoß erst nach dem Durchschlag explodieren zu lassen; und 5. das Prinzip dünnwandiger Granaten.

Die Einführung der Pikrinsäure in die Sprengtechnik von der Mitte der achtziger Jahre an bedeutet einen eminenten Fortschritt; speziell auf dem Gebiete des Artilleriewesens hat die Einführung dieses neuen Sprengstoffs geradezu umwälzende Wirkungen hervorgebracht: denn daß es jetzt möglich war, einen so brisanten zerstörungsgewaltigen Explosivstoff, wie die Pikrinsäure bequem und ohne Gefahr für die militärischen Hohlgeschosse anzuwenden, das mußte dem Kriegswesen einen neuen Stempel aufdrücken. Wohl war ja das Nitroglyzerin schon lange bekannt und auch schon längst in Form des Dynamits für Sprengzwecke angewendet; aber an eine ausgedehntere militärische Benutzung, vornehmlich als Brisanzfüllung für Hohlgeschosse, war bei den empfindlichen Eigenschaften des Nitroglyzerins gar nicht zu denken. Auch die Schießbaumwolle, die im gepreßten Zustande schon seit Jahren sich als Sprengstoff für Minen und Torpedos vorzüglich bewährt hatte, konnte wegen ihrer lockeren, leichten und zum Füllen von Hohlgeschossen mit kleinen Öffnungen ganz ungeeigneten Beschaffenheit kaum in Betracht kommen. Dem Mangel an einem wirksamen Füllmaterial für Artilleriegeschosse war nun durch die Entdeckung Turpins plötzlich abgeholfen, die Militärverwaltungen bemächtigten sich dieser neuen Errungenschaft und bald war dieser neue Sprengstoff von den meisten Kulturstaaten aufgegriffen und in die militärische Sprengtechnik eingeführt. Beinahe in jedem Lande wurde Pikrinsäure unter verschiedenem Namen als Sprengmittel eingeführt und die Verschiedenheit der Zusammensetzung bestand hauptsächlich in der Zugabe eines den Schmelzpunkt herabsetzenden Bestandteiles. Solche Zugaben sind Nitronaphthalin, Kampfer, Dinitrotoluol usw. und die Namen solcher Pikrinsäurekompositionen lauten: Melinit, Lyddit, Pertit, Schimose, Pikrinit, Ekrasit usw.

In Frankreich erhielt die Pikrinsäure den Namen Melinit. Entsprechend den Änderungen (in der Zusammensetzung), die dieser Sprengstoff nach der Entdeckung Turpins durchmachte, kann man am Melinit drei Hauptarten unterscheiden. Die erste Art betrifft die Anwendung der Pikrinsäure, wie sie Turpin in seinem Patente vom Jahre 1885 beschrieben hat und wie sie als Explosif de Turpin bekannt geworden ist: pulverisierte Pikrinsäure, die entweder gepreßt oder durch Zusatz einer Lösung arabischen Gummis, oder eines geeigneten Fettes, oder durch Vermischen mit einer etwa 3 bis 5prozentigen Gallerte von Kollodium verdichtet und zusammengeballt, in jede beliebige Form gebracht werden kann. Wird die Masse geschmolzen, so entsteht daraus ein Produkt, das gegen mechanische Einwirkung sehr wenig empfindlich ist. Dann wandte man gleich zu Anfang, als die Pikrinsäure für Militärzwecke eingeführt wurde, eine Mischung von 70 Teilen Pikrinsäure und 30 Teilen Schießbaumwolle, gelöst in 45 Teilen Aceton oder Äther-Alkohol, unter dem Namen Melinit an. Später kam man von dieser Zusammensetzung wieder ab, ließ den Zusatz von Schießbaumwolle weg und verwendete Pikrinsäure für sich allein, die, in emaillierten Gefäßen bei einer Temperatur zwischen 130 und 135° geschmolzen, dann direkt für die Füllung der Geschosse verwendet wurde. Das Melinit wurde 1892 in Bouchet einer eingehenden Prüfung unterworfen; man fand, daß es gegen Stoß, gegen Brand oder gegen zufälligen Bruch des umschließenden Behälters genügend unempfindlich sei, um den militärischen Anforderungen genügen zu können. In England wurde die Pikrinsäure im Jahre 1888 unter dem Namen Lyddit (benannt nach dem Orte Lydd, wo die Versuche stattfanden) ganz analog dem Melinit zu Granatfüllungen eingeführt. Das englische Lyddit ist besonders vom südafrikanischen Kriege her bekannt geworden durch die verwendeten Lydditgranaten, mit denen man aber nicht die besten Erfahrungen gemacht haben soll. Auch der japanische Artilleriesprengstoff „Schimose" ist nach einigen Untersuchungsproben aus Feldgranaten nichts anderes als Melinit in Form beinahe völlig reiner Pikrinsäure (99·8%). Da der Schmelzpunkt der reinen Pikrinsäure ziemlich hoch (122·5°) liegt, so ist das Schmelzen bei dieser relativ hohen

Temperatur sehr unbequem und nicht ohne Gefahr; man hat deshalb fast überall, wie bereits schon erwähnt worden ist, durch organische Beimischungen den Schmelzpunkt herabgedrückt, um das Gießen in Hohlgeschosse zu erleichtern. Die fremden Namen sind denn nur als besondere Bezeichnungen für die mit einem geeigneten Zusatz vermischte Pikrinsäure zur Erniedrigung des Schmelzpunktes anzusehen. Girard hat eine lange Liste der Schmelzpunkte von Explosionsmischungen dieser Art gegeben; einige charakteristische Mischungen sind folgende (die Mischungen sind im molekularen Verhältnisse zu verstehen):

	Schmelzpunkt	Schmelzpunkt der Mischung
Pikrinsäure	122	49
Nitronaphthalin	61	
Pikrinsäure	122	47
Dinitrotoluol	71	
Pikrinsäure	122	70
Trinitrokresol	107	
2 Pikrinsäure	122	78
1 Trinitrokresol	107	

Die Entdeckung Turpins hatte also der Sprengtechnik, speziell der militärischen, einen in mancher Beziehung sehr geeigneten neuen Explosivstoff zugeführt, der infolge seiner leichten und billigen Herstellungsweise, seiner bemerkenswerten Dichte (1·7) und seiner großen Sprengwirkung bei großer Unempfindlichkeit in der Handhabung sich überall schnell einbürgerte. Das ungeteilte Lob über diesen Körper sollte jedoch bald einige Einschränkung erfahren, als die für durchaus harmlos, wenigstens für handhabungssicher gehaltene Pikrinsäure Anlaß zu einer Reihe gefährlicher Explosionen gab, ohne daß man zunächst die Ursachen hätte feststellen können. Es stellte sich dann heraus, daß die Pikrinsäure infolge ihrer Wasserlöslichkeit und ihrer stark sauren Eigenschaften in Berührung mit Metallen, wie z. B. den Geschoßwänden, Salzbildung eingeht, die besonders bei Feuchtigkeit sehr schnell eintritt und unvermeidlich jene gegen Stoß und Schlag sehr empfindlichen, sehr explosiven Pikrate erzeugt, die schon aus geringfügigen Ursachen explodieren und nun als Initialzündung die Detonation der ganzen Pikrinsäuremasse herbeiführen. Während Explosionen von pikrinsauren Salzen sich schon mehrfach ereignet hatten — eine der ersten größeren Unfälle dieser Art fand im Jahre 1869 in Paris statt, wo an der Rue de la Sorbonne beim Verpacken von 23 kg Pikrat ein Magazin in die Luft flog und 5 Personen den Tod fanden — waren Explosionen von reiner Pikrinsäure bislang noch nicht bekannt, bis am 22. Juni 1887 durch einen Fabrikbrand in Cornbrook bei Manchester große Mengen Pikrinsäure explodierten. Die daraufhin angestellten Untersuchungen ergaben, daß reine Pikrinsäure für sich ruhig schmelzen und abbrennen kann, ohne zu explodieren, daß aber, sobald sie in Berührung mit einem salzbildungsfähigen Körper, wie Metalloxyden, Kalk, Mauerwerk usw. gerät, durch intermediäre Bildung von Pikrat Explosionen entstehen, welche die Detonation der übrigen Säurequantitäten einleiten. Viele Unfälle, die sich in der Folgezeit ereigneten, bestätigten diesen gefährlichen Nebenumstand und riefen strenge Gesetzesvorschriften für den Transport der Pikrinsäure hervor.

Diese Eigenschaft der Pikrinsäure ist jedoch nicht die einzige, welche die Sprengtechniker auf diesem Fortschritt nicht ausruhen, sondern nach andern neuen Verbindungen mit besseren Eigenschaften als Ersatzmittel der Pikrinsäure forschen ließ. Schon daß der Sprengstoff zugleich ein Farbstoff von intensiver Färbekraft ist, mußte bei seiner Herstellung wie bei der Verwendung unangenehm ins Gewicht fallen; dazu kommt ferner noch die Giftwirkung, die höchst unangenehme Belästigung der Arbeiter durch den Pikrinsäurestaub, der sich bei der Verpackung und Verarbeitung des reinen Produkts in gefährlicher Weise geltend und besondere Vorkehrungen und gesundheitliche Maßnahmen notwendig macht. Der naheliegende Gedanke, die Pikrinsäure durch ihr nächst höheres Homologe, das Trinitrokresol zu ersetzen, wurde bald praktisch aufgegriffen. Man fand, daß sich durch Nitrierung des Kresols $C_6H_4<^{CH_3}_{OH}$, welche Verbindung gleichzeitig mit dem Phenol aus den alkalischen Ausschüttelungen des Leichtöls des Steinkohlenteers gewonnen wird, in ganz analoger Weise wie bei dem Phenol, ein Trinitroprodukt herstellen lasse, das in sprengtechnischer Beziehung bedeutende Vorzüge vor der Pikrinsäure aufwies. Die durch Einführung von drei Nitrogruppen gebildete Trinitroverbindung ist Trinitrometakresol; sie hat vor der Pikrinsäure die Vorzüge, daß sie in Wasser weniger löslich ist, daß ihre Salze weniger explosiv sind und sie eine schwächere Säure als Pikrinsäure ist; jedoch der Hauptvorzug des Trinitrometakresols der Pikrinsäure gegenüber liegt in der geringeren Empfindlichkeit gegen Stoß und Schlag. In Frankreich wurde ein Gemenge von Pikrinsäure und Trinitrokresol, Kresylit genannt, als Füllmittel für Geschosse in geschmolzener Form verwendet. Infolge seines Trinitrokresolgehaltes war es unempfindlicher als die reine Pikrinsäure, besaß einen bedeutend niedrigeren Schmelzpunkt als die beiden Komponenten (vgl. oben die Tabelle) und zeichnete sich durch ein hohes spezifisches Gewicht, 1·76 bis 1·78, aus. Parallel mit der geringeren Empfindlichkeit gegen Stoß und Schlag läuft die Initiierfähigkeit durch Initialzündmittel; das Trinitrokresol bedarf zu seiner Detonation eines stärkeren Initialimpulses als das Trinitrophenol. Mit der geringeren Empfindlichkeit ist aber eine geringere Sprengkraft verbunden, so daß das Trinitrokresol der Pikrinsäure an Sprengwirkung etwas unterlegen ist, aber in Geschossen eingeschlossen diese noch genügend zerlegt.

Das Kresylit wurde bald in allen Staaten als Geschoßfüllung versucht, und zwar nicht in Mischung mit Pikrinsäure, sondern für sich geschmolzen, ähnlich wie Pikrinsäure. In Österreich wendete man unter dem Namen „Ekrasit" das Ammoniumsalz des Trinitrokresols, in Patronenform gepreßt, zu Granatfüllungen an; dieser Sprengstoff zeichnete sich neben großer Sprengkraft durch große Unempfindlichkeit gegen Stoß, selbst gegen Auftreffen einer Kugel, aus. Aber auch diesem Explosivstoff, so sehr er in mancher Beziehung den Vorrang vor der Pikrinsäure behaupten konnte, sollte keine bleibende Stellung in der Sprengstoffindustrie beschieden sein. In den meisten Staaten ging die Anwendung des Kresylits nicht über das Versuchsstadium hinaus, man zögerte mit seiner Einführung, weil bereits ein ungleich besserer Sprengstoff gefunden wurde, der nur noch auf eine billige Herstellung wartete: das Trinitrotoluol.

In ähnlicher Weise, wie sich die Phenole in Trinitroderivate umwandeln lassen, können auch aus den aromatischen Kohlenwasserstoffen durch Einführung von Nitrogruppen Sprengstoffe erhalten werden. Während die Nitrierung des Phenols und des Kresols relativ leicht geht, macht die Darstellung der Trinitrokohlenwasserstoffe mehr Schwierigkeiten. Eine mäßige Säurekonzentration genügt schon, um die Umwandlung der Phenole in die betreffenden Trinitroderivate zu bewirken, auch sind im Großbetrieb die apparativen Einrichtungen, die für diese Nitrierungen erforderlich waren, außerordentlich einfach. Zu der Fabrikation der Trinitrokohlenwasserstoffe dagegen hat man stark konzentrierte Säuren notwendig, auch sind hohe Temperaturen anzuwenden, die besondere technische Einrichtungen erfordern. Die Bedingung für die technische Fabrikation hochnitrierter Kohlenwasserstoffe war daher, daß die stark konzentrierten Säuren auf dem Markte billig zu erhalten waren; denn nur dann konnten die Trinitrokohlenwasserstoffe wohlfeil in den Handel gebracht werden und eine Konkurrenz mit Pikrinsäure aufnehmen.

Im Jahre 1900 vollzog sich eine vollkommene Umwandlung in der chemischen Großindustrie, die besonders auch dem Gebiete der Explosivstoffe zugute kommen sollte. Die rastlosen wissenschaftlichen Arbeiten der Badischen Anilin- und Sodafabrik waren von Erfolg gekrönt. Das Problem der Darstellung von Schwefelsäure jeder Konzentration war mit Hilfe des Kontaktverfahrens gelöst, und rasch reduzierte sich der Preis für die hochkonzentrierte Schwefelsäure, welche die Grundlage des chemischen Großbetriebes im allgemeinen und auch für die Sprengstoffindustrie sehr wichtig ist. Jetzt wurden die konzentrierten Säuren billig in den Handel gebracht, und damit waren die erforderlichen Bedingungen geliefert für eine wirksame Konkurrenz der hochnitrierten Kohlenwasserstoffe dem Trinitrophenol gegenüber.

Die ersten Nitrierungsversuche der aromatischen Kohlenwasserstoffe datieren schon weit zurück. Besonders sind es Benzol und das nächst folgende Homologe dieser Reihe, das Toluol, die dazu verwendet wurden; bereits 1834 entdeckte Mitscherlich das Nitrobenzol und Deville 1841 das m-Dinitrobenzol und das Nitrotoluol. Später, im Jahre 1865 wurde die Nitrierung des Toluols durch Jaworsky und mit besseren Resultaten 1869 von Rosensthiel und, im gleichen Jahre noch, von Beilstein und Kuhlberg wieder aufgenommen, indem sie Toluol mit Salpetersäure oder mit Salpetersäureschwefelsäure-Gemischen verschiedener Konzentration behandelten und zuerst mehrere isomere Mono- und Dinitrotoluole erhielten. Ein Trinitrotoluol wurde 1863 von Wilbrand und 1869 von Beilstein und Kuhlberg hergestellt; das zu diesem isomere symmetrische Trinitrotoluol, das später als Explosivstoff Anwendung finden sollte, wurde rein und mit vorzüglicher Ausbeute 1880 von Paul Hepp über p- und o-Nitrotoluol gewonnen. In dieselbe Zeit fällt die Darstellung des Trinitrobenzols, die dem gleichen Forscher schließlich nach mühsamen Versuchen gelang. Die Nitrierung wurde auch auf mehrkernige aromatische Verbindungen, besonders Naphthalin ausgedehnt und mono-, di-, tri- und tetra-Nitronaphthalin hergestellt. — Bevor man die nitrierten aromatischen Kohlenwasserstoffe als brisante Sprengstoffe für sich verwandte, kamen dieselben als Bestandteil brisanter Explosivstoffgemische in den Ammonsalpetersprengstoffen zu weitgehender Benutzung. Letztere Sprengstoffklasse, von Norrbin und Ohlsson im Jahre 1867 erfunden, dann von Favier und anderen von 1884 ab in die Praxis eingeführt, hat wegen ihrer Handhabungssicherheit (d. h. ihrer Unempfindlichkeit gegen Stoß, Schlag und Entzündung), sowie auch ihrer relativen Wettersicherheit (gegenüber schlagenden Wettern und Kohlenstaub) eine außerordentlich große Bedeutung erlangt; die Produktion von Ammonsalpetersprengstoffen betrug allein in Deutschland im Jahre 1909: 10 Millionen kg, im Jahre 1911: 15 Millionen kg. Die ersten Favier-Sprengstoffe bestanden aus Ammonnitrat (90 T.) und Nitronaphthalin (10 T.), bzw. Ammonnitrat (87·5 T.) und Dinitronaphthalin (12·5 T.). Neuerdings wird meist Trinitrotoluol als Bestandteil der Ammonsalpetersprengstoffe verwendet.

Als man nach der Entdeckung Turpins die hochnitrierten aromatischen Kohlenwasserstoffe auf ihre Detonations- und Explosionsfähigkeit untersuchte, da wendete sich das Interesse der Sprengtechniker zuerst dem Trinitrobenzol zu, da dieses nach seiner chemischen Zusammensetzung die meiste Aussicht für einen kräftigen Sprengstoff bot. Versuche bestätigten denn auch diese Vermutung, und in bezug auf große, die Pikrinsäure noch übertreffende Unempfindlichkeit gegen mechanische Einflüsse, sowie auf große Explosivkraft und andere guten Eigenschaften, wie z. B. niedrigen Schmelzpunkt, konnte man dem Trinitrobenzol keine andere Verbindung zur Seite stellen. Einer ausgedehnten Verwendung dieses Sprengstoffes zum Ersatze der Pikrinsäure stand nun nichts im Wege, als eben seine schwierige und kostspielige Darstellung. Die direkte Nitrierung des Benzols zum Trinitrobenzol geht so schwer, daß man es in den meisten Fällen vorgezogen hat, Trinitrobenzol auf dem Umweg über Trinitrotoluol bzw. Trinitrobenzoesäure herzustellen. In letzter Zeit ist es zwar gelungen, Trinitrobenzol auf anderem Umwege über das Trinitrochlorbenzol (D.R.P. 234726 vom 18. Juli 1909) durch Behandlung mit Kupfer herzustellen, doch hat auch diese Methode bisher noch wenig Eingang in den Großbetrieb gefunden, so wenig wie die D.R.P. 79314 und 79477 vom 7. Nov. 1893 der Chemischen Fabrik Griesheim, betreffend Verwendung von Trinitrobenzoesäure und von Trinitrobenzol als Sprengstoff.

Auf Grund aller dieser Erfahrungen versprach es wenig Aussicht, das Benzol in einen Sprengstoff zu verwandeln; viel aussichtsreicher dagegen lagen die Verhältnisse beim nächsten Homologen des Benzols, dem Toluol, wo durch den substitutionserleichternden Einfluß der CH_3-Gruppe die Einführung von drei Nitrogruppen in den Benzolkern viel leichter zu bewerkstelligen ist. Obschon die Sprengkraft des Trinitrotoluols wegen höheren Gehalts an inaktivem Kohlenstoff derjenigen des Trinitrobenzols unterlegen sein muß, so ist doch allgemein die Wahl zugunsten des Trinitrotoluols ausgefallen. Neben der geringen Empfindlichkeit des Trinitrotoluols im Vergleich zu der Pikrinsäure gegen Stoß und Schlag, sprach noch ein weiterer Faktor für seine Verwendung als Geschoßfüllmittel. Es hatte sich das Bedürfnis nach einem Geschoß geltend gemacht, das sowohl als Granate wie als Shrapnell Verwendung finden konnte. Die Konstruktionsmöglichkeit eines derartigen Geschosses war mit Pikrinsäure als Sprengladung gänzlich ausgeschlossen, da diese als Säure, abgesehen von ihrer Empfindlichkeit, nie mit dem Metall der Geschoßwände und dem Kugelmaterial in direkte Berührung gebracht werden durfte. Auch dieser Anforderung genügte das Trinitrotoluol, und so sind denn die meisten Heeresverwaltungen zu der Einführung eines Einheitsgeschosses geschritten.

Schon mit dem Jahre 1891 nimmt die technische Darstellung des Trinitrotoluols ihren Anfang Das Verfahren von Hepp, das 1880 Trinitrotoluol in vorzüglicher Ausbeute darzustellen ermöglichte, wurde im Jahre 1891 von C. Häussermann in Gemeinschaft mit der Chemischen Fabrik Griesheim ökonomisiert und industriell eingeführt. Gleichzeitig wies Prof. Dr. C. Häussermann in einer grundlegenden Arbeit[1] auf die explosiven Eigenschaften des Trinitrotoluols hin. Praktische Versuche mit Trinitrotoluol, sowie mit Mischungen desselben mit Kalisalpeter sind von der deutschen Heeresverwaltung bereits Ende der 80er und Anfang der 90er Jahre ausgeführt worden. Im Jahre 1901 ging dann die Sprengstoffindustrie zur Fabrikation und Verwendung des Trinitrotoluols über und zwar zuerst die Carbonit-Gesellschaft (Dr. Bichel, Dr. Köning); dem Beispiel folgten rasch andere Unternehmer, wie die Dynamit-Gesellschaft Nobel in Schlebusch, die Westfälisch-Anhaltische Sprengstofffabrik-A.G. zu Berlin und die Fabrik A. u. W. Allendorff in Schönebeck, die alle Trinitrotoluol zum Teil nach eigens ausgearbeiteten Methoden und unter eignen, zum Teil gesetzlich geschützten Namen herstellten, wie Trotyl, Trinol, Trilit, Trolit bzw. unter der Bezeichnung Triplastit oder Plastrotyl, wenn es sich um gelatiniertes, plastisch gemachtes Trinitrotoluol handelt. In anderen Staaten wurde das Trinitrotoluol zuerst in Italien als Militärsprengstoff fabriziert, dann folgten Spanien, Rußland und zuletzt auch die meisten anderen. In Italien übernahm 1907 die Italienische Sprengstoffgesellschaft in Mailand die Fabrikation des Trinitrotoluols, und seitdem wird dieser Sprengstoff in dem der Gesellschaft angehörenden Werke in Cengio unter dem Namen Tritolo fabriziert.

---

[1] Zeitschr. angew. Chemie **1891**, S. 508.

In Deutschland, wo sich fast zu gleicher Zeit mehrere der größten Sprengstofffabriken nicht nur mit der Herstellung, sondern auch mit der Verwendung des Trinitrotoluols als Sprengstoff befaßten, wurden bei den gegenseitigen Konkurrenzbestrebungen die einzelnen, auf obige beiden Punkte gerichteten Methoden schnell vervollkommnet; indessen ist das Verfahren zur fabrikatorischen Herstellung des Trinitrotoluols dem Prinzipe nach seit den ersten größeren Versuchen von Häussermann im Jahre 1891 so ziemlich dasselbe geblieben. Hauptausgangsprodukt ist immer das Toluol. Praktisch geht es aber nicht an, dieses in einem einzigen Prozeß in die Trinitroverbindung überzuführen; man nitriert gewöhnlich in drei Nitrierstufen, von Toluol zu Mono-, von Mono- zu Bi- und von Bi- zu Trinitrotoluol; letzteres wird dann durch Umkristallisieren gereinigt; ein anderer bequemer und billiger Weg geht vom Dinitrotropföl aus, einem Abfallprodukt, das bei der Reinigung des Dinitrotoluols für die Zwecke der Farbstoffindustrie entsteht und an Sprengstofffabriken billig abgegeben wird. Dieses Dinitrotropföl, das dem Stickstoffgehalt nach eine Mittelstufe zwischen Mono- und Dinitrotoluol darstellt und zur Hauptsache aus mehreren isomeren Nitroprodukten jener beiden Stufen besteht, wird in einer Operation direkt in Trinitrotoluol übergeführt. Während man zur Herstellung der unteren Nitrierungsgrade, die Abfallsäuren der höheren Nitrierungsstufen, nach entsprechender Regenerierung mit der notwendigen Menge Salpetersäure, verwendet, gebraucht man für die letzte zum Trinitrotoluol führende Operation ausnahmslos hochkonzentrierte, oleumhaltige Nitriergemische. Das rohe Trinitrotoluol muß nach der Trennung von der Abfallsäure durch Waschen mit Sodalösung und reinem Wasser erst entsäuert und dann durch Umkristallisierung weiter gereinigt; der Höchst-Erstarrungspunkt des chemisch-reinen Trinitrotoluols liegt bei etwa 80·7° C. Als Umkristallisierungsmittel gebraucht man meistens Alkohol; in der alkoholischen Mutterlauge bleibt dann das sog. flüssige Trinitrotoluol zurück, das zur Herstellung plastischer Sprengstoffe sowie als Zusatz für viele andere explosive Mischungen dient. In Italien stellt man das Trinitrotoluol nach einem von diesem Schema ziemlich abweichenden Verfahren her, weil man dort wegen der hohen Besteuerung des Alkohols von diesem Reinigungsmittel Umgang nimmt, nun aber gezwungen ist, die erforderliche Reinheit des Produkts auf anderem Wege zu erreichen. Zu diesem Zwecke nitriert man dort Toluol direkt zu Dinitrotoluol, stellt dieses aber durch Abtropfenlassen eines Öles in solcher Reinheit dar, daß es bei der Überführung in Trinitrotoluol sofort ein reines Produkt vom Schmelzp. 80° liefert.

Infolge seiner hervorragenden Unempfindlichkeit gegen mechanische Einwirkung eignet sich das Trinitrotoluol wie kein anderer Sprengstoff für die militärische Anwendung. Das moderne Schießwesen, speziell die Artillerie stellt an die Empfindlichkeit der Sprengstoffe gegen Stoß und Schlag viel höhere Anforderungen als früher; das wachsende Kaliber der Geschütze und Geschosse steigerte den Druck des Geschoßbodens auf die Sprengladung im Moment des Schusses und führte damit auch zur Gefahr des Krepierens der Sprengladung des Geschosses im Geschützrohr. Je größer das Geschoß ist, um so größer ist natürlich auch das Gefahrmoment, und dieses läßt sich durch die Verwendung des Trinitrotoluols als Sprengladung auf ein Minimum herabsetzen. Das Füllen großkalibriger Geschosse mit brisanten Sprengstoffen ist somit möglich geworden. Als ein zweiter ausschlaggebender Vorzug des Trinitrotoluols ist neben seiner mechanischen noch die chemische Indifferenz hervorzuheben; ja diese ist es, welche die Konstruktion der modernen Einheitsgeschosse ermöglicht hat. Soll ein Geschoß sowohl als Shrapnell wie als Granate Verwendung finden, so ist es notwendig, daß die Kugeln des Shrapnells in den Sprengstoff eingebettet werden können: der Sprengstoff erfüllt in diesem Falle nur die Funktion eines geeigneten Lagermaterials, wie es früher Wachs, Paraffin oder Schwefel getan haben. Die unerläßliche Bedingung ist auch hier, daß der Sprengstoff während der Geschoßbewegung im Rohr genügend stoß- und drucksicher sei, damit nicht durch den Bodendruck oder die Reibung der Geschoßkugeln eine unerwünschte Detonation des Sprengstoffs eintrete. Ferner darf sich bei der Explosion der Bodenkammerladung durch die Flamme der Treibladung der Sprengstoff nicht zersetzen. Allen diesen Anforderungen genügt Trinitrotoluol in weitgehendem Maße, da es in sich vollständig homogen, nicht mehr komprimierbar und möglichst unbeweglich im Geschosse befestigt werden kann.

Zur Füllung von Hohlgeschossen, von Minen und Torpedos wird das Trinitrotoluol in gepreßtem oder gegossenem Zustand verwendet. Das spez. Gewicht der kristallisierten Masse beträgt etwa 0·9; sie muß daher für die Verwendung in Geschossen verdichtet werden. Durch Pressen unter verschiedenen Bedingungen läßt sich eine Dichte von 1·6 und darüber erzielen; man verwendet bei stark gepreßtem Trinitrotoluol einen Zündkörper der gleichen Substanz, aber von schwächerer Pressung (1·55), der zwischen Sprengkapsel und dem eigentlichen Sprengkörper angeordnet wird. — Bequemer, besonders für Füllung von Hohlgeschossen, ist es, das bei etwa 80° C schmelzende Trinitrotoluol zu verflüssigen und dann in die Geschosse bzw. Sprengladungsbüchsen (aus Pappe) zu gießen; nach dem ersteren erhält man eine Dichte von 1·56, doch kann man durch besondere Anordnungen ein spezifisches Gewicht von 1·6 erzielen, wenn man das etwas über seinen Schmelzpunkt erhitzte Trinitrotoluol in auf 0° abgekühlte Behälter eingießt, und zwar zweckmäßig derart, daß man den Gießkanal der Metallform durch eine Papierhülse künstlich verlängert und dann den Füllkanal bis in die Papierhülse vollgießt, also einen sog. „verlorenen Kopf" aufgibt, der dann nach (dem Erkalten) abgedreht wird.

Außerdem wird das Trinitrotoluol seit seiner Einführung als Militärsprengstoff im Jahre 1902 in ausgedehntem Maße zur Unterstützung der Pionierarbeiten benutzt, z. B. zur Zerstörung oder Sperrung von Ortsverbindungen, zum Aufräumen des Vorgeländes, zur Beseitigung von Hindernissen, zur Herstellung von Deckungen und zu Zerstörungsarbeiten im Festungskampfe. Nach der deutschen Sprengvorschrift 1911 ist das Trinitrotoluol als Sprengmunition 02 an Stelle der früher gebrauchten Sprengmunition 88 (Pikrinsäure) getreten. Die Sprengmunition 02 hat ein spezifisches Gewicht 1·45 bis 1·50 und wird, wie einst die Sprengmunition 88 in nachstehenden drei Formen hergestellt:

	Abgerundetes Gewicht
Sprengkörper 02 (88) (Spr. Kpr.)	200 g
Bohrpatrone 02 (88) (Bhr. Pt.)	75 g
Sprengpatrone 02 (88) (Spr. Pt.)	1 kg

Für die Sprengmunition 88, bestehend aus gepreßter Granatfüllung mit einem spezifischen Gewicht von 1·5 bis 1·55, sind die Formen wie folgt beschrieben:

Sprengkörper und Bohrpatrone sind zum Schutze gegen Abbröckeln und gegen Feuchtigkeit in den äußeren Schichten etwa 4 mm tief mit Paraffin getränkt und in paraffiniertes Papier eingeschlagen. Zur Aufnahme der Sprengkapsel dient ein 3 cm tiefer Zündkanal, dessen Öffnung durch ein rundes Papierblättchen geschlossen ist. Die Sprengpatrone besteht aus fünf Sprengkörpern, die zusammen in paraffiniertes Papier eingeschlagen und in eine Zinnblechbüchse von etwa 20 cm Länge, 7 cm Breite und 5 cm Höhe eingeschlossen sind. An drei Seiten befindet sich zur Aufnahme der Sprengkapsel oder des Glühzünders je ein mit einem Messingfutter verkleideter Zündkanal, der durch eine runde Pergamentpapierplatte außen verschlossen ist. Die aufgelöteten Drähte dienen zum Befestigen des Zünders. Die Sprengpatrone ist wasserdicht; bei Wassertiefen über 5 m aber wird die Umhüllung eingedrückt und undicht. — Heute ist die Pikrinsäure ganz durch das Trinitrotoluol ersetzt; die Sprengmunition wird nur so lange verwendet, bis sie aufgebraucht ist.

Im Jahre 1906 hat Dr. Bichel von der Sprengstoff-A.-G. Carbonit in Hamburg unter dem Namen Plastrotyl ein plastisches Trinitrotoluol in einer Dichte von ca. 1·4 in die Sprengtechnik eingeführt. Die Masse, die ein Gemenge von Trinitrotoluol, Mono- und Dinitrotoluol, dem eine ganz geringe Menge Kollodiumwolle zugesetzt ist, darstellt, ist knetbar und eignet sich als Füllmittel für Geschosse mit engem Mundloch, in die es hineingestampft werden kann; für diese plastische Masse ist ebenfalls ein Zündladungskörper aus wenig gepreßtem Trinitrotoluol notwendig.

Neben der ausgedehnten Verwendung des reinen Trinitrotoluols für Militärzwecke bildet es in Verbindung mit anderen Nitrokörpern oder mit Sauerstoffträgern einen wichtigen Bestandteil vieler Sprengstoffe, so von Sicherheitssprengstoffen und ebenso von militärisch interessanten, zum Teil auch in dieser Hinsicht benutzten Sprengmischungen. Darunter befinden sich die bereits angeführten Ammonsalpeter-Sprengstoffe, die auch für Granat- und Torpedofüllungen vorgeschlagen worden sind. Hierher gehört auch das Ammonal, das in der österreichischen Armee und Marine Verwendung findet. Es ist ein inniges mechanisches Gemenge von Trinitrotoluol, Ammonsalpeter, Kohle und Aluminium, das dem Verwendungszweck jeweilen angepaßt werden kann und, bei gleicher Sprengwirkung, an Unempfindlichkeit das Trinitrotoluol noch übertreffen soll.

Es ist klar, daß man auch versucht hat, andere Körper der aromatischen Chemie durch Nitrierung in Sprengstoffe zu verwandeln. So hat man die nächsten Homologen des Benzols vom Toluol an nitriert und Trinitroxylole, Trinitropseudocumol, Trinitromesithylen dargestellt, indem man die entsprechenden Kohlenwasserstoffe entweder für sich oder gemischt in Form von Leichtölfraktionen, wie Solventnaphtha, mit Salpetersäure behandelte. Patente zur Herstellung und Verwendung von Nitrokörpern aus Solventnaphtha sind: D.R.P. 212906, 214887 und 242731 sowie Franz. P. 380996. In neuester Zeit geht man in der Nitrierung aromatischer Kohlenwasserstoffgemische noch weiter und verwandelt die rohen Steinkohlenteerfraktionen vom Siedep. 200 bis 280° und noch höher nach vorangegangener Reinigung direkt in höhere Nitroverbindungen, die zu Sprengstoffen Verwendung finden sollen. (Oswald Silberrad, England, Schweiz. Pat. 63125 und 63364 vom 6. Juni 1912, Engl. Pat. 13860 und 13861 vom 10. Sept. 1912.) Von den aromatischen

Kohlenwasserstoffen mit kondensierten Benzolkernen ist es vorzugsweise das Naphthalin, das in verschiedenen Nitrierungsstufen, von der Mono- bis zur Tetranitroverbindung als Sprengstoff Anwendung findet, jedoch nie für sich allein, sondern stets in Mischung mit Sauerstoffträgern und anderen organischen Komponenten. Die meisten dieser Nitroprodukte spielen jedoch in der Sprengtechnik bis jetzt eine untergeordnete Rolle.

Eine interessante Stelle unter den modernsten Explosivkörpern nehmen die nitrierten aromatischen Amine ein; dazu gehören das Hexanitrodiphenylamin und die Gruppe der Polynitroaniline. Das Hexanitrodiphenylamin war als Ammoniumsalz schon längst als gelber Farbstoff unter dem Namen „Aurantia" bekannt; bereits im Jahre 1895 wurde es von der Chemischen Fabrik Griesheim (D.R.P. 86295) fabrikmäßig dargestellt. Das sprengtechnische Verhalten dieser Verbindung ist, wie es sich nach der chemischen Zusammensetzung nicht anders erwarten läßt, sehr günstig, und es wird wohl auf die Eigenschaften dieses Körpers zurückzuführen sein, wenn die Carbonit-A.-G. in der allerletzten Zeit ihr Interesse auf zwei andere sechsfach nitrierte Diphenylaminderivate konzentriert hat: das Hexanitrodiphenylsulfid,

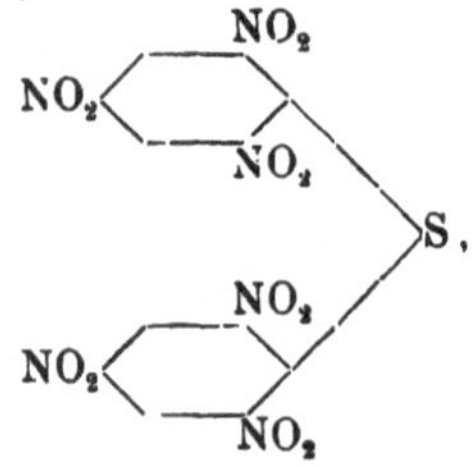

dessen Darstellung und Verwendung zum Patente angemeldet und teilweise schon patentiert ist (Anm. S. 37052 vom 27. Aug. 1912, engl. P. 18353 vom 12. Aug. 1913 und Anm. S. 37051 vom 27. Aug. 1912, S. 39567 vom 6. Juli 1913, engl. P. 18354/1913 von Carl Hartmann, Schlebusch), und das Hexanitrosulfobenzid, erhalten durch Oxydation des Hexanitrodiphenylsulfids

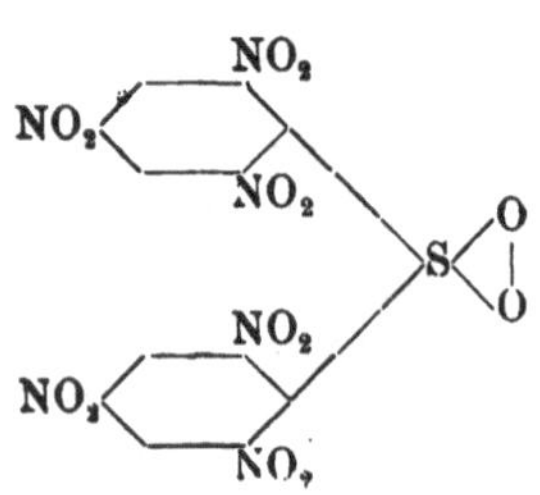

(Anm. S. 37505 vom 28. Okt. 1912, S. 38176 vom 1. Febr. 1913, S. 39061 vom 15. Dez. 1913; D.R.P. 269826 vom 29. Okt. 1912). Auch ein Hexanitrodiphenyloxyd wurde hergestellt (D.R.P. 281053). Endlich wurde noch der einfachste Vertreter dieser Klasse, das Hexanitrodiphenyl von der Carbonit-A.-G. zum Patent angemeldet (S. 38674 vom 1. April 1913). Sämtliche vorbenannten Hexanitroderivate sollen sowohl allein als auch in Verbindung mit andern Nitrokörpern für die verschiedenartigen Zwecke der Sprengtechnik verwertbar sein. Ihre auffallende Ähnlichkeit mit dem Hexanitrodiphenylamin, von dem sie sich nur durch das Mittelglied unterscheiden, das die Brücke zwischen den beiden dreifach nitrierten Benzolresten bildet, läßt es indessen als wahrscheinlich erscheinen, daß sie sprengtechnisch keine höheren Leistungen aufweisen, als das Amin selbst.

Von den Polynitranilinen ist zu erwähnen das von Bernhard Flürscheim entdeckte Tetranitranilin

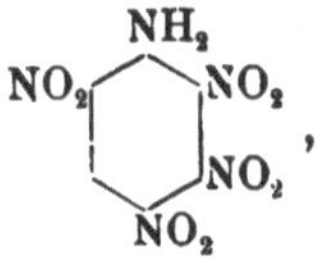

dessen Gewinnung und Verwendung für die Zwecke der Sprengstoffindustrie in den meisten Staaten patentiert worden ist. Das Tetranitranilin unterscheidet sich von allen anderen Explosivkörpern durch seinen hohen Stickstoffgehalt; es ist nach praktisch ausgeführten Proben der kräftigste von allen bisher angewandten Sprengstoffen. Schon vor der Entdeckung des Tetranitranilins bekannt und fabrikmäßig dargestellt war das Tetranitromethylanilin, richtiger Trinitrophenylmethylnitramin

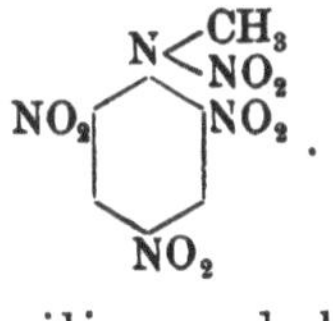

Das Tetranitromethylanilin wurde bereits im Jahre 1894 von der deutschen Heeresverwaltung auf seine Verwendbarkeit als militärischer Sprengstoff geprüft. Derivate dieser nitrierten Aniline wurden patentiert, aber nicht industriell verwertet.

Schließlich sei auch noch jenen Versuchen Erwähnung getan, die sich in neuester Zeit mit der Nitrierung aliphatischer Verbindungen befassen. In erster Linie sind es die Kohlenwasserstoffe des Petroleums, die man da durch Nitrierung der sprengstofftechnischen Verwendung zugänglich zu machen suchte;

Konowalow war der erste, dem durch Einwirkung von verdünnter Salpetersäure unter Druck die Nitrierung der aliphatischen Kohlenwasserstoffe des Petroleums gelang. Diese Versuche endeten jedoch mit schlechter Ausbeute und waren nur auf das Laboratorium beschränkt, bis im Jahre 1902 von Dr. Édeleanu und Grigore Filiti in Bukarest ein Patent (D.R.P. 154054) zur Gewinnung von Nitroprodukten aus Petroleum genommen wurde. Indessen scheinen auch diese Nitropetroleumverbindungen noch keine praktische Anwendung gefunden zu haben. In den vorletzten Jahren hat A. S. Flexer in Wien in mehreren Staaten ein Verfahren schützen lassen, das die Gewinnung von Nitroprodukten aus Petroleum und Teer betrifft. Inwieweit diese Nitrokörpergemische sprengtechnisch brauchbar sind, wird die Zukunft lehren.

Außer der sprengtechnischen Anwendung für sich und zu Ammonsalpetersprengstoffen spielen die nitroaromatischen Verbindungen eine große Rolle bei den Detonatoren, derart, daß die Einführung dieser Substanzen in Sprengkapselfüllungen eine große Umwandlung auf dem Gebiete der Initialzündung hervorgerufen hat. Nachdem, wie bereits ausgeführt worden ist, mit der Einführung der Knallquecksilbersprengkapsel durch Nobel die Sprengkraft der ersten brisanten Explosivstoffe jederzeit vollkommen ausgelöst und praktisch verwertet werden konnte, hat man in der Folge, als man bei den neueren, schwerer detonierbaren Sprengstoffen eines explosionsübertragenden Zwischenmittels bedurfte, diesen wichtigen Initialzündstoff durch andere Verbindungen ganz oder teilweise zu ersetzen gesucht. Nur die ersten Sprengkapseln von Nobel enthielten reines Knallquecksilber; heute werden die Initialzündsätze stets mit einem gemischten Knallsalz von verschiedener Zusammensetzung gefüllt. Lange Zeit benutzte man eine Mischung von Knallquecksilber mit Kaliumchlorat, die in kleinen Sprengkapseln auch heute noch die üblichste Mischung geblieben ist. Solche Mischungen sind aber gegen Stoß und gegen Schlag sehr empfindlich; man hat daher versucht, solche Knallsätze mit weniger empfindlichen Substanzen zu bereiten, indem man als Ersatz des Knallquecksilbers Nitroverbindungen von Benzol und dessen Homologen anzuwenden trachtete. Diese Verbindungen lassen sich jedoch infolge ihrer geringen Empfindlichkeit durch die einfachen in der Praxis gebräuchlichen Zündmittel nicht mehr derart zur Explosion bringen, daß sie die Detonation eines unempfindlichen brisanten Sprengstoffs einwandfrei herbeiführen würden. Man hat daher in der Praxis, namentlich für militärische Zwecke, vielfach die sog. Zwischenzündungen verwendet, die aus brisanten Sprengmitteln, z. B. gepreßten Körpern aus Pikrinsäure, Trinitrotoluol, trockener Schießbaumwolle usw. bestehen und zur besseren Übertragung der Sprengkapselwirkung auf die Hauptmasse der Sprengladung dienen; meist besitzen dann diese Zwischenzündungen oder „Detonatoren" vermöge ihrer chemischen und physikalischen Beschaffenheit einen höheren Grad von Empfindlichkeit als die eigentliche Sprengladung. Es lag nun nahe, dieses Prinzip auf die Sprengkapseln selbst zu übertragen, und es ist danach tatsächlich gelungen, den größten Teil des Knallquecksilbers durch Nitroverbindungen des Benzols, Toluols und anderer Homologen zu ersetzen, indem das noch vorhandene Knallquecksilber die geringe Auslösungsgeschwindigkeit der Ersatzstoffe durch plötzliche starke Energiezufuhr schnell überwindet, so daß die unempfindlicheren Ersatzstoffe nach Erreichung ihrer hohen Detonationsgeschwindigkeit nunmehr ihrerseits als Initialzünder auf die Sprengladung wirken können.

In den letzten Jahren ist von diesem teilweisen Ersatz des Knallquecksilbers, namentlich bei größeren Sprengkapseln, ausgiebiger Gebrauch gemacht worden. Dieser Ersatz hat nun große Vorteile: zunächst wird an dem teuren Knallquecksilber gespart und dann wird durch die Ersatzmittel ein gefahrloses Arbeiten ermöglicht. Die Zusammensetzung der Knallsätze geschieht erst in der Sprengkapsel selbst; zuerst wird das Ersatzmittel eingefüllt und gepreßt und auf dieses dann in gleicher Weise die erforderliche geringe Menge des üblichen Knallsalzes aus Knallquecksilber und Kaliumchlorat aufgebracht. Zuerst ist die Pikrinsäure als Ersatzmittel verwendet worden; sie besitzt aber bei ihrer Verwendung in Sprengkapseln den großen Nachteil, daß sie vermöge ihrer Säureeigenschaften bei Berührung mit dem Kupfer der Einschlußhülse das explosive Kupferpikrat bildet, welches unter Umständen noch empfindlicher ist als Knallquecksilber. Es besteht daher bei Verwendung von Pikrinsäure in der Sprengkapsel stets die Gefahr einer vorzeitigen Explosion infolge stattfindender Zersetzung. So hat man denn bald die Pikrinsäure durch eine andere Nitroverbindung, das Trinitrotoluol verdrängt; etwa $^3/_4$ des üblichen Knallquecksilberbesatzes können durch die halbe Gewichtsmenge Trinitrotoluol ersetzt werden, so daß eine Sprengkapsel, die früher 2 g Knallquecksilbersatz enthielt, nunmehr 0·6 g des letzteren und 0·7 g Trinitrotoluol enthält. — In den letzten Jahren ist das Tetranitromethylanilin (Tetryl) vielfach an Stelle des Trinitrotoluols getreten. Auch das von Flürscheim entdeckte Tetranitranilin ist als teilweiser Ersatz des Knallquecksilbers vorgeschlagen worden. Auch in den neuen Azid-Sprengkapseln wird Bleiazid nicht allein, sondern in Kombination mit Nitrokörpern, z. B. Tetranitromethylanilin verwendet. Die Sprengkapseln enthalten daher gewöhnlich im unteren Teil Trinitrotoluol oder Tetryl (Tetranitromethylanilin), darüber eine Schicht aus Knallquecksilber bzw. Bleiazid.

Die aromatischen Nitrokörper finden also nach drei Richtungen hin in der Sprengtechnik ausgedehnte Verwendung:

1. als brisante Sprengstoffe für sich;
2. als Bestandteil der Ammonsalpetersprengstoffe;
3. als Bestandteil der Sprengkapselfüllungen.

Zweiter Abschnitt.

Ausgangsprodukte (aromatische Kohlenwasserstoffe, Phenole, Amine usw.).

Die wichtigste Quelle der aromatischen Verbindungen ist der Steinkohlenteer, über den einiges vorausgeschickt sei.

Der Steinkohlenteer — eine schmierige, schwarze Flüssigkeit vom spezifischen Gewicht 1·1 bis 1·3 — ist ein Gemisch von außerordentlich vielen Verbindungen. Ihrem chemischen Charakter nach lassen sich diese Teerbestandteile gruppieren in indifferente, saure und basische. — Unter den indifferenten Bestandteilen stehen an Bedeutung in erster Reihe die Kohlenwasserstoffe und zwar die aromatischen, zunächst Benzol und dessen nahe Homologe Toluol und Xylol. Neben diesen einfachen Kohlenwasserstoffen finden sich in noch größerer Menge Kohlenwasserstoffe mit „kondensierten Benzolkernen“, unter denen das Naphthalin quantitativ vorherrschend ist und oft bis 10% der Teermenge ausmacht. — In den sauren Bestandteilen des Teers tritt vorwiegend die Klasse der Phenole auf und zwar hauptsächlich in den Vertretern des einfachsten Phenols, der Karbolsäure und deren nächsten Homologen, der Kresole.

1. Gewinnung der einfachen aromatischen Kohlenwasserstoffe aus dem Steinkohlenteer.

Die Verarbeitung des Teers geschieht in besonderen Betriebsstätten, den Teerdestillationen. Nachdem sich das im Teer suspendierte Wasser durch längeres Lagern desselben abgesondert hat, zieht man es ab und schreitet zur ersten Destillation, um damit das Pech von den übrigen destillierbaren Bestandteilen des Teers, welch letztere jedoch zunächst nur eine oberflächliche Trennung erfahren, zu scheiden. Diese Scheidung wird in schmiedeeisernen Blasen ausgeführt, die mit einem gußeisernen Helm ohne besondere Rektifiziervorrichtung versehen sind und über freiem Feuer oder mittels überhitztem Wasserdampf geheizt werden; die Blasen enthalten ferner meist eine Vorrichtung, die gestattet, gegen Ende der Destillation durch Einleiten von überhitztem Wasserdampf oder durch mechanisches Rühren das Übergehen der schwerer flüchtigen Substanzen zu erleichtern. In neuester Zeit ist die Destillation des Steinkohlenteers bedeutend modifiziert worden, indem man heute schon die erste Destillation unter vermindertem Drucke vornimmt. Hierdurch erzielt man eine bessere Scheidung der einzelnen Teile und hält die Zersetzung der wertvollen Bestandteile in viel engeren Grenzen, als dies früher möglich war. — Bei Beginn der Destillation gehen sehr flüchtige Fraktionen über, welche starke Kühlung zur Kondensation erfordern und aus Benzol — Siedepunkt 81° — und dessen Homologen Toluol, Xylol usw. bestehen. Später folgen dann leicht kondensierbare Fraktionen, die aber bereits reichliche Mengen fester und leicht kristallisierender Stoffe, besonders Naphthalin enthalten, so daß es nun im Gegenteil geboten ist, die Abflußröhren warm zu halten, um das Verstopfen zu vermeiden.

Dieses so erhaltene erste Destillat wird nun gleich in eine Anzahl weiterer Fraktionen getrennt, wobei man als Anhaltspunkte für die Trennung Thermometerangaben oder das spezifische Gewicht des Destillates oder bei Anwendung eines Teers von konstanter Beschaffenheit auch nur die Zeit der Destillation bzw. die Menge des Destillates benutzt. Über die Art der Fraktionierung existieren sehr verschiedene Arbeitsweisen. Folgende Tabelle (s. S. 30) mag eine Übersicht über die wichtigsten Bestandteile, welche bei der Destillation des Gasteers in den verschiedenen Fraktionen gewonnen werden, geben.

Die beiden ersten Fraktionen, der Vorlauf und das Leichtöl, enthalten demnach neben den Benzolkohlenwasserstoffen auch noch bedeutende Mengen an Phenol. Um daraus die wichtigsten Bestandteile zu isolieren, muß die Fraktion weiter verarbeitet werden; dazu ist eine chemische Trennung einerseits und eine mechanische Zerlegung durch fraktionierte Destillation andererseits nötig.

Zur Abscheidung und Gewinnung des Phenols wird das Leichtöl mit Natronlauge in geschlossenen Apparaten aus ver-

Fraktion	Mittleres spez. Gew.	Ungefähre Menge des Destillats	Wesentliche Bestandteile
Vorlauf (von 80° C an)	0·900—0·925	2—3 %	Kohlenwasserstoffe der Benzolreihe. Geringe Mengen von Phenolen u. Basen, Schwefelkohlenstoff; sehr geringe Mengen von acyklischen (aliphat.) Kohlenwasserstoffen.
Leichtöl (von 170° C an)	0·995—1·0	2—3 %	Toluol, Xylol, Kumol. Phenol (20%); Naphthalin (25—30%).
Karbolöl (von 220° C an)	1·015—1·025	5 %	Phenole (40%) namentlich Kresole. Naphthalin (40%) u. höher siedende aromatische Kohlenwasserstoffe.
Kreosotöl (von 250° C an)	1·045—1·050	20 %	Phenole (15—20%); hauptsächlich Kresole u. Xylenole. Pyridin- u. Chinolinbasen (5%), Naphthalin u. andere feste aromatische Kohlenwasserstoffe (50%). Flüssige aromatische Kohlenwasserstoffe (25 bis 30%)
Anthrazenöl (von 280° C an)	1·085—1·095	10 %	Phenole (2 - 3%). Anthrazen (3%), seine Hydrine u Homologen: Phenanthren, Pyren, Fluoranthren, Karbazol usw. Die Hauptmenge besteht aus nicht erforschten, flüssigen Kohlenwasserstoffen.

bleitem Holz oder aus Gußeisen, die mit einer Mischvorrichtung versehen sind, ausgeführt. Durch das Waschen mit Natronlauge entzieht man den Ölen die Phenole und gewinnt eine alkalische Lösung, aus welcher durch Ansäuern das Benzophenol gewonnen wird. Das darauf folgende Durchschütteln mit mäßig starker Schwefelsäure bezweckt die Entfernung der Pyridinbasen. Nach diesen chemischen Operationen beginnt nun die fraktionierte Destillation der Öle, wofür, ähnlich wie bei der Spritfabrikation, Apparate von außerordentlicher Vollkommenheit benutzt werden. Es sind dies Kolonnenapparate, die in einer Destillation das Gemisch der verschiedenen Kohlenwasserstoffe in die einzelnen Bestandteile fraktionieren. Das hierbei gewonnene Benzol ist aber nicht rein. Die Rektifikation wird gewöhnlich so geleitet, daß drei Fraktionen entstehen: 90%iges Benzol, 50%iges Benzol und Solventnaphtha. Das 50%ige Benzol des Handels soll 50% von bis 100° flüchtigen Bestandteilen enthalten, ebenso sollen in dem 90%igen Handelsprodukt 90% solcher Bestandteile enthalten sein. Aus dem 50%igen Benzol lassen sich durch weiteres Fraktionieren in Kolonnenapparaten 30 bis 40% reines Benzol, 35—40% reines Toluol und 5 bis 8% Xylole gewinnen.

Das sog. reine Benzol des Handels ist jedoch nie rein, sondern enthält stets *Schwefelverbindungen* in Form von *Schwefelkohlenstoff* und *Thiophen* beigemengt. Von den verschiedenen *Reinigungsverfahren* für Benzol sei das *Schwalbesche* (D.R.P. 133761) genannt; es bezweckt die Ausscheidung oben genannter Schwefelverbindungen durch Einwirkung von feuchtem Ammoniak mit oder ohne Anwendung von Druck.

Das *Benzol* wurde im Jahre 1825 von *Faraday* entdeckt; sein Vorkommen im Steinkohlenteer 1845 von A. W. *Hofmann* sicher gestellt. 20 Jahre später, im Jahre 1865 veröffentlichte *Kékulé* die erste „Strukturformel" des Benzols:

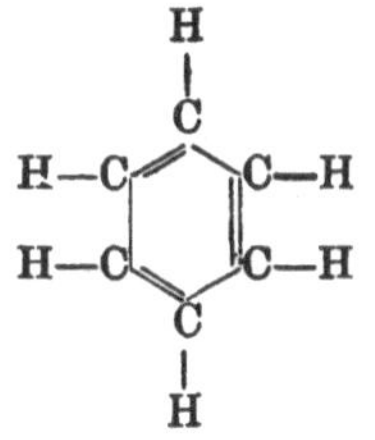

und legte damit den Grund für den Aufbau der *aromatischen Chemie*, die sich seitdem in ungeahnter Weise entwickelt hat. Wenn auch später einmal Konstitution und Eigenschaften des Benzols besser erklärt werden können, als mit der *Kékuléschen* „*Ringformel*", so darf man die beispiellose Förderung, die sie der organischen Chemie gebracht hat, doch nie vergessen.

Benzol stellt in reinem Zustande eine bewegliche, farblose, eigentümlich riechende Flüssigkeit dar, die bei 80·5° siedet, gegen 0° erstarrt und bei 3° schmilzt (das spezifische Gewicht beträgt 0·884). Es ist unlöslich in Wasser, mischt sich aber mit Alkohol, Äther, Aceton usw., ist leicht entzündlich und brennt mit leuchtender, stark rußender Flamme.

Toluol, das nächste Homologe des Benzols, wurde 1838 von *Pelletier* und *Walter* in den Kondensationsprodukten von der Harzgasbeleuchtung entdeckt; es ist *Methylbenzol* von der Formel $C_6H_5 \cdot CH_3$ und wird gleichzeitig mit Benzol aus den chemisch gereinigten Leichtölen gewonnen. Die Rektifikation des Leichtöles mit Kolonnenapparaten ist beim Benzol besprochen worden; hier sei nur wiederholt, daß dabei gewöhnlich 3 Fraktionen getrennt werden: 90%iges Benzol, 50%iges Benzol und Solventnaphtha; alle drei Fraktionen enthalten Toluol, die zweite bis zu 50%. Das *Rohbenzol* — vorzugsweise die zwischen 100 und 120° siedenden Anteile desselben — ist nun das eigentliche Ausgangsprodukt für die Gewinnung des technisch reinen

Toluols. Die Zerlegung der verschiedenen Destillate, wie 90 %iges, 50 %iges Benzol, Solventnaphtha in reine Produkte ist zurzeit immer noch mehr eine Sache der Anilinfabriken, wenn auch einzelne große Teerdestillationen heute schon mit großem Vorteil auf Reinprodukte arbeiten.

Benzol und Toluol werden heute für technische Zwecke in nahezu absoluter Reinheit dargestellt, und zwar so, daß sie innerhalb 0·3 bis 0·5° überdestillieren. Dies läßt sich durch eine wiederholte Rektifikation in der Kolonne erzielen; aber selbst dann enthält das Produkt noch geringe Mengen Fettkohlenwasserstoffe, Schwefelkohlenstoff, Basen und Thiophen. Es ist daher vor der Rektifikation nochmals eine Behandlung mit Schwefelsäure erforderlich, welche hauptsächlich die fetten Kohlenwasserstoffe, daneben aber auch die Thiophene entfernt. Im Zustande absoluter chemischer Reinheit läßt sich Toluol jedoch nur sehr schwer und umständlich herstellen, weil ihm die Kristallisationsfähigkeit des Benzols abgeht. — Toluol ist eine farblose, bewegliche, stark lichtbrechende Flüssigkeit vom spezifischen Gewicht 0·872 und dem Siedepunkt 110°.

Xylol, das nächstfolgende Homologe in der Reihe der aromatischen Kohlenwasserstoffe, ist Dimethylbenzol, $C_6H_4(CH_3)_2$, und existiert in drei isomeren Formen, die alle in Mischung als „Rohxylol" durch fraktionierte Destillation aus dem Steinkohlenteer erhalten werden.

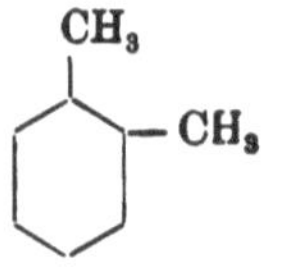

o-Xylol
S.P. 142°
F.P. −28°

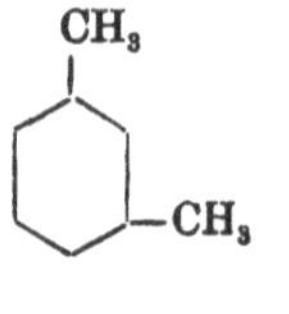

m-Xylol
S.P. 139°
F.P. −53°

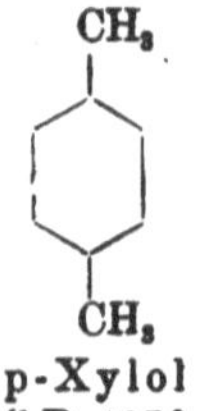

p-Xylol
S.P. 137°
F.P. +13°.

Wie es die sehr geringe Differenz in den Siedepunkten der drei Körper nicht anders erwarten läßt, ist eine Trennung der drei isomeren Xylole durch fraktionierte Destillation so gut wie ausgeschlossen. Man trennt sie nach einem ziemlich umständlichen Verfahren, das auf dem verschiedenen Verhalten des o-, m- und p-Xylols gegen HNO_3, konz. H_2SO_4 und rauch. H_2SO_4 beruht.

Trimethylbenzol, $C_6H_3(CH_3)_3$, kommt in drei isomeren Formen vor:

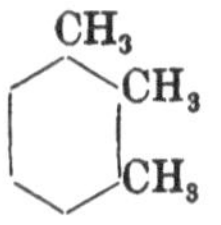

Hemellithol
S.P. 175°

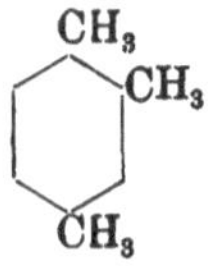

Pseudocumol
S.P. 169·8°

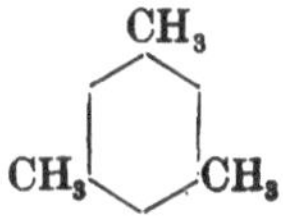

Mesitylen
S.P. 165°.

Von diesen Verbindungen, die sich im Leichtöl der Steinkohlenteerdestillation befinden, ist das Pseudocumol weitaus das wichtigste. Seine Isolierung geschieht über die Pseudocumolsulfosäure, $(CH_3)_3C_6H_2SO_3H + 2H_2O$, und zwar in folgender Weise: das Leichtöldestillat, Pseudocumol neben geringen Mengen Mesitylen enthaltend, wird mit dem gleichen Volumen konzentrierter Schwefelsäure bei 80 bis 90° digeriert; die ungelösten Kohlenwasserstoffe werden abgehoben und zur Schwefelsäurelösung allmählich $^1/_3$ Volumen Wasser zugegeben. Nach 24 Stunden hebt man die untere (Schwefelsäure-) Schicht ab, gibt zur oberen etwas Wasser, erwärmt bis zur klaren Lösung der Sulfonsäure und läßt in der Kälte kristallisieren. Die Pseudocumol-5-sulfonsäure wird dann durch bloße Destillation oder durch Erhitzen mit rauchender Salzsäure bei 173 bis 175° zerlegt.

Cumol, $C_6H_5 \cdot C_3H_7$ (Isopropylbenzol), begleitet die isomeren Trimethylbenzole im Steinkohlenteer und geht mit diesen allen beim Destillieren gegen 166° größtenteils über.

Solventnaphta ist hauptsächlich ein Gemisch von Xylolen und Trimethylbenzolen, die bei der Rektifikation des Leichtöls aus dem Steinkohlenteer gewonnen werden. Die Zusammensetzung variiert je nach dem Temperaturintervall, das bei der fraktionierenden Destillation eingehalten wird; als Durchschnittsregel kann aber gelten, daß bei 160° etwa 90% des Öles übergehen, während bei 130° höchstens 20% abdestillieren dürfen. Das spezifische Gewicht beträgt 0·875.

Das Naphthalin, $C_{10}H_8$, ist ein wichtiger Bestandteil des Steinkohlenteers und wird aus den verschiedenen Fraktionen desselben, besonders aus dem Leicht- und Schweröl gewonnen. Aus allen diesen Fraktionen scheidet sich das Rohnaphthalin beim Abkühlen kristallinisch aus; man läßt die flüssig bleibenden Öle ablaufen und gewinnt das Naphthalin durch Schleudern oder Pressen. Zur Raffinierung des Rohnaphthalins wird dieses in geschmolzenem Zustande erst mit Natronlauge von 15 bis 20° Bé und dann mit konz. H_2SO_4 (1·84) gewaschen. Schließlich wird das Naphthalin noch sublimiert.

Reines Naphthalin bildet farblose, durchdringend riechende Kristallblättchen, die in Wasser unlöslich, in Alkohol, Äther und Ölen leicht löslich sind, bei 79° schmelzen und bei 217 bis 218° sieden. Dem Naphthalin kommt folgende Konstitution zu:

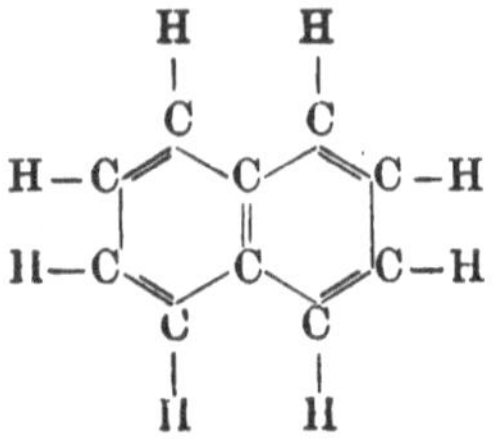

oder einfacher

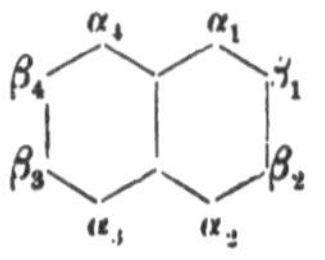

oder

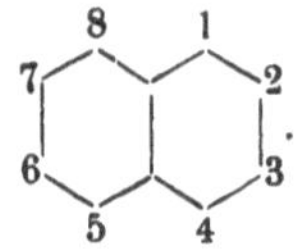

In den Derivaten bezeichnet man die Stellung substituierender Gruppen nach obigem Schema mit Ziffern oder griechischen Buchstaben.

Petroleum

Neben den aus Teer gewonnenen aromatischen Kohlenwasserstoffen finden auch neuerdings Kohlenwasserstoffe der Fettreihe, besonders mineralische Kohlenwasserstoffgemische aus dem natürlichen Steinöl, dem Petroleum, direkt oder indirekt Anwendung als Ausgangspunkt für die Sprengstoffindustrie. Das Petroleum existiert in zwei Hauptsorten, als amerikanisches (pennsylvanisches) und russisches (kaukasisches) Petroleum. Das erstere besteht fast ausschließlich aus den gesättigten Kohlenwasserstoffen der Fettreihe C_nH_{2n+2}, das zweite aus hydrogenisierten aromatischen Kohlenwasserstoffen von der Formel C_nH_{2n} und Naphthenen, während eine dritte Sorte, das deutsche Petroleum (Tegernsee und Ölheim) eine Mischung von gesättigten Fettkohlenwasserstoffen und Naphthenen darstellt. Das aus Galizien und Rumänien stammende Ozokerit ist fast reines Paraffin.

1. Das amerikanische Petroleum ist ein dickes Öl, dessen Dichte von 0·78 bis 0·92 variiert, und das sich darum leicht durch Destillation in die einzelnen Paraffinkohlenwasserstoffe trennen läßt. Man erhält der Reihe nach folgende Fraktionen:

a) Kohlenwasserstoffe des Propans, Butans und Pentans in Form schwierig kondensierbarer Gase und Dämpfe.

b) Leichtöle, zwischen 45 und 70° siedend und einer Dichte von 0,665, bestehend aus Kohlenwasserstoffen des Pentans, Hexans und Heptans, die sehr entzündlich sind und mit Luft explosive Gemische bilden — bekannt unter dem Namen Petroläther.

c) Leichtöle, zwischen 70 und 120° siedend, von der Dichte

0·70 bis 0·74, aus Isomeren des Hexans, Heptans und Octans bestehend, die das Benzin des Petroläthers bilden.

d) Kerosin, zwischen 150 bis 280° übergehend, von der Dichte 0·78 bis 0·81, welches nach der Rektifikation das raffinierte oder Lampen-Petroleum liefert. Dieses Produkt, das in kommerzieller Beziehung den wichtigsten Teil des Rohpetroleums darstellt, ist das Leuchtöl, welches aus Nonan, Decan und höheren Kohlenwasserstoffen besteht; es siedet gegen 175° und soll unter 35° keine entflammbaren Dämpfe abgeben.

e) Schweröle, zwischen 300 bis 400° destillierend, bestehend aus einer Mischung flüssiger, stärker kondensierter Kohlenwasserstoffe als die vorhergehenden. Dichte 0·84 bis 0·88. Verwendung zu Schmierölen.

f) Paraffin, das sich nach dem Abkühlen bei der vorhergehenden Operation absetzt, hierauf gesammelt und von dem anhaftenden Öl befreit, als weißer Kuchen erhalten wird. Es ist ein durchsichtiger, kristallinisch aussehender Körper von der Dichte 0·84, der gegen 45° schmilzt, wenn er rein ist, dessen Schmelzpunkt im unreinen Zustande jedoch zwischen 40 und 60° variieren kann. Paraffin ist ein gesättigter aliphatischer Kohlenwasserstoff, ungefähr von der Formel $C_{24}H_{50}$, welcher gegen 300° siedet, aber schon vorher brennbare Dämpfe abgibt. Paraffin ist der Einwirkung anorganischer Säuren kaum oder nur sehr schwer und unter besonderen Bedingungen zugänglich; es findet aber für sich Anwendung bei der Herstellung von Pulvern und Sprengstoffen, Astralit und Cheddit z. B., da es, ähnlich festen Fetten, die pulverisierten Nitratkörner lackartig zu überziehen und diese gegen Luftfeuchtigkeit zu schützen vermag; ferner wird es zum Überziehen größerer und kleinerer Sprengkörper verwendet, indem man diese in flüssiges Paraffin taucht und mit einer gleichmäßigen Schicht bedeckt herauszieht.

g) Teerigen Rückstand.

Wird die Destillation vor der vollständigen Abscheidung des Schweröls unterbrochen, so erhält man bei langsamer Verdunstung ein salbenähnliches Gemisch von Kohlenwasserstoffen — das Vaselin, welches in vielen Sprengstoffmischungen als verbrennlicher und einhüllender Bestandteil gegen Feuchtigkeit schützt. Amerikanisches Vaselin schmilzt zwischen 37 und 38°; es ist ausgezeichnet durch sein großes Lösungsvermögen für Flüssigkeiten und feste Körper, wie Schwefel, Paraffine u. v. a.

2. Das russische Petroleum oder die Rohnaphtha hat folgende Zusammensetzung:

Kohlenwasserstoff, bzw. Fraktion	Auf 100 Teile Naphta %	Destillationstemperatur	Dichte
Benzol	1	100°	0·725
Gasolin	3	120—130°	0·775
Kerosin	27	150°	0·83—0·84
Masutt	65—69	—	0·878—0·900

Die ersten drei Bestandteile, das Benzol, Gasolin und Kerosin werden sukzessive durch Destillation erhalten; gegen 250° unterbricht man dann die Destillation und sammelt den Rückstand als Masutt. Das Masutt wird mit Schwefelsäure gereinigt und kann zur Herstellung von Chloratpulvern — Prometheus z. B. — verwendet werden.

2. Gewinnung der Phenole.

Das Phenol (Benzophenol, Karbolsäure) von der Formel $C_6H_5 \cdot OH$, wegen seiner sauren Eigenschaften auch Karbolsäure genannt, wird noch meistens aus dem Steinkohlenteer gewonnen, und zwar vor allem aus der mit Karbolöl bezeichneten Fraktion von 210 bis 250°. Die Fraktion wird mit Natronlauge behandelt, die Phenole gehen in Lösung, worauf der unangegriffene Teil der Öle von der alkalischen Lösung getrennt wird. Auch aus dem Leichtöl der Steinkohlenteerdestillation wird Phenol gewonnen, und zwar wird das Leichtöl zu diesem Zwecke meistens mit dem Karbolöl vereinigt. Die Menge der zu verwendenden Natronlauge wird durch einen Vorversuch ermittelt; man benutzt meistens eine schwache Lauge vom spez. Gewicht 1·09 bis 1·095. Die Mischung des Öles mit der Lauge geschieht entweder durch mechanisches Rühren oder durch Einblasen eines fein verteilten Luftstromes. Durch einen Dampfstrom wird die so erhaltene Lösung von Phenolnatrium von sonstigen Bestandteilen (wie Naphthalin z. B.) befreit und dann mit CO_2 oder mit H_2SO_4 zersetzt. Der Kohlensäure gibt man indessen den Vorzug, da man Rauchgase statt reiner CO_2 einleiten kann und Soda als Nebenprodukt erhält. Die so gewonnene Karbolsäure wird hierauf mehrfach mit Wasser gewaschen und kommt dann als rohes Phenol in den Handel, häufig aber erst nach nochmaliger Destillation, wobei die Fraktion zwischen 175 und 210° aufgefangen wird. Dieses Rohphenol hat das spezifische Gewicht 1·045 bis 1·065 und enthält neben Kresolen und anderen Homologen nur etwa 40% Phenol. Zur Reinigung destilliert man das Rohphenol entweder mehrfach oder unter Anwendung von Dephlegmatoren bis die Hauptfraktion (180 bis 205°) beim Abkühlen auf 8 bis 10° kristallisiert erstarrt. Die Mutterlauge läßt man entweder aber ablaufen oder entfernt sie durch Zentrifugieren.

Das auf diese Weise dargestellte Phenol enthält noch Kresole. Zur Entfernung der letzteren verflüssigt man die Masse durch Zusatz von 12 bis 15% Wasser und kühlt auf -8 bis -10^{0} ab, wobei sich ein Hydrat des Phenols rein abscheidet, während das gleichzeitig gebildete Hydrat des o-Kresols erst bei -20^{0} erstarrt, also hier noch flüssig bleibt. m- und p-Kresol bilden überhaupt keine Hydrate und bleiben ebenfalls flüssig. Durch Zentrifugieren wird die Kristallmasse von der Lauge getrennt und dann durch Destillation 99%ige Karbolsäure erhalten. Bei Wiederholung des Verfahrens resultiert chemisch reines Phenol; die letzte Destillation wird dabei vorteilhaft im Vakuum vorgenommen.

Das Phenol wurde im Jahre 1834 von Runge im Steinkohlenteer entdeckt und gehört heute zu den wichtigsten Erzeugnissen der Teerprodukten-Industrie. So reichlich verhältnismäßig das Phenol im Steinkohlenteer enthalten ist, so bereitet seine Isolierung daraus doch ziemliche Schwierigkeiten, und es hat schon seit längerer Zeit an Versuchen und Anstrengungen, das Phenol synthetisch darzustellen, nicht gefehlt. In neuester Zeit gewinnt denn die synthetische Darstellung der Karbolsäure mehr und mehr an Bedeutung, einesteils wegen des niedrigen Preisstandes des Benzols, das als Ausgangsprodukt dient, andernteils wegen des hohen Reinheitsgrades des künstlichen Produkts. Der synthetische Bildungsprozeß des Phenols vollzieht sich in zwei Phasen:

1. Gewinnung von Benzolsulfonsäure durch Einwirkung von rauchender Schwefelsäure auf Benzol

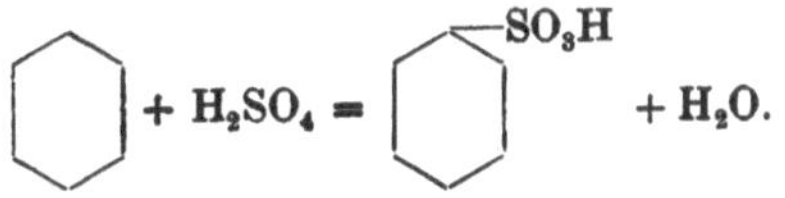

2. Verschmelzen von benzolsulfosaurem Natrium mit Ätznatron zu Phenolnatrium

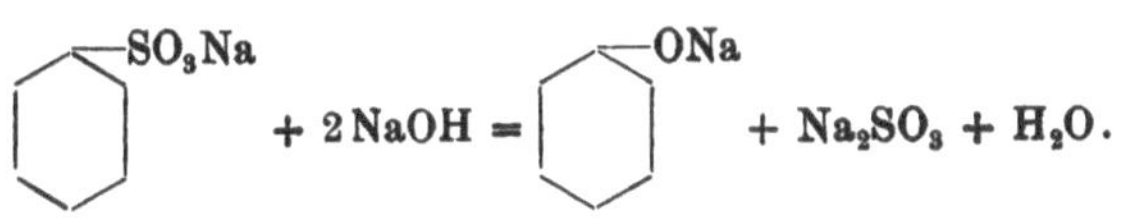

Man verschmilzt gewöhnlich 200 kg benzolsulfosaures Natrium mit 100 kg Ätznatron im eisernen Kessel; aus dem Phenolnatrium läßt sich das Phenol selbst durch Säuren leicht abscheiden.

Phenol ist in rohem Zustand ein braunes, durchdringend riechendes Öl, in reiner Form dagegen bildet es große, farblose

Nadeln vom Schmelzpunkt 39 bis 41°. Siedepunkt 180 bis 181°. Phenol ist löslich in 15 Teilen Wasser, mischbar mit Alkohol, Äther, Benzol und ätherischen Ölen. Es wirkt stark antiseptisch und ist in konzentriertem Zustand höchst ätzend und giftig.

Anisol, Methylphenyläther, $C_6H_5OCH_3$, wird technisch dargestellt durch Überleiten von Methylchlorid CH_3Cl über trocknes, in einer Röhre befindliches und auf 190 bis 200° erhitztes Natriumphenylat, C_6H_5ONa. In reinem Zustande ist Anisol eine angenehm ätherisch riechende Flüssigkeit vom Schmelzp. 154° und dem spez. Gew. 1·0110 bei 0°.

Kresole von der Formel $C_6H_4 \cdot (OH) \cdot CH_3$ sind Methylphenole und existieren in drei isomeren Formen:

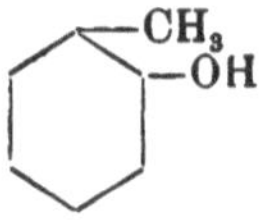

o-Kresol
F.P. 31°
S. P. 185°

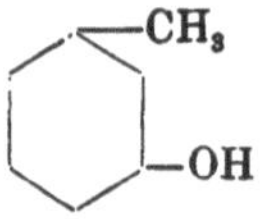

m-Kresol
F.P. 4°
S. P. 201°

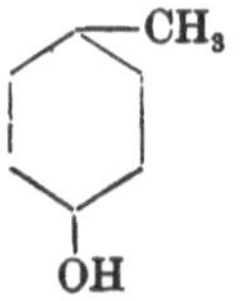

p-Kresol
F.P. 36°
S. P. 199·5°

Alle drei Kresole sind im Steinkohlenteer neben Phenol in relativ beträchtlicher Menge enthalten (bis zu 3 % des Teers), ohne daß eines der Isomeren gerade in erheblich größerem Betrage als die andern zugegen wäre. Im Braunkohlenteer bilden die Kresole einen noch erheblicheren Bruchteil als im Steinkohlenteer; vorwiegend findet sich da das m-Kresol, in geringer Menge das p-Kresol, während das o-Produkt einen ganz unbedeutenden Anteil hat. — Das Rohkresol, das alle drei Isomeren enthält, wird, wie bereits schon beim Phenol angedeutet worden ist, bei der Darstellung und Reinigung des Benzophenols gewonnen. Es fällt da als dunkel gefärbte, ölige Flüssigkeit ab und kommt gewöhnlich destilliert als nur schwach gelb gefärbte Flüssigkeit vom Siedepunkt 185 bis 210° in den Handel. — Eine Trennung des Steinkohlenteer-Kresolgemisches in die Isomeren findet im gewöhnlichen Betriebe der Teerdestillationen nicht statt. Mit der Isolierung der einzelnen Kresole beschäftigen sich mehrere Patentverfahren. Nach einem derselben kann das o-Kresol durch Ausfrieren abgeschieden werden; ein anderes Verfahren zur Isolierung von o-, m- und p-Kresol beruht auf der verschiedenen Löslichkeit der m- und p-Kresolsulfosäuren in konzentrierter Schwefelsäure; o-Kresol wird durch fraktionierte Destillation abgetrennt. Ein neues patentiertes Verfahren bewirkt die Trennung von p- und m-Kresol mittels Oxalsäure, nachdem das o-Derivat vorher durch Ausfrieren abgeschieden worden ist. Das D.R.P. 152652 (der chemischen Fabrik Ladenburg, datiert vom 11. Februar 1903 ab) zur Herstellung des technisch wichtigsten Kresols, des m-Derivats, gründet sich auf die erheblich schwerere Löslichkeit des neutralen Ca-Salzes des m-Kresols im Vergleich zu dem entsprechenden Salz des p-Kresols: man sättigt Rohkresol mit $Ca(OH)_2$ bis zur Bildung der neutralen Salze, läßt kristallisieren, trennt die an m-Kresolcalcium reichen Kristalle von der an p-Kresolcalcium reichen Mutterlauge und wiederholt die Behandlung. So läßt sich denn heute, sei es nach der einen oder andern Trennungsmethode, technisch beinahe reines m-Kresol vom Siedepunkt 200 bis 201·5° herstellen.

o-Kresol bildet farblose Kristalle, die in Alkohol und Äther leicht, in Wasser aber kaum löslich sind. m-Kresol ist flüssig und erstarrt schwer. p-Kresol bildet dagegen wieder farblose Prismen.

3. Gewinnung der Amine.

Das Anilin von der Formel $C_6H_5 \cdot NH_2$, auch bekannt unter den Synonymen Phenylamin und Amidobenzol, ist im Jahre 1826 von Unverdorben bei der Destillation von Indigo entdeckt worden. Erst 1843 zeigte A. W. Hofmann, daß die aus dem Indigo erhältliche Base sowohl mit einem 1834 von Runge im Steinkohlenteer aufgefundenen und „Kyanol" genannten basischen Körper, wie auch mit dem „Benzidam" identisch ist, welch letzteres Zinin kurz zuvor durch Reduktion des Nitrobenzols dargestellt hatte.

Technisch wird das Anilin ausschließlich durch Reduktion von Nitrobenzol gewonnen. Das Nitrobenzol, auch Mirbanöl genannt, wird erhalten durch Nitrieren des Benzols gemäß der Gleichung:

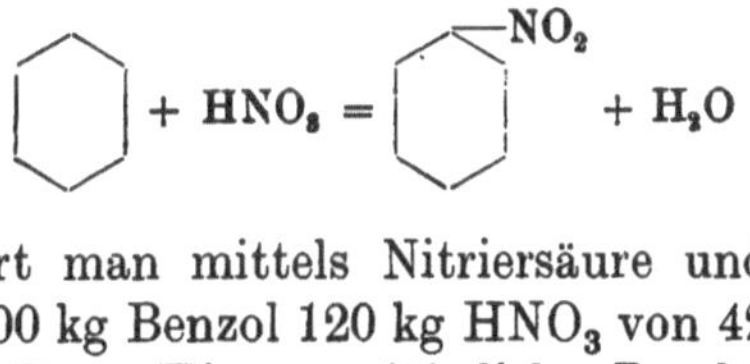

und zwar nitriert man mittels Nitriersäure und verwendet beispielsweise auf 100 kg Benzol 120 kg HNO_3 von 42° Bé und 180 kg H_2SO_4 von 66° Bé. (Eine ausführliche Beschreibung der Darstellung und der Eigenschaften des Nitrobenzols findet sich eingangs des dritten Abschnitts dieses Buches.)

Reines Nitrobenzol bildet eine farblose, bittermandelartig riechende, in Wasser unlösliche Flüssigkeit vom spez. Gewicht 1·209, die bei +3° erstarrt und bei 205° siedet.

Die Reduktion des Nitrobenzols zum Anilin vollzieht sich nach der Gleichung

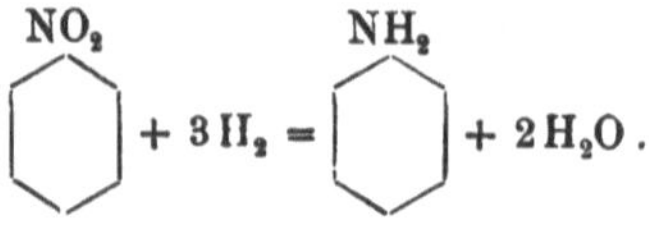

Als Reduktionsmittel wird in der Technik fast ausschließlich Eisen in Form gemahlener Gußeisenspäne und verdünnte Salzsäure angewendet. Die Reduktion wird in gußeisernen Rührapparaten vorgenommen, die durch Dampf erhitzt werden und mit Rückflußkühler versehen sind. Nach Beendigung der Reaktion wird die Säure durch Kalk neutralisiert und das Anilin mit gespanntem Wasserdampf abgetrieben; zur vollständigen Reinigung wird es noch einmal destilliert. Die Rektifikation geschieht heute ganz allgemein im Vakuum. — Neben dieser allgemein üblichen Darstellungsmethode des Anilins existieren mehrere neue Verfahren, die auf sehr verschiedenen Prinzipien beruhen. Nach dem D.R.P. 139457 leitet man über eine auf 300 bis 400° erhitzte Schicht von reduziertem Kupfer Dämpfe von Nitrobenzol, gemischt mit überschüssigem Wasserstoff (z. B. in Form von Wassergas); es tritt glatte Reduktion zu Anilin ein. Andere ebenfalls patentierte Verfahren bewirken die Reduktion auf elektrolytischem Wege: der Nitrokörper wird in Gegenwart von Metallsalzen, die sich gleichzeitig an der Kathode niederschlagen, elektrolytisch in die entsprechenden Amine übergeführt. Bei Benutzung von Kupfersalzen soll man mit dieser Methode Ausbeuten von 80 bis 90% erzielen. — Nach dem D.R.P. 204951 der Aktiengesellschaft für Anilinfabrikation in Berlin, datiert vom 10. Dez. 1907 ab, erhält man Anilin direkt aus Chlorbenzol, wenn man dieses mit Ammoniaklösung in Gegenwart von Kupfersalzen unter Druck erhitzt.

Reines Anilin ist eine stark lichtbrechende, farblose Flüssigkeit vom spez. Gewichte 1·0265 und dem Siedepunkt 182°. Es ist mit Wasserdämpfen flüchtig und leicht löslich in Alkohol, Äther und Benzol. — In größerem Maßstabe als das reine Anilin finden in der Technik die sogenannten „Anilinöle" Verwendung. Es sind das unreine Produkte, die je nach der Beschaffenheit des verwandten Nitrobenzols verschieden sind. Man unterscheidet:

1. „Anilinöl für Blau" oder „Blauanilin". Fast reines Anilin; spez. Gewicht 1·034 bis 1·036; Siedep. 180 bis 190°.

2. „Anilinöl für Rot" oder „Rotanilin". Gemisch von nahezu 1 Teil Anilin mit 2 Teilen p- und o-Toluidin; Siedep. 190 bis 198°.

3. „Anilinöl für Safranin". Ein Gemisch von 35 bis 50% Anilin und 65 bis 50% o-Toluidin, das von der Fuchsinschmelze abdestilliert wird.

Methylanilin, $C_6H_5 \cdot NH \cdot CH_3$, wird technisch dargestellt durch Erhitzen von Anilinsalz mit Methylalkohol auf 200°:

$$C_6H_5 \cdot NH_2 \cdot HCl + CH_3 \cdot OH = C_6H_5 \cdot NH \cdot CH_3 + HCl + H_2O.$$

Die Reaktion wird in Autoklaven mit emailliertem Gußeisen und unter Druck ausgeführt. Neuere Patente beschäftigen sich mit der elektrolytischen Darstellung dieser Base. — Methylanilin ist eine farblose Flüssigkeit vom Siedep. 191°.

Dimethylanilin, $C_6H_5 \cdot N(CH_3)_2$, wird technisch nach zwei verschiedenen Methoden gewonnen. Nach der einen verfährt man wie bei der Darstellung von Monomethylanilin, nur unter Verwendung der doppelten Menge Methylalkohol und unter Zusatz von wenig konzentrierter Schwefelsäure:

$$2\,CH_3OH + C_6H_5 \cdot NH_2 \cdot HCl = C_6H_5N(CH_3)_2 \cdot HCl + 2\,H_2O.$$

Nach der anderen Methode läßt man Chlormethyl auf Anilin einwirken, und zwar erhitzt man dann ein Gemisch von Anilin und NaOH in einem Rührautoklaven unter 5 bis 6 Atmosphären auf 100° und gibt Chlormethyl in berechneter Menge unter stetem Umrühren dazu:

$$C_6H_5 \cdot NH_2 + 2\,CH_3Cl + 2\,NaOH = C_6H_5N(CH_3)_2 + 2\,NaCl + 2\,H_2O.$$

Nach der Reaktion wird das Dimethylanilin mit Wasserdampf abgetrieben und durch nachfolgende Rektifikation gereinigt.

Gutes Dimethylanilin, wie es z. B. von der Badischen Anilin- und Sodafabrik in technisch höchster Reinheit geliefert wird, soll innerhalb 1 bis $1^1/_4$° sieden. Es soll eine farblose Flüssigkeit vom Siedepunkt 190° darstellen mit einem spez. Gewicht von 0·9567 bei 23° und 734·5 mm.

Das Diphenylamin, $(C_6H_5)_2NH$, wurde 1864 von A. W. Hofmann entdeckt. Diese Base, welche gegenwärtig in großen Mengen für die Farbenindustrie fabriziert wird, bildet sich in reichlichem Maße beim Erhitzen von Anilin mit Anilinchlorhydrat im Autoklaven zwischen 210 und 240°:

$$C_6H_5 \cdot NH_2 + C_6H_5 \cdot NH_2 \cdot HCl = C_6H_5 \cdot NH \cdot C_6H_5 + NH_4Cl.$$

Das Reaktionsprodukt wird erst mit Salzsäure, dann mit viel Wasser behandelt, wobei sich das zuerst gebildete Diphenylaminchlorhydrat wieder zersetzt und die freie Base als bald erstarrendes Öl obenauf schwimmt. Man hebt sie ab, wäscht aus und rektifiziert durch fraktionierte Destillation. — Diphenylamin kristallisiert in farblosen Blättchen vom Schmelzpunkt 54°; Siedep. 310°.

Es ist fast unlöslich in Wasser, dagegen leicht löslich in Alkohol, Äther und Benzol.

Prüfung und chemische Untersuchung der einzelnen Ausgangsprodukte.

Wertbestimmung des Benzols. Die technische Prüfung umfaßt gewöhnlich die Bestimmung des spezifischen Gewichtes, die fraktionierte Destillation und die Nitrierungsprobe. Handelt es sich um eine genauere Bestimmung, so muß vor allem der Schwefelkohlenstoff entfernt werden; denn er verschleiert den wahren Gehalt an Benzol, indem er das spezifische Gewicht des Rohbenzols erhöht und am Anfange der Destillation den Siedepunkt bedeutend erniedrigt. Nach Nickels wird der Schwefelkohlenstoff in Form von Kaliumxanthogenat aus dem Benzol entfernt; die Methode ist folgende: man behandelt Benzol zweimal mit 10 Volumprozenten einer heiß gesättigten Lösung von Kalihydrat in absolutem Alkohol, schüttelt zwei Stunden, filtriert den Niederschlag von xanthogensaurem Kali ab, beseitigt den Alkohol aus dem Filtrate durch zweimaliges Waschen mit seinem eigenen Volumen Wasser, entfernt das im Benzol suspendierte und gelöste Wasser durch Schütteln mit etwas Gips und destilliert wie gewöhnlich. Reines Benzol soll die Dichte 0·884 besitzen.

Nach dieser Reinigung kann nun die fraktionierte Destillation erfolgen; sie wird ausgeführt wie folgt: Man benutzt 100 cm³ Benzol und destilliert dieselben in einem gewöhnlichen Fraktionierkölbchen mit seitlichem Ansatz so langsam, daß alle Sekunden 2 Tropfen übergehen. Das Thermometer soll so in das Kölbchen eingesetzt werden, daß sich die Kugel gerade unterhalb des seitlichen Ansatzrohres befindet. Man fängt das Destillat in einem Meßzylinder auf; bei eben erreichter jeweiliger Siedegrenze entfernt man die Flamme unter dem Kölbchen, läßt das im Kühlrohr befindliche Destillat ablaufen, liest die übergegangenen Volumprozente am Meßzylinder ab und fährt dann mit dem Erhitzen weiter fort. Die folgende Tabelle mag eine Übersicht geben; es destillieren z. B. von 100 Volumen Benzol von:

	30 %	50 %	90 %
bis 80°	0 %	0 %	25 %
90	2	4	70
95	12	26	83
100	30	50	90
105	42	62	94
110	70	71	97
115	82	82	98
120	90	90	99

Die Nitrierungsprobe endlich hat den Zweck, die aliphatischen Kohlenwasserstoffe im Benzol zu ermitteln. Hierzu werden 100 g Benzol mit 250 g Nitriersäure (einem Gemische von gleichen Teilen 66°iger Schwefelsäure und 48°iger Salpetersäure) bei einer 30° nicht übersteigenden Temperatur nitriert, dann aus dem rohen Nitrobenzol, nachdem dieses von der Abfallsäure getrennt und mit Natronlauge neutralisiert worden ist, durch Einleitung von Wasserdampf die nicht nitrierten Anteile so lange abdestilliert, bis eine Probe des Destillats im Wasser untersinkt. Das erhaltene Öl wird nach der Trennung von mitdestilliertem Wasser in einem engen, kalibrierten Zylinder von 50 cm^3 Inhalt so lange unter zeitweiligem vorsichtigem Umschütteln mit Nitriersäure (ca. 15 bis 40 cm^3) versetzt, als noch das Volum des Öles abnimmt. Die Nitriersäure löst darin noch enthalten gewesenes Benzol und Nitrobenzol; die Fettkohlenstoffe bleiben dabei unverändert, schwimmen auf der Säure und lassen sich direkt in Volumprozenten ablesen. Das gefundene Quantum ist als 60 % von den wirklich vorhandenen Fettkohlenwasserstoffen anzunehmen, was bei der Berechnung zu berücksichtigen ist. — Diese Bestimmung wird indessen nur ausgeführt, wenn die Reinigungsprobe größere Mengen aliphatischer Kohlenwasserstoffe vermuten läßt.

Prüfung des Toluols.

Die Untersuchung ist im allgemeinen dieselbe wie beim Benzol, da das Handelstoluol qualitativ so ziemlich die gleichen verunreinigenden Begleitsubstanzen enthält. Schwefelkohlenstoff wirkt hier ebenso störend auf das spezifische Gewicht des Toluols wie beim Benzol; er wird mit alkoholischem Kali, gemäß der Gleichung

$$CS_2 + KOH + C_2H_5OH = CS(OC_2H_5)SK + H_2O,$$

wie oben angeführt wurde, als Kaliumxanthogenat abgeschieden.

Manche in dieser und anderer Beziehung sonst gut befundene Toluole können bis zu 0·5 % nichtnitrierbare Kohlenwasserstoffe enthalten, besonders seitdem neuerdings viel Toluol aus Ölgasteer im Handel zirkuliert und auch Verfälschungen mit Petroleumkohlenwasserstoffen nicht selten sind; diese Verunreinigung ist für die Weiterverarbeitung sehr lästig, um so mehr, als die Paraffinkohlenwasserstoffe im Toluol noch schädlicher als im Benzol sind und durch die Siedepunkte überhaupt nicht angezeigt werden. Auch das spezifische Gewicht erweist sich als ein ganz trügliches Erkennungsmittel; und obgleich das Vorhandensein von Fettkohlenwasserstoffen, von Petroleumnaphta z. B., sich im Toluol, dessen spez. Gewicht 0·872 beträgt, unzweideutig durch eine bemerkbare Erniedrigung der Dichte desselben verraten müßte, so können schon geringe Mengen des schweren Schwefelkohlenstoffs den Fehler kompensieren. — Zur qualitativen Ermittlung der Fettkohlenwasserstoffe schüttelt man gleiche Volumina Toluol und Schwefelsäure vom spez. Gewicht 1·84: bei reinem Toluol scheiden sich die Schichten sofort beim Stehenlassen, die Säure ist farblos oder schwach braun und bleibt so während 24 Stunden; sind aber Fettkohlenwasserstoffe zugegen, so bilden sich Emulsionen, die sich in 5 bis 10 Minuten scheiden; die Säure färbt sich hellorange, nach einer Stunde oberflächlich grün und nach 24 Stunden durchweg grün bis schwarz. Die Nitrierprobe zur quantitativen Bestimmung der Fettkohlenwasserstoffe wird beim Toluol etwas anders ausgeführt als beim Benzol. Das zu untersuchende Produkt (am besten 1 kg) wird in einem Kolben mit Rückflußkühler mit Salpetersäure vom spez. Gewicht 1·45 behandelt und nach beendeter Reaktion in eine enge graduierte Röhre gegossen, wo dann das Volumen der oben schwimmenden Schicht unveränderten Öles direkt abgelesen werden kann.

Zur Bestimmung der Thiophene, den lästigen, schwer zu beseitigenden Schwefelkohlenwasserstoffen, die sowohl im Benzol wie im Toluol fast ständig vorkommen, hat Denigès eine volumetrische Methode angegeben. Er schüttelt in einer 60 cm³ fassenden verschlossenen Flasche 20 cm³ Quecksilberlösung (hergestellt durch Auflösen von 50 g HgO in 200 cm³ konzentrierter Schwefelsäure und Zusatz von 1 Liter Wasser) mit 2 cm³ Benzol und erwärmt $^1/_4$ Stunde im kochenden Wasserbade unter Umschütteln. Nach dem Erkalten filtriert man den Niederschlag auf ein gewogenes Filter, wäscht mit heißem Wasser und trocknet bei 110 bis 115°. Das Gewicht des Niederschlages, multipliziert mit 0·0758, ergibt die Menge des vorhandenen Thiophens.

Für reines Toluol des Handels dürfen folgende Erfordernisse gelten. Es soll innerhalb 1° überdestillieren; mit dem gleichen Volumen konzentrierter Schwefelsäure längere Zeit geschüttelt, darf keine Färbung auftreten. Schüttelt man aber 90 cm³ des Toluols mit 10 cm³ Salpetersäure von 1·44 in einem hohen, mit Glasstopfen versehenen Zylinder einige Minuten lang, so darf sich die Salpetersäure nur rot färben, muß aber völlig klar und durchsichtig bleiben.

Prüfung der Xylole.

Reines, mit Schwefelsäure gut gewaschenes Xylol darf sich mit konzentrierter Schwefelsäure nur hellbraun färben, und wegen der Gedrängtheit der Siedepunkte der drei isomeren Xylole (Siedep. der p-Verbindung 137°, der m-Verbindung 139° und der o-Verbindung 142°) sollen

bis 138°	10%
„ 139°	70%
„ 140°	88%
„ 140·5°	90%

des Produktes abdestillieren.

Prüfung des Naphthalins.

Das Naphthalin des Handels ist fast chemisch rein; es muß völlig weiß sein, sich ohne Rückstand verflüchtigen, genau bei 79° schmelzen und nahezu innerhalb eines Thermometergrades überdestillieren. Im Benzin soll es sich zu einer wasserhellen, ungefärbten Flüssigkeit lösen; der Luft und dem Licht ausgesetzt, darf es sich nicht gelb färben und beim Auflösen in reinster konzentrierter Schwefelsäure dieser nur eine schwach rosarote Färbung erteilen. — Unreinem Naphthalin sind gewöhnlich Phenol und Chinolinbasen beigemengt.

Wertbestimmung des Phenols (Karbolsäure).

Im Handel ist für Phenol der Erstarrungspunkt allein maßgebend. Ganz reines Phenol darf nicht unter 38 bis 39° schmelzen, während technische Produkte schon etwa gegen 30° schmelzen und zwischen 183 und 186° sieden (Siedep. des reinen Phenols 180 bis 181°); reinere Karbolsäure zeigt einen Schmelzpunkt von 35 bis 38°. Im reinsten Zustande muß Phenol in 15 Teilen Wasser vollständig klar löslich und beim Erhitzen ohne Rückstand flüchtig sein. Geringe Beimengungen von Kresol erniedrigen den Schmelzpunkt und die Löslichkeit bedeutend; ebenso drückt ein Wassergehalt auf den Schmelzpunkt.

Für die Gehaltsbestimmung der rohen Karbolsäure ist folgende Methode allgemein üblich: Man schüttelt 10 Volumen des Rohproduktes mit 90 Volumen Natronlauge vom spez. Gewicht 1·079 längere Zeit; nach erfolgter Scheidung und Klärung der Schichten stellt man die Menge des abgeschiedenen Öles als „Nichtphenole" in Rechnung. Hierauf wird die Phenolnatriumlösung von dem darüberstehenden Öl getrennt und mit Salzsäure bis zur sauren Reaktion versetzt; durch Zusatz von Kochsalz wird das noch in Lösung gebliebene Phenol ausgesalzen und das Volumen der abgeschiedenen rohen wasserhaltigen Karbolsäure abgelesen. Mit dem vorher bestimmten Volumen der Nichtphenole soll sich dann annähernd das zum Versuch verwandte

Gesamtvolumen an roher Karbolsäure ergeben. Trotz der mancherlei Fehler, die dieser Methode anhaften, wird sie in der Praxis doch allgemein benutzt.

Die quantitative Bestimmung des Phenols geschieht am besten durch Ausfällung des Phenols als Tribromphenol nach der von Lunge beschriebenen Methode. Die dazu erforderlichen Flüssigkeiten sind

1. eine Lösung von Natriumthiosulfat, welche genau einer 5 g Jod im Liter enthaltenden Lösung entspricht;
2. Stärkelösung;
3. Bromwasser von solcher Konzentration, daß 50 cm^3 nach der Zersetzung mit Jodkalium 18 bis 20 cm^3 der Thiosulfatlösung erfordern;
4. eine Lösung von Jodkalium, welche 125 g KJ im Liter enthält.

Man löst 4 g der zu prüfenden Karbolsäure in Wasser und verdünnt auf 1 Liter. 25 cm^3 von dieser Lösung pipettiert man in einen mit Glasstopfen versehenen Halbliterkolben, füllt ihn geschwind bis zur Marke mit Bromwasser, schließt ihn und schüttelt einige Zeit. Ehe man das Bromwasser zugibt, pipettiert man 50 cm^3 desselben in ein kleines, 5 cm^3 der Jodkaliumlösung enthaltendes Becherglas. Nach einer halben Stunde entleert man den Inhalt des Halbliterkolbens in ein großes Becherglas, welches schon 5 cm^3 der Jodkaliumlösung enthält und spült den Kolben zweimal in dasselbe Becherglas aus. Dann titriert man die Flüssigkeiten sowohl in dem kleinen wie in dem großen Becherglase, indem man gegen das Ende der Operation etwas Stärkelösung zusetzt und abliest, wenn die blaue Farbe nach ein paar Minuten nicht mehr wiederkehrt. — Wir haben also 25 cm^3 der Phenollösung angewendet, entsprechend 0·1 g des Phenols; dazu haben wir 475 cm^3 Bromwasser zugesetzt und wir haben 50 cm^3 des letzteren mit einer Thiosulfatlösung von angeführter Stärke titriert. Wenn wir die Zahl der für die 50 cm^3 Bromwasser erforderten Kubikzentimeter mit a und die für den Überschuß von Brom in den 25 cm^3 der Lösung verbrauchten Kubikzentimeter Thiosulfatlösung mit b bezeichnen, so gibt die Formel

$$(9{\cdot}5\,a - b)\;0{\cdot}61753$$

direkt den Prozentgehalt an Phenol in der Probe an.

Wichtig ist auch der Wassergehalt des Phenols; er kann indirekt als Differenz bei der quantitativen Bestimmung der Karbolsäure erhalten werden. Kristallisiertes Phenol enthält nämlich fast immer Wasser, ja selbst bis zu 5%; erst wenn der Gehalt auf 7 % steigt, beginnen sich die Kristalle zu verflüssigen. Man kann schon 1 % Wasser erkennen, wenn man das Phenol mit dem gleichen Volumen Chloroform oder Äther schüttelt, wodurch sich in diesem Falle eine milchige Flüssigkeit bildet. Eine direkte, genaue quantitative Bestimmung des Wassers läßt sich vornehmen, indem man das Phenol mit dem fünffachen Gewichte fein geschlemmten Bleioxydes schüttelt und bei 70 bis 80° bis zur Gewichtskonstanz trocknet.

Bestimmung des Kresols.

Ein erstes Verfahren, für die Bestimmung des Handelskresol ist durch Raschig[1] bekannt geworden und zwar betrifft dieses das m-Kresol in Kresolgemischen. Die Methode beruht auf der Eigenschaft des Kresolgemisches beim Behandeln mit einem Überschuß von Salpetersäure in der Hitze ausschließlich Trinitrometakresol zu liefern, während die beiden anderen Isomeren o- und p-Kresol vollständig zu Oxalsäure oxydiert werden. Das Trinitrometakresol, das fast ganz unlöslich in Wasser ist, kann leicht abgeschieden und bestimmt werden; die Hauptsache an dem Verfahren ist, daß, gleichgültig in welchem Mischungsverhältnis m-Kresol mit dem o- und p-Kresol stehe, die Menge des abgeschiedenen Trinitro-m-Kresols genau dem m-Kresolgehalt proportional ist. Dazu gehört erstens, daß man das Kresol vor dem Nitrieren sulforiert und dafür sorgt, daß der Sulfosäure auch nicht mehr die geringste Menge freien Kresols beigemischt ist, und zweitens, daß die Gesamtmenge der Sulfosäure möglichst schnell und bei Gegenwart eines Überschusses von Salpetersäure auf die Siedetemperatur des Gemisches, die zwischen 110 und 115° liegt, kommt.

Ausführung: Genau 10 g Kresol werden in einem kleinen Erlenmeyer-Kolben gewogen und mit 15 cm³ gewöhnlicher Schwefelsäure von 66° Bé gemischt. Der Kolben bleibt dann mindestens eine Stunde in einem durch Dampf geheizten Trockenschrank stehen. Alsdann gießt man seinen Inhalt in einen weithalsigen Kolben von etwa 1 Liter Fassungsraum und kühlt diesen unter Umschwenken an der Wasserleitung ab. Dabei legt sich die in der Wärme dünnflüssige Sulfosäure als dicker Sirup an die Wände des Literkolbens. — Nunmehr gießt man in den Erlenmeyerkolben, welcher als Sulfurierung diente und dem noch geringe Reste der Sulfosäure anhaften, zum Ausspülen dieser Reste 90 cm³ Salpetersäure von 40° Bé, bringt durch Umschwenken

[1] Zeitschr. f. ang. Chem. **1900**, 759.

die Sulfosäurerückstände in Lösung und gibt sodann dieses ganze Quantum Salpetersäure auf einmal in den Literkolben. Dann stellt man den Kolben sogleich unter einen Abzug, worauf nach ca. 1 Minute eine heftige Reaktion eintritt: der Inhalt des Kolbens kommt in lebhaftes Kochen, viele Dämpfe entweichen, die bis dahin klare Flüssigkeit trübt sich plötzlich, Öltropfen vom Trinitrokresol scheiden sich aus und sammeln sich am Boden, und nach 5 Minuten ist die ganze Reaktion beendet. Man läßt noch fernere 5 Minuten stehen, gießt dann den ganzen Kolbeninhalt in eine Schale, die bereits 40 cm^3 Wasser enthält, und spült mit weiteren 40 cm^3 nach. Bei diesem Mischen mit Wasser erstarrt das Öl zu einem Kristallbrei von Trinitro-m-Kresol. Dieser bleibt bis zum völligen Erkalten der Flüssigkeit mindestens 2 Stunden stehen, wird dann mit einem Pistill grob zerdrückt und auf ein papiernes Saugfilter gebracht. Das Filtrieren verläuft sehr schnell; man wäscht mit 100 cm^3 Wasser, trocknet mit dem Filter bei 95 bis 100° und wägt mit ihm, wobei man ein Filter von gleicher Größe als Gegengewicht benutzt. — Bei einiger Übung ist man in 5 Stunden fertig und kann leicht 10 bis 20 Analysen nebeneinander machen. Diese Methode gibt Werte bis zu einer Genauigkeit von 1%.

Das Verfahren von Raschig hat vor anderen den großen Vorteil, daß man durch direkte Bestimmung die Menge des m-Kresols erhält, und daß es auch bei geringem Phenolgehalt (bis zu 10%) anwendbar ist. Bei stark phenolhaltigen Kresolgemischen dagegen ist es nicht anwendbar, ebenso nicht bei Anwesenheit von Xylenolen. Ein anderes, von Hugo Ditz und F. Cedivoda[1] ausgearbeitetes Verfahren zur Bestimmung des m-Kresols beruht auf dem verschiedenen Bromaufnahmevermögen der isomeren Kresole und gestattet u. a. auch, in einem Gemische der drei isomeren Kresole das m-Kresol einerseits und die Summe von o- und p-Kresol anderseits zu bestimmen. Das Verfahren hat vor demjenigen Raschigs den Vorzug, daß es bei rascher Ausführung sehr genaue Resultate gibt, aber nur bei reinen, vollständig phenol- und xylenolfreien Kresolgemischen anwendbar ist. o- und p-Kresol nehmen je zwei Bromatome auf, wärend m-Kresol deren drei aufnimmt.

Ausführung: Man wägt ungefähr 1 g des wasserfreien Kresolgemisches ab, löst das ganze in Wasser event. unter Zusatz von etwas Natronlauge und bringt die Lösung auf 250 cm^3. Von dieser Lösung bringt man 25 cm^3 in zwei gut verschließbare

---

[1] Zeitschr. f. ang. Chem. 1900, 1051.

Stöpselflaschen, versetzt dieselben mit einer genügenden Menge der nach Koppeschaar bereiteten und gestellten Bromid-Bromatlösung, setzt hierauf 10 cm^3 Salzsäure (1:1) zu, schüttelt genau 1 Minute und fügt nun ca. 20 cm^3 einer bereit gehaltenen 5%-igen Lösung von Jodkalium zu. Nach 1stündigem Stehenlassen wird das ausgeschiedene Jod mittels Thiosulfat zurücktitriert und aus der verbrauchten Anzahl cm^3 Thiosulfat auf die aufgenommene Menge Brom geschlossen.

Bezeichnet x die Menge m-Kresol, y die Summe von o- und p-Kresol, a das Gewicht der Gesamtkresole und b das Gewicht des aufgenommenen Broms, so ergibt sich aus den zwei Gleichungen

$$x + y = a$$

und

$$\frac{3\,\mathrm{Br}\,x + 2\,\mathrm{Br}\,y}{108\cdot08} = b$$

die Menge des m-Kresols

$$x = a - y = a - \frac{2\cdot2195\,a - b}{0\cdot7397} = \frac{b - 1\cdot4798\,a}{0\cdot7397}.$$

Die nach diesem Verfahren ausgeführte Analyse eines selbst hergestellten Gemisches reiner Kresole ergab eine Genauigkeit von 0·5%.

Eine dritte Methode zur Bestimmung von m-Kresol (Zeitschrift f. angew. Chemie 1901, 157, Russig und Fortmann) ist nur eine Modifikation des Raschigschen Verfahrens; das Kresol wird hier ebenfalls sulforiert und dann nitriert und als Trinitro-m-Kresol bestimmt. Sie gibt etwas höhere Werte als die Methode von Raschig.

Prüfung und Bestimmung des Anilins.

Das Anilin kann leicht durch seinen Siedepunkt (182°), sein spezifisches Gewicht (1·0265), sowie durch das Verhalten seiner wäßrigen Lösung gegen Chlorkalk (violette Färbung) und am Schmelzpunkte der Acetylverbindung erkannt werden. — In dem Blauanilin, dem aus dem technisch reinsten Benzol dargestellten Anilin, das fast nur aus Amidobenzol besteht, müssen bei der Destillation bis 182° mindestens 90% übergehen. Eine Verunreinigung des Anilins mit Nitrobenzol oder Kohlenwasserstoffen kann quantitativ leicht bestimmt werden, wenn man eine abgemessene Menge Anilin in einem mit Glasstöpsel verschließbaren Meßzylinder mit verdünnter Salzsäure schüttelt; Nitrobenzol und Kohlenwasserstoffe bleiben hierbei ungelöst und können zu genauerer Untersuchung durch Äther aufgenommen werden.

Prüfung des Diphenylamins.

Das Handelsprodukt muß eine feste, schwach gelb gefärbte, nicht schmierige Masse darstellen, welche ziemlich den richtigen Schmelzpunkt hat, nicht unangenehm riecht und sich an der Luft nicht schnell bräunt. Mit Chlorkalk darf sich kein Anilin nachweisen lassen (Violettfärbung).

Dritter Abschnitt.

Übersicht über die Patente betreffs Herstellung von Nitrokörpern.

I. Aromatische Nitrokohlenwasserstoffe.[1]

D.R.P. 207170 vom 2. Febr. 1908. Schweiz. Pat. 48096 vom 27. Jan. 1909.

Chemische Fabrik Grünau Landshoff & Meyer, Akt.-Ges. in Grünau. — Verfahren zur Darstellung aromatischer Nitroverbindungen.

Nach diesem Verfahren wird die Nitrierung aromatischer Verbindungen statt mit Salpetersäure mit Stickstoffoxyden vorgenommen. Die nach einem besonderen Verfahren stark mit Luft verdünnten Stickoxyde werden zur Konzentration durch ein schwach basisches Oxyd, z. B. Zinkoxyd, absorbiert und dann durch Erhitzen der erhaltenen Verbindung, event. unter vermindertem Druck, wieder ausgetrieben. Das aus Stickstoffoxyd und basischem Zinkoxyd gebildete Salz wird in eine eiserne Röhre, welche in einem Luft- oder Sandbade liegt, gefüllt und langsam auf 290° erhitzt. Hiernach werden mit Luft gemischte Benzoldämpfe durch das Rohr geleitet, während die Temperatur weiter gesteigert wird. Bei 300° beginnt die Bildung von Nitrobenzol, welche bis auf 350° anhält. Bei höherer Temperatur treten Zersetzungen ein. Es wird ein Mononitrobenzol von größerer Reinheit als nach dem alten Verfahren gewonnen. Die Ausbeute entspricht fast quantitativ der angewandten Stickstoffoxydmenge. Das Zinkoxyd kann durch Überleiten neuen Stickoxydes in die ursprüngliche Stickstoffverbindung übergeführt werden. — Die Nitrierung von Toluol verläuft in gleicher Weise, nur liegt die Reaktionstemperatur um etwa 70° höher.

---

[1] Die Patente sind von den einfach nitrierten nach den höher nitrierten Verbindungen des Benzols und seiner Homologen angeordnet; innerhalb einer Nitrierstufe ist die Reihenfolge dann chronologisch.

D.R.P. 221787 vom 11. Juli 1907. Franz. P. 401679 vom 5. April 1909.

Saccharinfabrik, Akt.-Ges. in Salbke-Westerhüsen a. E. — Verfahren zur Darstellung von Nitrobenzol aus Benzol, Nitraten und Schwefelsäure.

Dieses neue Nitrierungsverfahren, das nur unter ganz besonderen innegehaltenen Bedingungen zu Nitrobenzol als Hauptprodukt führt, ist dadurch gekennzeichnet, daß man durch allmählichen Zusatzvon Schwefelsäure zu einem Gemisch von Benzol und Alkalinitrat möglichst schnell und bei möglichst niederer Temperatur eine Schicht geschmolzenen oder gelösten Bisulfats erzeugt, mit deren Hilfe man eine gleichmäßig verlaufende Nitrierung des Benzols bewirkt. Seine Ausführung wird durch folgendes Beispiel erläutert: In ein mit Heizvorrichtung versehenes Rührgefäß kommen 150 kg Natronsalpeter und 35 kg Benzol, die bei einer Temperatur von 60 bis 80° gerührt werden. Dann werden langsam noch hinzugefügt 150 kg etwa 90 bis 96%ige Schwefelsäure. Bei fortgesetztem Rühren bildet sich alsdann Nitrobenzol und Bisulfat, während die Temperatur auf etwa 100° steigt. Unter ständigem Umrühren werden nach und nach weitere 65 kg Benzol zugegeben und mit dem Rühren fährt man fort, bis sich beim Abstellen des Rührwerks zwei klare Schichten übereinander gelagert haben. Gegebenenfalls kann man in der letzten Phase noch etwas Wärme zuführen. Das Bisulfat wird von dem darüberschwimmenden klaren Nitrobenzol abgelassen und letzteres in bekannter Weise marktfähig gemacht. Ausbeute: 150 bis 154 kg gewaschenes oder 148 kg Reinnitrobenzol vom S.P. 96° bei 18 mm Druck. Der Vorteil dieses Verfahrens liegt darin, daß mit fast theoretischen Mengen der Komponenten eine nahezu theoretische Ausbeute erzielt wird.

Österreichisches Pat. 39581 vom 15. April 1909.

Dr. Josef Klimsch, Wien. — Verfahren zum Nitrieren von Glyzerin, Kohlehydraten und aromatischen Kohlenwasserstoffen.

Das Wesen dieser Erfindung besteht in einer Modifizierung der Nitriersäure durch Zusatz von Borsäure, wodurch die bei der Nitrierung entstehende Reaktionswärme gebunden und eine Temperaturerhöhung vermieden wird. Die Borsäure hat ferner die Eigenschaft, beim Auflösen in Salpetersäure so viel Wärme zu binden, daß bei Zusatz der Schwefelsäure die Mischsäure nicht gekühlt zu werden braucht und schließlich wird bei Gegensatz von Borsäure das bei der Nitrierung chemisch gebildete Wasser schneller mit der Schwefelsäure und zwar ohne besondere Wärmeentwicklung gebunden. — Zur Erzeugung von Nitrobenzol kann man Benzol mit etwa 3% Borsäure (auch mehr oder weniger) versetzen und dann wie gewöhnlich nitrieren oder auch mit Borsäure versetzter Milchsäure arbeiten.

D.R.P. 201623 vom 10. Juni 1906. Österr. Pat. 40964 vom 15. Juni 1909.

Farbwerke vorm. Meister, Lucius u. Brüning in Höchst a. M. — Verfahren und Vorrichtung zur Darstellung von aromatischen Mononitrokohlenwasserstoffen.

Das Verfahren besteht darin, daß man Kohlenwasserstoffe und Nitriermittel gleichzeitig und kontinuierlich einer Vorrichtung zuführt, welche aus einem langgestreckten oder mehreren hintereinander geschalteten, mit Schnellrührern und streckenweise angeordneter Kühl- und Heizvorrichtung versehenen Gefäßen und einem damit verbundenen, das Reaktionsgemisch aufnehmenden Entmischer besteht, aus dem die Nitrokohlenwasserstoffe und die Abfallsäure getrennt abgeführt werden.

D.R.P. 17876 vom 28. Juni 1881.

James Kendall in London. — Verfahren zur Herstellung von Dinitrobenzol aus Leuchtgas.

Das in der üblichen Weise gereinigte benzolhaltige Gas wird durch geeignete Gefäße hindurchgeschickt, die mit einer Mischung von 1 Teil Salpetersäure und 5 Teilen Schwefelsäure beschickt sind. Durch diese Mischung wird das in dem Gas vorhandene Benzol in Dinitrobenzol verwandelt, das in den angewendeten Gefäßen zurückbleibt.

D.R.P. 77353 vom 7. Nov. 1893.

Chem. Fabrik Griesheim. — Verfahren zur Herstellung von 1,3,5-Trinitrobenzol aus 1,2,4,6-Trinitrobenzoesäure.

Das Verfahren besteht darin, daß die Abspaltung des CO_2 in Form von Kohlensäure oder Karbonat geschieht, und zwar durch Schmelzen oder Sublimieren der Säure oder durch Erhitzen der Säure oder ihrer Salze mit Hydroxyden oder mit Wasser oder mit wasserhaltigen Lösungen. Bei Anwendung von Wasser scheidet sich das darin unlösliche Trinitrobenzol im Zustande völliger Reinheit ab.

D.R.P. 243721 vom 7. Juli 1910.

Sprengstoffwerke Dr. R. Nahnsen & Co., A.-G. in Hamburg. — Verfahren zur Herstellung von organischen Nitrokörpern, Halogenverbindungen und Säureestern, darin bestehend, daß als Kühlmittel der Reaktionsgemische die gegen Mischsäure, Nitrokörper, Halogenverbindungen und Säureester indifferenten gechlorten Kohlenwasserstoffe, wie Penta- und Tetrachloräthan, Tetrachlorkohlenstoff, Chloroform usw. an Stelle des gewöhnlich benutzten Wassers oder der Schwefelsäure verwendet werden.

D.R.P. 254754 vom 15. Juli 1909.

Dynamit-Akt.-Ges. vorm. Alfred Nobel & Co. in Hamburg. — Verfahren zur heißen Scheidung von Nitroverbindungen von den Abfallsäuren.

Bei der Herstellung hochnitrierter aromatischer Nitrokörper, z. B. Trinitrotoluol, Trinitroxylol, Trinitrokörper aus Solventnaphtha usw. ist man genötigt, sehr starke Nitriersäuren zu verwenden, um eine genügende Nitrierung des Nitriergutes zu erreichen. Infolgedessen erhält man auch Abfallsäuren mit verhältnismäßig geringem Wassergehalt, die in heißem Zustande eine so große Menge des Trinitrokörpers gelöst halten, daß eine heiße Scheidung unrationell und für den praktischen Betrieb nicht brauchbar ist. Die Trennung des fertigen Nitroproduktes von der Abfallsäure hat man bisher derart vorgenommen, daß die Nitriercharge nach beendeter Nitrierung in geeignete Gefäße gegeben und dort stehengelassen wird. Der Nitrokörper scheidet sich beim Erkalten in fester Form aus und bildet eine feste Kristallschicht auf der Abfallsäure.

Dieser Abscheidungsprozeß ist nicht zweckmäßig, es muß vielmehr das Bestreben dahin gehen, eine Ansammlung von Zwischenprodukten, die wegen ihrer Unreinheiten immer eine Gefahrenquelle bilden, zu vermeiden, und es muß Sorge getragen werden, daß eine sofortige Weiterbearbeitung der Zwischenprodukte auf die entsprechenden Endprodukte vorgenommen werden kann. Nun dauert aber in den Gefäßen die Abscheidung des Trinitrokörpers eine geraume Zeit, so daß stets große Mengen von nicht gereinigten Trinitrokörpern in Berührung mit Säuren vorhanden sind. Ferner ist auch die Zerkleinerung der auf der Abfallsäure gebildeten Kristalldecke des festen Trinitrokörpers zeitraubend und nicht ungefährlich. Diese Nachteile lassen sich in einfacher Weise dadurch beheben, daß man nach beendeter Nitrierung zur Nitriercharge Wasser gibt und nunmehr die Charge der heißen Scheidung unterwirft. Durch den Zusatz von Wasser wird die Abfallsäure so weit verdünnt, daß in ihr nur noch geringe Mengen des Trinitrokörpers verbleiben. An Stelle von Wasser kann man auch schwache Destillat-Schwefelsäure, schwache, sonst nicht weiter zu verwertende Salpetersäure usw. mit gleicher Wirkung verwenden; es muß dann von der betreffenden Säure so viel zugegeben werden, als einer gleichen Verdünnung mit Wasser entspricht.

Zur Veranschaulichung der Wirkung der Kombination von heißer Scheidung und Verdünnung seien die nachstehenden Versuche angegeben:

1000 kg Dinitrotoluol ergaben nach dem alten Verfahren an Trinitrotoluol ca. 990 kg,

bei heißer Scheidung ohne Verdünnung ca. 650 kg direkt flüssig geschieden, ca. 340 kg beim Erkalten = 990 kg kristallisiert;

bei heißer Scheidung mit 20 % Wasser ca. 980 kg direkt flüssig, ca. 20 kg nachgeschieden = 1000 kg;

bei heißer Scheidung mit 5% Wasser ca. 955 kg direkt flüssig, ca. 55 kg nachgeschieden = 1010 kg.

Zu diesen Zahlen ist zu bemerken, daß die nach dem neuen Verfahren direkt abgeschiedene flüssige Ausbeute die nach dem alten erzielte etwa erreicht, wobei aber die schließliche Gesamtausbeute die nach dem alten Verfahren gewonnene sogar übertrifft.

Patentanspruch: Verfahren zur Herstellung hochnitrierter aromatischer Nitrokörper, dadurch gekennzeichnet, daß nach beendeter Nitrierung zur Nitriercharge Wasser oder verdünnte Mineralsäure gegeben wird, und das Säure- und Nitrokörpergemisch der heißen Scheidung bei einer über dem Erstarrungspunkte der Nitroverbindung liegenden Temperatur unterworfen wird.

D.R.P. 237738 vom 8. Aug. 1909. Österr. Pat. 48343 vom 15. Juli 1910. Schweiz. Pat. 48473 vom 7. Aug. 1909. Franz. Pat. 405812 v. 7. Aug. 1909. Engl. Pat. 18281 v. J. 1909.

Dr. Vezio Vender in Mailand. — Verfahren zur Reinigung von Trinitrotoluol.

Nach diesem Verfahren wird das aus der Nitriersäure abgeschiedene Trinitrotoluol nicht wie bisher üblich aus Alkohol kristallisiert, sondern in dem eigenen Gewicht konzentrierter, am besten 100%iger Schwefelsäure bei 80 bis 100° gelöst und aus dieser Lösung durch Abkühlen, eventuell durch Verdünnung mit Wasser, ohne merklichen Verlust abgeschieden. Die hierbei gewöhnlichen Verunreinigungen, wie z. B. Dinitrotoluol, schmierige Substanzen usw., bleiben in der Schwefelsäure gelöst. Durch eine einzige Reinigung aus Schwefelsäure erhält man nicht nur ein viel reineres, sondern auch eine größere Ausbeute an reinem Produkt; zudem ist die Arbeitsweise viel billiger und sicherer. — Die Abscheidung des Trinitrotoluols aus der Schwefelsäure wird vorteilhaft unter starkem Rühren bewirkt, weil das Trinitrotoluol alsdann in feinen, gut zu reinigenden Kristallen abgeschieden wird. Es läßt sich dann durch Waschen mit alkalischem oder reinem Wasser entsäuern.

D.R.P. 127325 vom 8. März 1901.

Chemische Fabrik Griesheim-Elektron. — Verfahren zur Darstellung von Trinitrobenzoesäure aus Trinitrotoluol.

Es ist bekannt, daß man mit Chromsäure in Eisessig die Seitenketten aromatischer Verbindungen zur Carboxylgruppe oxydieren kann; versucht man aber, Trinitrotoluol in verdünnter Schwefelsäure oder in Eisessig als Lösungsmittel mit Chromsäure zu oxydieren, so findet man, daß hier die Reaktion nur sehr träge verläuft und in der Hauptsache zur vollständigen Verbrennung des Moleküls führt. — Es wurde nun gefunden, daß bei Verwendung von konz. Schwefelsäure diese Oxydation bei verhältnismäßig niedriger Temperatur leicht und glatt verläuft.

Beispiel: 40 Teile Trinitrotoluol werden mit 400 Teilen starker Schwefelsäure versetzt und unter Rühren 45 Teile Chromsäureanhydrid eingetragen, so, daß die Temperatur stets bei 40 bis 50° erhalten wird; nachdem alle Chromsäure eingetragen ist, wird bei dieser Temperatur noch einige Zeit gerührt und dann das Gemisch auf Eis gegossen. Die sich ausscheidende Trinitrobenzoesäure wird abfiltriert und läßt sich durch Lösen in verdünnter Natronlauge und Ausfällen mit Schwefelsäure leicht reinigen.

D.R.P. 234726 vom 18. Juli 1909.

Dr. Jacob Meyer in Groß-Lichterfelde West. — Verfahren zur Herstellung von symmetrischem Trinitrobenzol aus Halogentrinitrobenzol (Hal.:NO_2:NO_2:NO_2 = 1:2:4:6) besteht darin, daß man das Monohalogentrinitrobenzol mit Metall in neutralen Lösungsmitteln behandelt, z. B.: 25 kg Trinitrochlorbenzol, 8 kg fein verteiltes Kupfer, 250 Liter 95%iger Alkohol und 25 Liter Wasser werden 2 Stunden am Rückflußkühler in lebhaftem Sieden erhalten und heiß filtriert. Das Trinitrobenzol fällt sofort kristallinisch und in guter Ausbeute aus und ist nach dem Waschen mit Alkohol sofort rein.

Brit. Pat. 1407 vom Jahre 1890.

Dr. Martin Lange in Holland. — Verfahren zur Trennung der im Rohnitrotoluol enthaltenen Isomeren, insbesondere des o-Nitrotoluols vom p-Nitrotoluol.

Durch Behandlung des Rohnitrotoluols mit Sulfurierungsmitteln, wobei das o-Nitrotoluol in o-Nitrotoluolsufosäure übergeführt wird, während das p-Nitrotoluol zunächst unverändert bleibt.

D.R.P. 78002 vom 17. Jan. 1894.

Dr. Loesner, Leipzig. — Verfahren zur Trennung von o-Nitrotoluol von seinen Isomeren.

Zur Abscheidung reinen o-Nitrotoluols aus dem durch Nitrieren aus Toluol erhaltenen Nitrotoluolgemenge wird letzteres durch Erhitzen mit arsenigsauren Salzen reduziert und das hierbei unangegriffene o-Nitrotoluol durch Behandlung mit Säuren, Dampfdestillation oder auf eine andere übliche Weise von den durch Reduktion entstandenen Aminen bzw. Azoxyderivaten des Toluols getrennt.

D.R.P. 92991 vom 7. Febr. 1896.

Clayton Aniline Company, Clayton, Manchester. — Verfahren zur Trennung der im Handelsnitrotoluol vorhandenen Verbindungen.

Das im Handelsnitrotoluol vorkommende p- und o-Produkt wird nach diesem Verfahren in der Weise getrennt, daß durch fraktionierte Reduktion mit den Sulfiden und Hydrosulfiden der Alkalien und alkalischen Erden, besonders aber mit den Leblanc-Soda-Rückständen das o-Nitrotoluol fast rein und die isomere p-Verbindung als p-Toluidin erhalten wird, worauf beide durch Behandlung mit Säure voneinander geschieden werden.

D.R.P. 158219 vom 8. Nov. 1903. Franz. Pat. 350200 vom 29. Sept. 1904.

Farbwerke in Höchst. — Verfahren zur Reinigung von o-Nitrotoluol.

Praktische Ausführung: In den Gefrierzellen einer Eismaschine, deren Kühlflüssigkeit zwischen -5^0 und -10^0 gehalten wird, bringt man technisches o-Nitrotoluol mit einem Gehalt von $^1/_2$ bis $3^0/_0$ m-Nitrotoluol etwa zur Hälfte zum Erstarren; die erhaltenen Kristalle werden auf einer Zentrifuge, die sich in einem auf -4^0 abgekühlten Raum befindet, von dem flüssig gebliebenen Teil befreit; sie bestehen aus reinem o-Nitrotoluol, die geringen Mengen m- und p-Nitrotoluol, die sich in dem angewendeten o-Nitrotoluol befanden, haben sich in der Mutterlauge angereichert. Diese Mutterlauge wird wieder in üblicher Weise auf technisch reines o-Nitrotoluol verarbeitet, woraus durch Abkühlen weitere Mengen von kristallisiertem o-Nitrotoluol erhalten werden.

D.R.P. 264503 vom 14. Sept. 1910.

Dynamit-Aktien-Gesellschaft vorm. Alfred Nobel & Co. in Hamburg. — Verfahren zur Gewinnung eines zur Herstellung von Sprengstoffen geeigneten flüssigen Gemisches aromatischer Nitroverbindungen aus den bei der Reindarstellung von Trinitrotoluol verbleibenden Destillationsrückständen.

Versuche, die in der Absicht angestellt wurden, die bei der Reinigung des Trinitrotoluols durch Umkristallisation aus Alkohol oder anderen geeigneten organischen Lösungsmitteln oder Gemischen solcher verbleibenden Destillationsrückstände nutzbar zu machen, haben ergeben, daß unter geeigneten Bedingungen, und zwar durch Nitrierung mit einer an Schwefelsäure reichen und an Salpetersäure armen Nitriersäure aus den Rückständen ein sogenanntes flüssiges Trinitrotoluol gewonnen werden kann. Dieses flüssige Trinitrotoluol stellt in der Hauptsache ein Gemisch aus verschiedenen isomeren Trinitroverbindungen des Toluols dar.

Bei der Gewinnung der in Betracht kommenden Destillationsrückstände aus Rohtrinitrotoluol ist folgendes zu beachten:

Alkohol, in welchem 2-4-6-Trinitrotoluol in der Kälte sehr schwer löslich ist, hat ein derartig großes Selektionsvermögen für diejenigen Stoffe, die in ihrer Gesamtheit nach dem vorliegenden Verfahren das sogenannte flüssige Trinitrotoluol liefern, daß bei einer einzigen Kristallisation das 2-4-6-Trinitrotoluol fast chemisch rein, die Destillationsrückstände dagegen flüssig erhalten werden. — Aus diesen flüssig bleibenden Rückständen wird nun durch Anwendung einer besonderen Nitriersäure das flüssige Trinitrotoluol hergestellt, wie folgendes Versuchsbeispiel zeigt: 100 kg der Rektifikationsrückstände (von einem ca. 15%igen Stickstoffgehalt) werden mit 185 kg einer Säure von der Zusammensetzung 85% H_2SO_4, 15% HNO_3 längere Zeit auf eine Temperatur von etwa 85 bis 100° erhitzt. Hierbei resultieren etwa 87 kg flüssiges Trinitrotoluol vom F.P. +14°. Der Stickstoffgehalt beträgt je nach der Qualität des Ausgangsmaterials 16·6 bis 17·2%, die Bleiblockausbauchung 250 bis 280 ccm netto. Bei Anwendung einer etwas weniger konzentrierten Säure wurde ein flüssiges Trinitrotoluol vom Erstarrungspunkt 8° erhalten. Überraschend ist hierbei die Tatsache, daß der Schmelzpunkt dieses Gemisches etwa 50° tiefer liegt, als derjenige der einzelnen Komponenten. Die Schmelzpunkte der einzelnen Nitrokörper, die in dem sogenannten flüssigen Trinitrotoluol vorkommen können, liegen zwischen 48 und 112°. Im wesentlichen kommen in Frage die isomeren Trinitrotoluole, deren Schmelzpunkte bei 81°, 104° und 112° liegen; daneben können auch die zahlreichen isomeren Dinitrotoluole in geringen Quantitäten vorkommen, von denen nur das 2-5-Dinitrotoluol bei 48° schmilzt, während die anderen fünf Isomeren zwischen 60 und 92° schmelzen. Ein flüssiges aromatisches Nitroprodukt von den eigenartigen Eigenschaften des beschriebenen (hoher Stickstoffgehalt und große Kraftleistung als Sprengstoff) ist bislang nicht bekannt geworden. Das flüssige Trinitrotoluol bildet mit Kollodiumwolle eine gute Gelatine und gibt eine vorzügliche Basis zur Herstellung plastischer Sprengstoffe aller Art ab.

Patentanspruch: Verfahren zur Gewinnung eines zur Herstellung von Sprengstoffen geeigneten flüssigen Gemisches aromatischer Nitroverbindungen aus den bei der Reindarstellung von Trinitrotoluol durch Umkristallisieren aus Alkohol oder anderen geeigneten organischen Lösungsmitteln oder Gemischen solcher verbleibenden Destillationsrückständen, dadurch gekennzeichnet, daß diese mit einer an Schwefelsäure reichen und an Salpetersäure armen Nitriersäure behandelt werden.

D. Pat. Anmeldung 8729 vom 28. August 1913.
Oberschlesische Aktiengesellschaft für Fabrikation von Lignose, Schießwollfabrik für Armee und Marine, Kruppamühle O.-S. — Verfahren zur Herstellung von reinem Trinitrotoluol aus rohem Trinitrotoluol.

Das rohe Trinitrotoluol, wie es technisch gewonnen wird, muß behufs Reinigung umkristallisiert werden; es geschieht dies zurzeit gewöhnlich aus Alkohol. Bei diesem oder einem anderen Lösungsmittel gehen die als Verunreinigung beigemengten niederen Nitrierungsstufen als Abfallprodukte in die Mutterlaugen. Es hat sich nun herausgestellt, daß das durch direkte Nitrierung gewonnene rohe Trinitrotoluol weit vorteilhafter gereinigt wird, wenn man es bis zu etwa dem dritten Teile seines Gewichtes mit o-Nitrotoluol auf ca. 80° erhitzt und dadurch eine stark übersättigte Lösung von Trinitrotoluol herstellt. Beim Abkühlen der zuvor filtrierten Lösung fällt das reine Trinitrotoluol aus; es wird abgeschleudert bzw. abgepreßt und mit wenig kaltem Alkohol nachgewaschen.

Die technischen Vorteile dieses Verfahrens sind folgende: Die als Nebenprodukte beigemischten niedrigeren Nitrierungsstufen gehen beim Umkristallisieren nicht verloren, sondern bleiben im Lösungsmittel und werden, da dieses ja als Ausgangsmaterial für die Trinitrotoluolfabrikation benutzt wird, von neuem der Nitrierung unterworfen. Ferner kann die Produktion bei den gleichen Apparaten wesentlich gesteigert werden gegenüber dem bisherigen Verfahren. In den Apparaten, in denen jetzt rohes Trinitrotoluol mittels Alkohol umkristallisiert wird, können nach der vorliegenden Erfindung mit den gleichen Betriebskosten 4 bis 5mal größere Quantitäten kristallisiert werden und zwar in kürzerer Zeit und mit höherer Ausbeute von reinem Endprodukt.

Beispiel: 2000 kg rohes Trinitrotoluol werden mit 700 kg o-Nitrotoluol bei 80° erhitzt und hierdurch eine stark übersättigte Lösung hergestellt. Diese Lösung wird filtriert und in Kristallisationskesseln gekühlt, zweckmäßig nicht unter 16°, um die im Rohmaterial enthaltenen niederen Nitrierungsprodukte in Lösung zu halten. Der Kühlprozeß verläuft weit rascher als beim Alkoholverfahren. Der Kristallbrei wird abgepreßt bzw. abgeschleudert und mit wenig kaltem Alkohol zur Entfernung des noch anhaftenden o-Nitrotoluols nachgewaschen. Bei der Endtemperatur von 16° beträgt die Ausbeute an reinem Trinitrotoluol ca. 90%. Das Produkt ist von sehr heller Farbe, gibt eine bernsteingelbe, klare und durchsichtige Schmelze und einen Erstarrungspunkt von mindestens 80°.

Patentanspruch: Verfahren zur Herstellung von reinem Trinitrotoluol aus rohem Trinitrotoluol, dadurch gekennzeichnet, daß dieses aus o-Nitrotoluol umkristallisiert wird.

D.R.P. 212906 vom 24. Aug. 1905. Franz. Pat. 380996/1907. Brit. Pat. 19565/1907. Österr. Pat. 49941 vom 1. Febr. 1911. Amerik. Pat. 898144 vom 8. Nov. 1908.

Emilio Blecher und Carlos Lopez in Hamburg und Carl Distler in München. — Verfahren zur Herstellung von Gemischen aromatischer Nitroverbindungen aus Solventnaphta.

Gegenstand vorliegender Erfindung ist ein Verfahren zur Herstellung von Gemischen der Nitrokörper der Xylole, des Äthylbenzols, des Pseudocumols und des Mesitylens. Als Ausgangspunkt dient Solventnaphtha, d. h. ein mit Natron und Schwefelsäure von sauren Ölen, von Pyridinbasen und von verharzenden Körpern befreites, durch wiederholte Destillation gereinigtes und auf einen Siedepunkt von 120 bis 175° gebrachtes Teerkohlenwasserstoffgemisch von wasserheller Farbe und einem spez. Gewicht von 0·860 bis 0·865 bei 15°. — Die Solventnaphtha, die bekanntermaßen aus einem Gemenge der drei Xylole, des Äthylbenzols, des Pseudocumols und des Mesitylens besteht, läßt sich nach den für die aromatischen Kohlenwasserstoffe gültigen Regeln nicht nitrieren, indem bei der Behandlung mit Solventnaphtha mit Nitriersäure die Nitrogruppen zum Teil in die Seitenketten der eben erwähnten Kohlenwasserstoffe eintreten und diese auch durch Oxydation zerstören, so daß schließlich an Stelle der Nitrokörper schwer zu trennende Gemische solcher mit Säuren und Nitrosäuren entstehen und außerdem sehr leicht Sulfosäuren dieser Kohlenwasserstoffe gebildet werden, aus denen brauchbare Gemische der Nitrokörper der erwähnten Kohlenwasserstoffe nicht gewonnen werden können. Es hat sich nun gezeigt, daß bei Beobachtung gewisser Maßregeln bei der Nitrierung mit Hilfe eines Schwefelsäuregemisches die oben erwähnten, nicht erwünschten Produkte nicht entstehen. Das Verfahren wird durch das folgende Beispiel erläutert: 10 Liter gereinigte Solventnaphtha werden mit 6 bis 7 Liter Salpetersäure von 1·49 bis 1·52 spez. Gewicht und 13 bis 14 Liter Schwefelsäure von 1·84 bis 1·86 unter beständiger Kühlung versetzt. Die Temperatur des Gemisches soll 30° nicht übersteigen. Nachdem unter ständigem Rühren eine ergiebige Kühlung eingetreten ist, wird das Nitrogemisch bis auf höchstens 80° erwärmt und hernach unter Rühren langsam abgekühlt. Die Säure wird nunmehr abgehebert und zu der auf diese Weise vornitrierten Solventnaphtha setzt man von neuem frische Mengen des oben genannten Nitriergemisches zu und wiederholt den vorhin beschriebenen, unter abwechselnder Abkühlung und Erwärmung erfolgenden Nitrierprozeß unter Zugabe von etwa 20 Liter Schwefelsäure. — Die doppelte Nitrierung der Solventnaphtha ist hauptsächlich aus zwei Gründen erforderlich; einmal, da man die höheren Nitrierungsprodukte erst bei der zweiten Nitrierung erhält und zweitens, weil man erst auf dem Wege der doppelten Nitrierung ein Produkt erhalten kann, welches lediglich Gemische von Nitroverbindungen der oben erwähnten Kohlenwasserstoffe enthält und durch andere Nitroverbindungen nicht verunreinigt ist.

Patentanspruch: Verfahren zur Herstellung von Gemischen aromatischer Nitroverbindungen aus Solventnaphtha, dadurch gekennzeichnet, daß Solventnaphtha, die Xylole, Äthylbenzol, Pseudocumol und Mesitylen enthält, mit einem Salpeterschwefelsäuregemisch zunächst unter Kühlung, hierauf unter Erwärmung vornitriert und zuletzt nach Ersatz des Säuregemisches durch ein frisches, erhebliche Mengen Schwefelsäure enthaltendes Salpeterschwefelsäuregemisch ebenfalls anfänglich unter Kühlung und hierauf unter Erwärmung zu Ende nitriert wird.

D.R.P. 214887 vom 22. Mai 1907 (Zusatz zum D.R.P. 212906). Österr. Pat. 49942 vom 1. Febr. 1911. Amerik. Pat. 898144 vom 8. Nov. 1908.

Emilio Blecher, Carlos Lopez in Hamburg und Carl Distler in München. — Verfahren zur Herstellung von Gemischen aromatischer Nitroverbindungen aus Solventnaphta.

Die Nitrierung der Solventnaphtha im Sinne des durch das Patent 212906 geschützten Verfahrens liefert bekanntlich ein Gemisch von festen und öligen Nitrokörpern; da die letzteren aber hauptsächlich in der Sprengstoffindustrie Verwendung finden sollen und die festen Nitrokörper der Solventnaphtha einen größeren Wert für die Sprengstofftechnik besitzen als flüssige, so zeigt nun die vorliegende Erfindung, welche sich auf das im Patent 212906 beschriebene Verfahren stützt, den Weg, wie man, von Solventnaphtha ausgehend, nach Wunsch vorwiegend feste oder flüssige bzw. ölige Nitrokörper erhalten kann. Durch geeignete fraktionierte Destillation wird die etwa zwischen 120 bzw. 140 und 175° siedende, gereinigte Solventnaphtha in Fraktionen geteilt, eine jede für sich gemäß dem Verfahren des Patents 212906 nitriert und so aus jeder Fraktion für sich physikalisch und chemisch verschiedenartig zusammengesetzte Nitrokörper erhalten.

In 250 cm³ Nitriersäure, bestehend aus 2 Vol. konz. Schwefelsäure 1·84 und 1 Vol. konz. Salpetersäure 1·504 werden 50 g Kohlenwasserstoff unter Rühren und Kühlen so eingetragen, daß die Temperatur nicht über 25° steigt. Darnach wird unter Rühren langsam auf 80° erwärmt, eine Stunde auf dieser Temperatur gelassen und hierauf abgekühlt. Bei der Nitrierung der Fraktionen 140 bis 145° und 150 bis 155° wird die Säure vom Nitrokörper abgezogen, während dies bei den Fraktionen 135 bis 140° und 160 bis 165° nicht möglich ist, da ein dicker Brei von Nitrokörper und Nitriersäure entsteht. Alsdann werden weitere 125 cm³ Nitriersäure obiger Zusammensetzung und 80 cm³ Schwefelsäure 1·84 zugegeben, auf 80° erwärmt, einige Zeit unter Rühren auf dieser Temperatur gelassen und dann langsam unter Rühren abgekühlt. Die gebildeten Nitrokörper werden dann von der Säure getrennt, gut mit Wasser gewaschen und abgepreßt, wobei die öligen Nitrokörper ablaufen und die festen zurückbleiben. Letztere können durch Alkohol vollständig vom Öl befreit werden. Es ergaben sich folgende Resultate: Aus 50 g der Fraktion vom Siedepunkt 135 bis 140° wurden 87 g feste Nitrokörper gewonnen; vergleichsweises Nitrieren von 50 g reinem Xylol (S.P. 137 bis 138°) ergab bei gleicher Nitriermethode 97 g feste Nitrierkörper. Aus 50 g der Fraktion 140 bis 145° wurden 80 g feste und 22 g ölige Nitrokörper erhalten, während durch gleiches Nitrieren von 50 g einer Fraktion von 150 bis 155° 35 g feste und 50 g ölige Nitrokörper erhalten worden sind. 50 g der Fraktion 160 bis 165° lieferten 76 g feste Nitroprodukte. — Obige Versuche zeigen, daß man zur Herstellung von festen Nitrokörpern nach den Verfahren des Patents 212906 sich am besten der bei 137 bis 140° siedenden Fraktion, welche man mit der bei 160 bis 165° siedenden Fraktion mischt, bedienen kann. Zur Herstellung flüssiger

Nitrokörper wird man dagegen am besten die zwischen 140 und 160° siedende Fraktion benutzen.

D.R.P. 242731 vom 5. Juli 1909 (Zusatz zum Patent 212906).
Dr. Gustav Schultz in München. — Verfahren zur Herstellung von Gemischen aromatischer Nitroverbindungen aus Solventnaphta.

Nach diesem Patentzusatz wird das oben beschriebene Verfahren dahin abgeändert, daß man für die Nitriersäure statt einer Schwefelsäure 1·84 bis 1·86, rauchende Schwefelsäure von 20% SO_3 anwendet, wodurch die Nitrierung sich nicht allein billiger, sondern auch glatter gestaltet und eine höhere Ausbeute erhalten wird. Statt Salpeterschwefelsäuregemisch kann man auch Salpeter mit rauchender Schwefelsäure zur Nitrierung anwenden; es hängt von den lokalen Verhältnissen, insbesondere von den vorhandenen Apparaten ab, welche von den beiden Nitriermethoden man anwenden will. Die Ausführung des Verfahrens erhellt aus folgendem Beispiel:

100 Gewichtsteile Solventnaphtha werden in ein auf gewöhnliche Temperatur abgekühltes Gemisch von 210 Gewichtsteilen Salpetersäure (mit 20% SO_3) langsam und unter starkem Umrühren eingetragen, wobei die Temperatur auf etwa 25° erhalten wird. Nach vollständigem Einlaufen der Solventnaphtha wird die Temperatur unter fortwährendem Rühren auf 40 bis 45° gesteigert und längere Zeit dabei gehalten. Zur Vollendung der Reaktion kann man dann noch bis auf 80° erwärmen. Hierauf läßt man abkühlen und trennt den Nitrokörper, welcher eine halbfeste Masse bildet, von der Rückstandsäure, welche nach Zusatz von 105 Teilen Salpetersäure zur Vornitrierung neuer Solventnaphtha verwendet werden kann.

D.R.P. 100417 vom 10. März 1897.
Dr. H. Tryller in Sondershausen. — Darstellung von α-Mononitronaphthalin auf elektrolytischem Wege.

Salpetersäure vom spez. Gewicht 1·25 löst Naphthalin nicht mehr und greift es auch beim Erwärmen nicht an. Leitet man jedoch einen elektrischen Strom durch die Säure, während man Naphthalin darin verteilt, so findet glatt Nitrierung zu α-Nitronaphthalin statt. Die technische Bedeutung des Verfahrens liegt darin, daß Säure erspart und an ihrer Stelle elektrische Energie verbraucht wird; zudem verhindert es auch die Entstehung nitroser Dämpfe.

D.R.P. 117368 vom 2. Dezember 1899.
Kalle & Co. in Biebrich a. Rh. — Verfahren zur Darstellung des $\alpha_1\beta_2\alpha_4$-Trinitronaphthalins neben $\alpha_1\alpha_3$-Dinitronaphthalin.

Beispiel: 100 kg Mononitronaphthalin werden in 600 kg konz. Schwefelsäure gelöst und unter Kühlung bei etwa 0° mit dem Gemische von 52 kg Salpetersäure 1·4 und 260 kg konz. Schwefelsäure nitriert. Aus der anfänglich roten Lösung scheidet sich Dinitronaphthalin dickbreiig und weiß aus; man erwärmt nun auf 80 bis 90° bis zur vollständigen Lösung des Dinitrokörpers. Beim Erkalten auf 20° kristallisiert das $\alpha_1\alpha_3$-Dinitronaphthalin, F.P. 211° und wird abfiltriert. Zu der so erhaltenen Lösung läßt man nun in der Kälte das Gemisch von 33 kg Salpetersäure 1·4 und 100 kg Schwefelsäure einlaufen, worauf sich das bekannte $\alpha_1\beta_2\alpha_4$-Trinitronaphthalin, F.P. 218°, kristallinisch ausscheidet und durch Absaugen über Asbest gewonnen werden kann.

D.R.P. 96227 vom 21. April 1897.

Höchster Farbwerke. — Verfahren zur Darstellung von $\alpha_1\beta_2$-Dinitronaphthalin.

Dinitronaphthalin bildet sich aus α-Nitronaphthalin, wenn man sich der theoretischen Menge Salpeterschwefelsäure bedient, bei Anwendung einer mindestens 12fachen Schwefelsäuremenge und einer 0° nicht übersteigenden Temperatur. Nach beendeter Reaktion wird das Gemisch in Wasser gegossen und das ausgeschiedene Dinitronaphthalin aus 70° warmem Sprit umkristallisiert.

D.R.P. 12122 vom 3. Juni 1880.

Hellhoff, Berlin. — Verfahren zur Herstellung von Sprengstoffen durch direktes Nitrieren der rohen Teeröle und Versetzen der Nitrierungsprodukte mit Sauerstoffträgern.

Die rohen Teeröle werden allmählich mit hochgrädiger Salpetersäure unter fortwährendem Rühren versetzt, worauf eine fortschreitende Trübung und endlich eine flockenartige Absonderung eintritt. Den entstandenen Niederschlag läßt man absetzen, gießt das noch klar darüberstehende Öl in ein zweites Gefäß ein, bringt von neuem Salpetersäure hinzu und setzt diesen Prozeß so lange fort, bis der Rückstand klar bleibt.

Schweiz. Pat. 63125 vom 6. Juni 1912.

Dr. Oswald Silberrad, Buckhurst Hill (Essex, Groß-Brit.). — Verfahren zur Herstellung eines flüssigen Nitrierungsproduktes des Steinkohlenteers.

Gegenstand vorliegender Erfindung ist ein Verfahren zur Herstellung eines flüssigen Nitrierungsproduktes des Steinkohlenteers. Das Verfahren beruht darauf, daß die flüssige, zwischen 200 und 280° siedende Fraktion des Steinkohlenteers vorerst gereinigt, dann mit verdünnter, hierauf mit konzentrierter Salpetersäure und zuletzt mit einer Mischung von Salpetersäure und Schwefelsäure behandelt wird.

Die als Ausgangsstoff dienende bekannte Fraktion des Steinkohlenteers besteht hauptsächlich aus Naphthalin, Kresol und Chinolin.

Beispiel: Die Fraktion des Steinkohlenteers, deren Siedepunkt zwischen 200 und 280° liegt, wird durch Filtrieren von allen festen Bestandteilen befreit. Das so erhaltene Filtrat wird mit Alkali und Säure gewaschen, bis nur noch neutrale Teile verbleiben. Beim Stehen scheidet sich noch Naphthalin aus infolge der Entfernung des Kresols, welches als Lösungsmittel wirkte und viel Naphthalin in der Lösung zurückhielt. Das zurückbleibende Öl wird dann zuerst mit $2^1/_2$ bis $5^0/_0$, dann mit 5 bis $20^0/_0$ seines Gewichtes an konzentrierter Schwefelsäure wiederholt gut gewaschen. Durch das Waschen mit der konzentrierten Schwefelsäure werden die in der Fraktion des Steinkohlenteers vorhandenen Hydride, welche bei der Nitrierung infolge Oxydation heftig reagieren würden, entfernt. Das Öl wird dann wieder destilliert und der Teil, dessen Siedepunkt zwischen 200 bis 280° C. liegt, wieder gesammelt. Beim Stehen scheidet sich eine weitere Menge von Naphthalin aus, das durch Filtration entfernt wird, so daß der verbleibende Rest ein flüssiges, neutrales Öl bildet, welches aus ca. $10^0/_0$ der ursprünglichen Fraktion besteht und hauptsächlich aus einer Mischung von verschiedenen Isomeren des Methyl- und Dimethylnaphthalins besteht. 1000 Volumteile des in vorstehender Weise gereinigten Öles werden in ein mit Rührwerk und Kühlmantel versehenes Nitriergefäß geleitet und eine Mischung von 100 Volumteilen Salpetersäure von 1·5 spezifischem Gewicht mit 25 Teilen Wasser allmählich zugesetzt. Hierauf werden 100 Volumteile Salpetersäure von 1·5 spezifischem Gewicht, welche vorher mit 10 Teilen Wasser verdünnt wurden, allmählich hinzugesetzt, worauf weitere 100 Volumteile Salpetersäure des gleichen spezifischen Gewichtes, welche vorher mit 5 Teilen Wasser verdünnt wurden, hinzugesetzt werden, um darauf 100 Volumteile Salpetersäure von 1·5 spezifischem Gewicht hinzuzusetzen. Dann werden 150 Volumteile Salpetersäure von 1·5 spezifischem Gewicht, welche vorher mit 450 Volumteilen konzentrierter Schwefelsäure gemischt wurden, allmählich zugeführt. Während dieses ganzen Verfahrens wird der Inhalt des Behälters in heftiger Bewegung und die Temperatur zwischen 20 bis 35° C. gehalten. Darauf läßt man die Mischung über Nacht stehen und erwärmt sie dann unter fortwährendem Umrühren allmählich auf 60 bis 70° C. Das so hergestellte Produkt wird dann zur Abkühlung sich selbst überlassen, von den Säuren getrennt und mit Wasser und verdünnter Soda in der gewöhnlichen bekannten Weise gewaschen.

Das so erzeugte flüssige Produkt bildet ein klares, gelbbraunes Öl und besteht in der Hauptsache aus einem Gemisch von Nitroderivaten der Naphthalinreihe, von denen unter anderem die nachstehenden noch nicht bekannten Verbindungen genannt seien:

Dinitro-α-methylnaphthalin,

Dinitro-β-methylnaphthalin,

Dinitroderivate der verschiedenen Isomeren des Dimethylnaphthalins und der verschiedenen Polymethylnaphthaline.

Um das so erhaltene Produkt für die Herstellung von Explosivstoffen geeignet zu machen, so daß ein stabiler, nicht verflüchtigender, flüssiger Nitrokohlenwasserstoff entsteht, rührt man zweckmäßig das flüssige Nitrierungsprodukt, welches allgemein eine Hitzebeständigkeit während ca. 3 Minuten gibt, zuerst mit einer schwachen Lösung von Soda bei 50 bis 70° C. während 12 bis 24 Stunden. Hierauf wird das Nitrierungsprodukt getrennt und mit Wasser ausgewaschen; die Hitzebeständigkeit beträgt in diesem Zustand ca. 5 Minuten.

Zweckmäßiger wird das Nitrierungsprodukt zum Zwecke der Stabilisierung in einen reines Wasser enthaltenden, zirka den zehnfachen Inhalt fassenden Behälter geleitet. Hierauf werden einige Stücke eines Karbonats, z. B. Marmor oder Stücke eines Erdalkalihydrats, hinzugesetzt, worauf die Mischung langsam unter Benutzung eines Rückflußkühlers gekocht wird, bis alle unstabilen Verbindungen zersetzt sind, was allgemein in einer zufriedenstellenden Weise innerhalb 24 bis 28 Stunden erreicht wird.

Patentanspruch: Verfahren zur Herstellung eines flüssigen Nitrierungsproduktes des Steinkohlenteers, dadurch gekennzeichnet, daß die zwischen 200 und 280° siedende Fraktion des Steinkohlenteers vorerst gereinigt, dann mit verdünnter, hierauf mit konzentrierter Salpetersäure und zuletzt mit einer Mischung von konzentrierter Salpetersäure und konzentrierter Schwefelsäure behandelt wird.

Unteransprüche: 1. Verfahren gemäß Patentanspruch, dadurch gekennzeichnet, daß die Fraktion des Steinkohlenteers zum Zweck der Reinigung gründlich mit konzentrierter Schwefelsäure gewaschen wird.

2. Verfahren gemäß Patentanspruch und Unteranspruch 1, dadurch gekennzeichnet, daß das Nitrierungsprodukt zwecks Befreiung von unstabilen Verbindungen mit Sodalösung behandelt und mit Wasser gewaschen wird.

3. Verfahren gemäß Patentanspruch, dadurch gekennzeichnet, daß das Nitrierungsprodukt zwecks Befreiung von unstabilen Verbindungen mit Wasser, dem ein Erdalkalikarbonat zugesetzt wurde, gekocht wird.

Engl. Pat. 13861 vom 10. Sept. 1912.

Oswald Silberrad: Verfahren zur Herstellung von nichtflüchtigen flüssigen Nitroprodukten aus Steinkohlenteer.

Das Verfahren besteht im wesentlichen darin, daß man neutrale zwischen 200 und 350° siedende Fraktionen des Steinkohlenteers unter geeigneten Bedingungen nitriert. Man verfährt dabei folgendermaßen: In einen Destillierkessel gibt man das die Rückstände von der Karbolsäure- und Naphthalinfabrikation enthaltende Rohöl, destilliert ab, fängt die zwischen 200 und 270° siedende Fraktion auf, trennt das Produkt hierauf von etwa abgeschiedenem Naphthalin und wäscht es in bekannter Weise zuerst mit Alkali, dann mit Schwefelsäure, hierauf mit verdünntem Alkali und schließlich mit Wasser aus. Zwecks Nitrierung gibt man 100 Pfund dieses Öls in einen mit Rührwerk und Kühlmantel ausgestatteten Kessel, läßt zunächst 68 Pfund Salpetersäure von 1·50 spez. Gewicht langsam zufließen und gibt dann allmählich 88 Pfund Schwefelsäure vom spez. Gewicht 1·84 hinzu. Während der ganzen Zeit muß das Gemisch kräftig gerührt und die Temperatur auf 20 bis 25° gehalten werden. Alsdann läßt man etwa 16 Stunden stehen, trennt das abgeschiedene ölige Nitroprodukt von der Säure und wäscht es in üblicher Weise mit Wasser und Soda aus. Das Produkt kann im Bedarfsfalle im Vakuum noch weiter gereinigt werden; indessen erfordert diese Maßnahme sehr große Sorgfalt.

II. Nitrierte Phenole.

D.R.P. 51321 vom 8. Mai 1889.

Dr. Otto Arche in Wien und Ernst Eisenmann in Berlin. — Verfahren zur Herstellung von Pikrinsäure.

Phenol wird nach diesem Verfahren zuerst in Phenoltrisulfosäure umgewandelt und dieses mit Natriumnitrat in Pikrinsäure und Natriumbisulfat umgesetzt. Die Phenoltrisulfosäure wird dabei vorteilhaft dargestellt, indem man Karbolsäure mit einer überschüssigen Menge Pyroschwefelsäure in geschlossenen bleiernen Gefäßen auf 100 bis 110° erhitzt. Die so erhaltene Phenoltrisulfosäure wird alsdann mit der entsprechenden berechneten Menge Natronsalpeter versetzt; die Umsetzung der Sulfosäure in Pikrinsäure unter Natriumbisulfatbildung geht bei 100° glatt vonstatten. Nach diesem Verfahren gewinnt man etwa 180% rohe Pikrinsäure, während nach den früheren Salpetersäureverfahren nur etwa 120 bis 130% erhalten wurden.

D.R.P. 51603 vom 9. Juni 1889.

Emile de Lom de Berg, Brüssel. — Verfahren zur Darstellung von Pikrinsäure aus rohen Phenolen.

Dieses Verfahren, das von dem rohen Phenol, wie es als Teerölfraktion in den Handel kommt, ausgeht, beruht auf folgenden Beobachtungen: 1. Die Nitrierung des Phenols läßt sich viel leichter ausführen unter Anwendung des sulfurierten Produkts. 2. Die Sulfosäure des kristallisierbaren Phenols bildet sich viel leichter als die Sulfosäure des Kresols und der anderen im rohen Phenol enthaltenen Produkte. 3. Indem man die Nitrierung ausführt, entweder mit einer zu diesem Zwecke unzureichenden Menge Säure, oder indem man die Temperatur reguliert, kann man die verunreinigenden Produkte zunächst nitrieren, während sich die Phenole erst später umwandeln.

1. Methode. Das rohe Phenol wird zu einer dem Gehalt desselben an kristallisierbarem Phenol entsprechenden Menge Schwefelsäure zugefügt und das Gemisch in öligem Zustande in Wasser gegossen; die Phenolsulfosäure löst sich, während die anderen Produkte in öligem Zustand zurückbleiben und durch Dekantation entfernt werden können. Die saure Flüssigkeit wird hierauf mit einer zur Umwandlung der Sulfosäure in Trinitrophenole nötigen Menge Salpetersäure behandelt. Während dieser Behandlung wird diejenige Partie Kresol, welche etwa durch die Dekantation nicht entfernt worden sein sollte, von der Salpeter-

säure fast gar nicht angegriffen. Nach Beendigung der Einwirkung wird das Ganze zur Sirupdicke eingedampft und noch etwas konz. Schwefelsäure hinzugefügt zur Bildung von Kresolsulfosäure für den Fall, daß noch etwas Kresol zurückgeblieben sein sollte. Dann gießt man in Wasser und trennt so die in Wasser wenig lösliche Pikrinsäure von der leicht löslichen Kresolsulfosäure. Die so erhaltene Pikrinsäure wird nochmals in Wasser gelöst und umkristallisiert. Beispiel: Zu 100 kg rohem Teeröl, das 60 % Phenol enthält, fügt man 65 kg Schwefelsäure von 66° Bé zu, unter Vermeidung einer Temperatursteigerung. Hierauf läßt man abkühlen, bis die Temperatur 30° nicht mehr übersteigt; auf diese Weise wird nur das Phenol sulfuriert. Nach Verlauf von 3 Stunden setzt man 50 Liter Wasser unter gelindem Umrühren zu und läßt einige Stunden ruhig stehen. Alle Unreinigkeiten steigen mit dem Kresol an die Oberfläche, während man die wasserhaltige Phenolsulfosäure, welche viel schwerer ist, darunter abfließen läßt und auf eine der beschriebenen Methoden nitriert.

Nach der 2. Methode behandelt man das rohe Phenol mit einem großen Überschuß an Schwefelsäure, um die Sulfosäure zu erhalten, welche in Wasser gelöst und mit einem der beiden unter der Beobachtung 3 angeführten Mittel behandelt wird. In der nach der ersten Phase der Nitrierung wieder erkalteten Lösung hat sich eine aus Nitrokresol bestehende ölige Schicht gebildet. Man trennt dieselbe durch Dekantation und kann daraus, indem man sie für sich nitriert, weiterhin Trinitrokresol gewinnen. Hierauf behandelt man die Flüssigkeit mit der übriggebliebenen Salpetersäure, wie wenn man eine Lösung von reinem Phenol angewendet hätte, und erhält dann als Endprodukt reine Pikrinsäure.

D.R.P. 67074 vom 15. Aug. 1891.

Dr. Köhler, Breslau. — Verfahren zur Herstellung von Pikrinsäure.

Im Phenol lassen sich bei Gegenwart von überschüssiger konz. Schwefelsäure drei Wasserstoffatome nacheinander durch Sulfo- und Nitrogruppen ersetzen. Die Darstellung dieser Körper soll durch die folgenden Beispiele erläutert werden: 1. Darstellung von Dinitrophenol-p-sulfosäure. 100 Teile Phenol werden durch Erwärmen in 1000 Teilen konz. Schwefelsäure auf 80° in Phenolsulfosäure übergeführt. Hierauf wird diese nacheinander in Nitro- und Dinitrophenolsulfosäure umgewandelt, indem man in die anfangs gekühlte Lösung 192 Teile (2 Mol) trockenen gepulverten Chilisalpeter einträgt. Hierbei läßt man allmählich die Temperatur bis 100° steigen. Wenn alles gelöst ist, wird langsam auf 140° erhitzt. Jetzt verdünnt man mit Wasser und gibt zu der heißen Lösung Kalkmilch bis zur alkalischen Reaktion. Durch Filtrieren wird die Lösung des Kalksalzes der Sulfosäure von Gips getrennt, eingedampft und mit Salzsäure angesäuert, wobei sich die Dinitrophenolsulfosäure ausscheidet. 2. Darstellung von Nitrophenoldisulfosäure. 100 Teile Phenol in 1000 Teilen konz. Schwefelsäure werden durch zweistündiges Erhitzen auf 160 bis 170° in Phenoldisulfosäure und darauf durch Eintragen von 96 Teilen (1 Mol) gepulvertem, trocknem Chilisalpeter und Erhitzen auf 140° in Nitrophenoldisulfosäure übergeführt. Nach dem Erkalten verdünnt man mit Wasser und scheidet die Nitrophenoldisulfosäure in derselben Weise mittels des Kalksalzes ab wie die Dinitrosulfosäure.

In ähnlicher Weise lassen sich die übrigen nitrierten Phenolsufolsäuren darstellen. Jene dreifach substituierten Phenole geben beim Erhitzen mit Salpetersäure Pikrinsäure. Um die Umsetzung vollständig zu machen, ist ein größerer Überschuß an stärkerer Salpetersäure erforderlich. Darstellung der Pikrinsäure. 100 Teile Phenol werden nach dem in Beispiel Nr. 1 gegebenen Verfahren in Dinitrophenolsulfosäure übergeführt, darauf mit 320 Teilen Wasser verdünnt und in die noch 80 bis 90° heiße Lösung 148 Teile Chilisalpeter eingetragen. Alsdann wird in ca. 2 Stunden auf 140° erhitzt. Nach dem Erkalten trennt man die Schwefelsäure von der Pikrinsäure und dem ausgeschiedenen Natriumbisulfat und laugt letzteres mit Wasser aus. Oder Phenol wird, wie im Beispiel Nr. 2 beschrieben, in Nitrophenoldisulfosäure übergeführt. Zu der Lösung setzt man 320 Teile Wasser und bei 80 bis 90° 244 Teile Chilisalpeter. Indem man die Temperatur ca. 2 Stunden auf 140° steigert, wird die Nitrophenoldisulfosäure in Pikrinsäure übergeführt.

D.R.P. 74253 vom 28. Mai 1893.

Dr. Voswinkel, Berlin. — Verfahren zur Darstellung von α-Trinitrophenol-dinitroglyzerin.

In den Dinitroäthern des α-Chlorhydrins, welche durch Schlag nicht explodieren, ist das Chlor sehr reaktionsfähig. Läßt man z. B. gleiche Moleküle α-Chlordinitroäther und Kaliumpikrat, am besten in alkoholischer Lösung, aufeinander wirken, so entsteht -Trinitrophenoldinitroglyzerin nach der Gleichung

$$\begin{array}{l} CH_2Cl \\ | \\ CH-ONO_2 \\ | \\ CH_2-ONO_2 \end{array} + C_6H_2\begin{array}{l} \diagup OK \\ \diagdown (NO_2)_3 \end{array} = \begin{array}{l} CH_2-OC_6H_2(NO_2)_3 \\ | \\ CH-O-NO_2 \\ | \\ CH_2-O-NO_2 \end{array} + KCl$$

In gleicher Weise reagieren die Mono-, Di- und Trinitroderivate des α- und β-Naphthols. — Die in angegebener Weise erhaltenen Verbindungen sind durch große Explosionsfähigkeit ausgezeichnet nnd sollen dieserhalb Verwendung finden.

D.R.P. 81970 vom 12. Dez. 1894.

Chemische Fabrik Griesheim in Frankfurt a. M. — Verfahren zur Darstellung von Pentanitrophenyläther.

Tri- und Tetranitrophenyläther lassen sich durch Einwirkung von Trinitrochlorbenzol auf Phenolalkali bzw. Nitrophenolalkali gewinnen. Dieser Weg läßt sich jedoch zur Darstellung des Pentanitrophenyläthers nicht benutzen. Man kann diesen bisher unbekannten Äther aber dadurch erhalten, daß man die erwähnten Tri- oder Tetraderivate einer weiteren Nitrierung unterwirft, und zwar folgendermaßen:

Man löst einen Teil dieser Derivate in konz. Schwefelsäure und läßt unter Kühlung ein Gemisch von 5 Teilen Salpetersäure und ebensoviel Schwefelsäure allmählich zufließen; zuletzt wird bis auf Wasserbadtemperatur erhitzt. — Der Pentanitrophenyläther scheidet sich nach dem Erkalten und Verdünnen mit Wasser als weißes Pulver aus, das durch Umkristallisieren aus Eisessig in glänzenden Nadeln vom F.P. 210° erhalten wird. — Er soll als Sprengstoff Verwendung finden.

D.R.P. 96855 vom 27. Juni 1897.

Dr. Voswinkel, Berlin. — Verfahren zur Darstellung des Trinitrophenylnatriumsuperoxydes.

Läßt man gleiche Moleküle Pikrylhalogen und Natriumsuperoxyd aufeinander einwirken, so resultiert das Trinitrophenylnatriumsuperoxyd von der Formel $C_6H_2\langle{}^{O-ONa}_{(NO_2)_3}$; seine technische Gewinnung geschieht in folgender Weise:

Man löst in einem mit Rückflußkühler versehenen Kochgefäß 5 kg Natriumperoxyd in 200 kg Wasser und gibt 19·9 kg gepulvertes Pikrylchlorid dazu. Das Ganze wird so lange erhitzt, bis das Pikrylchlorid in Lösung gegangen ist, dann überläßt man die Lösung der Kristallisation. Das Trinitrophenylnatriumsuperoxyd bildet luftbeständige, rotbraune Kristalle, die bei 154° unter Zersetzung schmelzen. Es soll wegen seiner eminent heftigen Explosionsfähigkeit als Sprengstoff Verwendung finden.

Franz. Pat. 391106 vom 19. Aug. 1907.

Herstellung von Hexanitroxanilid $\begin{array}{l} C_6H_2(NO_2)_3-NH-CO \\ \qquad\qquad\qquad\quad\ | \\ C_6H_2(NO_2)_3-NH-CO \end{array}$.

(Vgl. fünfter Abschnitt, S. 282).

Franz. Pat. 391107 vom 19. Aug. 1907.

Herstellung von Pentanitrodimethyl-m-phenylendiamin $C_6H(NO_2)_3\left(N\langle{}^{CH_3}_{NO_2}\right)_2$.

(Vgl. fünfter Abschnitt, S. 283).

D.R.P. 125096 vom 6. Sept. 1900. Engl. Pat. 1671 vom 13. Juli 1901. Amerik. Pat. 666627/1901.

Dr. Wenghöffer, Berlin. — Verfahren zur Darstellung von Pikrinsäure.

Dieses Verfahren zur technischen Gewinnung von Pikrinsäure geht von Anilin aus, um für die Fabrikation der in steigendem Maße verbrauchten Pikrinsäure ein Ausgangsprodukt zu besitzen, das den außerordentlichen Preisschwankungen des Phenols nicht unterworfen ist. Das Anilin wird zu diesem Zwecke in Sulfanilsäure und diese mittels salpetriger Säure in Diazobenzolsulfosäure umgewandelt, deren Überführung in Pikrinsäure bereits beim Behandeln mit der theoretischen Menge Salpetersäure bei gelindem Erwärmen glatt erfolgt. — 100 kg rohe Sulfanilsäure werden mit Wasser zu einem dünnen Brei angerührt und mit einer hinreichend verdünnten Lösung von 40 kg Natriumnitrit versetzt, so daß sich alles löst, mit Ausschluß der etwa in der Sulfanilsäure vorhandenen Verunreinigungen, von denen abfiltriert wird. Das Filtrat versetzt man mit 28 kg Schwefelsäure, worauf die gebildete Diazobenzolsulfosäure quantitativ ausfällt. Nachdem filtriert worden ist, wird die noch ca. 20% Wasser enthaltende poröse Masse in Salpetersäure von solcher Konzentration eingetragen, daß nach Beendigung des Eintragens die Stärke der Säure ca. 40° Bé beträgt. Man wärmt langsam an bis zur Stickstoffentwicklung, stellt, wenn letztere nachläßt, das Erwärmen ein und läßt die Lösung ca. 36 Stunden ruhig stehen, worauf sich die Pikrinsäure völlig abgeschieden hat. Dieselbe wird von der darüberstehenden Flüssigkeit getrennt, gewaschen, geschleudert und getrocknet. Das Auswaschen gestaltet sich einfacher als bei der auf Phenol in üblicher Weise erhaltenen Pikrinsäure, weil bei dem Nitrierungsprozeß keine Schwefelsäure zugegen ist. — Man kann auch in der Weise verfahren, daß man 100 kg Sulfanilsäure langsam unter Rühren in eine Lösung von 40 kg Natriumnitrit in 40 kg Wasser gibt und dann den erhaltenen dicken Brei in Salpetersäure von solcher Konzentration und Menge einträgt, daß man nach dem Eintragen 320 kg Säure von 40° Bé hat. Aus 50 kg Anilin wurden 110 kg Pikrinsäure erhalten gleich 90% der theoretischen Ausbeute.

D.R.P. 126197 vom 28. Sept. 1900. Engl. Pat. 6628 vom 3. Nov. 1900.

Ad. Gutensohn, London. — Verfahren zur Darstellung von Pikrinsäure.

Um eine detonierende Wirkung zu verhindern, muß bei der Pikrinsäuredarstellung das Phenol in konzentrierter Schwefelsäure gelöst werden, bevor man die Salpetersäure zusetzt. Das vorliegende Verfahren benutzt nun statt der Schwefelsäure als Lösungsmittel erhitztes Paraffinöl oder ein ähnliches Mineralöl; diese Lösung wird dann nach und nach mit der vorher mit einer Deckschicht desselben Öles, das zur Auflösung der Karbolsäure verwendet ist, überdeckten Salpetersäure vermischt. Die Vermischung erzeugt starke Hitze, so daß eine künstliche Erhitzung nicht notwendig ist. Es hat sich jedoch gezeigt, daß es für den Gang der Reaktion von Vorteil ist, die für das Verfahren benutzten Gefäße bei Beginn der Operation in ein bis zu 27° erwärmtes Wasserbad zu stellen. Ferner ist es von Vorteil, der Salpetersäure eine geringe Menge Schwefelsäure zuzusetzen, ungefähr im Verhältnis von $1^1/_2$ Teilen Schwefelsäure zu 12 Teilen Salpetersäure, da dadurch die

Bildung einer besseren und leichter löslichen Qualität roher Pikrinsäure erzielt wird.

Praktische Ausführung: Zuerst wird die nötige Menge Karbolsäure in erhitztem, gewöhnlichem Paraffinöl oder ähnlichem Mineralöl aufgelöst, und zwar in dem Verhältnis von ungefähr 1 Teil Karbolsäure zu 4 Teilen Paraffinöl. Die in Gebrauch kommenden Gefäße werden etwa zur Hälfte mit Salpetersäure oder mit der oben beschriebenen Salpeterschwefelsäuremischung angefüllt, welche dann mit einer etwa 15 cm dicken Schicht desselben Öles, das zur Lösung der Karbolsäure verwendet wurde, überdeckt wird. Diese über der Säuremischung liegende Ölschicht erfüllt den Zweck, jeden Verlust an Material durch Verflüchtigung zu verhindern. Das Verhältnis der Säuren zueinander ist nach dem neuen Verfahren etwa $3^1/_2$ bis 4 Teile Salpetersäure zu 1 Teil Karbolsäure, während in den bisher bekannten Verfahren etwa 5 Teile Salpetersäure auf 1 Teil Karbolsäure kamen. — Die Karbolsäure-Paraffinlösung wird der Salpetersäure-Schwefelsäuremischung nach und nach in Zwischenräumen von 5 bis 10 Minuten in solchen Quantitäten zugesetzt, daß der Verbrauch der gesamten Menge von Karbolsäure-Paraffinlösung etwa $2^1/_2$ Stunden in Anspruch nimmt. In der Praxis hat es sich als vorteilhaft erwiesen, die erforderliche Menge der Karbolsäure-Paraffinlösung in zwei gleiche Teile zu teilen, den einen Teil in der vorbeschriebenen Weise der ganzen Menge der Säuremischung zuzusetzen und die Gefäße dann in mäßig warmer Temperatur über Nacht stehen zu lassen. Am folgenden Tage wird die ganze Mischung abgezogen, die niedergeschlagene Pikrinsäure entfernt und der zweite Teil der Karbolsäure-Paraffinlösung in der genannten gradweisen Manier derselben Säuremischung zugesetzt. Nach voller Abkühlung werden die Flüssigkeiten abgezogen und können von neuem benutzt werden, nachdem sie entsprechend aufgefrischt sind. Die Pikrinsäure, die sich in fester Form niedergeschlagen hat, kann nach dem Durchseihen aus kochendem Wasser umkristallisiert werden, wobei es vorteilhaft ist, dem Wasser etwa 2% Schwefelsäure und 3% einer aus gleichen Teilen von Schwefelsäure bestehenden Mischung zuzusetzen, da dadurch in kürzerer Zeit eine stärkere Lösung der Pikrinsäure erzielt wird.

Das gebrauchte Öl kann wieder und wieder benutzt werden, so daß die Verwendung desselben, was den Kostenpunkt anbetrifft, kaum in Betracht kommt. Ein fernerer Vorteil des beschriebenen Verfahrens besteht darin, daß mit einer Einrichtung von gewisser Größe innerhalb eines gegebenen Zeitraumes weit größere Mengen von Pikrinsäure als nach den bisher bekannten Verfahren hergestellt werden können, da die detonierende Wirkung fast ganz vermieden und eine bessere Ausbeute an roher Pikrinsäure erzielt und jeder Verlust an Material durch Verdampfung oder Verflüchtigung verhindert wird.

Franz. Pat. 345441 vom 14. Okt. 1904.

Otto Wichardt, Deutschland. — Verfahren zur Herstellung von Pikrinsäure in der Kälte.

Dieses Verfahren bezweckt, jegliche Erwärmung der Reaktionsprodukte wie auch die Umwandlung des Phenols in Phenolsulfonsäure vor der eigentlichen Nitrierung zu vermeiden. 100 Teile Salpetersäure vom spez. Gewicht 1·4 werden mit 30 Teilen Alkohol gemischt und in dieses Gemisch 20 Teile Phenol laufen gelassen, unter event. Umrühren der Masse. Aus ökonomischen Gründen lassen sich hierzu auch denaturierter Alkohol und rohe Karbolsäure in den oben angegebenen Mengenverhältnissen verwenden. Zur Verstärkung der Reaktion kann man außer Äthylalkohol auch Methylalkohol oder Glyzerin anwenden. Nach der Nitrierung des Phenols löst man die erhaltene Kristallmasse in heißem Wasser und trennt nach irgend einem Verfahren die Pikrinsäure von der Mutterlauge. Die Reinigung erfolgt gemäß den gebräuchlichen Methoden. Die Ausbeute an reiner Pikrinsäure beträgt durchschnittlich 95% für wasserfreies Phenol. — Obgleich die Alkohole schon in der Kälte von der Salpetersäure oxydiert werden, so wird bei dem soeben beschriebenen Prozeß das Phenol infolge seiner leichten Substituierbarkeit von der Salpetersäure schon angegriffen, bevor eine Oxydation des Alkohols beginnen kann.

Patentanspruch: Verfahren zur Herstellung von Pikrinsäure in der Kälte, dadurch gekennzeichnet, daß man auf Phenol ein Gemisch von Alkohol und Salpetersäure wirken läßt.

D.R.P. 122151 vom 6. Jan. 1900.

Charles Girard in Paris. — Verfahren zur Darstellung von Pikraten.

Die Fabrikation der durch ihre Empfindlichkeit gegen Stoß und ihre Brisanz ausgezeichneten Pikrate erfolgt entweder auf dem Wege der Umsetzung oder durch Absättigen einer wässerigen Pikrinsäurelösung.

In dieser Form ausgeführt ist die Fabrikation sehr gefährlich und hat oft schon Explosionen veranlaßt, die manchmal während der Konzentration der Lösungen eintraten, im allgemeinen jedoch beim Austritt der Kristalle aus den Kristallisiervorrichtungen oder bei der Trocknung (sowohl in Trockenvorrichtungen wie an der offenen Luft) sich ereigneten. Eine weitere Gefahrquelle ist durch die Bildung explosiven und entflammenden Staubes während der genannten Manipulationen gegeben.

Den Gegenstand der vorliegenden Erfindung bildet ein Verfahren, welches die Fabrikation von Alkali-, Erdalkali-, Erd- und Metallpikaten in gefahrloser Weise gestattet.

Das Verfahren wird wie folgt ausgeführt:

In 30 kg Rizinusöl z. B. trägt man 10 kg gepulverte Pikrinsäure ein und setzt nach guter Mischung die Basis in Form von Oxyd oder Karbonat in der zur Sättigung der Säure erforderlichen Menge hinzu. Die Reaktion verläuft theoretisch, und können die Mengen an Säure und Basis leicht mit Hilfe der Atomgewichte berechnet werden.

Z. B. 10 kg Pikrinsäure erfordern 2·440 kg Kaliumhydrat (KOH),

1·220 kg Ätzkalk, 0·899 kg gebrannte Magnesia, 1·943 kg Eisenoxydhydrat, 4·850 kg Bleiglätte, 5·810 kg Bleikarbonat usw.

Die in Wasser sehr leicht löslichen Alkalien können in Form stark konzentrierter Laugen, z. B. Kali und Natron als Lauge von 45° Bé, angewendet werden; ebenso kann man sie in alkoholischer Lösung verwenden.

Die Alkalioxyde: Kalk, Baryt, Strontian, können sowohl wasserfrei wie in Form von Hydraten benutzt werden; es genügt, daß sie fein pulverisiert sind.

Die übrigen Oxyde benutzt man im allgemeinen als Hydrate oder Karbonate in fein gepulvertem Zustande. Gewisse Oxyde, wie Bleioxyd, Zinkoxyd, Magnesia sind auch wasserfrei verwendbar.

Der Gang der Reaktion ist leicht zu erklären; sie tritt ein infolge der Löslichkeit der Pikrinsäure im Öl, welchem sodann die Bildung von Pikrat die Aufnahme einer neuen Menge Pikrinsäure ermöglicht, und so fort bis zur vollständigen Reaktion.

Sogleich bei Beginn des Zumischens der Base setzt die Reaktion ein und es schießt Pikrat in feinen Nadeln mit der kennzeichnenden gelben Färbung aus. Fügt man einen Überschuß der Basis hinzu, so nimmt die Masse eine rötliche Färbung an, welche dann auf Zusatz einer entsprechenden Menge Pikrinsäure wieder in das Pikratgelb zurückgeht.

Die Pulverisierung der Oxyde bzw. Karbonate hat nur die Beschleunigung der Reaktion zum Zweck. Letztere kann bei gewöhnlicher Temperatur ausgeführt werden, oder indem man das Gemisch aus Rizinusöl und Pikrinsäure vor dem Zusatz der Base vermittelst Wasserbades auf ungefähr 100° C. erhitzt.

Bei der Fabrikation von Alkali- und Erdalkalipikraten reicht anfangs die durch die Reaktion frei werdende Wärme aus, und braucht man zur Beendigung der Reaktion Wärme erst zuzuführen, wenn das Gemisch vollständig geworden ist.

Die Ölmenge kann je nach den zu erreichenden Effekten verschieden bemessen werden; für die empfindlichsten Pikrate wird es jedoch unklug sein, die Ölmenge zu sehr zu beschränken; im allgemeinen empfiehlt es sich, nicht weniger als 5 kg Öl auf 10 kg Pikrinsäure zu nehmen.

Die Oxyde und Karbonate können auch ersetzt werden durch fettsaure Salze der entsprechenden Metalle — Oleate, Stearate, Palmitate usw. — wobei die durch die Pikrinsäure frei werdende Fettsäure sich im Öl löst.

Patentansprüche: 1. Verfahren zur Fabrikation von Alkali-, Erdalkali-, Erd- und Schwermetallpikraten, dadurch gekennzeichnet, daß man eine ölige Lösung von Pikrinsäure mit dem betreffenden Oxyd oder Karbonat versetzt.

2. Eine Ausführungsform des unter 1. geschützten Verfahrens, bei welcher das Oxyd oder Karbonat ersetzt ist durch ein fettsaures Salz des betreffenden Metalles.

Franz. Pat. 315696 vom 25. Febr. 1902.

R. Vidal, Paris. — Darstellung von Dinitro- und Trinitroderivaten der Phenole, Kresole und Naphthole.

Das Verfahren besteht darin, daß man ein Gemisch von Schwefelsäure von 66° Bé mit Phenolen, Kresolen und Naphtholen in dem Verhältnis von 2 oder 3 Mol Schwefelsäure auf 1 Mol Phenol, Kresol oder Naphthol einlaufen läßt in eine wässerige Lösung von 2 oder 3 Mol Natriumnitrat, je nachdem man ein Dinitro- oder Trinitroderivat erhalten will, und sodann die Mischung zum Kochen erhitzt, bis alles Schäumen aufgehört hat. Die Reaktion ist dann beendet; man läßt die Flüssigkeit erkalten und isoliert die sich abscheidenden Di- oder Trinitroverbindung. Die letzteren sind vollständig rein und kristallinisch; sie enthalten keine öligen Verunreinigungen.

Beispiel: Man läßt in einer Lösung von 172 kg Natronsalpeter in 170 Liter Wasser 93 kg Phenol, gelöst in 192 kg Schwefelsäure von 66° Bé einlaufen. Zweckmäßig ist es, die Mischung mehrere Stunden stehen zu lassen. Man erhitzt dann langsam, bis das Schäumen aufgehört hat, läßt erkalten und filtriert; man erhält so 1,2,4-Dinitrophenol. — Um Pikrinsäure zu gewinnen, verfährt man in gleicher Weise, nur wird die Menge Schwefelsäure von 192 kg auf 288 kg und die Menge des Natronsalpeters auf 255 kg erhöht. — Man kann das Phenol auch durch m-Kresol bei der Darstellung von Trinitroverbindungen, und durch o- und m-Kresol oder das Gemisch der Rohkresole oder auch α-Naphthol bei der Darstellung von Dinitroverbindungen ersetzen.

Patentanspruch: Verfahren zur Darstellung von Di- und Trinitroverbindungen des Phenols, der o- und m-Kresole und des -Naphthols in reinem Zustande, dadurch gekennzeichnet, daß man eine Mischung von Phenol, Kresolen und Naphthol mit Schwefelsäure von 66° Bé in passenden Mengenverhältnissen in eine Lösung von Natriumnitrat einfließen läßt und diese dann zum Sieden erhitzt.

D.R.P. 194883 vom 4. Aug. 1906.

Dr. Rich. Wolffenstein, Berlin und Dr. Osk. Böters, Charlottenburg. — Verfahren zur Darstellung von hydroxylierten Nitroverbindungen der aromatischen Reihe.

Die Darstellung von Nitrosubstitutionsprodukten der Phenole geschieht im allgemeinen so, daß man auf die betreffenden Phenole Salpetersäure einwirken läßt; diese Darstellungsweise setzt also voraus, daß die Phenolgruppe in dem zu nitrierenden Körper schon vorhanden ist. Es wurde nun gefunden, daß sich diese vorgängliche Einführung der Phenolgruppe umgehen läßt, indem der Eintritt der Phenol- und Nitrogruppe in einer Operation vorgenommen werden kann, wenn man die Nitrierung in Gegenwart von Quecksilber bzw. Quecksilbersalzen vornimmt; es entsteht dann z. B. aus Benzol Nitrophenol bzw. Pikrinsäure. Zur Charakterisierung des vorliegenden Verfahrens seien folgende Beispiele angeführt: 1. Zur Darstellung der Pikrinsäure werden 400 g Benzol mit 660 g Salpetersäure 1·48 und 50 g Quecksilbernitrat im Wasserbad erwärmt. Das Reaktionsprodukt, das gleichzeitig Nitrobenzol enthält, wird zu dessen Entfernung zuerst der Destillation unterworfen; im Rückstande bleiben 180 g Pikrinsäure. 2. 400 g Benzol werden mit 50 g Quecksilbernitrat und 1350 g Salpetersäure 1·39 im Wasserbad erwärmt. Die Verarbeitung erfolgt wie oben angegeben. Ausbeute: 380 g Pikrinsäure, 160 g Nitrobenzol und 2 g o-Nitrophenol. 3. 400 g Benzol werden mit 50 g Quecksilbernitrat und 625 g Salpetersäure 1·39 wie in Beispiel 2 behandelt. Durch die geringere Menge der Salpetersäure steigt hierbei die Ausbeute an o-Nitrophenol beträchtlich und macht etwa 38 % der Pikrinsäure aus.

Die Substitutionsprodukte des Benzols verhalten sich bei dieser Reaktion gleich dem Benzol, so entsteht z. B. aus Toluol Trinitrokresol und Mononitrooxybenzoesäure, aus Naphthalin bei Anwendung 50 %iger Salpetersäure neben Nitronaphthalin 12 % Nitronaphthole.

D.R.P. 214045 vom 21. Aug. 1907 (Zusatz zu Nr. 194883).

Bei der weiteren Ausarbeitung des nach dem D.R.P. 194883 geschützten, oben beschriebenen Verfahrens hat sich gezeigt, daß statt der fertigen Salpetersäure sich auch die einzelnen Stickoxyde bzw. Hydrate oder Gemische der verschiedenen Stickoxyde mit Vorteil benutzen lassen. So sind in dieser Weise salpetrige Säure, Stickstoffdioxyd, Stickstofftetroxyd und Salpetersäureanhydrid zur Verwendung geeignet.

Beispiele: Man läßt 120 g Benzol mit 20 g Quecksilber vermischt unter Zusatz von 270 g Stickstoffdioxyd (entweder in flüssiger Form zugegeben oder gasförmig eingeleitet) bei gewöhnlicher Temperatur einige Tage stehen: die Masse erstarrt und besteht fast ganz aus reinem 1,2,4-Dinitrophenol. In gleicher Weise verläuft der Versuch mit Salpetrigsäureanhydrid. Oder man läßt auf 120 g Benzol eine Lösung von 10 g Quecksilbernitrat und 500 g 60 %iger Salpetersäure einwirken, indem man gleichzeitig 50 g Stickstoffdioxyd hinzufügt. Die Reaktion findet zweckmäßig unter Rühren bei 50° statt. Nach beendeter Reaktion scheidet sich Dinitrophenol oder, wenn die Reaktion bei höherer Temperatur vor sich geht, Trinitrophenol in kristallisierter Form ab.

Schweiz. Pat. 62140 vom 18. Nov. 1912.

Dr. Friedrich Raschig in Ludwigshafen a. Rh. — Verfahren zur Herstellung von Sprengstoffen.

Das Verfahren besteht darin, daß man die wässerige Lösung eines Sauerstoffträgers und einer oxydablen Substanz im regelmäßigen schwachen Strom auf sich drehende, über 100° geheizte Trommeln laufen läßt. Dabei wird die Lösung fast augenblicklich zur Trockne verdampft, ohne daß eine Entmischung der Substanzen eintritt. Der Rückstand wird an passender Stelle vermittelst eines Messers von der

Trommel abgeschabt. Auf diesem Wege hergestellte Sprengstoffe enthalten den Sauerstoffträger und die oxydable Substanz in so inniger Mischung, wie sie durch mechanische Rührung nicht zu erreichen ist. Als Sauerstoffträger kommen hierbei in erster Linie alle auch sonst für Sprengstoffe anwendbaren Salpeterarten und als oxydable Substanzen z. B. Zucker, Dextrin, Harnstoff, benzolsulfosaures Natron oder sulfosaure Salze der Homologen des Phenols zur Anwendung. Beispielsweise werden 69 Teile Natronsalpeter und 31 Teile kresolsulfosaures Natron zusammen in Wasser gelöst, worauf die Lösung, wie oben angegeben, auf einer beheizten rotierenden Trommel verdampft wird.

III. Nitrierte aromatische Amine.

D.R.P. 86295 vom 12. Juli 1895.
Chemische Fabrik Griesheim in Frankfurt a. M. — Verfahren zur Herstellung von Hexanitrodiphenylamin.

Das Hexanitrodiphenylamin ist bis jetzt entweder durch Nitrieren von Diphenylamin bzw. Methyldiphenylamin oder durch Nitrieren von unsymmetrischem Tetranitrodiphenylamin erhalten worden.

Vorteilhafter läßt es sich herstellen, wenn man das unsymmetrische Dinitrodiphenylamin — erhalten aus Dinitrochlorbenzol und Anilin — zu seiner Darstellung benutzt. Die Nitrierung dieses Körpers wird zweckmäßig in zwei Stadien vorgenommen, wobei man zuerst mit verdünnter Salpetersäure ein Zwischenprodukt gewinnt, das dann, ohne vorher isoliert zu werden, durch Erhitzen mit einer stärkeren Salpetersäure in das Hexanitrodiphenylamin übergeht.

100 kg unsymmetrisches Dinitrodiphenylamin werden in 400 kg Salpetersäure von 32° Bé unter Rühren bei gewöhnlicher Temperatur eingetragen und die Nitrierung bei Wasserbadtemperatur zu Ende geführt. Nachdem von dem hellgelben, im wesentlichen aus symmetrischen Tetranitrodiphenylamin bestehenden Zwischenprodukt vom F.P. 180 bis 190° die darüber stehende Flüssigkeit abgezogen worden, fügt man 400 kg Salpetersäure von 46° Bé zu und erwärmt allmählich auf die Temperatur des siedenden Wassers. — Man erhält so ein hellgelbes, völlig kristallinisches Produkt von hoher Reinheit. — Will man die Nitrierung in einer Operation vollenden, so wendet man auf 100 kg Dinitrodiphenylamin 600 kg Salpetersäure von 46° Bé an und verfährt im übrigen ebenso; Produkt und Ausbeute sind jedoch dann nicht so gut wie im anderen Falle.

Von den beiden oben angegebenen Verfahren hat das neue sehr wesentliche Vorzüge:

1. Beim direkten Nitrieren von Diphenylamin oder Methyldiphenylamin entstehen auch bei vorsichtiger Nitrierung stets harzige Zersetzungsprodukte, welche einerseits die Ausbeute verringern, andererseits das Produkt derart verunreinigen, daß man, um zu einem reinen

und kristallinischen Körper zu gelangen, das rohe Hexanitrodiphenylamin noch aus Eisessig umkristallisieren muß.

2. Die Herstellung von Hexanitrodiphenylamin aus dem unsymmetrischen Tetranitrodiphenylamin kommt wegen des zu hohen Preises der Ausgangsmaterialien technisch nicht in Betracht, weil dieser Körper aus Pikrylchlorid und p-Nitranilin gewonnen wird. Aber auch in anderer Beziehung ist diesem Verfahren das vorliegende vorzuziehen, da man beim Nitrieren des Tetranitrodiphenylamins eine unreine „hellgrüngelbe“ Masse erhält, die aus kochendem Eisessig in hellgelben Prismen zu erhalten ist, während man hier sogleich ein reines, kristallinisches Produkt gewinnt.

D.R.P. 243079 vom 10. Juli 1910. Engl. Pat. 3224 vom 5. Aug. 1910.

Dr. Bernhard Flürscheim in Fleet (Engl.). — Verfahren zur Darstellung von Tetranitranilin.

Nach diesem Verfahren gelangt man zu Tetranitranilin, wenn man folgende Verbindungen oder Gemische von zwei oder mehreren dieser Verbindungen mit Schwefelsäure und einem nitrierend wirkenden Mittel behandelt.

1. m-Nitranilin (roh oder gereinigt).

2. Von m-Nitranilin abgeleitete Verbindungen, welche an Stelle von Wasserstoffatomen eine oder mehrere Nitrogruppen oder ein oder mehrere andere während der Nitrierung durch Wasserstoff oder die Nitrogruppe ersetzbare, saure Radikale enthalten, die teils an Aminostickstoff, z. B. —CO-alkyl, —CO-aryl, —SO_2-aryl, teils in o- und p-Stellung zu diesem, z. B. —SO_3H, —COOH stehen können. Beispiele der unter 2 angeführten Verbindungen sind: 3-4-Dinitro-1-Aminobenzol, 3-6-Dinitro-1-Aminobenzol, 3-Nitro-1-acetylaminobenzol, 3-Nitro-1-p-toluolsulfonylaminobenzol, Diacetyl-m-nitranilin, 2-Amino-4-nitrobenzol-1-carbonsäure, 3-Nitro-1-aminobenzol-4-sulfosäure usw.

Unmittelbar in Lösung lassen sich, wenn der unter 1 und 2 einbegriffene Körper durch Nitrierung eines anderen Körpers entsteht, so u. a. direkt, ohne Isolierung des Zwischenproduktes, weiter verarbeiten: 3-4-Dinitro-1-acetylaminobenzol gelöst in Schwefelsäure, wie es bei der Nitrierung von m-Nitroacetanilid mit Salpeterschwefelsäure nach Witt und Witte erhalten wird; ferner eine Lösung von m-Nitranilin in Schwefelsäure, wie sie bei der Nitrierung von Anilin entsteht, sowie eine Lösung eines Gemisches aus 2-3-Dinitroacetanilid, 3-4- und 3-6-Dinitroacetanilid, wie sie bei der Nitrierung von m-Nitroacetanilid in Salpeterschwefelsäure nach Wender entsteht.

Die Schwefelsäure kann z. B. 60 oder 66° Bé haben oder auch als Monohydrat oder als rauchende Säure verwendet werden. Als Nitrierungsmittel dient z. B. freie Salpetersäure oder ihre Salze, wie Natriumnitrat, oder ihre Ester, wie Äthylnitrat. Die Schwefelsäure kann man einmal anwenden oder auch wiederholt zum Nitrieren neuer Mengen der obigen Verbindungen.

Beispiel 1. 1 Teil m-Nitranilin und 3 Teile Kaliumnitrat werden in 36 Teilen 98%iger Schwefelsäure unter Kühlung gelöst, worauf man auf etwa 70° erhitzt. Wenn eine Reaktion bemerkbar wird, so wird von außen gekühlt, um eine Temperaturerhöhung über 100° zu verhindern. Hat die Reaktion nachgelassen, so wird für einige Minuten auf 100° erhitzt, worauf man erkalten läßt und das Tetranitroanilin abfiltriert.

Beispiel 3. 1 Teil m-Nitroacetanilid wird in 20 Teilen 98%iger Schwefelsäure gelöst und 1·9 Teile Natriumnitrat zugegeben, worauf man mehrere Tage bei gewöhnlicher Temperatur stehen läßt oder erhitzt, beispielsweise auf 100°.

Beispiel 7. Eine Lösung von 3-4-Dinitro-1-acetylaminobenzol (erhalten durch 24stündige Behandlung von 1 Teil m-Nitroacetanilid mit 1·15 Teilen trocknem Kaliumnitrat in 15 Teilen Monohydrat bei gewöhnlicher Temperatur) wird nach dem Zugeben von weiteren 1·1 Teilen Kaliumnitrat auf 100° erhitzt.

Beispiel 10. 1 Teil m-Nitrobenzyliden-m-nitranilin wird mit 1·25 Teilen Natriumnitrat und 15 Teilen 94 oder 97%iger Schwefelsäure allmählich auf 100° erhitzt oder mehrere Tage bei gewöhnlicher Temperatur stehen gelassen.

Das Tetranitranilin bildet ein gelbes kristallinisches, bei etwa 210° unter Zersetzung schmelzendes Produkt; seine Konstitution ist folgende:

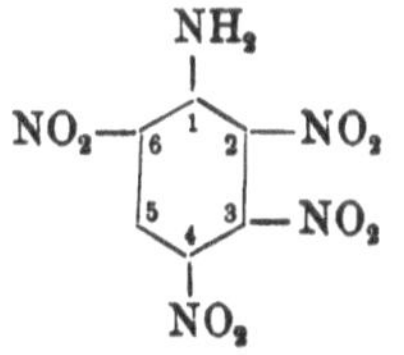

Die Darstellung von Tetranitrophenylmethylnitramin

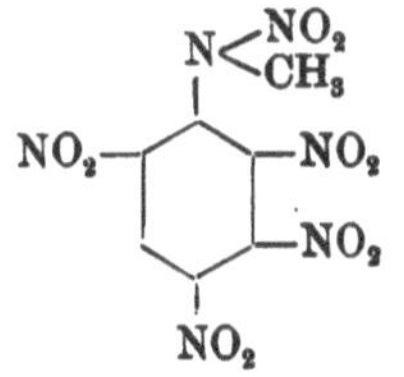

durch Nitrierung von Dimethylanilin oder Dimethyl-m-nitranilin bzw. den Di- und Trinitrosubstitutionsprodukten des Dimethylanilins ist bereits bekannt.

Die Einführung von Säuren- oder Aldehydresten nach dem vorliegenden Verfahren bezweckt nicht den Schutz der Aminogruppe, da die Nitrierung auch ohne solchen Schutz gelingt, sondern die Ersparnis an Schwefelsäure und damit den wirtschaftlichen Vorteil, bei gleichem Volumen mehr Substanz verarbeiten zu können.

Patentanspruch: Verfahren zur Herstellung von Tetranitranilin, darin bestehend, daß man auf *m*-Nitranilin oder auf solche

Derivate desselben, welche an Stelle von Wasserstoffatomen eine oder mehrere Nitrogruppen oder ein oder mehrere andere, während der Nitrierung durch Wasserstoff oder die Nitrogruppe ersetzbare saure Radikale, welche teils am Aminostickstoff, teils in o- oder p-Stellung zu diesem oder in mehreren dieser Stellungen zugleich sich befinden können, enthalten, oder auf Aldehydkondensationsprodukte des m-Nitranilins und seiner in der o- oder p-Stellung zur Aminogruppe eine oder mehrere Nitrogruppen oder ein oder mehrere saure abspaltbare Substituenten enthaltenden Derivate oder auf Gemische oder Lösungen von zwei oder mehreren der erwähnten Verbindungen nitrierende Mittel in Gegenwart von Schwefelsäure derart einwirken läßt, daß einerseits die Schwefelsäure stets in so großen Mengen vorhanden ist, daß die bei der Nitrierung entstehenden explosiven Zwischenprodukte in Lösung gehalten werden und daß andererseits die Nitrierung der Aldehydkondensationsprodukte bei erhöhter Temperatur oder in Gegenwart von wasserhaltiger Schwefelsäure erfolgt.

D.R.P. 241697 vom 8. Juli 1910. Franz. Pat. 425996 vom 13. Febr. 1911. Schweiz. Pat. 55940 vom 9. Januar 1911.

Bernhard Flürscheim, England. — Verbesserungen auf dem Gebiete der Sprengstofffabrikation.

In diesem Patent wird nebenbei die Herstellung des Tetranitranilins folgendermaßen beschrieben: Man löst in 36 Teilen konz. Schwefelsäure einen Teil m-Nitranilin und 3 Teile Kalisalpeter, erwärmt die Masse auf 70° und kühlt äußerlich, um ein Weitersteigen der Temperatur zu verhindern. Nach beendeter Reaktion erwärmt man das Gemisch auf 100°, läßt nach einigen Minuten erkalten und trennt das Tetranilin durch Filtrieren. — Außer dem Tetranilin sind für die Zwecke der Sprengstofftechnik folgende Derivate des Tetranitranilins hergestellt worden: Acetyltetranitranilin, F.P. 170°, dargestellt durch Erwärmen von Tetranitranilin mit Essigsäureanhydrid mit wenig Schwefelsäure; Methylnitrotetranitranilin,

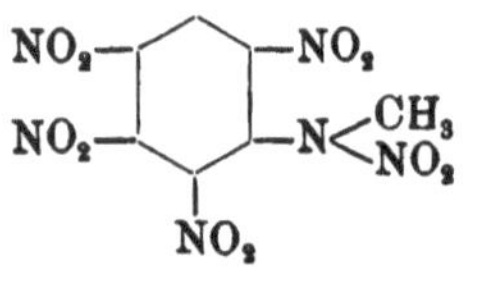

F.P. 145°; ferner 2-4-6-Trinitroaminophenol,

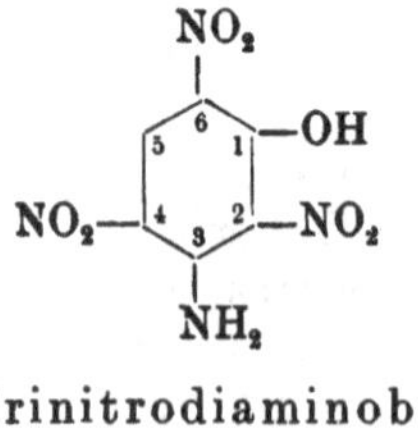

F.P. 175° und 2-4-6-Trinitrodiaminobenzol,

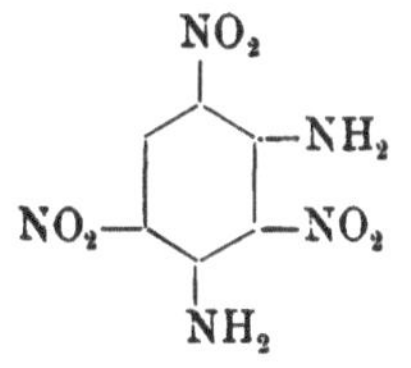

vom Schmelzpunkt 275°.

Engl. Pat. 18777 vom 11. Juli 1912.

B. J. Flürscheim, England. — Verfahren zur Herstellung von Explosivstoffen.

Die Erfindung beruht auf der Beobachtung, daß Trinitroaminoanisol und Trinitroaminophenetol sich vorteilhaft zur Herstellung von Sprengstoffen verwenden lassen. Man kann diese Körper nach zwei verschiedenen Methoden erhalten. Die erste besteht darin, daß man 2-4-6-Trinitro-1-3-dichlorbenzol mit einem Molekül Alkalihydrat in absolutem Methyl- bzw. Äthylalkohol kocht und hierauf einen Strom Ammoniakgas so lange in die kochende Lösung einleitet, bis das in 3-Stellung befindliche Chloratom durch die NH_2-Gruppe ersetzt ist. Nach der zweiten Methode wird 2-3-4-6-Tetranitroanilin einfach mit absolutem Methyl- oder Äthylalkohol mit oder ohne Zusatz von indifferenten Lösungsmitteln (Benzol, Aceton) und von Substanzen, welche die entwickelten nitrosen Gase absorbieren (Natriumacetat) gekocht.

IV. Andere aromatische Nitroverbindungen.

D.R.P. 275037 vom 18. Mai 1914.

Sprengstoff-A.-G. Carbonit in Hamburg. — Verfahren zur Darstellung von 2.4.6.2'.4'.6'-Hexanitrodiphenylsulfid.

Engl. Pat. 18353 vom 12. Aug. 1913, lautend auf Karl Hartmann in Schlebusch.

Die Darstellung von Nitroderivaten des Phenylsulfids C_6H_5—S—C_6H_5 erfolgt bekanntlich durch Umsetzung von nitrierten Chlorbenzolen mit Schwefelalkalien. Diese Methode ergibt sehr viele Übelstände und schlechte Ausbeuten. Eine bessere Darstellungsweise, und zwar für das 2.4.2'.4'-Tetranitrodiphenylsulfid, ist aus der Patentschrift 94077, Kl. 12, bekannt geworden. Die daselbst beschriebene Methode beruht auf der Umsetzung von 2 Molekülen 1-Chlor-2.4-dinitrobenzol mit 2 Molekülen Thiosulfat nach der Gleichung:

$$2C_6H_3(Cl)(NO_2)_2 + 2Na_2S_2O_3 = 2NaCl + Na_2S_3O_6 + [C_6H_3(NO_2)_2]_2S.$$

Versucht man auf gleiche Weise durch Einwirkung von Thiosulfaten auf 1-Chlor-2.4.6-trinitrobenzol zu dem 2.4.6.2'.4'.6'-Hexanitrodiphenylsulfid zu gelangen, so erhält man nur ein dunkelbraunes Produkt, das nicht die gewünschte Verbindung darstellt.

Es wurde nun gefunden, daß man die Hexaverbindung darstellen kann, wenn man an Stelle von 2 Molekülen Thiosulfat nur 1 Molekül Thiosulfat auf 2 Moleküle Chlortrinitrobenzol einwirken läßt und die Umsetzung in umgekehrter Reihenfolge, wie in der genannten Patentschrift angegeben, vornimmt. Die Reaktion verläuft dann nach der folgenden Formel:

$$2C_6H_2(NO_2)_3Cl + Na_2S_2O_3 + H_2O = 2NaCl + H_2SO_4 + [C_6H_2(NO_2)_3]_2S.$$

Da durch die freiwerdende Schwefelsäure eine sekundäre Einwirkung auf das Thiosulfat stattfindet, ist es erforderlich, die Säure zu neutralisieren, was leicht durch Zusatz von Karbonaten der Alkalien, Erdalkalien und des Magnesiums geschehen kann.

Die Umsetzung ist also eine völlig andere wie bei dem aus der oben erwähnten Patentschrift bekannten Verfahren, und es liegt eine ganz neue, nicht vorauszusehende Reaktion vor. Der erfinderische Gedanke liegt darin, daß man die durch die im 1-Chlor-2.4.6-trinitrobenzol enthaltene dritte Nitrogruppe bedingte leichtere Reaktionsfähigkeit des Chloratoms durch Anwendung nur eines Moleküls Thiosulfat ausnutzt.

Beispiel: 100 kg 1-Chlor-2.4.6-trinitrobenzol und 19 kg Magnesiumkarbonat werden in einem mit Rückflußkühler versehenen Kessel mit der vierfachen Menge Alkohol zum Sieden erhitzt und langsam unter stetem Rühren und Erhitzen mit 50 kg Natriumthiosulfat versetzt. Die Umsetzung erfolgt glatt unter lebhafter Kohlensäureentwicklung. Das ausgeschiedene 2.4.6.2'.4'.6'-Hexanitrodiphenylsulfid

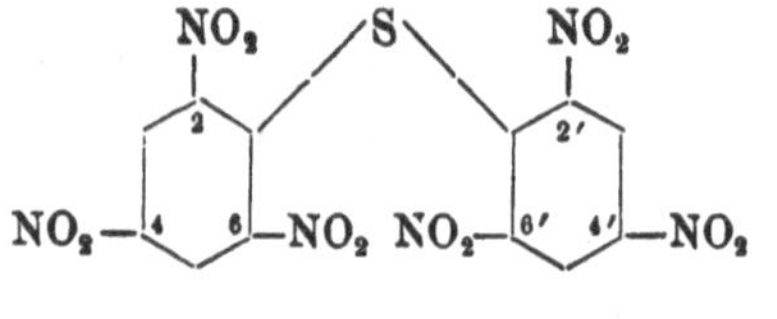

wird in einer Zentrifuge abgeschleudert, mit Alkohol, verdünnter Salzsäure und Wasser gewaschen und getrocknet. Die Ausbeute beträgt etwa 90 % der Theorie.

Man erhält ein rein gelbes Produkt von dem in Beilstein, 3. Aufl., Bd. II, S. 803, Abs. 3 von unten angegebenen Schmelzpunkt und den daselbst genannten Eigenschaften. Jeder geringe Überschuß von Thiosulfat ruft dagegen eine sich durch Dunkelfärbung kennzeichnende Zersetzung hervor.

Das Hexanitrodiphenylsulfid besitzt explosive Eigenschaften und soll daher in der Sprengstofftechnik Verwendung finden.

Patentanspruch: Verfahren zur Darstellung von 2.4.6.2'.4'.6'-Hexanitrodiphenylsulfid, darin bestehend, daß man 1 Molekül eines Thiosulfats auf 2 Moleküle 1-Chlor-2.4.6-trinitrobenzol bei Gegenwart geeigneter Lösungsmittel sowie unter Zusatz von säurebindenden Mitteln in der Wärme einwirken läßt.

D.R.P. 269826 vom 29. Oktober 1912.

Sprengstoff-A.-G. Carbonit in Hamburg. — Herstellung von Sprengstoffen.

Die Erfindung beruht auf der Beobachtung, daß das Hexanitrosulfobenzid, welches dargestellt wird durch Behandlung einer Suspension Hexanitrodiphenylsulfid in Salpetersäure mit Oxydationsmitteln, die in Gegenwart dieser Säure Sauerstoff abspalten, sich außerordentlich gut als Sprengstoff eignet. Die Konstitutionsformel dieses Körpers ist die folgende:

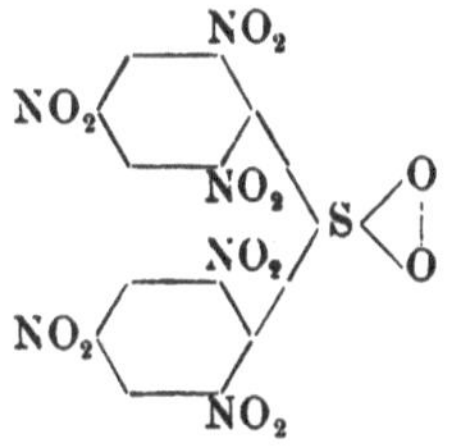

Er stellt gelbe Kristalle dar, welche nicht die Haut angreifen, nicht gelb färben, keine Salze bilden und Metalle nicht angreifen, also der Pikrinsäure sowie anderen Nitrokörpern gegenüber große Vorteile bieten. Das Hexanitrosulfobenzid ist vollkommen beständig und zeigt weder beim Kochen mit Wasser noch mit Sodalösung irgendwelche Veränderung, selbst längeres Erhitzen auf 130° bringt keine Veränderung hervor, wogegen sich bei anderen Nitrokörpern bei diesen Temperaturen bereits starke Gasabspaltungen zeigen. Hexanitrosulfobenzid ist in Wasser, Alkohol und Benzol schwer löslich. Seine Verpuffungstemperatur liegt sehr hoch, nämlich bei 250 bis 255°. Es ist völlig lagerbeständig und gefahrlos bei der Handhabung und Verarbeitung, und bietet hierbei weder Nachteile für die Gesundheit noch andere Schwierigkeiten. Es eignet sich sowohl allein als auch in Verbindung mit anderen Komponenten außerordentlich gut als Sprengstoff, so z. B. zur Füllung von Geschossen, Torpedos und Minen, sowie zur Herstellung von Zündern und Sprengkapseln und für andere einem Sprengstoff zufallende Verwendungsarten.

D.R.P. 281053 vom 23. November 1913.

Westfälisch-Anhaltische Sprengstoff-A.-G. in Berlin. — Verfahren zur Darstellung von 2-4-6-3'-4'-6'-Hexanitrodiphenyloxyd.

Erfinderin hat gefunden, daß solche Di-, Tri-, Tetra- und Pentanitrosubstitutionsprodukte des Diphenyloxyds, welche mindestens eine Nitrogruppe in einem der beiden Benzolkerne in m-Stellung zu dem Sauerstoffatom enthalten, sich in glatter Weise mit Salpeterschwefelsäure zu dem technisch wertvollen Hexanitrodiphenyläther von der Formel

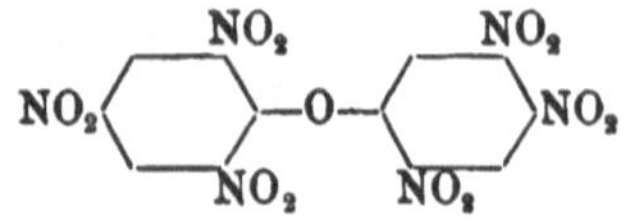

nitrieren lassen.

Die als Ausgangsprodukte dienenden niedriger substituierten Nitroprodukte des Diphenyloxyds werden durch Kondensation von Alkalisalzen eines m-Nitrophenols mit 2-4-Dinitro- oder 2-4-6-Trinitro-1-Chlorbenzol erhalten. Zur Darstellung verfährt man z. B. in folgender Weise: Nachdem man m-Nitrophenol in wenig Aceton gelöst hat, versetzt man mit der in möglichst wenig Wasser gelösten berechneten Menge Ätznatron, erwärmt kurze Zeit auf dem Wasserbade und fügt die berechnete, in wenig Aceton gelöste Menge Pikrylchlorid hinzu. Man erhält dann noch einige Zeit im gelinden Sieden und destilliert das Aceton ab; der Rückstand ergibt nach dem Auswaschen und Umkristallisieren aus Eisessig den 2-4-6-3'-Tetranitrodiphenyläther. Um diesen Äther in das Hexanitroprodukt überzuführen, suspendiert man ihn in konz. Schwefelsäure und läßt dieses Gemisch in die drei- bis vierfache Menge einer Mischsäure (aus Salpetersäure 48° Bé und 10%igem Oleum) laufen. Die Temperatur wird auf 100° gesteigert, wobei sich dann nach einiger Zeit das Hexanitrodiphenyloxyd in reichlichen Mengen abscheidet. Es kristallisiert aus konz. Salpetersäure oder Eisessig in glänzend weißen Blättchen, die bei 269° schmelzen, in Wasser unlöslich und auch in Alkohol und Äther kaum löslich sind, dagegen von Nitrobenzol sehr leicht gelöst werden. Die Verbindung ist völlig beständig, erleidet bei höheren Temperaturen keine Veränderung, besitzt geringe Schlagempfindlichkeit und ist an Sprengkraft der Pikrinsäure z. B. überlegen.

V. Nitrierte aliphatische Verbindungen.

D.R.P. 184229 vom 5. Nov. 1905.

Dr. Claessen, Berlin. — Verfahren zur Herstellung von Tetranitromethan.

Nach diesem Patent wird die Herstellung von Tetranitromethan dadurch gekennzeichnet, daß man die beim Erhitzen von aromatischen Kohlenwasserstoffen oder deren Nitroderivaten mit hochprozentiger oder schwefelsäureanhydridhaltiger Salpeterschwefelsäure entstehenden gas- und dampfförmigen Produkte in der für die Isolierung wasserunlöslicher organischer Substanzen üblichen Weise auf Tetranitromethan verarbeitet. Die Gewinnungsweise ist folgende: 1000 g Salpeterschwefelsäure (40% H_2SO_4, 60% HNO_3) werden mit 1100 g Oleum (50% SO_3) gemischt, die Mischung in eine $1^1/_2$ bis 2 Liter fassende Retorte eingefüllt und 70 g Nitrobenzol hinzugefügt. Man erwärmt zunächst nur auf 80°, um das Nitrobenzol in Lösung zu bringen. Alsdann werden Kühler und Vorlage angelegt und die Temperatur sehr langsam auf ca. 100° gesteigert. Man beläßt auf dieser Temperatur, wobei dauernd Tetranitromethan und Salpetersäure abdestillieren. Nach Ablauf von 4 bis

6 Stunden erhöht man die Temperatur auf 120° und erhält sie so lange, als noch Blasen in der Retorte aufsteigen (4 bis 6 Stunden). Aus dem Inhalt der Vorlage wird das Tetranitromethan entweder durch Abkühlung gewonnen, oder indem man das Destillat in $^1/_2$ Liter Wasser gießt, im Scheidetrichter durchschüttelt und das abgesetzte Tetranitromethan als gelbes Öl abläßt.

D.R.P. 211198 vom 28. Januar 1908.

Dr. R. Schenck in Aachen. — Verfahren zur Darstellung von Tetranitromethan aus Essigsäureanhydrid und Salpetersäureanhydrid.

Dieses Verfahren beruht darauf, daß man bei einer Temperatur unter 40° zu Stickstoffpentoxyd, event. bei Anwesenheit eines Verdünnungsmittels, Essigsäureanhydrid in kleinen Portionen zusetzt. Unter diesen Bedingungen findet eine direkte Bildung von Tetranitromethan statt, und zwar geht die Reaktion sehr ruhig und ungefährlich vor sich; auch ist die Zersetzung des anwesenden Stickstoffpentoxydes so gering, daß nur sehr kleine Mengen von Stickoxyden bei der Reaktion auftreten. Als Lösung, welche freies Pentoxyd enthält, kann man Salpetersäure verwenden, welche mit starken, wasserentziehenden Mitteln, z. B. Phosphorpentoxyd, versetzt ist. — Nachdem das Essigsäureanhydrid eingetragen ist, läßt man die Masse noch einige Zeit bei der angegebenen Temperatur stehen und unterwirft sie dann der fraktionierten Destillation. Das Tetranitromethan geht fast vollständig in den Vorlauf über und scheidet sich aus diesem beim Eingießen in Wasser als schweres Öl ab.

D.R.P. 211199 vom 23. Juni 1908 (Zusatz zur vorhergehenden Nummer).

Dieses verbesserte Verfahren zur Herstellung von Tetranitromethan gemäß Patent 211198 ist dadurch gekennzeichnet, daß bei der Einwirkung von Essigsäureanhydrid auf Salpetersäureanhydrid als Verdünnungsmittel Stickstofftetroxyd angewandt wird. Beispiel: 155 g N_2O_5 werden mit 75 g N_2O_4 in eine Retorte mit Rückflußkühler eingefüllt und bei 30° werden durch einen Kugeltrichter 120 g Essigsäureanhydrid langsam zugetropft, worauf das Gemisch noch einige Zeit auf der gleichen Temperatur erhalten wird. Darauf kann das in dem Gemisch in Lösung enthaltene Tetranitromethan in bekannter Weise, z. B. durch Destillation oder Wasserzusatz, gewonnen werden.

D.R.P. 224057 vom 25. Dez. 1908. Engl. Pat. 24299/1909.

Farbenfabriken in Elberfeld. — Verfahren zur Darstellung von Tetranitromethan aus Essigsäureanhydrid und Salpetersäure.

Nach diesem Verfahren erhält man in glatter, ruhiger Reaktion Tetranitromethan, wenn man Essigsäureanhydrid mit oder ohne Rühren in reine, hoch konzentrierte Salpetersäure bei 15° nicht unterschreitenden und 50° nicht wesentlich übersteigenden Temperaturen, am besten bei 15 bis 50°, einlaufen läßt. Das Reaktionsprodukt wird auf Eis gegossen, die öligen Tropfen des Tetranitromethans scheiden sich teils direkt aus, teils sind sie im Wasserdampfstrom leicht abzutreiben. Den Reaktionsverlauf aufzuklären ist noch nicht gelungen.

Beispiel: 100 Teile Essigsäureanhydrid läßt man langsam unter kräftigem Rühren in 100 Teile Salpetersäure von 99·5% HNO_3 einlaufen und hält dabei durch Kühlung die Temperatur auf 35°.

Deutsche Patent-Anmeldung C. 23981 vom 20. Okt. 1913.
Zentralstelle für wissenschaftlich-technische Untersuchungen G. m. b. H. in Neubabelsberg. — Verfahren zur Darstellung des Hexanitroäthans.

Abgesehen von Tetranitromethan sind völlig nitrierte Kohlenwasserstoffe der Fettreihe nicht bekannt. Die bisher gewonnenen Nitrofettkörper enthalten alle mehr oder weniger Wasserstoff. Dieser Wasserstoffgehalt macht die Nitrokörper derart empfindlich, insbesondere gegen mechanische Einwirkungen, daß sie für sprengtechnische Zwecke unverwendbar werden. Anmelderin hat gefunden, daß man, entgegen der bisher angenommenen und auch in der Literatur zum Ausdruck gebrachten Anschauung, es bestehe eine unüberwindliche Abneigung gegen die Bildung von Hexanitroäthan (vgl. Hantzsch Ber. 39, S. 2478), zu letzterem gelangt, wenn man Tetranitroäthan nitriert. Nun hat sich schon Scholl, der Darsteller des Tetranitroäthankaliums (Ber. 41, 447, Ber. 35, S. 4288), vergeblich bemüht, aus dem Tetranitroäthankalium durch Ansäuern in Eis gekühlter wässeriger Lösung die freie Säure zu gewinnen. Erfinderin stellte nun fest, daß das freie Tetranitroäthan in konzentrierten Säuren, wie z. B. konz. H_2SO_4 (1·84), konz. HNO_3 (1·52), eine relativ große Beständigkeit besitzt und sich in dieser Form leicht zu Hexanitroäthan nitrieren läßt.

Zunächst gelang die Darstellung der neuen Verbindung nicht oder nur unvollkommen, da sich die Reaktion zu stürmisch und unter fast völliger Zersetzung des Kaliumsalzes vollzog. Es gelang aber, diese Schwierigkeit zu überwinden durch Verwendung von sehr reinem Salz und von hochkonzentrierten Säuren.

Die Darstellung verläuft, wie folgt, am besten: 100 g Tetranitroäthankalium werden in 500 ccm konz. Schwefelsäure (spez. Gewicht 1·84) unter Kühlung, wobei die Temperatur zweckmäßig nicht über +5° C steigen darf, eingetragen. Dann werden 300 ccm Mischsäure, hergestellt aus gleichen Volumteilen Schwefelsäure (spez. Gewicht 1·84) und Salpetersäure (1·52), einlaufen gelassen. Auch hierbei muß die Temperatur unter +10° gehalten werden. Hierauf wird das Ganze etwa 1/4 Stunde auf 60 bis 70° C. erwärmt, abgekühlt, in Wasser gegossen und filtriert. Den gewonnenen Nitrokörper löst man in Äther oder leicht siedendem Petroläther und schüttelt diese Lösung mit Schlemmkreide bis zur völligen Entsäuerung. Man erhält 80 bis 90 g Hexanitroäthan.

Diese bisher unbekannte Substanz hat folgende Eigenschaften:

Schmelzpunkt 141°. Farblose Kristalle von kampferartiger Beschaffenheit und etwas an salpetrige Säure erinnerndem Geruch. Leicht löslich in Lösungsmitteln wie Äther und Benzol usw. Unlöslich in Wasser, kaltem Alkohol, konz. Säuren. Das Hexanitroäthan ist detonationsfähig und kann als Explosivstoff entweder für sich allein oder in Gemischen mit anderen Substanzen Verwendung finden.

Patentanspruch: Verfahren zur Darstellung des Hexanitroäthans, dadurch gekennzeichnet, daß man eine Lösung von Tetranitroäthan in konzentrierten Säuren herstellt und diese nitriert.

D.R.P. 239953 vom 13. März 1910. Brit. Pat. 6076 und 17985 v. J. 1911. Amerik. Pat. 1015496 und 1015691 vom 23. Jan. 1912. Franz. Pat. 426635 vom 27. Febr. 1912.

Société chimique des Usines du Rhône, Paris. — Verfahren zur Herstellung der Nitrophenylnitromethane, ihrer Homologen und Derivate.

Es ist bekannt, daß die Einwirkung von hochkonzentrierter Salpetersäure auf Nitrotoluole zu einer Anzahl von isomeren, im Kerne substituierten Nitrotoluolen führt. Andererseits hat Konowalow (Ber. 28, 1860) auf Nitrotoluole schwache 20%ige Salpetersäure einwirken lassen in der Absicht, hierbei Nitrophenylnitromethane zu erhalten. Es wurde aber gefunden, daß Salpetersäure in dieser Verdünnung nur unter Druck und bei erhöhter Temperatur auf Nitrotoluole einwirkt und daß hierbei wesentlich o-Nitrobenzoesäure und schmierige Nebenprodukte entstehen; Nitrophenylnitromethane konnten nicht in nennenswerter Menge nachgewiesen werden.

Man kann dagegen bei Anwendung einer mäßig starken oder starken Salpetersäure von 40 bis 90% ohne Druck, derart, daß das gebildete Wasser leicht entweichen und somit die Säure innerhalb gewisser Konzentrationsgrenzen erhalten werden kann, auf eine technisch leicht ausführbare Art die Nitrotoluole, ihre Homologen und Substitutionsprodukte in die entsprechenden Nitrophenylmethane überführen. Mit o-Nitrotoluol erhält man leicht das wertvolle Produkt:

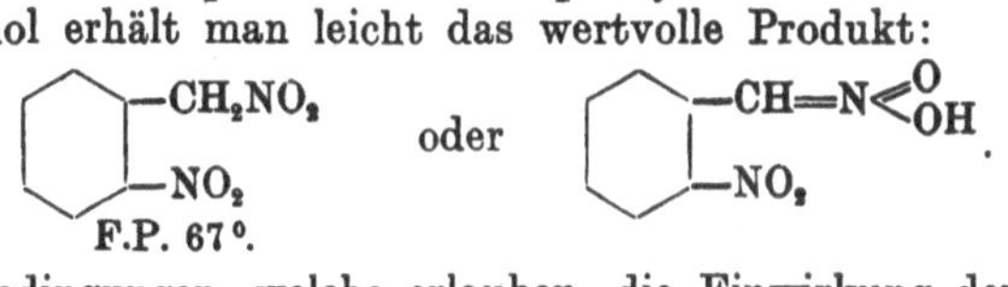

Die Bedingungen, welche erlauben, die Einwirkung der Salpetersäure im wesentlichen auf die Bildung von Nitrophenylnitromethanen zu beschränken, sind folgende:

1. Verwendung einer möglichst starken Salpetersäure bei der entsprechenden Temperatur. Der Grad der Konzentration dieser Säure wird nur durch die Möglichkeit der Nitrierung in dem Benzolkern beschränkt. Es ist klar, daß eine weniger starke Säure verwendet werden kann, wenn man ihr Gelegenheit gibt, sich im Verlaufe der Operation zu konzentrieren.

2. Anwendung eines Überschusses an Nitrotoluol. Durch ge-

eignete Verbindung dieser Bedingungen wird die Bildung der Nitrobenzoesäure und der Dinitrotoluole auf ein Minimum beschränkt.

Beispiel: Man erhitzt 2000 kg o-Nitrotoluol auf 110 bis 120° und fügt allmählich, gleichmäßig auf 8 Stunden verteilt, 1000 kg Salpetersäure von 70% zu; die Temperatur wird während der ganzen Zeit auf 110 bis 120° gehalten. Die unveränderte Salpetersäure und das gebildete Wasser werden abdestilliert. Die Produkte der Oxydation, o-Nitrobenzoesäure und o-Nitrobenzaldehyd, werden mit Natriumkarbonat bzw. Bisulfitlösung ausgezogen und das o-Nitrophenylnitromethan vom überschüssigen Nitrotoluol durch anhaltendes Ausziehen mit Natronlauge und Zersetzung des gebildeten Natronsalzes mit Kohlensäure getrennt. — Die Ausbeute an Nitrophenylnitromethan beträgt 200 bis 250 kg, was auf das verbrauchte Nitrotoluol berechnet etwa 70% ausmacht.

Auf ähnliche Weise erhält man aus p-Nitrotoluol das p-Nitrophenylnitromethan, F.P. 91°; aus o-Nitro-m-xylol das 3-Methyl-6-nitrophenylnitromethan, F.P. 86·5°.

D.R.P. 263459 vom 14. September 1912.

Dr. Conway Frhr. von Girsewald in Berlin-Halensee. — Verfahren zur Darstellung von Hexamethylentriperoxyddiamin.

Nach den bisher bekannten Verfahren zur Herstellung von Hexamethylentriperoxyddiamin $N(CH_2—O—O—CH_2)_3N$ aus Diformalperoxydhydrat und Ammoniak oder aus Formaldehyd, Ammonpersulfat und Wasserstoffsuperoxyd sind die Ausbeuten zu gering. Nach vorliegendem Verfahren läßt man auf konzentrierte Lösungen von Salzen des Hexamethylentetramins Wasserstoffsuperoxyd mit organischen (Zitronensäure z. B.) oder anorganischen Säuren einwirken. — 28 g Hexamethylentetramin und 42 g Zitronensäure werden in 140 g 30%iger Wasserstoffsuperoxydlösung gelöst. Die Lösung erwärmt sich anfangs und scheidet allmählich reichliche Mengen von Hexamethylentriperoxyddiamin in kleinen, rhombischen Kristallen aus. Der weiße Körper ist in den meisten Lösungsmitteln unlöslich und kann daher durch einfaches Waschen mit Wasser und mit Alkohol sofort rein und trocken erhalten werden. Die Ausbeute beträgt 27·5 g = 66% der Theorie. Das Produkt soll wegen seiner stark explosiven Eigenschaften in der Sprengstofftechnik Verwendung finden.

D.R.P. 26936 vom 4. Aug. 1882.

Eugène Turpin, Paris. — Verfahren zur Herstellung von Sprengstoffen mittels Untersalpetersäure.

In diesem Patent (vgl. die ausführliche Darstellung desselben S. 284) wird angeführt, wie flüssige oder halbflüssige brennbare Körper der verschiedensten Art mit Untersalpetersäure explosible Mischungen geben. Nach diesem Verfahren wird z. B. ein Raumteil Petroleumäther mit einem Raumteil Untersalpetersäure unter Kühlung sorgfältig gemischt. Die fetten Körper müssen vor dem Mischen einer

Vorbehandlung mit Untersalpetersäure unterworfen und hierdurch nitriert werden; die übrigen, nichtfetten Körper verursachen keine Reaktion und werden, um sie explosiv zu machen, einfach mit Untersalpetersäure gemischt.

D.R.P. 154054 vom 23. April 1902. Franz. Pat. 320618 vom 23. April 1902. Amerik. Pat. 745802 vom 1. Dez. 1903.

Dr. Edeleanu und Grigore Filiti in Bukarest. — Verfahren zur Gewinnung von Nitroprodukten aus Petroleum.

Das vorliegende Verfahren bezweckt die Herstellung wertvoller Nitrokörper aus bestimmten hochsiedenden Fraktionen des Petroleums vom spez. Gewicht 0·87 und höher bzw. von 270 bis 380° Siedepunkt durch Eintragen der betreffenden Destillationsanteile in eine Mischung von konzentrierter oder rauchender Schwefelsäure und Salpetersäure bei niederer Temperatur. Dabei muß Sorge getragen werden, daß die Temperatur während der Einwirkung 80° nicht übersteigt und das Auftreten einer Schwarzfärbung vermieden wird, welche einen Verbrauch der wirkenden Salpetersäure und das Eintreten von störenden Nebenreaktionen der Schwefelsäure andeuten würde. — Die Menge des Säuregemisches sowie dessen Zusammensetzung kann je nach der Natur der angewendeten Fraktionen verschieden sein und ist durch Versuche zuvor zu bestimmen. Beispielsweise hat sich die Verwendung der dreifachen Menge des Säuregemisches, welches im allgemeinen 5 Teile Schwefelsäure auf 1 Teil Salpetersäure enthalten kann, auf 1 Teil des angewendeten Petroleumdestillates als geeignet erwiesen, z. B. 300 kg Säuregmisch auf 100 kg Petroleumdestillat von 0·89 spez. Gewicht.

Nachdem die Nitrierung zu Ende geführt ist, wird zweckmäßig durch Zusatz von Wasser das Reaktionsprodukt abgeschieden, welches zu Boden fällt, während die unzersetzten Kohlenwasserstoffe nach der Oberfläche des Wassers steigen, von wo sie in geeigneter Weise entfernt werden können. Das abgeschiedene Reaktionsprodukt kann durch Wasser gereinigt werden. — Die Ausbeute an Nitroprodukten schwankt gemäß der verschiedenen Zusammensetzung der einzelnen Petroleumsorten, die zur Anwendung gelangen können, zwischen 30 bis 90% und hängt ganz von der Art des Rohöls ab, was sich durch einen Vorversuch feststellen läßt.

Da die bei der Destillation des Petroleums erhaltenen schweren Fraktionen meist Zersetzungsprodukte enthalten, auf welche das Säuregemisch zu heftig, event. unter vollkommener Zersetzung und Ent zündung der Masse, einwirken würde, ist es zweckmäßig, die Petroleumdestillate vor ihrer Nitrierung mit ganz geringen Mengen von Schwefelsäure zu behandeln, um hierdurch die Zersetzungsprodukte abzuscheiden. Zu diesem Zweck genügt schon eine Behandlung mit etwa 1%iger Schwefelsäure. Diese Reinigung soll keine Raffinierung der Masse, sondern nur die Beseitigung der während der Destillation gebildeten Zersetzungsprodukte bewirken.

Die Nitroprodukte des Petroleums stellen bei gewöhnlicher Temperatur halbfeste bis feste rotbraune, unkristallisierbare Massen dar, welche in den allgemein bekannten organischen Lösungsmitteln löslich sind und beim Eindampfen ihrer Lösungen als glasige, sehr elastische Massen zurückbleiben. Beim Behandeln mit starker Kalilauge gehen sie in schwarze Farbstoffe über. Mit Schießbaumwolle geben sie zelluloidartige Massen. Sämtliche nach vorliegendem Verfahren aus hochsiedenden Petroleumfraktionen vom spez. Gewicht 0·870 bis 0·960 darstellbaren Nitroprodukte haben im besonderen die Eigenschaft gemein, daß sie geruchlos oder nahezu geruchlos sind und als Kolloide, als Beimischungen zu Kautschuk, Guttapercha sowie in Verbindung mit Nitrozellulose zur Herstellung zelluloidartiger Massen verwendet werden können. Die Petroleumfraktion vom spez. Gewicht 0·890 liefert ein sehr elastisches Nitroprodukt vom F.P. 36 bis 40°, während diejenige von 0·920 ein glasiges, bei 68 bis 75° schmelzendes Nitroprodukt ergibt. Die höher siedenden Petroleumdestillate liefern eine wesentlich höhere Ausbeute an Nitroverbindungen als die niedrig siedenden, aus denen im günstigsten Falle etwa 10% erhältlich sind.

Für Sprengstoffe in Verbindung mit Ammoniumnitrat sind diese Nitroprodukte wesentlich besser geeignet als die Produkte aromatischer Natur. Die nach sonstigen Verfahren aus Petroleum erhaltenen festen Nitroprodukte besitzen die Elastizität der nach dem vorliegenden Verfahren erhältlichen Nitroprodukte nicht.

Patentansprüche:

1. Verfahren zur Gewinnung von Nitroprodukten aus Petroleumdestillaten, dadurch gekennzeichnet, daß Petroleumdestillate vom spez. Gewicht 0·870 und höher mit einem Gemisch aus konzentrierter bzw. rauchender Schwefelsäure und Salpetersäure, und zwar bei erhöhter Temperatur, die 80° nicht übersteigen soll, behandelt werden.

2. Ausführungsform des Verfahrens nach Anspruch 1, gekennzeichnet durch die Verwendung von Petroleumdestillaten vom spez. Gewicht 0·870 und höher, die mit geringen Mengen Schwefelsäure zwecks Reinigung vorbehandelt worden sind.

Franz. Pat. 398748 vom 1. April 1909.

Fritz Gehre, Deutschland. — Verfahren zur Nitrierung pflanzlicher oder tierischer Öle.

Nach dem vorliegenden Patent können vegetabilische oder tierische Öle oder Fette für sich allein oder auch Mischungen dieser Öle mit Fetten und anderen Ölen nach vorangegangener Behandlung mit Schwefelsäure und Wasser nitriert werden. Die durch die Vorbehandlung mit Schwefelsäure und Wasser verseiften Öle und Fette werden nun der gewöhnlichen Nitrierung unterworfen und geben Nitroprodukte von fester Zusammensetzung. Die Nitrierung geht am besten mit Salpeterschwefelsäure in den Verhältnissen 1:1 oder 1:2 oder 1:3, je nach den Umständen, vonstatten. Auf diese Weise läßt sich die

Nitrierung schon in der kurzen Zeit von 30 Minuten ausführen, während früher mehrere Stunden dazu benötigt wurden.

Brit. Pat. 16031 vom 11. Juli 1913. Österr. Pat. 59185 vom 15. Dez. 1912. Franz. Pat. 460280 vom 1. Okt. 1913.

Albert Solon Flexer, Wien III, Hauptstr. 114. — Verfahren zur Gewinnung von Nitroprodukten aus Petroleum und Teer.

Die Darstellung von Nitroprodukten aus Rohpetroleum oder aus destillierten Mineral- oder Teerölen durch Einwirkung von Salpetersäure ist schon bekannt. Ebenso ist bekannt, daß gereinigtes, hochsiedendes Petroleum mit Salpeter-Schwefelsäuremischung wie auch Petroleum in der Kälte durch Eintropfen konz. Salpetersäure schon nitriert worden ist.

Nun habe ich gefunden, daß es möglich ist, Lampenpetroleum, welches bekanntlich frei von irgend welchen explosiven Substanzen ist, bei Gegenwart von Teer zu nitrieren, und zwar folgendermaßen:

Zuerst werden ungefähr 40 Teile Lampenpetroleum mit ungefähr 6 Teilen Teer innig gemischt, vorzugsweise mit Holzteer. Zu dieser Mischung werden 10 Gewichtsteile von konz. Salpetersäure zugetropft unter fortwährendem Rühren. Die Salpetersäure bewirkt eine heftige Reaktion, und es bilden sich unter lebhaftem Sieden und Spritzen Stickoxyde. Nach wenigen Stunden erhält man durch Filtrieren ein rötlich gelbes Öl, während der harzige Teil in Form einer tief schwarzbraunen Masse auf dem Filter zurückbleibt (nitrierter Teer). Im Gegensatz zu Petroleum lassen sich die erhaltenen öligen Nitroprodukte mit allen Ölen, selbst auch mit Glyzerin, mischen und nach längerem Schütteln mit Wasser entsteht eine weiße, beständige Emulsion.

Die harzigen Nitroprodukte sind zum größten Teil in Wasser löslich, haben ein kleineres spez. Gewicht als Teer und können in Form einer Asphaltmasse zusammengeschmolzen werden. Sie können auch vulkanisiert werden, d. h. durch Behandlung mit Schwefel und Schwefelkohlenstoff nehmen sie eine beträchtliche Festigkeit an und haben dann das Aussehen von natürlichem Kautschuk.

Die Wichtigkeit dieser Erfindung beruht im Speziellen mehr auf der Tatsache, daß damit die bekannten konservierenden und isolierenden Eigenschaften des Petroleums und des Teers verwertet werden können; während dies bei den nicht vorbehandelten Produkten wegen des Geruchs, der Farbe sowie deren schwerer Vermischbarkeit mit anderen Ölen und Fetten ausgeschlossen erscheint.

Patentanspruch: Verfahren zur Herstellung von Nitroprodukten aus Gemischen von Petroleum und Teer unter Behandlung von Petroleum mit Salpetersäure, dadurch gekennzeichnet, daß man Petroleum bei Gegenwart von Teer der Einwirkung von konzentrierter Salpetersäure in der Kälte aussetzt.

Vierter Abschnitt.

Herstellung der aromatischen Nitroverbindungen.

Erster Teil. Die Nitriersäuren.

Über die Nitrierung aromatischer Verbindungen im allgemeinen.

Die aromatischen Kohlenwasserstoffe sind im allgemeinen — im Gegensatz zu den nicht oder nur unter besonderen Bedingungen nitrierbaren gesättigten aliphatischen Verbindungen, wie sie z. B. in den verschiedenen Petroleumdestillaten erhalten werden — der Nitrierung leicht zugänglich, und zwar so, daß man die verschiedene Reaktionsfähigkeit der beiden Kohlenwasserstoffklassen auf Salpetersäure geradezu als ein Unterscheidungsmerkmal für diese anführen könnte. Die aromatischen Kohlenwasserstoffe, beispielsweise Benzol, Toluol, die isomeren Xylole, Pseudocumol, Trimethylbenzol und höhere Homologe, wie auch Naphthalin und andere mehrkernige Verbindungen, lassen sich ohne Ausnahme direkt mit Salpetersäure nitrieren; man nitriert hierbei in großen Zügen so, daß man den zu nitrierenden Körper, falls er flüssig ist, als solchen, falls er fest ist, in Pulverform oder in wenig Alkohol bzw. Äther oder Eisessig gelöst, mit der starken oder rauchenden Salpetersäure übergießt. Erweist er sich der Einwirkung schwerer zugänglich, so kann man ihn in die Salpetersäure eintragen und diese, wenn nötig, erwärmen. Als Endprodukt der Nitrierung entsteht neben dem Nitrokörper jedesmal Wasser, das im gleichen Maße wie der Nitrierungsprozeß fortschreitet, die Salpetersäure verdünnt und deren Reaktionsfähigkeit vermindert; man hat daher diese Art der Nitrierung, d. h. mit Salpetersäure für sich ohne Zusatz, bald ganz verlassen; sie beschränkt sich noch auf das Laboratorium. Übrigens liegt außer der Behinderung des Nitrierprozesses in der verdünnten Salpetersäure noch eine andere Gefahr, nämlich die der Oxydation des betreffenden aromatischen Kohlenwasserstoffs; so machte bereits Cahours[1] im Jahre 1842 bei der Einwirkung von Salpetersäure auf Anethol $CH_3—CH{=}CH—C_6H_4—OCH_3$ die Entdeckung, daß konzentrierte Salpetersäure hauptsächlich nitriert, verdünnte dagegen noch oxydiert; mit einer 34 bis 36%igen Salpetersäure erhielt er nämlich Nitroanissäure $C_6H_3\begin{smallmatrix}\diagup NO_2\\ —OCH_3\\ \diagdown COOH\end{smallmatrix}$, während er mit einer verdünnten 23 bis 24°igen Anissäure $C_6H_4\!<\!\begin{smallmatrix}OCH_3\\ COOH\end{smallmatrix}$ bekam. Auch Mitscherlich,

[1] Ann. 41, 72 (1842).

der Entdecker des Nitrobenzols, war durch seine Erfahrungen zu dem Schlusse gekommen, daß sich dieses nur mit konzentrierter Salpetersäure vorteilhaft darstellen lasse. Dennoch bewährt sich diese Methode selbst in diesem einfachsten Falle nicht, sondern man stellt heute das Nitrobenzol durch Einlaufenlassen in ein Gemisch von 100 Teilen Salpetersäure und 115 Teilen Schwefelsäure dar. Dieses Gemisch von Salpetersäure mit Schwefelsäure, Nitriersäure, oder schlechthin Salpeterschwefelsäure genannt, ist das eigentliche Nitriermittel der Technik. Zur Nitrierung wurde die Nitriersäure zuerst von Hofmann und Muspratt[1] bei der Umwandlung des Nitrobenzols in Dinitrobenzol benutzt; sie fanden dabei, daß der Eintritt der zweiten Nitrogruppe selbst beim Kochen mit stärkster rauchender Salpetersäure nur äußerst langsam erfolge, aber augenblicklich eintrete, wenn man Benzol oder Nitrobenzol tropfenweise in eine Mischung aus gleichen Teilen rauchender Salpetersäure und konzentrierter Schwefelsäure gießt. Darum ist die Nitriersäure in der Technik überall an Stelle der früher angewandten kostspieligen und unbequem zu verarbeitenden rauchenden Salpetersäure getreten; denn infolge der wasserentziehenden Wirkung der Schwefelsäure gestattet sie nicht nur ein Arbeiten mit nahezu theoretischen Mengen Salpetersäure, sondern auch eine völlige Ausnutzung der letzteren. Nach Armstrong und Rossiter[2] wirkt die Schwefelsäure nicht allein in dem Sinne, daß sie die Konzentration der Salpetersäure auf ihrer Höhe erhält, sondern sie gibt nach den von ihnen geltend gemachten Gründen der Umsetzung eine bestimmte Richtung. Die Wirkung der Schwefelsäure ist aber nach den Untersuchungen von Cross, Bevan und Jenks[3] dadurch, daß sie das Reaktionswasser aufnimmt, das Wasser-Säureverhältnis regelt und der Umsetzung eine gewisse Richtung gibt, noch nicht erschöpft, sondern es bilden sich Zwischenverbindungen zwischen der Schwefelsäure und dem zu nitrierenden Körper. Bei der Einwirkung von Nitriersäure auf Zellulose konnte von den oben genannten Autoren nachgewiesen werden, daß sich zwischenzeitlich als erstes Einwirkungsprodukt ein Zellulose-Salpeter-Schwefelsäureester bildet. Bei fortschreitender Nitrierung verdrängt dann die Salpetersäure die Schwefelsäure völlig, so daß die Endprodukte nach Guttmann frei von Schwefelsäure sind. Die Schwefelsäure kann auch dazu dienen, die oxydierende Wirkung der Salpetersäure beim Nitrieren hintanzuhalten, wie sich dies bei der Nitrierung des Dioxyanthrachinonchinolins, des Alizarinblaus gezeigt hat.

---

[1] Ann. 57, 214 (1846). [2] Ber. 24, R 721. [3] Ber. 1901, 2496.

Unter „*Nitriersäure*“ im weiteren Sinne ist jedes Gemisch von konzentrierter Salpetersäure mit konzentrierter Schwefelsäure zu verstehen. Was die Konzentration der Salpetersäure betrifft, so bewegt sie sich innerhalb der Grenzen vom spez. Gewicht 1·385 bis zur höchsten Dichte von 1·52 (entsprechend 40 bis 49·4° Bé). Eine Salpetersäure von weniger als 1·38 spez. Gewicht anzuwenden, wird bei dem beträchtlichen Wassergehalte (über 38 %) unzweckmäßig sein, weil die beigemischte konz. Schwefelsäure ihre wasserentziehenden Eigenschaften einbüßen müßte. Als konzentrierte Schwefelsäure wendet man im allgemeinen eine solche vom spez. Gew. 1·84 = 66° Bé von einem Schwefelsäuregehalt von 95 bis 96 % an; in vielen Fällen aber, wo es sich um sehr energische Nitrierungen handelt, wird die konzentrierte Schwefelsäure durch Monohydrat oder 100 %ige Schwefelsäure oder auch durch Oleum von mehr oder weniger SO_3-Gehalt ersetzt. Daß man in den beiden letzten Fällen zur Bereitung des Nitriersäuregemisches eine möglichst konzentrierte Schwefelsäure verwendet, ist selbstverständlich. *Nitriersäure im engeren Sinne* dagegen, das, was man in der Technik schlechthin darunter versteht, ist ein Gemisch von konzentrierter Salpetersäure (1·385 bis 1·440) mit meistens anderthalb Gewichtsteilen Schwefelsäure von 66° Bé. Bei der Herstellung des Gemisches tritt starke Erwärmung ein, so daß man wohl, außer der Bindung des der Salpetersäure beigemischten Wassers, annehmen kann, es bilde sich Nitroschwefelsäure

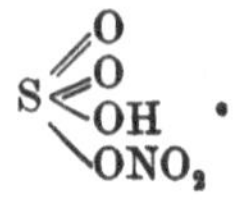

Der Schwefelsäure käme demnach die Bedeutung eines Überträgers der Nitrogruppe zu, indem die lose gebundene NO_2-Gruppe der Nitroschwefelsäure, wegen der großen Neigung der Schwefelsäure zur Hydratbildung, um so leichter an wasserstoffhaltige organische Verbindungen abgegeben wird.

In der Technik bedient man sich für die Zwecke der Nitrierung ausschließlich der Mischsäuren. Außer dem Vorteil, daß damit der Nitrierprozeß leichter, schneller und glatter vonstatten geht, als bei Anwendung von Salpetersäure für sich allein, bieten diese Mischsäuren für die Handhabung noch andere nicht zu unterschätzende Vorzüge vor der letzteren. Erstens greift die Säuremischung Guß- oder Schmiedeeisen so wenig an, daß die betreffenden Operationen ohne Bedenken in Gefäßen aus den genannten Materialien ausgeführt werden können, und zweitens ist das Aufbewahren der Mischsäure ungleich einfacher und gefahrloser als die Lagerung der Salpetersäure allein. Die Nitriersäure ist auch in schmiedeisernen Gefäßen versandfähig. Die Herstellung der Säuregemische geschieht in größeren Betrieben stets in besonderen Anlagen, in einem eignen Säuremischhaus, das zugleich als Lagerraum für die dazu bestimmten Säuren Schwefelsäure und Salpetersäure eingerichtet ist. Abgewogene Mengen von Salpetersäure und Schwefelsäure werden in gußeiserne starkwandige Behälter oder Tröge eingefüllt und innig gemischt, indem man die Säuren in dünnem Strahle zusammenfließen läßt. Dieses Zusammenmischen erfordert besondere Vorsicht, weil die leicht auftretende Selbsterhitzung des Gemisches und die darauffolgende rapide Säuredampfentwicklung den Verlust einer ganzen Charge des Gemisches oder sonstige Fährlichkeiten mit sich führt; die Temperatur soll nicht über 20° steigen, sonst unterbricht man den Säurezufluß; steigt die Temperatur infolge unvorsichtigen Arbeitens über 50°, so ist die Wahrscheinlichkeit einer Zersetzung sehr groß. Die Mischgefäße sind darum gewöhnlich mit einer äußeren Wasserkühlung und im Inneren mit einer mechanischen Rührvorrichtung versehen. Nach beendeter Mischung kann das Säuregemisch in tiefer stehende, ebenfalls gut gekühlte, gußeiserne und mit Deckeln versehene Bottiche abgelassen werden, in denen es bis zum Gebrauche verbleibt; oder aber man läßt, wie es heute mehr geschieht, die Mischsäure in ein Druckfaß abfließen und von hier aus in ein Reservoir hochfördern. Die Hochbeförderung spielt überhaupt bei der Herstellung und Verwendung von Säuregemischen eine große Rolle; man unterscheidet drei verschiedene solcher Beförderungsarten:

1. Hochsaugen mittels Vakuum (Luftunterdruck).
2. Hochdrücken durch Kraft (Pumpen aller Art).
3. Hochdrücken durch Preßluft.

Das Hochsaugen mittels Luftunterdruck ist auf Explosivstofffabriken wenig im Gebrauch, da es eine absolut dichte Steigleitung, bei der sämtliche Verbindungen äußerst luftdicht gehalten werden müssen, voraussetzt und darum nur auf kleine Förderhöhen anwendbar ist. Das Hochdrücken mittels Pumpen hat sich in der Industrie in großem Maßstabe erst seit Einführung der Tonmaschinen ermöglichen lassen; diese neue Maschinengruppe ist so konstruiert, daß alle mit dem zu fördernden Produkt, gleichviel ob es korrodierende Gase oder Flüssigkeiten sind, in Berührung kommenden Teile aus säurebeständigem Steingut bestehen. Die Pumpen stellen nichts anderes als aus Steingut bestehende Rotationsmaschinen dar, welche sich ganz besonders für die Bewegung großer Säuremengen auf mittlere Höhe eignen. Eine andere Art der Säurebeförderung durch Hochdrücken, wohl die am häufigsten angewandte, ist diejenige mittels **Preßluft** (Druckluft) nach dem Prinzip eines **Montejus** bzw. **Pulsometers**. Diese Apparate setzen sich aus folgenden drei Hauptteilen zusammen: a) Dem tieferstehenden Reservoir, worin sich die zu hebende Flüssigkeit befindet; b) dem Hebekörper selbst; c) dem hochstehenden Reservoir, in das die zu hebende Flüssigkeit gedrückt werden soll.

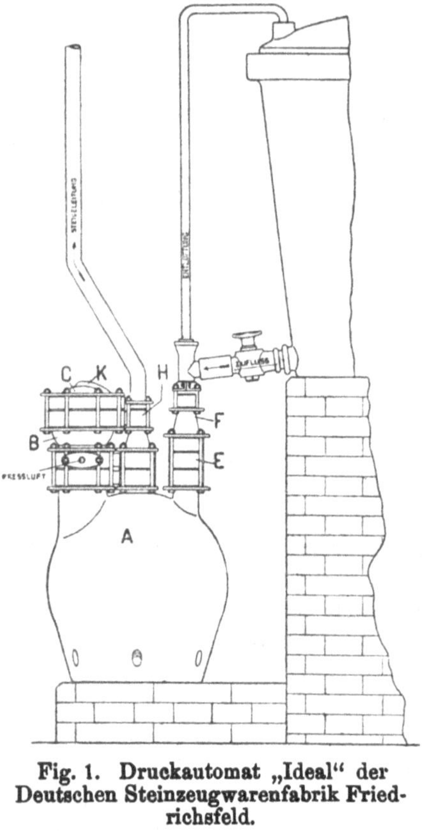

Fig. 1. Druckautomat „Ideal" der Deutschen Steinzeugwarenfabrik Friedrichsfeld.

Folgende Abbildung (Fig. 1) zeigt eine der neuesten Konstruktionen dieser Art in schematischer Anordnung, den **Druckautomaten „Ideal"** der **deutschen Steinzeugwarenfabrik Friedrichsfeld** (patentiert in den meisten Staaten).

Der Apparat setzt sich im wesentlichen aus dem Gefäßkörper *A*, dem Steuerkopf, bestehend aus Unterteil *B*, Deckel *C* und der zwischen beiden liegenden Steuerkugel *D* und dem aus *E*, *F* und dem dazwischen liegenden Kegel *G* bestehenden Rückschlagventil zusammen.

Die Flüssigkeit gelangt durch die mit Gefälle zum Apparat zu verlegende und mit Schauglas versehene, bei *F* angeschlossene Zuflußleitung in den Gefäßkörper *A*. Die von der eindringenden Flüssigkeit verdrängte Luft entweicht durch *B*, *C* und den Kanal *K*, welch letzterer mit dem Steigrohr *H* kommuniziert, ins Freie bzw. in das hochstehende Sammelgefäß. Während dieser Zeit hält die Steuerkugel *D* das Preßluftventil geschlossen. Die Luftleitung ist bei *J* angeschlossen. Sobald nun die Flüssigkeit die Steuerkugel *D* umspült, wird sie gehoben, öffnet damit das Luftventil und verschließt gleichzeitig den Kanal *K*. Infolge des nun ansteigenden Druckes schließt sich das Rückschlagventil, so daß die Flüssigkeit durch das Steigrohr *H* herausgedrückt wird. Der Flüssigkeitsspiegel im Körper *A* sinkt, während die Steuerkugel *D* an der Sitzfläche des Deckels *C* solange hängen bleibt, bis von unten her Luft in das Steigrohr *H* eindringt und durch den Kanal *K* ein Druckausgleich herbeigeführt wird. Als Folge davon fällt die Steuerkugel *D* zurück, öffnet damit den Abluftkanal *K* und schließt das Preßluftventil. Der Zulauf beginnt alsdann von neuem.

Vergleichende Zusammenstellung der verschiedenen spez. Gewichte und Konzentrationen von Salpetersäure und Schwefelsäure innerhalb der für Nitriersäure in Betracht kommenden Grenzen.

Tabelle der spezifischen Gewichte von Salpetersäuren und Schwefelsäuren verschiedener Konzentration bei 15°.

Bezogen auf Wasser von 4° (nach Lunge und Rey).

Vol.-Gewicht bei 15°/4° (luftleer)	Grade Beaumé	Grade Twaddell	Es enthalten 100 Gew.-Tle. HNO_3 %	Es enthalten 1 Liter HNO_3 kg	Vol.-Gewicht bei 15°/4° (luftl. R.)	Grade Beaumé	Grade Twaddell	Bei chemisch reiner Säure enthalten 100 Gew.-Tle. H_2SO_4 %	Bei chemisch reiner Säure enthalten 1 Liter H_2SO_4 kg
1·3325	36·0	66·5	52·80	0·704	1·800	64·2	160	86·90	1·564
1·340	36·6	68	54·07	0·725	1·805	64·4	161	87·60	1·581
1·345	37·0	69	54·93	0·739	1·810	64·6	162	88·30	1·598
1·350	37·4	70	55·79	0·753	1·815	64·8	163	89·05	1·621
1·355	37·8	71	56·66	0·768	1·820	65·0	164	90·05	1·639
1·360	38·2	72	57·57	0·783	1·821	—	—	90·20	1·643
1·365	38·6	73	58·48	0·798	1·822	65·1	—	90·40	1·647
1·370	39·0	74	59·39	0·814	1·823	—	—	90·60	1·651
1·375	39·4	75	60·30	0·829	1·824	65·2	—	90·80	1·656
1·380	39·8	76	61·27	0·846	1·825	—	165	91·00	1·661
1·3833	40·0	76·7	61·92	0·857	1·826	65·3	—	91·25	1·666
1·390	40·5	78	63·23	0·879	1·827	—	—	91·50	1·671
1·395	40·8	79	64·25	0·896	1·828	65·4	—	91·70	1·676
1·400	41·2	80	65·30	0·914	1·829	—	—	91·90	1·681
1·405	41·6	81	66·40	0·933	1·830	—	166	92·10	1·685
1·410	42·0	82	67·50	0·952	1·831	65·5	—	92·30	1·690
1·415	42·3	83	68·63	0·971	1·832	—	—	92·52	1·695
1·420	42·7	84	69·80	0·991	1·833	65·6	—	92·75	1·700
1·425	43·1	85	70·98	1·011	1·834	—	—	93·05	1·706
1·430	43·4	86	72·17	1·032	1·835	65·7	167	93·43	1·713
1·435	43·8	87	73·39	1·053	1·836	—	—	93·80	1·722
1·440	44·1	88	74·68	1·075	1·837	—	—	94·20	1·730
1·445	44·4	89	75·98	1·098	1·838	65·8	—	94·60	1·739
1·450	44·8	90	77·28	1·121	1·839	—	—	95·00	1·748
1·455	45·1	91	78·60	1·144	1·840	65·9	168	95·60	1·759
1·460	45·4	92	79·98	1·168	1·8405	—	—	95·95	1·765
1·465	45·8	93	81·42	1·193	1·8410	—	—	97·00	1·786
1·470	46·1	94	82·90	1·219	1·8415	—	—	97·70	1·799
1·475	46·4	95	84·45	1·246	1·8410	—	—	98·20	1·808
1·480	46·8	96	86·05	1·274	1·8405	—	—	98·70	1·816
1·485	47·1	97	87·70	1·302	1·8400	—	—	99·20	1·825
1·490	47·4	98	89·60	1·335	1·8395	—	—	99·45	1·830
1·495	47·8	99	91·60	1·369	1·8390	—	—	99·70	1·834
1·500	48·1	100	94·09	1·411	1·8385	—	—	99·95	1·838

Tabelle der spezifischen Gewichte von hochkonzentrierter Salpetersäure und rauchender Schwefelsäure.

Konzentrierte Salpetersäure bei 15°. Bezogen auf Wasser von 4°.					Rauchende Schwefelsäure bei 20°. (Nach Cl. Winkler.)			
Vol.-Gewicht bei 15°/4° (luftleer)	Grade Beaumé	Grade Twaddell	Es enthalten HNO₃ 100 Gew.-Tle. %	Es enthalten HNO₃ 1 Liter kg	Vol.-Gewicht bei 20°	100 Teile enthalten abdestillierbares SO_3	H_2SO_4	Säure von 66° Bé
1·500	48·1	100	94·09	1·411	1·835	—	92·25	100·00
1·501	48·2	100·2	94·60	1·420	1·850	—	98·01	80·91
1·502	48·2	100·4	95·08	1·428	1·860	1·54	98·46	73·55
1·503	48·3	100·6	95·55	1·436	1·865	2·66	97·34	72·43
1·504	48·3	100·8	96·00	1·444	1·870	4·28	95·76	71·24
1·505	48·4	101	96·39	1·451	1·875	5·44	94·56	70·05
1·506	48·4	101·2	96·76	1·457	1·880	6·42	93·58	69·62
1·507	48·5	101·4	97·13	1·464	1·885	7·29	92·71	68·97
1·508	48·5	101·6	97·50	1·470	1·890	8·16	91·94	68·23
1·509	48·6	101·8	97·84	1·476	1·895	9·34	90·66	67·48
1·510	48·7	102	98·10	1·481	1·900	10·07	89·93	66·91
1·511	48·8	102·2	98·32	1·486	1·905	10·56	89·44	66·34
1·512	48·8	102·4	98·53	1·490	1·910	11·43	88·57	65·91
1·513	48·9	102·6	98·73	1·494	1·915	13·33	86·67	64·48
1·514	48·9	102·8	98·90	1·497	1·920	15·95	84·05	62·73
1·515	49·0	103	99·07	1·501	1·925	18·67	81·33	60·51
1·516	49·1	103·2	99·21	1·504	1·930	21·34	78·66	58·44
1·517	49·2	103·4	99·34	1·507	1·935	25·65	74·35	55·77
1·518	49·2	103·6	99·46	1·510	1·940	28·03	71·97	53·54
1·519	49·3	103·8	99·57	1·512	1·945	29·94	70·06	52·12
1·520	49·4	104	99·67	1·515	1·950	31·46	68·64	50·99
					1·955	32·77	67·23	50·02
					1·960	35·87	64·13	47·71
					1·965	39·68	60·32	44·87
					1·970	44·64	55·36	44·19

Die rote rauchende Salpetersäure, gewöhnlich mit einem spezifischen Gewicht von mehr als 1·5, weicht in ihrer Dichte in ganz unregelmäßiger Weise von derjenigen der farblosen Salpetersäure ab. Nach Lunge und Marchlewski hat man für die spezifischen Gewichte von Salpetersäure, welche N_2O_4 enthält, folgende Korrekturen zu machen, und zwar hat man bei Säuren vom spez. Gewicht 1·496 (bei 15°/4°) die in nachstehender Tabelle verzeichneten Werte abzuziehen, um das der wirklich vorhandenen Salpetersäure entsprechende spezifische Gewicht zu finden, falls die beistehenden Prozente N_2O_4 vorhanden sind.

N_2O_4 %	Zunahme des spez. Gewichts durch N_2O_4	N_2O_4 %	Zunahme des spez. Gewichts durch N_2O_4	N_2O_4 %	Zunahme des spez. Gewichts durch N_2O_4
0·25	0·00050	4·00	0·02525	8·50	0·05660
0·50	0·00075	4·25	0·02690	8·75	0·05825
0·75	0·00150	4·50	0·02875	9·00	0·06000
1·00	0·00300	4·75	0·03050	9·25	0·06160
1·25	0·00475	5·00	0·03225	9·50	0·06325
1·50	0·00675	5·25	0·03365	9·75	0·06500
1·75	0·00775	5·50	0·03600	10·00	0·06600
2·00	0·01050	5·75	0·03775	10·25	0·06815
2·25	0·01250	6·00	0·03950	10·50	0·06975
2·50	0·01425	6·25	0·04175	10·75	0·07135
2·75	0·01625	6·50	0·04300	11·00	0·07300
3·00	0·01800	6·75	0·04475	11·25	0·07450
3·25	0·01985	7·00	0·04650	11·50	0·07600
3·50	0·02165	7·25	0·04720	11·75	0·07750
3·75	0·02350	7·50	0·05000	12·00	0·07850
		7·75	0·05165	12·25	0·08050
		8·00	0·05325	12·50	0·08200
		8·25	0·05500	12·75	0·08350

Prüfung und Bestimmung der Salpetersäure.

In der Praxis bestimmt man den Säuregehalt der Salpetersäure meist durch das Aräometer, wobei man dann in den Tabellen die übrigen Konstanten nachschlagen kann. Mit dieser Methode ist jedoch große Unsicherheit verknüpft, so daß für wichtigere Bestimmungen die Titrationsmethode bei weitem vorzuziehen ist.

1. Gesamt-Acidität. Eine verdünnte Probe der zu untersuchenden Salpetersäure wird mit normaler Natronlauge titriert und die verbrauchten Kubikzentimeter Lauge auf HNO_3 umgerechnet. Die Abmessung der Probe geschieht mit Pipetten oder Büretten, wenn es sich um weniger starke Salpetersäuren handelt; rauchende Sorten dagegen werden am besten mit der Kugelhahnpipette abgewogen, unter viel eiskaltem Wasser langsam auslaufen gelassen und schnell titriert, ehe sich die salpetrige Säure zersetzen kann. Als Indikator kann man Methylorange anwenden, wenn man die Regel beachtet, den Indikator erst kurz vor der Neutralisation zuzusetzen bzw. zu erneuern, weil der Farbstoff bei Anwesenheit von salpetriger Säure zerstört wird; oder aber man übersättigt die Probelösung mit Natronlauge und titriert nun mit Methylorange zurück. — 2. Chloridgehalt. Man sättigt die verdünnte Salpetersäureprobelösung mit chloridfreier Soda bis zu neutraler oder schwach alkalischer Reaktion und titriert mit Zehntelnormal-Silbernitratlösung unter Zusatz von Kaliumchromat oder Natriumarseniat als Indikator. —

3. Schwefelsäure. Man neutralisiert mit reiner Soda, säuert mit etwas Salzsäure an, erhitzt zum Kochen und fällt daraus durch Eingießen einer siedenden Lösung von Bariumchlorid die Schwefelsäure als Bariumsulfat. — 4. Salpetrige Säure bzw. Untersalpetersäure. Zur Bestimmung dieser Säure kann man sich der oben zuletzt angeführten Korrektionstabelle bedienen, indem man nach Abzug der darin gegebenen Werte in der Haupttabelle den dem verbleibenden spez. Gewicht entsprechenden HNO_3-Gehalt aufsucht. Zur direkten Bestimmung läßt man die Säure in ein abgemessenes Volumen verdünnter, mäßig warmer Permanganatlösung laufen. Jedes Kubikzentimeter Halbnormalpermanganat entspricht 0·023005 g N_2O_4, also ist bei einem Verbrauche von n cm³ Permanganat und m cm³ der zu prüfenden Säure der Gehalt an

$$N_2O_4 = \frac{0{\cdot}023005\,n}{m}\ \text{g}.$$

Im übrigen lassen sich Salpetersäure und Untersalpetersäure auch mittels des Nitrometers bestimmen. — 5. Fester Rückstand. Besteht größtenteils aus Natriumsulfat und wenig Eisenoxyd und wird bestimmt durch Abrauchen von 50 cm³ Säure bis zur Trockne, Glühen und Wägen.

Bestimmung der Schwefelsäure.

Die Gehaltsbestimmung erfolgt meistens nach dem spez. Gewicht unter Zuhilfenahme der vorstehend abgedruckten Tabellen; handelt es sich um eine genauere Gehaltsermittelung, so wägt man 2 bis 3 g ab, verdünnt mit Wasser und titriert mit Normal-Natronlauge unter Zuhilfenahme von wenig Methylorange. 1 cm³ $^1/_1$ n-NaOH entspricht 0·049045 g H_2SO_4. — Schweflige Säure. wird nachgewiesen, indem man die Schwefelsäure mit Zink behandelt und den durch Reduktion des Schwefeldioxyds entstandenen Schwefelwasserstoff entweder mit Bleipapier oder mit alkalischer Nitroprussidnatriumlösung (Violettfärbung) sichtbar macht. Ist eine quantitative Bestimmung nötig, so erfolgt sie durch Titration mit Zehntelnormal-Jodlösung. — Stickstoffsäuren werden in bekannter Weise mit Diphenylamin und salpetrige Säure im besonderen mit m-Phenylendiamin (Bismarcksbraun) oder mit dem noch empfindlicheren Griessschen Reagens nachgewiesen. Die quantitative Bestimmung der salpetrigen Säure geschieht mit Kaliumpermanganat: man verdünnt eine Halbnormal-Permanganatlösung mit der fünffachen Menge 30 bis 40° warmen Wassers und läßt die Schwefelsäure aus einer Glashahnbürette zufließen, bis die Farbe eben verschwunden ist. 1 cm^3 $^1/_2$ n-Permanganatlösung entspricht 0·0095 g N_2O_3. Im übrigen wird der Gesamtgehalt an Stickstoffsäuren durch das Nitrometer ermittelt. — Untersuchung auf Blei. Zu diesem Zwecke wird die Schwefelsäure, sofern sie konzentriert ist, mit dem gleichen Volumen Wasser und dem doppelten Volumen Alkohol verdünnt, einige Zeit stehen gelassen und der etwa entstandene Niederschlag von Bleisulfat abfiltriert. 1 g $PbSO_4$ entspricht 0·6831 g Blei. — Arsen wird qualitativ nach der Marshschen oder der Reinschschen Probe nachgewiesen. Zur quantitativen Bestimmung muß die zu untersuchende Schwefelsäure (nach der von Herrmann modifizierten Vorschrift von Blattner) entweder durch Verdünnung mit Wasser oder durch Zusatz von konz. Säure auf 45° Bé gebracht werden. Zu 25 cm^3 dieser Säure gibt man 25 cm^3 reine Salzsäure von 20 bis 22° Bé und nach und nach 5 cm^3 einer 30%igen Kaliumjodidlösung. Nach Verlauf einer Minute wird durch Verbandwatte filtriert, einmal mit 5 cm^3 konz. Salzsäure, der 10 cm^3 der Kaliumjodidlösung zugefügt wurden, ausgewaschen, mit Wasser in einem Erlenmeyerkolben gelöst, vorhandenes freies Jod nach Zusatz von Stärkelösung mit einer sehr verdünnten Thiosulfatlösung entfernt, dann leicht mit Bikarbonat übersättigt und endlich mit $^1/_{10}$ n-Jodlösung titriert. 1 cm^3 $^1/_{10}$ n-Jodlösung = 0·003748 g Arsen.

Analyse von rauchender Schwefelsäure (Oleum).

Hier kommt hauptsächlich nur die Bestimmung des Schwefelsäureanhydrides (SO_3) in Betracht; andere Bestandteile und Verunreinigungen werden nach der Verdünnung des Oleums mit Wasser wie bei Schwefelsäure bestimmt. — Die Untersuchung rauchender Schwefelsäure (besonders hochprozentiger) bietet mehrfache Schwierigkeiten, erstens weil SO_3 schon bei gewöhnlicher Temperatur verdampft, zweitens weil es äußerst hygroskopisch ist, und drittens, weil es sich mit Wasser unter heftigster Reaktion verbindet. Man nimmt deshalb das Abwägen der Probe in dünnwandigen Fläschchen mit Glasstopfen oder in zugeschmolzenen Kugelröhren vor und gießt bzw. läßt sie durch Abbrechen des einen zugeschmolzenen Rohrendes in kaltes Wasser eintreten. — Zur Gehaltsbestimmung wird das Muster stark verdünnt und wie Schwefelsäure mit Normal-Natronlauge und Methylorange als Indikator in der Kälte titriert. Den Gehalt an schwefliger Säure ermittelt man durch Titration mit Jodlösung.

Für genauere Bestimmungen des freien SO_3-Gehalts von Handelsoleum kann die Kugelhahnpipette von Lunge-Rey dienen; sie verlangt jedoch viel Geschicklichkeit und große Übung in der Handhabung und wird für Oleumsorten von mehr als 40% freiem SO_3 kaum angewandt. Geeigneter ist der Apparat von Finch[1], womit rauchende Schwefelsäure selbst von höchster Konzentration mit hinreichender Genauigkeit bestimmt werden kann. (Fig. 2).

Die Arbeitsweise mit dem Apparat ist folgende:

Der Verdünnungskolben A wird sorgfältig getrocknet und egschlossen (ohne den U-Röhren-Trichteransatz) gewogen. Man entfernt nun die Kapsel a_2 und den Stöpsel a_3, schiebt einen trockenen Schlauch über die Öffnung a_4, taucht die Einsaugröhre a in das zu analysierende Oleum ein und saugt ca. 10 bis 30 g (je nach dem SO_3-Gehalt) in den Verdünnungskolben hinein. Man entfernt den Schlauch, läßt das Oleum, welches sich in der Einsaugröhre befindet, auslaufen und verschließt darauf beide Öffnungen des Kolbens. Durch Abspülen entfernt man das an der Einsaugröhre haftende Oleum, trocknet und wägt. Nun entfernt man den Stöpsel a_3 und setzt an dessen Stelle die U-Röhre und den Trichteransatz ein, öffnet den Hahn und füllt die U-Röhre mit Wasser nicht ganz bis zur Hälfte. Dann drückt man durch Blasen bei c_4 die Hauptmenge des Wassers bei den Schenkel c_2 ein und verschließt den Hahn. Es wird hierdurch Minderdruck im „Verdünnungskolben" erzeugt. Alsdann füllt man den Trichter mit destilliertem Wasser, öffnet den Hahn vorsichtig und unter Schiefhalten der des Apparates läßt man einen Tropfen auf die Wandung des Kolbenhalses fließen und verschließt sofort. Durch die explosionsartige Reaktion des Wassers mit dem Oleum wird Überdruck erzeugt; durch Abkühlen des Kolbens in fließendem Wasser wird von neuem Minderdruck erzeugt, worauf man einen weiteren Tropfen zufließen läßt. Man wiederholt diese Operationen, bis ein direkt in das Oleum hineinfallender Tropfen keine Nebel von SO_3 erzeugt. Man kühlt den Apparat nun unter fließendem Wasser ab, nimmt ihn auseinander, spült den Inhalt sämtlicher Bestandteile in einen Litermaßkolben und verdünnt genau auf 1 Liter. Von dieser verdünnten Lösung titriert man mehrere Proben von z. B. 25 cm³ mit $^1/_5$ n-NaOH.

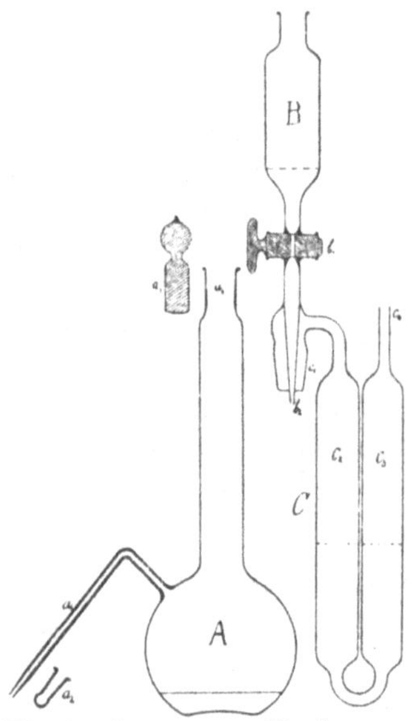

Fig. 2. Apparat zur Bestimmung rauchender Schwefelsäure nach Finch.

---

[1] Zeitschr. f. Schieß- u. Sprengst. 1910, 167.

Untersuchung der Abfallsäuren.

Bevor die Abfallsäure dem Denitrierungsprozeß unterworfen werden kann, muß zuerst ihre Zusammensetzung ermittelt werden, da man die Denitrierung zweckmäßig stets mit einer Abfallsäure von normaler Zusammensetzung, etwa mit 70% Schwefelsäure, 10% Salpetersäure und 20% Wasser vornimmt und Säuren von stark abweichendem Mischungsverhältnis zuerst auf diese Norm gebracht werden müssen. Aber ganz abgesehen von diesem Falle, bietet eine genauere Kenntnis der Zusammensetzung der Abfallsäuren auch aus einem anderen Grunde noch ein viel größeres Interesse, nämlich dadurch, daß man, speziell durch die Ermittlung des Salpetersäuregehalts, bei den einzelnen Nitrieroperationen jeweilen eine wichtige Kontrolle über den Reaktionsverlauf in der Hand hat. Bei vielen Nitrierungen kommt es daher häufig darauf an, den Prozeß durch fortwährende Untersuchung des Nitriersäuregemisches zu verfolgen, was fast stets auf eine rasche und sichere Bestimmung der Stickstoffsäuren (in der Hauptsache natürlich Salpetersäure) hinausläuft.

Bestimmung der Stickstoffverbindungen insgesamt.[1]

Man kann annehmen, daß die Schwefelsäure, abgesehen von höchst geringen Mengen Stickoxyd (welches neben Salpetersäure darin überhaupt nicht vorkommen kann) nur N_2O_3 (als Nitrosylschwefelsäure $SO_2 \cdot OH \cdot ONO$) und HNO_3 enthält. Untersalpetersäure wird bei Berührung mit Schwefelsäure sofort in jene beiden Verbindungen gespalten. Die auf S. 98 unter Schwefelsäure erwähnte Bestimmung der Stickstoffsäuren mit Kaliumpermanganat zeigt nur salpetrige Säure an; alle Stickstoffsäuren werden aber angezeigt, wenn man die Nitrose (in unserem Falle Misch- oder Abfallsäure) mit Quecksilber schüttelt, wobei jene sämtlich in Stickoxyd übergehen, dessen Menge gasvolumetrisch bestimmt wird. Hierzu kann das Nitrometer von Lunge dienen (Beschreibung des Apparates und des Verfahrens, Taschenbuch f. d. anorg.-chem. Großind. von Lunge und Berl, Berlin 1914) oder besser das Gasvolumeter[2] von Lunge, das sich zugleich für eine Menge von anderen Operationen eignet und die Beobachtung der Temperatur und des Barometerstandes bei Gasmessungen, sowie alle damit verbundenen Rechnungen vollkommen entbehrlich macht.

Das vollständige Gasvolumeter (Fig. 3) besteht aus 5 Röhren, *A* bis *E*, von denen *A*, *B* und *C* an einer und *E* und *D* an einer anderen

[1] Lunge und Berl, Taschenbuch f. d. an. Großind. S. 163.
[2] Lunge und Berl, Tsachenbuch f. d. an. Großind. S. 166.

Stange desselben schweren Stativs mit Klammern gehalten werden und zwar *A* und *B* von einer Doppelklammer, in welcher sie beide für sich oder aber gemeinschaftlich bewegt werden können. *A*, *B* und *C* sind durch sehr dickes Kautschukrohr mittels des Dreiwegröhrchens *a* miteinander verbunden; *A* ist ein in $^1/_{10}$ cm³ eingeteiltes, 50 cm³ fassendes Gasmeßrohr. Für andere Zwecke besitzt dieses Rohr oben eine kugelförmige Erweiterung und ist darunter von 100 bis 150 cm³ geteilt; für alle Zwecke gleichzeitig eignet sich ein Rohr, das in der Mitte eine Kugel besitzt und darüber in 0 bis 40, darunter in 100 bis 140 cm³ geteilt ist. Ein Doppelbohrungshahn *g* gestattet die Verbindung von *A* entweder mit dem geraden Röhrchen *h* oder dem rechtwinklig gekrümmten Röhrchen *e*. *B* ist das Reduktionsrohr; es ist unter dem erweiterten Teile, welcher fast 100 cm³ faßt, von 100 bis 125 cm³ in $^1/_{10}$ cm³ eingestellt und enthält genau so viel Luft, daß sie bei 0° und 760 mm im trockenen Zustand 100 cm³ einnehmen würde. Um dies zu erreichen, beobachtet man ein für allemal die Temperatur *t* und den Barometerstand *b* (wobei man für 0 bis 12° 1 mm, zwischen 13 und 19° 2 mm, zwischen 20 und 25° 3 mm für die Ausdehnung des Quecksilbers abzieht; dann zeigt der Ausdruck

$$V = \frac{100\,(273 + t)\,760}{273\,b},$$

welchen Raum 100 cm³ trockene Luft von 0° bis 760 mm unter den eben beobachteten Tagesverhältnissen einnehmen würden. Man führt nun einen Tropfen konzentrierter Schwefelsäure in *B* ein, gießt Quecksilber in das Niveaurohr *C*, bis es in *B* auf dem das Volum *V* anzeigenden Teilstrich steht, schiebt über die natürlich noch offene Kapillare *b* ein Pappschild, um das Gefäß *B* vor Erwärmung zu behüten und schmilzt *b* zu, worauf man es am besten durch einen Kautschuküberzug vor Abbrechen schützt. Das Instrument ist nun ein für allemal eingestellt und zum Gebrauch fertig. — Besser als die durch Zuschmelzen zu schließende Kapillare und am meisten zu empfehlen ist der Göckelsche Glashahn mit Quecksilberringdichtung (zu beziehen von Dr. H. Göckel, Berlin NW., Luisenstr. 6).

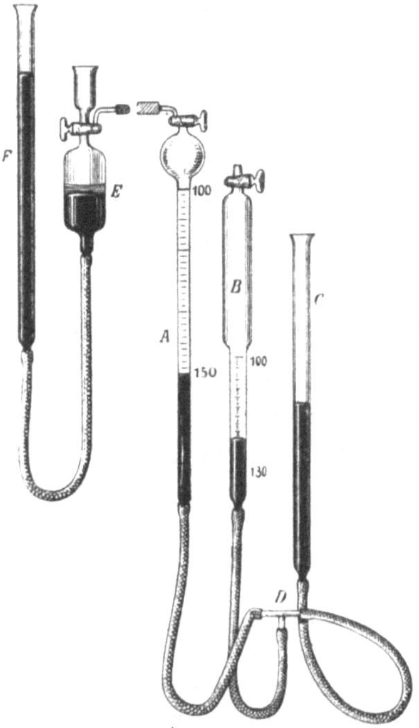

Fig. 3. Gasvolumeter nach Lunge.

Man könnte nun in *A* die gewöhnlichen nitrometrischen Operationen vornehmen (zu welchem Zwecke *h* mit einem Becher wie *d* versehen sein müßte); es ist aber weitaus vorzuziehen, nur die Gasmessung selbst in *A* vorzunehmen, die Reaktionen aber außerhalb, in diesem Falle in dem (nicht graduierten) Schüttelgefäß *D* auszuführen, welches sein eigenes Niveaurohr *E* besitzt. *D*, welches etwa 150 cm³ faßt, um auch für Salpeteranalyse dienen zu können, ist mit dem Dreiweghahn *f*, dem Becher *d* und dem Seitenröhrchen *c* des alten Nitrometers versehen. Man gießt Quecksilber ein, hebt *E*, bis *D* ganz mit Quecksilber gefüllt ist und dieses eben aus *c* herauslaufen will, schließt *f*, verschließt das Ende von *c* durch eine Kautschukkappe, führt die Nitrose in *d* ein, saugt sie unter Vermeidung des Eintritts von Luft nach *D* ein, spült mit reiner Säure nach und schüttelt, bis alle Stickstoffsäuren in NO übergeführt sind. Nun bringt man *D* und *H* einander gegenüber, nachdem auch *A* durch Heben von *C* vollständig bis zum Ende des Röhrchens *e* mit Quecksilber gefüllt worden ist; *c* und *e* werden durch ein Stückchen Kautschukrohr verbunden, aber so, daß Glas auf Glas stößt und keine Luft dazwischen bleibt (dies geht leicht, wenn das Kautschukröhrchen gleich auf *e* aufgesteckt war und das Quecksilber bis an sein Ende steht). Nun hebt man *E*, senkt *C* und öffnet vorsichtig die Hähne *f* und *g*; in dem Augenblicke, wo der Druck in *E* alles Gas nach *A* übergetrieben hat und die Säure aus *D* durch *c* und *e* bis an den Hahn *g* gelangt ist, schließt man diesen, sowie auch *f* und nimmt *D* und *A* wieder auseinander. Nun hebt man *C*, bis das Quecksilber in *B* genau auf 100 steht und bewegt nun *A* und *B* mittels ihrer Doppelklammer gemeinschaftlich auf oder nieder, bis das Quecksilber in *A* und *B* genau auf demselben Niveau steht, während es in *B* immer auf 100 bleiben muß. Da nun das Gas in *B* soweit komprimiert ist, daß es dasselbe Volumen einnimmt, als ob es auf 0° und 760 mm gebracht wäre, das Gas in *A* aber genau ebenso komprimiert ist, so zeigt die Ablesung in *A* das Gas gleich auf Normalbedingungen reduziert an. Dies setzt voraus, daß die Temperatur von *A* und *B* genau gleich sei, was durch das Quecksilber sehr schnell vermittelt wird; bei größeren Mengen von NO wartet man 10 Minuten, ehe man die letzte Einstellung macht, was in allen Fällen genügt.

Man kann für diesen Zweck auch ein Gasvolumeter benutzen, dessen Reduktionsrohr für feuchte Gase eingestellt ist, muß aber dann vor der Überführung des Gases nach *A* ein Tröpfchen Wasser durch *h* nach *A* hineinsaugen und darauf sehen, daß keine Schwefelsäure in *A* eintritt (was auch sonst zu vermeiden ist). Diese Möglichkeit fällt natürlich fort, wenn die Reaktion im Meßrohr *A* selbst, statt in einem besonderen Schüttelgefäß *D* vorgenommen wird. Man kann aber allgemein auch mit einem feuchten Reduktionsrohre trockene Gase messen, wenn man die Temperatur beobachtet, die derselben entsprechende Wasserdampftension aus einer Tabelle in Millimetern $= f$ entnimmt und nun das Quecksilber im Gasmeßrohr um f mm höher als in dem (auf 100 cm³ eingestellten) Reduktionsrohre einstellt. Dies ist besonders einfach, wenn (wie gewöhnlich) die Gasmeßröhren so angefertigt werden, daß 1 cm³ des verengten Teiles fast genau gleich

1 cm des Rohres ist, so daß 0·1 cm 1 mm Höhe entspricht. Man stellt also das Quecksilber mittels des Niveaurohres *C* im Reduktionsrohre *B* auf 100 und im Gasmeßrohre *A* um *f* mm höher und liest die Zahl in *A* ab. Will man umgekehrt ein trockenes (d. h. einen Tropfen konzentrierte Schwefelsäure enthaltendes) Reduktionsrohr auch für feuchte Gase, z. B. bei der Untersuchung von Braunstein, Chlorkalk, Kaliumpermanganatlösung anwenden, so muß man das Quecksilber im Meßrohr um *f* mm tiefer als im Reduktionsrohre einstellen.

Die Einstellung des Quecksilbers in *A* und *B* auf dasselbe Niveau wird durch das von Lunge[1] beschriebene Einstellungslineal mit Libelle sehr erleichtert; bei einiger Übung geht sie auch sehr gut ohne ein solches von statten.

Verhältnis der drei Stickstoffsäuren zueinander.

Um aus den Ergebissen der Permanganattitrierung (siehe Best. d. Schwefelsäure, S. 98) und der Bestimmung des Gesamtstickstoffs als NO im Nitrometer das gegenseitige Verhältnis von N_2O_3, N_2O_4 und NO_3H in einem durch Schwefelsäure absorbierten Gemisch aller drei Stickstoffsäuren zu bestimmen, kann man folgende Formeln anwenden:

$a = $ cm³ NO, im Nitrometer oder Gasvolumeter gefunden,

$b = $ cm³ O, berechnet aus der Permanganattitrierung (1 cm³ O = 1·4292 mg, also 1 cm³ $^1/_2$ n-Permanganat = 0·004 g = 2·7975 cm³ Sauerstoff),

$x = $ Vol. NO entsprechend dem vorhandenen N_2O_3,

$y = $ Vol. NO entsprechend dem vorhandenen N_2O_4,

$z = $ Vol. NO entsprechend dem vorhandenen HNO_3.

Wenn $4b > a$, so setzt man:

$$x = 4b - a; \quad y = 2(a - 2b) \text{ oder } = a - x.$$

Wenn $4b < a$, so setzt man:

$$y = 4b; \quad z = a - 4b.$$

Handelt es sich um eine vollständige Bestimmung der Misch- und Abfallsäuren, so muß außer den eben erwähnten Stickstoffsäuren auch noch die Schwefelsäure bestimmt werden. Man verfährt dabei folgendermaßen: 0·6 bis 0·7 g der Mischsäure werden in der Kugelhahnpipette abgewogen, dann vorsichtig in viel Wasser einlaufen gelassen und die verdünnte Lösung mit $^1/_{10}$ normaler Natronlauge mit Phenolphtalein als Indikator titriert. Der durch das Nitro- oder Gasvolumeter ermittelte Gehalt an Stickstoffsäuren (Salpetersäure und niedere Stickstoff-

[1] Ber. 24, 3948 (1892).

säuren) wird von dem durch Titration bestimmten Gesamtsäuregehalt abgezogen, woraus sich der Schwefelsäuregehalt ergibt.

Eine andere, maßanalytische Methode zur Bestimmung von Schwefel-, Salpeter- und Salpetrigsäure in Misch- und Abfallsäuren beschreibt Finch[1] folgendermaßen:

Die Gesamtacidität der betreffenden Misch- bzw. Abfallsäure wird durch Titration mit $^1/_{10}$ n-$Ba(OH)_2$ ermittelt, wobei sich folgende (zusammengefaßt geschriebene) Reaktionen abspielen:

$$H_2SO_4 + 2HNO_3 + 2SO_2 \cdot OH \cdot ONO + 5Ba(OH)_2 = 3BaSO_4 + Ba(NO_3)_2 + Ba(NO_2)_2 + 8H_2O.$$

Das in Lösung bleibende $Ba(NO_2)_2$ und $Ba(NO_3)_2$ wird nach Abfiltrieren der neutralen Flüssigkeit vom $BaSO_4$ mit einer neutralen $^1/_5$ n-Kaliumchromatlösung titriert, wobei folgende Reaktionen stattfinden:

$$Ba(NO_2)_2 + Ba(NO_3)_2 + 2K_2CrO_4 = 2BaCrO_4 + 2KNO_2 + 2KNO_3.$$

Auf den ersten Blick scheint es unnötig zu sein, vom Bariumsulfatniederschlag abzufiltrieren; doch da K_2CrO_4 auch in verdünnten Lösungen mit $BaSO_4$ im Sinne der Reaktion

$$BaSO_4 + K_2CrO_4 = BaCrO_4 + K_2SO_4$$

reagiert, ist das Filtrieren unerläßlich.

Als Beispiel für die Ausführung dieser Methode sei der Gang der Analyse einer Mischsäure, bestehend aus gleichen Teilen $^1/_5$ n-H_2SO_4 und $^1/_5$ n-HNO_3, angeführt: 50 cm³ Säuregemisch werden mit einem Tropfen Phenolphtaleinlösung versetzt und nach Einrühren eines Bausches Zellulosefaser mit $^1/_{10}$ n-$Ba(OH)_2$ titriert und darauf kurze Zeit zum Sieden erhitzt. (Die Zellulosefaser hat den Zweck, den sonst leicht durch das Filter gehenden Bariumsulfatniederschlag in einen leicht filtrierbaren Zustand zu verwandeln.) Die Lösung von $Ba(NO_3)_2$ wird von ausgeschiedenem $BaSO_4$ in ein reines Becherglas hineinfiltriert und solange mit destilliertem Wasser nachgewaschen, bis einige Tropfen des Waschwassers in einer verdünnten Schwefelsäurelösung keine Trübung erzeugen. Das Filtrat wird nun zum Sieden erhitzt und das darin enthaltene $Ba(NO_3)_2$ mit einer neutralen $^1/_5$ n-K_2CrO_4-Lösung siedend titriert. Sobald letzteres mit einem Tropfen im Überschuß ist, zeigt — nach dem Absetzen des Niederschlages — die dadurch bedingte Gelbfärbung den Endpunkt an. Die angewandte Kaliumchromatlösung muß frei von Kohlensäure sein und wird deshalb durch möglichst genaues Neutralisieren einer ausgekochten Kaliumbichromatlösung mit kohlensäurefreiem Ammoniak dargestellt. Ist die Chromatlösung nicht neutral, sondern schwach alkalisch, so läßt sich der Endpunkt der Titration nicht so leicht erkennen, da das Bariumnitrat-

[1] Zeitschr. Schieß- u. Sprengst. 1912, 337.

filtrat Phenolphthalein enthält. Es ist ferner von Wichtigkeit, daß man die Titration in der Siedehitze ausführt und die Chromatlösung langsam zufließen läßt; denn sonst erhält man einen $BaCrO_4$-Niederschlag, welcher sich nur langsam absetzt und darum das Erkennen des Endpunktes wesentlich erschwert. Da das Ende der Titration erst dann zu erkennen ist, wenn die Chromatlösung mit einem Tropfen im Überschuß ist, so muß man von der an der Burette abgelesenen Zahl der verbrauchten Kubikzentimeter Chromatlösung 0·03 cm^3 abziehen.

Zweiter Teil.

Regenerierung der Abfallsäuren und der nitrosen Gase.

Die Frage nach einer rationellen Verwertung der Abfallsäuren und nitrosen Gase ist wirtschaftlich von so hoher Wichtigkeit, daß man es schon früher an vielerlei Anstrengungen, die flüssigen und gasförmigen Abfallprodukte der Nitriersäuren für die Sprengstofferzeugung auf irgend eine Weise wieder nutzbar zu machen, nicht fehlen ließ. Bereits im Jahre 1886 haben Guttmann und Abelli über diese Frage eingehende Versuche angestellt, und seitdem sind jene Regenerierungsverfahren entstanden, die heute bei höchster Vervollkommnung große Mengen von Abfallsäuren in kontinuierlichem Betrieb und in kurzer Zeit dem Gang der Sprengstofffabrikation wieder zurückführen. Zwar hat man schon lange Nitriersäuregemische nach einer Nitrieroperation durch Auffrischung mit der erforderlichen Menge Salpetersäure für eine zweite Operation verwendbar gemacht, und speziell bei der Darstellung hochnitrierter aromatischer Kohlenwasserstoffe sind die für die höchsten Nitrierungsstufen benützten hochkonzentrierten Salpeterschwefelsäuregemische gradweise für die Nitrierung der vorhergehenden Nitrierungsstufen verwendet worden, indem man durch Zusatz von Salpetersäure, von Schwefelsäure oder auch von Oleum die Abfallsäure jeweilen wieder regenerierte und zu einer weiteren Nitrierung tauglich machte. Diese Art der Regernerierung, die im Grunde nur eine Auffrischung bedeutet, ist in ihrer Anwendung aber sehr beschränkt; denn die von einer Nitrierung herstammende Säure enthält neben dem entstandenen Nitrokörper noch andere organische Verbindungen gelöst und ist deshalb schon nach der zweiten Verwendung so verunreinigt, daß an eine weitere Ausnützung nicht mehr zu denken ist. Diese zur Vornahme von Nitrieroperationen untauglich gewordenen Abfallsäuren, die meist auch noch größere Mengen von Sulfat (von den Gefäßwandungen) und von Stickoxyden enthalten, müssen dafür zu ihrer weiteren rationellen Ausnützung in die beiden Grundbestandteile, in Schwefel- und Salpetersäure zerlegt werden.

Diese Zerlegung der Abfallsäure geschieht nach verschiedenen Verfahren, die gewöhnlich unter dem Namen „Denitrierung“ zusammengefaßt werden, und die alle darauf hinauslaufen, die mit einem hohen Prozentsatz in der Abfallsäure enthaltene Salpetersäure durch Temperatursteigerung auszutreiben. Die Temperaturerhöhung kann durch Wärmezufuhr von außen oder durch Einführung von Wasserdampf oder heißer Gase in die Abfallsäure geschehen. Die auf Wärmezufuhr beruhenden Denitrierungsverfahren haben sich bis heute nicht einzubürgern vermocht, vielmehr zieht man eine Zersetzung der Abfallsäure durch eingeblasenen Wasserdampf, oder wie es in neuester Zeit geschieht, durch Einleiten heißer Gase oder heißer Luft vor. Die eigentliche Denitrierung geschieht in Denitrifikatoren, in hohen, säurefesten Türmen, deren Hohlraum mit irgend einer Füllung von großer Oberfläche, wie Quarzbrocken, Tonscherben, Bimsstücken oder besonders dazu hergestellten Steinzeugformen ausgefüllt ist. Die Denitrierungsanlagen arbeiten nun in der Hauptsache in der Weise, daß in langsamem Strome über die Denitrifikatorfüllung die Abfallsäure herunter rieselt, während ihr von unten nach dem Gegenstromprinzip Luft und Wasserdampf entgegengeblasen werden. Hierbei wird die Salpetersäure ausgetrieben und entweicht als salpetrige Säure aus dem Apparat, um in besonderen Kondensationsvorrichtungen verdichtet und möglichst weitgehend konzentriert zu werden. Die Schwefelsäure hingegen sammelt sich im unteren Teile des Denitrifikators an und wird von dort in besondere Behälter abgezogen.

Im Laufe der Zeit haben sich im Großbetrieb drei verschiedene Verfahren am meisten eingebürgert; sie beruhen zwar in der Hauptsache auf demselben Prinzip, weichen aber in den Einzelheiten mehr oder weniger voneinander ab. Die Denitrationsanlage nach Oskar Guttmann gelangt in verschiedenen Größen zur Ausführung; sie besteht in der Hauptsache aus den Denitriersteinen, den wassergekühlten Röhrenbatterien, vier Kondensationstürmen und den Vorratsgefäßen für Schwefel- und Salpetersäure. Zur Beförderung der Stickoxyde werden Exhaustoren und zur Bewegung der Säuren automatisch funktionierende Druckfässer benutzt. Oben am Denitrierstein ist ein Verteiler für die einfließende Abfallsäure und ein Tonabzugsrohr für die salpetrigen Säuredämpfe angebracht, während unten am Boden eine Überlaufvorrichtung für den Abfluß der Schwefelsäure sorgt. In die Denitriersteine wird nun von unten mit Luft gemischter Wasserdampf eingeblasen, während gleichzeitig von oben die Abfallsäure über die aus Hohlkugeln bestehende Füllung herabrieselt. Aus der erhitzten Abfallsäure entweicht die Salpetersäure in Form salpetrigsaurer Dämpfe oben durch das Tonabzugsrohr und unten am Boden des Denitriersteins sammelt sich die heiße Schwefelsäure an, die dann durch den Überlauf in besonders gekühlte Gefäße abgezogen wird. Diese Schwefelsäure schwankt in der Stärke zwischen 50 bis 55° Bé und besitzt eine mehr oder weniger trübe bis schwarze Färbung, herrührend von den Zersetzungen der organischen Rückstände in der Abfallsäure; sie kann in dieser Form z. B. an Düngfabriken abgegeben oder in besonderen Konzentrationsprozessen weiter verarbeitet werden. — Die aus den Denitriersteinen entweichenden Stickoxyde gelangen durch eine Tonleitung, in welche zur Verstärkung des Zuges ein Tonexhaustor eingebaut ist, in eine luftgekühlte Vorlage und von dieser in die wassergekühlten Röhrenbatterien, wo der größte Teil der Stickoxyde zu Salpetersäure verdichtet wird und in ein großes Vorratsgefäß abfließt. An dieses ist unter anderem auch die obenerwähnte luftgekühlte Anlage angeschlossen. Die noch nicht kondensierten Gase gelangen weiter nach vier hintereinander geschalteten Türmen, die mit Hohlkugeln gefüllt sind und in denen die Gase nach dem Gegenstromprinzip mit Absorptionsflüssigkeit in Berührung kommen. Jeder dieser Türme enthält ein automatisch arbeitendes Druckfaß, welches die in dem betreffenden Turme niederkommende Säure auf den nächsten Turm gibt. Von dem letzten Turm mündet dann die Leitung in den Kamin. Aus den Türmen wie aus den Röhrenbatterien wird eine Salpetersäure von 30 bis 40° erhalten.

Eine andere Denitrieranlage basiert auf denselben Grundlagen wie die vorbeschriebene, weicht aber punkto technischer Ausführung in manchen Punkten ab. Als Denitrifikator kommen bei ihr Türme zur Verwendung, welche einen gußeisernen Mantel besitzen, der mit säurefesten Chamottesteinen ausgemauert ist. Die Füllung dieser Türme besteht aus massiven Tonkugeln, welche die bei der Reaktion entwickelte Wärme aufspeichern und damit fördernd auf den Prozeß einwirken sollen. Der Arbeitsgang wird so geregelt, daß im Turminneren eine Temperatur von ca. 150 bis 160° erhalten bleibt, bei der die in der Abfallsäure enthaltene Salpetersäure durch heiße Luft und Wasserdampf als salpetrigsaure Dämpfe oben nach der Kondensationsanlage abgetrieben wird. Die heiße Schwefelsäure, die sich im unteren Teile des Denitrierturmes ansammelt, wird durch wasserdurchflossene Kühlschlangen gekühlt. Die salpetrigen Säuredämpfe, die oben aus den Denitrierräumen entweichen, werden durch eine Tonleitung nach der Kondensation geführt, als welche Tourills mit 1 bis 2 m hohen Aufsatzrohren, die eine bedeutende Vergrößerung der Kühloberfläche bewirken, Verwendung finden. Gewöhnlich wird zwischen den Denitriertürmen und den Tourillbatterien ein befeuchteter Exhaustor eingeschaltet, der durch Zersplitterung von Flüssigkeit in feinste Tropfen die Absorptionsfähigkeit dieser Flüssigkeit bedeutend erhöht, so daß sich ein Teil der zu absorbierenden Gase bereits schon im Exhaustor niederschlägt. Der unkondensierte Rest der nitrosen Gase (NO_2) geht dann nach den Tourillbatterien und der Rest, der hier noch nicht kondensiert wird, weiter zu den zwei Türmen, die unter sich im Doppelberieselungsverhältnis stehen und deren letzter mit einem Kamin in Verbindung steht.

Ein drittes von Evers (D.R.P. 182216) ausgearbeitetes und von den Deutschen Ton- und Steinzeugwerken A.-G. vertriebenes Denitrierverfahren gelangt neben den beiden vorerwähnten Verfahren in neuester Zeit immer mehr zur Anwendung. Durch Benutzung gewisser Spezialapparate trachtet man hier danach, die bisher in minderwertiger Form aus der Denitrierung von Abfallsäuren zurückgewonnene Schwefel- und Salpetersäure in einer solchen Weise zu regeneriern, daß beide wieder zu Nitrieroperationen verwendbar sind, oder, wenn keine Konzentrationsapparate für die gewonnenen Säuren vorhanden sind, sie zu solchen Preisen an Säurefabriken abzusetzen, die denen für Handelsware und nicht für Abfallprodukte entsprechen. Das Verfahren arbeitet zwecks gründlicher Durchführung der Absorptionsarbeit vor allem darauf hin, eine möglichst weitgehende Zerstäubung der zu behandelnden Säuren und Gase zu bewirken; außerdem führt es die direkte Denitrierung der Abfallsäure im Apparat ohne vorherige Erhitzung durch, auch wenn noch organische Restbestandteile und Spuren von Nitrokörpern in ihr enthalten sind. In dem Denitrierturm, in dem durch Einblasen von überhitzter Luft und Wasserdampf an verschiedenen Stellen eine Reaktionstemperatur von 160 bis 175° aufrecht erhalten wird, wendet Evers Spezialfüllkörper an, die in gewölbten durchbrochenen Zwischendecken und in Drehkörpern von besonderer Konstruktion bestehen und eine ganz besonders innige Berührung der Gase mit der Absorptionsflüssigkeit bewirken. Der übrige Teil des Denitrierturmes ist mit einem Füllmaterial ausgelegt, das sowohl für Gase als auch für Flüssigkeiten lange Wege bedingt. Durch die Verwendung von heißer Luft werden die organischen Verunreinigungen der Abfallsäure fast vollständig oxydiert, so daß die unten etwa 60° warm abfließende Schwefelsäure weiß ist.

In der Kühlrohrleitung sind sogenannte Rohrbündel eingebaut, die so geformt sind, daß sie nach dem Gegenstromgrundsatz fortwährend die hindurchstreichenden Gase einer durchgreifenden Mischung unterziehen, und zwar in der Weise, daß sie in kurzen Abständen den Mittelkern des Gasstromes an die Außenwand der Rohrleitung ableiten und die an der Außenwand entlangstreichenden Gase nach der Mitte führen. So wechselt die Gaszusammensetzung fortwährend, was ungemein günstig für die Mischung und Oxydation der nitrosen Gase ist. Hinter diesem Röhrenstrang sind dann je nach der Größe der Anlage noch zwei bis vier durch automatisch arbeitende Druckfässer nach dem Doppelberieselungssystem betriebene Absorptionstürme eingeschaltet.

Eine Denitrierungsanlage von der Deutschen Ton- und Steinzeugwerke-A.-G. nach dem System Evers wird durch folgende Skizze (Fig. 4) veranschaulicht.

Die Anlage ist so beschaffen, daß die Schwefelsäure wasserhell und 60° Bé stark, die Salpetersäure entweder weiß und 34 bis 36° Bé stark oder moselweinfarbig und 40 bis 42° Be stark erhalten werden kann. — Der Betrieb der Anlage erfordert keinerlei besondere Aufsicht, da die Injektoren des Denitrierraumes allein arbeiten und die Säurebewegung durch Druckautomaten erfolgt, welche die abfließenden dünnen Säuren selbsttätig wieder hochfördern, bis aus den letzten Strängen der Kühlrohrleitung und dem ersten Turm eine Salpetersäure von genügender Stärke abläuft. Für die Bedienung der Anlage reicht ein Arbeiter vollkommen aus.

Die Anlage ist jetzt so verbessert worden, daß sie nur noch einsträngig gebaut wird, wobei die Leistung an aufgearbeiteter Abfallsäure vergrößert wurde. In der Anlage können jetzt in 12 Stunden 8000 bis 10000 kg einer Abfallsäure von normaler Zusammensetzung, 70% H_2SO_4, 10% HNO_3 und 20% H_2O, aufgearbeitet werden. Die Schwefelsäure wird hierbei von heller Farbe und fast ohne jeden Verlust wiedergewonnen, und der Verlust an Salpetersäure beträgt nur ungefähr 0·1%. Folgendes sind die Durchschnittszahlen verschiedener Everscher Denitrierungen:

10000 kg Abfallsäure einer Sprengstofffabrik von der Zusammensetzung 74% H_2SO_4, 8% HNO_3, 18% H_2O wurden in 10 Stunden denitriert mit folgendem Ergebnis:

1. Die wiedergewonnene Schwefelsäure vollständig klar und hell sowie frei von Nitrose, Verlust 0·08%.

2. Die wiedergewonnene Salpetersäure 40 und 36° Bé stark mit einem größten Gehalt von 0·3% Nitrose und nur Spuren von Schwefelsäure, größter Verlust 0·2%.

3. Der Kohlenverbrauch betrug 30 kg auf 1000 kg Abfallsäure.

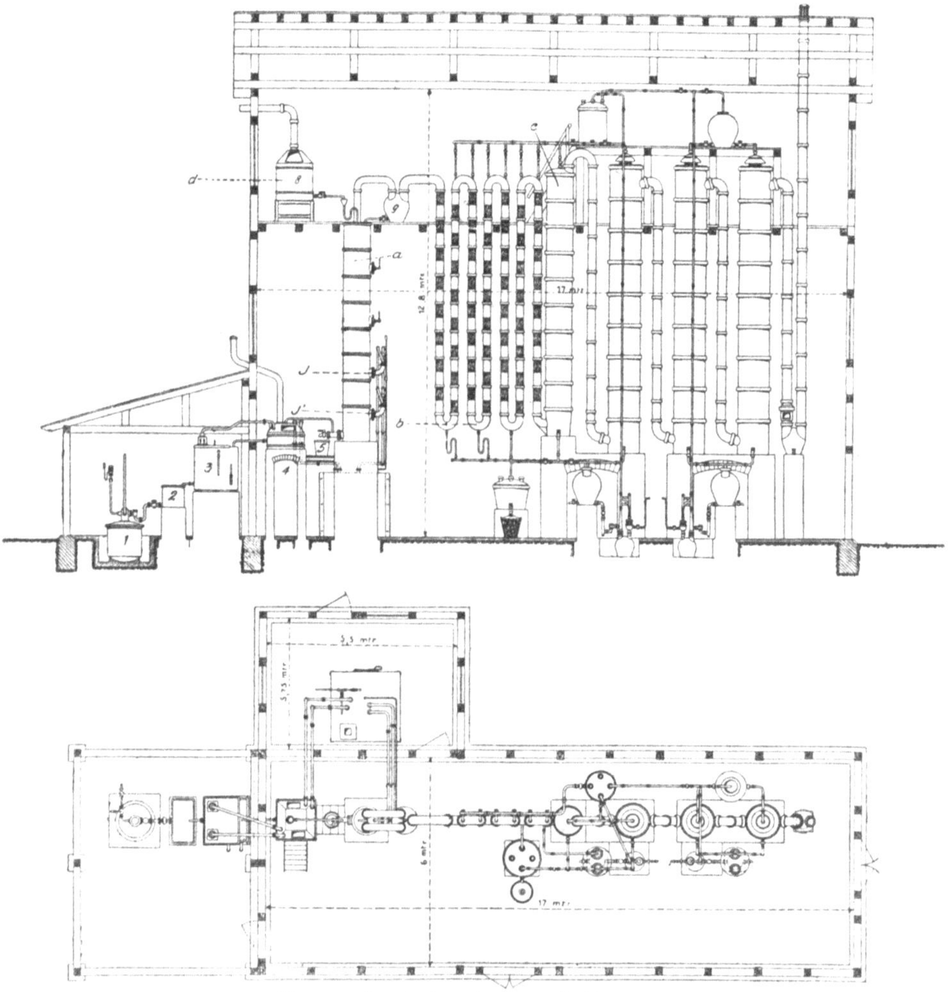

Fig. 4. Denitrieranlage nach Evers.
a = Denitrierturm, ausgefüllt mit Drehkörpern. b = Kühlungsrohre mit Rohrbündeln. c = Kondensationstouren. JJ' = Injektoren für Luft und Wasserdampf. d = Abfallsäurebehälter.

4 Der Koksverbrauch war 16 kg auf 1000 kg Abfallsäure.
5. Die Anlage wurde nur von einem Manne bedient.
6. Reparaturen und Verschleiß wären außerordentlich gering.

Die nach einem der betrachteten Denitrierverfahren gewonnene Schwefel- und Salpetersäure wird nun, falls sie nicht an Säurefabriken abgesetzt wird, den bekannten Konzentrationsprozessen unterzogen, um sie einer erneuten Verwendung bei Nitrieroperationen brauchbar zu machen.

Wiedergewinnung nitroser Gase als Salpetersäure.

Bei allen Industrien, die große Mengen Salpetersäure verarbeiten, ganz besonders aber bei der Sprengstofffabrikation, bildet das durch Temperaturerhöhung während der chemischen Reaktionen veranlaßte Freiwerden nitroser Gase eine große Verlustquelle. Für ein rationelles Arbeiten ist es deshalb unerläßlich, diese Gase — in der Hauptsache Stickoxyd (NO) oder Stickstoffperoxyd (NO_2 oder N_2O_4) meistens als Gemisch — in Form von Salpetersäure dem Betriebe wieder zuzuführen. — Gewöhnlich werden die nitrosen Gase aus den geschlossenen Nitriergefäßen abgesaugt und dann am besten zu einer gemeinschaftlichen weiten Rohrleitung zusammengeführt, deren Querschnitt mindestens der Summe der Querschnitte der einzelnen Leitungen entsprechen soll. Die Hauptleitung mündet in eine Turmbatterie, wo die Oxydation und Regenerierung der nitrosen Gase zu Salpetersäure stattfindet. Zum Absaugen werden Steinzeugexhaustoren oder Exhaustoren, deren Gehäuse aus Steinplatten besteht, die durch eine Eisenarmierung zusammengehalten werden, verwendet; das Flügelrad dieser Apparate ist dann aus Aluminium erzeugt. Die Turmbatterie ist, je nachdem es sich um Unschädlichmachung oder Wiedergewinnung der nitrosen Gase handelt, verschieden angeordnet; ihre Größe sollte aber auf alle Fälle reichlich bemessen werden, da die Oxydationsreaktion der nitrosen Gase eine Zeitreaktion ist. Die Unschädlichmachung läßt sich am schnellsten in weiten, billig gepackten Türmen, durch welche die Gase unter starker Berieselung hindurchgedrückt werden, erzielen. Diese Arbeitsweise ist aber, vom wirtschaftlichen Standpunkte betrachtet, sehr wenig empfehlenswert und sollte deshalb, wenn immer möglich, durch die Regeneration der nitrosen Gase ersetzt werden. Bei der Regeneration arbeitet man am besten nach dem Doppelberieselungsverfahren und kann je nach der Vollständigkeit, mit der die Wiedergewinnung angestrebt wird, 4 bis 6 m^3 Turmraum, jedoch eher zu reichlich als zu wenig, pro Exhaustor rechnen. Die gesamte Turmbatterie teilt man dann in eine größere vordere und eine kleine hintere (1 bis 2 Türme) Batterie, bei denen die Berieselung so geregelt wird, daß vorn starker, hinten schwacher Flüssigkeitsstrom herrscht. Die vordere Turmbatterie kann auch durch einen Luftkühler ersetzt werden. Die hintere Partie speist man stark mit einem stets gleichbleibenden Flüssigkeitsquantum und gibt von diesem unter gleichzeitigem Ersatz durch Wasser nur soviel nach der vorderen Partie ab, als diese mit Sicherheit eine möglichst starke Säure zu liefern imstande ist. Zur Bewegung der Flüssigkeiten, deren spezifisches Gewicht stark schwankt, nämlich von Wasser (1), womit man anfängt, bis zu einer Säure von 30 bis 36° Bé (1·2 bis 1·3), womit man aufhört, benutzt man am zweckmäßigsten automatisch arbeitende Druckfässer. — Regenerationsanlagen, die nach diesen Gesichtspunkten hergestellt wurden, haben sich im Betriebe gut bewährt; sie lieferten eine Säure von 30 bis 36° Bé und ermöglichten schon nach Ablauf des ersten Betriebsjahres ihre fast völlige Amortisation durch den Erlös aus der wiedergewonnenen Salpetersäure.

Eine Steinzeugwarenfabrik liefert eine Regenerationsanlage, bei der die nitrosen Gase einen Luftkühler und dann zwei mit Hohlkugeln gefüllte Türme passieren, und zwar werden sie durch einen Steinzeugexhaustor, der hinter dem letzten Turme steht, angesaugt. Der Luftkühler ist aus Muffenrohren und Muffenbögen auf drei Tourills aufgebaut und besitzt eine bedeutende Höhe. Dieser Kühler kann natürlich fehlen, wenn die nitrosen Gase mit niedriger Temperatur ankommen. Aus diesem Luftkühler treten die Gase in den Unterteil des ersten Turmes, durchstreichen diesen, treten durch den Stutzen des Oberteiles aus und gehen durch eine Muffenrohrleitung nach dem Untersatz des zweiten Turmes. Nachdem auch dieser in analoger Weise durchströmt ist, tritt die Leitung, in welcher an geeigneter Stelle eine Laterne zur Beobachtung des Ganges der Apparatur eingebaut ist, in ein vorgelegtes Tourill und aus diesem in den Exhaustor, von dem sie sich in einem Fuchs fortsetzt. Über jedem Turm ist je ein Vorratsgefäß angebaut, welches mittels Leitungen und Doppelflanschhähnen sowohl mit dem betreffenden Turm wie auch mit anderen Vorratsgefäßen unter sich in Verbindung gesetzt werden kann; außerdem ist am Fuße beider Türme je ein Vorratsgefäß für die aus dem Turmunterteil laufende Säure vorgesehen. Der Turmunterteil kann einerseits mittels durch Doppelflanschhahn absperrbarer Tonrohrleitung mit einem automatisch arbeitenden Druckfaß „Ideal" in Verbindung gebracht und andererseits mittels Flanschschnabelhahn entleert werden. Diesen unteren Vorratsgefäßen fließt gleichzeitig auch durch Glasrohre die in den drei Tourills des Luftkühlers bzw. in dem Tourill der Schlußleitung sich niederschlagende Säure zu. Jedes Druckfaß fördert die ihm zulaufende Säure durch eine Flanschrohrleitung nach dem oberen Vorratsgefäße ihres Turmes. Der letzte Turm wird nun mit Wasser berieselt, das als schwache Säure sich vor dem Gefäß sammelt, welches in diesem Turm steht. Die schwache Säure fließt dann von hier aus einem Druckautomaten zu, der sie in das hochstehende Vorratsgefäß pumpt; sie läuft nun im Kreislaufe verschiedene Male durch den Turm und wird, nachdem sie eine entsprechende Grädigkeit erreicht hat, in das über dem vorderen Turm stehende Vorratsgefäß gedrückt. Über diesem Turm zirkuliert die Säure solange in derselben Weise, bis zur Erreichung ihrer höchsten Grädigkeit; dann wird sie in Ballons abgezogen, um entweder verkauft oder konzentriert zu werden.

Die Regenerationsanlagen einer anderen Firma arbeiten ohne einen vorgeschalteten Luftkühler als reine Turmanlagen, wobei die Turmbatterie gewöhnlich in eine größere vordere (ca. 3 Türme) und eine kleinere hintere zerlegt ist. Die Führung der aus der Exhaustorenleitung eintretenden Gase und der Absorptionsflüssigkeit erfolgt auch hier nach dem Gegenstromprinzip. Die Unterteile der drei ersten Türme sind mit einem 180 Liter fassenden unteren Reservoir durch eine mit den nötigen Absperrhähnen versehene Leitung verbunden, welche gleichzeitig auch ein Abziehen von Säure in einen vorgelegten Ballon gestattet; ebenso läuft oberhalb der Türme von dem 375 Liter fassenden oberen Reservoir eine Verteilungsleitung über die gesamte erste Partie entlang, von der nach jedem Turm je zwei Düsenzuleitungen abgezweigt sind. Die mit ihren Flanschen sauber aufgeschliffenen Düsenapparate sitzen zu je zwei auf den gewölbten Turmdecken und können nach zwei verschiedenen Methoden konstruiert sein: entweder arbeiten sie mit Zerstäubung durch eigenen Flüssigkeitsdruck oder mittels Preßluft. Das durch diese Düsenbetriebsart in die Türme eingeführte Mehrquantum von Luft fällt bei dem ohnehin schon großen Luftüberschuß, der bereits in den Türmen herrscht, nicht sonderlich ins Gewicht. Die Düsen werden mit einem Preßlufteintrittsrohr geliefert, das von außen mittels Schraube verstellbar ist und sich in einer Stopfbüchse des Düsenkörpers bewegen läßt. Dies ermöglicht so eine leichte Einstellung. Das untere Reservoir der vorderen Turmbatterie steht mittels Leitung, in welche ein automatisches Montejus nach Dr. Plath eingebaut ist, mit dem oberen Reservoir in Verbindung. Von dem Oberteil des dritten Turmes treten die noch nicht kondensierten Gase in den zweiten Teil der Apparatur ein, von welchem der zweite, letzte Turm als Kypketurm, d. h. mit „Kypke-Sternplattenfüllung“ in Form abwechselnd nach rechts und links gesetzten schrägen Absorptionsplatten, deren Oberfläche mit sternförmigen Erhöhungen zur fortwährenden Hin- und Herbewegung der absorbierenden Flüssigkeit versehen, ausgebildet ist. Von dem Oberteil des Kypketurmes gehen dann die Gase mittels Muffenrohrleitung in ein Schlußtourill von 475 Liter Inhalt und von dort durch eine mit Laterne versehene Steigleitung ins Freie. Die beiden Türme der hinteren Partie und das Schlußtourill stehen durch eine Verbindungsleitung mit einem unteren Reservoir von 180 Liter Inhalt in Verbindung. Über diesen Türmen ist ein großes Reservoir von 600 Liter Inhalt montiert, das einerseits durch Hahnleitung mit dem oberen Reservoir der vorderen Turmpartie und andererseits durch eine Verteilungsleitung mit den beiden Düsenapparaten des vorderen Turmes und mit dem Verteiler, der auf dem mit Wasserverschluß abgedichteten mit Glöckchen versehenen Fächerdeckel des Kypketurmes sitzt, in Verbindung gesetzt werden kann. Die Säureförderung aus dem unteren in das obere Reservoir wird ähnlich wie bei der vorderen Partie mittels automatischen Montejus und Steigleitung bewirkt. Der Gang der Apparatur wird nun derart geregelt, daß die hintere Turmbatterie immer stark und mit dem gleichen Flüssigkeitsquantum gespeist wird, wobei man nur soviel nach der vorderen Partie abgibt, um hier möglichst konzentrierte Säure zu gewinnen. Diese Flüssigkeitsabgabe nach vorn wird hinten durch Wasser ersetzt.

Bei der Regeneration der nitrosen Gase kommt es, wie aus dem Gesagten hervorgeht, stets auf eine möglichst starke Zersplitterung der zur Reaktion kommenden dünnen Säuren an. Außer durch befeuchtete Exhaustoren kann diese Zersplitterung auch noch durch Steinzeug-Desintegratoren gefördert werden. Ein solcher Apparat bringt durch die ständig im entgegengesetzten Sinne erfolgende Zerreißung der Tropfen eine Zerstäubung und damit eine Reaktionsfähigkeit hervor, die über alles Maß der bisher erreichten Effekte in Kontaktapparaten zwischen Flüssigkeiten und Gasen hinausgeht.

Zum Schlusse sei noch einer ganz anderen Methode der Regenerierung nitroser Gase Erwähnung getan. Es ist bereits vorgeschlagen worden, verdünnte nitrose Gase in organischen Flüssigkeiten zu absorbieren und sie aus der Lösung in denselben in konzentrierter Form wiederzugewinnen (vgl. Franz. Pat. 404630). Versuche haben indessen ergeben, daß die sämtlichen in dieser Patentschrift als Beispiele angeführten organischen Flüssigkeiten ein nur geringes Absorptionsvermögen für die fraglichen Gase haben, so daß sie als konzentrierende Zwischenmittel für den gedachten Zweck praktisch nicht in Frage kommen. Nach dem D.R.P. 267874 der Dynamit-Akt.-Gesellschaft, vorm. Alfred Nobel & Co. in Hamburg lassen sich nitrose Gase durch Fettsäureester der Alkohole in hohem Maße absorbieren. Amylacetat absorbiert z. B. bei gewöhnlicher Temperatur annähernd 20% seines Gewichts an NO_2 und N_2O_3, was einem Vielfachen aller vorerwähnten Flüssigkeiten gleichkommt. Da es beim Durchleiten von Luft oder anderen Gasen in der Wärme die nitrosen Gase leicht wieder abgibt, eignet es sich vorzüglich als konzentrierendes Zwischenmittel für verdünnte nitrose Gase. Hier in Betracht kommende Ester sind z. B. ferner das Butylacetat, Amylvalerianat und Amylformiat. Die Wiedergewinnung der Stickoxyde aus der Lösung kann indessen auch in beliebiger anderer Weise, z. B. durch direkte Einwirkung von Wasser, erfolgen, so daß sie zum Teil direkt als Salpetersäure von Handelskonzentration gewonnen werden können. Infolge der leichten Absorption der Stickoxyde ist das Verfahren der verschiedensten Anwendung fähig, z. B. überall da, wo in chemischen oder technischen Betrieben nitrose Dämpfe als lästiges Nebenprodukt entstehen.

Dritter Teil.

Nitrierung der aromatischen Kohlenwasserstoffe.

1. Nitrobenzol $C_6H_5NO_2$.

Das Nitrobenzol wurde von Mitscherlich im Jahre 1834 entdeckt. Es entsteht durch Behandlung von möglichst reinem Benzol mit einem Gemische von Salpetersäure und Schwefelsäure. Je nach der verwendeten Stärke der Säuren erhält man ein Mono-, Di- oder Trinitrobenzol. — Zum Nitrieren des Benzols stellt man sich gewöhnlich ein Säuregemisch von 40 Teilen Salpetersäure von 1·400 spezifischem Gewichte und 60 Teilen Schwefelsäure von 1·840 spezifischem Gewichte (95 bis 96% Monohydrat) her und verwendet im allgemeinen 3 Teile Mischsäure auf 1 Teil Benzol. Auf dem Kontinente hatte man früher kleinere Nitrierapparate, gewöhnlich auf Verarbeitung von 100 kg Benzol in einer Operation eingerichtet; in England dagegen arbeitete man in viel größerem Maßstabe: es wurden in einem Apparate 400 bis 800 und mehr kg Benzol nitriert. Die Reaktion bei der Bildung des Nitrobenzols erfolgt ziemlich heftig, und mit Rücksicht auf die Flüchtigkeit des Benzols wie auch des Nitrobenzols ist eine Herabminderung der Temperatur bis auf die möglichste Grenze geboten. Aus diesem Grunde nitriert man nicht, wie beim Nitroglyzerin, durch Zuleiten des zu nitrierenden Materials in das Säuregemisch, sondern umgekehrt fließt das Säuregemisch in das Benzol. Die Mischsäure wird in der üblichen Weise hergestellt und durch Montejus in Reservoirs gedrückt. Von dort bringt man sie entweder in gewogenen oder gemessenen Mengen in eine über dem Nitrierapparate stehende Tonne oder Bleigefäß mit Hahn. Die in den kontinentalen Fabriken gebräuchlichen Apparate sind gewöhnlich aus Gußeisen hergestellt. Der Deckel, der den Apparat abschließt, besitzt zwei Öffnungen: die eine zum Eintragen des Säuregemisches und die andere zum Abführen der Gase, welche bei der Reaktion dann durch das aufgesetzte Rohr entweichen. Durch die Mitte des Apparates geht eine in ihrem unteren Teile vierkantig gearbeitete gußeiserne Welle, welche durch ein Paar Kegelräder in Drehung versetzt wird. Dieselbe trägt vier Rührflügel, wovon der unterste, dem halbkugelförmigen Boden entsprechend, halbkreisförmig gebogen ist. Das Entweichen von Säuredämpfen an der Welle vorbei, wird durch einen mit Nitrobenzol gefüllten Wasserverschluß verhindert. Ein Ablaufstutzen endlich dient zur Entfernung des Apparatinhaltes. Die Säure wird in dünnem Strahle eingelassen, gewöhnlich durch ein heberförmig gebogenes Rohr. Es ist zweckmäßig, ein Thermometer in den Apparat zur Beobachtung der Reaktionstemperatur einzustecken. Während des Nitriervorganges wird der Apparat von außen durch fließendes Wasser gekühlt, da die Temperatur 25° nicht übersteigen soll. Man regelt den Vorgang so, daß die gesamte Säure in etwa 8 bis 10 Stunden eingelaufen ist. Sobald dies geschehen ist, hört man mit dem Kühlen auf und läßt die Temperatur langsam auf 50° steigen. Manche Fabrikanten gehen sogar so weit, sie bis auf 100° zu bringen. Die durch das Deckelrohr entweichenden Gase gelangen in eine geeignete Absorptionsvorrichtung.

Andere Nitrierapparate haben eine mehr zylindrische Form und sind von einem Kühlmantel umgeben, durch welchen kaltes Wasser läuft, das unter Umständen durch eingeleiteten Dampf erwärmt werden kann. In England hat man große eiserne Zylinder von etwa 1·20 m Durchmesser und 1·20 m Höhe; zur Erhöhung des Effekts der Rührvorrichtung sind außer den an den Wellen angebrachten Flügeln an den Seiten der Zylinder vertikale Rippen befestigt. Früher wurde fast allgemein mit verhältnismäßig langsam laufenden Rührern gearbeitet, welche an einer kräftigen Welle ebenfalls recht kräftig gebaute, schräggestellte Rührflächen trugen. Die Umlaufzahl dieser Rührer wurde auf etwa 40 bis 60 in der Minute gehalten und das in Umdrehung versetzte Säure-Benzolgemisch dabei durch die seitlich an die Wandung angesetzten Strombrecher mit schraubenförmigen Flächen kräftig durchgerührt. Neuerdings verwendet man aber vielfach schnellaufende Turbinenrührer, welche nach dem Prinzip des Wittschen Rührers arbeiten, mit 200 bis 400 Touren in der Minute. — Nach beendigter Nitrierung läßt man das Gemisch entweder im Apparate selbst abkühlen oder scheiden, oder vorteilhafter zieht man es in ein Reservoir ab, worin es über Nacht stehen bleibt. Das Nitrobenzol schwimmt oberhalb der Abfallsäuren; man zieht zuerst diese ab und dann das Nitrobenzol. Letzteres wird durch Waschen mit Wasser, dem etwas Soda zugefügt werden kann, von allen Säurespuren befreit. Will man bloß auf Nitrobenzol arbeiten und die Bildung von Dinitrobenzol vermeiden, so wendet man einen Überschuß von Benzol an, der sich dann im Nitrobenzol vorfindet. Bei Verwendung unreinen Benzols wird das vom Apparate kommende Gemisch ziemlich dickflüssig und dunkelgefärbt. Das gewaschene Nitrobenzol wird durch Abtreiben von allen Spuren unangegriffenen Benzols befreit. Zu diesem Zwecke wird ein eisernes, auf Spannung geprüftes Gefäß mit dem Nitrobenzol nahezu vollgefüllt und ein Dampfstrom bei aufgesetztem Deckel hindurchgeführt, und da Nitrobenzol bei einer viel höheren Temperatur siedet als Benzol, dieses durch den Dampf fast augenblicklich übergerissen und in einer eisernen Kühlvorrichtung kondensiert. Das überdestillierte Benzol wird zu neuen Nitrierungen verwendet. Die Abfallsäuren bei der Nitrierung des Benzols enthalten nur ganz geringe Mengen von Salpetersäure und etwas Nitrobenzol, so daß es nicht der Mühe wert ist, eine besondere Denitrierung derselben vorzunehmen.

Bei Verwendung reinen Benzols beträgt die Ausbeute etwa 152 Teile für 100 Teile Benzol, statt der theoretischen 157 Teile. — Bei dem käuflichen Nitrobenzol unterscheidet man mehrere Sorten, welche unter dem Namen leichtes und schweres Nitrobenzol bekannt sind. Das leichte siedet zwischen 205 und 210°, zeichnet sich durch Reinheit aus und führt auch den Namen Mirbanöl; das schwere siedet zwischen 210 und 220° und heißt auch Nitrobenzol für Rot. Es enthält Nitrotoluol in ziemlichen Mengen. — Reines Nitrobenzol ist farblos bis weingelb gefärbt, siedet bei 205 bis 206°, hat ein spezifisches Gewicht von 1·187 bei 15° und wird bei 3° fest. Es hat einen bittermandelartigen Geruch, einen süßen, brennenden Geschmack und wirkt sowohl als Flüssigkeit wie als Dampf sehr giftig. Im gasförmigen Zustande scheint die Wirkung die einer starken Betäubung zu sein, die sich bis zur Bewußtlosigkeit steigern kann. In Wasser ist es nur sehr wenig löslich, dagegen leicht in Alkohol, Äther, Benzolund starker Salpetersäure; es löst ferner beträchtliche Mengen von Nitrozellulosen selbst in der Kälte auf und bildet mit ihnen eigene Gelatinen.

Obgleich also das Nitrobenzol für sich, ebenso wie seine Herstellung nach der soeben beschriebenen Methode ganz ungefährlich ist, so hat sich, wie die Explosion in einer Anilinfabrik der Sektion Mannheim im Jahre 1907 und die erst kürzlich vorgefallene Rummelsburger Katastrophe dargetan haben, doch gezeigt, daß, wenn der Nitrierungsprozeß fehlerhaft geleitet oder mangelhaft überwacht wird, schwere Unglücksfälle sich ereignen können. Am 26. Februar 1914, kurz vor 11 Uhr vormittags, wurde der in Rummelsburg bei Berlin gelegene Betrieb der Aktiengesellschaft für Anilinfabrikation von einer schweren Explosion heimgesucht, bei welcher 11 Personen getötet und 14 mehr oder weniger schwer verletzt worden sind. Nach dem Bericht der Sachverständigen über den Unfall ergibt sich, resümiert, etwa folgendes:

Das Gebäude, in dem Benzol zu Nitrobenzol nitriert wird, hatte eine Grundfläche von etwa 12 × 12 m und war durch eine starke Mauer in zwei Teile getrennt. In dem einen befand sich die Nitrierung, in dem andern die Wäscherei. Im Nitrierraum waren drei Apparate von einem Fassungsvermögen von je 6 cbm aufgestellt; ihre Konstruktion war die übliche, seit vielen Jahren im Gebrauch befindliche. Jeder Apparat wird mit 1600 kg Benzol beschickt, worauf man das Säuregemisch langsam unter gleichzeitigem Einrücken des Rührwerks einfließen läßt. Der Einlauf wird so geregelt, daß die Temperatur nicht über 50° steigt. Es vergehen etwa 2 Stunden, bevor die 1900 kg Salpetersäure und die damit vermischten 2700 kg Schwefelsäure in das Gefäß zu den 1600 kg Benzol gelaufen sind. Man läßt das Rührwerk noch einige Zeit laufen, wobei man die Kühlung so regelt, daß die Temperatur des Gemisches nicht unter 50° fällt, stellt dann das Rührwerk ab und läßt absitzen und isoliert das Nitrobenzol auf bekannte Weise. — Aus den Apparaten können bei normalen Verhältnissen nirgends brennbare oder gesundheitsschädigende Gase entweichen.

Was nun die Ursache der Explosion betrifft, so ist der Hergang vermutlich folgender gewesen: Der erste der drei Apparate war mit Benzol beschickt. Der Arbeiter hatte den Zulaufhahn für das Säuregemisch schon geöffnet, wahrscheinlich jedoch, ohne das Rührwerk anzustellen und die Kühlung in Tätigkeit zu setzen, wofür der Umstand spricht, daß die Ventile zur Kühlleitung an dem Apparate nach der Explosion geschlossen vorgefunden wurden. Das Säuregemisch ist demnach durch das Benzol gefallen und hat sich in größerer Menge am Boden ansammeln können, und als der Arbeiter dann später das Rührwerk in Bewegung setzte, sind auf einmal große Mengen Benzol mit der Säure in Reaktion getreten, so daß eine starke Wärmeentwicklung stattfand. Das Benzol mitsamt der Nitriersäure ist in heftiges Sieden gekommen; es haben sich große Mengen nitroser Gase entwickelt, die mit den Benzoldämpfen zusammen durch den dafür bestimmten Stutzen von 0·24 m Weite nicht mehr haben genügend entweichen können, so daß ein starker Druck im Innern des Apparates entstand, der schließlich durch Abfliegen des Deckels ausgelöst wurde. Durch die plötzliche Entlastung ist ein Teil des Inhalts herausgeschleudert worden. Der Raum ist infolgedessen mit Benzol- und Nitrobenzoldämpfen und nitrosen Gasen erfüllt gewesen, die, mit Luft vermischt, nur noch der Entzündung bedurften, um die furchtbare Wirkung auszulösen. Die Entzündung selbst ist durch Einwirkung von Salpetersäure auf Stroh, Dichtungszöpfe oder sonstiger brennbarer Substanz entstanden oder vielleicht auch durch Funken beim Aufeinanderschlagen von Eisenteilen. — Die auch noch in Betracht zu ziehende Möglichkeit, daß das Rührwerk zwar eingerückt, aber wegen Bruchs der Welle außer Wirkung gesetzt worden sei, dürfte wohl abzuweisen sein, da der Arbeiter einen derartigen Vorgang hätte bemerken müssen.

Ein ähnlicher Fall, bei dem infolge zweistündigen Abstellens des Rührwerkes ein gußeiserner Benzol-Nitrierapparat explodierte, hat sich am 13. Juni 1911 in einer Fabrik zu Moskau zugetragen (Bericht von Paul Pikos, Chemiker-Zeitung, 626 [1914]).

Um solchen Vorkommnissen wie die Rummelsburger Katastrophe zukünftig vorzubeugen, hat man vorgeschlagen — gemäß dem Grundsatze, daß überall da, wo es sich um die Regelung irgendwelcher mechanischer, physikalischer oder chemischer Arbeitsvorgänge handelt, die menschliche Hand der unzuverlässigste Regulator ist — die veralteten, periodischen Arbeitsmethoden durch moderne, kontinuierliche, wenn möglich automatische Verfahren zu ersetzen. Verschiedenerorts tauchten Vorschläge für derartig stetig arbeitende und selbsttätig regulierbare Verfahren auf. So wurde auf die Patente und Verbesserungen von Kubierschky[1] aufmerksam gemacht, nach denen sich die Nitrierung von Benzol und Toluol, die Herstellung von Pikrinsäure und Nitroglyzerin in besonders konstruierten Apparaten vollkommen kontinuierlich, unter selbsttätig erfolgender Regulierung und Dosierung, in ganz gefahrloser Weise ausführen lasse. Am 27. April 1914 trat dann in Wiesbaden eine aus den verschiedensten Vertretern der chemischen Industrie bestehende Kommission[2] zur Beratung zusammen, um sich mit der in Rummelsburg stattgehabten Explosion zu beschäftigen. Bei der Besprechung von Vorschlägen zur Verhütung von Unfällen dieser Art gab Dr. Neumann (Westfälisch-Anhaltische Sprengstoff-Aktiengesellschaft) eine ausführliche Schilderung des von seiner Fabrik verwendeten Apparates für kontinuierlichen Betrieb und erläuterte die vorgelegte Zeichnung wie folgt:

Will man zwei oder mehrere Flüssigkeiten miteinander mischen, zwecks Erzielung einer chemischen Umsetzung, so läßt man allgemein, z. B. bei der Nitrierung von Toluol, die eine, in diesem Falle die Nitriersäure zu der anderen, dem Toluol, langsam und unter Rühren zufließen. Das im Anfang des Prozesses gebildete Mononitrotoluol wird hierbei zwecklos bis zum Einlaufen des letzten Säurerestes mitdurchgerührt; die Arbeitsweise hat ferner noch den Nachteil, daß sich von Anfang an große Mengen des leicht entzündlichen Toluols im Apparat befinden. Der nachstehend beschriebene Apparat ermöglicht es nun, zwei oder mehrere Flüssigkeiten gleichzeitig in dem für die chemische Reaktion günstigen Verhältnis zusammenlaufen zu lassen (Fig. 5).

A ist das Reaktionsgefäß, dessen Wandung innen mit den Rührflügeln *a a* in beliebiger Anzahl und Form besetzt ist. In *A* läuft, oben drehbar aufgehängt, der zylinderförmige Rührer *B*, dessen Rührflügel *b b* in den Zwischenräumen von *a a* liegen. In das Reaktionsgefäß laufen von unten die beiden (oder mehrere) Flüssigkeiten usw. ein, welche gemischt werden sollen. Dieselben steigen nach dem Gesetz der kommunizierenden Röhren in dem schmalen Raum zwischen den Flügeln *a a* und *b b* empor, werden hier innig gemischt und laufen schließlich nach Beendigung der Reaktion bei *E* kontinuierlich ab. — *A* kann mit einem Kühl- oder Heizmantel versehen sein, ebenso kann man

[1] Chem. Zeitg. 1911, S. 345, 355.

[2] Die Chem. Ind. 1914, S. 337—341.

in *B* Wasser oder Dampf einleiten. Man erreicht so eine sehr energische Kühlung und Erwärmung der dünnen Flüssigkeitsschicht und damit eine Beschleunigung des Prozesses. *A* läßt sich ferner durch Anord-

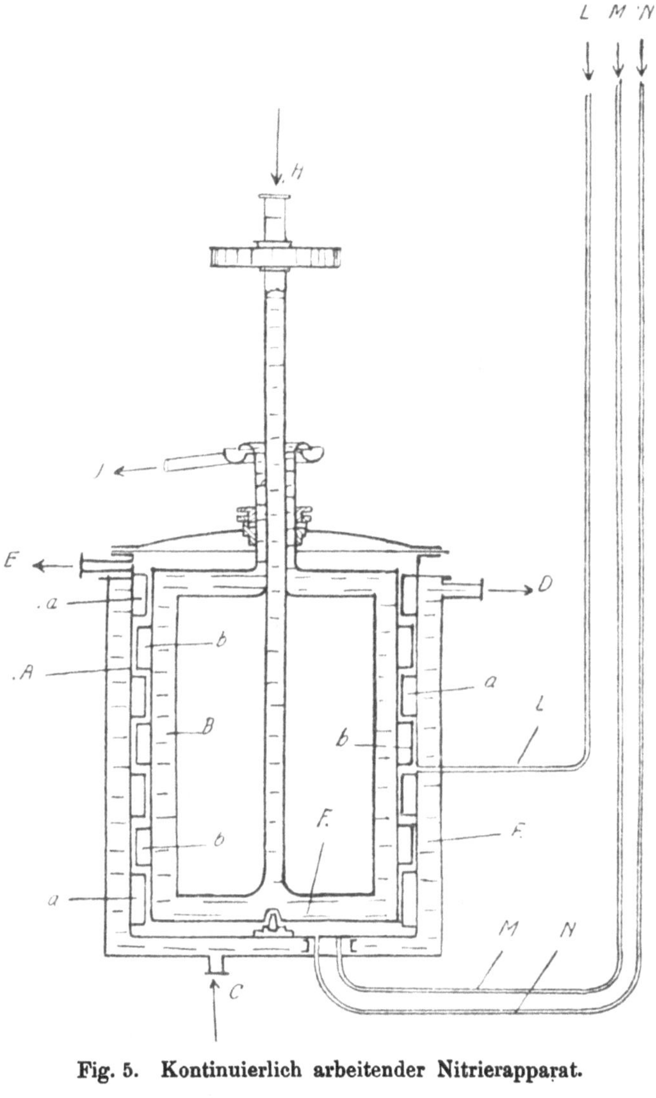

Fig. 5. Kontinuierlich arbeitender Nitrierapparat.

nung getrennter ringförmiger Mäntel abwechselnd kühlen oder heizen, so daß man in verschiedener Höhe verschiedene Temperaturen erzielen kann; auch hat man die Möglichkeit, die Flüssigkeit in verschiedener Höhe in den Apparat eintreten zu lassen, indem man das betreffende Zuleitungsrohr in die Seitenwand *A* in beliebiger Höhe einmünden läßt. — Man kann auch *B* feststehend und *A* sich drehend konstruieren und muß in diesem Falle die Flüssigkeit durch *B* hindurchführen. Ebenso kann man auch ein System von mehreren hintereinander angeordneten Apparaten benutzen, wobei man z. B. im ersten Apparat kühlen, im zweiten heizen und im dritten wieder kühlen kann. — Die in dem Apparat zur Reaktion gelangenden Flüssigkeiten, Lösungen oder Breie können unter ihrem eigenen Druck oder mit Hilfe von Preßluft, Pumpe usw. zugeführt werden.

Die wesentlichen Vorzüge, welche durch Benutzung dieses Apparates erzielt werden, sind:

1. kontinuierliche Arbeitsweise, aus welchem Grunde nur sehr kleine Apparate erforderlich sind;
2. Beschleunigung des Prozesses;
3. bessere Ausnutzung von Kühlwasser;
4. gefahrloses Verarbeiten feuergefährlicher Stoffe, da sich immer nur geringe Mengen derselben im Apparat befinden;
5. Vermeidung von Nebenreaktionen, da das fertige Produkt sofort nach der Bildung abläuft und nicht noch mitgerührt wird.

Dr. ter Meer schilderte hierauf an Hand einer Zeichnung das von ihm patentierte Verfahren (D.R.P. 228544 vom 24. Juli 1909. Chemische Fabriken vorm. Weiler-ter Meer) zur Nitrierung von Benzol usw., indem er u. a. folgendes ausführte:

Bereits seit einer Reihe von Jahren waren wir bemüht, ein Arbeitsverfahren auszuarbeiten, bei dem das Hauptgefahrsmoment, nämlich die Anwesenheit der großen Benzolmenge im Nitrierapparat wegfiel. Diese Möglichkeit ist gegeben durch eine kontinuierliche Arbeitsmethode, bei der relativ kleine Mengen von Benzol und Nitriersäure dem Nitrierapparat kontinuierlich zugeführt werden. Auch andere Firmen waren auf dem gleichen Wege tätig; es seien hier das D.R.P. Aug. Kl. 12, W 40625, 26. September 1912, der Westfälisch-Anhaltischen Sprengstoff-A.-G., sowie unsere D.R.G.M. Nr. 581925, 581926 und 581927 erwähnt. Diese, einen relativ kleinen Reaktionsraum aufweisenden Apparate haben sich für gewisse Zwecke recht bewährt, bieten aber nach unseren Erfahrungen speziell für die Nitrierung des Benzols keine genügende Sicherheit. Beim Stillstehen des Rührwerks setzen sich nämlich die eintretenden Mengen Benzol und Mischsäure nur zum geringsten Teil um, und es fließt Benzol mit der Nitriersäure in das vorgeschaltete Sammelgefäß über, so daß dann in diesem die Möglichkeit einer nachträglichen heftigen Reaktion mit den bekannten Folgeerscheinungen gegeben ist. — Es folgt nun die Beschreibung des bereits erwähnten, durch das D.R.P. 228544 geschützten Apparates, der unter Beibehaltung der kontinuierlichen Arbeitsweise nachstehende Konstruktion aufweist (Fig. 6):

Der Apparat besteht aus einem mehrere Kubikmeter fassenden, mit Mantelkühlung *A* versehenen, stehenden zylindrischen Gefäß, das an seinem unteren Ende zwei Zuflußstutzen *B* und *C*, an seinem obersten Rande einen Abflußstutzen *D* besitzt. Als Rührwerk dient die mit Rührflügeln versehene Welle *E*. Um eine praktisch vollständige Nitrierung zu erzielen, ist der Apparat durch zwei in der Mitte durchlochte Scheiben S_1 und S_2 in drei Hauptkammern zerlegt, welche durch die auf der Rührwelle befestigten Scheiben S_3, S_4 und S_5 wiederum in je zwei Unterabteilungen zerfallen. Die Arbeitsweise ist folgende: Bei *B* und *C* treten aus der auf einer höher liegenden Bühne befindlichen, sehr genau arbeitenden Chargiervorrichtung äquivalente Mengen Benzol bzw. Salpeterschwefelsäure ein und werden zunächst in der untersten Kammer innig gemischt. Die Zulaufgeschwindigkeit von Benzol und Mischsäure, die Kühlfläche des Apparates und die Kühlwassermenge sind so aufeinander abgestimmt, daß in der untersten Kammer stets das Temperaturoptimum von etwa 50° eingehalten wird; infolgedessen findet dort unverzüglich eine sehr weitgehende Umsetzung zu Nitrobenzol unter Bildung von Abfallschwefelsäure statt. Das Reaktionsgemisch muß den durch die losen und festen Scheiben bedingten langen Weg zurücklegen, um schließlich als fertiges Produkt, bestehend aus einer Emulsion von praktisch salpetersäurefreier Abfallsäure und praktisch benzolfreiem Nitrobenzol, oben aus dem Apparat auszutreten; es fließt dann in vorgeschaltete, gleichfalls mit Rührwerk versehene Sammelgefäße über, wo die Probenahme geschieht und eventuell benötigte kleine Korrekturen vorgenommen werden können. Aus dieser Arbeitsweise ergibt sich, daß der Apparat stets ganz gefüllt ist und niemals größere Mengen Benzol neben größeren Mengen Nitriersäure enthalten kann; der Prozeß kann daher zu jeder Zeit unterbrochen und auch beliebig wieder angesetzt werden. Bei längerem Stehen schichtet sich das gebildete Nitrobenzol über die Abfallsäure, so daß der Apparat in seiner unteren Hälfte mit Abfallsäure, in der oberen Hälfte mit Nitrobenzol gefüllt ist. Bei der Wiederaufnahme des Betriebs tritt in der unteren Kammer in kurzem die erforderliche Temperaturerhöhung ein und der kontinuierliche Prozeß nimmt in normaler Weise seinen Fortgang. Die im Gebrauch befindlichen Apparate be-

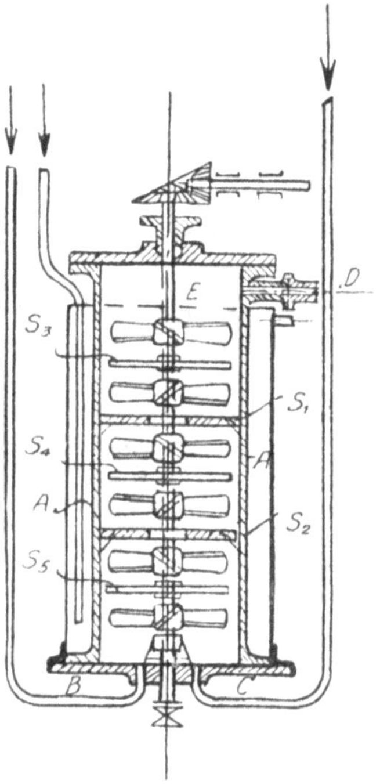

Fig. 6. Kontinuierlich arbeitender Nitrierapparat.

sitzen einen Inhalt von etwa 3 cbm; in der Stunde treten etwa 300 kg Benzol und die entsprechende Menge Mischsäure, insgesamt etwa 800 l Reaktionsprodukte ein, welche zur Erzielung einer vollständigen Umsetzung fast 4 Stunden im Apparate verbleiben. Der Apparat leistet in einer zwölfstündigen Arbeitsschicht rund viereinhalb Tons Nitrobenzol von tadelloser Beschaffenheit.

Das neueste und zugleich vollkommenste auf diesem Gebiete sind die bereits schon angedeuteten Nitrierapparate System Dr. Kubierschky; sie gewährleisten einen völlig kontinuierlichen gefahrlosen Betrieb, liefern ein stets gleichmäßiges und fertiges Produkt und sind allen anderen Apparaten überlegen.

Eine Anlage zur Herstellung von Nitrobenzol nach diesem System ist in nebenstehender Zeichnung (Fig. 7) dargestellt.

Sie besteht aus drei Kolonnen, *I*, *II* und *III*, welche so miteinander verbunden sind, daß die zu verarbeitenden Flüssigkeiten die einzelnen Kolonnen nacheinander durchströmen. Als bewegende Kraft dient nur der geringe Flüssigkeitsüberdruck, der durch die sinngemäße Anordnung der einzelnen Apparatenteile hervorgerufen wird. Pumpen und andere mechanisch bewegte Teile sind innerhalb der Apparatur überhaupt nicht vorhanden. Die Rohmaterialien, Benzol und Mischsäure, fließen der Waschkolonne *I* in ununterbrochenem Strome aus den Vorratsbehältern *A* und *B* zu, und zwar tritt das Benzol bei *A* unten in die Waschkolonne ein und erfüllt diese vollständig bis zu dem sichtbaren Überlauf *D*. Die Mischsäure dagegen fließt bei *C* oben in die Kolonne ein und sinkt infolge ihres höheren spezifischen Gewichts durch die Benzolfüllung der Kolonne fein verteilt nach unten. Auf diesem Wege findet die gewünschte Reaktion mit dem aufwärtssteigenden Benzol im Gegenstrom statt, so daß die zurückbleibende Abfallsäure sich am Boden der Kolonne ansammelt und durch den Flüssigkeitsüberdruck in den Behälter *C* fortgedrückt wird, während das erhaltene rohe Nitrobenzol durch den sichtbaren Überlauf *D* nach der Kolonne *II* abläuft. Das rohe Nitrobenzol enthält noch Spuren von Säure, sowie einen Überschuß von zirka 10% an Benzol, um die Bildung von Dinitrobenzol zu vermeiden.

Zur Herstellung von reinem Nitrobenzol wird deshalb das in der Waschkolonne *I* erzeugte Rohprodukt zunächst in einer Nachwaschkolonne *II* selbsttätig mit Wasser ausgewaschen. Auch die Kolonne *II* ist mit einem Spezialeinbau nach Patent Dr. Kubierschky versehen. Sie wird mit Wasser gefüllt und das rohe Nitrobenzol durch das sehr langsam nach oben strömende Wasser unter feiner Verteilung hindurchgeleitet; infolge seines höheren spez. Gewichts sammelt es sich, durch einen Flüssigkeitsstand von außen erkennbar, im Unterteil der Kolonne *II* an und gelangt, durch das Ventil *e* regulierbar, in die Destillierkolonne *III*. In der Kolonne *III* wird der Benzolüberschuß durch den bei *g* einströmenden Wasserdampf abdestilliert, und er gelangt nach erfolgter Kondensation in *E* und *F* bei

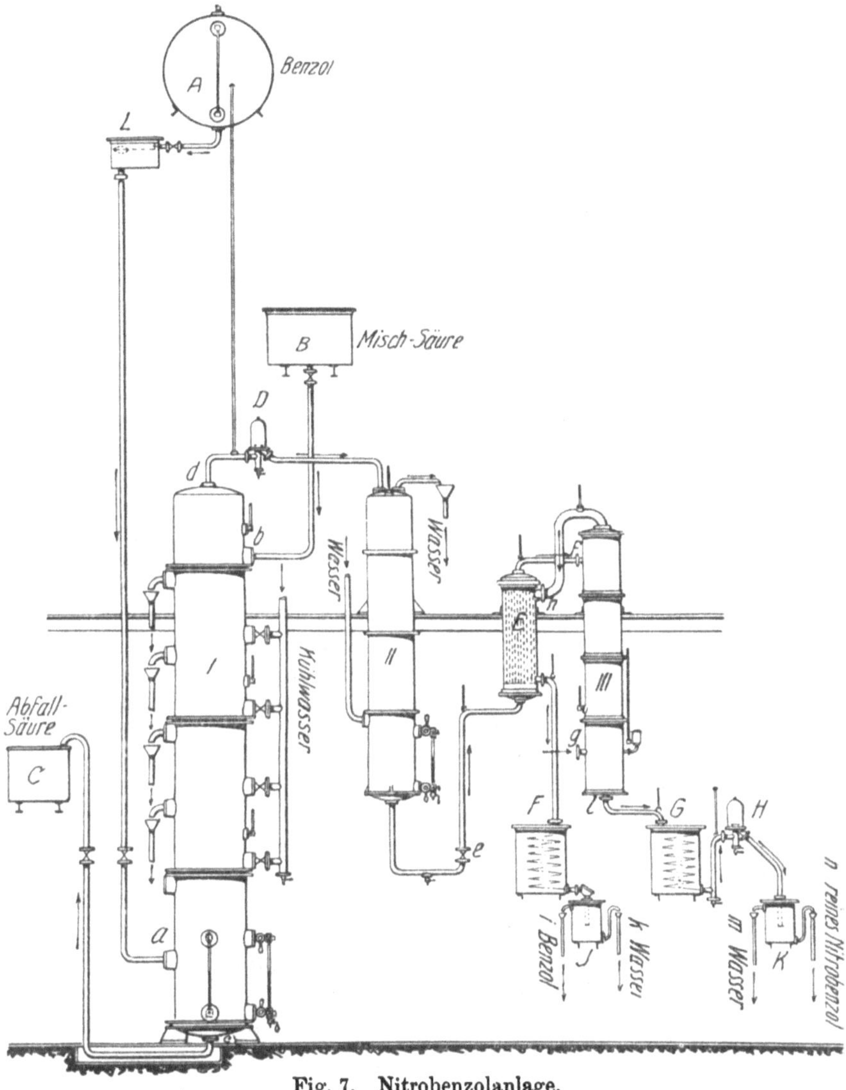

Fig. 7. **Nitrobenzolanlage.**
Patent Dr. Kubierschky, geliefert von C. H. Borrmann, Essen-Ruhr.

i zum Ablauf, während das jetzt vollständig gereinigte Nitrobenzol bei *l* heiß aus der Kolonne *III* abläuft, in dem Kühler *G* abgekühlt wird und durch den sichtbaren Überlauf *H* zum Abfluß nach der Scheideflasche *K* gelangt. Hier wird das von der Dampfdestillation herrührende Wasser abgeschieden, so daß bei *N* reines Nitrobenzol als fertiges Produkt den Apparat kontinuierlich verläßt. Die Arbeitsweise des Apparates ist also nach einmaliger Einstellung eine absolut kontinuierliche und selbsttätige. Die Kontrolle erfolgt durch wenige Thermometer, sowie durch die bei *D* eingehängte Spindel. Ein gefährlicher Überdruck kann in dem Apparat überhaupt nicht eintreten.

Die Waschkolonne *I* wird in ihrem mittleren Teil durch vier eingebaute Kühlschlangen mittels Wasser gekühlt, und zwar ist jede der vier Schlangen für sich regulierbar. Diese Regulierung kann auch automatisch mittels elektrischer Übertragung von den eingebauten Thermometern aus erfolgen. Die beiden Flüssigkeiten Benzol und Mischsäure werden im vollkommenen Gegenstrom gegeneinander geleitet, so daß das am Fuße der Kolonne ankommende, erschöpfte Säuregemisch stets mit frischem Benzol in Berührung kommt, während andererseits das erzeugte Nitrobenzol im oberen Teil der Kolonne stets mit frischer Mischsäure behandelt wird. Da die Mischsäure immer nur in geringen Mengen in der Kolonne vorhanden ist, so gestaltet sich der Betrieb gänzlich gefahrlos. Infolge der ruhigen und langsamen Wascharbeit in der Kolonne tritt gleichzeitig eine sehr gründliche Scheidung der Flüssigkeiten nach ihrem spezifischen Gewicht ein, so daß oben nur rohes Nitrobenzol und unten nur Abfallsäure aus der Kolonne austritt. Nach einmaliger Einstellung werden diese beiden Produkte stets in gleichmäßiger Beschaffenheit gewonnen; eine Nachoperation, wie bei den anderen Apparaten, ist überhaupt nicht erforderlich. Der Gang der Reaktion ist an dem erzeugten rohen Nitrobenzol, d. h. an der Dichte dieser Flüssigkeit durch die bei *D* eingehängte Spindel dauernd zu erkennen, und hiernach wird das Mischungsverhältnis zwischen Benzol und Mischsäure eingestellt bzw. reguliert. Durch die systematische Arbeit dieses Apparates wird der Säureverbrauch beim Nitrierprozeß erheblich vermindert, und es empfiehlt sich ferner die bei *C* entfallende Abfallschwefelsäure jeweils wieder mit Schwefelsäureanhydrid anzusteifen, um möglichst wenig Abfallsäure zu erhalten.

Die Apparate werden aus säurebeständigem Material hergestellt, soweit sie mit der Säure in Berührung kommen. Solche von C. H. Borrmann in Essen-Ruhr gebaute Kubierschky-Kolonnen-Anlagen haben sich in der Praxis bestens bewährt und bürgern sich immer mehr ein.

Ein kürzlich ergangener Erlaß des preußischen Ministers für Handel und Gewerbe macht bekannt:

Ein Unglücksfall, welcher beim Nitrieren von Benzol erfolgte und mit schweren Folgen für die Arbeiterschaft verknüpft war, veranlaßt mich, die Behörden darauf hinzuweisen, in Zukunft bei der Prüfung von Anträgen auf Genehmigung von Nitrobenzolfabriken folgende Gesichtspunkte zu beachten:

1. Es ist dafür Sorge zu tragen, daß in den Nitrierbetrieben die Anhäufung von Material und Personal möglichst vermieden wird.
2. Es sind Vorrichtungen zu treffen, daß nicht gleichzeitig große Mengen des Rohproduktes in Reaktion treten. Zu diesem Zwecke empfiehlt es sich, zu veranlassen, daß die Nitrierapparate vor Inbetriebsetzung jederzeit sorgfältig auf ordnungsmäßige Be-

schaffenheit geprüft werden. Der Umstand, daß versehentlich Apparate in Betrieb genommen werden, in welchen sich ohne Wissen des Arbeiters Säure befindet, führt leicht zu Unglücksfällen.

3. Es ist wünschenswert, daß die Apparate nicht miteinander kommunizieren.
4. Die Nitrierapparate sind so einzurichten, daß im Falle des Entweichens erheblicher Mengen von Kohlenwasserstoffdämpfen diese durch ein genügend weites, über das Dach führendes Rohr abziehen können.
5. Es sind Vorrichtungen zu treffen, daß die Säure erst eingeführt wird, wenn der Rührer in Bewegung gesetzt ist.
6. Es sind Vorrichtungen zu treffen, die erkennen lassen, daß die Flüssigkeit in Bewegung ist.
7. Bei den kontinuierlichen Verfahren, d. h. bei denjenigen, bei welchen Nitriersäure und Kohlenwasserstoff in dosierten Mengen in Reaktion treten, können gewisse Erleichterungen von obigen Richtlinien eintreten.

Neben dem ausführlich beschriebenen, dem Prinzipe nach wohl noch am meisten benutzten Verfahren zur Darstellung von Nitrobenzol, existieren noch einige neue Methoden. Nach dem D.R.P. 221787 vom 11. Juli 1907 wird in der Saccharinfabrik zu Salbke-Westerhüsen a. E. die Nitrierung des Benzols mit Salpeter und konzentrierter Schwefelsäure ausgeführt. In ein mit Heizvorrichtung versehenes Rührgefäß kommen 150 kg Natronsalpeter und 35 kg Benzol, die bei einer Temperatur von 60 bis 80° gerührt werden. Dann fügt man langsam 150 kg 90- bis 96%ige Schwefelsäure hinzu. Bei fortgesetztem Rühren bildet sich, alsdann Nitrobenzol und Bisulfat, während die Temperatur auf etwa 100° steigt. Unter ständigem Umrühren werden nach und nach weitere 65 kg Benzol zugegeben; man fährt mit dem Rühren fort, bis sich nach dem Abstellen des Rührwerkes zwei klare Schichten übereinander gelagert haben. Das Bisulfat wird von dem darüberschwimmenden klaren Nitrobenzol abgelassen und letzteres in der bekannten Weise marktfähig gemacht. 100 kg Benzol geben so 150 bis 154 kg gewaschenes oder 148 kg Reinbenzol. Der Vorteil dieses Verfahrens beruht auf der Erzielung einer nahezu theoretischen Ausbeute mit theoretischen Mengen der Komponenten. — Die chemische Fabrik Grünau (D.R.P. 207170 vom 2. Februar 1908) wendet zur Nitrierung aromatischer Verbindungen statt der Salpetersäure Stickstoffoxyde an. Zu diesem Zwecke werden die stark mit Luft verdünnten Stickoxyde nach einem besonderen Verfahren konzentriert, indem man sie von einem schwach basischen Oxyd, z. B. Zinkoxyd, absorbieren läßt und dann durch Erhitzen der erhaltenen Verbindung wieder austreibt. Das aus Stickstoffoxyd und basischem Zinkoxyd gebildete Salz wird in eine eiserne Röhre, welche in einem Luft- oder Sandbad liegt, gefüllt und langsam auf 290° erhitzt. Hernach werden mit Luft gemischte Benzoldämpfe durch das Rohr geleitet, während die Temperatur weiter gesteigert wird. Bei 300° beginnt die Bildung von Nitrobenzol, welche bis auf 350° anhält. Bei höherer Temperatur treten Zersetzungen ein. Das nach diesem Verfahren gewonnene Mononitrobenzol ist von größerer Reinheit als das nach dem alten hergestellte. Die Ausbeute entspricht quantitativ der angewandten Stickoxydmenge.

Neben diesen patentierten, das Prinzip betreffenden Verfahren existieren noch mehrere andere, die teils das Verfahren selber, teils die Apparatur betreffen. Davon sei das Österreichische Patent 39581 von Dr. Josef Klimsch in Wien erwähnt, wonach man der Nitriersäure zuerst 3% Borsäure zusetzt und dann das Benzol nitriert. Dieser Borsäurezusatz hat den Zweck, die bei der Nitrierung entstehende Reaktionswärme zu binden, also eine Temperaturerhöhung zu vermeiden und bei der Bereitung des Nitriergemisches die Salpetersäure beim Lösen so abzukühlen, daß bei Zusatz der Schwefelsäure die Mischung nicht gekühlt zu werden braucht.

2. Dinitrobenzol.

Durch fortgesetzte Nitrierung des Benzols, sowie durch direkte Einwirkung starker Salpetersäure auf das Benzol entsteht ein höheres Nitroprodukt, das Dinitrobenzol, bei welchem zwei Atome Wasserstoff durch zwei Nitrogruppen ersetzt werden.

Es entstehen

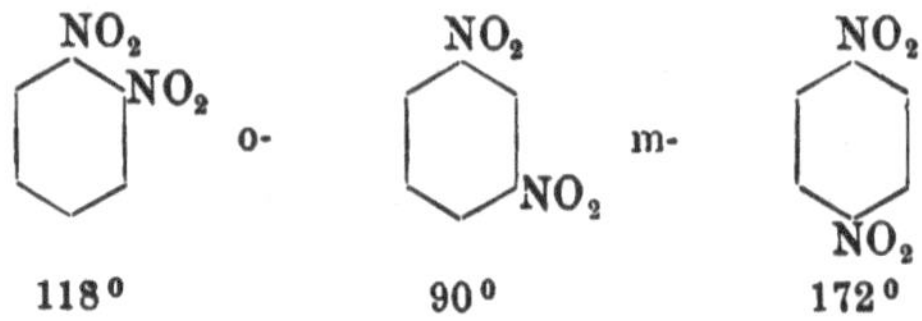

o- m- p-Dinitrobenzol

F.P. 118° 90° 172°

wovon das m-Dinitrobenzol weitaus den größten Teil ausmacht.

Im großen stellt man Dinitrobenzol auf zwei Arten dar; entweder erzeugt man Nitrobenzol in einem Nitrierapparate in der üblichen Weise und gibt nach beendeter Nitrierung abermals das gleiche Quantum von Nitriersäure hinzu, oder man nitriert mit einer aus 35 bis 40 Teilen Salpetersäure von 1·45 spezifischem Gewicht und 60 Teilen Schwefelsäure von 1·840 spezifischem Gewichte bestehenden Nitriersäure, wobei man zwei Teile Mischsäure für 1 Teil Benzol verwendet. Hierbei wird die Masse nicht gekühlt und allmählich bis zu 100° erwärmen gelassen. Es entwickeln sich bei der Nitrierung sehr viel Säuredämpfe, welche in großen Kondensationsvorrichtungen aufgefangen werden. Das nitrierte Gemenge wird wie beim Nitrobenzol nach erfolgter Abkühlung absitzen gelassen und aus demselben die Abfallsäure entfernt. Das gewonnene Dinitrobenzol wird zuerst mit kaltem, dann mit warmem Wasser gewaschen, sodann auf den Filtern von Wasser befreit, geschmolzen und in Blechgefäßen zu Kuchen ausgegossen.

Einleitend für die Umwandlung von Benzol in Nitrobenzol werden die Reaktionsbestandteile vorteilhaft in folgenden Mengenverhältnissen angewendet: 200 kg Benzol, 240 kg Salpetersäure von 44·1° Bé (spezifisches Gewicht 1·440) und 360 kg Schwefelsäure von 66° Bé bei einer Temperatur von 70°. Nimmt man die Nitrierung des Benzols zum Dinitrobenzol in zwei Phasen vor, so regeneriert man die Dinitroabfallsäure und verwendet diese nach Zusatz der erforderlichen Menge Salpetersäure, zweckmäßig zur Darstellung des Nitrobenzols. Die Dinitroabfallsäure, wie sie nach dem Ablassen des geschmolzenen Dinitrobenzols erhalten wird, ist stark von Dinitrokristallen durchsetzt, die aber auf den Nitrierungsprozeß keinen Einfluß haben. Da man für die zweite Nitrierung Salpetersäure stets im Überschusse nimmt, so setzt man der Abfallsäure gerade so viel Salpetersäure zu, als die Bildung des Nitrobenzols verlangt. — Man kann aber auch die Abfallsäure von der ersten Fabrikationsphase her regenerieren; sie enthält fast immer noch etwa 1% Salpetersäure, etwas organische Beimengung und Wasser. Durch Erhitzen dieser Abfallsäure in Porzellantöpfen in besonderen Öfen wird sie wieder in brauchbare Schwefelsäure von 66° Bé verwandelt und kann nach dem Erkalten direkt zur Herstellung von Nitriersäure dienen.

Reines m-Dinitrobenzol schmilzt bei 89·9°; während der Schmelzpunkt des o-Dinitrobenzols bei 118° und der des p-Dinitrobenzols bei 172° liegt. Gutes technisches Dinitrobenzol dagegen schmilzt zwischen 85 und 87°, ist kristallinisch, fest und hart und kristallisiert in langen, glänzenden Prismen von gelber Farbe. Es soll geruchlos sein und kein Nitrobenzol enthalten. Es ist gleichfalls giftig. Für sich ist es kein Explosivstoff, obgleich es bei plötzlichem Erhitzen sich lebhaft zersetzt und unter Umständen explodiert; aber in Verbindung mit anderen, insbesondere Sauerstoff abgebenden Körpern wird es zu einem kräftigen Explosivstoff. — Dinitrotoluol ist in warmem Wasser, Alkohol u. dgl. löslich.

3. Dinitrochlorbenzol.

Das Dinitrochlorbenzol existiert in vier isomeren Formen, von denen technisch das α- oder 1, 2, 4-Chlordinitrobenzol

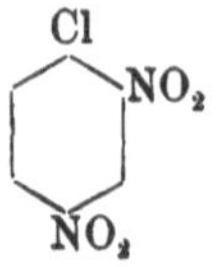

allein wichtig ist. Durch Behandlung von p-Nitrochlorbenzol mit Nitriersäure wird es in klaren, hellgelben Kristallen vom F.P. 53° und vom S.P. 315° erhalten. Dinitrochlorbenzol ist unlöslich in Wasser, wenig löslich in kaltem, dagegen leicht in heißem Alkohol, Äther, Benzol und Schwefelkohlenstoff. Wie alle halogenierten Nitroverbindungen dieser Reihe, übertrifft auch es das Dinitrobenzol an Giftigkeit bedeutend.

4. Trinitrobenzol.

Zur Darstellung des Trinitrobenzols geht man in der Sprengstoffabrikation entweder von reinem Benzol oder von Nitrobenzol oder schließlich auch von Dinitrobenzol, das als Ausgangsstoff in vielen Farbenfabriken hergestellt wird, aus. Die Nitrierung des Benzols über das Mono- zum Dinitrobenzol wird ganz nach den oben beschriebenen Verfahren ausgeführt; das Dinitrobenzol wird flüssig von der obenauf schwimmenden Säure getrennt und mit konzentrierter Mischsäure, also 48er Salpetersäure und Oleum, völlig nitriert. Als Nitriergefäß dient ein gußeiserner Nitrierapparat, der mit gut abgedichtetem Außenmantel und einem Innenkühler versehen ist. Im übrigen ist die Apparatur ganz ähnlich derjenigen, wie sie bei der Darstellung des Trinitrotoluols ausführlich beschrieben wird. Nach dem folgenden Verfahren kann man die Isolierung des Dinitrobenzols umgehen und die Nitrierung von Nitrobenzol in einer Operation bis zum fertigen Trinitroprodukt ausführen. Zu diesem Zwecke werden 500 kg Nitrobenzol in 1400 kg Schwefelsäuremonohydrat gelöst und auf 60 bis 70° erwärmt; dann läßt man Mischsäure, bestehend aus 700 kg Schwefelsäuremonohydrat und ebensoviel Salpetersäure von 48° Bé in dünnem, ununterbrochenem Strahle zulaufen. Anfänglich verläuft die Reaktion sehr heftig und es muß stark gekühlt werden; allmählich aber läßt die Wärmeentwicklung nach, — ein Zeichen, daß das Nitrobenzol in die zweite Nitrierungsstufe übergeführt ist. Nachdem alle Mischsäure zugeflossen ist, wird langsam wieder erwärmt, und unter Wärmeentwicklung setzt die Reaktion vom Dinitro- zum Trinitrobenzol ein. Ist diese beendet, so trennt man das Trinitrobenzol von der Abfallsäure noch heiß, also flüssig, von der Abfallsäure. Das saure Nitrierungsprodukt geht in große, mit Blei ausgeschlagene Waschbottiche zum Waschen mit durch Wasserdampf erwärmtem Wasser; die Säure in Kühlkästen, um vor der Denitrierung etwa gelöstes Trinitrobenzol noch absitzen zu lassen. Das unter Zusatz von etwas Natriumbikarbonat neutralisierte Trinitrobenzol wird mit Alkohol oder anderen Lösungsmitteln umkristallisiert, der Kristallbrei abgenutscht und der Alkohol aus den Mutterlaugen abdestilliert.

Die Einführung mehrerer Nitrogruppen in den Benzolkern begegnet weit mehr Schwierigkeiten als beim Toluol, wo der substitutionserleichternde Einfluß der Methylgruppe dem Nitrierprozeß fördernd entgegenkommt. So ist es denn auch erklärlich, wenn nach einzelnen Verfahren Trinitrobenzol auf dem Umweg über Trinitrobenzoesäure oder gar Trinitrotoluol gewonnen wird, wie das beispielsweise nach folgenden Patenten geschieht.

Nach dem D.R.P. 77353 vom 7. Nov. 1893 stellt die Chemische Fabrik Griesheim Trinitrobenzol aus 1,2,4,6-Trinitrobenzoesäure dar, und zwar durch Abspaltung von CO_2 in Form von Kohlensäure oder als Karbonat. Dies geschieht durch Schmelzen oder Sublimieren der Säure oder durch Erhitzen der Säure oder ihrer Salze mit Hydroxyden oder mit Wasser oder mit wasserhaltigen Lösungen. Bei Anwendung von Wasser scheidet sich das darin unlösliche Trinitrobenzol im Zustande völliger Reinheit ab.

Nach dem D.R.P. 127325 stellt man Trinitrobenzol aus Trinitrotoluol dar, indem man dieses in starker Schwefelsäure mit Chromsäure zu Trinitrobenzoesäure oxydiert und letztere dann durch bloßes Erhitzen in Trinitrobenzol überführt.

Nach einem neueren Verfahren (D.R.P. 234726 vom 18. Juli 1909) wird symmetrisches Trinitrobenzol aus Trinitrochlorbenzol ($Hal:NO_2:NO_2:NO_2 = 1:2:4:6$) durch Behandlung mit Metall in neutralen Lösungsmitteln erhalten. Zu diesem Zwecke werden 25 kg Trinitrochlorbenzol, 8 kg fein verteiltes Kupfer, 250 l 95%iger Alkohol und 25 l Wasser 2 Stunden am Rückflußkühler in lebhaftem Sieden erhalten und heiß filtriert. Das Trinitrobenzol fällt sofort kristallinisch und in guter Ausbeute aus, und ist nach dem Waschen mit Alkohol sofort rein.

Das in der Technik dargestellte Trinitrobenzol ist das Symmetrische von der Formel

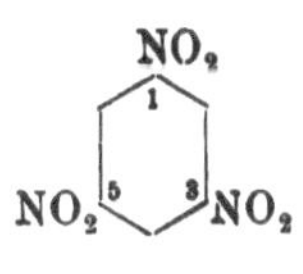

Es kristallisiert in weißen Blättchen oder in Nadeln, die bei 121 bis 122° schmelzen und in Wasser, in kaltem Alkohol wenig, dagegen in Äther und heißem Alkohol leicht löslich sind. Spuren von Trinitrobenzol geben beim Lösen in Ammoniak eine intensiv blutrote Färbung.

Neben dem symmetrischen 1,3,5-Trinitrobenzol existiert noch ein asymmetrisches 1,2,4-Trinitrobenzol, das aber für die Technik gar nicht in Betracht kommt. Das dritte, nach der Theorie mögliche 1,2,3-Isomere ist noch nicht dargestellt.

5. Trinitrochlorbenzol.

Von den vier Isomeren des Trinitrochlorbenzols kommt nur das 1,2,4,6-Chlortrinitrobenzol, welches unter dem Namen Pikrylchlorid bekannt ist, in Betracht. Es wird dargestellt, indem man 100 Teile Pikrinsäure mit 200 Teilen Phosphorpentachlorid erst gelinde, dann bis zum Sieden erhitzt:

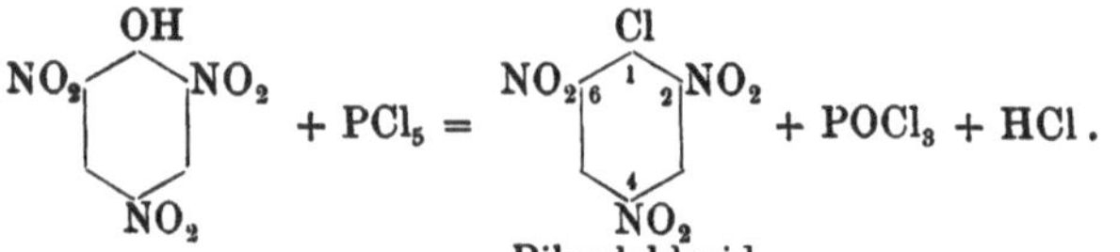

Pikrylchlorid

Nach beendeter Reaktion wird das gebildete Phosphoroxychlorid abdestilliert, der Rückstand mit Wasser, hierauf mit Äther gewaschen und schließlich aus Alkohol oder Äther umkristallisiert. — Billiger aber verfährt man nach der technischen Methode, indem man Monochlorbenzol über das 1,2,4-Chlordinitrobenzol zum Trinitroprodukt nitriert.

Trinitrochlorbenzol kristallisiert in farblosen Nadeln vom F.P. 83°; es ist unlöslich in Wasser, schwer löslich in Äther, aber leicht löslich in kochendem Alkohol. Es ist noch giftiger als das Trinitrobenzol.

Die Wärmetönungen bei der Bildung der Nitrosubstitutionsprodukte des Benzols.

Es wird von Interesse sein, den Verlauf der Wärmetönungen bei der Nitrierung des Benzols zu den einfachen und höher substituierten Nitroprodukten an Hand einiger thermischer Gleichungen vorzuführen. Die Bildung von Nitrobenzol vollzieht sich thermisch nach der Gleichung:

$$C_6H_6 + HNO_3 = C_6H_5NO_2 + H_2O + 36\cdot 6 \text{ Cal.}$$

Beim Eintritt einer zweiten Nitrogruppe wird ungefähr die gleiche Wärme frei:

$$C_6H_5NO_2 + HNO_3 = C_6H_4(NO_2)_2 + H_2O + 36\cdot 4 \text{ Cal.}$$

Man darf also den Schluß ziehen, daß die frei werdende Wärme proportional der eintretenden Säuregruppe ist. Darnach läßt sich, wenn man für den Eintritt einer Nitrogruppe in den Benzolkern 36·5 Cal. frei werdende Wärme annimmt, der exothermische Bildungsvorgang beim Trinitrobenzol folgendermaßen formulieren:

$$C_6H_6 + 3\,HNO_3 = C_6H_3(NO_2)_3 + 3\,H_2O + 109{\cdot}5 \text{ Cal.}$$

Bei der Bildung von Trinitrobenzol aus Benzol werden also 109·5 Cal. frei, mit anderen Worten, der Trinitrokörper ist pro Molekül an 109·5 Cal. Energie ärmer geworden; die Nitrierung aromatischer Körper ist demnach ein energievermindernder Prozeß. Die Sauerstoffzufuhr geschieht bei der Nitrierung stark auf Kosten der Energie des zu nitrierenden Moleküls: denn vergleicht man beispielsweise die beim Eintritt einer Nitrogruppe frei werdende Wärmemenge von 36·5 Cal. mit den 5 Cal. bei der Bildung von Salpetersäureäthern pro Molekül, so sieht man, daß der Energieverlust bei der Nitrierung viel beträchtlicher ist als bei der Salpetersäureesterbildung, weshalb die Salpetersäureester den aromatischen Nitrokörpern an Explosivkraft überlegen sein müssen.

Aus der Tatsache, daß sich die aromatischen Nitrokörper bei der Verseifung ganz anders verhalten als die Salpetersäureester, lassen sich Schlüsse auf den Energiegehalt, wenigstens auf das relative Energieverhältnis der beiden Körperklassen ziehen. Nitrobenzol läßt sich unter gewöhnlichen Bedingungen mit Pottasche nicht verseifen; dagegen gelingt die Verseifung der Salpetersäureester in Alkohol und Säure bzw. Nitrat sehr leicht. Da Pottasche bei der Neutralisierung mit Salpetersäure pro Mol. nur 31·7 Cal. abgibt, so ist leicht einzusehen, warum es unter einfachen Bedingungen unmöglich ist, mit ihr das Nitrobenzol in Benzol und Säure zurückzuverwandeln, weil dafür ja 36·6 Cal. nötig sind. Andererseits erscheint dann die leichte Rückbildung der Ester, beispielsweise des Nitroglyzerins, um so begreiflicher, als dazu pro Säuremolekül bloß 4 und 6 Cal. erforderlich sind.

6. Nitrotoluol.

Das Mononitrotoluol kommt in drei isomeren Formen vor:

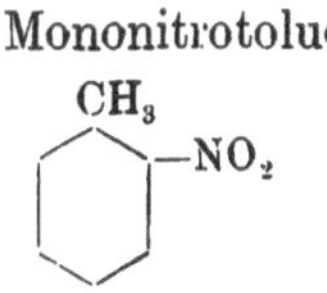

o-Nitrotoluol
S.P. 223°
flüssig.

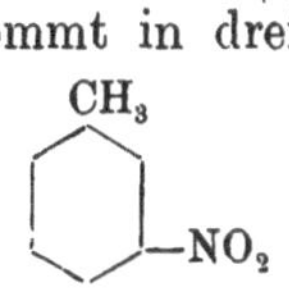

m-Nitrotoluol
S.P. 230°
flüssig (F.P. 17°).

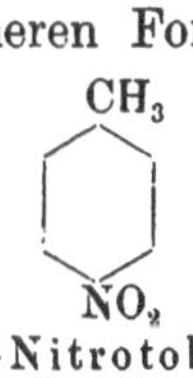

p-Nitrotoluol
S.P. 236°
fest (F.P. 54°).

Nitrotoluol bildet sich bei Einwirkung von Salpetersäure schon in der Kälte, wenn die Konzentration der Säure mindestens dem spezifischen Gewichte von 1·5 entspricht; Salpetersäure von 1·42 wirkt in der Kälte nicht auf Toluol ein. Zur Herstellung gießt man 1 Teil Toluol in $1^1/_2$ Teile Salpetersäure von 1·5, nicht umgekehrt, rührt um und hält die Temperatur unter 15°; es bildet sich vorzugsweise die o-Verbindung. Nach Verlauf von 10 Stunden gießt man in Wasser, zieht das nitrobenzolähnlich riechende Öl ab, und kann dann durch fraktionierte Destillation reines o-Nitrotoluol gewinnen. — Gießt man dagegen 1 Teil Toluol in 3 bis 4 Teile Salpetersäure von 1·5 spezifischem Gewichte und erwärmt auf 30°, so erhält man ein gelbes Öl, das vorwiegend aus p-Nitrotoluol besteht. Das Öl wird der fraktionierten Destillation unterworfen und die Anteile über 225° aufgefangen; aus diesen kristallisiert dann beim Abkühlen das p-Nitrotoluol.

In der Technik stellt man das Nitrotoluol ganz wie das Nitrobenzol dar; neben den unten folgenden Ausführungen über die Fabrikation des Nitrotoluols verweisen wir daher auch auf die Darstellung des Nitrobenzols. Toluol liefert beim Nitrieren, je nach der Art der Nitriersäure oder den Temperaturen, in wechselnden Mengenverhältnissen o- und p-Nitrotoluol, welche beiden Isomeren im luftverdünnten Raume unter Anwendung eines Kolonnenaufsatzes getrennt werden können. Treibt man 40% des angewandten gereinigten Nitrotoluolgemisches ab, so besteht das Destillat fast nur aus o-Nitrotoluol, während der Rückstand beim Erkalten fast reines p-Nitrotoluol ausscheidet. Letzteres wird durch Absaugen und Abpressen von der etwas m-Produkt enthaltenden Lauge befreit.

Technisches Nitrotoluol — auch als „sehr schweres Nitrobenzol" bezeichnet — enthält mehr o- als p-Nitrotoluol; es soll das spezifische Gewicht 1·167 haben und zwischen 220 und 240° überdestillieren.

Fabrikation des Nitrotoluols.

A. Anlage zur fabrikmäßigen Darstellung.

Geht man von Toluol, Schwefelsäure und Salpetersäure aus, so besteht die Anlage aus folgenden Apparaten:

a) Aus einem oder mehreren Nitriergefäßen, deren Konstruktion und Funktion unter Nitrobenzol ausführlich beschrieben worden ist. In neuerer Zeit schaltet man vielfach mehrere Apparate in Serien nebeneinander; die Rührwerke werden dann durch eine Schraubenwelle gemeinsam angetrieben, wie aus folgender Skizze (Fig. 8) erhellt.

In diesem Falle besteht das Nitriergefäß aus einem aufrechtstehenden gußeisernen Zylinder von etwa 1·8 m Höhe, 1·2 m Durchmesser und $1^1/_2$ cm Wanddicke.

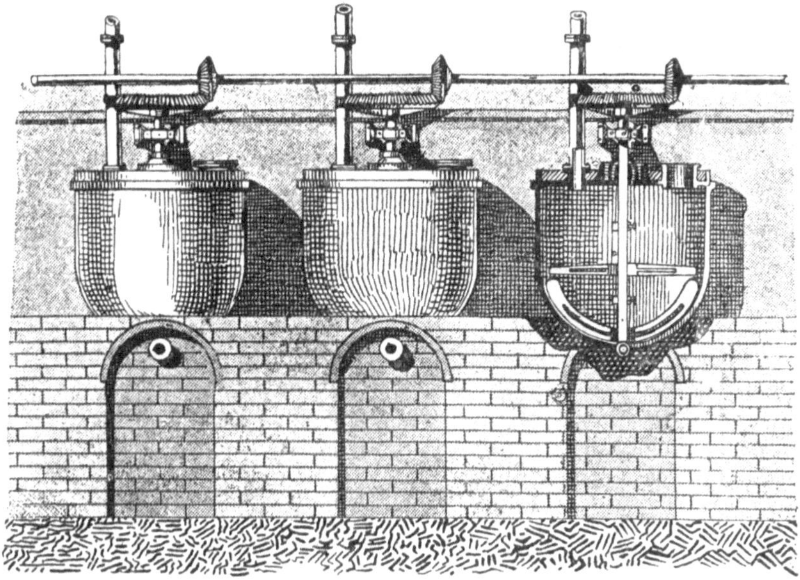

Fig. 8. Nitrierapparate.

b) Einem Säuremischgefäß, in Form eines rechteckigen, etwa 1·5 m langen, 1 m breiten und 0·6 m tiefen Kastens aus $1^1/_2$ cm dickem Gußeisen, mit übergreifendem losen Deckel, in dem ein größeres Loch zum Eingießen und Mischen der Säure und zwei kleinere Löcher zum Entweichen der Dämpfe vorgesehen sind. An der vorderen Breitseite ist ein Rohr mit gußeisernem Hahn zum Ablassen der Säure angebracht. Das Mischen der Säure in dem beschriebenen Behälter geschieht mit einem langen Eisenstab, auf dessen unterem Ende eine Scheibe aufsitzt.

c) Einer Abfallsäurezisterne aus verbleitem Holz, von ca. 2 m Länge, 1·2 m Tiefe und Breite, die imstande sein soll, die Abfallsäure mehrerer Operationen aufzunehmen. Sie ist unweit des Nitriergefäßes und so viel tiefer aufgestellt, daß ihr dessen Inhalt mit einer verbleiten Holzrinne leicht zugeführt werden kann. Zu ihrer Entleerung dient ein nahe dem Boden gut befestigter weiter Steinhahn.

d) Einer Aufkochzisterne. Ebenfalls einer verbleiten, mit Steinguthahn versehenen, etwas schräg gestellten Holzzisterne von gut 2 m Länge, 1·2 m Breite und $^3/_4$ m Höhe. Ein seitlich perforiertes, auf Backsteinen am Boden ruhendes Bleirohr dient zum Aufkochen.

e) Kristallisiergefäßen. Es sind dies innen glasierte Tontöpfe in Form eines abgestumpften breiten Kegels, etwa 20 l haltend.

f) Einer Entölungsanlage, bestehend aus einigen breiten, verbleiten, schief gestellten hölzernen Rinnen oder Trögen, die durch Latten so geteilt sind, daß jede Abteilung einen schräg auf die breite Kante gestellten Kristallisiertopf aufnimmt. Unter den Rinnen ruht ein zum Erwärmen dienendes System von Dampfschlangen.

Anordnung der Apparate:

Die beschriebenen Zisternen genügen zur gleichzeitigen Verarbeitung von 600 bis 800 kg Toluol; es ist aber selbstverständlich, daß zu einem irgendwie namhaften Betrieb mehrere Nitriergefäße nötig sind und die übrige Apparatur demgemäß entsprechend vergrößert oder vervielfältigt sein muß.

Um den automatischen Fluß der Säuren und Fabrikationsprodukte von einem Gefäß ins andere zu sichern, stellt man die Nitriersäurebehälter in genügender Höhe hinter den in einer Reihe angeordneten und durch eine gemeinschaftliche Welle betriebenen Nitriergefäßen auf. Man bedient sich hierbei wenn möglich einer Böschung, die direktes Zu- und Abfahren der Säureballons zuläßt, und sorgt für den Raum zum bequemen Aufstellen, Verwägen und Entleeren. Andernfalls muß man, wenn das Terrain dies nicht zuläßt, eine geräumige, mit breiten Treppen versehene Plattform errichten. Steht Druckluft zur Verfügung, so kann die Säure auch auf ebener Erde in einem versenkten gußeisernen Gefäße gemischt, und von da in den Nitriersäurebehälter geblasen werden.

Entsprechend tiefer als die Nitrierapparate und auf ebener Erde steht die Abfallsäurezisterne und die Aufkochzisterne. Zur Entleerung des Ballens in den Nitrierapparat muß aber genügend Zwischenraum bleiben. Um schließlich die Abfallsäure- und Aufkochzisterne entleeren zu können, sind unter den betreffenden Ablaßhahnen entsprechende Gruben vorgesehen. — Sämtliche Nitrier- und Säuremischgefäße stehen unter Dach. Für gute Ventilation ist durch geeignete Abzugsvorrichtungen stets Sorge zu tragen. — Die Entölungs- und Kristallisieranlage ist in einem besonderen Schuppen unterzubringen.

B. Gang der Fabrikation.

Das Mononitrotoluol wird in großem Maßstabe hergestellt als erste Nitrierstufe bei der Fabrikation des Trinitrotoluols; gewöhnlich benutzt man zur Herstellung des Mononitrokörpers die Abfallsäuren, vorzugsweise Dinitroabfallsäure. Weil aber diese Abfallsäure bei Beginn der Fabrikation fehlt, so müssen die ersten Operationen mit frischer Nitriersäure ausgeführt werden. Man verfährt nun wie folgt:

Gegen Tagesschluß gibt man vorbereitend in das Säuremischgefäß zuerst 350 kg englische Schwefelsäure von 66° Bé und dann 225 kg Salpetersäure von 44·1° Bé, rührt tüchtig durch, schließt den Deckel mit aufgelegten Steinplatten und läßt ruhig stehen. Gleichzeitig beschickt man den Nitrierapparat mit 200 kg Toluol, zu dessen Transport je 50 kg fassende, mit aufgeschraubter Kapsel verschließbare und mit Handgriffen versehene Kannen aus Eisenblech dienen. — Am nächsten Morgen um 7 Uhr beschickt man zunächst die den Nitrierapparat haltende Kühlzisterne mit kaltem Wasser, setzt nun das Rührwerk in flotte Bewegung, öffnet den Hahn des Säurebehälters und läßt die Nitriersäure durch einen Glastrichter in den Apparat tropfen. Der leicht zu kontrollierende Zufluß wird so geregelt, daß der Säurebehälter gegen 3 Uhr nachmittags erschöpft ist. Man läßt die Temperatur des Reaktionsgemisches in etwa 1 Stunde auf 60° steigen und sorgt durch geregelte Wasserzufuhr dafür, daß diese Temperatur nicht überschritten wird. Nur im Notfalle, das heißt wenn die Kühlung ungenügend sein sollte, darf die Säurezufuhr unterbrochen werden. Sobald alle Nitriersäure in den Apparat getreten ist, läßt man die Kühlzisterne leer laufen und setzt die Arbeit bis 5 Uhr fort; hernach stellt man das Rührwerk ab und läßt über Nacht im Apparat ruhig absitzen. Am nächsten Morgen um 7 Uhr wird die dunkle Säure in Ballons abgezogen; sobald der Farbenumschlag anzeigt, daß man beim Nitrotoluol angekommen ist, schließt man den Apparat, und kann nun den Inhalt entweder direkt mit einer neuen Nitriercharge auf Dinitrotoluol weiterverarbeiten, wie dies im folgenden Abschnitt ausgeführt werden wird, oder zwecks Reinigung und Scheidung in die Isomeren für sich weiter behandeln.

Das so erhaltene rohe Nitrotoluol wird nun wie das Nitrobenzol durch Waschen mit Wasser und schwacher Sodalösung von den letzten Säurespuren befreit und unverändert gebliebenes Toluol durch Einblasen von Wasserdampf abgetrieben. Dann wird das Ganze durch eine Kältemischung abgekühlt: p-Nitrotoluol scheidet sich kristallinisch aus, während aus den flüssig bleibenden Anteilen durch fraktionierte Destillation in Kolonnenapparaten im Vakuum das o-Nitrotoluol isoliert wird. Oder man kann auch, wie dies schon eingangs erwähnt wurde, das gutgewaschene Nitrotoluolgemisch unter denselben Bedingungen zuerst der Destillation unterwerfen, 40% als o-Produkt abtreiben und aus dem Rückstande durch Abkühlung das p-Nitrotoluol kristallinisch abscheiden.

Bei gut verlaufener Nitrierung soll das erhaltene Nitrotoluol ein spezifisches Gewicht von 1·165 (gleich 20° Bé) zeigen und die Ausbeute etwa 140% betragen.

Neben dem beschriebenen, wohl fast ausnahmslos angewandten Verfahren zur Darstellung des Nitrotoluols hat die Chemische Fabrik Grünau (D.R.P. 207170 vom 2. Februar 1908) ein Verfahren beschrieben, dessen Wortlaut im Auszug bereits schon unter Nitrobenzol mitgeteilt worden ist. Danach läßt sich, ganz ähnlich dem Benzol, auch das Toluol mit Stickstoffoxyden in die Mononitroverbindung überführen; nur liegt, bei sonst gleicher Arbeitsweise, die Reaktionstemperatur bei Toluol um etwa 70° höher als bei Benzol.

Mannigfach sind dagegen die Methoden und Vorschläge zur Trennung der einzelnen Isomeren aus den Nitrotoluolgemischen der Technik.

Nach dem D.R.P. 158219 befreit man das technische o-Nitrotoluol von der p- und m-Verbindung dadurch, daß man das Rohprodukt bei einer zwischen −4° und −10° liegenden Temperatur etwa zur Hälfte kristallisieren läßt. Die erhaltenen Kristalle bestehen aus reinem o-Nitrotoluol; sie werden auf einer Zentrifuge, die sich in einem auf −4° abgekühlten Raume befindet, von den flüssig gebliebenen Verunreinigungen getrennt. Eine Modifikation dieses Gefrierverfahrens enthält das französische Patent 350200.

Schließlich seien noch zwei ältere Verfahren erwähnt, welche auf partieller Reduktion eines oder zweier Bestandteile des Nitrotoluolgemisches beruhen. Nach dem D.R.P. 78002 vom Jahre 1894 wird das durch Nitrieren von Toluol erhaltene Nitrotoluolgemenge durch Erhitzen mit arsenigsauren Salzen reduziert, und das hierbei unangegriffene o-Nitrotoluol durch Behandlung mit Säuren, Dampfdestillation oder auf eine andere übliche Weise von den durch Reduktion entstandenen Aminen bzw. Azoxyderivaten des Toluols getrennt. Die Clayton Aniline Company (D.R.P. 92991 vom 7. Februar 1896) trennt das im Handelsnitrotoluol vorkommende o- und p-Produkt durch fraktionierte Reduktion mit den Sulfiden und Hydrosulfiden der Alkalien und alkalischen Erden, besonders aber mit den Leblanc-Soda-Rückständen, wobei das o-Nitrotoluol fast rein und die isomere p-Verbindung als p-Toluidin erhalten wird, so daß beide durch Behandlung mit Säure geschieden werden können.

Reines o-Nitrotoluol bildet eine gelbliche Flüssigkeit vom spezifischen Gewicht 1·162 (bei 23·5°) und dem S.P. 223°. Die Siedepunktbestimmung dient zur Prüfung der Reinheit.— Reines p-Nitrotoluol bildet dagegen farblose Prismen vom F.P. 54° und dem S.P. 236°. Die Schmelzpunktbestimmung dient zur Prüfung der Reinheit.

7. Dinitrotoluol.

Beim Nitrieren der Mononitrotoluole entstehen Dinitrotoluole, und zwar aus:

o-Nitrotoluol: α- und β-Dinitrotoluol,
m-Nitrotoluol: γ-Dinitrotoluol,
p-Nitrotoluol: α-Dinitrotoluol.

Aus dem bei der Darstellung des Trinitrotoluols abgehenden Tropföl (vgl. Fußnote S. 149) isolierten Molinari und Giua[1] folgende Dinitrotoluole:

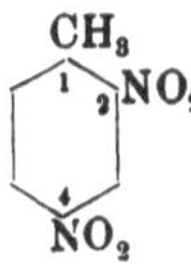

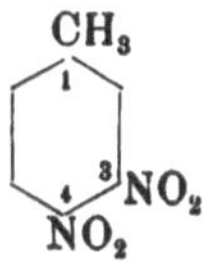

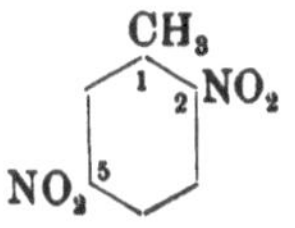

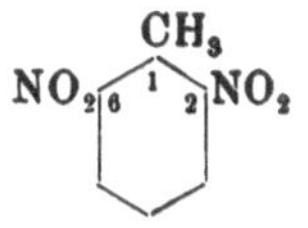

α- oder m-Dinitrotoluol 70·5°	γ- oder o-Dinitrotoluol 59°	β- oder p-Dinitrotoluol 48°	1,2,6-Dinitrotoluol 65·6° Schmelzp.

Obige Forscher weisen darauf hin, daß das wenig bekannte 1,2,6-Dinitrotoluol schon im Jahre 1896 von Lepsius in der Chemischen Fabrik Griesheim aus dem Dinitrotropföl neben der 1,2,4-Verbindung rein dargestellt worden sei. Das 1,2,6-Dinitrotoluol war aber schon vor 1896 bekannt; bereits im Jahre 1894 war es von C. Haeussermann und Fr. Grell[2] aus dem Dinitrotropföl neben 1,2,4-Dinitrotoluol erhalten worden. Ferner hat Grell damals schon festgestellt (Dissertation Tübingen 1894), daß sich die beiden isomeren Dinitrotoluole (1,2,4 und 1,2,6) durch fraktionierte Destillation im Vakuum trennen lassen.

---

[1] Notices sur les Explosifs en Italie, S. 164.

[2] Ber. 27, S. 2210 (1894).

Von diesen Verbindungen ist, speziell für die Zwecke der Sprengstoffabrikation, nur das α- oder m-Dinitrotoluol technisch wichtig. Man erhält es direkt durch Nitrieren von Toluol mittels Nitriersäure ohne Kühlung; es bilden sich aber neben dem festen m-Dinitrotoluol noch ca. 7% einer flüssigen, durch Abpressen zu entfernenden Verbindung, welche aus Mononitrotoluolen (wesentlich m- und p-Verbindung), α-Dinitrotoluol, dem bei 48° schmelzenden β-Dinitrotoluol und etwas Trinitrotoluol besteht, so daß es vorteilhafter ist, die Nitrierung des Toluols in zwei Phasen vorzunehmen. Aus o- und p-Nitrotoluol entsteht fast reines m-Dinitrotoluol.

Technisches Dinitrotoluol bildet gelbliche Kristallkuchen vom Schmelzpunkt 66 bis 68°; reines dagegen lange, monokline Nadeln vom F.P. 70·5°, die unlöslich in Wasser, schwerlöslich in kaltem Alkohol, leichtlöslich in heißem Alkohol, Äther und Benzol sind. Es siedet bei 300° unter teilweiser Zersetzung.

Wie bereits schon oben angedeutet worden ist, ist es zweckmäßiger, das Dinitrotoluol in zwei Operationen über das Mononitroprodukt herzustellen. Die Technik verfährt denn fast ausschließlich nach diesem Schema. Wir schließen darum den Gang der Fabrikation des Dinitrotoluols genau an denjenigen des Mononitrotoluols an.

Nachdem sich das aus 200 kg Toluol und 575 kg Mischsäure fertig gebildete Mononitrotoluol über Nacht von der Abfallsäure getrennt hat und am nächsten Morgen um 7 Uhr durch Ablassen der Säure aus dem Nitrierapparat zur sofortigen Umwandlung in Dinitrotoluol vorbereitet worden ist, setzt man das Rührwerk in Gang und läßt die Nitriersäure zufließen. Diese hat man schon tags vorher im Säuremischgefäß aus 675 kg Schwefelsäure von 66° Bé und 225 kg heller Salpetersäure von 46·8° Bé angesetzt. Man arbeitet wie zuvor und reguliert die Säurezufuhr so, daß um 1 Uhr alles zusammengelaufen ist, worauf man noch bis ungefähr 4 Uhr weiterrührt. Die normale Arbeitstemperatur, die in etwa $1^1/_2$ Stunden erreicht werden soll, ist 115°; man verfolgt sie mit dem Thermometer oder auch nur mit der Hand und hemmt sie, wenn nötig, durch kurzes Abstellen der Säure. Die Kühlzisterne bleibt leer. Die Entwicklung von Dämpfen soll eine ganz mäßige sein. Gegen das Ende kann man aus dem Hahn eine gelegentliche Probe ziehen. Sobald das sich rasch abscheidende Öl beim Kühlen normal erstarrt, ist die Reaktion als beendigt anzusehen; man stellt dann das Rührwerk ab und läßt eine halbe Stunde ruhig absitzen, während welcher Zeit eine völlige Trennung von Öl und Säure stattfindet. Nun stellt man mittels einer verbleiten, am Empfangsende trogartig erweiterten Holzrinne eine Verbindung mit der Abfallsäurezisterne her, öffnet den Hahn und läßt die Säure abfließen. Beim Öl angekommen, stellt man zeitweilig ab und entleert dann völlig in die teilweise mit kochendem Wasser gefüllten Aufkochzisternen, wobei man während des Aufkochens mit einer hölzernen Krücke tüchtig durchrührt. Diese Behandlung setzt man noch einige Zeit — je länger, desto besser — fort und überläßt das Gemisch eine Viertelstunde der vollkommensten Ruhe. Das ölige Nitroprodukt sinkt rasch zu Boden, so daß man direkt zum Abziehen in die Kristallisiertöpfe übergehen kann. Man erhält etwa 12 Töpfe geschmolzenes Dinitrotoluol, das je nach der Jahreszeit in ein bis zwei Tagen erstarrt sein soll. Zeigen sich diese Kuchen infolge fehlerhaften Verlaufs der Reaktion ölig, so stellt man die Töpfe in der Entölungsanlage derart schräg auf die breite Kante, daß das Öl vor zu abfließen kann. Im Winter wird man eventuell gelinde erwärmen. Fällt das Produkt normal aus, so kann man es dagegen sofort aus den Töpfen entfernen; die Kuchen lassen sich durch Umfahren mit einem Meißel leicht lösen und werden dann mit einem Beile in Brocken gespalten und, entsprechend der Verwendung, zerkleinert und zubereitet. — Das Dinitrotoluol bildet ähnlich dem Dinitrobenzol eine schwach gelbe, faserig kristallinische Masse, von mäßiger Härte und Sprödigkeit.

Hat man nun einige Operationen in dieser Weise geleitet und so einen Vorrat genügend gekühlter Dinitroabfallsäure gesammelt, so verwendet man in der Folge für die erste Fabrikationsphase, das heißt für die Darstellung des Mononitrotoluols, an Stelle des oben angegebenen Gemisches ein Gemisch von nur 150 kg Salpetersäure von 44·1^0 Bé mit der ganzen, einem Ansatz entstammenden Dinitroabfallsäure. Diese ist stets von ausgeschiedenen Dinitrokristallen durchsetzt. Die Arbeitsweise bleibt sonst dieselbe wie zuvor.

Die Zahlen, die die einleitende Fabrikation betreffen, geben absichtlich einen Überschuß an Salpetersäure, weil dieser erfahrungsgemäß vorteilhaft wirkt. Wo man durchweg mit frischer Nitriersäure arbeitet, behilft man sich auf 200 kg Toluol mit nur 300 kg Schwefelsäure und 200 kg Salpetersäure gegebener Konzentration.

Fabrikationsergebnis. Bei der beschriebenen Arbeitsweise entsteht neben der Hauptmasse noch eine kleinere Menge Dinitrotoluol, die sich größtenteils an der Oberfläche der erkalteten Abfallsäure als Kruste ausscheidet. Diese Nebenmenge wird dann in der Aufkochzisterne mit anderen Portionen gereinigt. Im ganzen erhält man, mit Abfallsäure arbeitend, aus 200 kg Toluol zwischen 350 und 360 kg trockenes Dinitrotoluol, was einer Ausbeute von 90 bis 93% der Theorie gleichkommt.

Analytische Kontrolle. Die erste Untersuchung gilt dem Gehalt an nichtnitrierbaren Kohlenwasserstoffen im Toluol. Zu diesem Zweck erhitzt man 100 ccm des Kohlenwasserstoffs (Toluol oder Benzol) in einem Fraktionskolben, fängt die ersten 5 bis 10 ccm auf und schüttelt sie in einem Reagenzglas mit dem gleichen Volumen konzentrierter Schwefelsäure. Man saugt nun die Säure möglichst mit einer Pipette ab und wiederholt die Behandlung; das Volumenm muß unvermindert bleiben. Desgleichen soll Toluol oder Benzol, mit dem doppelten Volumen Schwefelsäure geschüttelt, keine Färbung geben. Noch besser aber führt man mit 100 g des zu nitrierenden Kohlenwasserstoffs die Nitrierprobe aus, wie sie unter Benzol beschrieben worden ist. — Der Lauf der Fabrikation ist am besten aus der Beschaffenheit der sich in beiden Phasen ergebenden Abfallsäure ersichtlich, die man mit dem Lungeschen Nitrometer untersucht. Wenn die Fabrikation einmal im Gang ist, so soll die Mononitroabfallsäure bei 15° 57·4 bis 57·9° Bé wiegen und 1 bis 1½% HNO_3 enthalten, so daß 1 ccm im Nitrometer mit 10 ccm Schwefelsäure behandelt, 6 bis 9 ccm NO-Gas liefert. Das Nitrotoluol selbst darf bei fraktionierter Destillation nicht mehr als 1% unverändertes Toluol abgeben. Die normale Dinitroabfallsäure zeigt 61·8 bis 62·8° Bé und enthält 3 bis 4% HNO_3; 1 ccm liefert demgemäß im Nitrometer 20 bis 25 ccm Gas. Sinkt oder steigt der Salpetersäuregehalt der Mononitroabfallsäure unter oder über die gegebene Grenze, so wird man, vorausgesetzt, daß man mit demselben Toluol weiter arbeitet, bei der nächsten Operation entsprechend mehr oder weniger Salpetersäure verwenden.

8. Trinitrotoluol.

Die Nitrierung des Benzols zum Trinitrobenzol geht außerordentlich schwer; die drei Komponenten Benzol bzw. Dinitrobenzol, Salpetersäure und rauchende Schwefelsäure müssen bei hohen Temperaturen und unter hohem Druck zur Reaktion gebracht werden. Trotz dieser energischen Reaktionsbedingungen läßt die erhaltene Ausbeute zu wünschen übrig, ebenso die Reinheit des Produktes. Eine solche Methode konnte wohl im kleinen ausgenutzt werden, aber sie in den Großbetrieb zu übertragen, bot unüberwindliche Schwierigkeit und wenig Aussicht auf materiellen Erfolg.

Viel leichter als Benzol aber, ist sein nächstes Homologe

der aromatischen Kohlenwasserstoffreihe, das Methylbenzol oder Toluol in das Trinitroderivat zu verwandeln. Die Herstellung des Trinitrotoluols war eine aussichtsvollere Aufgabe als diejenige des Trinitrobenzols, und von dem Zeitpunkte an, wo die rauchende Schwefelsäure durch das Kontaktverfahren der Technik zugänglich wurde, machte sich die Sprengstoffindustrie denn auch bald diesen Vorteil zu Nutzen.

Es ist allerdings ohne weiteres einzusehen, daß die Sprengkraft des Trinitrotoluols der des Trinitrobenzols unterlegen sein muß; denn im Molekül des Toluols ist mehr inaktiver Kohlenstoff enthalten als in dem des Benzols, und da schon das Trinitrobenzol zu wenig Sauerstoff enthält, um den Kohlenstoff bei seiner Detonation unter Arbeitsleistung zu vergasen, so muß bei der Detonation des Trinitrotoluols sich noch mehr träger Kohlenstoff abscheiden. Wäre das Trinitrobenzol ebenso preiswert herzustellen wie das Trinitrotoluol und mit dem Trinitrotoluol auf den Markt gekommen, so ist es sehr fraglich, ob das zweite neben dem ersteren hätte konkurrieren können. Heute ist nun allgemein die Wahl zugunsten des Trinitrotoluols ausgefallen, und dieses hat sich heute schon in der Sprengstoffindustrie einen derart großen Eingang verschafft, daß es die Pikrinsäure fast gänzlich verdrängt hat. Das Trinitrotoluol genügt als Explosivstoff dermaßen allen Anforderungen zu Kriegszwecken, daß fast alle Heeresverwaltungen zu seiner Einführung geschritten sind.

Man erhält das Trinitrotoluol durch Nitrierung des Toluols in einer einzigen Operation oder in mehreren Zwischenphasen, je nachdem man von Mono- oder Dinitrotoluol ausgeht; in jedem Falle aber ist das Toluol Ausgangspunkt.[1] Aus ökonomischen Gründen verwandelt man das Toluol meistens nicht direkt in das Trinitroprodukt, sondern führt die Nitrierung in verschiedenen Stufen durch. Schon mit Säuren geringerer Konzentration bzw. Abfallsäuren vom Endstadium der Nitrierung gelingt es, das Toluol in das Dinitrotoluol zu überführen; ist die Einführung von zwei Nitrogruppen in das Toluol erst bewirkt, so erfolgt schließlich in besonderen Apparaten mit Säuren höherer Konzentration und bei höheren Temperaturen, die Überführung des

---

[1] Das Toluol selber stammt ausschließlich aus dem Steinkohlenteer der Leuchtgasfabriken und der Kokereien, und zwar resultieren aus 100 kg Steinkohle, nach Ausführung aller Scheidungen, Reinigungen und Trennungen von der Steinkohlendestillation bis zur letzten Rektifikation, zuletzt nur noch 25 g reines Toluol. Für die 100000 Zentner Toluol, die jährlich von den verschiedenen Industrien auf der Welt verbraucht werden, ist also die Verkokung von 16000000 Zentnern Steinkohle erforderlich.

Dinitroproduktes in das Trinitrotoluol. Das fertige Produkt kristallisiert beim Abkühlen aus dem Säuregemisch und wird durch Zentrifugieren isoliert. Nach dem Waschen mit Wasser wird es zur Erzielung eines vollkommen reinen Produktes aus Alkohol oder einem anderen Lösungsmittel umkristallisiert. Das so gereinigte Produkt kann als chemisch rein gelten und bietet eine Garantie für ein dauernd gleiches Verhalten des Sprengstoffs.

Von den sechs unseren Anschauungen nach möglichen Trinitrotoluolen sind nur drei bekannt[1]:

1. das Produkt, aus dem das reine Trinitrotoluol des Handels besteht, das bei 80·6° schmelzende, sogenannte α-Trinitrotoluol, toluol, welches bei der völligen Nitrierung des Toluols in überwiegender Menge entsteht, so daß die andern Isomeren dagegen ganz zurücktreten;
2. das bei 112° schmelzende β-Trinitro-toluol, und
3. das bei 104° schmelzende γ-Trinitro-toluol.

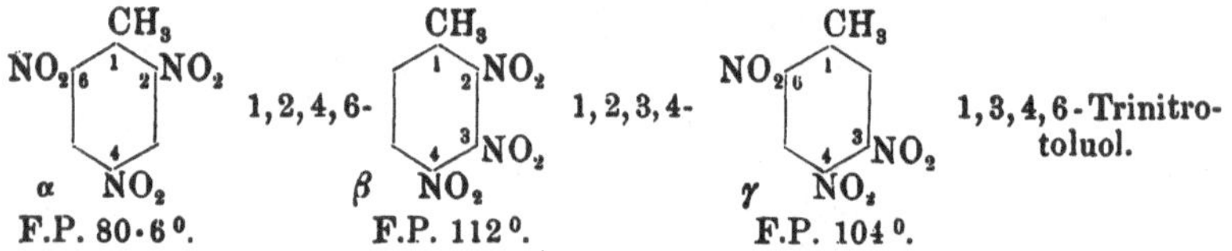

Die beiden letzten Verbindungen werden am besten durch direkte Nitrierung des m-Nitrotoluols gewonnen; sie bilden sich aber auch, freilich nur zu wenigen Prozenten, in der Ausbeute der Trinitrotoluolfabrikation; eine genauere Kenntnis dieser Produkte ist daher auch von technischem Interesse, um so mehr, als sie sich unter Umständen im Fabrikationsbetrieb anreichern können, wie in den Mutterlaugen, wo schon erhebliche Mengen dieser Isomeren gefunden wurden. Andere isomere Trinitrotoluole als die erwähnten, konnten bisher weder gefunden noch dargestellt werden, ebenso mißlangen alle Versuche, Toluol über das Trinitroprodukt hinaus zu nitrieren. Statt des Eintritts einer vierten Nitrogruppe in den Toluolkern tritt Oxydation des Methyls zu Trinitrobenzoesäure ein, oder der Benzolkern löst sich vollständig auf, unter Bildung von Tetranitromethan — Umsetzungen, die auch im Großbetriebe vorkommen und beispielsweise am intensiven Geruch des Tetranitromethans bei der Fabrikation des Trinitrotoluols leicht konstatiert werden können.

Zur Darstellung des technisch wichtigen, und für die Zwecke der Sprengstoffindustrie in immer steigendem Maße benötigten

[1] Ber. 47, S. 704, W. Will: Beitrag zur Kenntnis der Nitroverbindungen des Toluols und Benzols.

α-Trinitrotoluols kann man vom α- oder β-Dinitrotoluol ausgehen und diese durch Kochen mit einem Gemenge von starker Salpetersäure und konzentrierter Schwefelsäure in die Trinitroverbindung überführen. C. Haeussermann[1] gibt dafür folgende Vorschrift:

1 Teil 1,2,4-Dinitrotoluol wird in der Wärme in 4 Teilen Schwefelsäure (95 bis 96 % H_2SO_4) gelöst, unter guter Abkühlung mit 1·5 Teilen Salpetersäure (90 bis 92% HNO_3) behandelt und dann unter gelegentlichem Umrühren auf 90 bis 95° erwärmt. Die anfangs klare Lösung beginnt sich nach kurzer Zeit zu trüben und scheidet auf der Oberfläche ein hellgelbes Öl ab, dessen Masse sich allmählich vermehrt. Die Reaktion ist von einer geringen Gasentwicklung begleitet, und beendet, sobald letztere aufhört, was nach 4 bis 5 Stunden der Fall ist. Man läßt erkalten und wäscht den Rückstand nach Abziehen der etwa 8% HNO_3 enthaltenden Abfallsäure mit heißem Wasser und sehr verdünnter Sodalösung. Ausbeute: aus 100 Teilen Dinitrotoluol 105 Teile Trinitrotoluol vom Erstarrungspunkt 79°.

Heute, wo die Darstellung des Trinitrotoluols schon längst über die Laboratoriumsversuche hinausgegangen und sich zu einem mächtigen Fabrikationszweig entwickelt hat, geschieht seine Fabrikation in besonderen Anlagen und Einrichtungen. Wir lassen nun eine Beschreibung der technischen Darstellung des Trinitrotoluols folgen, wie sie etwa dem neuesten Stande der Technik entspricht.

A. Fabrikation des Trinitrotoluols.

Man geht in der Sprengstoffabrikation entweder aus von reinem Toluol oder auch von dem Mononitrotoluolgemisch, wie es auch außerhalb der Sprengstoffwerke als Ausgangspunkt für die Zwecke der Farbstoffindustrie dargestellt wird, oder schließlich von dem Dinitrotropföl — einem Produkt, das bei der Herstellung des reinen o,p-Dinitrotoluols (aus dem bei der Nitrierung des Mononitrotoluols gewonnenen Roh-Dinitrotoluol) — abfällt. Die gebräuchlichsten Herstellungsweisen von Trinitrotoluol sind indessen die aus dem Orthonitrotoluol und aus dem sogenannten Binitrotropföl. Die Reinheit des Orthonitrotoluols ist sehr erheblichen Schwankungen unterworfen; man prüft es, indem man 100 ccm der Destillation unterwirft und die Temperatur abliest, innerhalb welcher der Anteil vom ersten Kubikzentimeter bis zum 95sten übergegangen ist;

[1] Ztschr. f. angew. Chemie 1891, 661.

man erhält so Zahlen von 0·6 bis 4·5° und noch darüber. Es ist aber nicht unbedingt nötig, von einem gar zu reinen Ausgangsmaterial auszugehen, da die Endprodukte und die Ausbeuten z. B. bei obigen Zahlen die gleichen sind. Die Verunreinigungen im Orthonitrotoluol kommen wohl meistens daher, daß das beim Nitrieren von Toluol entstehende p-Nitrotoluol nicht genügend entfernt wurde: o- und p-Nitrotoluol geben aber dasselbe Endprodukt. Auch das Binitrotropföl ist großen Reinheitsschwankungen unterworfen; der Reinheitsgrad und auch zugleich die Nitrierungshöhe wird am Erstarrungspunkt erkannt. Von jedem Binitrotropföl wird vor seiner weiteren Verarbeitung der Erstarrungspunkt ermittelt; man erhält auf diese Weise Erstarrungspunkte, z. B. von 25 bis 27°, 30 bis 33° und 56 bis 58°. Dieses sind natürlich keine genau festgelegten, sondern nur ungefähre Zahlen.

Übersicht einer Fabrikanlage[1] für Trinitrotoluol. Ausgangsprodukt: Toluol (Fig. 9).

Die Säuren werden in dem Schuppen *A* bereitgehalten. Die Bestandteile der Mischsäure kommen aus dem Tank 1 in den mit Kühler versehenen Mischbottich *a* und werden durch Zuführung von Schwefelsäureanhydrid regeneriert; dieses kommt aus dem Tank 2, der geheizt ist, um das bei 14·8° schmelzende Schwefelsäureanhydrid flüssig zu erhalten. Vom Mischbottich *a* aus gelangt die Mischsäure nach dem Nitrierraum in die Behälter 1, 1; die Salpetersäure durch den ebenfalls im Schuppen *A* befindlichen Filter *t* in die Behälter 2, 2; das Toluol befindet sich in den Behältern 3, 3. Die Nitriergefäße *NN* bestehen aus Stahl und sind von einem Mantel umgeben, der je nach Bedarf mit Dampf, kaltem Wasser oder einer Kältemischung von −8° bis −10° beschickt werden kann. Sie sind mit Rührern von umkehrbarer Bewegung versehen und durch die Röhren *n*, *n* mit den Behältern des Toluols und der Säuren und durch die Röhren *s*,*s* mit den Kühlern *R*,*R* verbunden. Diese stehen mit dem Gefäß *V* und dieses wieder mit dem Ventilator *W* in Verbindung, welcher die entwickelten nitrosen Dämpfe absaugt und sie zum Teil in den Gefäßen *b*, *b* kondensiert, zum Teil dem Guttmannschen Turm *c′* zuführt, wo sie gelöst werden. Letzterer ist hierzu mit Kugeln gefüllt, welche durch einen von oben eintretenden Wasserstrahl benetzt werden. Die Rezipienten *L*, *L* sind zur Kühlung und Kristallisation des Trinitrotoluols bestimmt und stehen mit der Rohrleitung, welche durch den Gang *G* läuft und in den Schuppen *T* mündet, in Verbindung. Die Mischsäure

[1] Ztschr. f. Sch. u. Spr. 1911, S. 301.

wird zurückgewonnen, nachdem das Trinitrotoluol in den eisernen Behältern *h*, welche in dem Décanvilleschen Gang bewegt werden, festgeworden ist. Die Behälter *L' L'* sind zum Waschen und zur Neutralisation bestimmt. Bei der dreimaligen Nitrierung erhält man nacheinander Mono-, Di- und Trinitrotoluol.

Geht man, wie es bei dieser Fabrikationsanlage der Fall ist, zur Darstellung des Trinitrotoluols vom Toluol aus, so verwendet man für die Herstellung des Mononitrotoluols Misch-

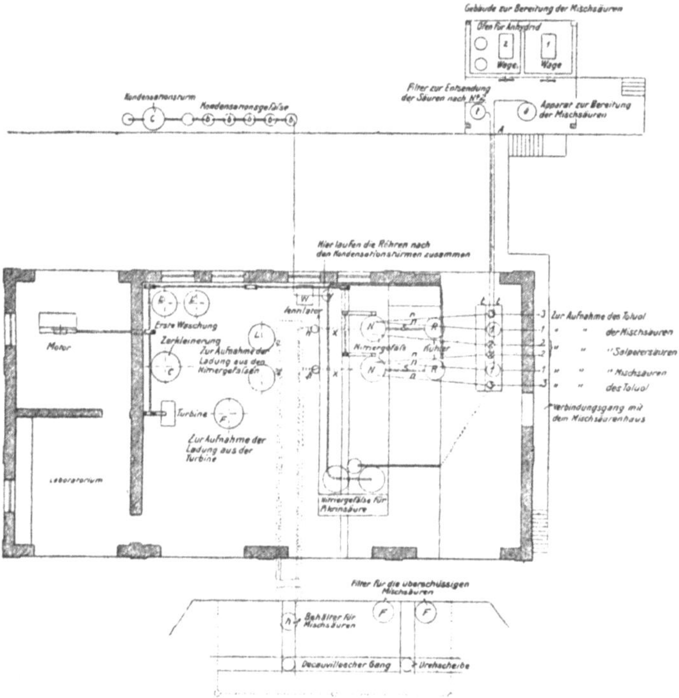

Fig. 9.

säuren, die aus der Fabrikation des Di- und Trinitrotoluols zurückgewonnen werden; zu ca. 90 l fügt man die nötige Menge Salpetersäure und ein gleiches Gewicht Toluol bei. Man läßt zuerst das letztere in die Nitriergefäße laufen, setzt den Rührer in Bewegung und läßt abwechselnd die Mischsäure und die Salpetersäure eintreten, ohne daß die Temperatur 30° übersteigt. Nach beendigter Füllung hält man den Rührer an, läßt dio Flüssigkeit 6 Stunden lang in Ruhe und läßt dann die Mischsäure durch die Röhrenleitung *x* und die Glasgefäße *h* nach dem Schuppen *T* ab.

Die Mischsäure wird nun durch Schwefelsäureanhydrid regeneriert und zur weiteren Nitrierung des erhaltenen Mononitrotoluols mit derselben Gewichtsmenge Salpetersäure verwendet. Die Einführung der Säuren geschieht ebenso wie vorher, nur wird der Mantel mit Dampf beschickt bis zu einer Temperatur von 90°; nach 6 Stunden wird der Rührer angehalten, der Dampf durch kaltes Wasser und zuletzt durch eine Kältemischung ersetzt. Bei −2° läßt man die Mischsäure laufen und das festgewordene Dinitrotoluol bleibt im Nitrierapparat zurück. — Die Mischsäure wird nun durch eine noch stärkere ersetzt; man läßt diese einlaufen und erwärmt, um das Dinitrotoluol aufzutauen. Nachdem dies geschehen, läßt man den Rührer laufen, setzt die Salpetersäure zu und erhöht sehr allmählich die Temperatur bis auf 92°. Nach 20 Stunden läßt man die Nitrierbottiche, einen nach dem andern, durch angepaßte Aluminiumröhren und durch die Rohrleitungen *X, X* in einen der Behälter *L, L* ablaufen, die, wie oben erwähnt, mit dem Ventilator *W* in Verbindung stehen. Das Trinitrotoluol wird langsam fest; nach 4 oder 5 Tagen öffnet man den unteren Hahn und läßt die Flüssigkeit auslaufen, die sich in den eisernen Behältern des Schuppens *T* sammelt. Das Trinitrotoluol wird nach den Behältern *L' L'* verbracht, wo es einer ersten Waschung mit kaltem Wasser unterworfen wird. Hierauf wird es in der Steinmühle *C* zerkleinert und kommt in denselben Behälter *L'* zurück, wo es mit Hilfe von Pottasche und Soda neutralisiert wird, um dann zur Reinigung weiterbefördert zu werden. Die überschüssigen Säuren passieren die Filter *FF* im Schuppen *T* und werden zur Herstellung neuen Mononitrotoluols bereitgehalten.

In der Sprengstoffabrikation üblicher ist indessen die Herstellung des Trinitrotoluols aus dem Orthonitrotoluol und aus dem sogenannten Dinitrotropföl. Die nun folgende Beschreibung der technischen Darstellung des Trinitrotoluols lehnt zum Teil an an die Schilderung, die Ingenieur Langenscheidt in der Zeitschrift für Schieß- und Sprengstoffwesen[1] gegeben hat.

Bei der Herstellung von Trinitrotoluol aus Orthonitrotoluol verfuhr man früher in der Weise, daß man das Orthonitrotoluol in konzentrierter Schwefelsäure löste und mit Mischsäure zu Binitrotoluol unter Zuhilfenahme von 40- bis 43%iger Salpetersäure nitrierte. Das saure Binitrotoluol wurde in flüssigem Zustande von der Abgangsäure getrennt und dann mit Mischsäure aus 48%iger Salpetersäure zu Ende nitriert. Nach folgen-

[1] Ztschr. f. Sch. u. Spr. 1912, S. 425.

dem Verfahren kann man sich eine Scheidung des sauren Binitrotoluols schenken: 500 kg Orthonitrotoluol werden in 1400 kg Schwefelsäure von 100 % gelöst und auf 60 bis 70° C angewärmt. Dann läuft die Mischsäure, bestehend aus 700 kg Schwefelsäure von 100 % und ebensoviel Salpetersäure von 48° Bé in dünnem, aber ununterbrochenem Strahle zu. Im Anfang ist die Reaktion sehr heftig und es muß stark gekühlt werden. Je weiter aber die Nitrierung vorgeschritten ist, desto geringer ist die Wärmeentwicklung. Ein Fallen des Thermometers zeigt an, wann das Orthonitrotoluol in die zweite Nitrierungsstufe übergeführt ist. Allmählich ist alle Mischsäure eingeflossen und es wird nun langsam wieder angewärmt, bis wieder Reaktion einsetzt, die Nitrierung von Binitrotoluol zu Trinitrotoluol; die Wärmeentwicklung ist bei weitem nicht so intensiv als wie bei der ersten Reaktion. Ohne Kühlung steigt die Temperatur auf gewöhnlich 120 bis 130° C. Fängt nun das Thermometer wieder zu sinken an, so wird der Inhalt des ganzen Nitrierapparates mit überhitztem Dampf auf 150° C gebracht und bei dieser Temperatur noch etwa eine Stunde belassen. Ebenso zweckmäßig oder besser noch kann man aber auch die höchsterreichte Temperatur von 120 bis 130° C auf 1 Stunde halten. Dann wird auf etwa 100° C abgekühlt; um die Ausbeute zu erhöhen, läßt man nun etwa 200 l Wasser hinzu. Dies Verfahren ist wohl etwas einfacher als das zuerst beschriebene, erfordert aber mehr Säure und es haftet ihm auch der Übelstand an, daß die Abgangssäure der ersten Nitrierung während des ganzen Nitrierprozesses im Apparat verbleibt und vom Rührer mitbewegt werden muß. Wenn schon von einer Trennung des sauren Binitrotoluols von der Abgangssäure abgesehen werden soll, so wäre es doch zweckmäßiger, wenn man nicht den Gesamtteil der Nitriersäure in einem Male zulaufen ließe, sondern erst das Orthonitrotoluol zu Binitrotoluol nitrierte und dann erst den Rest der Mischsäure zugäbe.

Etwas einfacher gestaltet sich die Gewinnung des Trinitrotoluols aus dem Binitrotropföl.[1] Wenn auch das Binitro-

[1] Über das „Dinitrotropföl" ist von E. Molinari und M. Giua in den Rendiconti del Reale Istituto di Scienze e Lettere, Bd. 46, eine Untersuchung veröffentlicht worden, die unter dem Titel: Ein Abfallprodukt aus der Fabrikation des Trinitrotoluols[1] in der Zeitschrift für das gesamte Schieß- und Sprengstoffwesen erschienen ist. — Bevor das reine, kristallisierte Dinitrotoluol weiter zu Trinitrotoluol nitriert werden kann, muß es durch Abtropfen in der Wärme von etwa 40 % eines intensiv gelben öligen Rückstandes — dem Dinitrotropföl — getrennt werden. Dieses

[1] Ztschr. f. Sch. u. Spr. 1912, S. 425.

tropföl in keinem Falle mit zweifach nitriertem Toluol verwechselt werden darf, so hat man doch schon eine höhere Nitrierungs-

Abfallprodukt, das auch in vielen anderen Fabriken, zumal in Farbenfabriken bei der höheren Nitrierung des Toluols in größeren Mengen abfällt, wurde zuerst im Jahre 1872 von Rosenstiel, dann von Cunerth 1875, von Bernthsen 1882 und später von Claus und Becker 1883, von Nölting und Witt 1885 und von Lepsius 1896 untersucht. Die letzten Untersuchungen ergaben als Bestandteile dieses Tropföls: o- und p-Nitrotoluol, 1,2,4- und 1,2,6-Binitrotoluol und symmetrisches Trinitrotoluol. Im Jahre 1912/1913 nahmen E. Molinari und M. Giua diese Untersuchungen wieder auf und benutzten dazu die ölige Substanz, die beim Zentrifugieren des rohen festen Binitrotoluols, das zur Fabrikation des Trinitrotoluols dient, in der Sprengstoffabrik in Cengio abfällt. Sie destillierten das Öl in Mengen von je 200 g, und zwar im Vakuum, um eine Zersetzung der Nitrotoluole zu vermeiden, und fingen dann das Destillat in verschiedenen Fraktionen A, B, C, die ihrerseits wieder destilliert wurden (I, II, III; 1, 2 . . .) auf, und gelangten schließlich durch Kristallisation der weitgehend fraktionierten Ölanteile aus Alkohol und Schwefelkohlenstoff zu den folgenden Bestandteilen:

1. p-Nitrotoluol F.P. 54°, S.P. 238°
2. m-Nitrotoluol „ 16°, „ 230°
3. Dinitrotoluol (1:2:4) F.P. 71°
4. „ (1:2:6) „ 65,6°
5. „ (1:2:5) „ 48°
6. „ (1:3:4) „ 59°
7. Trinitrotoluol (1:2:4:6) F.P. 80,6°
8. Nitroderivate, die noch nicht genügend untersucht sind, aber, nach den Analysen zu schließen, vielleicht dem Trinitromesithylen entsprechen.

Die Identifizierung dieser Produkte geschah teils durch Elementaranalyse und durch Schmelzpunkts- und Siedepunktsbestimmung, teils durch Reduktion und Oxydation der Nitrotoluole in die entsprechenden Toluidine und Benzoesäuren.

Weshalb man nun, nach dem oben Gesagten, in der italienischen Sprengstoffabrik in Cengio bei der Darstellung des Trinitrotoluols ein unverwertbares Dinitrotropföl als Abfallprodukt erhält, während dieses Tropföl, bei den deutschen Sprengstoffabriken doch gerade als das billigste und bequemste Ausgangsmaterial für die Herstellung des Trinitrotoluols verwendet wird, bedarf noch einer speziellen Erklärung. Das italienische Tropföl, das für die vorliegende Untersuchung diente, ist keineswegs etwa mit dem Dinitrotropföl der Farbenfabriken identisch; jenes ist flüssig (auch noch bei 10°), während dieses fest ist und erst zwischen 25 und 40° schmilzt. Der Grund, warum bei der italienischen Fabrikationsweise des Trinitrotoluols das rohe Dinitrotoluol erst von dem Tropföl befreit werden muß und nicht wie in anderen Fabriken direkt in die Trinitrostufe überführt werden kann, liegt in einer Modifikation der Herstellungsmethode, die durch die hohe Alkoholsteuer in Italien bedingt ist. Man kristallisiert nämlich das Trinitrotoluol nicht um, sondern umgeht den Reinigungsprozeß mit Alkohol dadurch, daß man das Dinitrotoluol gleich in einem solchen Reinheitsgrad darstellt — was eben durch jene Abscheidung als Tropföl geschieht —, daß es bei der nächsten Nitrierung direkt ein Trinitrotoluol vom F.P. 80° liefert.

stufe vor sich und gebraucht infolgedessen auch weniger Salpetersäure. Die Arbeitsweise mit Binitrotropföl ist die folgende: 500 kg Binitrotropföl werden in den Nitrierapparat gefüllt, geschmolzen und die Mischsäure zwischen 70 bis 75° C langsam zugelassen; letztere besteht aus 1125 kg Oleum von 20% und 305 kg 48%iger Salpetersäure. Ist alle Mischsäure eingeflossen, so wärmt man vorsichtig und langsam an; bei 90 bis 100° C setzt die Reaktion ein, wobei eine Temperatur von etwa 130° C erreicht wird. Bei dieser Temperatur läßt man noch 1 Stunde, kühlt wieder auf 100° C ab und gibt den Wasserzusatz. Früher wurde nun der ganze Inhalt in mit Blei ausgelegte große Kästen abgelassen; beim Abkühlen setzte sich das Trinitrotoluol oben als fester Kuchen ab. Nach Verlauf mehrerer Tage wurde die klare Abgangssäure in Druckfässer abgezogen, um dann zur Denitrierung weiterbefördert zu werden. Heute trennt man heiß; nach dem Zusatz des Wassers zur fertig nitrierten Charge läßt man scheiden und gibt dann Druckluft. Durch ein bis auf den Boden des Nitrierapparates geführtes Steigerohr läuft die Charge ab; zuerst kommt die heller gefärbte Abgangssäure und zum Schluß das gelb gefärbte Trinitrotoluol. Man hat in den Lauf ein Sehrohr aus bestem Jenenser-Glas eingeschaltet und kann auf diese Weise eine fast vollständige Trennung herbeiführen. Die Abgangssäure läuft in die Kühlkästen, scheidet hier beim Abkühlen noch Nitrokörper in weißen Kristallen ab, um nach völligem Erkalten zur Denitrierung zu gelangen. Das saure Trinitrotoluol aber wird in große, mit Blei ausgeschlagene Waschbottiche, die bis zu einer gewissen Höhe mit Wasser von 40 bis 50° C gefüllt sind, gedrückt und mit Wasserdampf neutral gewaschen.

Der Fabrikationsprozeß wird durch nachstehende Skizzen veranschaulicht.

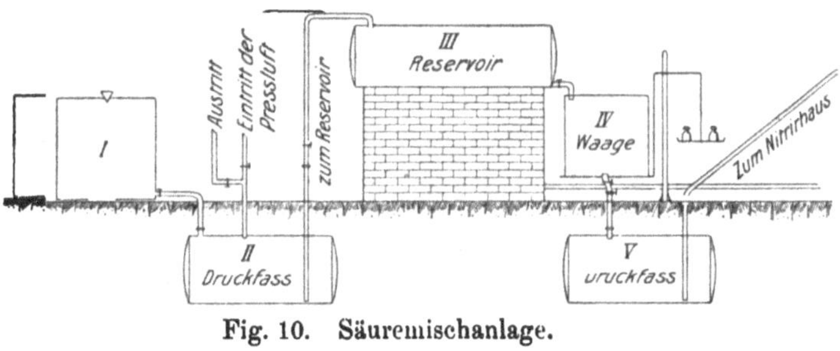

Fig. 10. Säuremischanlage.

Fig. 10. Säure-Mischanlage. Die abgewogenen Mengen Salpetersäure und Schwefelsäure werden in den Behälter *I* eingefüllt, und zwar portionsweise, um eine innige Mischung zu erzielen; die Mischsäure gelangt in das Druckfaß *II*, um von dort in das Reservoir *III* gedrückt zu werden. Benötigt man nun einer bestimmten Menge Mischsäure, so bedient man sich der Wage *IV* und läßt die abgewogene Menge Säure in das Druckfaß *V* einfließen, von wo dieselbe mittels Druckluft in das Nitrierhaus geleitet wird.

Fig. 11. Der Nitrierapparat besteht aus einem gußeisernen Doppelkessel mit gut schließendem Deckel. Auf beiden Seiten sieht man Stutzen zum Ein- und Auslauf von Kühlwasser,

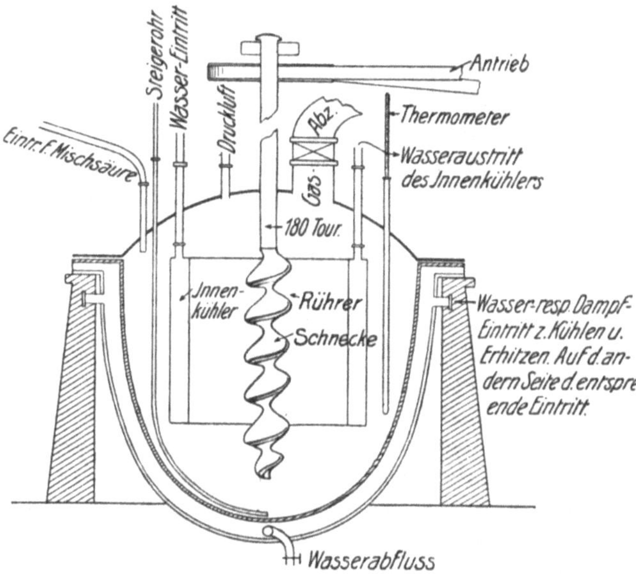

Fig. 11. Nitrierapparat.

sowie zum Ein- und Austritt von Sattdampf und überhitztem Dampf. Zur intensiveren Kühlung hat man noch einen Innenkühler eingebaut, einen zylindrischen Doppelmantel, in dem Kühlwasser kursiert. Zur Bewegung der Masse dient eine Schnecke, die pro Minute 180 Umdrehungen macht. (Der Rührer mit Schnecke ist nicht gut markiert, er sieht aus wie ein Schraubenzieher.) Sodann sieht man Stutzen zum Einlauf der Säuren usw., zur Einführung eines Thermometers, zum Absaugen der nitrosen Gase mittels eines Exhaustors, zum Einlassen von Druckluft, mittels deren die fertige Charge durch das bis auf den Boden reichende Steigerohr aus dem Nitrierapparat entfernt wird. Dies geschieht mit einem Überdruck von einer Atmosphäre, weshalb der Deckel gut abgedichtet sein muß. Der ganze Apparat ist möglichst solide montiert und muß bequem von allen Seiten zugänglich sein.

Ein Nitrierapparat neuester Konstruktion von der „Vereinigten Eisenhütten- und Maschinenbau-Aktiengesellschaft" in Barmen (Fig. 12) besitzt die Eigentümlichkeit, daß der Rührer zugleich als Innenkühler funktioniert. Das in einem Kugellager laufende gesamte Rührwerk besteht aus einem ringförmigen Kühler, der nach außen und innen Schneckenwindungen erhält, wodurch ein intensiveres Durchmischen erzielt wird. Dieser ringförmige Kühler ist mit einer Hohlwelle zusammengegossen, die durch den Kesseldeckel hindurchgeführt wird und die zwei Kanäle zum Einführen der Kühlflüssigkeit enthält, derart, daß die zufließende Kühlflüssigkeit in dem einen Hohlraum der Hohlwelle zum Kühler geführt wird, sich da verteilt und durch den zweiten Hohlraum der Welle wieder abgeleitet wird. Der Antrieb des Innenkühlers erfolgt durch einen vertikalen Wellenaufsatz, der entweder mittels verschränkten Riemens oder durch Kegelräderantrieb und Friktionskuppelung mit der Transmission verbunden ist.

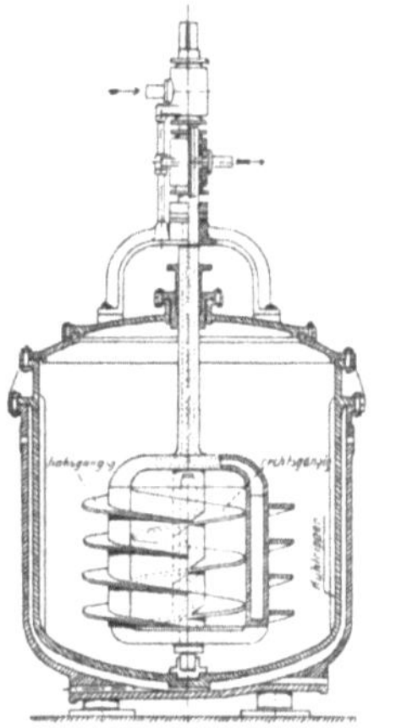

Fig. 12. Nitrierapparat der „Vereinigten Eisenhütten- und Maschinenbau-Aktiengesellschaft" in Barmen.

Die Fig. 13 veranschaulicht ungefähr eine Anlage zur Darstellung von Trinitrotoluol. *A* und *B* sind die Lagerräume für Ausgangsmaterialien usw., auch wird hier die Mischsäure hergestellt und aufbewahrt. *C* ist das Nitrierhaus. Wir sehen hier die mit *x* bezeichneten Nitrierapparate, deren nitrosen Abgangsgase durch die mit *F* bezeichneten Absorptionstürme gesaugt werden. Diese Türme werden mittels einer Düse von oben her mit ganz fein verteiltem Wasserdampf beschickt. Vom Nitrierhaus wird die fertige Charge in heißem Zustande (mindestens 100° C) nach dem Waschhause *D* gedrückt. Mittels eines eingeschalteten Schauglases aus Jenenser Glas wird das flüssige Trinitrotoluol von der Abgangsäure getrennt; das Trinitrotoluol gelangt in die Waschbottiche *y*, die Abgangsäure in die mit Blei ausgelegten Kästen *J*. Hier erkaltet sie und scheidet noch Nitrokörper von meist hohem Erstarrungspunkt aus. Nach völligem Erkalten läuft die Abgangsäure, die 5 bis 10% Salpetersäure enthält, zur Denitrierung. Sie gelangt in die Kästen N, in denen sie meistens noch geringe Mengen Nitrokörper abgibt; von diesen läuft sie klar in die Druckfässer d, von wo aus sie auf den Denitrierungsturm 1 gedrückt wird. Es ist dies ein mit Koks ausgefüllter hoher Turm, in den unten überhitzter Dampf und heiße Luft eingeblasen werden. Die Schwefelsäure läuft unten fast salpetersäurefrei ab und gelangt in die Behälter f, während die

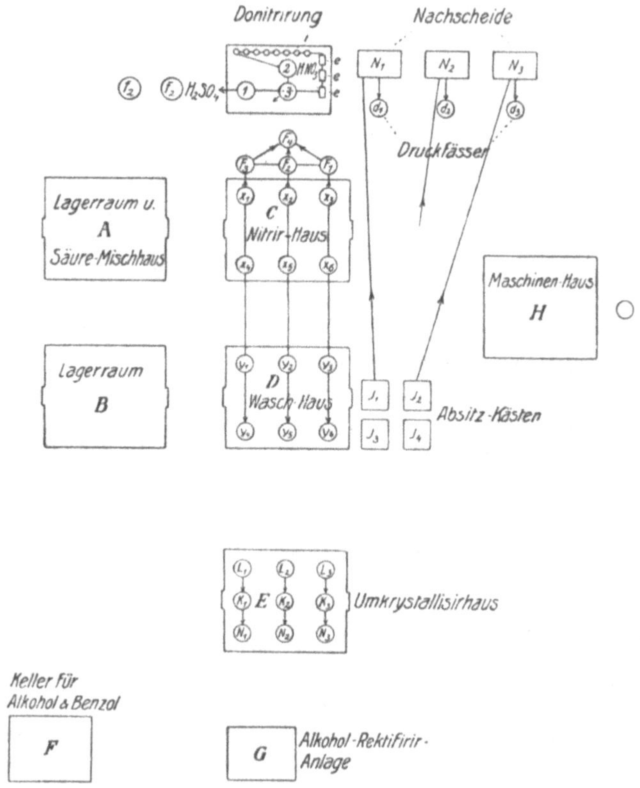

Fig. 13. Anlage zur Darstellung von Trinitrotoluol.

Salpetersäure oben abzieht und in Cellariusgefäßen, Tourills und Türmen, die mit Wasser berieselt werden (2 und 3), kondensiert wird. Hinderlich wirken die in der Abgangsäure noch verbleibenden Nitrokörper. Ein Teil geht mit durch und verbleibt in der Schwefelsäure; der größere Teil sublimiert mit der Salpetersäure durch die gesamte Leitung und ruft allzuoft Verstopfungen hervor.

Das saure Trinitrotoluol fließt in die Waschbottiche *y*, auf deren Grund eine mit Löchern versehene Bleischlange liegt, durch die Dampf eintritt; es ist darauf zu achten, daß keine Luft mit angesaugt wird, sonst nimmt das Trinitrotoluol braune bis dunkelrote Färbung an, die auch beim wiederholten Umkristallisieren nicht verschwindet.

Die Prüfung geschieht, indem man 100 ccm des abgekühlten und abfiltrierten Waschwassers titriert; diese 100 ccm Wasser dürfen zur Neutralisation nicht mehr als 0·2 cm $^1/_{10}$ n. Natronlauge verbrauchen. Ist das Trinitrotoluol nun neutral, so läßt man es aus dem Bottich herauslaufen und gießt es in Platten von beliebiger Form und Größe. Das aus ganz niedrigem Tropf-Binitrotoluol gewonnene sog. 72/74%ige Trinitrotoluol wird zur Darstellung von Ammonsalpetersprengstoffen verwendet und granuliert. Zu diesem Zweck läßt man es in ganz fein verteilter Form in einen mit Wasser gefüllten Bottich laufen, dessen Inhalt durch Preßluft in steter Bewegung gehalten wird; nach dem Granulieren folgt das Trocknen.

B. Reinigung und Umkristallisierung des Trinitrotoluols.

Nachdem das rohe Trinitrotoluol, wie es bei der letzten Nitrierung im Nitrierapparat erhalten wird, von der Abfallsäure getrennt, gewaschen und durch Behandlung mit Alkalien von den letzten Spuren Säure befreit worden ist, ist es für militärische Zwecke noch nicht geeignet, sondern es muß noch aus irgendeinem Lösungsmittel umkristallisiert werden. Diese letzte wichtige Operation ist etwas für sich und wird deshalb in eigens dazu bestimmten Räumen, in besonderen Anlagen außerhalb der Nitriergebäude ausgeführt. Aus ihnen geht dann das Trinitrotoluol in beinahe chemisch reinem Zustande hervor mit einem Erstarrungspunkt von maximal 80·7° C.

Die Umkristallisierungsanlage für Trinitrotoluol ist aus der vorhergehenden Skizze (Fig. 13) ersichtlich. *E* veranschaulicht das Umkristallisierhaus mit seinen Lösekesseln *L*, Kristallisierkesseln *K* und Nutschen *N*. Die Filterapparate sind fortgelassen. Die drei Apparaturen muß man sich etagenförmig übereinander angeordnet vorstellen. Die abgenutschte Mutterlauge gelangt in die Destillationsanlage und der abdestillierte Alkohol in die Rektifizieranlage, aber erst nach mehrmaligem Gebrauch, wenn der Alkoholgehalt unter eine gewisse Grenze gesunken ist.

Als bestes Umkristallisierungsmittel kennt man Alkohol mit 5 bis 10% reinem Benzol. Alkohol, technisch mit etwa 90% C_2H_5OH, vermag in der Siedehitze $^1/_9$ seines Gewichtes an Trinitrotoluol zu lösen und gibt 90% wieder ab. Benzol löst in der Siedehitze etwa das 1·7fache, und aus der Lösung kristallisieren etwa 78% wieder aus. In einen doppelwandigen, eisernen Kessel läßt man etwa 2300 Liter Alkohol-Benzol einfließen, trägt 500 kg Plattentrinitrotoluol ein und erhitzt nun, bis der Alkohol ins Sieden gerät und das Trinitrotoluol schmilzt. Das verdampfende Lösungsmittel wird in einem aufmontierten Rückflußkühler kondensiert und fließt immer wieder zurück. Da sich das geschmolzene Trinitrotoluol auf den Boden legt, hat man einen einfachen Rührer angebracht, der eine Vermischung der spezifisch verschiedenen Körper bewerkstelligt. Ist alles gelöst, so passiert alles den Filtrierapparat (Rahmen mit Barchenttüchern bespannt) oder Filterpressen. Die geklärte Lösung gelangt nun in die Kristallisiergefäße, Doppelkessel, die innen emailliert sind und außen mittels Wassers gekühlt werden. Ist die Kristallisation beendet, so müssen die Kristalle von der Mutterlauge getrennt werden; das geschieht entweder durch Zentrifugieren oder durch Abnutschen. Beim Zentrifugieren verbleiben immer noch beim Trinitrotoluol 2 bis 3% Lösungsmittel, die in einer Trockentrommel entfernt werden; ist alles trocken, so wird gesiebt. Einfacher ist das Abnutschen; läuft nach dem Abdecken der Kristallmasse kein Alkohol mehr ab, so läßt man in umgekehrter Richtung einen warmen Luftstrom durchstreichen, bis alles trocken ist. Die Mutterlauge wird auf 1/3 des Volumens eingedampft und noch einmal abgekühlt; es scheiden sich nun mehr oder weniger braun gefärbte Kristalle aus, die bei der Ammonsalpetersprengstoffabrikation Verwendung finden. Der Rest wird vollständig vom Lösungsmittel befreit; es verbleibt eine dunkelbraun bis rot gefärbte Masse, die oft flüssig bleibt und dann als flüssiges Trinitrotoluol bei der Darstellung von Sicherheitssprengstoffen gern verwendet wird, da es denselben eine gewisse Plastizität verleiht. Es bewirkt im Bleizylinder eine Aufbauchung von etwa 280 ccm mit 2 g-Sprengkapsel, während das 81/82%ige Trinitrotoluol eine solche von rund 330 ccm ergibt.

Anderseitige Figur (Fig. 14) zeigt ein Raffiniergebäude[1] für Trinitrotoluol, mit einer etwas anders disponierten Umkristallisationsanlage.

Im Raffiniergebäude befinden sich:

I. Der Stabilisationsapparat. Er besteht erstens aus dem Kupferkessel *C*, der nach Belieben mit einer doppelten Wand oder einem Dampfmantel verschlossen werden kann, und in dessen Innern sich eine Achse mit zwei Rührschaufeln bewegt; zweitens aus dem Rückflußkühler *R*, um die entweichenden Dämpfe auf-

[1] Ztschr. f. Sch. u. Spr. 1901, S. 302.

zufangen, und drittens aus dem oben offenen Waschbottich, der jedoch auch von einem Mantel zum Durchlassen von Dampf, Wasser oder Gefriermittel umgeben ist.

II. Der Kristallisationsapparat. Der Lösungsapparat, der hermetisch verschlossen werden kann, ist mit Rührvorrichtung und Dampfmantel versehen und steht durch die Röhren *t t* und das Filter *F* mit dem eigentlichen Kristallisationsapparat *C* in Verbindung. Auch dieser enthält einen Rührer und einen Mantel zum Durchlassen von Dampf, kaltem Wasser oder Gefriermittel und steht durch das Röhrenwerk *S* mit der Pumpe *B* und diese wieder mit der Turbine in Verbindung. Dazu kommen ferner noch: die Gefriermaschine, für die Lieferung des Gefriermittels,

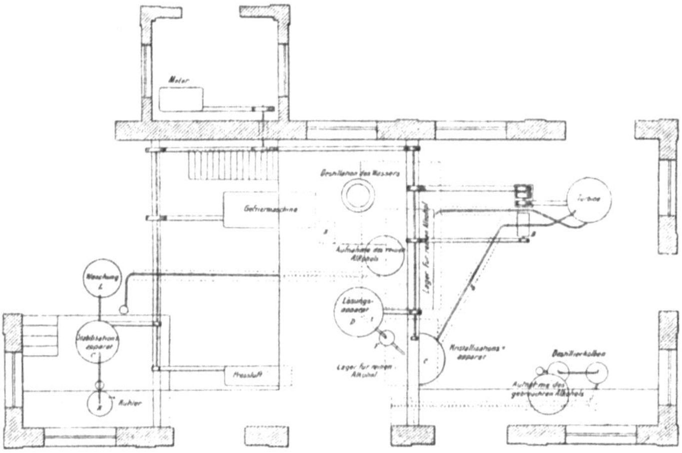

Fig. 14.

je ein Destillationskolben für Alkohol und Wasser, die Kompressionsmaschine zum Transport der Flüssigkeiten, Behälter für die letzteren sowie für reinen und gebrauchten Alkohol und endlich die Meßapparate.

Das im Nitrierraum neutralisierte Trinitrotoluol wird zerkleinert und in Ladungen von je 50 kg in den Kessel *C* des Stabilisationsapparates gebracht, wozu man ein gleiches Gewicht einer Lösung von Aceton und Soda fügt; man läßt den Dampf durch den Mantel strömen und setzt, wenn der Explosivstoff schmilzt, den Rührer in Bewegung. Die verflüchtigten Acetondämpfe werden im Rückflußkühler *R* verdichtet und kehren in den Kessel *C* zurück. Nach 4 Stunden läßt man den ganzen Inhalt in den durch Wasser gekühlten Waschbottich laufen; wenn hier das Trinitrotoluol wieder fest geworden ist, entfernt man das Lösungsmittel, welches in den Kessel *C* und von hier in einen Destillierkolben zurückkehrt, wo das Aceton wieder gebrauchsfähig gemacht wird. Das Trinitrotoluol im Waschbottich wird, abwechselnd schmelzend und kristallisierend, mehrmals mit kaltem Wasser ausgewaschen, bis Aceton und Soda vollständig entfernt sind. Hierauf verbringt man es nach dem Lösungsapparat, setzt 500 l 96%igen Alkohol hinzu, erwärmt und rührt bis zur vollständigen Lösung. Die Ventile werden geöffnet, und die ganze Lösung strömt durch das Filter *F* zum Kristallisationsapparat, wo man langsam die Kristallisation eintreten läßt. Dann setzt man die Turbine in Bewegung und saugt den ganzen Inhalt ab; die Kristalle des Trinitrotoluols verbleiben in der Turbine, während der Alkohol in den Destillationskolben zurückläuft, um hier aufs neue verwendbar gemacht zu werden. Die Kristalle enthalten noch ca. 40% Alkohol und werden getrocknet, entweder wie Schwarzpulver, oder in Trockenschränken nach System Passburg. Das Trinitrotoluol ist jetzt gebrauchsfertig und kann auf die gewünschte Form verarbeitet werden.

Während sich die technische Darstellung des Trinitrotoluols dem Prinzip nach wohl überall allein auf die soeben dargelegte Methode beschränkt, existieren indessen mehrere Verfahren, die sich nur mit der Reinigung des Trinitrotoluols befassen. Es ist dies begreiflich; denn da dieser Nitrokörper, zumal für militärische Zwecke, nur im reinsten Zustande Verwendung finden kann, so wird bei einer so wichtigen Operation, wie sie das Umkristallisieren des rohen Trinitrotoluols darstellt, schon eine kleine Verbesserung unter Umständen große Vorteile bringen können. Zu erwähnen ist ein Verfahren zur Reinigung von Trinitrotoluol von Dr. Vezio Vender in Mailand (D.R.P. 237738 vom 8. August 1909, Österr. Pat. 48343 von 1910 und Franz. Pat. 405812). Danach wird das aus der Nitriersäure abgeschiedene Trinitrotoluol nicht wie bisher üblich aus Alkohol umkristallisiert, sondern in dem eigenen Gewichte konzentrierter, am besten 100%iger Schwefelsäure bei 80 bis 100° gelöst und aus dieser Lösung durch Abkühlen, eventuell durch Verdünnung mit Wasser, ohne merklichen Verlust abgeschieden. Die hierbei gewöhnlichen Verunreinigungen, wie z. B. Dinitrotoluol, schmierige Substanzen usw. bleiben in der Schwefelsäure gelöst. Durch eine einzige Reinigung aus Schwefelsäure erhält man nicht nur ein viel reineres, sondern auch eine größere Ausbeute an reinem Produkt; zudem ist die Arbeitsweise viel billiger und sicherer. Damit das Trinitrotoluol in feinen, gut zu reinigenden Kristallen abgeschieden wird, muß die Schwefelsäurelösung während des Abkühlens stark gerührt werden; das

Ausscheidungsprodukt wird dann durch Waschen mit alkalischem Wasser entsäuert. — Trotz ihrer Vorzüge hat diese Methode auch wieder ihre Nachteile, und zwar insofern, als die Wiedergewinnung der mit Verunreinigungen sich mehr und mehr anhäufenden Schwefelsäure Schwierigkeiten bietet, die, im Vergleich zu der einfachen Wiedergewinnung des Alkohols in Rektifizierkolonnen, die Kostspieligkeit des anderen Verfahrens wieder aufwiegen.

Nach der deutschen Patentanmeldung 8729, Kl. 12o vom 28. August 1913 benutzt die Oberschlesische Aktien-Gesellschaft für Fabrikation von Lignose usw. für die Reinigung des Trinitrotoluols als Lösungsmittel Nitrotoluol. Das rohe Trinitrotoluol wird bis etwa zu $^1/_3$ seines Gewichts mit o-Nitrotoluol auf ca. 80° erhitzt und dadurch eine stark übersättigte Lösung von Trinitrotoluol in o-Nitrotoluol hergestellt; hernach wird die Lösung filtriert und abgekühlt, worauf das reine Trinitrotoluol ausfällt. Hierauf wird dieses abgeschleudert bzw. abgepreßt und noch mit wenig kaltem Alkohol gewaschen. Die technischen Vorteile dieses Verfahrens sind folgende: Die als Nebenprodukte beigemischten niedrigeren Nitrierungsstufen gehen beim Umkristallisieren nicht verloren, sondern bleiben im Lösungsmittel und werden, da dieses ja als Ausgangsmaterial für die Trinitrotoluolfabrikation benutzt wird, von neuem der Nitrierung unterworfen. Ferner kann die Produktion bei den gleichen Apparaten wesentlich gesteigert werden gegenüber den bisherigen Verfahren. In den Apparaten, in denen jetzt rohes Trinitrotoluol mittelst Alkohol umkristallisiert wird, können nach der vorliegenden Erfindung mit den gleichen Betriebskosten 4 bis 5mal größere Quantitäten kristallisiert werden, und zwar in kürzerer Zeit und mit höherer Ausbeute an reinem Endprodukt. Beispiel: 2000 kg rohes Trinitrotoluol werden mit 700 kg o-Nitrotoluol bei 80° erhitzt und hierdurch eine stark übersättigte Lösung hergestellt. Diese Lösung wird filtriert und in Kristallisationskesseln gekühlt, zweckmäßig nicht unter 16°, um die im Rohmaterial enthaltenen niederen Nitrierungsprodukte in Lösung zu halten; der Kühlprozeß verläuft weit rascher als beim Alkoholverfahren. Der Kristallbrei wird abgepreßt bzw. abgeschleudert und mit wenig kaltem Alkohol zur Entfernung des noch anhaftenden o-Nitrotoluols nachgewaschen. Bei der Endtemperatur von 16° beträgt die Ausbeute an reinem Trinitrotoluol ca. 90%. Das Produkt ist von sehr heller Farbe, gibt eine bernsteingelbe, klare und durchsichtige Schmelze und einen Erstarrungspunkt von mindestens 80°.

Schließlich sei noch ein Verfahren der Dynamit-Aktien-Gesellschaft in Hamburg erwähnt (D.R.P. 264503 vom 14. September 1910), das sich die Aufarbeitung der verbleibenden Destillationsrückstände bei der Reindarstellung von Trinitrotoluol zu Sprengstoffen zur Aufgabe macht. — Versuche, die in der Absicht angestellt wurden, die bei der Reinigung des Trinitrotoluols durch Umkristallisieren aus Alkohol oder andern geeigneten Lösungsmitteln verbleibenden Destillationsrückstände nutzbar zu machen, haben ergeben, daß unter geeigneten Bedingungen, und zwar durch Nitrierung mit einer an Schwefelsäure reichen und an Salpetersäure armen Nitriersäure, aus den Rückständen ein sogenanntes flüssiges Trinitrotoluol gewonnen werden kann. Dieses flüssige Trinitrotoluol stellt in der Hauptsache ein Gemisch aus verschiedenen isomeren Verbindungen des Trinitrotoluols dar. — Die Nitrierung der flüssig gebliebenen Rektifikationsrückstände wird durch folgendes Beispiel erläutert: 100 kg Rückstände (von einem ca. 15%igen Stickstoffgehalt) werden mit 185 kg einer Säure von der Zusammensetzung 85% H_2SO_4, 15% HNO_3 längere Zeit auf eine Temperatur von etwa 85 bis 100° erhitzt; hierbei resultieren etwa 87 kg flüssiges Trinitrotoluol vom F.P. 14°. Der Stickstoffgehalt beträgt je nach der Qualität des Ausgangsmaterials 16·6 bis 17·2%, die Bleiblockausbauchung 250 bis 280 ccm netto. Bei Anwendung einer etwas weniger konzentrierten Säure wurde ein flüssiges Trinitrotoluol vom Erstarrungspunkt 8° erhalten. Überraschend ist hierbei die Tatsache, daß der Schmelzpunkt dieses Gemisches etwa 50° tiefer liegt als derjenige der einzelnen Komponenten. Die Schmelzpunkte der einzelnen Nitrokörper, die in dem sogenannten flüssigen Trinitrotoluol vorkommen können, liegen zwischen 48 und 112°. Im wesentlichen kommen in Frage die isomeren Trinitrotoluole, deren Schmelzpunkte bei 81°, 104° und 112° liegen; daneben können auch die zahlreichen isomeren Dinitrotoluole in geringen Quantitäten vorkommen, von denen nur das 2,5-Dinitrotoluol bei 48° schmilzt, während die anderen 5 Isomeren zwischen 60 und 92° schmelzen. Ein flüssiges aromatisches Nitroprodukt von den eigenartigen Eigenschaften des beschriebenen (hoher Stickstoffgehalt und große Kraftleistung als Sprengstoff) ist bislang nicht bekannt geworden.

Die zur Herstellung hochnitrierter aromatischer Nitrokörper, z. B. Trinitrotoluol, Trinitrokörper aus Solventnaphtha, notwendigen sehr starken Nitriersäuren enthalten in heißem Zustande eine so große Menge des Nitrokörpers, daß eine heiße Scheidung unrationell ist. Der bisherige Scheidungsprozeß, nach dem das Nitroprodukt von der Abfallsäure durch längeres Stehenlassen in besonderen Gefäßen getrennt wird, ist unzweckmäßig: es muß vielmehr das Bestreben dahin gehen, eine Ansammlung von Zwischenprodukten, die wegen ihrer Unreinheiten immer eine Gefahrenquelle bilden, zu vermeiden, und es muß Sorge getragen werden, daß eine sofortige Weiterverarbeitung der Zwischenprodukte auf die Endprodukte vorgenommen werden kann. Ferner ist auch die Zerkleinerung der auf der Abfallsäure gebildeten Kristalldecke des festen Trinitrokörpers zeitraubend und nicht ungefährlich. Zur Beseitigung aller dieser Übelstände, hat die Dynamit-Aktien-Gesellschaft in Hamburg ein Verfahren zur heißen Scheidung von Nitroverbindungen von den Abfallsäuren patentieren lassen (D.R.P. 254754 vom 15. Juli 1909), wonach man die Nitriercharge nach beendetem Prozeß einfach mit ca. 20% Wasser verdünnt und nunmehr die Charge der heißen Scheidung unterwirft.

9. Nitroverbindungen höherer Homologen des Benzols aus Solventnaphta.

Wollte man die höheren aromatischen Kohlenwasserstoffe, beispielsweise Xylol, Trimethylbenzol, Pseudocumol usw., wie sie sich im Leichtöl der Steinkohlenteerdestillation finden, zuerst isolieren, und dann für die Zwecke der Sprengstoffabrikation in die geeigneten Nitrierungsstufen überführen, so müßte dies Verfahren wegen der Kompliziertheit der Trennungsmethoden und der daraus erwachsenden Kostspieligkeit in der Praxis bald aufgegeben werden. Man trachtete daher schon längere Zeit danach, aromatische Kohlenwasserstoffe in bestimmten Mischungen, wie sie aus den Fraktionen des Leichtöles leicht und stets von annähernd konstanter Zusammensetzung erhalten werden, direkt zu nitrieren. Dieser Gedanke hat im vergangenen Jahrzehnt greifbare Gestalt angenommen und ist in mehreren Patentverfahren verwirklicht worden.

Ausgangsprodukt zu diesen Verfahren bildet die Solventnaphta, d. h. eine Fraktion des Steinkohlenteers, die bei der Rektifikation des Leichtöles gewonnen wird, in unserem Falle speziell ein mit Natron und Schwefelsäure von sauren Ölen, von Pyridinbasen und verharzenden Körpern befreites, durch wiederholte Destillation gereinigtes und auf einen Siedepunkt von 120 bis 175° gebrachtes Teerkohlenwasserstoffgemisch von wasserheller Farbe und einem spezifischen Gewicht von 0·860 bis 0·865 bei 15°. Die Solventnaphta, die bekanntermaßen aus einem Gemenge der drei Xylole des Äthylbenzols, des Pseudocumols und des Mesitylens besteht, läßt sich nach den für die aromatischen Kohlenwasserstoffe gültigen Regeln nicht nitrieren, indem bei der

Behandlung der Solventnaphtha mit Nitriersäure die Nitrogruppen zum Teil in die Seitenketten der eben erwähnten Kohlenwasserstoffe eintreten und diese auch durch Oxydation zerstören, so daß schließlich an Stelle der Nitrokörper schwer zu trennende Gemische solcher mit Säuren und Nitrosäuren entstehen und außerdem noch sehr leicht Sulfosäuren dieser Kohlenwasserstoffe gebildet werden, aus denen brauchbare Gemische der Nitrokörper der erwähnten Kohlenwasserstoffe nicht gewonnen werden können.

Nach den Nitrierungsverfahren von Emilio Blecher und Carlos Lopez in Hamburg und Carl Distler in München (D.R.P. 212906 und 214887 vom 24. August 1905 und 22. Mai 1907, Franz.P. 380996, 1907) wird nun durch Beobachtung gewisser Maßregeln bei der Nitrierung mit Salpeterschwefelsäuregemisch die Entstehung der oben erwähnten, nicht erwünschten Nebenprodukte verhindert. Das Verfahren wird durch das folgende Beispiel erläutert: 10 l gereinigte Solventnaphta werden mit 6 bis 7 l Salpetersäure von 1·49 bis 1·52 spezifischem Gewicht und 13 bis 14 l Schwefelsäure von 1·84 bis 1·86 unter beständiger Kühlung versetzt; die Temperatur des Gemisches soll 30° nicht übersteigen. Nachdem unter ständigem Rühren eine ergiebige Kühlung eingetreten ist, wird das Nitriergemisch bis auf höchstens 80° erwärmt und hernach unter Rühren langsam abgekühlt. Die Säure wird nunmehr abgehebert, und zu der auf diese Weise vornitrierten Solventnaphta setzt man von neuem frische Mengen des oben genannten Nitriergemisches zu, und wiederholt den vorhin beschriebenen, unter abwechselnder Abkühlung und Erwärmung erfolgenden Nitrierprozeß unter Zugabe von etwa 20 l Schwefelsäure. — Die doppelte Nitrierung der Solventnaphta ist hauptsächlich aus zwei Gründen erforderlich: einmal, da man die höheren Nitrierungsprodukte erst bei der zweiten Nitrierung erhält, und zweitens, weil man erst auf dem Wege der doppelten Nitrierung ein Produkt erhalten kann, das lediglich Gemische von Nitroverbindungen der erwähnten Kohlenwasserstoffe enthält und durch andere Nitroverbindungen nicht verunreinigt ist. Die in obigem Sinne geleitete Nitrierung der Solventnaphta liefert ein Gemisch von festen und öligen Nitrokörpern.

Da nun in der Sprengstoffindustrie der praktischen Handhabung halber vorzugsweise nur feste Körper Verwendung finden und die festen Nitrokörper der Solventnaphta einen größeren Wert für die Sprengtechnik besitzen als flüssige, so zeigt das Zusatz-D.R.P. 214887 den Weg, wie man von Solventnaphta durch Nitrierung nach Wunsch vorwiegend feste oder flüssige bzw. ölige Nitrokörper erhalten kann. Durch geeignete fraktionierte Destillation wird nämlich die etwa zwischen 120° bzw. 140° und 175° siedende, gereinigte Solventnaphta in Fraktionen geteilt, eine jede für sich gemäß dem Verfahren des Patents 212906 nitriert und so aus jeder Fraktion für sich physikalisch und chemisch verschiedenartig zusammengesetzte Nitrokörper erhalten.

Beispiele: In 250 ccm Nitriersäure, bestehend aus 2 Volumen konzentrierter Schwefelsäure 1·84 und 1 Vol. konzentrierter Salpetersäure 1·504 werden 50 g Kohlenwasserstoff unter Rühren und Kühlen so eingetragen, daß die Temperatur nicht über 25° steigt; danach wird unter Rühren langsam auf 80° erwärmt, eine Stunde auf dieser Temperatur gelassen und hierauf abgekühlt. Bei der Nitrierung der Fraktionen 140 bis 145° und 150 bis 155° wird die Säure vom Nitrokörper abgezogen, während dies bei den Fraktionen 135 bis 140° und 160 bis 165° nicht möglich ist, da ein dicker Brei von Nitrokörper und Nitriersäure entsteht. Alsdann werden weitere 125 ccm Nitriersäure obiger Zusammensetzung und 80 ccm Schwefelsäure 1·84 zugegeben, auf 80° erwärmt, einige Zeit unter Rühren auf dieser Temperatur gelassen und dann langsam unter Rühren abgekühlt. Die gebildeten Nitrokörper werden hierauf von der Säure getrennt, gut mit Wasser gewaschen und abgepreßt, wobei die öligen Nitrokörper ablaufen und die festen zurückbleiben; letztere können durch Waschen mit Alkohol vollständig von Öl befreit werden. Es ergeben sich folgende Resultate: Aus 50 g der Fraktion von 140 bis 145° werden 80 g feste und 22 g ölige Nitrokörper erhalten, während durch gleiches Nitrieren von 50 g einer Fraktion 150 bis 155° 35 g feste und 50 g ölige Nitrokörper erhalten worden sind. 50 g der Fraktion zwischen 160 bis 165° lieferten 76 g feste Nitroprodukte. — Wie die Versuche zeigen, benutzt man zur Herstellung fester Nitrokörper am besten die zwischen 137 und 140° siedende Fraktion in Mischung mit der Fraktion 160 bis 165°; dagegen zur Herstellung flüssiger Nitrokörper die zwischen 140 und 160° siedende Fraktion.

Nach dem D.R.P. 242731 vom 5. Juli 1909 ist das nach D.R.P. 212906 beschriebene Verfahren zur Herstellung von Nitroverbindungen aus Solventnaphta dahin abgeändert, daß man für die Nitriersäure, statt einer Schwefelsäure 1·84 bis 1·86, rauchende Schwefelsäure von 20% SO_3 anwendet, wodurch die Nitrierung sich nicht allein billiger, sondern auch glatter gestaltet und eine höhere Ausbeute erhalten wird. Statt Salpetersäuregemisch kann man auch Salpeter mit rauchender Schwefelsäure zur Nitrierung anwenden; es hängt von den lokalen Verhältnissen, insbesondere von den vorhandenen Apparaten ab, welche der beiden Nitriermethoden man anwenden will.

Beispiel: 100 Gewichtsteile Solventnaphta werden in ein auf gewöhnliche Temperatur abgekühltes Gemisch von 210 Gewichtsteilen Salpetersäure von 48° Bé und 420 Teilen rauchender Schwefelsäure (mit 20 % SO_3) langsam und unter starkem Umrühren eingetragen, wobei die Temperatur auf etwa 25° erhalten wird. Nach vollständigem Einlaufen der Solventnaphta wird die Temperatur unter fortwährendem Rühren auf 40 bis 45° gesteigert und längere Zeit dabei erhalten. Zur Vollendung der Reaktion kann man dann noch bis auf 80° erwärmen. Hierauf läßt man abkühlen und trennt den Nitrokörper, welcher eine halbfeste Masse bildet, von der Rückstandsäure, welche nach Zusatz von 105 Teilen Salpetersäure zur Vornitrierung neuer Solventnaphta verwendet werden kann.

10. Nitronaphthalin.

Das Naphthalin bildet zwei Mononitroverbindungen, von denen technisch nur die α-Verbindung wichtig ist. Das α-Nitronaphthalin wird ganz ähnlich dem Nitrobenzol in großen, gußeisernen, zylindrischen Gefäßen mit Wassermantel und Rührwerk dargestellt, mit dem Unterschiede, daß, weil das Naphthalin ein festes Produkt ist, dieses in die Nitriersäure eingetragen wird, und nicht umgekehrt. Zu diesem Zwecke wird es entweder in den von der Sublimation herrührenden Blättchen oder noch besser in Form eines feinen, auf einem Kollergange hergestellten Pulvers verwendet. Der Nitrierapparat hat gewöhnlich eine mit einem Deckel verschließbare Öffnung, durch welche das Naphthalin eingetragen wird, während eine Gasabzugsröhre wie üblich vorgesehen ist. Wird das Naphthalin in Blättchen verwendet, so läßt man es in kleinen Mengen durch ein Sieb in den Apparat eintreten und unterstützt das Durchgehen durch Drücken auf das Sieb. Da das Naphthalin bei der im Apparate vorherrschenden Temperatur wieder teilweise verflüchtigt und in dem Gasabzugsrohre sublimiert, so umgibt man dieses gewöhnlich mit einem Dampfmantel, um das Naphthalin wieder abzuschmelzen. — Die Mischsäure besteht aus 8 Teilen Salpetersäure vom spezifischen Gewicht 1·4 und 10 Teilen Schwefelsäure vom spezifischen Gewicht 1·84. In dieses Gemisch werden allmählich 10 Teile Naphthalin eingetragen und die Temperatur so reguliert, daß sie nicht unter 70° herabsinkt, weil sonst das gebildete Nitronaphthalin fest würde. Nach Zugabe der letzten Naphthalinanteile wird noch ungefähr 6 Stunden auf 70° erhalten; hernach trennt man bei derselben Temperatur die Abfallsäuren von dem geschmolzenen α-Nitronaphthalin. Dieses wird mehrmals mit siedendem Wasser gewaschen, dann unter starkem Rühren in kaltes Wasser laufen gelassen, wo es körnig erstarrt. — Unter den sekundären Reaktionen bei der Bildung des Nitronaphthalins, ist neben der Entstehung großer Mengen nitroser Gase noch die partielle Oxydation des Naphthalins durch die Salpetersäure zu Phthalsäure zu erwähnen, wodurch die Ausbeute etwas beeinträchtigt wird. 100 Teile Naphthalin geben durchschnittlich 110 Teile Nitronaphthalin.

Man kann auch Naphthalin mit Natronsalpeter in Mühlen zusammen vermahlen, z. B.

44·5 Teile Natronsalpeter,
55·5 Teile Naphthalin

und diese Mischung nach und nach in Abfallsäure, herrührend von Dinitronaphthalin (60 kg Säure mit 34 kg gemahlener Mischung), eintragen, wobei man das Ganze 10 Tage stehen läßt. Dieses Verfahren gibt aber ein weniger reines Produkt und ist deshalb aufgegeben worden.

Außer diesen allgemein angewandten Verfahren zur Darstellung des α-Nitronaphthalins ist von Dr. H. Tryller in Sondershausen noch ein elektrolytisches Verfahren (D.R.P. 100417 vom 10. März 1897) bekannt geworden. Es beruht auf der Tatsache, daß Salpetersäure vom spezifischen Gewicht 1·25, die Naphthalin weder in der Kälte noch in der Wärme angreift, reaktionsfähig wird, sobald man einen elektrischen Strom durch die Säure schickt. Ist das Naphthalin in der Säure fein verteilt, so findet glatt Nitrierung zu α-Nitronaphthalin statt. Die technische Bedeutung des Verfahrens liegt darin, daß Säure erspart und an ihrer Stelle elektrische Energie verbraucht wird; zudem verhindert es auch die Entstehung nitroser Dämpfe.

Das α-Nitronaphthalin wurde 1835 von Laurent entdeckt. Seine Konstitution wird durch folgende Formel ausgedrückt:

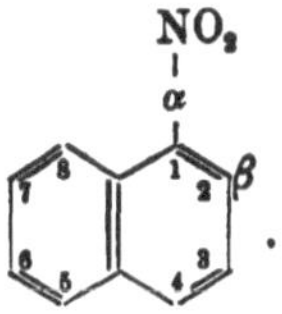

Es kristallisiert in nadelförmigen, gelben Kristallen, die in reinstem Zustande bei 61° schmelzen. Schmelzpunkt der β-Verbindung 79°. Das α-Nitronaphthalin des Handels schmilzt bei 58°, ist in Wasser unlöslich, dagegen in Benzol, Schwefelkohlenstoff, Äther und heißem Alkohol leicht löslich; sein Siedepunkt liegt bei 304°, der beginnenden Zersetzungstemperatur. Spezifisches Gewicht 1·331 (bei 4°). Das technische α-Nitronaphthalin schmilzt noch etwas niedriger, gewöhnlich bei 55 bis 56°. α-Nitronaphthalin ist für sich kein Explosivstoff; es bildet aber in Verbindung mit anderen nitroaromatischen Bestandteilen und mit Sauerstoffträgern eine Komponente vieler Sprengstoffe. Es ist giftig und wirkt in Dampfform besonders schädlich auf das Auge.

11. Dinitronaphthalin.

Dieses wird entweder aus dem Mononitronaphthalin durch Behandeln mit hochkonzentrierter Salpetersäure in der Kälte hergestellt oder durch Nitrieren von Naphthalin mit Nitriersäure (aus 1 Teil hochkonzentrierter Salpetersäure und 2 Teilen Schwefelsäure zusammengesetzt), wobei das Gemenge auf etwa 70° erwärmt wird. Im übrigen ist der Vorgang derselbe, wie bei der Erzeugung des Mononitronaphthalins. In der Ammonitfabrik zu Stanford-le-Hope erzeugt man zuerst Mononitronaphthalin durch Eintragen von Naphthalin in Abfallsäure, und dann Dinitronaphthalin durch fortgesetztes Nitrieren des Mononitronaphthalins mit Nitriersäure. Beide Operationen werden in offenen, gußeisernen, emaillierten Kesseln vorgenommen, und der Vorgang so geregelt, daß keine Erwärmung stattfindet; hierdurch dauert die Arbeit 1 bis 2 Tage lang. — In andern Fabriken mischt man 18 kg Mononitronaphthalin mit 39 kg Schwefelsäure von 66° Bé, und fügt sukzessive Salpetersäure zu, derart, daß die Masse in Reaktion gehalten wird und rotbraune Dämpfe entweichen. Man fügt bis 15 kg Salpetersäure zu; die ganze Operation dauert 48 Stunden. Dann überläßt man das Ganze noch 8 Stunden sich selber, rührt aber von Zeit zu Zeit um, bringt endlich das Dinitronaphthalin auf ein Sandfilter, läßt die Säure abtropfen, wäscht anfänglich mit warmem Wasser, dann mit alkalischem und endlich mit kaltem Wasser, trocknet und verpackt oder verwendet das Dinitroprodukt nach seinem Bestimmungszwecke.

Beim Nitrieren von α-Nitronaphthalin mit Salpeterschwefelsäure unter gewöhnlichen Bedingungen entsteht neben γ-Dinitronaphthalin ein Gemenge von 1,5-(α-) und 1,8-(β-)Dinitronaphthalin, etwa im Verhältnis von 1:2

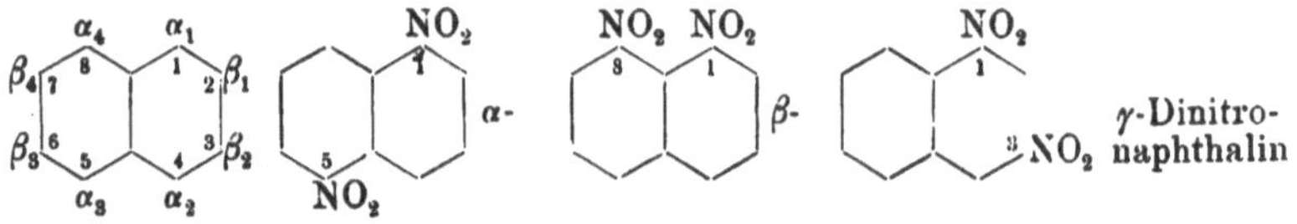

F.P. 217°. F.P. 167°. F.P. 144°.

Wird Nitronaphthalin (52 Teile) mit einem großen Überschuß von Schwefelsäure (600 Teilen) gelöst und mit Nitriersäure (75 Teile von 25·5% HNO_3) bei 0° nicht übersteigender Temperatur behandelt, so entsteht nach dem D.R.P. 96227 der Farbwerke vorm. Meister, Lucius & Brüning α, β_2-(γ-)Dinitronaphthalin.

Das technische Dinitronaphthalin ist ein fester, bei 138 bis 140° schmelzender Körper, der in Alkohol und Äther wenig, dagegen in Terpentinöl, Xylol, Benzol und Aceton leicht löslich ist. Dinitronaphthalin löst sich in ammoniakalischem Alkohol unter Rotfärbung. — Der Theorie nach sind 10 verschiedene isomere Binitroderivate des Naphthalins möglich; bei direkter Nitrierung entstehen aber nur drei.

12. Trinitronaphthalin.

Zu seiner Darstellung mischt man 18 kg Natronsalpeter mit 6 kg Dinitronaphthalin in der Mischmaschine innig durch, bringt das Gemisch in ein geeignetes Nitriergefäß und fügt 40 kg konzentrierte Schwefelsäure hinzu. Man rührt den Inhalt um, bedeckt das Gefäß und läßt die Reaktion vor sich gehen; die reichlich entstehenden Mengen nitroser Gase werden in Bonbonnes kondensiert. Nach ca. 2 Stunden entfernt man den Deckel und gibt die zum Abkühlen nötige Menge Wasser hinzu: das Trinitronaphthalin scheidet sich ab und schwimmt oben auf. Dieses wird mit einem bleiernen Schöpfer abgehoben, abtropfen gelassen und dann gewaschen wie das Dinitronaphthalin. Andererseits kann man auch das gewaschene Rohtrinitronaphthalin durch Zentrifugieren vom Wasser befreien, dann in Kupfertiegeln bis zum Aufhören jeglicher Gasentwicklung schmelzen, in Wasser einfließen lassen, mahlen, zentrifugieren und trocknen. Das so erhaltene Trinitronaphthalin, im Handel auch Naphthit genannt, ist ein fester, hellgelber, in Wasser, Alkohol und Äther wenig, dagegen in Essigsäure und Chloroform löslicher Körper vom Schmelzpunkt 110°. Das technische Trinitronaphthalin stellt stets ein Gemenge dreier Isomeren dar, wovon die bei 122° schmelzende α-Verbindung vorherrschend ist.

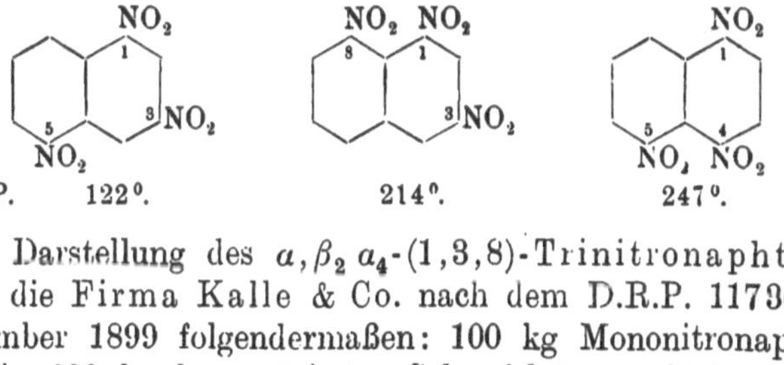

F.P. 122°. 214°. 247°.

Zur Darstellung des $\alpha,\beta_2\,\alpha_4$-(1,3,8)-Trinitronaphthalins verfährt die Firma Kalle & Co. nach dem D.R.P. 117368 vom 2. Dezember 1899 folgendermaßen: 100 kg Mononitronaphthalin werden in 600 kg konzentrierter Schwefelsäure gelöst und unter

Kühlung bei etwa 0° mit dem Gemische von 52 kg Salpetersäure 1·4 und 260 kg konzentrierter Schwefelsäure nitriert. Aus der anfänglich roten Lösung scheidet sich Dinitronaphthalin dickbreiig und weiß aus; man erwärmt nun auf 80 bis 90° bis zur vollständigen Lösung des Dinitrokörpers. Beim Erkalten auf 20° kristallisiert das α,α_3-Dinitronaphthalin, F.P. 217° und wird abfiltriert. Zu der so erhaltenen Lösung läßt man nun in der Kälte ein Gemisch von 33 kg Salpetersäure 1·4 und 100 kg Schwefelsäure einlaufen, worauf sich das bekannte $\alpha,\beta_2\,\alpha_4$-(1,3,8)-Trinitronaphthalin vom F.P. 214° kristallinisch ausscheidet und durch Absaugen über Asbest gewonnen werden kann.

13. Tetranitronaphthalin.

Zu dessen Darstellung kocht man während mehrerer Stunden 1 Teil Dinitronaphthalin mit einer Mischung von 10 Teilen Salpetersäure mit 10 Teilen rauchender Schwefelsäure, scheidet dann das Tetranitronaphthalin durch Zusatz von Wasser aus und kristallisiert aus Eisessig. — Eine andere, speziell für die Zwecke der Sprengstofftechnik angewandte Methode ist diese: In 100 Teile eines Gemisches von 70% Schwefelsäure von 65·5° Bé und 30% Salpetersäure von 48·5° Bé gibt man 7 Teile Dinitronaphthalin. Die Operation vollzieht sich in gußeisernen, mit Rührer versehenen Gefäßen, die mit Dampf oder über freiem Feuer auf 130°, aber nicht darüber, erwärmt werden. Nach 1 Stunde ist die Reaktion beendet, man läßt erkalten und scheidet das Tetranitroprodukt, das infolge des hohen spezifischen Gewichtes der Mischsäure auf dieser schwimmt, nach bekannter Weise ab. Zweckmäßig verwendet man Nitriergefäße, die in jeder Operation 100 kg Dinitronaphthalin mit 1500 kg Nitriersäure von obiger Zusammensetzung zu verarbeiten ermöglichen; da die eigentliche Reaktion nicht mehr als 1 Stunde dauert, so lassen sich täglich 500 kg Dinitronaphthalin in fünf Chargen in das Tetranitroprodukt überführen.

Nach der Trennung von den Säuren wird das Tetranitronaphthalin in üblicher Weise gewaschen; es stellt dann einen unreinen Körper von schwankender Zusammensetzung dar, der durch Umkristallisation aus Eisessig gereinigt werden kann. Das Tetranitronaphthalin ist ein Gemenge zweier Isomeren vom Schmelzpunkt 269 und 200°; es kristallisiert in feinen Nadeln, die bei 220° schmelzen. — Tetranitronaphthalin ist sehr schwer löslich in gewöhnlichen Lösungsmitteln und wie die anderen Nitroverbindungen des Naphthalins, sehr wenig empfindlich gegen Stoß und Schlag; es brennt, erwärmt oder entzündet, mit rußender Flamme ab, ohne zu explodieren.

14. Nitroverbindungen aus Steinkohlenteer.

Statt einzelne aromatische Kohlenwasserstoffe für die Zwecke der Sprengstoffabrikation aus dem Steinkohlenteer zuerst rein darzustellen, um sie nachher in die gewünschten Nitroverbindungen überzuführen, hat man bereits schon, wie es bei den Nitroverbindungen aus Solventnaphtha hervorgehoben worden ist, gewisse Kohlenwasserstoffgemische in Form verschiedener rektifizierter Leichtölfraktionen mit mehr oder weniger großen Siedepunktsintervallen für sich allein nitriert. Dabei ging man (D.R.P. 212906 und 214887 von den Jahren 1905 und 1907) von kleinen, innerhalb enger Grenzen siedenden Destillationsanteilen aus, und nitrierte jeden für sich. So wurde z. B. Solventnaphtha mit einem Siedepunkt von 120 bis 175° größtenteils in Fraktionen von 5 zu 5° nitriert und die entstandenen Nitrokörper einzeln weiter verarbeitet. Nach den Patentschriften von Dr. O. Silberrad (Schweiz. P. 63125 vom 6. Juni 1912, Engl. P. 13861 vom 10. September 1912) — Verfahren zur Herstellung eines flüssigen Nitrierungsproduktes des Steinkohlenteers — gelingt es nun, die große, zwischen 200 bis 350° siedende Steinkohlenteerfraktion, oder vielmehr die daraus nach einer Reinigungsoperation zwischen 200 und 270 bis 280° herausdestillierte Fraktion ohne weitere Zerlegung direkt zu nitrieren.

Das Verfahren besteht seinem Prinzipe nach darin, daß die flüssige, zwischen 200 und 280° siedende Steinkohlenteerfraktion — die zum größten Teil aus Naphthalin, Kresol und Chinolin besteht — vorerst gereinigt, dann mit verdünnter, hierauf mit konzentrierter Salpetersäure und zuletzt mit einer Mischung von Salpetersäure und Schwefelsäure behandelt wird. Vorbehandlung: Zuerst wird die Fraktion durch Filtrieren von allen festen Bestandteilen befreit und dann mit Alkali und Säure gewaschen, bis nur noch neutrale Teile verbleiben. Infolge der Entfernung des Kresols, das als Lösungsmittel für Naphthalin wirkt, scheidet sich beim Stehen viel Naphthalin aus; das zurückbleibende Öl wird nun zuerst mit $2^1/_2$ bis $5^0/_0$, dann mit 5 bis $20^0/_0$ seines Gewichtes an konzentrierter Schwefelsäure wiederholt gut gewaschen. Dadurch werden die in der Fraktion des Steinkohlenteers vorhandenen Hydride, welche bei der Nitrierung infolge Oxydation heftig reagieren würden, entfernt. Das Öl wird dann nochmals destilliert und der zwischen 200 und 280° übergehende Teil wieder gesammelt. Beim Stehen scheidet sich eine weitere Menge von Naphthalin aus; dieses wird durch Filtration entfernt, so daß der verbleibende Rest ein flüssiges, neutrales Öl bildet, welches ca.

10% der ursprünglichen Fraktion ausmacht und hauptsächlich aus einer Mischung von verschiedenen Isomeren des Methyl- und Dimethylnaphthalins besteht. — Zur Nitrierung werden 1000 Volumteile des in vorstehender Weise gereinigten Öles in ein mit Rührwerk und Kühlmantel versehenes Nitriergefäß geleitet und eine Mischung von 100 Volumteilen Salpetersäure von 1·5 spezifischem Gewicht, mit 25 Teilen Wasser allmählich zugesetzt. Hierauf werden 100 Volumanteile Salpetersäure von 1·5 spezifischem Gewicht, welche vorher mit 10 Teilen Wasser verdünnt wurden, weiter zugegeben, worauf weitere 100 Volumteile Salpetersäure gleichen spezifischen Gewichtes, verdünnt mit 5 Teilen Wasser und zuletzt nochmals 100 Volumteile Salpetersäure von 1·5 spezifischem Gewicht, aber unverdünnt, allmählich hinzugesetzt werden. Dann erfolgt die Behandlung mit einem Nitriersäuregemisch, bestehend aus 150 Volumteilen Salpetersäure von 1·5 spezifischem Gewicht und 450 Volumteilen konzentrierter Schwefelsäure. Während des ganzen Prozesses wird der Inhalt des Behälters in heftiger Bewegung und die Temperatur auf 20 bis 35° gehalten. Darauf läßt man die Mischung über Nacht stehen und erwärmt sie dann wieder unter fortwährendem Umrühren allmählich auf 60 bis 70°. Nach genügender Abkühlung des Ganzen wird von den Säuren getrennt und mit Wasser und verdünnter Soda in der gewöhnlichen bekannten Weise gewaschen.

Das so erzeugte flüssige Produkt bildet ein klares, gelbbraunes Öl und besteht in der Hauptsache aus einem Gemisch von Nitroderivaten der Naphthalinreihe, von denen unter anderem die nachstehenden, noch nicht bekannten Verbindungen genannt seien:

Dinitro-α-Methylnaphthalin,
Dinitro-β-Methylnaphthalin,
Dinitroderivate der verschiedenen Isomeren des Dimethylnaphthalins und der verschiedenen Polymethylnaphthaline.

Um das Produkt für die Herstellung von Explosivstoffen geeignet zu machen, so daß ein stabiler, nicht verflüchtigender, flüssiger Nitrokohlenwasserstoff entsteht, rührt man zweckmäßig das flüssige Nitrierungsprodukt zuerst mit einer schwachen Sodalösung bei 50 bis 70° während 12 bis 24 Stunden, trennt dieses dann von der Lösung und wäscht den Nitrokohlenstoffwasserstoff noch mit Wasser aus.

Vierter Teil.

Nitrierung des Phenols.

1. Nitrophenol. Infolge der substitutionserleichternden Wirkung der Hydroxylgruppe im Phenol ist der sonst träge Benzolkern — im Gegensatz zu den aromatischen Kohlenwasserstoffen — sehr reaktionsfähig und der Substituierung äußerst zugänglich geworden. Die Nitrierung des Phenols geht daher schon mit verdünnter Salpetersäure bei gewöhnlicher Temperatur sehr leicht von statten; es entstehen gleichzeitig o- und p-Nitrophenol, während das m-Nitrophenol nur durch Kochen von m-Diazonitrobenzolsulfat erhalten

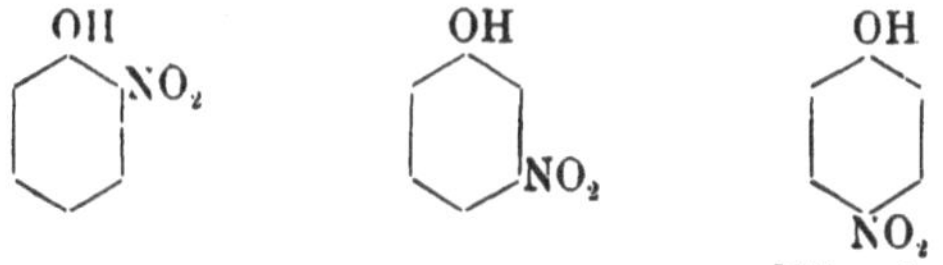

o-	m-	p-Nitrophenol
F.P. 45°.	F.P. 96°.	F.P. 114°.

werden kann. Für die technische Darstellung kommen nur o- und p-Nitrophenol in Betracht; die Nitrierung wird folgendermaßen ausgeführt:

1 Teil Phenol wird mit etwas Wasser verflüssigt und in eine ca. 8° warme Mischung von Salpetersäure 1·38 (2 Teile) mit Wasser (3 Teile) einlaufen gelassen; ein vierter Teil Wasser wird in Form von Eisstücken nach Bedürfnis so hinzugefügt, daß die Temperatur nicht über 35° steigt. Nach dem Eintragen des Phenols läßt man das Gemenge 1 bis 2 Stunden stehen, hebert die über dem schwarzen Öl stehende Flüssigkeit ab und wäscht das Öl mehrmals tüchtig mit Wasser. Dann wird mit viel Wasser versetzt und das o-Nitrophenol mit indirektem Dampf abgetrieben; da es aber stets noch etwas Phenol enthält, muß das Nitrophenol noch einmal mit Wasserdampf destilliert werden. Das Destillat enthält jetzt völlig reines o-Nitrophenol, das nur filtriert und getrocknet zu werden braucht. Ausbeute 36 bis 44% o-Produkt. — Nach dem Abtreiben des o-Nitrophenols kann man die nichtflüchtige p-Verbindung gewinnen, indem man die zurückgebliebene Lösung nach dem Erkalten filtriert, das noch ungelöste Öl durch Kochen mit einer Mischung von 1 Vol.-Teil konzentrierter Salzsäure und 2 Teilen Wasser größtenteils löst, die salzsaure Lösung wieder nach teilweisem Erkalten filtriert, sie mit der ersten Lösung vereinigt, dann beide einengt und endlich durch Erkaltenlassen das p-Nitrophenol in langen Nadeln abscheiden läßt.

Neuerdings geht man aber (seitdem die Benzolpreise niedrig geworden sind) zur Darstellung des o- und p-Nitrophenols direkt von Benzol aus, indem man dieses in Chlorbenzol überführt und letzteres nitriert. Durch systematisches Fraktionieren im Vakuum (Patentverfahren) lassen sich die entstandenen Nitrierungsprodukte, nämlich o- und p-Nitrochlorbenzol, voneinander trennen, und aus diesen Derivaten gewinnt man leicht durch Behandeln mit Alkali die entsprechenden Nitrophenole.

Das o-Nitrophenol ist wenig in kaltem, besser in heißem Wasser, leicht in Alkohol oder Äther löslich und kristallisiert in langen, hellgelben Nadeln von eigentümlichem, penetrantem Geruch, die bei 45° schmelzen und bei 214° ohne Zersetzung sieden. Es bildet gut kristallisierende Salze von meistens scharlachroter Farbe. Das p-Nitrophenol ist ziemlich in Wasser, leicht in Alkohol löslich und kristallisiert in langen, fast farblosen, bei 114° schmelzenden Nadeln. Es siedet fast unzersetzt und ist mit Wasserdampf — zum Unterschied von der o-Verbindung — nicht flüchtig. Die Salze sind gelb.

2. Nitrophenolsulfosäure. Behandelt man Phenol mit überschüssiger Schwefelsäure, so entsteht ein Gemisch von ortho- und para-Phenolsulfosäure. Gibt man nun zu der entstandenen Sulfosäure ein Mol Nitrat hinzu, so bildet sich Nitrophenolsulfosäure nach der Gleichung

$$C_6H_4 \cdot OH \cdot SO_3H + NaNO_3 = C_6H_3 \cdot OH \cdot SO_3Na \cdot NO_2 + H_2O.$$

Man löst z. B. 1 kg Phenolsulfosäure in 1 l Wasser auf und gibt dazu 500 g (1 Mol) Natriumnitrat: die Reaktion tritt nach kurzer Zeit ein, indem die Sulfosäure zersetzend auf das Nitrat einwirkt unter Bildung von nitrosulfosaurem Salz. Die Nitrierung verläuft glatt ohne Bildung nitroser Gase; einen etwa zu stürmischen Verlauf mäßigt man durch Wasserzusatz. Beim Auskristallisieren entstehen aus der wässerigen Lösung

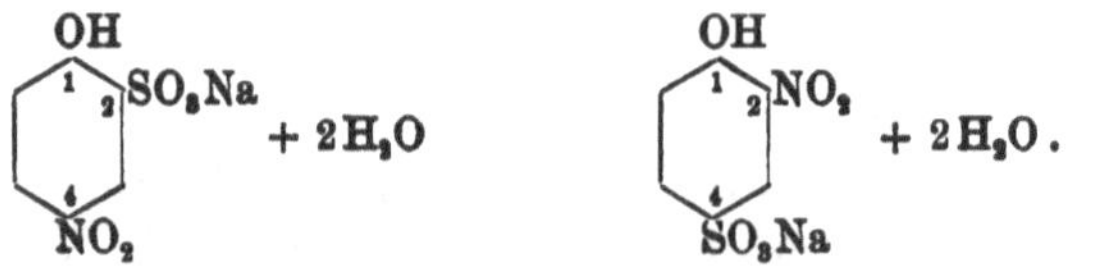

Die nitrophenolsulfosauren Salze stellen kristallinische Körper von orangeroter Farbe dar; ihr Kristallwassergehalt beträgt für Kalisalze 1 Mol, für Natriumsalze 2 Mol und für Kalziumsalze 3 Mol. Das o-nitrophenolsulfosaure Kalzium verliert sein Kristallwasser erst oberhalb 200°.

Die p-Nitrophenol-o-sulfosäure bildet farblose Prismen, die bei 100° das Kristallwasser verlieren und sich bei 110° zu zersetzen beginnen. Von den Salzen sind sprengtechnisch diejenigen des Natriums wichtig; es existieren zwei Reihen:

$$C_6H_4NSO_6Na + 2H_2O \text{ und } C_6H_3NSO_6Na_2 + 2H_2O.$$

Das erste Natriumsalz bildet farblose, in Wasser äußerst lösliche Prismen, das zweite gelbrote Kristalle, die in Wasser weniger löslich sind. Die o-Nitrophenol-p-sulfosäure schmilzt bei 51·5°, wasserfrei bei 122°; ihre Alkalisalze sind ähnlich denen der p-Nitrophenol-o-sulfosäure.

3. Dinitrophenole. Auch die zweite Nitrierungsstufe läßt sich bei den Phenolen sehr viel leichter erreichen als bei irgendeinem der aromatischen Kohlenwasserstoffe. Von den sechs der Theorie nach möglichen isomeren Dinitrophenolen sind nur fünf bekannt, worunter technisch allein die α-Verbindung in Betracht kommt.

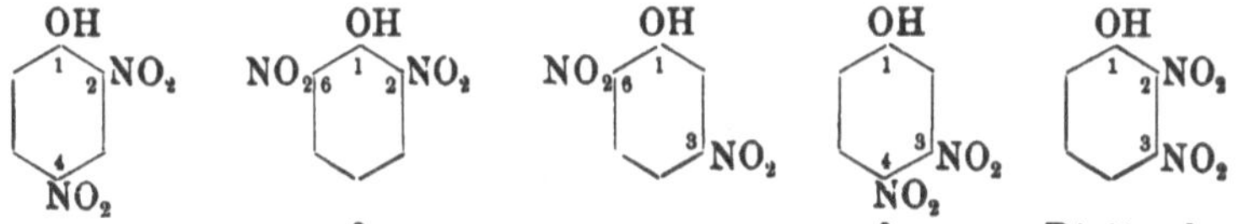

α-	β-	γ-	δ-	ε-Dinitrophenol
F.P. 114°.	64°	104°	134°	144°

Zur Darstellung des α-(1,2,4)-Dinitrophenols verfährt man nach Reverdin und de la Harpe[1] wie folgt:

200 Teile Phenol werden in 400 Teile auf 110° erhitzte Schwefelsäure von 66° Bé gegeben und dann nach 5 Stunden auf 130 bis 140° erhitzt. Das Reaktionsprodukt wird nun mit 600 Teilen Wasser übergossen und allmählich mit einer Mischung von 800 Teilen Salpetersäure von 36° Bé und 575 Teilen Wasser (d. h. mit 1375 Teilen Salpetersäure von 1·197 spezifischem Gewichte) versetzt, wobei man Sorge trägt, daß die Temperatur nicht über 45 bis 50° steigt. Man läßt die Mischung bei gewöhnlicher Temperatur 24 Stunden stehen, erhitzt nach 3 Tagen langsam auf dem Wasserbade, läßt erkalten und filtriert. Das Produkt, welches sich in Form eines Kristallkuchens absetzt, besteht fast ganz aus reinem Dinitrophenol. Zur vollständigen Reinigung wird es zweimal mit 2000 Teilen Wasser gekocht; auf diese Weise erhält man 100 Teile Dinitrophenol. Die Mutterlaugen enthalten immer Pikrinsäure, welche von dem Dinitrophenol ziemlich schwer vollständig zu trennen ist.

R. Vidal Paris (Franz. P. 315696 vom 25. Febr. 1902) stellt das Dinitrophenol nach seinem Verfahren zur Darstellung von Dinitro- und Trinitroderivaten der Phenole, Kresole und Naphthole auf folgende Weise dar: In eine Lösung von

[1] Chem. Ztg. 1892, S. 45.

172 kg Natronsalpeter in 1700 l Wasser läßt man 93 kg Phenol, gelöst in 192 kg Schwefelsäure von 66° Bé, einlaufen. Zweckmäßig ist es, die Mischung mehrere Stunden stehen zu lassen. Dann erhitzt man langsam, bis das Schäumen aufgehört hat, läßt erkalten und filtriert und erhält so 1-2-4-Dinitrophenol.

Nach den D.R.P. 194883 vom 4. Aug. 1906 und 214045 vom 21. Aug. 1907 von Dr. Wolffenstein, Berlin, und Dr. Böters, Charlottenburg, lassen sich (mit Hilfe von Quecksilber) die aromatischen Kohlenwasserstoffe durch Salpetersäure direkt in hydroxylierte Nitroverbindungen umwandeln.

Je nach den Arbeitsbedingungen wird z. B. Benzol in o-Nitrophenol oder in Pikrinsäure neben Nitrobenzol übergeführt, aus Toluol entstehen Trinitrokresol und Trinitrooxybenzoesäure, aus Naphthalin bei Anwendung 50%iger Salpetersäure neben Nitronaphthalin 12% Nitronaphthole. Nach dem zweiten Patent läßt sich durch Einwirkung von Stickstofftetroxyd oder Salpetersäureanhydrid auf Benzol bei Gegenwart von Quecksilber Dinitrophenol herstellen. Man vermischt beispielsweise 120 g Benzol mit 20 g Quecksilber und setzt 270 g Stickstoffoxyd (entweder in flüssiger Form oder als Gas eingeleitet) zu; läßt man das Ganze einige Tage bei gewöhnlicher Temperatur stehen, so erstarrt es und besteht dann fast ganz aus reinem 1-2-4-Dinitrophenol. In gleicher Weise verläuft der Versuch mit Salpetrigsäureanhydrid. Oder man läßt auf 120 g Benzol eine Lösung von 10 g Quecksilbernitrat und 500 g 60%iger Salpetersäure einwirken, indem man gleichzeitig 50 g Stickstoffdioxyd hinzufügt und das Reaktionsgemisch bei 50° rührt. Nach beendeter Reaktion scheidet sich Dinitrophenol ab.

Das α-Dinitrophenol kristallisiert aus Wasser in schwach gelblichen, rechtwinkligen Tafeln, die bei 114° schmelzen, in Äther und heißem Alkohol leicht löslich sind und bei raschem Erhitzen leicht explodieren. Es bildet orangegelbe explosive Salze.

4. Pikrinsäure. Das Trinitrophenol bildet 3 Isomere:

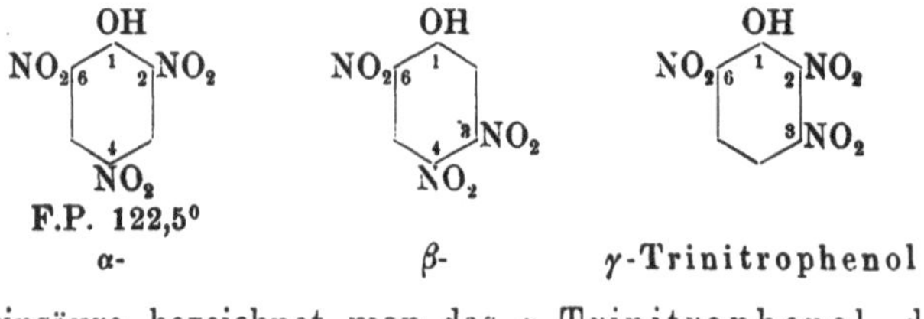

F.P. 122,5°

α- β- γ-Trinitrophenol

Mit Pikrinsäure bezeichnet man das α-Trinitrophenol, das als Handelsware immer mehr oder weniger große Mengen von β- und γ-Trinitrophenol beigemengt enthält.

Das Ausgangsmaterial für die Darstellung von Pikrinsäure ist die Karbolsäure oder das Phenol, C_6H_5OH. Die Bildung der Pikrinsäure erfolgt nach der Gleichung

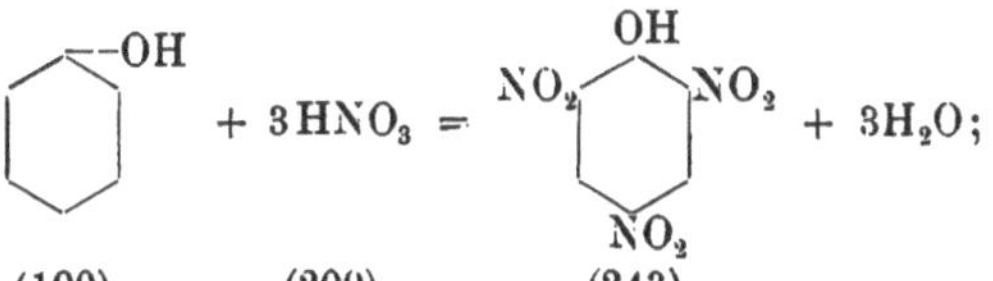

(100) (200) (243)

jedoch geht man in der Praxis nicht mit der direkten Nitrierung der Karbolsäure vor, sondern zerlegt den Prozeß, um die überaus heftige Reaktion bei Behandlung der Karbolsäure mit Nitriersäure zu umgeben, in zwei Phasen:

1. Bildung von Phenolsulfonsäure:

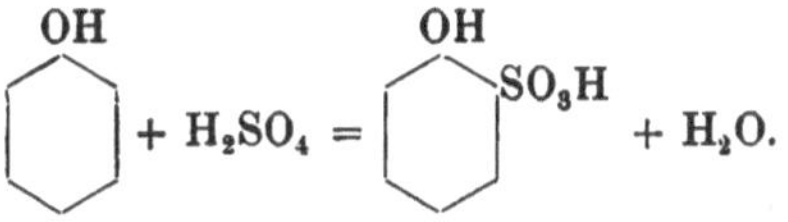

Diese Operation wird in Retorten auf Sandbädern ausgeführt, indem man gleiche Teile Phenol und Schwefelsäure bei 100 bis 120° erhitzt; die Reaktion ist beendet, wenn eine der Mischung entnommene Probe sich schnell und klar in kaltem Wasser löst. Ist dies erreicht, so läßt man erkalten und setzt die doppelte Gewichtsmenge Wasser zu und läßt diese Mischung in einen Überschuß von gewöhnlicher Salpetersäure vom spezifischen Gewicht 1·4 einlaufen; es bildet sich:

2. Pikrinsäure:

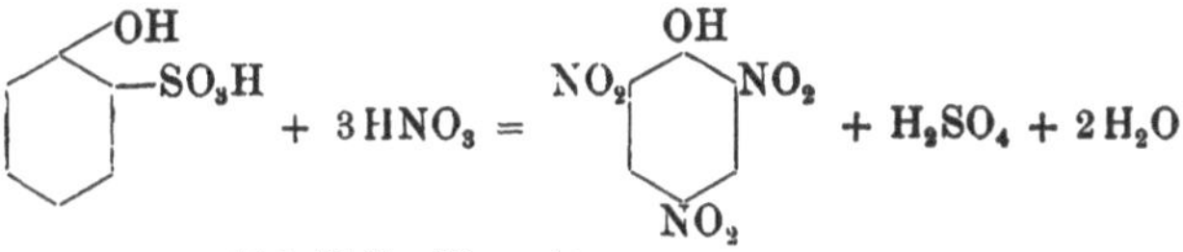

100 Teile Phenol
100 „ H_2SO_4 } + 350 Teile HNO_3
100 „ H_2O

Diese zweite Operation erfolgt in großen Steinzeugtöpfen; unter stürmischer Reaktion und Temperatursteigerung und lebhafter Bildung von nitrosen Gasen geht die Umwandlung der Sulfosäure durch die Einwirkung der Salpetersäure vor sich; wird die Reaktion schwächer, so bewirkt man den möglichst quantitativen Umsatz der Sulfosäure in die Pikrinsäure durch Erwärmen der Nitriergefäße, sog. Abkochen. Die Nitriergefäße stehen in Wasser, das im Anfang der Reaktion als Kühlmittel dient und am Schluß durch Dampf angewärmt werden kann, um die Reaktion zu Ende zu führen. Die Pikrinsäure scheidet sich nach dem Erkalten kristallinisch ab und wird durch Zentrifugen als Kristallbrei von der sauren Flüssigkeit getrennt, dann mit Wasser neutral gewaschen, umkristallisiert und getrocknet.

Die Herstellung der Pikrinsäure geschieht gegenwärtig fast ausschließlich aus Phenol. Castellaz und Designolle stellten sie früher durch Eintragen des leicht erwärmten Phenols in konzentrierte Salpetersäure her, wodurch sie eine dunkelgelbe Paste erhielten und aus der wässerigen Lösung derselben die Pikrinsäure herauskristallisierten. Später hat man gefunden, daß die Reaktion bei direkter Nitrierung zu heftig von statten geht und zog deshalb vor, das Phenol zuerst zu sulfonieren, d. h. dieses mit Schwefelsäure zu mischen und die entstandene Phenolsulfonsäure zu nitrieren. Auch das Nitrieren wurde früher in abweichender Weise vorgenommen, indem man die Phenolsulfonsäure mit Natronsalpeter in Verbindung brachte und so die Salpetersäure während der Reaktion erst entstehen ließ; als Rückstand bildete sich dann Natriumsulfat.

Gegenwärtig verwendet man zur Nitrierung jedoch allgemein Salpetersäure und erzielt auf diese Weise ein homogenes, vollkommen reines Produkt. Der übliche Vorgang ist der, daß man gleiche Mengen kristallisierter Karbolsäure und konzentrierter Schwefelsäure in großen eisernen Gefäßen, welche mit Rührwerken versehen sind, durch Dampf auf 100 bis 120° erhitzt. Von Zeit zu Zeit versucht man, ob ein Tropfen der Phenolsulfonsäure in kaltem Wasser vollkommen löslich ist; sobald dies erreicht ist, läßt man abkühlen und gibt die zweifache Menge Wasser hinzu. Das eigentliche Nitrieren erfolgt in Tourilles aus Steinzeug. Diese stehen in einem Wasserbade, das durch Dampf erwärmt werden kann. In diese Tourilles kommen etwa 3 Teile Salpetersäure von 1·400 spezifischem Gewichte, und man läßt die Phenolsulfonsäure allmählich hinzufließen. Im Anfange erfolgt die Reaktion sehr stürmisch; es entwickeln sich große Mengen von Untersalpeterdämpfen, allmählich wird aber die Reaktion schwächer und schließlich wird mit Dampf weiter erhitzt, um die Untersalpetersäure vollständig zu vertreiben. Nach dem Erkalten scheidet sich die früher sirupähnliche Pikrinsäure in großen Kristallen in Kuchenform ab. Man kann sie dann entweder vorher filtrieren oder besser in einer Zentrifuge von der Mutterlauge trennen, wäscht sie im Zentrifugalapparat mit warmem Wasser aus, löst sie in heißem Wasser, läßt sie abermals auskristallisieren, schleudert sie wieder ab und trocknet die Kristalle bei etwa 35°. Soll die Pikrinsäure vollständig rein sein, so verwandelt man sie in das Natrium- oder Kaliumpikrat, gewöhnlich in ersteres, indem man Sodalauge hinzufügt, das niedergeschlagene Natriumpikrat ausscheidet, mit kaltem Wasser wäscht, sodann mit kochendem Wasser auflöst und durch einen Überschuß an Schwefelsäure wieder zersetzt, wobei Natriumbisulfat als Rückstand bleibt. Die in reichlicher Menge sich entwickelnde Untersalpetersäure muß in entsprechend groß dimensionierten Regeneriervorrichtungen wieder in Salpetersäure verwandelt werden, wozu sich am besten Guttmannsche Batterien mit Lungeschen Türmen eignen.

Wo man Salpetersäure als Abfallsäure erhält, wie z. B. bei der Nitroglyzerin- und Schießbaumwollfabrikation, kann man diese an Stelle frisch bereiteter Salpetersäure verwenden. Die geringe grüne Färbung solcher Abfallsäuren, welche von einem unbedeutenden Gehalte an Untersalpetersäure herrührt, ist hierbei von keinem Belange.

Die eben beschriebene Methode der Pikrinsäureerzeugung ist die ältere; in neuerer Zeit ist sie aber mit sehr guten Ergebnissen in der Hauptsache durch folgende ersetzt worden (D.R.P. 126197 vom 28. September 1900 von Ad. Gutensohn, London): Statt das Phenol vor der Nitrierung in konzentrierter Schwefelsäure zu lösen, benutzt man als Lösungsmittel erhitztes Paraffinöl oder ein ähnliches Mineralöl; diese Phenol-Paraffinlösung wird dann nach und nach mit der erforderlichen, vorher mit einer Deckschicht desselben Öles überdeckten Salpetersäure vermischt, oder man setzt — wie das in letzter Zeit mehr geschieht — der Phenol-Paraffinlösung im gewünschten Verhältnis die Salpetersäure zu und deckt das Ganze mit demselben Kohlenwasserstoff gut ab. Die Vermischung erzeugt starke Hitze, so daß eine künstliche Erhitzung nicht notwendig wird; jedoch hat es sich gezeigt, daß es für den Gang der Reaktion von Vorteil ist, die für das Verfahren benutzten Gefäße bei Beginn der Operation in ein bis zu 27° erwärmtes Wasserbad zu stellen. Ferner ist es vorteilhaft, der Salpetersäure eine geringe Menge Schwefelsäure zuuzsetzen, ungefähr im Verhältnis von $1^1/_2$ Teilen Schwefelsäure zu 12 Teilen Salpetersäure, da dadurch die Bildung einer besseren und leichter löslichen Qualität roher Pikrinsäure erzielt wird.

Fabrikation der Pikrinsäure.

12 Gewichtsteile Phenol werden mit 48 Gewichtsteilen Schwefelsäure von 1·84 spezifischem Gewicht ca. 8 Stunden lang unter beständigem Umrühren in einem mit Dampfmantel versehenen, ausgebleiten, gußeisernen Gefäß auf 100 bis 105° erhitzt, worauf man die Schmelze in ein transportables Tongefäß abfüllt, in dem sie nach dem Abkühlen zu einer blätterartigen Masse erstarrt. Hierauf wird diese Masse in kleinen Portionen mittels eines Schöpflöffels in 90 Gewichtsteile Salpetersäure von 1·385 spezifischem Gewicht, die sich in einem geräumigen, von einem Wasserbad umgebenen Tongefäß befindet, unter Umrühren eingetragen, so daß eine vollkommen gleichförmige Mischung entsteht. Während dieser Operation, welche die Umwandlung der Phenoldi-

sulfosäure in Dinitrophenolsulfosäure bezweckt, soll die Temperatur 20° nicht übersteigen, was eine sorgfältige Kühlung des Nitriergefäßes mittels Wasser notwendig macht. Wenn alle Sulfosäure eingetragen ist — was für 100 kg etwa 20 Stunden erfordert — beginnt man das das Nitriergefäß umgebende Wasser durch Einleiten von Dampf langsam zu erwärmen, wobei man mit der Temperatur innerhalb der 4 ersten Stunden auf 40 bis 50° steigt und dann bis zum Kochen des Wassers erhitzt. Bei 80 bis 90° entwickeln sich große Mengen nitroser Gase, für deren Ableitung und Kondensation durch Tonrohrleitungen und Absorptionstürme Sorge zu tragen ist. Wenn die heftige Reaktion zurückgegangen ist und sich der Deckel des Nitriergefäßes abzukühlen beginnt, so hält man das das Nitriergefäß umgebende Wasser noch 3 bis 4 Stunden lang im Kochen und rührt den Inhalt des Gefäßes mittelst eines starken Glas- oder Porzellanstabes von Zeit zu Zeit um. Dann unterbricht man das Erhitzen und läßt den Inhalt des Nitriergefäßes auf 30 bis 35° abkühlen, wobei die Pikrinsäure beinahe vollständig in kristallinischer Form ausfällt.

Man zieht nun die Abfallsäure mittelst eines Hebers ab, schöpft die Kristalle auf eine Nutsche, verrührt sie mit wenig Wasser, saugt die Flüssigkeit ab und wiederholt das Waschen mit wenig Wasser 4- bis 5mal, um die Hauptmenge der anhängenden Schwefelsäure zu entfernen. Schließlich bringt man die Kristalle in eine mit einem Wolltuch ausgekleidete Zentrifuge, schleudert die Flüssigkeit ab und wäscht dann solange durch Einspritzen von kaltem Wasser nach, bis die abgeschleuderte Flüssigkeit höchstens noch Spuren von Schwefelsäure enthält. Dabei ist zu beachten, daß die Pikrinsäure in reinem Wasser viel leichter löslich ist als in schwefelsäurehaltigem. — Die abgeschleuderte Säure, die noch 10 bis 15 % Wasser enthält, wird dann am besten auf Glasplatten in einem warmen Luftstrom oder in einem Vakuumtrockenschrank getrocknet.

Die Ausbeute beträgt 190 Teile Pikrinsäure vom F.P. 121 bis 122° von 100 Teilen Phenol vom F.P. 40°. Theoretisch sollten 243 Teile erhalten werden; die Minderausbeute ist allein darauf zurückzuführen, daß ein Teil der Phenolsulfosäuren bzw. Nitrophenolsäuren einer weitgehenden Oxydation durch die überschüssige Salpetersäure anheimfällt. Ohne einen beträchtlichen Überschuß an Salpetersäure gelingt es jedoch nicht, von niedrigeren Nitrierungsstufen freies Trinitrophenol zu erhalten. — Der Reinheitsgrad der erhaltenen Pikrinsäure ist in hohem Maße von der Qualität des verarbeiteten Phenols abhängig; aus Phenol vom Schmelzpunkt 36° läßt sich eben noch Pikrinsäure vom Schmelzpunkt 120 bis 121·5° erhalten; doch ist es entschieden rationeller, Phenol von möglichst hohem Schmelzpunkt zu verwenden.

Soll die Säure umkristallisiert werden, was jedoch für die Verwendung zu sprengtechnischen Zwecken nicht erforderlich ist, falls genügend reine Rohstoffe benutzt werden, so löst man die noch feuchte Säure in der 10 bis 12fachen Menge kochenden Wassers, filtriert die Lösung event. durch ein Wollfilter und läßt langsam erkalten. Aus der

Abfallsäure scheiden sich nach mehrtägigem Stehen stets noch kleine Mengen von Pikrinsäure ab; diese werden von Zeit zu Zeit gesammelt und aus Wasser umkristallisiert. Die Abfallsäure enthält beim Arbeiten nach der vorliegenden Vorschrift bis zu 10% Salpetersäure und auch in den von der rohen Pikrinsäure zuerst abfließenden Waschwässern sind noch erhebliche Mengen von Salpetersäure vorhanden. Diese salpeterreichen Flüssigkeiten lassen sich am vorteilhaftesten dadurch verwerten, daß sie für sich oder im Gemenge mit der von dem Gay-Lussacturm resultierenden Säure zum Beschicken des Gloverturmes einer Schwefelsäurefabrik benutzt werden. Die nitrosen Gase, die bei der Einwirkung der Salpetersäure auf die Nitrophenoldisulfosäuren in der Hitze frei werden, lassen sich zum größeren Teil wieder in Salpetersäure zurückverwandeln; dabei hängt die Ausbeute wie die Konzentration der regenerierten Säure von dem Wirkungsgrade des angewandten Kondensationssystems ab. Bei unvollkommenen Einrichtungen, wo das System z. B. weder an einen Kamin, noch an einen Exhaustor angeschlossen ist, entweichen große Mengen nitroser Gase in die Atmosphäre und geben nicht nur zu empfindlichen Verlusten, sondern auch zu Belästigungen der Umgebung und Vergiftungen der Arbeiter Anlaß. Bezüglich des Materials für die Apparate und für die Gerätschaften ist zu beachten, daß die Pikrinsäure die gewöhnlichen Metalle — mit Ausnahme des Zinns — angreift, so daß als Apparatenmaterial nur Ton und Sandstein, event. auch Holz, in Betracht kommt, während die Gerätschaften aus Glas, Porzellan, event. auch aus Hartgummi bestehen können.

5. Pikrate. Die Salze der Pikrinsäuren werden erhalten, wenn man Pikrinsäure in wässeriger Lösung mit einem alkalischen Salz, einem Karbonat z. B., sättigt:

$$2C_6H_2(NO_2)_3OH + M_2CO_3 = 2C_6H_2(NO_2)_3OM + H_2O + CO_2.$$

Da aber Pikrinsäure in Wasser wenig löslich ist, so ist es besser, eine warme Lösung des alkalischen Salzes durch Eintragen pulverisierter Säure zu sättigen. Die Lösung wird dann abgedampft und die zurückbleibende Kristallmasse mit kaltem Wasser gewaschen.

Das Kaliumpikrat $C_6H_2(NO_2)_3OK$ wird erhalten durch Sättigung einer heißen Lösung von Pottasche (138 Teile) mit gepulverter Pikrinsäure (458 Teile) in annähernd stöchiometrischen Verhältnissen

$$2C_6H_2(NO_2)_3OH + K_2CO_3 = 2C_6H_2(NO_2)_3OK + H_2O + CO_2.$$

Man läßt erkalten, dekantiert und wäscht das in kaltem Wasser schwer lösliche Kaliumsalz mit kaltem Wasser oder kristallisiert es um. Es bildet schwach rötlichgelbe Nadeln, die in Wasser und Alkohol schwer löslich sind, und durch Schlag oder Erhitzen auf 310° heftig explodieren.

Natriumpikrat $C_6H_2(NO_2)_3ONa$ wird analog dem Kaliumsalz hergestellt und besitzt auch ähnliche Eigenschaften wie jenes, ist aber leichter löslich in Wasser und etwas weniger explosiv als Kaliumpikrat.

Ammoniumpikrat $C_6H_2(NO_2)_3ONH_4$ wird erhalten durch Sättigung einer Pikrinsäurelösung mit gasförmigem Ammoniak. In der Löslichkeit gleicht dieses Salz dem Natriumpikrat, im übrigen aber unterscheidet es sich völlig von den beiden Alkalipikraten. In Berührung mit freier Flamme brennt es langsam unter Entwicklung eines schwarzen Rauches ab, und mit Hammerschlägen ist es kaum zur Detonation zu bringen.

Bleipikrat existiert als neutrales und als basisches Salz. Das neutrale Bleipikrat $[C_6H_2(NO_2)_3O]_2Pb \cdot 2H_2O$ wird erhalten durch doppelte Umsetzung von Alkalipikrat mit Bleiazetat in schwach saurer Lösung. Dieses Salz ist von allen Pikraten das explosivste und schlagempfindlichste.

Doppelsalze der Pikrinsäure. Natriumpikrat verbindet sich mit anderen Pikraten und gibt weniger gefährliche und gegen Schlag weniger empfindliche Verbindungen als die einfachen Pikrate, z. B.

$$\{[C_6H_2(NO_2)_3O]_2Ba + 3\,C_6H_2(NO_2)_3ONa + 10\,H_2O\}$$

Zur Herstellung solcher Doppelsalze erwärmt man z. B. eine Lösung, die 1 Äquivalent Barium- oder Bleipikrat und 3 Äquivalente Natriumpikrat enthält. Beim Erkalten der Lösung scheidet sich die Doppelverbindung ab.

6. Pikrinsäure-Ester. Methyl- und Äthylpikrat oder Trinitroanisol und Trinitrophenetol können erhalten werden durch Einwirkung der betreffenden Jodalkyle auf das Silbersalz der Pikrinsäure. Technisch jedoch schlägt man einen anderen Weg ein, indem Alkaliphenolat mit Alkalimethylsulfat behandelt und das so erhaltene alkylierte Phenol hernach mit Salpetersäure in die Trinitroverbindung überführt.

Trinitroanisol ist als Methylester der Pikrinsäure aufzufassen:

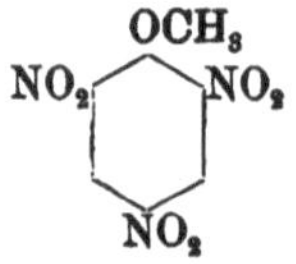

Diese Verbindung äußert auch alle typischen Eigenschaften eines Esters; sie wird durch Alkalikarbonatlösung schon in der Kälte langsam, in der Wärme rascher in Alkalipikrat und Methylalkohol verseift. Sie ist isomer mit dem Trinitrokresol, unterscheidet sich aber in der Herstellungsweise wie in ihren Eigenschaften von diesem ziemlich stark. Anisol ist viel schwerer zu nitrieren als Phenol oder Kresol; nicht etwa wegen der Schwierigkeit, drei Nitrogruppen in das Molekül einzuführen, sondern wegen der im Vergleich zu Phenol stark erhöhten Reaktionsfähigkeit des Anisols mit Salpetersäure, wodurch ein Teil der Verbindung oxydiert wird.

Nitrierung von Anisol zu Trinitroanisol. Nach den Versuchen von A. L. Broadbent und F. Sparre[1], Wilmington, bot die Darstellung des Trinitroanisols unvorhergesehene Schwierigkeiten. Anisol wurde aus Phenolnatrium und Natriummethylsulfat nach Kolbe leicht erhalten:

$$C_6H_5ONa + CH_3NaSO_4 = C_6H_5OCH_3 + Na_2SO_4,$$

aber weder mit Salpetersäure noch mit Schwefelsäure-Salpetersäuremischungen in verschiedenen Konzentrationen und Mischungsverhältnissen konnte eine befriedigende Nitrierung erreicht werden. Ein Erfolg wurde erst erzielt durch die Darstellung des Mononitroanisols und weiterer Nitrierung dieses Produktes. Die besten Erfolge wurden auf folgende Weise erzielt: 130 g Salpetersäure vom spezifischen Gewicht 1·52 und 200 g konzentrierte Schwefelsäure vom spezifischen Gewicht 1·84 werden in ein in einer Kältemischung stehendes Becherglas von 400 ccm Inhalt gebracht und mit einem Rührer, der 250 Umdrehungen in der Minute macht, gerührt. Wenn die Temperatur der Mischung -5^0 beträgt, werden 30 g Anisol langsam tropfenweise zugefügt; die Temperatur darf hierbei nicht über 0^0 steigen, da sonst Oxydation eintritt, die Reaktion sehr stürmisch wird, und das Anisol zum Teil verbrennt. Wenn alles Anisol zugefügt ist, wird die Temperatur langsam auf 65 bis 70^0 gebracht, 20 Minuten unter ständigem Rühren auf dieser Temperatur gehalten und dann gekühlt oder in Wasser gegossen, worauf sich das zitronengelbe Trinitroanisol als fester kristallinischer Kuchen abscheidet. Mit dem Reinigen und Trocknen beträgt die Ausbeute ca. $85^0/_0$ des theoretischen Wertes. Reines Trinitroanisol bildet gelbe monokline Tafeln vom F.P. 64^0.

Trinitrophenetol wird auf analoge Weise wie das Trinitroanisol erhalten. Es bildet lange, fast farblose Nadeln vom Schmelzpunkt $78{\cdot}5^0$.

7. Verbindungen der Pikrinsäure mit aromatischen Kohlenwasserstoffen. Man löst den Kohlenwasserstoff in der Wärme in Alkohol und fügt eine kaltgesättigte Lösung von

[1] Zeitschr. f. Sch. u. Spr. 1912, S. 417.

Pikrinsäure in Alkohol zu der ersteren hinzu; oder besser, man löst den Kohlenwasserstoff in der Wärme in einer alkoholischen Pikrinsäurelösung und kocht einige Minuten. Beim Abkühlen der Lösung scheidet sich die Verbindung aus.

Pikrat des Benzols $C_6H_2(NO_2)_3O \cdot C_6H_6$. Diese Verbindung ist unbeständig und verwandelt sich an der Luft in Pikrinsäure zurück.

Pikrat des Naphthalins $C_6H_2(NO_2)_3O \cdot C_{10}H_8$.

Pikrat des Anthracens $C_6H_2(NO_2)_3O \cdot C_{14}H_{10}$.

8. Dinitroamidophenol oder Pikraminsäure.

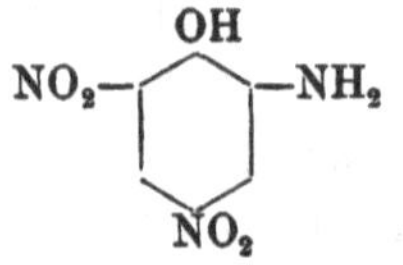

Durch mäßige Reduktion der Nitrophenole entstehen die Amidophenole. Dinitroamidophenol wird erhalten durch Behandeln einer alkoholischen Pikrinsäurelösung mit Ammoniumsulfhydrat. Man verdampft die Lösung auf dem Wasserbade und zersetzt das zurückbleibende Ammoniumpikramat mit Salpetersäure. Rote Nadeln vom F.P. 168 bis 169°, die ziemlich schwer in Äther, leichter in Alkohol und Benzol löslich sind. 100 Teile Wasser lösen nur 0·14 Teile Pikraminsäure.

Fünfter Teil.

Nitrierung des Kresols.

Ähnlich dem einfachsten Phenol läßt sich das nächst höhere Homologe der Carbolsäure, das Methyloxybenzol oder Kresol, in verschiedenen Nitrierungsstufen überführen. Das Kresol des Handels (vgl. Kresol S. 38) ist fast immer ein Gemisch der drei isomeren Formen o-, m- und p-Kresol

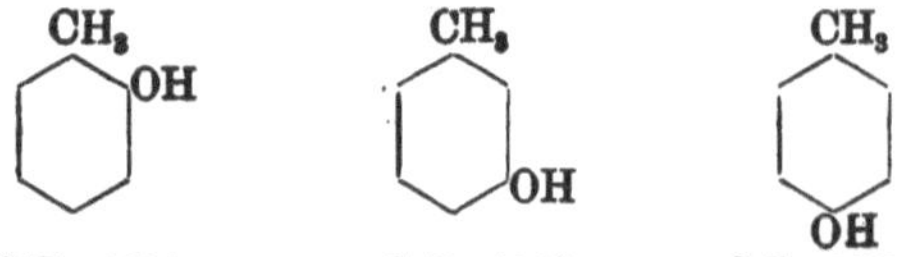

S.P. 185° o- S.P. 200° m- S.P. 199·5° p-Kresol

1. Mononitrokresol $C_6H_3 \cdot CH_3 \cdot OH \cdot NO_2$. Diese Verbindung wird erhalten durch Erwärmen einer wässerigen Kresollösung mit stark verdünnter Salpetersäure auf 60 bis 70°. Sie stellt eine ölige Flüssigkeit dar, die sich aus verschiedenen Isomeren zusammensetzt.

Paranitrokresol schmilzt bei 33°.

2. Dinitrokresol $C_6H_2 \cdot CH_3 \cdot OH \cdot (NO_2)_2$. Das Dinitrokresol entsteht durch Behandeln einer Lösung von Kresolsulfosäure mit verdünnter Salpetersäure; es ist eine gelbe ölige Flüssigkeit.

3. Trinitrokresol. Während man zur Herstellung des Mono- und Dinitrokresols ohne Nachteil ein Gemisch der Isomeren, wie es das gewöhnliche Kresol darstellt, benutzen kann, wendet man für die Trinitrierung, wenn immer möglich, m-Kresol an, und zwar aus folgendem Grunde.

Das Kresol des Handels enthält im Mittel etwa 40% ortho-, 35% meta- und 25% para-Verbindung und liefert bei der Nitrierung rund 60% Trinitro-m-Kresol; o- und p-Kresol verbrennen bei der Nitrierungsart, die hier in Betracht kommt (in der Siedehitze und bei Salpetersäureüberschuß), vollständig zu Oxalsäure. Da ausschließlich nur Trinitrometakresol entsteht, so gehen große Mengen Salpetersäure verloren, weil sie zur Oxydation des o- und p-Kresols verbraucht werden. Man kann durch eine sehr sorgfältige und oft wiederholte fraktionierte Destillation aus einem Kresolgemisch das bei 188° siedende o-Kresol vollständig abscheiden und erhält dann ein Gemisch von rund 60% m-Kresol und 40% p-Kresol. Diese beiden sieden fast genau bei der gleichen Temperatur, bei 200° und 199·5°; lassen sich also durch Fraktionieren sehr schwer trennen. Aber schon dieses Gemisch der zwei Kresole zeigt gegenüber dem oben genannten aus dreien so große Vorteile — es liefert etwa 100% Trinitro-m-Kresol und gebraucht dabei weniger Salpetersäure —, daß es von den betreffenden Fabriken gern vorgezogen und höher bezahlt wird.

Die Nitrierung des Kresols geht, wie diejenige des Phenols, unter ganz ähnlichen Bedingungen und mit den gleichen Apparaten vor sich; man stellt zuerst Kresolsulfosäure her und erhitzt diese dann mit konzentrierter Salpetersäure. Nitriert man Handelskresol, also ein Gemisch der drei Isomeren, so bemerkt man, daß o- und p-Kresol der Reaktion viel weniger standhalten als die m-Verbindung. Zunächst entsteht ein kompliziertes Gemenge von Nitroverbindungen aller Isomeren; sobald aber der Prozeß über die Dinitrostufe hinausschreitet, werden die Dinitroprodukte des o- und p-Kresols oxydiert, und es bleibt allein Trinitro-m-Kresol als Endprodukt übrig.

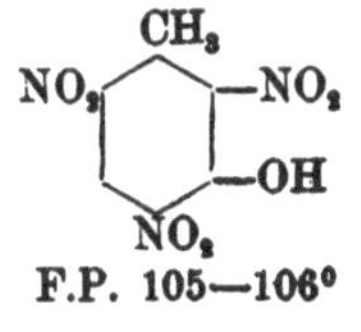

F.P. 105—106°

Ein anderes, auch bei dem Phenol angewandtes Verfahren, besteht darin, daß man Kresol zuerst mit Schwefelsäure von 66° Bé und dann mit einer konzentrierten Lösung von Natriumnitrat behandelt.

Trinitrometakresol. Das erhaltene Trinitro-m-Kresol, das seinerseits wieder ein Gemisch von mehreren Isomeren darstellt, ist ein fester, gelblicher Körper, der in langen Nadeln kristallisiert, in kaltem Wasser schwer (1:449), etwas besser in kochendem (1:123), dagegen gut in Alkohol und Äther löslich ist und gegen 100° schmilzt. Trinitrokresol färbt wie die Pikrinsäure Seide und Leinwand und verhält sich auch beim Erhitzen dieser ganz ähnlich. Die Ausbeute an Trinitroprodukt hängt sehr von der Qualität des Kresols und namentlich von dessen Gehalt an m-Verbindung ab; während gewisse Handelskresole nur 90 bis 100% im Vergleich zu 220% theoretischer Ausbeute ergeben, liefert reines m-Kresol 150% an Trinitro-m-Kresol.

4. Trinitrokresylate. Die Salze des Trinitrokresols werden ganz ähnlich den Salzen der Pikrinsäure dargestellt; sie zeigen auch ähnliche Eigenschaften.

Kaliumtrinitrokresylat $C_6H \cdot CH_3(NO_2)_3OK$ wird erhalten durch Sättigung einer Lösung von Trinitrokresol mit einem Kaliumsalz, Pottasche z. B., und stellt eine gelbe feine Kristallmasse dar, die in Wasser sehr leicht löslich ist und beim Erhitzen heftig explodiert.

Ammoniumkresylat $C_6H \cdot CH_3(NO_2)_3ONH_4$. Dieses wichtige, in Österreich unter dem Namen Ecrasit verwendete Salz, zeichnet sich gegenüber allen anderen Salzen durch seine große Stabilität aus. Es kristallisiert in gelben Nadeln, die in Wasser leicht, in Alkohol weniger löslich sind und bei 100° schmelzen.

5. Trinitroresorzin oder Oxypikrinsäure $C_6H(OH)_2(NO_2)_3$. Zur Darstellung löst man 1 Teil Resorzin in 1 Teil kochendem Wasser, läßt auf 50° abkühlen, gibt 5 Teile kalte Salpetersäure (spezifisches Gewicht 1·45) hinzu und gießt das Ganze in 20 Teile kalte Schwefelsäure. Nach 20 Minuten scheidet man das gebildete Trinitroresorzin durch Eiswasser ab und reinigt es durch Umkristallisation aus kochendem Wasser. Man kann Resorzin auch auf einfachere Art, direkt durch Einwirkung von Nitriersäure in der Kälte, in die Trinitroverbindung überführen.

Die Oxypikrinsäure kristallisiert in gelben Prismen, die in Wasser, Alkohol und Äther löslich sind. Gleich der Pikrinsäure liefert sie mit Metallen explosive Salze, die Oxypikrate.

6. Nitronaphtole. Naphtol, das Phenol des Naphtalins, liefert bei Behandlung mit Salpetersäure einfach und höher

nitrierte Produkte, von denen aber nur ein einziges, das Dinitronaphtol $C_{10}H_5(NO_2)_2OH$ unter den Explosivkörpern bekannt geworden ist. Es hat jedoch, außer in der Farbenindustrie, noch keine industrielle Anwendung gefunden.

Sechster Teil.

Nitrierung aromatischer Amine.

Hexanitrodiphenylamin. Ausgehend von der Tatsache, daß eine chemische Verbindung sich dann am besten als Sprengstoff eignet, wenn nicht nur der gebundene Sauerstoff zur Verbrennung des Moleküls möglichst genügt, sondern auch der Stickstoffgehalt ein möglichst hoher ist, hat man in der aromatischen Körperklasse Umschau gehalten und gefunden, daß das Hexanitrodiphenylamin, welches als Ammoniumsalz den schon lange bekannten gelben Farbstoff „Aurantia" bildet, sich vorzüglich als Sprengstoff eignen müsse, was spätere Versuche dann vollauf bestätigt haben.

Das Hexanitrodiphenylamin, ein Diprikylamin, von der Konstitution

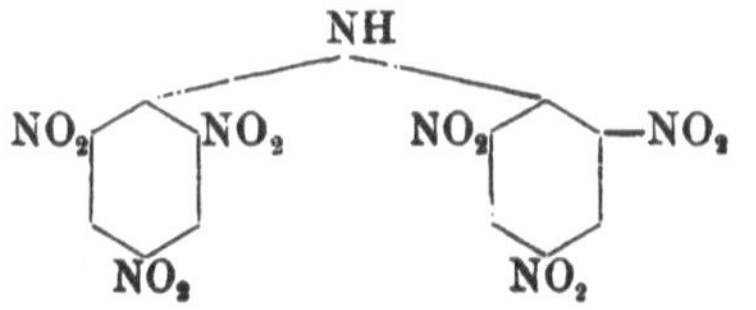

ist ein Körper von intensiv gelber Farbe und von sauren Eigenschaften, da das Wasserstoffatom der Imidogruppe durch die Anhäufung von 6 Nitrogruppen negativen Charakter bekommen hat. Die Alkalisalze des Hexanitrodiphenylamins sind von tiefdunkelroter Farbe.

Fabrikation des Hexanitrodiphenylamins.

2 kg gepulvertes Diphenylamin[1] werden allmählich und unter Umrühren in 20 kg Schwefelsäure von 98% H_2SO_4 eingetragen, wobei das Amin unter schwacher Temperaturerhöhung der Flüssigkeit in Lösung geht. Diese Lösung läßt man dann langsam (innerhalb 3 Stunden) in 20 kg Salpetersäure von 1·5 spezifischem Gewicht einfließen, welche sich in einem gußeisernen, mit Mantel versehenen Kessel befinden. Während des Einlaufens der schwefelsauren Lösung wird der Nitrierkessel durch kaltes Wasser gekühlt; außerdem muß für sorgfältiges Mischen der beiden Flüssigkeiten durch beständiges Umrühren mittelst eines Spatels Sorge

[1] Zeitschr. f. Sch. u. Spr. 1910, S. 15.

getragen werden. Nachdem die Schwefelsäurelösung vollständig in die Salpetersäure eingelaufen ist, wird noch ca. 1 Stunde gekühlt; etwa an die Oberfläche der Flüssigkeit steigende Knollen müssen untergetaucht werden, da sonst Entzündung eintritt. Hierauf beginnt man das im Kühlmantel befindliche Wasser durch Einleiten von Dampf anzuwärmen; sobald sich aber nitrose Dämpfe bemerkbar machen, unterbricht man den Dampfzutritt so lange, bis die heftig werdende Reaktion beendet ist. Hierauf erhitzt man das Wasser im Mantel allmählich zum Sieden und läßt dann, wenn keine Salpetergase mehr entweichen, erkalten.

Nach dem Erkalten schöpft man den Kesselinhalt in ein ca. 120 l kaltes Wasser enthaltendes Tongefäß, läßt absitzen, zieht die klare Flüssigkeit von dem pulverigen Niederschlag ab und bringt dann diesen auf ein wollenes Filter, auf dem man ihn erst mit kaltem, dann mit heißem Wasser bis zum Verschwinden der sauren Reaktion auswäscht.

Will man das Hexanitrodiphenylamin nicht in das Ammonsalz überführen, sondern als solches gewinnen, so schleudert man das Wasser, das noch in dem feuchten Niederschlag enthalten ist, möglichst ab und trocknet bei 50 bis 60°. 100 Teile Diphenylamin liefern ungefähr 170 Teile des Hexanitroprodukts.

Einen anderen vorteilhafteren Weg zur Gewinnung des Hexanitrodiphenylamins schlägt die Chemische Fabrik Griesheim (D.R.P. 86295 vom 12. Juli 1895) ein. Statt des Diphenylamins wird hier zunächst das asymmetrische Dinitrodiphenylamin aus Dinitrochlorbenzol und Anilin hergestellt und dieses dann zweckmäßig in zwei Phasen nitriert. Eine Beschreibung der technischen Darstellung des Hexanitrodiphenylamins auf Grundlage des eben erwähnten Patents ist in der Zeitschr. für Schieß- und Sprengstoffwesen 1913, S. 205 und 251, von Thomas Carter in London erschienen; sie ist in teilweiser Verkürzung im folgenden wiedergegeben:

Bringt man 1-2-4-Dinitrochlorbenzol und Anilin in bestimmten Verhältnissen zusammen, so tritt unter heftiger Wärmeentwicklung Bildung von Dinitrodiphenylamin und Salzsäure ein:

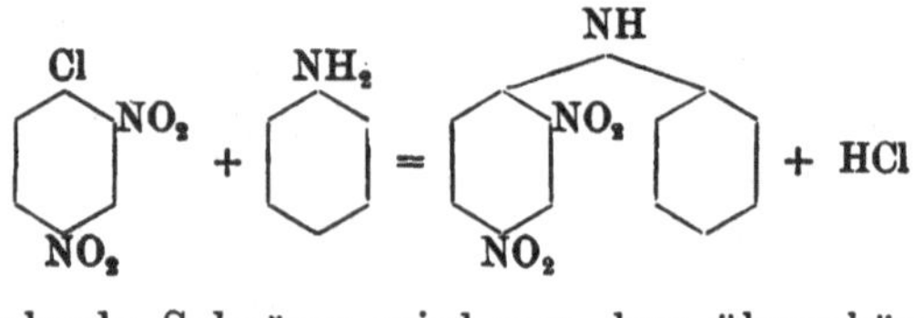

Die freiwerdende Salzsäure wird von dem überschüssigen Anilin gebunden, und das Amin erstarrt in kleineren oder längeren

Nadeln von dunkelroter Farbe; es wird nun von dem überschüssigen Anilin bzw. Anilinchlorid befreit und stellt jetzt das eigentliche Ausgangsmaterial für die technische Darstellung des Hexanitrodiphenylamins dar. Das Dinitrodiphenylamin des Handels bildet rote Nadeln von nicht unangenehmem, aromatischem Geruch, die bei 150 bis 153° schmelzen; es ist natürlich nie ganz rein, sondern enthält immer geringe Mengen Verunreinigungen. Die reine Verbindung schmilzt bei 156 bis 157°.

Die Nitrierung des asymmetrischen Dinitroproduktes zur Hexanitroverbindung geschieht in zwei Phasen, und zwar ohne Nitriersäure, sondern allein mit Salpetersäure, weil die Löslichkeit des Dinitrodiphenylamins in Schwefelsäure viel zu gering ist, um ein praktisches Ergebnis zu ermöglichen. Die Vornitrierung, die Überführung der Dinitroverbindung in das Tetranitrodiphenylamin geschieht mittels Salpetersäure von etwa 36° Bé, und zwar aus Zweckmäßigkeitsgründen in relativ kleinen Mengen, etwa 50 kg; die Hauptnitrierung, die Überführung der Tetranitroverbindung in das Hexanitrodiphenylamin mit Salpetersäure von 48° Bé.

Der erste Nitrierprozeß geschieht in Tonapparaten, da die dünne Salpetersäure Nitrierapparate aus Metall zu schnell zerfrißt; vorzüglich eignen sich hierzu die aus sogenannter Corundmasse bestehenden Steinzeugapparate der „Deutschen Ton- und Steinzeugwerke". Diese Gefäße sind gegen Temperaturunterschiede recht beständig; bei ordnungsgemäßer Bedienung ist ein Springen der Gefäßwandungen sehr selten. Je nach der Tagesleistung befinden sich 4, 8, 12 oder 16 gruppenweise nebeneinander angeordnete Tonapparate, die von allen Seiten recht bequem zugänglich sein müssen. Jeder Apparat wird mit 250 kg Salpetersäure von etwa 36° Bé beschickt und auf ca. 40° angewärmt; um sich das jedesmalige Abwägen zu ersparen, bringt man in jedem Apparat ein Zeichen an, bis wie hoch die Salpetersäurecharge reicht. Nun erfolgt das schaufelweise Eintragen des Dinitrodiphenylamins, was ungefähr 2 Stunden in Anspruch nehmen muß. Das Amin wird schnell von der Säure gelöst und die Temperatur steigt von selbst auf 90°. Das Eintragen muß so reguliert werden, daß, wenn diese Temperatur erreicht ist, sich alles Dinitrodiphenylamin in dem Apparate befindet; andernfalls kann sich ein Teil der Nitrierung entziehen. Ist die Bildung von Tetranitrodiphenylamin geschehen, so fällt dieses wegen seiner geringen Löslichkeit in der durch Wasserbildung verdünnten Salpetersäure aus; man beginnt nun vorsichtig zu kühlen, indem man das Kühlwasser nur in dem Maße in den Kasten fließen läßt, als der Temperaturunterschied zwischen Kühlwasser und Nitrierinhalt nicht mehr als 5° beträgt: auf diese Weise ist man vor Spannungen bzw. Rissen am Tonapparat sicher. Ist der Inhalt der Tonapparate auf 35 bis 30° abgekühlt, so wird auf die Nutschen abgelassen und das Nitriergut scharf abgesaugt; trotzdem bleiben aber immer noch 25 bis 30% Säure haften. — Die Zusammensetzung der Abgangssäuren wechselt zwischen 38 bis 46% HNO_3 und 2·6 bis 3·6% festem Rückstand. Auffällig ist der beträchtliche Rückstand; er bildet eine braune klebrige Masse, die größtenteils aus den Verunreinigungen des Dinitrodiphenylamins besteht.

Das isolierte Tetranitrodiphenylamin bildet kleine, mit bloßem Auge kaum sichtbare Nädelchen von schmutzig gelber Farbe; der Schmelzpunkt schwankt gewöhnlich zwischen 180 und 190°. Da der Körper kein Interesse bietet, wird er nicht isoliert, sondern samt der anhaftenden Säure der nun folgenden Hauptnitrierung unterworfen. Diese Operation wird in einem großen, emaillierten Gußeisenapparat vorgenommen, und zwar wird das Nitriergut von mehreren Vornitrierungen zusammen fertig nitriert. Zu diesem Behufe werden 900 kg Salpetersäure von 48° Bé in den Nitrierapparat eingelassen und auf 40° vorgewärmt, dann erfolgt das Eintragen des sauren Tetranitrodiphenylamins, wobei die Temperatur allmählich auf 85 bis 90° steigt. Sollte diese Temperatur etwa nicht erreicht werden, so muß mit Dampf nachgeholfen werden; bei dieser Temperatur verbleibt das Ganze nun noch einige Stunden unter ständigem Rühren. Unter Bildung nitroser Gase tritt die Überführung in die Hexanitroform ein, und in dem Maße wie dieser Prozeß fortschreitet, vollzieht sich das Auskristallisieren aus der sich mehr und mehr verdünnenden Salpetersäure. Nach einigen Stunden ist der Nitrierprozeß vollendet und man läßt nun in den äußeren Mantel Kühlwasser eintreten. Bei Normaltemperatur läßt man das ausgeschiedene Produkt auf die Nutschen ab und trägt Sorge, daß auch hier die Säure möglichst entfernt wird.

Die physikalische Form des Hexanitrodiphenylamins kann sehr verschieden sein: mulmig locker, kompakt klebrig, deutlich kristallinisch, spezifisch leicht und spezifisch schwer usw. Diese Formen sind in der Hauptsache abhängig von der Art und Weise des Eintragens und des Kühlens, sowie auch des Abnutschens, bei gleichem Rohmaterial und gleichen Mengenverhältnissen. Für die spätere Verarbeitung, z. B. in der Presse, ist es nun sehr wichtig, immer ein Produkt von ziemlich gleichbleibender äußerer Beschaffenheit zu erhalten; es ist daher unumgänglich nötig, daß der Arbeiter die einmal als richtig ausgearbeitete Methode auf das genaueste innehält, was zu erreichen nicht allzu schwer fällt. Fallen die einzelnen Chargen allzu verschieden voneinander aus, so liegt das in den meisten Fällen am Aufsichtspersonal.

An diese Darstellung des Hexanitrodiphenylamins schließt sich nun der Waschprozeß des Nitrokörpers an. Das auf Nutschen gut abgesaugte Material wird von einem gewissen Quantum Wasser gedeckt, um die Hauptmenge der noch anhaftenden Salpetersäure zurückzugewinnen. Die Abgangssäure der Hauptnitrierung hat ca. 36 bis 40° Bé und wird zweckmäßig anstatt frischer Salpetersäure zur Vornitrierung verwendet; sie enthält immer noch einige Prozent Nitrokörper gelöst, die durch Zusatz von Wasser abgeschieden werden. Die anfänglich gelbe Farbe der durch Wasser ausgeschiedenen Produkte geht sehr bald in eine braune Nuance über, herrührend von den Verunreinigungen, die dem Hexanitrodiphenylamin eine klebrige Konsistenz verleihen; man verfährt daher, zwecks gründlicher Entfernung dieser schädlichen Nebenprodukte, derart, daß man das gut abgenutschte Produkt von der Hauptnitrierung her nicht sofort mit Wasser, sondern zuerst mit Salpetersäure von 40 bis 48° Bé, danach mit einer schwächeren und zuletzt mit Wasser deckt. Man bringt nun das von der Hauptmenge der Säure befreite Nitroprodukt in einen größeren, mit Rührer versehenen Waschbehälter, setzt dem Waschwasser noch etwas Salzsäure zu, um die Kalksalze zu binden, saugt mittels der Saugpumpe ab und erneuert das Wasser, bis es neutral ist. Das neutralgewaschene Hexanitrodiphenylamin wird endlich in Zentrifugen entwässert und dann auf Hürden im Trockenhause bei 80 bis 95° getrocknet.

Wie schon erwähnt, stellt das Hexanitrophenylamin ein rein gelbes kristallinisches Pulver dar, für welches bis jetzt noch keine praktische Umkristallisierungsmethode gefunden werden konnte, da dieser Nitrokörper in Äther, Benzol, Alkohol usw. unlöslich ist. Außer Eisessig ist Salpetersäure von 48° Bé noch das beste Lösungsmittel. Hexanitrodiphenylamin besitzt keinen Schmelzpunkt; dieser ist vielmehr mit dem Zersetzungspunkt, der zwischen 240 und 250° liegt, identisch. — Eine unangenehme Eigenschaft dieses Nitrierkörpers ist seine Giftigkeit, die derjenigen des Trinitroglyzerins ähnlich ist, diese aber in der Art und Wirkungsweise noch übertrifft; es können heftige Hautentzündungen mit Brandwunden und Blasen entstehen, ferner Einwirkungen auf die Schleimhäute des Mundes, der Nase und der Lunge, die äußerst schmerzhaft und schädlich sind.

Polynitroaniline.

Unter diesem Namen seien die in jüngster Zeit entdeckten und zum Teil schon fabrikatorisch dargestellten nitroaromatischen Verbindungen zusammengefaßt, die sich alle entweder vom Anilin selber oder von dessen mono- oder di-alphylierten Derivaten, durch Eintritt von 3 oder 4 oder 5 Nitrogruppen ableiten. Wie man beim Hexanitrodiphenylamin schon darauf ausgegangen war, das aromatische Molekül möglichst sauerstoff- und stickstoffreich zu machen, um bei der Detonation dieser Verbindungen einen möglichst hohen Vergasungseffekt zu erzielen, so suchte man mit diesen Polynitroanilinen dem Ideal noch näher zu kommen. Darunter gehören die vom Anilin abgeleiteten Verbindungen:

1. Trinitranilin.
2. Tetranitromethylanilin (richtiger Trinitrophenylmethylnitramin).
3. Tetranitranilin mit den Derivaten
   a) Tetranitrophenylmethylnitramin oder Methylnitrotetranitranilin.
   b) Acetyltetranitranilin.
   c) Trinitroaminophenol (1:2:4:6).
   d) Trinitroaminoanisol.
   e) Trinitroaminophenetol.
   f) Trinitrodiaminobenzol (1:2:4:6).

1. Trinitranilin oder Pikramin von der Formel

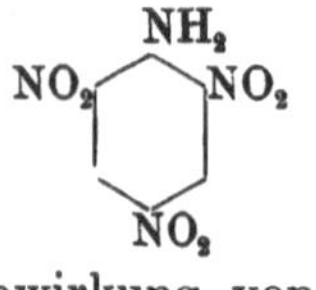

wird hergestellt durch Einwirkung von Ammoniak auf Chlor-2,4,6-Trinitrobenzol. Es bildet dunkelgelbe monokline Tafeln vom F.P. 188°. Seiner Bildungsweise nach gehört das Trinitranilin nicht zu der Gruppe der Polynitroaniline, da es nicht wie diese durch Nitrieren des Anilins, sondern durch Amidieren der entsprechenden Trinitrochlorverbindung erhalten wird.

2. Tetranitromethylanilin, abgekürzt auch Tetril oder Tetralit genannt, ist nicht, wie sein Name fälschlicherweise besagt, ein Anilin mit vierfach nitriertem Phenyl, sondern ein Trinitrophenylmethylnitramin von der Formel

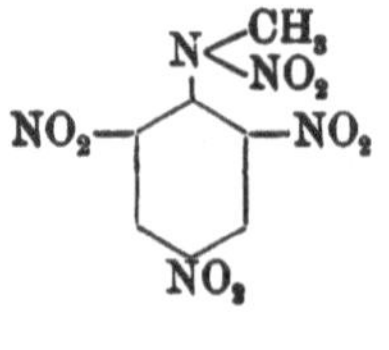

Es befinden sich also drei Nitrogruppen im Benzolring, und zwar in m-Stellung zueinander, während die vierte Nitrogruppe an Stelle einer Methylgruppe in die $-N(CH_3)_2$-Gruppe getreten ist. Alle vier Nitrogruppen werden direkt und in einer Operation eingeführt, was technisch bisher noch mit keiner anderen aromatischen Verbindung möglich war.

$$C_6H_5 \cdot N\genfrac{}{}{0pt}{}{H}{CH_3} + 4\,HNO_3 = C_6H_2(NO_2)_3N\genfrac{}{}{0pt}{}{NO_2}{CH_3} + 4\,H_2O.$$

Fabrikation des Tetranitromethylanilins.[1]

Ausgangsmaterialien zur Herstellung des Tetranitromethylanilins sind möglichst reines Monomethyl- oder Dimethylanilin, hochprozentige Schwefelsäure von 97 bis 98% Monohydrat und Salpetersäure von 47° Bé. Bei der Fabrikation verfährt man nun folgendermaßen:

1000 kg wasserhelle, also bleifreie Schwefelsäure von ca. 97 bis 98% H_2SO_4-Gehalt werden in einen emaillierten Kessel mit Rührwerk, das ebenfalls emailliert ist, eingefüllt, und dazu in dünnem Strahl unter Rühren und guter Kühlung 100 kg Dimethylanilin einlaufen gelassen. Bald nimmt die Lösung eine hellbraune Farbe an, die aber unter keinen Umständen so dunkel gefärbt sein darf, daß man nicht mehr bequem durch eine Schicht von etwa 5 cm hindurchsehen kann. Allzu dunkle Färbung deutet meist auf schlechte Kühlung und allzu schnellen Einfluß des Dimethylanilins in Schwefelsäure; sodann ist es empfehlenswert, die Dimethylanilin-Schwefelsäure baldigst zu verbrauchen, da sie beim Stehen nachdunkelt. Andernfalls setzt man sich in beiden Fällen der Gefahr aus, daß das resultierende Tetranitromethylanilin dunkelgelb bis braun ausfällt, was auch durch wiederholtes Umkristallisieren nie wieder abgeändert werden kann. Ist alles Dimethylanilin eingeflossen, so gelangt die kalte Lösung in ein Druckfaß, von wo aus sie zum Nitrierapparat gedrückt werden kann.

Fig. 15 soll schematisch die Darstellung des Tetranitromethylanilins vorführen, wobei zu bemerken ist, daß die einzelnen Apparate nicht allzu genau abgemessen sind. Die abgewogene Schwefelsäure wird in das Druckfaß *I* aus Ton eingefüllt und durch das Steigerohr nach dem Kessel *III* gedrückt. In dasselbe Gefäß kommt das Dimethylanilin, das aber in das Tongefäß *II* geleitet wird, von wo aus es in die Schwefelsäure fließt (Kessel *III*). Die kalte Dimethylanilin-Schwefelsäurelösung ge-

---

[1] Zeitschr. f. Sch. u. Spr. 1912, S. 445.

langt nach Bottich *IV*, der innen verbleit ist, und wird nun nach Gefäß *II* gedrückt, um von hier aus in den Nitrierapparat *III* zu fließen.

Das Nitrieren kann in einem besonderen Nitrierapparat vorgenommen werden oder, wie es nach dieser Anordnung geschieht, in demselben Apparat, in dem das Dimethylanilin mit der Schwefelsäure zusammengebracht wurde. Fig. 16 veranschaulicht einen solchen, für jene zwei Operationen geeigneten Apparat. Er besteht aus einem emaillierten Doppelkessel, dessen Außenmantel rechts und links zwei Stutzen zum Ein- und Austritt von Dampf und Kühlwasser trägt. Unten befindet sich eine Öffnung zum Ablassen der fertigen Charge; sodann gewahrt man auf dem Deckel ein Mannloch zur Ableitung der nitrosen Gase in die Absorptionstürme.

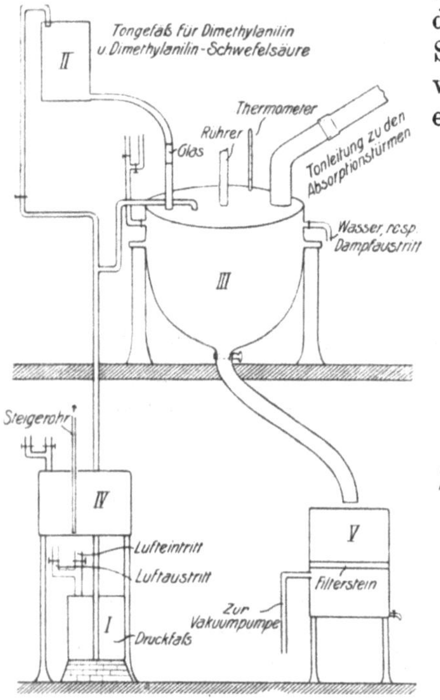

Fig. 15. **Apparat zur Darstellung des Tetranitromethylanilins.**

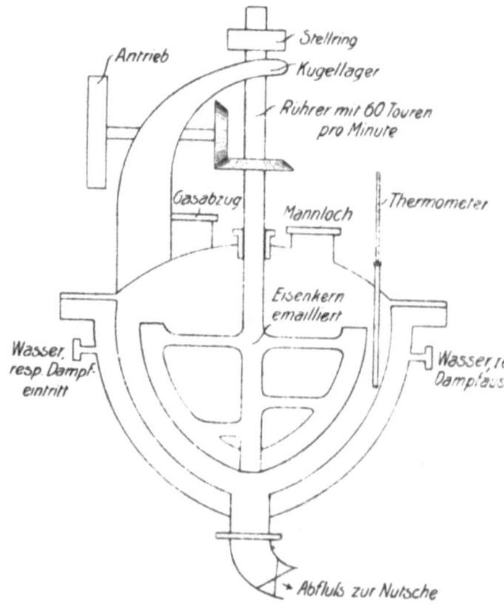

Fig. 16. **Nitrierapparat.**

Der Nitrierprozeß vollzieht sich nun, indem man zu 530 kg Salpetersäure von 47° Bé im Nitrierapparat die Dimethylanilin-Schwefelsäure in dünnem Strahle zufließen läßt, nachdem man die Salpetersäure vorher auf 40° erwärmt hat. Es tritt eine heftige Reaktion ein, und es muß stark gekühlt werden. Anfangs kann man die Temperatur allmählich bis 44° steigen lassen, aber nicht höher; erst wenn etwa $^2/_3$ der Schwefelsäurelösung eingeflossen sind, darf die Temperatur wieder weiter ansteigen, und zwar bis zu 55°. Der Gesamtzufluß dauert 8 bis 9 Stunden, nimmt also bei den geringen Mengen recht viel Zeit in Anspruch. Ist alles eingeflossen, so läßt man noch etwa 2 Stunden bei 53 bis 55° nachrühren, um die Nitrierung vollständig zu machen.

Die in dem Nitrierapparat sich abspielenden Reaktionen mögen ungefähr folgendermaßen zusammenzufassen sein. Das basische Dimethylanilin wird von der Schwefelsäure zu Salz gebunden, und beim Zusammentreten mit der Salpetersäure treten Nitrogruppen ein, wodurch der basische Charakter des Dimethylanilins verschwindet und die Schwefelsäure freigelassen wird. Nun erfolgt die Oxydation einer Methylgruppe und der gleichzeitige Eintritt einer vierten Nitrogruppe, wovon das heftige Aufschäumen beim Nitrieren zeugt. Selbstverständlich treten auch Nebenreaktionen auf. Ist nun ein Teil Tetranitromethylanilin fertig, so erfolgt seine Abscheidung bzw. dessen Auskristallisation; die Form des Produktes richtet sich dabei nach der Stärke der angewandten Salpetersäure, und zwar so, daß bei Anwendung von 48grädiger Salpetersäure das Tetranitromethylanilin grobkristallinisch ausfällt und sich in diesem Zustande sehr schwer auswaschen läßt, was gerade bei diesem Sprengstoff sehr wichtig ist. Man wendet daher eine 47grädige Salpetersäure an, weil die Kristalle viel feiner ausfallen. — Ist der Nitrierungsprozeß beendet, so wird auf Normaltemperatur abgekühlt, und über Nacht setzt sich das spezifisch leichtere Tetranitromethylanilin an der Oberfläche ab. Am anderen Morgen läßt man die klare Abgangssäure abfließen; sie hat folgende Zusammensetzung (Mittel): Bé = 62°, H_2SO_4 = 74·04%, HNO_3 = 11·05%, NO_2 = 2·58% und Nitrokörper = 0·24%. Aus 100 kg Dimethylanilin erhält man rund 210 kg gewaschenes Rohtetranitromethylanilin. Nachdem keine Säure mehr entfernt werden kann, wird das saure Produkt mit verdünnter Schwefelsäure auf Nutschen gespült und hier ein paarmal mit verdünnter Schwefelsäure gewaschen und gelangt dann auf die eigentlichen Waschnutschen, wo es unter gutem Umrühren neutral gewaschen und dann im Trockenhaus getrocknet wird. Das neutral gewaschene Tetril hat im rohen Zustand gewöhnlich einen E.P. von 126 bis 127°; es erleidet bei längerem Stehen eine allmähliche Zersetzung und darf daher in keinem Fall ohne vorherige Umkristallisation verwendet werden.

Das beste Umkristallisiermittel für Roh-Tetranitromethylanilin ist reines Benzol. Ungefähr 1850 l Benzol werden in einen doppelwandigen, emaillierten Lösekessel eingelassen und

500 kg Rohtetril mit Schaufeln eingefüllt. Hierauf erhitzt man den ganzen Inhalt zum Sieden, bis vollständige Lösung eingetreten ist; das verdampfende Benzol wird mittelst eines aufmontierten Rückflußkühlers immer wieder zurückgeleitet. Ist alles gelöst, so findet Filtrieren statt, und das klare Filtrat fließt in das mit einem Kühlmantel versehene Kristallisiergefäß ; das Tetranitromethylanilin kristallisiert aus, setzt sich auf den Boden und wird dann auf Nutschen abgelassen, wo es gut abgesaugt und ein paarmal gedeckt wird. Es verbleiben immer noch 10 bis 13% Benzol beim Tetranitromethylanilin, die im Trockenhause verloren gehen; in sachgemäß geleiteten Fabriken wird man daher dem Trocknen auf der Nutsche den Vorzug geben, um so mehr, als damit nicht nur jener Rest des Benzols wiedergewonnen wird, sondern daß auch die für die Arbeiter sehr gesundheitsschädigenden Dämpfe von benzolfeuchtem Tetril gänzlich wegfallen. Die Ausbeute beträgt rund 87%.

Das Benzol der Mutterlaugen wird durch Destillation wiedergewonnen; wegen der explosionsgefährlichen Fremdkörper und Verunreinigen im Rückstand ist es jedoch angezeigt, die Destillationstemperatur nicht über 100° steigen zu lassen; man gibt deshalb ein größeres Quantum Wasser hinzu und ist so sicher, daß obige Grenze nicht überschritten wird. Der Destillationsrückstand ist für irgendwelche Verwendung unbrauchbar und wird am besten verbrannt.

Das reine Tetranitromethylanilin hat ungefähr das Aussehen von Mehl, aber mit einem geringen Stich ins Gelbliche. Sein Schmelzpunkt liegt bei 129 bis 130°. Es is stark giftig, so daß bei seiner Fabrikation die hygienischen Vorkehrungen noch genauer beobachtet werden müssen als bei den anderen nitroaromatischen Verbindungen. Beim Erhitzen auf höhere Temperatur explodiert es; gegen mechanische Einwirkung ist es jedoch bedeutend weniger empfindlich als Hexanitrodiphenylamin.

3. Tetranitranilin. Dieses neue Polynitroderivat der aromatischen Reihe ist vor einigen Jahren von Dr. B. Flürscheim entdeckt und als vierfach nitriertes Anilin nachgewiesen worden, von der Formel

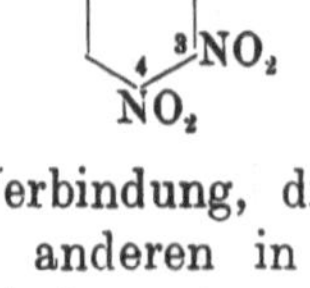

Tetranitranilin ist eine Verbindung, die sich infolge ihrer Zusammensetzung vor allen anderen in der Sprengstoffindustrie bisher angewandten Verbindungen am besten als Sprengstoff

eignet: einesteils besitzt sie den größten Stickstoffgehalt (25·6%) und andernteils fehlt ihr zur inneren Verbrennung, im Vergleich zu allen gebräuchlichen Explosivkörpern, am wenigsten Sauerstoff, weshalb denn auch Tetranilin jedes andere Sprengmittel effektiv übertrifft.

Die Darstellung wie auch die Verwendung des Tetranilins als Explosivstoff ist vom Entdecker durch Patente in vielen Staaten geschützt worden; über die Gewinnung des Tetranitranilins sei den D.R.P. 241697 und 243079 vom 8. und 10. Juli 1910 (entsprechend den englischen Patenten 3224/1910 und 3907/1910) folgendes entnommen:

Wird m-Nitranilin mit einem Gemisch von Schwefelsäure und Salpetersäure behandelt, so treten unter geeigneten Bedingungen drei weitere Nitrogruppen in den Benzolring ein und es bildet sich Tetranitranilin. Statt vom m-Nitranilin kann man auch von dessen Derivaten ausgehen, so von Acetyl-m-Nitranilin oder von 1-Amido-3-Nitro-4-Sulfanilsäure oder anderen, oder auch vom Anilin selbst, ohne ein Zwischenprodukt zu isolieren; doch ist im letzteren Falle die Ausbeute bedeutend geringer, da zunächst neben der meta-Verbindung auch o- und p-Nitranilin entstehen, die nicht in die Tetranitroverbindung übergeführt werden können. Industriell kommt daher ausschließlich nur Metanitranilin als Ausgangsmaterial in Betracht; es wird in beinahe theoretischer Ausbeute durch partielle Reduktion von Handelsdinitrobenzol mit einer wässerigen Alkalibisulfidlösung oder durch Behandlung von Anilinnitrat[1] mit konz. Schwefelsäure erhalten.

Zur Nitrierung löst man 1 Teil m-Nitranilin und 3 Teile Kalisalpeter in 36 Teilen konzentrierter (98%iger) Schwefelsäure unter Kühlung und erwärmt dann das Ganze auf 70 bis 80°, verhindert aber ein Weitersteigen der Temperatur durch äußere Kühlung; der Prozeß ist in wenigen Minuten beendet, und das Tetranitranilin scheidet sich beim Erkalten aus. Aber auch bei niedrigen Temperaturen verläuft der Nitrierungsprozeß, wenn auch langsamer, so doch vollständig zufriedenstellend; die Kontrolle der Reaktion gestaltet sich dann außerordentlich einfach, so daß große Mengen auf einmal mit völliger Sicherheit nitriert werden können. Nach beendigter Reaktion wird das aus dem Säuregemisch abgeschiedene Tetranitranilin filtriert, mit Wasser gewaschen und z. B. bei 100° getrocknet.

Es bildet so ein in Wasser praktisch unlösliches Pulver von intensiv gelber Färbung.

---

[1] D.R.P. 30889.

Derivate des Tetranitranilins.

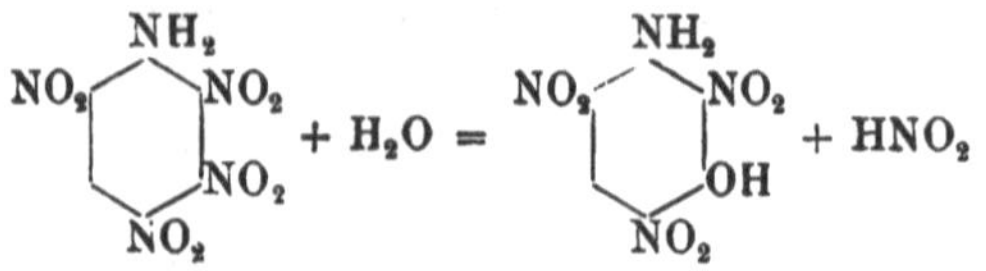

Kocht man Tetranitranilin mit Wasser, so bildet sich Trinitroamidophenol in gelben Kristallen vom F.P. 174 bis 175°. Andere hydroxylhaltige Reagentien wirken in ähnlicher Weise ein; so entsteht beim Erhitzen mit absolutem Alkohol

Trinitroamidophenetol, in blaßgelben Kristallen vom F.P. 107 bis 108°.

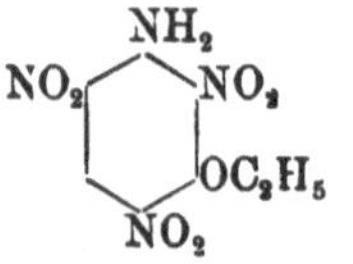

Mit Methylalkohol entsteht Trinitroaminoanisol

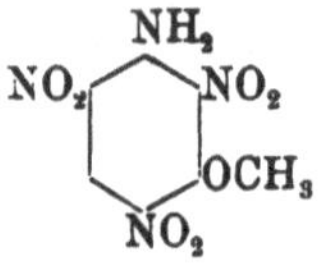

in Form zitronenfarbiger Kristalle vom F.P. 131°. Außerdem können Trinitroamidoanisol und Trinitroamidophenetol nach dem englischen Patent 18777 vom 11. Juli 1912 (J. B. Flürscheim: Verfahren zur Darstellung von Explosivstoffen) auch nach einer anderen Methode erhalten werden, und zwar, indem man 2-4-6-Trinitro-1-3-dichlorbenzol mit einem Molekül Alkalihydrat in absolutem Methyl- bzw. Äthylalkohol kocht und hierauf einen Strom Ammoniakgas so lange in die kochende Lösung einleitet, bis das in 3-Stellung befindliche Chloratom durch NH_2 ersetzt ist. Amine wirken ähnlich auf Tetranitranilin ein, so entsteht leicht

Trinitrodiaminobenzol

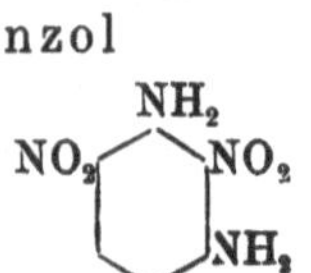

F.P. 275°.

Einige dieser Derivate kommen für die Zwecke der Sprengstofftechnik in Betracht. Dazu gehören ferner das Acetyltetranitranilin, F.P. 170°, dargestellt durch Erwärmen von Tetranitranilin mit Essigsäureanhydrid und wenig Schwefelsäure und das fünffach nitrierte Anilinderivat Methylnitrotetranitranilin

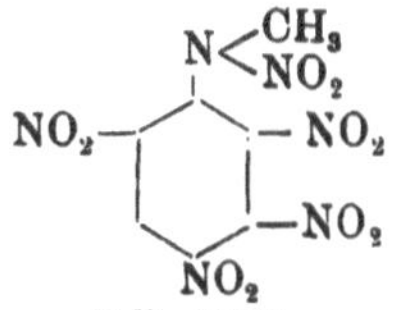

F.P. 145°.

Siebenter Teil.

Nitrierung aromatischer Verbindungen verschiedener Zusammensetzung.

Hexanitrodiphenylsulfid. Die Darstellung von Nitroderivaten des Phenylsulfids $C_6H_5-S-C_6H_5$ erfolgt durch Umsetzung von nitrierten Chlorbenzolen mit Schwefelalkalien. Diese Methode ergibt sehr viele Übelstände und schlechte Ausbeuten. Eine bessere Darstellungsweise, und zwar für das 2-4-2'-4'-Tetranitrodiphenylsulfid, ist aus der Patentschrift 94077 bekannt geworden; die daselbst beschriebene Methode beruht auf der Umsetzung von 2 Molekülen 1-Chlor-2-4-Dinitrobenzol mit 2 Molekülen Thiosulfat nach der Gleichung:

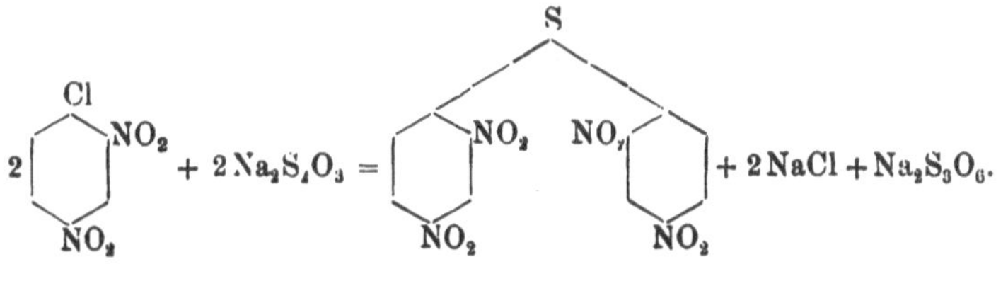

Versucht man auf gleiche Weise durch Einwirkung von Thiosulfaten auf 1-Chlor-2-4-6-trinitrobenzol zu dem 2-4-6-2'-4'-6'-Hexanitrodiphenylsulfid zu gelangen, so erhält man nur ein dunkelbraunes Produkt, das nicht die gewünschte Verbindung darstellt.

Nun hat die Sprengstoff-A.-G. Carbonit in Hamburg (D.R.P. 275037 vom 18. Mai 1914) gefunden, daß man die Hexaverbindung darstellen kann, wenn man an Stelle von 2 Molekülen Thiosulfat nur 1 Molekül Thiosulfat auf 2 Moleküle Chlornitrobenzol einwirken läßt und die Umsetzung in umgekehrter Reihenfolge, wie in der oben genannten Patentschrift angegeben, vornimmt. Die Reaktion verläuft dann nach der folgenden Formel:

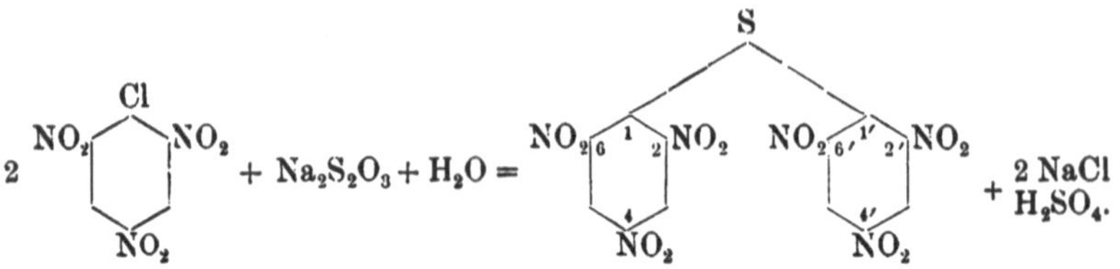

Da durch die frei werdende Schwefelsäure eine sekundäre Einwirkung auf das Thiosulfat stattfindet, ist es erforderlich, die Säure zu neutralisieren, was leicht durch Zusatz von Karbonaten der Alkalien, Erdalkalien und des Magnesiums geschehen kann. Die Umsetzung ist also eine völlig andere als bei dem aus der oben erwähnten Patentschrift bekannten Verfahren, und es liegt eine ganz neue, nicht vorauszusehende Reaktion vor. Der erfinderische Gedanke liegt darin, daß man die durch die im 1-Chlor-2-4-6-trinitrobenzol enthaltene dritte Nitrogruppe bedingte leichtere Reaktionsfähigkeit des Chloratoms durch Anwendung nur eines Moleküls Thiosulfat ausnutzt.

Die technische Darstellung des Hexanitrodiphenylsulfids geschieht nach folgendem Beispiel:

100 kg 1-Chlor-2-4-6-trinitrobenzol und 19 kg Magnesiumkarbonat werden in einem mit Rückflußkühler versehenen Kessel mit der vierfachen Menge Alkohol zum Sieden erhitzt und langsam unter stetem Rühren und Erhitzen mit 50 kg Natriumthiosulfat versetzt. Die Umsetzung erfolgt glatt unter lebhafter Kohlensäureentwicklung. Das ausgeschiedene 2-4-6-2'-4'-6'-Hexanitrodiphenylsulfid wird in einer Zentrifuge abgeschleudert, mit Alkohol, verdünnter Salzsäure und Wasser gewaschen und getrocknet. Die Ausbeute beträgt etwa 90% der Theorie.

Über die Herstellung des Hexanitrosulfobenzids und des Hexanitrodiphenyloxyds vgl. die Patente im dritten Abschnitt, Seite 81 und 82.

Achter Teil.

Nitrierung von Kohlenwasserstoffen der Fettreihe.

Nitroparaffine.

In neuester Zeit ist es den Bemühungen der Sprengtechniker endlich gelungen, die überaus indifferenten, reaktionsträgen Paraffine der Nitrierung zugänglich zu machen. Besonderes Interesse beanspruchen die beiden ersten Kohlenwasserstoffe der Fettreihe, das Methan und Äthan, welche nach technisch ausführbaren Methoden in die Tetra- bzw. Hexanitroverbindung übergeführt werden können. Indessen haben diese Verbindungen in der Sprengtechnik bisher noch keine Anwendung gefunden, obwohl solche unempfindliche, sauerstoffreiche organische Körper alle Aussicht auf eine derartige Verwertung haben sollten. Ferner sind auch die Fettkohlenwasserstoffe des Petroleums durch direkte Nitrierung von Erdölfraktionen in Nitroprodukte umgewandelt worden.

1. Nitromethane.

Der einfachste Kohlenwasserstoff der Paraffinreihe, das Methan, bildet folgende Nitrosubstitutionsprodukte:

Mononitromethan CH_3NO_2
Dinitromethan $CH_2(NO_2)_2$
Trinitromethan $CH(NO_2)_3$ (Nitroform)
Tetranitromethan $C(NO_2)_4$.

Mononitromethan. Nitroderivate der fetten Kohlenwasserstoffe sind — im Gegensatz zu den aromatischen Kohlenwasserstoffen — im allgemeinen durch Nitrieren nicht zu erhalten; sie lassen sich jedoch nach der von Viktor Meyer im Jahre 1872 gefundenen Methode durch Einwirkung von Silbernitrat auf die Jodsubstitutionsprodukte der Kohlenwasserstoffe, in diesem Falle Jodmethan, erhalten:

$$CH_3J + AgNO_2 = CH_3NO_2 + AgJ\,.$$

Das entstandene Nitromethan besitzt saure Eigenschaften, ist tautomer und reagiert gemäß der Nitrolsäure

$$CH_3NO_2 \rightleftarrows CH_2NOOH\,.$$

Das Natriumsalz ist explosiv und explodiert beim geringsten Stoß; das Ammoniumsalz schmilzt zwischen 60 und 70° und explodiert bei 110°. CH_2NOONa gibt mit Quecksilberchlorid Knallquecksilber. Wie alle Nitroparaffine liefert Nitromethan mit kaustischen Alkalien das entsprechende Salz, während die isomeren Salpetersäureester unter gleichen Bedingungen verseift werden.

Während die Viktor-Meyersche Reaktion von Silbernitrit auf Jodparaffin bei Methan außerordentlich gut und unter ausschließlicher Bildung von Nitromethan verläuft, bilden sich bei den höheren Homologen stets gleichzeitig die den Nitrokörpern isomeren Salpetrigsäureester. Bei Anwendung der primären Halogenalkyle aus den drei ersten Reihen vollzieht sich die Reaktion noch glatt; dagegen werden weniger gute Ausbeuten bei der Darstellung der sekundären Verbindungen erzielt. Bei der Einwirkung von Silbernitrit auf die tertiären Halogenalkyle werden nur geringe Mengen der Nitroverbindungen erhalten; die Bildung der Nitrite überwiegt hier bedeutend.

Das Nitromethan und seine Homologen sind farblose, in Wasser fast unlösliche, unzersetzt destillierbare Flüssigkeiten von eigentümlich angenehmem Geruch. Die niederen Glieder sind schwerer als Wasser; mit steigendem Molekulargewicht nimmt das spezifische Gewicht ab, so daß Nitrobutan bereits leichter als Wasser ist.

Nitromethan CH_3NO_2 S.P. 101°
Nitroäthan $C_2H_5NO_2$ S.P. 113—114°
Nitropropan $CH_3—CH_2—CH_2—NO_2$ S.P. 125—127°
Isonitropropan $(CH_3)_2—CH—NO_2$ S.P. 117—119°
Prim. norm. Nitrobutan $CH_3—CH_2—CH_2—CH_2—NO_2$ S.P. 151—152°
Prim. Isonitrobutan $(CH_3)_2—CH—CH_2—NO_2$ S.P. 137—140°
Sekund. Nitrobutan $CH_3—CH_2—C{<}^{H}_{CH_3}—NO_2$ S.P. 138°
Tertiäres Nitrobutan $(CH_3)_3—C—NO_2$ S.P. zwischen 110—130°

Trinitromethan $CH(NO_2)_3$, bekannt unter dem Namen Nitroform, entsteht als Ammoniumsalz (in Wasser lösliche gelbe Kristalle) bei der Einwirkung von Wasser oder Alkohol auf Trinitroacetonitril;

$$(NO_2)_3C—CN + 2H_2O = (NO_2)_3C—COONH_4 \downarrow (NO_2)_3C \cdot NH_4 + CO_2,$$

ferner durch direkte Einwirkung von Salpetersäure auf Acetylen. Bei der Darstellung hat man die größte Vorsicht zu beobachten. Das freie Nitroform ist farblos, erstarrt unterhalb 15°, riecht sehr unangenehm, ist in Wasser ziemlich leicht mit dunkelgelber Farbe löslich und explodiert bei raschem Erhitzen heftig. Das Ammoniumsalz detoniert bei 200°.

Tetranitromethan $C(NO_2)_4$ wurde 1861 von Schischkow[1] aus Nitroform durch Nitrierung mit Salpeterschwefelsäure dargestellt. Es stellt eine farblose, leicht bewegliche, in Wasser unlösliche Flüssigkeit dar, die bei + 13° kristallinisch erstarrt. Tetranitromethan siedet unzersetzt bei 126° und ist merkwürdigerweise beständiger als Nitroform.

Die Darstellung des Tetranitramethans geschieht heute im Großen nach mehreren technisch ausgearbeiteten Verfahren. Das erste Verfahren dieser Art stammt von Dr. Conrad Claessen (D.R.P. 184229 vom 5. November 1905). Darnach werden die

[1] Ann. Bd. 119, S. 248.

beim Erhitzen von aromatischen Kohlenwasserstoffen oder deren Nitroderivaten mit hochprozentiger oder schwefelsäureanhydridhaltiger Salpeterschwefelsäure entstehenden gas- und dampfförmigen Produkte in der für die Isolierung wasserunlöslicher organischer Substanzen üblichen Weise auf Tetranitromethan verarbeitet. Dr. R. Schenck gibt im D.R.P. 211198 vom 28. Januar 1908 ein Verfahren aus Essigsäureanhydrid und Salpetersäureanhydrid an. Man setzt bei einer Temperatur unter 40° zu Stickstoffpentoxyd (event. bei Anwesenheit eines Verdünnungsmittels) Essigsäureanhydrid in kleinen Portionen zu; es findet unter diesen Bedingungen direkte Bildung von Tetranitromethan statt. Das Reaktionsprodukt wird dann der fraktionierten Destillation unterworfen; das Tetranitromethan geht vollständig in den Verlauf über und scheidet sich beim Eingießen in Wasser als schweres Öl ab. — Nach dem Zusatzpatent 211199 vom 23. Juni 1908 verwendet Schenck als Verdünnungsmittel Stickstofftetroxyd, welcher Stoff, neben seiner Eigenschaft das Salpetersäureanhydrid zu lösen, noch den großen Vorteil hat, daß er infolge seines niedrigen Siedepunktes eine plötzliche, unzulässige Temperaturerhöhung durch seine Verdampfung verhütet. Nach einem Verfahren der Elberfelder Farbwerke (D.R.P. 224057 vom 25. Dezember 1908) erhält man Tetranitromethan in glatter, ruhiger Reaktion, wenn man Essigsäureanhydrid in reine, hochkonzentrierte Salpetersäure bei 15 bis 50° einlaufen läßt. Das Reaktionsprodukt wird auf Eis gegossen; die öligen Tropfen des Tetranitromethans werden dann mit Wasserdämpfen abgetrieben. Der Vorgang ist noch nicht aufgeklärt; er scheint weder über Diacetyl-ortho-Salpetersäure noch über Acetylnitrat zu gehen.

2. Nitroäthane.

Vom Äthan sind bisher folgende Nitroverbindungen dargestellt worden:

Mononitroäthan $CH_3—CH_2—NO_2$ S.P. 113—114°
1.1-Dinitroäthan $CH_3—CH(NO_2)_2$ S.P. 185—186°
Tetranitroäthan $C_2H_2(NO_2)_4$
Hexanithroäthan $C_2(NO_2)_6$.

1.1-Dinitroäthan ist ein farbloses, in Wasser schwer lösliches Öl von schwach alkoholischem Geruch und einem spezifischen Gewicht von 1·350 bei 23·5°. Das Kaliumsalz bildet reingelbe Kristalle, löst sich in 19·4 Teilen Wasser von 12° und explodiert schon bei leisem Schlag sehr heftig.

Tetranitroäthan ist sehr unbeständig und nur in Form

des Kaliumsalzes $C_2K_2(NO_2)_4$ bekannt. Das Tetranitrāthankalium wurde zuerst von Scholl[1] aus Brompikrin dargestellt; heute wird es als Ausgangsprodukt für die Gewinnung der Hexanitroverbindung benutzt. Das Salz kristallisiert aus Wasser in kleinen gelben Kristallen, die getrocknet, sehr empfindlich gegen Stoß und Schlag sind.

Hexanitroäthan. Diese Verbindung wurde von W. Will[2] auf der Zentralstelle für wissenschaftlich-technische Untersuchungen zu Neubabelsberg dargestellt und das Verfahren bald darauf von der genannten Anstalt zum Patente angemeldet (D.P.-Anm. C 23981 vom 20. Oktober 1913). Ausgangsprodukt zur Darstellung des Hexanitroäthans ist das vorerwähnte Tetranitroäthankalium, welches aus Brompikrin durch Behandlung mit Kaliumcyanid in alkoholischer Lösung in der von Will beschriebenen Weise (Ber. 47, S. 963) erhalten wird: 1·5 kg Brompikrin werden in 750 ccm Methylalkohol gelöst und in diese Lösung eine Lösung von 750 g Kaliumcyanid und 375 g Kaliumnitrit in 1300 ccm Wasser unter gutem Rühren einlaufen gelassen. Am besten ist es, wenn die Temperatur nicht über 30° steigt. Nachdem die Lösung der Kaliumsalze eingelaufen ist, rührt man noch $^1/_2$ Stunde, nutscht dann den ausgeschiedenen Niederschlag, bestehend aus Tetranitroäthankalium und Bromkalium ab und kristallisiert aus Wasser. Ausbeute ca. 250 g.

Um das Tetranitroäthankalium in die Hexanitroverbindung überführen zu können, muß dieses möglichst rein sein, da sonst das Salz so empfindlich ist, daß es beim Eintragen in Schwefelsäure sofort verpufft. An diesem Punkte scheiterten wohl die früheren Versuche der Darstellung dieses Körpers. Hat man aber die Verbindung ganz rein, dann verläuft die Nitrierung unter Ersatz der Kaliumatome durch den Salpetersäurerest ohne weitergehende Zersetzung, und man bekommt so das Hexanitroäthan leicht sofort rein und in guter Ausbeute. Zur Darstellung werden 100 g Tetranitroäthankalium in 500 ccm konzentrierte Schwefelsäure (spezifisches Gewicht 1·84) unter stetem Rühren und Kühlen (Temperatur nicht über 5°) eingetragen, und hierauf in diese Lösung eine Mischsäure, bestehend aus 150 ccm Salpetersäure (1·52) und 150 ccm konzentrierter Schwefelsäure, allmählich einlaufen gelassen. Auch hierbei muß die Temperatur unter +10° gehalten werden. Darauf wird abgekühlt und entweder filtriert oder direkt in Wasser gegossen; beides ist gleich zweck-

[1] Ber. Bd. 31, S. 647 (1898).
[2] Ber. Bd. 47, S. 961—965 (1914).

mäßig, da das Hexanitroäthan in Mischsäure fast ebenso unlöslich ist wie in Wasser. Schließlich wird mit Wasser gewaschen, hernach in Äther oder leicht siedendem Petroläther gelöst und die Lösung zur vollständigen Entsäuerung mit Schlämmkreide durchgeschüttelt. Man erhält 80 bis 90 g Hexanitroäthan.

Der Hexanitrokörper bildet farblose Kristalle von kampferartiger Beschaffenheit und etwas an salpetrige Säure erinnernden Geruch, die bei 142° schmelzen und in Lösungsmitteln wie Äther, Benzol usw. leicht, dagegen in Wasser, kaltem Alkohol, Säuren usw. unlöslich sind. Mit Naphthalin bildet sich eine leicht in ihre Komponenten wieder zerfallende rote Doppelverbindung; auch die Lösungen in Benzol und Toluol sind gelb gefärbt, so daß auch in ihnen die Bildung von analogen Doppelverbindungen wahrscheinlich ist. Beim Schmelzen erleidet das Hexanitroäthan Zersetzung, die sich bei plötzlichem Erhitzen bis zu schwacher Verpuffung steigern kann. Bei 75° gelagert, spaltet die Substanz schon für sich allein nach etwa einer halben Stunde deutlich gelbe Dämpfe ab.

3. Nitroprodukte höherer Homologen der Methanreihe.

Neuerdings hat Konowalow direkt die Nitrogruppe in Paraffinkohlenwasserstoffe einführen können; er erhitzte normales Hexan mit Salpetersäure (spezifisches Gewicht 1·075) im geschlossenen Rohr auf 130 bis 140° und erhielt Nitrohexan in 50%iger Ausbeute. Worstall hat durch längere Zeit fortgesetztes Kochen mit rauchender oder verdünnter Salpetersäure (spezifisches Gewicht 1·15 bis 1·32) die Paraffine nitrieren können; gleichzeitig entstehen noch Oxydationsprodukte. Man arbeitet zweckmäßig mit rauchender Salpetersäure und trennt durch Behandeln mit Wasserdampf. Normales Hexan liefert dann:

a) primäres Nitrohexan $C_6H_{13}NO_2$, S.P. 180 bis 183°; klare gelbe Flüssigkeit, unlöslich in Wasser, löslich in Alkali mit roter Farbe;

b) Dinitrohexan $C_6H_{12}(NO_2)_2$, gelbe Flüssigkeit, nicht flüchtig, löslich in Alkali mit dunkelroter Farbe.

Normales Heptan liefert Nitroheptan $C_7H_{15}NO_2$ (S.P. 193 bis 196°) und nichtflüchtiges Dinitroheptan. Ähnlich entstehen Nitrooctan (S.P. 205 bis 210°) und Dinitrooctan. Diese Nitrokörper sind wenig explosiv.

4. Chlorierte und nitrosierte Nitroparaffine.

Halogennitroderivate entstehen häufig aus komplexen Kohlenstoffverbindungen durch Spaltung, wenn Halogenverbindungen mit starker Salpetersäure oder Nitroverbindungen mit halogenierenden Agentien behandelt werden. — Die Trihalogenderivate des Nitromethans bilden sich zuweilen bei dem Zerfall aromatischer Nitroverbindungen durch Einwirkung chlorierender bzw. bromierender Agentien. So wird das Trinitrochlormethan $CCl_3 \cdot NO_2$ oder Chlorpikrin durch Behandeln von Pikrinsäure mit Chlorkalk gewonnen. Chlordinitromethan $CHCl(NO_2)_2$ bildet gelbe Kristalle, die schon gegen 145° explodieren.

Zu erwähnen sind noch die Nitroso- und Nitro-Nitrosoparaffine, die wegen ihrer interessanten chemischen Umlagerungsfähigkeit (Allelotropie) als Nitrolsäuren und Pseudonitrole bekannt sind.

$$R—C \begin{matrix} \nearrow NOOH \\ \searrow NO \end{matrix} \qquad\qquad R—C \begin{matrix} \nearrow NO_2 \\ \searrow NO \end{matrix}$$

Nitrolsäure Pseudonitrol

Nitrolsäuren können sich nur bei primärem Alkoholradikal bilden, Pseudonitrole bei sekundärem. — Die Salze der Nitrolsäuren zeigen explosive Eigenschaften.

5. Nitroolefine.

Die ungesättigten Kohlenwasserstoffe der Äthylenreihe geben bei direkter Einwirkung von rauchender Salpetersäure leichter Nitroderivate als die Kohlenwasserstoffe der Methanreihe. So entsteht aus Caprylen, das im kaukasischen Petroleum enthalten ist, durch Kochen mit Salpetersäure ($D = 1 \cdot 38$) das Nitrocaprylen $C_8H_{13}NO_2$.

Alle diese Nitrokohlenwasserstoffe sind isomer mit den Salpetrigsäureestern der entsprechenden Alkohole. Keine der beiden Körperklassen hat bis heute technische Anwendung gefunden.

6. Nitriertes Petroleum.

Den ersten größeren Versuch, Petroleum mit Hilfe nitrierender Agentien sprengtechnisch zu verwenden, machte Eugène Turpin. Er beschreibt im D.R.P. 26936 vom Jahre 1882 ein Verfahren, wonach ein Raumteil Petroleumäther mit einem Raumteil Untersalpetersäure sorgfältig unter Kühlung gemischt, ein kräftiges explosives Gemenge vom Typus Sprengel ergibt. Vor dem Mischen der beiden Komponenten müssen die fetten Körper einer Vorbehandlung mit Untersalpetersäure unterworfen und hierdurch nitriert werden; nachher tritt keine weitere Reaktion mehr ein, so daß man ohne weiteres an die Herstellung des explosiven Gemisches von obiger Zusammensetzung gehen kann. Die Nitrierung des Petroleums war also nur untergeordneter Nebenzweck.

Zwanzig Jahre später stellten Edeleanu und Filiti in Bukarest (D.R.P. 154054 vom 23. April 1902) auf technischem Wege die ersten Nitrokörper aus Petroleum dar. Sie benutzten hierfür bestimmte hochsiedende Fraktionen vom spezifischen Gewicht 0·87 und höher bzw. 270 bis 380° Siedepunkt, und trugen die betreffenden Destillationsanteile in eine Mischung von konzentrierter oder rauchender Schwefelsäure und Salpetersäure bei niederer Temperatur ein. Die Temperatur soll während der Einwirkung 80° nicht übersteigen. Beispielsweise werden auf 100 kg Petroleumdestillat von 0·89 spezifischem Gewicht 300 kg Säuregemisch, bestehend aus 1 Teil konzentrierter Salpeter- und 5 Teilen Schwefelsäure, empfohlen. Nach der Nitrierung wird das Reaktionsprodukt durch Wasserzusatz abgeschieden und mit Wasser gereinigt. Die Ausbeute, die ganz von der Art des angewandten Rohöls abhängt, schwankt zwischen 30 und 90%. — Die Nitroprodukte des Petroleums stellen bei gewöhnlicher Temperatur halbfeste bis feste rotbraune, unkristallisierbare Massen dar, welche in den allgemein bekannten organischen Lösungsmitteln löslich sind, und beim Eindampfen ihrer Lösungen als glasige, sehr elastische Massen zurückbleiben.

Ein neues Verfahren zur Gewinnung von Nitroprodukten aus Petroleum hat Flexer in Wien im vergangenen Jahre in mehreren Staaten patentieren lassen. Das Verfahren besteht darin, daß Leuchtpetroleum vor der Nitrierung mit Holzteer innig gemischt wird. Zu dieser Mischung, die auf 40 Teile Petroleum 6 Teile Teer enthält, werden 10 Gewichtsteile konzentrierter Salpetersäure unter fortwährendem Rühren zugetropft; es entsteht eine heftige Reaktion, die unter lebhaftem Sieden Stickoxyde entweichen läßt. Nach einigen Stunden erhält man durch Filtrieren ein rötlich gelbes Öl, während der harzige Teil in Form einer tief schwarzbraunen Masse auf dem Filter zurückbleibt (nitrierter Teer). Die erhaltenen öligen Nitroprodukte lassen sich, im Gegensatz zu Petroleum, mit allen Ölen, selbst auch mit Glyzerin, mischen; mit Wasser entsteht nach längerem Schütteln eine weiße, beständige Emulsion.

Neunter Teil.

Die toxischen Wirkungen der nitrosen Dämpfe, der Nitrokohlenwasserstoffe, sowie der Pikrinsäure und deren Verhütung bei der Sprengstoffabrikation.

Die Entstehung nitroser Gase läßt sich bei der Sprengstofffabrikation nicht verhindern: überall entstehen diese braunen

Dämpfe in mehr oder weniger bedeutenden Mengen, sei es nun bei den Nitrierprozessen selber, bei der Herstellung niederer oder höherer aromatischer Nitrokohlenwasserstoffe oder von Pikrinsäure, sei es bei der Bereitung der Nitriersäuregemische oder bei der Verarbeitung von Abfallsäuren, oder sei es durch Unfälle irgendwelcher Art, z. B. Bruch eines Salpetersäureballons beim Transport, wo die ausfließende Säure mit Metallen, Erde, Backsteinen, mit Holz, Stroh, Putzwolle oder dgl. in Berührung kommt. Wohl sind durch die vielen Neuerungen und Verbesserungen auf dem Gebiete der gewerblichen Hygiene wie durch die nach den Gesetzesvorschriften sorgfältig eingerichteten modernen Betriebe Unfälle der oben beschriebenen Art auf ein Minimum reduziert; trotzdem sind sie nie ganz vermeidlich und können dann zu Vergiftungsfällen oder sonstiger gesundheitlicher Gefährdung der Arbeiter Anlaß geben. Es handelt sich dann jeweilen darum, aus den Symptomen die richtigen Gegenmaßregeln zu ergreifen, um eine erfolgreiche Behandlung einleiten zu können.

Die nitrosen Gase (Untersalpetersäure und salpetrige Säure) sind schon in geringer Menge eingeatmet giftig. Sie sind als Gifte der Blausäure und dem Schwefelwasserstoff gleich zu erachten und sind insofern noch unangenehmer, als zuweilen die ersten Folgen der Vergiftung sich nicht bemerkbar machen und weder medizinisch noch sonstwie nachzuweisen sind. Zuweilen fühlen die Leute erst gar nichts, wenn sie die giftigen nitrosen Dämpfe eingeatmet haben; die Schmerzen stellen sich erst nach einigen Stunden oder am nächsten Tage ein und können dann so groß werden, daß die Leute an Lungenödem zugrunde gehen. In schweren Fällen äußert sich die Vergiftung durch Rauhsein der Luftwege, Schweratmigkeit, Husten, Bronchialkatarrh, schwere Läsionen der Atmungsorgane, heftige Brustschmerzen, Schwellung der Schleimhäute, Beschwerden beim Schlucken und Sprechen, Störungen der Herztätigkeit und durch lähmungsartige Muskelschwäche. Nach der Einatmung der nitrosen Gase oxydieren sich die Stickoxyde auf Kosten des Sauerstoffs des Oxyhämoglobins im Blute und führen eine Blutzersetzung herbei. Selbst kleine Mengen von nitrosen Gasen sind gefährlich. Schon das Einatmen der aus einer mit Salpetersäure gefüllten Schüssel entsteigenden Dämpfe kann eine schwere Vergiftung zur Folge haben. Die Dämpfe bewirken eine starke Reizung der Luftwege und führen einen Krankheitszustand herbei, der erst in zweiter Linie zu dem gefährlichen Lungenödem führt.

Auch Oleumdämpfe, die bei der Herstellung hochkonzentrierter Nitriergemische, z. B. für Trinitrotoluol, entstehen, können die Gesundheit ernstlich gefährden; solche Dämpfe bilden an der Luft dicke weiße Nebel, welche die Schleimhäute angreifen und, in größerer Menge eingeatmet, den Zerfall des Lungengewebes und Lungenentzündung herbeiführen. Auch ist manchmal die Bildung des sehr giftigen Arsenwasserstoffes nicht ausgeschlossen, wenn Mischsäure durch Platzen der Gefäße oder Beschädigung der Hähne oder Auslaufen die Entwicklung nitroser Gase verursacht, da Schwefelsäure bekanntlich immer arsenhaltig ist.

Haben Personen nitrose Gase und Oleumdämpfe eingeatmet, so ist es zweckmäßig, zur Neutralisation der Säuren die Dämpfe von 10%igem Ammoniak einzuatmen und in den Räumen, in denen sich starke Säuredämpfe entwickeln, z. B. beim Zubruchegehen von Gefäßen, Ammoniaklösung zu zerstäuben. Zur Verhütung von schweren Erkrankungen durch Vergiftung mit nitrosen Gasen hat man vorgeschlagen, 3 bis 5 Tropfen Chloroform in einem Trinkglase mit Wasser zu mischen und die erkrankten Personen diese Mischung trinken zu lassen. Im Gegensatz hierzu wird von anderer Seite nicht nur die günstige Wirkung des Chloroforms bestritten, sondern dieses für schädlich gehalten. Dazu darf aber bemerkt werden, daß die geringe Menge Chloroform mit Wasser vermischt kaum eine schädigende Wirkung auf den Organismus ausüben dürfte. Das Mittel ist geeignet, im ersten Stadium der Nitrosevergiftung den Reizhusten zu mildern. Bei allen Erkrankungen durch nitrose Gase ist es notwendig, die Personen mittelst des hierfür konstruierten Sauerstoffapparates Sauerstoff einatmen zu lassen, da bei vorgeschrittener Blutzersetzung der verdünnte Sauerstoff der Luft in dem Rest des Blutes keine genügende Wirkung mehr auszulösen vermag.

Die Unfälle, die bei der Handhabung von Salpetersäure, Schwefelsäure und Oleum in Nitrierbetrieben vorkommen, entstehen entweder

a) beim Transport und Lagerung dieser Säuren, oder
b) beim Mischen von Salpetersäure mit Schwefelsäure oder Oleum, oder
c) beim Nitrierprozeß.

Für den Transport und die Lagerung der Salpetersäure kommen nur Glasgefäße in Betracht, da die Salpetersäure Eisen sehr schnell angreift. Die hierzu verwendeten Glasballons, die von guter Beschaffenheit sein müssen, werden in Körbe mit Strohfutter und zwei festen Henkeln gesetzt. Die Körbe mit Strohinhalt sollen mit einer wenigstens 10%igen Lösung von Glaubersalz, Chlorkalzium, Wasserglas, Alaun oder dgl. durchtränkt sein. Die gefüllten Glasballons werden mit Tonstopfen verschlossen, die mit Ton, geschmolzenem Schwefel oder Kautschukkomposition eingesetzt werden. — Früher lagerte man diese mit Salpetersäure gefüllten Korbflaschen im Freien zu ebener Erde auf Sandboden oder in Schuppen auf Lattenrosten aus Holz oder auf seitlich geneigtem Fußboden aus säurefesten Steinen. Häufig kam es vor, daß auf der Eisenbahn oder auf Lagerplätzen ein Ballon infolge der Erhitzung durch Sonnenstrahlen oder durch sonstige Ursachen zersprang und 40 bis 50 andere, danebenstehende Ballons mit zum Zerspringen brachte. Einer der größten Unfälle dieser Art ereignete sich 1897, wo durch das Platzen eines Ballons Salpetersäure eine ganze Reihe von Ballons, die mit Salpetersäure, Schwefelsäure und Salzsäure gefüllt waren, ebenfalls sprangen; durch die reichlich entwickelten nitrosen Gase erkrankten 3 Offiziere und 56 Feuerwehrleute schwer und 1 Oberfeuerwehrmann starb. Auch in den folgenden Jahren kamen mehrfach durch Zerbrechen von Salpetersäureballons und Einatmen von nitrosen Gasen Vergiftungen mit teilweise tödlichem Ausgange vor. In neuerer Zeit werden daher die Glasballons in Körbe aus Eisenblech gesetzt, die mit einem Deckel aus Eisenblech verschlossen werden; der Ballon wird in den Blechkorb durch eiserne Ringe und Klemmen, welche mit Asbest ausgekleidet sind, festgehalten. Beim Platzen eines Ballons läuft die Säure in den Blechkorb, und da der Deckel so gut schließt, daß nur geringe Mengen von nitrosen Gasen austreten können, so werden die danebenstehenden Ballons nicht in Mitleidenschaft gezogen. Diese Art der Verpackung hat sich gut bewährt und ist jetzt fast allgemein üblich.

Mischsäure, hochgradige Schwefelsäure und Oleum dagegen, greifen Schmiedeeisen nur wenig an; sie können darum auf besonderen Eisenbahnwagen in schmiedeeisernen Kesseln transportiert und in den Fabriklagerhäusern in ebensolchen Kesseln aufbewahrt werden. Der Transport aus den Eisenbahnkesseln nach den Lagerkesseln erfolgt in schmiedeeisernen Rohren mittels Druckluft, ebenso die Weiterbewegung der Säuren nach und in dem Betriebe. Von höher gelegenen Gefäßen können die Säuren auch durch Tonrohre oder Bleirohre abgelassen werden. Wird Oleum von einem Kessel in den anderen gedrückt, so entwickeln sich beim Ablassen der Druckluft stark belästigende, weiße Oleumdämpfe; diesem Übelstand hat man jedoch dadurch abgeholfen, daß man diese Dämpfe beim Ablassen durch ein mit konzentrierter Schwefelsäure gefülltes Gefäß, in Form einer Gaswaschflasche, leitet. Oleum wird in kleineren Betrieben auch in eisernen Fässern transportiert und gelagert.

Im Falle einer Verschüttung von Salpetersäure, Schwefelsäure, Oleum oder Mischsäure darf die Säure nicht mit Erde überschüttet oder mit Sägespänen, Stroh, Putzwolle u. dgl. aufgenommen werden. Alle Personen haben sich aus dem Bereich der sich entwickelten Dämpfe zu entfernen, worauf man die Säure von einer gegen die Dämpfe geschützten Stelle aus mit reichlichen Mengen Wasser fortzuspülen sucht.

Beim Mischen von Salpetersäure mit Schwefelsäure mit oder ohne Zusatz von Oleum oder beim Auffrischen von Abfallsäure mit Oleum und Salpetersäure tritt jedesmal Erwärmung unter Entwicklung nitroser Gase ein; die Wägegefäße, die Mischbottiche und die Abfallsäurezisternen sollen daher, wenn möglich, geschlossen und mit einem Abzugsrohr auf dem Deckel versehen sein, damit keine schädlichen Dämpfe in die Arbeitsräume dringen können. Früher gab man den beim Mischen der Säuren und beim Nitrieren beschäftigten Arbeitern Asbestanzüge und Asbestmasken. Heute kann man diese schweren Schutzmittel entbehren, nachdem die Einrichtungen so verbessert worden sind, daß die Arbeiten mit Säuren weniger gesundheitsschädlich und weniger gefährlich geworden und Schutzkleider aus Lasting, Baumwollhandschuhe, Schutzbrillen und Lederschuhe mit Holzsohlen ausreichend sind. Die Säurearbeiter waschen sich vor jeder Mahlzeit, spülen den Mund mit Natriumbikarbonatlösung, baden wöchentlich zweimal, werden vierteljährlich ärztlich untersucht und wechseln alle zwei Monate die Arbeit. Jeder Säurearbeiter wird also nach zweimonatlicher Beschäftigung in nicht gesundheitsschädlichen Betrieben erst wieder zwei Monate im Säurebetriebe beschäftigt.

Auch bei der Reinigung von Säurekesseln ist Vorsicht geboten. Erst wenn der Kessel, nach dem Ablassen der Säure, gut mit Wasser ausgespült und ein kräftiger Luftstrom hindurchgetrieben worden ist, kann er durch das Mannloch von Arbeitern befahren werden. Um sich von der guten Luft im Kessel zu überzeugen, führt man zweckmäßig vor dem Betreten des Kessels eine Davysche Sicherheitslampe ein; wenn diese nicht verlöscht, ist die Luft gut. Auch während der Reinigungsarbeit muß der Kessel entlüftet werden.

Giftigkeit aromatischer Nitroverbindungen.

I. Nitrokohlenwasserstoffe: Mononitrobenzol, Dinitrobenzol, Trinitrobenzol, Mononitrotoluol, Dinitrotoluol, Trinitrotoluol.

Da die Nitrierung aller dieser Kohlenwasserstoffe zu jeder Stufe in geschlossenen eisernen Gefäßen erfolgt und die entstehenden nitrosen Dämpfe durch eine Deckelöffnung des Nitrierapparates abgesaugt werden, so können Gesundheitsschädigungen der Arbeiter bei der Nitrierarbeit nicht stattfinden. Dagegen sind die Kohlenwasserstoffe, viel mehr aber noch die Nitrokohlenwasserstoffe giftig, und die Arbeiter können beim Schleudern, Umkristallisieren und Trocknen der Nitrokohlenwasserstoffe der Giftwirkung dieser Substanzen ausgesetzt sein.

In Fabriken sind schon mehrfach Vergiftungen durch Benzol konstatiert worden; bedenklich sind jedoch die Wirkungen seiner Nitroderivate auf den menschlichen Organismus, deren Giftigkeit mit der Anzahl der eingeführten Nitrogruppen ungefähr Schritt hält. Nitrobenzol zersetzt das Blut dadurch, daß es den Sauerstoff aus dem Blute austreibt; seine Aufnahme in den Organismus geschieht, wie die der höheren Nitroverbindungen des Benzols, in erster Linie durch die Haut (verletzte oder unverletzte), dann durch die Atmungsorgane und zuletzt durch die Verdauungsorgane.

Dinitrobenzol bewirkt eine Lähmung der gesamten Muskulatur, auch der Augenmuskulatur, und eine große Mattigkeit. Im allgemeinen sind die Giftwirkungen der verschiedenen Nitrobenzole wie auch der homologen Nitrotoluole qualitativ einander sehr ähnlich; quantitativ bestehen nur insofern Unterschiede, als, wie bereits erwähnt, die Verbindungen um so giftiger zu sein pflegen, je mehr Nitrogruppen sie enthalten. Dagegen sind die Nitrochlorderivate noch sehr viel bedenklicher als die einfachen Nitroverbindungen. — Die ersten Vergiftungserscheinungen brauchen sich lange nicht immer unmittelbar nach der Aufnahme des giftigen Körpers zu verraten; sie können sich erst mehrere Stunden (8 bis 24 Stunden) nachher einstellen. In leichten Fällen beobachtet man: Unbehagen, Kopfschmerz, Schwindelgefühl, Übelkeit, Appetitlosigkeit und Stuhlverhaltung, Brennen auf der Haut und den Schleimhäuten. In schweren Fällen zeigen sich: Angstgefühl, Empfindungsstörungen, Ohrensausen, Zuckungen und Krampfzustände, und später, unter Nachlassen der Sensibilität, Lähmungserscheinungen mit Erbrechen und Geruch des Erbrochenen und der Ausatmungsluft nach Bittermandelöl; ferner, anfangs vermehrte, sodann verminderte Herztätigkeit mit Abnahme der Pulsspannung und Sehstörungen. Der Verlauf der schweren Fälle ist außerordentlich verschieden. In unmittelbarem Anschluß an tiefe Bewußtlosigkeit erfolgt oft der Tod, ohne daß manchmal sonstige, charakteristische Symptome diesem Zustand vorausgegangen sind. Die Nitrotoluole, zumal die höher nitrierten, erzeugen, außer den erwähnten allgemeinen Merkmalen, Kopfschmerz und Atemnot und

Lähmungen der Blase, so daß der Urin nur schwer gelassen werden kann. An Tierversuchen ist festgestellt, daß größere Dosen Nierenreizung erzeugen.

Als besondere Maßnahmen werden angewendet: sofortige Entfernung aus dem Betriebe, künstliche Atmung und Sauerstoffinhalationen, alkoholfreie Exzitantien, ferner Verbot des Alkoholgenusses während der Arbeitszeit und Meiden des Alkohols auch außerhalb des Betriebes.

Alle diese Erscheinungen machen sich aber bei den Arbeitern nicht mehr bemerkbar, wenn durch genaue Befolgung von Schutzmaßregeln das Eindringen dieser Stoffe in den Körper verhindert wird. Deshalb tragen die Arbeiter Kleider, die am Hals und an den Hand- und Fußgelenken geschlossen sind, und Lederhandschuhe, sowie Lederschuhe mit Holzsohlen; sie verstopfen ferner die Gehörgänge mit Watte und bedienen sich nötigenfalls der Respiratoren, die ihnen stets zur Verfügung stehen. Vor jedem Essen, das nicht im Arbeitsraum, sondern in einem davon getrennten Speisesaal eingenommen wird und bei dem die Arbeitskleider abgelegt werden, müssen die Arbeiter Gesicht und Hände sorgfältig mit Seife und Wasser, die Fingernägel unter Zuhilfenahme einer Bürste reinigen und den Mund mit einer 2%igen Lösung von Myrrhentinktur ausspülen. Der Genuß alkoholischer Getränke ist verboten. Die verunreinigten Schutzkleider werden nach Bedarf an saubere ausgetauscht; überdies nehmen die Arbeiter täglich ein Brausebad und wöchentlich ein Wannenbad. Es kommen daher Vergiftungserscheinungen in neuerer Zeit nur selten vor.

Nachdem in allen Nitrierbetrieben für gute Absaugung der nitrosen Gase und Säuredämpfe gesorgt ist, gehören auch die Zerstörungen der Zähne zu den Seltenheiten; ebenso sind Vergiftungen durch nitrose Gase fast immer auf Unachtsamkeit und Nichtbefolgung der Schutzmaßregeln zurückzuführen. Eine große Anzahl von Arbeitern arbeitet in Säure- und Nitrierbetrieben 20 Jahre und länger, ohne daß vom Aufsichtspersonal oder von ärztlicher Seite Gesundheitsschädigungen wahrgenommen werden konnten.

II. Pikrinsäure, Trinitrokresol.

Diese beiden Sprengstoffe werden auf ganz ähnliche Weise hergestellt. Zuerst werden die betreffenden Ausgangsprodukte (Phenol und Kresol) durch Erwärmen mit konzentrierter Schwefelsäure in die Phenolsulfosäuren übergeführt — ein Prozeß, der die Arbeiter nicht mit Säuredämpfen belästigt; dann erfolgt das Nitrieren der gebildeten Sulfonsäure durch Einfließenlassen in

Salpetersäure. Dabei entwickeln sich nitrose Gase in reichlicher Menge; sie werden aber durch Tonröhren in Kondensationstöpfe geleitet und in dem dort befindlichen Wasser kondensiert. Die Absaugleitung wird gewöhnlich an den Schornstein der Dampfkesselanlage angeschlossen, so daß auch beim Nitrieren eine Belästigung der Arbeiter durch Säuredämpfe nicht stattfindet.

Indessen ist es weniger die Nitrierarbeit, als vielmehr das Reinigen, Umkristallisieren und Trocknen der Pikrinsäure, das mit Gesundheitsschädigungen der Arbeiter verbunden ist. Die Pikrinsäure wird entweder als Staub durch die Atmungswege oder direkt durch die Haut vom Körper aufgenommen. Sie bewirkt bei manchen Leuten, namentlich zu Anfang der Beschäftigung, Hautausschläge, Gelbfärbung der Hautdecke und der Augenbindehaut, Entzündung der Mundschleimhaut, bitterer Geschmack; innerlich in toxischen Dosen verursacht sie Verdauungsstörungen mit Schmerzen in der Magengrube, Brechneigung, Durchfall, Schwindel und Gelbsucht, Verminderung der roten Blutkörperchen und Schädigungen des Zentralnervensystems. Sie färbt den Harn rot. Trotzdem Melinit- und Kresylitstaub die Atmungsorgane derart reizen, daß ein Aufenthalt in solchen Räumen nur einige Minuten ohne Schutzmaske nnmöglich ist, sind Todesfälle bisher noch nicht vorgekommen. — Alle diese geschilderten üblen Wirkungen der Pikrinsäure können jedoch dem Arbeiter nichts anhaben, wenn er die gleiche Sauberkeit in Kleidung, Essen, Waschen und Baden, wenn er die gleiche Pünktlichkeit und Strenge bei all jenen Maßregeln beobachtet, die bei den Nitrokohlenwasserstoffen angeführt worden sind. Auch bei dieser Fabrikation ist der Alkoholgenuß untersagt. Es ist zweckmäßig, die Leute, die mit Pikrinsäure arbeiten, die Arbeit alle 14 Tage wechseln zu lassen und sie abwechselnd 14 Tage nicht mit Pikrinsäurearbeiten zu beschäftigen. Vor der Einstellung in den Betrieb werden die Arbeiter ärztlich untersucht; sind diese Schutzmaßregeln getroffen, so haben sich bei Arbeitern, welche über 20 Jahre in Pikrinsäurebetrieben beschäftigt waren, irgendwelche Gesundheitsschädigungen, welche auf Pikrinsäure zurückzuführen wären, nicht gezeigt.

Über die hygienischen Vorkehrungen bei der Fabrikation und Verarbeitung von Melinit, Kresylit und ähnlichen Nitroexplosivstoffen gibt eine französische Kommission[1] folgende Fingerzeige:

In diesen Fabrikationszweigen sollte die Säure, statt in mit Stroh umflochtenen Krügen transportiert und durch Heberwirkung um-

[1] Zeitschr. f. Sch. u. Spr. S. 310. 1913.

gefüllt zu werden, durch Röhrensysteme geleitet werden, wie das in den Schießwollfabriken geschieht. Da die Nitrierarbeit in geschlossenen Gefäßen vor sich geht, so genügt sie theoretisch den Anforderungen der Hygiene; die Praxis zeigt jedoch, daß die Verbindungsstücke zuweilen nitrose Gase durchlassen. Durch sachgemäße Behandlung und genaue Überwachung der Apparate läßt sich dieser unbedeutende Übelstand vermeiden. — Die Behandlung trockener Nitrierkörper bringt, selbst wenn sie in geschlossenen Gefäßen vor sich geht, eine sehr unangenehme Staubentwicklung mit sich. Es wäre ein bedeutender hygienischer Fortschritt, wenn man ein Mittel fände, das die Arbeiter besser vor dem Staub schützt, als dies durch Schutzmittel wie die in der Pulverfabrik Esquerdes benutzte Detourbe-Maske geschieht. Zur Vermeidung der Staubentwicklung empfiehlt die Kommission vor allen Dingen möglichste Einschränkung der Manipulationen mit trockenen Substanzen. So kann z. B. beim Zerkleinern und Sieben von Kresylit die Staubbildung fast gänzlich vermieden werden, wenn diese Operationen nur mit einem Produkt von einem gewissen Feuchtigkeitsgehalt vorgenommen werden. Bezüglich der Manipulationen, bei denen mit trockenem Material gearbeitet werden muß, ist die Aufgabe, die Entwicklung von Staub zu vermeiden, auf dieselbe Weise wie beim Schwarzpulver zu lösen.

Zehnter Teil.

Gesetze und Verordnungen betreffend die Herstellung von Nitroverbindungen.

Erlaß des Ministeriums vom 20. Oktober 1911,

betreffend

Anlage zur Herstellung von Nitro- und Amidoverbindungen.

Der Minister für Handel und Gewerbe hat die folgenden Grundzüge für die Einrichtung und den Betrieb von Anlagen aufgestellt, in denen gesundheitsschädliche Nitro- oder Amidoverbindungen hergestellt oder regelmäßig in größeren Mengen wiedergewonnen werden.

Diese Grundzüge sollen den Gewerbeaufsichtsbeamten und den Bezirksausschüssen eine Unterlage für die Anforderungen bieten, die im Interesse des Arbeiterschutzes bei der gewerbepolizeilichen Überwachung und bei der Genehmigung der bezeichneten Betriebe (§§ 120d, 16 und 25 der GewO.) zu stellen sind. Sie werden auch einen Anhalt dafür gewähren können, welchen Anforderungen mit Rücksicht auf den Schutz der Arbeiter solche Betriebe oder Betriebsabteilungen zu genügen haben, in denen die in Nr. 1 der Grundzüge genannten Stoffe lediglich weiter verarbeitet oder verwendet oder nur in geringen Mengen wiedergewonnen werden.

Die Grundzüge sind nicht etwa als bindende Vorschriften aufzufassen. Es soll vielmehr in jedem Falle der pflichtmäßigen eigenen Prüfung und dem sachverständigen Ermessen der zuständigen Beamten und Behörden überlassen bleiben, unter eigener Verantwortung zu entscheiden, welche Anforderungen an die einzelnen Anlagen mit Rücksicht auf den Arbeiterschutz gestellt werden müssen, und ob dabei insbesondere Milderungen der Grundzüge zugelassen werden können oder weitergehende Vorschriften notwendig sind.

Grundzüge für die Einrichtung und den Betrieb von Anlagen, in denen gesundheitsschädliche Nitro- oder Amidoverbindungen hergestellt oder regelmäßig in größeren Mengen wiedergewonnen werden.

1. Zu den gesundheitsschädlichen Nitro- und Amidoverbindungen, auf deren Herstellung und Wiedergewinnung die nachstehenden Grundzüge Anwendung finden, gehören:

a) die ein- oder mehrfach nitrierten Benzole, Toluole, Xylole usw. und ihre Chlorverbindungen,
b) die ein- und mehrfach nitrierten Naphthaline,
c) die zwei- und mehrfach nitrierten Phenole und Naphthole,
d) Anilin nebst seinen Homologen (Toluidine, Xylidine, Cumidine), die Anisidine, Phenetidine, sowie ihre Chlor-, Nitro-, Alphyl- und Arylverbindungen (Dimethyl- und Diäthylanilin, Diphenylamin usw.
e) Phenylendiamine, Tolylendiamine,
f) Benzidin, Tolidin, Dianisidin,
g) (α- u. β-) Naphthylamin,
h) Phenyl- und Tolylhydrazin.

Eine Ergänzung oder Änderung des Verzeichnisses bleibt vorbehalten.

2. Die Arbeitsräume müssen hoch, luftig und geräumig sein, Gebäude mit mehreren Stockwerken sind wenig geeignet, weil in ihnen ein genügender Luftwechsel schwer zu erzielen ist.

Gegen das Einbauen von Bühnen liegen keine Bedenken vor, wenn ein durchgehender freier Raum verbleibt, dessen Grundfläche mindestens gleich einem Viertel der Grundfläche des Gebäudes ist.[1] Der Abstand der größeren Bühnen vom Fußboden oder voneinander soll möglichst 3 m betragen. Bei kleineren Bühnen ist ein geringerer Abstand zulässig, wenn dadurch die Lufterneuerung nicht beeinträchtigt wird.

---

[1] Es empfiehlt sich, zwischen den Bühnen und den Außenwänden einen freien oder mit Rosten abgedeckten Raum von $^1/_2$ bis 1 m Breite zu lassen, weil dadurch die Ventilation sehr verbessert wird. Die Grundfläche dieses Raumes ist bei der Berechnung der Grundfläche des durchgehenden freien Raumes dieser zuzurechnen.

Oberhalb von Schmelzkesseln und Destilliervorrichtungen dürfen Bühnen, soweit sie nicht zur Bedienung der Apparate selbst notwendig sind, nur angelegt werden, wenn durch zweckentsprechende Bauart der Apparate oder durch geeignete Vorrichtungen dafür gesorgt wird, daß aus ihnen keine Dämpfe oder Gase entweichen können.

Der Fußboden (Abdeckung des Erdbodens) der Arbeitsräume und der Lagerräume soll undurchlässig, eben und leicht zu reinigen sein; er wird daher zweckmäßig mit Gefälle nach einer Abflußrinne zu verlegen sein.[1]

Bühnen, auf denen regelmäßig mit Nitro- und Amidoverbindungen gearbeitet wird, müssen gleichfalls undurchlässig und leicht zu reinigen sein.

Die Wände der Arbeitsräume sollen glatt gefugt und abwaschbar hergestellt oder mit Kalk gestrichen werden. Im letzteren Falle ist der Anstrich mindestens einmal jährlich zu erneuern.

Für eine ausgiebige, aber zugfreie Lüftung der Arbeitsräume ist zu sorgen. Das Dach soll mit einer genügenden Zahl von Lüftungseinrichtungen oder Fenstern versehen sein, die auch bei Regenwetter geöffnet werden können, ohne daß es hineinregnet. Sie müssen ferner vom Fußboden oder einer festen Bühne aus bedient werden können. Liegende Glasfenster im Dache sind aus Drahtglas herzustellen.

Hohe Räume, besonders solche, in denen Bühnen eingebaut sind, sollten mindestens an einer Seitenwand Fenster haben, die geöffnet werden können.

Gebäude, in denen zwei- und mehrfach nitrierte Verbindungen der Benzolreihe oder drei- und mehrfach nitrierte Verbindungen der Naphthalinreihe hergestellt werden, müssen — soweit dafür keine Sonderbestimmungen erlassen sind — aus unverbrennlichen Materialien[2] erbaut werden, weil andernfalls bei einem Brande des Gebäudes eine plötzliche Zersetzung der höher nitrierten Verbindungen eintreten kann.

Bei bestehenden Anlagen sind, soweit sie nicht erweitert oder sonst wesentlich geändert werden, die Bestimmungen der Absätze 1, 4 nur insoweit in Anwendung zu bringen, als dazu keine baulichen Änderungen nötig sind.

---

[1] Das Material, aus dem der Fußboden hergestellt wird, muß sich nach den Eigenschaften der zu verarbeitenden Stoffe richten. Sehr gut und leicht sauber zu halten sind Fußböden aus — in Zement verlegten — Steinplatten oder hartgebrannten Tonplatten oder Fliesen; die Tonplatten und Fliesen dürfen jedoch keine tiefen Rillen haben. Fußböden aus Zementbeton haben sich nicht immer bewährt. Der Beton darf vor allem nicht porös sein und muß eine glatte Oberfläche besitzen. Gegen Säure und heiße Flüssigkeiten ist er weniger widerstandsfähig. In Betrieben, in denen mit Säuren gearbeitet wird, werden die Fußböden oft aus Sandsteinplatten hergestellt, die mit heißem Teer getränkt sind. Die Fugen werden meistens mit Asphalt ausgegossen. Derartige Fußböden sind gegen Säuren sehr widerstandsfähig, aber für Betriebe, in denen mit Nitro- und Amidoverbindungen gearbeitet wird, weniger geeignet, weil diese sich mit dem Teer und Asphalt verbinden.

[2] Dächer aus Holzverschalung mit dicht aufliegender guter Dachpappe sind zulässig, wenn sie eiserne Dachbinder haben.

Die Vorschriften des Absatzes 9 sind, soweit sie sich auf zweifach nitrierte Verbindungen der Benzolreihe oder dreifach nitrierte Verbindungen der Naphthalreihe beziehen, bei dem nächsten Umbau, im übrigen aber spätestens in 5 Jahren zur Durchführung zu bringen.

3. Das Arbeitsverfahren ist so zu regeln und der Betrieb so einzurichten, daß die Arbeiter möglichst mit den Nitro- oder Amidoverbindungen[1] nicht in unmittelbare Berührung kommen. Flüssige Nitro- oder Amidoverbindungen müssen daher möglichst durch geschlossene Leitungen befördert (gepumpt, gesaugt oder übergedrückt)[2] werden; feste oder staubförmige werden am besten durch geschlossene mechanische Vorrichtungen (Schnecken, Schüttelrinnen, Becherwerke) oder durch Saugluft weiterbefördert, umgefüllt oder abgefüllt.[3]

Flüssige Nitro- oder Amidoverbindungen dürfen nur in geschlossenen, feste nur in bedeckten Gefäßen aufbewahrt und gelagert werden.

4. Alle Arbeiten mit den in 1 bezeichneten Nitro- oder Amidoverbindungen, bei denen Staub, Gase oder Dämpfe entstehen können — besonders alle Zerkleinerungs-, Sieb- und Verpackungsarbeiten —, dürfen — soweit es technisch möglich ist — nur in geschlossenen Apparaten ausgeführt werden. Gefäße zum Auffangen von Destillaten usw. müssen stets geschlossen sein.[4]

---

[1] Die wässerigen Lösungen von Phenylendiamin und Toluylendiamin sind ebenfalls sehr giftig; selbst verdünnte Lösungen scheinen auf die Haut einzuwirken. Im Umgange damit ist daher die gleiche Vorsicht wie im Umgange mit den Stoffen selbst notwendig. Anderseits sind aber Phenylendiamin und Toluylendiamin weniger flüchtig wie Anilin usw. Infolgedessen dürfte bei vorhandenen Anlagen, abweichend von Ziffer 3 Satz 2 und Ziffer 5, zugelassen werden können, daß kalte verdünnte wässerige Lösungen, deren Gehalt an Phenylendiamin oder Toluylendiamin weniger wie 10% beträgt, auch fernerhin in nicht völlig geschlossenen Vorrichtungen oder Gefäßen aufbewahrt, befördert oder verarbeitet werden, sofern dies bisher schon geschehen ist und dadurch keine Unzuträglichkeiten entstanden sind.

[2] Beim Überdrücken werden stets mit der Druckluft Teile oder Dämpfe der übergedrückten Flüssigkeiten mitgerissen und in die Außenluft gebracht; daher ist im allgemeinen das Saugen vorzuziehen. Jedenfalls sollte die abziehende Druckluft über das Dach geführt werden. Wenn dadurch Unzuträglichkeiten für die Arbeiter oder Belästigungen der Nachbarschaft eintreten können, muß sie vor dem Austritt in die Außenluft in geeigneten Vorrichtungen gereinigt werden. Auch die von den Vakuumpumpen der Destillierapparate ausgestoßene Luft enthält oft Anilin usw. Sie muß daher gleichfalls über Dach geführt und erforderlichenfalls gereinigt werden.

[3] Leicht schmelzbare Substanzen werden am besten in geschmolzenem Zustande wie Flüssigkeiten befördert. Um Verstopfungen zu vermeiden, müssen aber die Leitungen usw. mit Dampfleitungen umwickelt werden oder in anderer Weise zum Erwärmen eingerichtet sein.

[4] Feste Stoffe, die bei nicht zu hoher Temperatur schmelzen, werden beim Destillieren usw. zweckmäßig in geschlossenen Gefäßen, die mit einer Absaugevorrichtung verbunden und zum Erwärmen mit einem Dampfmantel oder einer ähnlichen Einrichtung versehen sind, aufgefangen. Aus diesen werden sie noch flüssig in kleine Formen, in denen sie erstarren sollen, oder auf gekühlte, umlaufende Walzen mit Abstreichvorrichtung abgelassen. Durch geeignete Einrichtungen läßt sich dabei jede Berührung mit den Stoffen und

5. Sämtliche Vorrichtungen und Apparate, in denen Nitro- oder Amidoverbindungen hergestellt, befördert, verarbeitet (destilliert, geschleudert, filtriert, getrocknet, gemahlen, gemischt usw.), verpackt oder abgefüllt werden, müssen — sofern dabei Staub, Gase oder Dämpfe entstehen können — mit einer zuverlässig wirkenden Vorrichtung versehen sein, durch welche diese abgesaugt und unschädlich gemacht werden.[1] Besonders ist auch dafür zu sorgen, daß die beim Öffnen, Entleeren (Ablassen) und Füllen (Überdrücken) von Trockenschränken[2], Schmelzkesseln, Autoklaven und anderen Druckgefäßen entweichenden Dämpfe unschädlich beseitigt werden.

Dampfkessel, die mit anilin- usw. haltigem Wasser gespeist werden, müssen mit geeigneten Sicherheitsventilen und Wasserstandsvorrichtungen versehen werden, die das Austreten von anilinhaltigem Dampf oder Wasser in den Arbeitsraum zuverlässig verhindern.

6. Die Arbeitsräume sind von Verunreinigungen mit Nitro- und Amidoverbindungen möglichst frei zu halten. Verschüttete oder verstreute Mengen sind möglichst bald zu entfernen.[3] Der Fußboden ist mindestens täglich einmal zu reinigen.

7. Der Arbeitgeber hat die Arbeiter, welche bei der Herstellung oder Verarbeitung usw. von Nitro- oder Amidoverbindungen beschäftigt werden, über die gesundheitsschädlichen Wirkungen dieser Stoffe und das im Umgange damit erforderliche Verhalten durch Merkblätter und mündlich durch die direkten Vorgesetzten mehrfach im Laufe des Jahres belehren zu lassen. Dabei ist besonders darauf hinzuweisen, daß der übertriebene Alkoholgenuß in jedem Falle auch außerhalb der Arbeitszeit sehr gefährlich ist.

Der Arbeitgeber hat allen Arbeitern, welche mit Nitro- oder Amidoverbindungen zu tun haben, für die Arbeit Hemden, Arbeitsanzüge

---

jedes Entweichen von Dämpfen vermeiden. Das Herausschlagen der erstarrten Stoffe aus den Aufsauggefäßen ist stets bedenklich.

Schleudern werden zweckmäßig mit einer Einrichtung versehen, durch welche ihr Inhalt unmittelbar in ein untergestelltes Faß entleert werden kann (untere Entleerung).

Das Trocknen soll — soweit keine technischen Gründe entgegenstehen — stets in dicht geschlossenen Apparaten erfolgen. Oft kann das Trocknen vermieden werden, wenn die betreffenden Stoffe geschmolzen und, nachdem sie wieder erstarrt sind, zerkleinert werden.

[1] Es hat sich als sehr zweckmäßig erwiesen, wenn die abgesaugte staub- oder gashaltige Luft wieder benutzt wird, so daß sie einen Kreislauf macht, da dann von einer besonderen Reinigung abgesehen werden kann.

[2] Trockenschränke sollen erst nach vollständigem Erkalten entleert werden. Während des Entleerens ist die Absaugevorrichtung im Betriebe zu halten. Kippvorrichtungen, in denen die Hürden oder Platten mit dem getrockneten Gute entleert werden, sind stets mit einer Absaugevorrichtung zu verbinden.

[3] Verschüttete Nitro- oder Amidoverbindungen werden am zweckmäßigsten durch Überstreuen mit Sägemehl und Abkehren beseitigt. Das verunreinigte Sägemehl wird vorsichtig in kleinen Mengen verbrannt. Staubförmige Substanzen lassen sich auch vorteilhaft durch Absaugen mittels Luftverdünnung entfernen.

und Kopfbedeckungen in ausreichender Zahl und in zweckentsprechender Beschaffenheit zur Verfügung zu stellen. Wenn die Art der Arbeit in einzelnen Fällen eine außergewöhnliche Beschmutzung des Fußzeugs mit sich bringt, ist auch dieses den Arbeitern zur Verfügung zu stellen.

Er hat durch geeignete Anordnungen und Beaufsichtigung dafür Sorge zu tragen, daß die Arbeitskleider nur von denjenigen Arbeitern benutzt werden, denen sie zugewiesen sind, daß sie regelmäßig, mindestens aber wöchentlich — von der Fabrik — gewaschen und instand gehalten und während der Zeit, wo sie sich nicht im Gebrauche befinden, an den dafür bestimmten Plätzen aufbewahrt werden.

Für solche Arbeiten, bei denen es ihrer Art nach nicht zu ver eiden st, daß die Hände mit den Nitro- oder Amidoverbindungen in Berührung kommen, sind den Arbeitern geeignete Handschuhe in genügender Zahl und solcher Beschaffenheit zur Verfügung zu stellen, daß die Hände gegen Verunreinigungen mit den schädlichen Stoffen geschützt sind.

8. Hemden, Anzüge, Kopfbedeckungen, Fußlappen, Strümpfe, Schuhe, Handschuhe und sonstige Kleidungsstücke, die mit Nitro- oder Amidoverbindungen durchtränkt oder so verunreinigt sind, daß die Körperhaut damit in unmittelbare Berührung kommen kann, sind sofort abzulegen.

9. Ausbesserungen und Änderungen an Behältern, Leitungen und Apparaten für Nitro- und Amidoverbindungen dürfen nur nach vorheriger gründlicher Reinigung vorgenommen werden.

Mit größter Vorsicht sind Arbeiten im Innern von Apparaten, Behältern, Dampfkesseln, Druckgefäßen usw. auszuführen, in denen Nitro- oder Amidoverbindungen oder Kohlenwasserstoffe oder Gase und Dämpfe von solchen oder saure oder ammoniakalische oder andere schädliche Gase oder Dämpfe enthalten sein können. Derartige Arbeiten dürfen nur unter ständiger Aufsicht einer verantwortlichen Person, z. B. eines Meisters oder Vorarbeiters, der über seine Aufgaben belehrt ist und selbst nicht mitarbeitet, ausgeführt werden. Die betreffenden Apparate müssen, nachdem die Deckel und Rührwerke — soweit es möglich ist — entfernt sind, vor dem Besteigen ausgekocht oder mit Wasser gefüllt werden, oder es muß so lange frische Luft durch Einblasen oder Durchsaugen in sie eingeführt werden, bis sie von allen schädlichen Gasen befreit sind. Bei Apparaten, deren Deckel nicht ganz oder nur teilweise entfernt worden sind, müssen die einsteigenden Arbeiter angeseilt werden; sie dürfen zunächst höchstens 10 Minuten ununterbrochen in den Apparaten bleiben und erst nach einer Pause von mindestens gleicher Dauer wieder einsteigen. Wenn dies nach Art der Arbeit nicht angängig ist, so ist in die Apparate, solange jemand darin beschäftigt ist, dauernd frische Luft einzublasen oder durchzusaugen. Am besten werden die betreffenden Arbeiter mit einem Rauchhelm oder einer Atmungsmaske (Sauerstoffhelm) versehen. Bei den Rauchhelmen muß aber für eine zuverlässige und möglichst gleichmäßige Zuführung von frischer, reiner Luft gesorgt werden. Nach

Beendigung der Arbeit müssen die Arbeiter ein kühles (Wannen- oder Douche-) Bad nehmen und ihre Kleider, einschließlich der Fußbekleidung, wechseln.

10. Der Genuß von alkoholischen Getränken ist während der ganzen Arbeitszeit, einschließlich der Pausen, unbedingt untersagt. Das Rauchen und Kauen von Tabak ist während der Arbeitszeit, abgesehen von den Pausen, untersagt.

11. In den Arbeitsräumen dürfen Nahrungsmittel irgendwelcher Art weder aufbewahrt noch verzehrt werden. Dafür ist den Arbeitern ein besonderer, entsprechend eingerichteter und von den Arbeitsräumen völlig getrennter Raum zur Verfügung zu stellen. Die Arbeiter dürfen diesen Raum erst betreten, nachdem sie sich Hände und Gesicht gewaschen haben. Dementsprechend muß in jeder Anlage ein von den Betriebsräumen völlig getrennter Speiseraum und außerdem ein besonderer Wasch-, Umkleide- und Baderaum vorhanden sein. Diese Räume müssen zweckentsprechend eingerichtet, sauber gehalten und während der kalten Jahreszeit geheizt werden.

12. In den Arbeitsräumen selbst darf sich niemand umkleiden, ebensowenig dürfen Kleidungsstücke irgendwelcher Art dort aufbewahrt werden. Die Arbeiter dürfen sich nur in den dafür bestimmten Umkleide- und Waschräumen umziehen. Zum Aufbewahren der abgelegten Kleider sind jedem Arbeiter entweder zwei verschließbare Kleiderschränke, von denen einer für die Straßen- und der zweite für die Arbeitskleider bestimmt ist, oder ein Schrank mit zwei getrennten Abteilungen zu überweisen. Andere Arten der Aufbewahrung sind, sofern sie bereits bestehen und zu keinen Unzuträglichkeiten geführt haben, zulässig, wenn eine getrennte Aufbewahrung und ausreichende Lüftung der Arbeitskleider und Straßenkleider gesichert ist. In den Wasch- und Umkleideräumen sind Wascheinrichtungen in genügender Zahl, mindestens eine für je 3 Arbeiter, aufzustellen. Seife und Handtücher sind vom Arbeitgeber unentgeltlich und in ausreichender Menge zu liefern.

13. Der Arbeitgeber hat durch geeignete Anordnung und Beaufsichtigung dafür zu sorgen, daß die Bestimmungen unter Nummer 10, 11, 12 durchgeführt werden. Er hat ferner durch Aufstellen einer Badeordnung dafür zu sorgen, daß jeder Arbeiter, der mit den unter 1 bezeichneten Stoffen in Berührung kommt, täglich vor dem Verlassen der Fabrik ein Bad nehmen muß, soweit der Arzt nicht in besonderen Fällen anders bestimmt. Für Anlagen, in denen die Arbeiter durch zweckmäßige Betriebseinrichtung vor der Einwirkung der unter 2 bezeichneten Stoffe sicher geschützt sind, kann die zuständige Behörde zulassen, daß das Baden, sofern keine anderen Gründe entgegenstehen, bis auf ein Bad wöchentlich beschränkt wird.

14. Die Beschäftigung von Arbeiterinnen oder jugendlichen Arbeitern in Betrieben, in denen die unter 1 bezeichneten Nitro- oder Amidoverbindungen hergestellt, verarbeitet oder verpackt werden, ist untersagt.

15. Der Arbeitgeber darf zur Beschäftigung mit Nitro- oder Amido-

verbindungen nur solche erwachsene männliche Personen einstellen, welche die Bescheinigung eines von der oberen Verwaltungsbehörde dazu ermächtigten, dem zuständigen Gewerbeaufsichtsbeamten namhaft zu machenden, approbierten Arztes beibringen, daß sie nach ihrem Gesundheitszustande für diese Beschäftigung geeignet sind. Die Bescheinigungen sind zu sammeln, aufzubewahren und dem Aufsichtsbeamten (§ 139b der GewO) auf Verlangen vorzulegen.

Der Arbeitgeber hat die Überwachung des Gesundheitszustandes dieser Arbeiter einem von der höheren Verwaltungsbehörde dazu ermächtigten, dem zuständigen Gewerbeaufsichtsbeamten namhaft zu machenden, approbierten Arzte zu übertragen. Dieser muß die Arbeiter mindestens einmal monatlich im Betrieb aufsuchen, bei ihnen auf die Anzeichen etwa vorhandener Anilinmuserkrankungen achten und solche, welche ihm verdächtig erscheinen, eingehend untersuchen. Bei den Untersuchungen muß der Arzt auch die Arbeiter darüber belehren, wie sie sich zu verhalten haben, um Erkrankungen zu verhüten.

Auf Anordnung des Arztes sind Arbeiter, welche Krankheitserscheinungen infolge der Einwirkungen von Nitro- oder Amidoverbindungen zeigen, bis zur völligen Genesung, solche Arbeiter aber, welche sich dieser Einwirkung gegenüber besonders empfindlich erweisen, dauernd von den Betrieben, in denen die unter 1 bezeichneten Stoffe hergestellt usw. werden, auszuschließen.

Arbeiter mit Erkrankungen oder Reizzuständen der Blase sind aus der Beschäftigung mit den unter 1 bezeichneten Stoffen zu entfernen.

16. In der Fabrik ist ein Sauerstoff-Atmungsapparat bereit zu halten, so daß er bei Erkrankungsfällen sofort benutzt werden kann. Das Aufsichtspersonal ist in dem Gebrauche des Apparates zu unterweisen. In allen Erkrankungsfällen, in denen der Apparat benutzt wird, ist ärztliche Hilfe in Anspruch zu nehmen.

17. Der Arbeitgeber ist verpflichtet, zur Kontrolle über den Wechsel und Bestand sowie über den Gesundheitszustand der Arbeiter ein Buch zu führen oder durch einen Betriebsbeamten führen zu lassen. Er ist für die Vollständigkeit und Richtigkeit der Eintragungen, soweit sie nicht durch Ärzte gemacht werden, verantwortlich.

Dieses Kontrollbuch muß enthalten:

1. Vor- und Zunamen, Alter, Wohnort, Tag des Ein- und Austrittes jedes Arbeiters sowie die Art seiner Beschäftigung.
2. den Namen dessen, der das Buch führt,
3. die Namen der mit der Aufnahmeuntersuchung und den laufenden Untersuchungen beauftragten Ärzte[1],
4. den Tag und die Art der Erkrankung eines Arbeiters,
5. den Tag der Genesung,
6. die Tage und die Ergebnisse der ärztlichen Untersuchungen.

---

[1] Beide Untersuchungen können auch durch denselben Arzt ausgeführt werden.

Statt eines Buches können — mit Zustimmung der höheren Verwaltungsbehörde — auch Karten benutzt werden, wenn sie alle erforderlichen Angaben enthalten und für ihre Vollständigkeit Gewähr geleistet wird.

Besondere Unfallverhütungsvorschriften für Trinitrotoluolfabriken.

Genehmigt vom Reichsversicherungsamt am 7. November 1911.

Außer den Allgemeinen Unfallverhütungsvorschriften der Berufsgenossenschaft der chemischen Industrie gelten für Fabriken zur Herstellung von Trinitrotoluol und Munition aus Trinitrotoluol die folgenden Bestimmungen:

Vorschriften für Arbeitgeber und Arbeitnehmer.

Die von den Arbeitnehmern besonders zu beachtenden Vorschriften sind durch gesperrten Druck hervorgehoben.

I. Bauliche Anlagen und Einrichtungen.

Abgrenzung. — § 1. Trinitrotoluol darf nur in einer besonderen, in sich abgeschlossenen Anlage hergestellt werden, die von anderen Anlagen einen Abstand von mindestens 100 m haben muß. Der Abstand kann bis auf 50 m herabgesetzt werden, wenn die Anlage auf dem Gelände einer Sprengstoffabrik liegt und gegen diese durch Wälle, Hügel usw. gedeckt ist. Sind für die zunächstgelegenen Sprengstoffgebäude größere Entfernungen vorgeschrieben, so sind diese auch als Abstand von den Gebäuden der Trinitrotoluolfabrik maßgebend.

Für sich allein bestehende oder nicht auf dem umgrenzten Gelände einer Sprengstoffabrik liegende Trinitrotoluolfabriken müssen mit einer Umschließung versehen sein, welche das Eindringen nach Möglichkeit verhindert. Es sind dann an den Eingängen augenfällig Schilder anzubringen, die den Zutritt Unbefugter und das Rauchen verbieten.

Umkleide-, Wasch- und Speiseräume. — § 2. Zum Umkleiden, Waschen und Einnehmen der Mahlzeiten, sowie zum Baden müssen geeignete Räume und Einrichtungen vorhanden sein.

Einteilung der Anlage. — § 3. Die Anlage ist so einzurichten, daß mindestens nachstehende Betriebsvorgänge und Arbeiten in getrennten Abteilungen erfolgen müssen:

a) die Nitrierung;
b) die Aufspeicherung der gebrauchten Säuren;
c) das Waschen und Abschleudern;
d) die Umkristallisierung und Entfernung des Lösemittels;
e) die Trocknung;
f) die Verpackung;
g) die Lagerung des fertigen Trinitrotoluols;
h) die Lagerung des Toluols und der leicht entzündlichen Lösemittel;

i) die Wiedergewinnung und Reinigung der Lösemittel;

k) gegebenenfalls die Herstellung von Munition aus Trinitrotoluol.

Betriebsabteilungen. — § 4. Die einzelnen Betriebsabteilungen müssen durch Lage, Bauart und Einrichtung gegen die Übertragung von Bränden nach Möglichkeit geschützt sein.

a) Die Nitrierungen sind in einem für sich alleinstehenden, massiven Gebäude auszuführen, welches durch Zwischenwände mit Verbindungstüren für die verschiedenen Nitrierungen in einzelne Räume eingeteilt sein kann. Die Räume müssen hoch sein, den Dämpfen leichten Abzug gewähren und eine genügende Anzahl leicht erreichbarer Ausgänge haben.

b) Die Aufspeicherung der gebrauchten Säuren geschieht in Behältern, die am zweckmäßigsten im Freien stehen oder nur überdacht sind.

c) Das Waschen und Abschleudern muß in einem freistehenden massiven Gebäude erfolgen. Für reichliche Ventilation durch Dachreiter, Abzugsschächte oder Ventilatoren ist Sorge zu tragen.

d) Die Umwandlung des Rohproduktes in reines Trinitrotoluol durch Umkristallisierung aus leicht entzündlichen Lösemitteln, wie Alkohol, Benzol, Toluol, ist in einem feuersicheren Einzelgebäude vorzunehmen. Durch eine das Dach um mindestens 50 cm überragende Brandmauer ist das Gebäude in den Raum für die Lösegefäße und den Raum für die Kristallisiergefäße und Schleudern einzuteilen oder, falls das Lösen und Kristallisieren in denselben Apparaten erfolgt, in den Raum für die Löse- bzw. Kristallisiergefäße und den Raum für die Schleudern. Die Räume müssen hoch und luftig sein. Lösekessel, Kristallisiergefäße, Zentrifugen, Transportschnecken usw. sind so abzuschließen, daß Dämpfe in gefährlichen Mengen nicht in die Räume austreten können. Für genügende Lufterneuerung ist zu sorgen.

Bühnen müssen einen unmittelbar ins Freie führenden Ausgang haben.

c) Das Trocknen des Trinitrotoluols muß in massiven Einzelgebäuden erfolgen. Die Befreiung des reinen Trinitrotoluols vom Lösemittel kann in dem Gebäude für die Umkristallisierung geschehen, wenn dazu Apparate verwendet werden, durch deren ununterbrochenen Betrieb Anhäufungen vermieden werden und die Apparate sich in einem feuersicher abgetrennten Raume befinden.

f) Für die Verpackung sind massive oder doch feuersichere Packhäuser vorzusehen.

g) Die Lagerung des fertig verpackten Trinitrotoluols muß in Magazinen erfolgen. Diese müssen in Kiesbeton mit mindestens 60 cm starken Wänden überwölbt hergestellt und mit einer 1 m hohen Erdschicht bedeckt werden. Zum Abschluß sind Doppeltüren zu verwenden, deren äußere aus 5 cm starkem Eichenholz bestehen muß. Beide Türen sind mit Schlössern zu versehen. Vor dem Eingange muß sich zur Deckung des Gebäudes ein genügend breiter Wall befinden. Die Entfernung der Magazine von den ihnen zunächst gelegenen Fabrikgebäuden muß bei einem Gelände, das keine natürliche Deckung bietet, von Außenwand zu Außenwand betragen: Bei einem Trinitrotoluolinhalt von 5000 kg 35 m, bei 15000 kg 60 m und bei 30000 kg 90 m.

Befindet sich zwischen den Magazinen und den Gebäuden ein Wall, so können die Abstände auf die Hälfte ermäßigt werden.

Untereinander müssen die Magazine für obige Mengen 10, 15 und 20 m von der Mitte bis Mitte entfernt sein.

Die Heizung der Magazine mit Dampf oder Wasser ist zulässig.

h) Die Lager für feuergefährliche Lösemittel und für Toluol sind so anzulegen, daß der Inhalt der Gefäße beim etwaigen Auslaufen sich nicht über das umliegende ergießen kann. Über der Erde befindliche Lager sind zu diesem Zwecke mit einem Damme zu umgeben. Bei der Lagerung in Räumen über der Erde müssen die Gebäude feuersicher hergestellt sein und von anderen Gebäuden einen Abstand von mindestens 20 m haben. Die Lager können auch unterirdisch angelegt werden; ebenso ist die Lagerung in eisernen Fässern an einem sicheren Lagerplatz im Freien zulässig.

i) Für die Wiedergewinnung und Reinigung der Lösemittel sind die unter d) für die Umkristallisation geltenden Bestimmungen sinngemäß zu beachten.

k) Falls mit der Trinitrotoluolfabrik die Anfertigung von Munition verbunden ist, so muß hierfür eine getrennte Anlage vorhanden sein.

Das Gießhaus ist massiv als Einzelgebäude herzustellen.

Die Pressenhäuser müssen entweder in leichter Bauart mit vollständiger Umwallung oder nach dem Ausblasesystem mit drei starken Wänden, leichtem Dach und einer leichten Vorderwand gebaut werden. Zum Aufenthalt des Bedienungspersonals während des Pressens muß ein gegen die Wirkung von Explosionen geschützter Raum vorhanden sein.

Die mechanische Weiterverarbeitung der Munition kann in einem gemeinschaftlichen Gebäude mit getrennten Räumen oder auch in einzelnen Gebäuden erfolgen.

Die Munitionslager unterliegen den Bestimmungen für Trinitrotoluolmagazine.

Fußböden und Türen. — § 5. Die Fußböden aller Betriebsräume sind undurchlässig und leicht abspülbar herzustellen.

Türen, die ins Freie oder nach Vorplätzen führen, müssen nach außen aufschlagen.

Blitzschutz. § 6. Alle Betriebsgebäude sind mit einer zuverlässigen Blitzschutzanlage zu versehen, wenn diese bei der örtlichen Lage, Bodenbeschaffenheit und Bauart geboten erscheint. Die Blitzschutzanlagen müssen stets in gutem Zustande erhalten und mindestens einmal jährlich sachverständig geprüft werden. Die Prüfung hat sich sowohl auf die oberirdische wie auf die Erdleitung zu erstrecken. Das Ergebnis der Prüfungen ist in ein Revisionsbuch einzutragen, welches dem technischen Aufsichtsbeamten auf dessen Wunsch vorzulegen ist.

Beleuchtung. — § 7. Die künstliche Beleuchtung der Betriebsräume darf nur durch elektrische Glühlampen in Doppelbirnen oder mit Überglocke, deren Schaltungen und Sicherungen außerhalb der Gebäude liegen müssen, oder durch zuverlässige Außenbeleuchtung erfolgen. Die Leitungen innerhalb der Gebäude müssen möglichst kurz sein, in Metallröhren liegen oder in sonstiger Weise gesichert werden. Als bewegliche Beleuchtungskörper sind elektrische oder andere als zuverlässig bekannte Sicherheitslampen zugelassen. Kabellampen, deren Drähte durch einen Schlauch gesichert sein müssen, sind gestattet.

Heizung. — § 8. Zur Heizung der Betriebsräume, event. auch der Magazine, darf nur Dampf- oder Warmwasserheizung verwendet werden. Die Temperatur des Dampfes darf innerhalb der Betriebsräume 120° nicht überschreiten. Die Heizkörper, die von unbekleideten Holzwänden und brennbaren Materialien mindestens 15 cm Abstand haben müssen, sind so anzuordnen, daß sie gut zu reinigen sind und sich leicht übersehen lassen.

II. Verschiedenes.

Feuerlöscheinrichtungen. — § 9. In allen Betriebsräumen oder in der Nähe der Betriebsgebäude, mit Ausnahme der Magazine, muß Wasser zum sofortigen Löschen etwa entstehender Brände zur Verfügung stehen. Druckwasserleitungen sind gegen Frost und Explosionsgefahr nach Möglichkeit zu schützen. Die Bereithaltung von Handlöschapparaten ist zu empfehlen; ebenso für die Räume, worin mit Alkohol oder sonstigen leicht entzündlichen Lösemitteln gearbeitet wird, die Anbringung von Dampflöschvorrichtungen.

Nitrieranlagen. — § 10. Die Nitriergefäße müssen mit zuverlässigen Vorrichtungen zum Rühren und zur Regulierung der Temperatur, sowie mit Abzugsrohren für die entsprechenden Dämpfe versehen sein. Die Dämpfe sind in geeigneter Weise tunlichst unschädlich zu machen.

Trockenanlagen. — § 11. Beim Trocknen auf Hürden sind die Heizkörper so anzuordnen, daß Trockenmaterial, Sublimate und Staub nicht mit der Heizung in Berührung kommen können. Die Temperatur darf 60° nicht überschreiten.

Jedes feste Umschließen größerer Mengen von Trinitrotoluol ist zu vermeiden. Trockeneinrichtungen müssen im Falle einer Entzündung des Trinitrotoluols den Verbrennungsgasen leichten Abzug ermöglichen, ohne daß eine gefährliche Drucksteigerung entstehen kann.

Beim Trocknen in Apparaten mit direkter Heizung, z. B. Muldentrockenapparaten, darf nur Warmwasserheizung verwendet werden. Der Inhalt ist fortwährend in Bewegung zu halten. Sind leicht entzündliche Lösemittel zu verdampfen, so muß der Apparat leicht verschlossen und mit Vorrichtung zum Absaugen der Dämpfe versehen sein.

Staub. — § 12. Die Einrichtungen zum Trocknen und Sieben von Trinitrotoluol müssen derart sein, daß ein Verstäuben vermieden wird. Wände, Fußböden, Heizkörper und die Schutzglocken der elektrischen Glühlampen sind von größeren Staubansammlungen frei zu halten. Den Arbeiten sind Respiratoren (Mundtücher, Mundschwämme usw.) zur Verfügung zu stellen, auf deren Benutzung hinzuwirken ist.

Maßnahmen gegen die Entstehung von Bränden. — § 13. In Räumen mit leichtentzündlichen Lösemitteln oder trockenem Trinitrotoluol dürfen keine Verbrennungs- oder Elektromotoren aufgestellt und keine Funken gebenden elektrischen Armaturen (Stark- oder Schwachstrom, elektrische Glocken usw.) angebracht werden.

Die bei der Herstellung von Trinitrotoluol benutzten Zentrifugen, auch die zum Abschleudern des granulierten Trinitrotoluols, dürfen weder mit einer Bremse versehen sein, noch ist das Bremsen in anderer Weise zulässig.

Mit Öl durchtränkte Putzlappen und Putzwolle sind außerhalb der Arbeitsräume in Blechbehältern aufzubewahren und daraus von Zeit zu Zeit zu entfernen.

Bei den zum Trocknen, Mahlen und Sieben benutzten Apparaten ist die Reibung von Eisen auf Eisen, soweit es die Betriebseinrichtungen gestatten, zu vermeiden.

Verunreinigtes Trinitrotoluol und Fabrikationsabgänge. § 14. Verunreinigtes Trinitrotoluol ist vor der weiteren Verarbeitung sachgemäß zu reinigen.

Abfälle aus der Nitrierung oder Umkristallisation, die noch verwendungsfähig sind, müssen aus diesen Räumen entfernt und an dazu geeigneten Stellen bis zu ihrer Verarbeitung untergebracht werden.

Fabrikationsabfälle, welche Trinitrotoluol enthalten, dürfen nicht vergraben werden. Solche Abfälle sind in die zu diesem Zwecke bereit zu haltenden Sammelgefäße zu schütten und von Zeit zu Zeit an einem hierfür bestimmten Orte unter Aufsicht zu vernichten.

Reparaturen und Vernichtung von Gegenständen. — § 15. Reparaturen an Apparaten und anderen Gegenständen, die mit Trinitrotoluol in Berührung gekommen sind, dürfen nur unter Aufsicht und nach möglichster Entfernung des anhaftenden Trinitrotoluols ausgeführt werden.

Das Einschmelzen solcher Bleigefäße, Bleirohre usw. darf erst geschehen, nachdem sie unter Beobachtung der erforderlichen Sicherheitsmaßnahmen über hellem Feuer abgebrannt sind. In derselben Weise sind andere unbrauchbar gewordene Gegenstände, soweit sie nicht verbrannt oder durch Explosion vernichtet werden können, zu behandeln.

Gefährliche Gase und Dämpfe. — § 16. Für die Lagerung von Salpetersäure in Korbflaschen und bezüglich der Sicherheitsmaßnahmen gegen gefährliche Gase und Dämpfe, insbesondere beim Befahren von Behältern, sind die besondern Vorschriften der Berufsgenossenschaft der chemischen Industrie zum Schutze gegen gefährliche Gase und Dämpfe zu beachten.

Vermeidung von Ansammlungen. — § 17. In den Betriebsräumen darf sich nicht mehr Trinitrotoluol befinden, als zum geregelten Fortgang des Betriebes erforderlich ist.

Wirkungskreis. — § 18. Jedem Arbeiter ist ein bestimmter Wirkungskreis anzuweisen, der strengstens innegehalten werden muß. Die Arbeiter dürfen nur diejenigen Arbeitsstätten betreten, in denen sie nach Anweisung der Betriebsleitung zu tun haben.

Arbeitsanzüge. — § 19. Die Arbeiter, welche mit Trinitrotoluol in Berührung kommen, haben vor Beginn der Arbeit besondere Arbeitsanzüge anzuziehen, die vor dem Verlassen der Fabrik wieder abzulegen sind.

Feuerzeug, Zündhölzer u. dgl. dürfen in die Betriebsräume, mit Ausnahme derjenigen mit Feuerstellen (Kesselhaus, Reparaturwerkstätte usw.), nicht mitgenommen werden. Die Arbeiter sind daraufhin von Zeit zu Zeit zu kontrollieren.

Mahlzeiten, Verbot geistiger Getränke, Reinlichkeit. — § 20. Das Essen in den Räumen zur Herstellung und weiteren Verarbeitung des Trinitrotoluols, mit Ausnahme des Nitrierraumes, ist nicht gestattet.

Arbeiter, welche mit Trinitrotoluol in Berührung kommen, sind anzuhalten, sich vor dem Essen zu waschen, und mindestens einmal in der Woche zu baden.

In der Fabrik ist der Genuß geistiger Getränke, außer Bier, verboten; bei der Arbeit auch das Trinken von Bier.

Sprengstoffarbeiter. — § 21. Bei der Herstellung von Trinitrotoluol und dessen Verarbeitung zu Munition sind nur nüchterne und zuverlässige Leute anzustellen, die nicht unter 18 Jahre alt sein dürfen und vor ihrer selbständigen Beschäftigung die nötige Anleitung erhalten haben müssen.

Fremde Personen. — § 22. Fremden Personen soll der Zutritt zur Fabrik nur mit besonderer Erlaubnis und in der Regel nur mit zuverlässiger Begleitung gestattet sein.

III. Ausführungs- und Strafbestimmungen.

Geltungsbereich dieser Vorschriften. — § 23. Die vorstehenden Bestimmungen treten am 1. Januar 1912 in Kraft. Neuanlagen müssen den Vorschriften im vollen Umfange entsprechen; bestehende Anlagen dagegen nur, soweit nicht eine Verlegung oder Änderung der Gebäude und baulichen Einrichtungen erforderlich ist, oder nicht in der Konzessionsurkunde andere Bestimmungen über Einteilung, Sprengstoffmengen, zulässige Arbeiterzahl usw. getroffen sind.

Konzessionspflichtige Erweiterungsbauten sind diesen Vorschriften sinngemäß anzupassen; doch ist auf bestehende Verhältnisse Rücksicht zu nehmen.

Ausführungsfrist. — § 24. Für die auf Grund dieser Vorschriften zu treffenden Änderungen wird den Betriebsunternehmern eine Frist von 6 Monaten vom Tage des Inkrafttretens der Vorschriften — also bis zum 1. Juli 1912 — gewährt.

Fristverlängerung, Abweichung von den Vorschriften. — § 25. Auf Antrag des Betriebsunternehmers kann der Genossenschaftsvorstand:

a) die Fristen für die Einführung der Betriebseinrichtungen, wie sie in diesen Vorschriften gefordert werden, verlängern;

b) Abweichungen von diesen Vorschriften genehmigen, wenn es sich herausstellen sollte, daß diese in einzelnen Fällen ohne erhebliche Schwierigkeiten und Kosten nicht ausgeführt werden können.

Bekanntgabe der Unfallverhütungsvorschriften. — § 26. Die Arbeitgeber haben dafür zu sorgen, daß alle Arbeiter — besonders die in den gefährlichen Betriebsabteilungen beschäftigten — von den für sie bestimmten Vorschriften Kenntnis erhalten.

Neu angestellten Arbeitern sind die wichtigsten Bestimmungen unter Hinweis auf die vorhandenen Vorschriften mündlich mitzuteilen. Außerdem sind die Vorschriften entweder an geeigneter, allen Arbeitern zugänglicher Stelle auszuhängen oder jedem Arbeiter in Buchform bei Beginn seiner Tätigkeit bzw. beim Inkrafttreten der Vorschriften gegen Empfangsbescheinigung zu behändigen.

Strafbestimmungen.

§ 27. Genossenschaftsmitglieder, welche den Unfallverhütungsvorschriften zuwider handeln, können durch den Genossenschaftsvorstand mit Geldstrafen bis zu eintausend Mark belegt, oder mit ihren Betrieben in eine höhere Gefahrenklasse eingeschätzt oder, falls sich die letzteren bereits in der höchsten Gefahrenklasse befinden, mit Zuschlägen bis zum doppelten Betrage ihrer Beiträge belegt werden. (§ 112 Abs. I Ziffer I und § 116 des Gewerbe-Unfallversicherungsgesetzes vom 30. Juni 1900.)

§ 28. Versicherte Personen, welche den durch gesperrten Druck hervorgehobenen Unfallverhütungsvorschriften zuwider handeln, oder welche die angebrachten Schutzvorrichtungen nicht benutzen, mißbrauchen oder beschädigen, können mit einer Geldstrafe bis zu 6 Mark belegt werden. Die Festsetzung dieser Strafe erfolgt durch den Vorstand der Betriebs-(Fabrik-)Krankenkasse oder, wenn eine solche für den Betrieb nicht errichtet ist, durch die Ortspolizeibehörde. Die Strafbeträge fließen in die Krankenkasse, welcher der zu ihrer Zahlung Verpflichtete zur Zeit der Zuwiderhandlung angehört, oder, wenn er keiner Krankenkasse angehört, in die Kasse der Gemeinde-Krankenversicherung des Beschäftigungsortes. (§ 112 Abs. I Ziffer 2 §§ 116 und 154 Abs. I des Gewerbe-Unfallversicherungsgesetzes vom 30. Juni 1900.)

Vorschriften für die Anlage und den Betrieb von Pikrinsäurefabriken.

Genehmigt vom Reichsversicherungsamt am 14. November 1903.

Außer den Allgemeinen Unfallverhütungsvorschriften der Berufsgenossenschaft der chemischen Industrie gelten vom Tage ihrer Veröffentlichung im „Reichsanzeiger“ für die Anlage und den Betrieb von Pikrinsäurefabriken folgende Bestimmungen:

A. Vorschriften für Arbeitgeber.

I. Vorschriften für die Anlage.

a) Neuanlagen.

§ 1. Die Anlage ist in folgende Abteilungen räumlich zu trennen:

a) Herstellung der Rohpikrinsäure und ihre Scheidung von der Nitriersäure.

b) Umwandlung der rohen in Reinpikrinsäure.

c) Trocknen der Reinpikrinsäure.

d) Sieben und Verpacken.

e) Lagerung.

§ 2. Die Abteilungen b, c und d sind jede für sich mit Erdwällen zu umgeben. Von der Umwallung von b kann nur Abstand genommen werden, wenn sowohl Gebäude wie innere Einrichtungen ausreichende Garantien für Feuersicherheit bieten.

§ 3. Bei einer Tagesproduktion bis zu 100 kg können die Abteilungen c und d in einem Walle vereinigt werden.

§ 4. Andere zu dem Betriebe gehörige Gebäude, in denen keine Pikrinsäure vorhanden ist, sind mindestens 30 m entfernt zu legen.

§ 5. Das Lager e ist ebenfalls zu umwallen und von den Abteilungen a—d mindestens 100 m, bei einem Bestande von mehr als 10000 kg aber mindestens 200 m entfernt zu legen.

§ 6. Die Abteilungen a—d und das Lager e sind mit einem 2·25 m hohen Zaun zu umgeben, der von den Gebäuden wenigstens 5 m entfernt ist; an den Zugängen sind, soweit sie nicht verschlossen sind, Warnungstafeln anzubringen; außerdem müssen die Zugänge so bewacht werden, daß Unbefugte keinen Zutritt finden können.

§ 7. Die Erdwälle sollen 1 m Kronenbreite und von den Gebäuden 1 m Abstand haben. Bei den Abteilungen b, c und d müssen die Wälle die Höhe der Dachtraufen der Gebäude, bei dem Lager e die Firsthöhe 1 m überragen.

§ 8. Alle Wälle müssen mit doppelseitiger gleichwinkliger Böschung angelegt werden. Die Wälle sind so anzulegen, daß eine direkte Schußwirkung ausgeschlossen ist.

§ 9. Bei den Abteilungen b, c und d sind zum Schutze gegen eintretende Gefahr sichere Deckungen für die Arbeiter anzubringen.

§ 10. Für die Aufnahme solcher Produkte, deren sofortige Weiterverarbeitung nach dem Gange des Betriebes nicht möglich ist, sind in der Nähe der Abteilungen in der im § 7 angegebenen Weise umwallte Ablagemagazine anzulegen.

§ 11. Die Wände der Abteilungen a—d sollen glatt und leicht zu reinigen sein. Die Fußböden sollen undurchlässig, leicht abzuspülen und mit Gefälle versehen sein.

Das Dach soll möglichst leicht und möglichst feuersicher konstruiert werden.

Die Türen sollen nach außen aufschlagen.

§ 12. Die Fenster der Abteilungen b, c und d sind auf der Sonnenseite zu blenden. Zu den Fußböden sollen keine Metalle (Nägel) und keine kalk- oder gipshaltigen Materialien benutzt werden.

§ 13. Das Lager e ist entweder aus feuersicher imprägniertem Holz oder aus Zementbeton zu erbauen. In dem letzteren Falle ist die innere Fläche mit dichtem Material (Linoleum) zu verkleiden. Die Fenster sind auf der Sonnenseite zu blenden.

§ 14. Die Heizung darf nur durch Dampf oder Heißwasser von nicht über 120^0 geschehen. Das Lager darf nicht geheizt werden.

§ 15. Die Beleuchtung muß durch elektrische Glühlampen erfolgen, deren Zuleitungen getrennt zu verlegen sind. Die Lampen sind mit Schutzglocken zu umgeben.

§ 16. Bei den Abteilungen b, c, d und e muß die Beleuchtung von außen erfolgen. Die Lampen oder ihre Leitungen dürfen mit dem Hause nicht in Verbindung stehen.

§ 17. Alle Lichtleitungen sollen den Vorschriften des Verbandes Deutscher Elektrochemiker entsprechen und halbjährlich durch einen Sachverständigen geprüft werden. Über die Prüfung ist Buch zu führen.

§ 18. Vorhandene Blitzableiter sind halbjährlich und nach jedem starken Gewitter auf ihre Zuverlässigkeit sachverständig zu prüfen. Über diese Prüfung ist Buch zu führen.

§ 19. Jede Abteilung ist zur Reinigung mit einer Wasserleitung zu versehen. In den Abteilungen b—e sind Streudüsen anzubringen. Die Düsen sollen sich beim Brande entweder selbsttätig öffnen oder von der Deckung aus in Tätigkeit gesetzt werden können.

b) Bestehende Anlagen.

§ 20. Für bestehende Anlagen sind die vorstehenden Bestimmungen innerhalb 6 Monaten auszuführen, soweit sie sich nicht auf die Bauart oder auf die örtliche Lage der Gebäude beziehen.

II. Vorschriften für den Betrieb.

§ 21. Außer einem zuverlässigen Betriebsführer ist ein mit dem Betriebe vertrauter Stellvertreter vorzusehen.

§ 22. Für die Abteilungen a und b, sowie c und d ist je ein Aufseher einzustellen. Die Arbeiter sollen nicht unter 18 Jahre alt sein und sollen auf die Gefahren des Betriebes besonders aufmerksam gemacht werden. Akkordarbeiten sind zu vermeiden.

§ 23. Den Arbeitern ist ein besonderer Speiseraum anzuweisen. In den Betrieben ist das Essen zu untersagen.

§ 24. Den Arbeitern sind taschenlose Arbeitsanzüge zu liefern, welche regelmäßig zu reinigen sind. Feuerzeuge und Metallgegenstände sind vor dem Betreten des Betriebes abzulegen.

§ 25. Das Betreten des Gebietes der Pikrinsäurefabrik und der Gebäude mit Feuer oder offenem Licht und das Rauchen daselbst ist verboten.

§ 26. Die Abteilungen c—e sind nur mit nichtgenagelten Sohlen zu betreten.

§ 27. Bei Reparaturen in den Abteilungen a—e darf Feuer nur in Gegenwart des Betriebsführers angezündet werden.

§ 28. Fremden Personen ist, soweit nicht gesetzliche Vorschriften dem entgegenstehen, der Zutritt nur mit Genehmigung der Direktion und in Gegenwart des Betriebsführers gestattet.

§ 29. Heizvorrichtungen und sonstige Dampfleitungen innerhalb der Gebäude sind täglich von Staub, insbesondere von Pikrinsäurestaub zu reinigen.

§ 30. In jedem Fabrikationsraume darf sich nur so viel Pikrinsäure befinden, als der geregelte Fortgang des Betriebes es erfordert. Produkte, welche nicht gleich weiter verarbeitet werden, sind entweder unter Wasser zu setzen oder in die Ablagemagazine zu bringen.

§ 31. Trockene Pikrinsäure, welche umkristallisiert werden soll, ist unter Aufsicht in den Arbeitsraum und sogleich in Wasser zu bringen.

§ 32. Bei den Einrichtungen zum Trocknen, Mahlen und Sieben ist eine Reibung von Eisen auf Eisen und eine Verstäubung von Pikrinsäure zu vermeiden.

§ 33. Alle Einrichtungen sind so zu treffen, daß die Bildung von Pikraten verhindert wird; insbesondere ist es in den Abteilungen b—e möglichst zu vermeiden, daß zwischen Pikrinsäure und Metallen eine Berührung eintrete, welche eine Pikratbildung veranlassen könnte.

§ 34. Verschüttete oder verunreinigte Pikrinsäure ist sofort in ein Gefäß mit Wasser zu bringen, welches zu diesem Zweck in jeder Abteilung vorhanden sein muß.

§ 35. Es dürfen keinerlei Abgänge aus der Fabrikation in den Boden vergraben werden. Abgänge, welche feuer- und explosionsgefährliche Stoffe enthalten, sind an einem hierfür bestimmten Ort unter Aufsicht durch Verbrennen zu vernichten.

§ 36. Reparaturen an Apparaten und Gegenständen, die mit Pikrinsäure in Berührung gekommen sind, dürfen nur unter Aufsicht und nach Entfernung der anhaftenden Pikrinsäure ausgeführt werden. Unbrauchbar gewordene Holzgegenstände sind unter Beobachtung der nötigen Vorsichtsmaßregeln zu verbrennen.

B. Vorschriften für Arbeitnehmer.

§ 37. Die Arbeiten im Betriebe dürfen nur in taschenlosen, von den Betriebsinhabern zu liefernden Anzügen verrichtet werden.

§ 38. Feuerzeug und Metallgegenstände sind vor dem Beginn der Arbeit abzuliefern.

§ 39. In den Abteilungen c—e dürfen Schuhe mit genagelten Sohlen nicht getragen werden.

§ 40. Das Einnehmen der Mahlzeiten darf nur in den zu diesem Zwecke angewiesenen Räumen geschehen.

§ 41. Das Rauchen innerhalb des Gebietes der Pikrinsäurefabrik, sowie das Betreten desselben und der Gebäude mit Feuer oder offenem Licht ist verboten.

§ 42. In den Abteilungen a—e darf bei Reparaturen Feuer nur in Gegenwart des Betriebsführers angezündet werden.

§ 43. Heizvorrichtungen und Dampfleitungen innerhalb der Gebäude sind täglich von Staub, insbesondere Pikrinsäurestaub, zu reinigen.

§ 44. Es ist dafür Sorge zu tragen, daß in jedem Fabrikationsraume nur so viel Pikrinsäure sich befindet, als es der geregelte Fortgang des Betriebes erfordert. Produkte, welche nicht gleich weiterverarbeitet werden, sind entweder unter Wasser zu setzen oder in die Ablagemagazine zu bringen.

§ 45. Trockene Pikrinsäure, die umkristallisiert werden soll, ist nur unter Aufsicht in den Arbeitsraum und sogleich in Wasser zu bringen.

§ 46. Es ist darauf zu achten, daß beim Mahlen, Trocknen und Sieben eine Reibung von Eisen auf Eisen oder eine Verstäubung von Pikrinsäure nicht stattfindet.

§ 47. Verschüttete oder verunreinigte Pikrinsäure ist sofort in ein Gefäß mit Wasser zu bringen, welches in jeder Abteilung zu diesem Zweck vorhanden sein muß.

§ 48. Keinerlei Abgänge aus der Fabrikation dürfen in den Boden vergraben werden. Abgänge, welche feuer- und explosionsgefährliche Stoffe enthalten, sind an einem hierfür bestimmten Orte unter Aufsicht durch Verbrennen zu vernichten.

§ 49. Reparaturen an Apparaten und Gegenständen, die mit Pikrinsäure in Berührung gekommen sind, dürfen nur unter Aufsicht und nach Entfernung der anhaftendenden Pikrinsäure ausgeführt werden. Unbrauchbar gewordene Holzgegenstände sind unter Beobachtung der nötigen Vorsichtsmaßregeln zu verbrennen.

§ 50. Bei eintretender Gefahr in den Räumen c und d sind die zum Schutze angebrachten Deckungen aufzusuchen.

C. Ausführungs- und Strafbestimmungen.

§ 51. Für die in Gemäßheit vorstehender Bestimmungen zu treffenden Änderungen wird den Betriebsunternehmern eine Frist von 6 Monaten vom Tage der Bekanntmachung durch den „Reichsanzeiger" gewährt. Der Genossenschaftsvorstand ist berechtigt, die Frist für die Einführung der Betriebseinrichtungen, wie sie in diesen Vorschriften gefordert werden, auf Antrag des betreffenden Unternehmers und Befürwortung des Sektionsvorstandes zu verlängern.

§ 52. Bezüglich der Bekanntgabe dieser Vorschriften sowie hinsichtlich der bei Zuwiderhandlungen gegen die Unfallverhütungsvorschriften vorgesehenen Strafen finden die in Ziffer 2 bis 4 des Abschnitts III der „Revidierten allgemeinen Unfallverhütungsvorschriften der Berufsgenossenschaft der chemischen Industrie" enthaltenen Bestimmungen Anwendung.

Fünfter Abschnitt.

Übersicht über die Patente betreffs Verwendung von Nitrokörpern.

I. Aromatische Nitrokohlenwasserstoffe.

D.R.P. 12122 vom 3. Juni 1880. Franz. Pat. 137644 vom 7. Juli 1880.

Hellhoff, Berlin. — Verfahren zur Herstellung von Sprengstoffen durch direkte Nitrierung der rohen Teeröle und Versetzung der Nitrierungsprodukte mit Sauerstoffträgern.

Die rohen Teeröle werden allmählich mit hochgradiger Salpetersäure unter fortwährendem Rühren versetzt, worauf eine fortschreitende Trübung und endlich eine flockenartige Absonderung eintritt. Den entstandenen Niederschlag läßt man absetzen, gießt das noch klar darüberstehende Öl in ein zweites Gefäß ein, bringt von neuem Salpetersäure hinzu und setzt diesen Prozeß so lange fort, bis der Rückstand klar bleibt. — Die so erhaltenen Fällungsprodukte werden ausgewaschen, getrocknet und mit Sauerstoffträgern versetzt; hierzu werden hauptsächlich die Nitrate der Alkalien, Kaliumchlorat und konzentrierteste Salpetersäure (1·5 spez. Gew.) verwendet. Alle diese Mischungen ergeben Explosivkörper von großer Energie. Den brisantesten Stoff lieferte hier bei den leichten Ölprodukten 1 Gewichtsteil Fällungsprodukt mit 2 Gewichtsteilen konzentriertester Salpetersäure, bei den schweren Ölen 1 Teil Fällungsprodukt mit 3 bis $3^1/_2$ Teilen Salpetersäure.

D.R.P. 44041 vom 29. März 1887.

Max Jeschek und Josef Jaresch in Wien. — Verfahren zur Darstellung von sauren plastischen Sprengstoffen aus den flüssigen Explosivkörpern, welche aus konzentrierter Salpetersäure von 1·4 bis 1·53 spez. Gewicht und aus den Mono-, Bi- und Trinitroderivaten des Benzols, Toluols, Xylols, Phenols, Naphthalins, entweder einzeln oder in ihrer Gesamtheit bzw. den nitrierten leichten Teerölen, und zwar in solchen Mengenverhältnissen, daß eine vollständige Oxydation des Kohlenstoffs zu Kohlensäure und des Wasserstoffs zu Wasser durch den Sauerstoff der Salpetersäure bewirkt wird, bestehen, durch Zusatz von Zellulose (feine Holzwolle, Baumwolle, Strohfaser, Hanf, Flachs usw.) von 20 bis 40% des fertigen Sprengstoffs und noch eines Plus an Salpetersäure, durch welches die Nitrifikation der Zellulose bewerkstelligt und bei der Verbrennung die zur vollständigen Oxydation der Nitrozellulose noch nötige Menge Sauerstoff geliefert wird.

D.R.P. 79477 vom 7. November 1893.

Chemische Fabrik Griesheim in Frankfurt a. M. — Verwendung von Trinitrobenzol als Sprengstoff unter Ausschluß oxydierender Zusätze.

Das Trinitrobenzol ist bereits zur Herstellung von Sprengstoffen in Vorschlag gebracht worden. Unter dem Namen Bellit oder Sekurit ist nämlich ein Sprengstoff bekannt geworden (vergl. Cundill, Dictionary of Explosives, 1889, S. 71 und 82), welcher aus Di- oder Trinitrobenzol bestehen soll, gemischt mit derjenigen Menge Ammoniumnitrat, welche zur vollkommenen Verbrennung der genannten Nitrokörper gerade ausreicht.

Wir haben nun gefunden, daß, während es beim Dinitrobenzol notwendig ist, einen Sauerstoffträger hinzuzufügen, um überhaupt zu einem Sprengstoff zu gelangen, dies beim Trinitrobenzol nicht nur nicht notwendig ist, sondern daß im Gegenteil durch diese Zutat die Sprengkraft desselben sehr erheblich vermindert wird.

In der Verwendung des reinen Trinitrobenzols liegt aber gegenüber der Anwendung ähnlicher Sprengstoffe, z. B. der Pikrinsäure, zur Herstellung brisanter Sprengkörper ein erheblicher Vorteil.

Obwohl die Pikrinsäure dem Trinitrobenzol an Sprengkraft aus dem Grunde überlegen zu sein scheint, weil ihr Sauerstoffgehalt ein größerer ist, so haben uns die folgenden theoretischen Überlegungen doch zu der Überzeugung gebracht, daß das Umgekehrte der Fall sein muß.

Die stark saure Natur der Pikrinsäure, sowie ihr starker Farbstoffcharakter haben es uns nicht zweifelhaft erscheinen lassen, daß das Molekül derselben eine chinoide Konstitution besitzt:

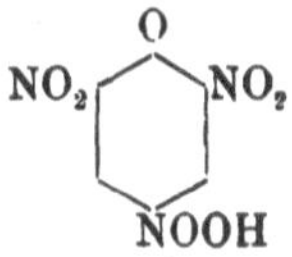

Nach dieser Formel sind bei der Pikrinsäure 11 Sauerstoffvalenzen an Stickstoff gebunden.

Das Trinitrobenzol besitzt nun neben dem großen sprengtechnischen Vorzug, weder eine Säure noch ein Farbstoff zu sein, eine größere potentielle Energie, weil bei ihm, wie aus seiner Formel:

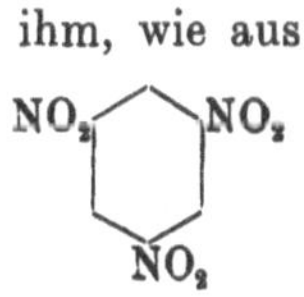

hervorgeht, nicht nur 11, sondern 12 Sauerstoffvalenzen an Stickstoff gebunden sind.

Die bei der Explosion zur Wirkung kommende innere Verbrennungswärme muß also beim Trinitrobenzol größer sein, weil die drei nicht durch Stickstoffvalenzen gebundenen Sauerstoffvalenzen bereits mit Kohlenstoff bzw. Wasserstoffvalenzen ausgeglichen sind und daher keine potentielle Energie mehr enthalten.

Da ferner das Molekulargewicht des Trinitrobenzols kleiner ist als das der Pikrinsäure, so wird auch dadurch die potentielle Energie vermehrt, weil von dem ersteren in einer gegebenen Gewichtsmenge mehr Moleküle enthalten sind wie von der letzteren.

Der Versuch hat diese Voraussetzungen bestätigt.

Man wendet das Trinitrobenzol in ganz derselben Weise zu Sprengkörpern an wie die Pikrinsäure, am besten in zusammengepreßtem oder auch in geschmolzenem Zustande, und bedient sich zur Detonierung desselben des Knallquecksilbers. Als vorteilhaft hat es sich für die Herstellung von gepreßten Sprengkörpern erwiesen, das Trinitrobenzol nicht in kristallinischem, sondern in amorphem Zustande zu verwenden. In diesem Zustand kann man das Trinitrobenzol leicht überführen, wenn man seine Verbindung mit Benzol an der Luft verwittern läßt. Es hinterbleibt hierbei in Form eines feinpulverigen weißen Mehles.

Engl. Pat. 25413, 1897.

Sprengstoff aus 40 Teilen Trinitrobenzol, 55 Teilen Nitrozellulose und 5 Teilen basischem Rosanilin.

Engl. Pat. 5687 vom 18. März 1905. Amerik. Pat. 894707 vom 25. Januar 1906.

Gustav Schultz und Fritz Gehre in München. — Verfahren eines neuen Sicherheitssprengstoffes.

Zur Herstellung dieses Sprengstoffes werden die durch Nitrierung von Solventnaphtha erhältlichen festen Nitroprodukte, welche hauptsächlich aus den Trinitroprodukten des Mesitylens und Pseudocumols bestehen, mit Sauerstoffträgern und event. mit fein gepulverten Metallen, wie Eisen oder Kupfer vermischt. Als Beispiel wird folgende Mischung angegeben:

76	Teile	Ammoniumnitrat
10	,,	Kaliumnitrat
10	,,	Nitroprodukt
2	,,	Harz
2	,,	Kaliumperchlorat

Franz. Pat. 356864 vom 20. Oktober 1905.

Emil Bichel, Deutschland. — Verfahren zur Veränderung der Detonationsgeschwindigkeit der Sprengstoffe zur Verminderung ihrer Brisanz.

Die Geschwindigkeit, mit welcher sich ein brisanter Sprengstoff zersetzt — die Detonationsgeschwindigkeit — kann mittels des Chronographen von Le Boulangé oder mit anderen ähnlichen Instrumenten gemessen werden. Sie hängt stets von der chemischen Zusammensetzung des betreffenden Explosivstoffes ab, und man wußte bis heute nicht, daß jeder Sprengstoff eine verschiedene Detonationsgeschwindigkeit aufweist, je nach dem man, ohne seine chemische Beschaffenheit zu ändern, durch physikalische Veränderung eine Andersgruppierung seiner Masse bewirkt. Beispielsweise besitzt gepreßtes Trinitrotoluol von der Dichte 1·55 eine Detonationsgeschwindigkeit von 7185 m/s; bricht man aber das gleiche gepreßte Trinitrotoluol in Körner von 2 bis 6 mm Durchmesser, so sinkt die Detonationsgeschwindigkeit auf 4470 m/s herab. — Außerdem läßt sich die Detonationsgeschwindigkeit bei festen Sprengstoffen, wie Trinitrotoluol fest oder geschmolzen, Pikrinsäure oder Schießbaumwolle, vermindern, indem man die Körner von beliebiger Form mit einer Trennungsschicht von Graphit, von Holz-Kohlenpulver, von Schellack oder mit einer anderen Masse umgibt.

Die Bedeutung dieser Erfindung für die Sprengtechnik liegt darin, daß die Wirkung zu brisanter Sprengstoffe durch mechanische Behandlung der Explosivmasse verringert und für den jeweiligen Zweck modifiziert werden kann.

D.R.P. 177738 vom 5. September 1905. Franz. Pat. 357925 vom Jahre 1905.

C. E. Bichel in Hamburg. — Verfahren zur Herstellung beliebig geformter Sprengkörper aus gepreßtem Trinitrotoluol.

Es ist bekannt, daß man kristallinisches Trinitrotoluol ($C_6H_2(NO_2)_3CH_3$) vom Schmelzpunkt 81 bis 81·5° C. in nahezu chemisch reinem Zustande oder vom Schmelzpunkt niederen Grades schmelzen und in eine beliebige Form gießen als auch durch geeignete Pressen unter verhältnismäßig sehr hohem Druck in beliebige Formen bringen kann. Das Preßverfahren ergibt aber sowohl eine höhere Dichte des Sprengstoffes als auch eine bessere Detonationsfähigkeit. Beides ist bekanntlich für die Verwendung des Sprengstoffes für militärische Zwecke von großer Wichtigkeit.

Das Pressen großer Körper bietet in verschiedener Hinsicht erhebliche technische Schwierigkeiten. Einerseits ist es nämlich nicht zu vermeiden, daß der Preßkörper an der dem Preßstempel zugekehrten Seite eine größere Dichte zeigt, welcher Unterschied um so größer sein wird, je länger der Preßkörper ist, andererseits ist die Größe der Preßkörper durch die Gefahr begrenzt, welche bei der event. Explosion in der Presse für die Umgebung eintreten würde. Um nun große Preßkörper von gleichmäßiger Dichte und unter Vermeidung der Explosionsgefahr herstellen zu können, ist es erwünscht, kleine Körper zu pressen und diese zu einem großen zu vereinigen. Durch die Vereinigung der Stücke darf aber die Übertragung der Detonation nicht leiden. Dieses würde der Fall sein, wenn man einen nicht sprengfähigen Körper als Bindemittel verwenden würde.

Versuche haben nun ergeben, daß das geschmolzene Trinitrotoluol selbst ein ausgezeichnetes Bindemittel ist, wenn es auf einen bis nahe an seinen Schmelzpunkt erwärmten Trinitrotoluolkörper in flüssigem Zustande aufgebracht wird. Bestreicht man eine oder beide Flächen der zur Vereinigung bestimmten Preßkörper mit flüssigem geschmolzenen Trinitrotoluol, so bildet nach dem Erkalten das geschmolzene Trinitrotoluol ein Bindemittel, welches eine Trennung der damit verbundenen Teilkörper selbst bei Anwendung größerer Zugkraft ausschließt.

Der hauptsächlichste Vorteil des angegebenen Verfahrens liegt darin, daß man beliebig große Sprengkörper von beliebiger Form aus einzelnen Preßkörpern von gleicher Dichte durch ein Bindemittel herstellen kann, welches eine von den gepreßten Körpern nicht erheblich abweichende Dichte besitzt, sprengkräftig ist und welches die Detonation von einem Preßkörper auf den anderen tadellos überträgt.

Die Dichte des geschmolzenen Trinitrotoluols ist etwa 1·55, diejenige des gepreßten kann bis auf 1·70 gebracht werden. Die durchschnittliche Dichte wird zweckmäßig etwa zu 1·65 in gepreßtem Zustande anzunehmen sein; von dieser Dichte weicht aber diejenige des geschmolzenen Trinitrotoluols nur unwesentlich ab. Es kann deshalb bei diesem Verfahren, z. B. bei Granaten, weder ein weiteres Zusammenschieben der Preßkörper beim Abfeuern und eine dadurch herbeigeführte schädliche Reibung auftreten, noch auch bildet die Verbindung so hergestellter großer Sprengkörper, wie z. B. Torpedoköpfe, einen schwachen Punkt.

In der deutschen Patentschrift 69897 ist nun schon ein Verfahren beschrieben worden, nach welchem Trinitrotoluol und andere Nitroverbindungen, welche einen Schmelzpunkt zwischen 80 und 120° zeigen zur Herstellung von Sprengkörpern aus Pikrinsäure verwendet werden. Dieses Verfahren unterscheidet sich jedoch von dem vorliegenden dadurch, daß die verwendete Pikrinsäure in eine leicht schmelzbare und dichte Form gebracht werden soll und hierzu eine Mischung von Pikrinsäure mit Trinitrotoluol oder ähnlichen Nitrokörpern über den Schmelzpunkt der zugesetzten Nitrokörper hinaus erhitzt wird, so daß die Pikrinsäurekristalle durch den schmelzenden Zusatz zusammengekittet werden. Gleichzeitig bezweckt das Verfahren die Sprengkraft der Pikrinsäure durch den Zusatz dieser Nitrokörper zu regulieren. Das Verfahren der vorliegenden Erfindung verfolgt also teilweise einen anderen Zweck, und wo sich die Ziele etwa berühren, wählt es einen völlig anderen Weg, der im wesentlichen darin besteht, daß große Trinitrotoluol-Sprengkörper aus gepreßten Teilen durch Zusammenkleben derselben mit Hilfe von geschmolzenem Trinitrotoluol hergestellt werden, wodurch eine auf keinem anderen Wege erreichbare Gleichmäßigkeit in der Dichte des ganzen Sprengkörpers erzielt wird und ebenso der Zusatz jeder anderen ungleichartigen Komponente vermieden wird.

Patentanspruch: Verfahren zur Herstellung beliebig großer und beliebig geformter Sprengkörper zur Füllung von Geschossen, Minen und Torpedos durch Aneinanderfügen einzelner Teile aus gepreßtem Trinitrotoluol unter Verwendung von geschmolzenem Trinitrotoluol als Bindemittel, zum Zwecke der Erzielung eines homogenen, nur aus gleichartigem Sprengstoff bestehenden und in seiner Dichte gleichmäßigen Sprengkörpers.

D.R.P. 181471 vom 4. November 1905. Franz. Pat. 363645 vom 26. Februar 1906.

C. E. Bichel in Hamburg. — Verfahren, Sprengladungen eine größere Haltbarkeit gegen Bruch und Auseinanderfallen zu verleihen.

Zur Füllung von Geschossen, Minen oder Torpedos muß der dazu bestimmte, im übrigen beliebige Sprengstoff zumeist durch Gießen oder Pressen in eine bestimmte Form gebracht werden.

Um in einem beschränkten Raum recht viel Sprengstoff unterbringen zu können, muß die Pressung des Sprengstoffes eine möglichst hohe sein, damit eine möglichst große Dichte desselben erreicht wird.

Solche Sprengstoffe, welche beim Pressen einen hohen Druck vertragen, wie z. B. Trinitrotoluol, lassen sich in ziemlich beliebige Formen bei hoher Dichte pressen.

Für die Haltbarkeit beim Stoß oder zur Verhütung von Zertrümmerung beim Hinfallen ist es nun von großem Vorteil, solche Sprengkörper mit einem elastischen, trikotartigen Gewebe strumpfartig zu überziehen, um sie dadurch gegen Bruch und Auseinanderfallen zu schützen und haltbar und aufbewahrungsfähig zu machen. Das Gewebe kann aus allen der Textilindustrie entnommenen dehnbaren Stoffen, einerlei ob tierischen oder pflanzlichen Ursprungs, bestehen, welche sich für obigen Zweck eignen. Die Stärke der Trikotumhüllung kann verschieden gewählt werden. Sie bietet einen großen Vorteil gegenüber den Umhüllungen mit Pappe, wie sie bisher zumeist angewendet wurden, insofern, als sie stets viel weniger Raum einnehmen als Pappe, und außerdem einen großen Schutz gegen die Erschütterungen bieten, welchen die Granatfüllung beim Abschießen des Geschosses und beim Aufschlagen desselben am Ziel ausgesetzt ist.

Zur Ausführung des Verfahrens streift man ein sehr dehnbares Gewebe über den Sprengkörper, so daß das Gewebe sich der Form desselben anschließt und festliegt. Die Enden können umgeschlagen und verklebt oder abgeschnitten werden. Nachdem auf diese Weise die Sprengkörper mit dem trikotartigen Überzuge versehen worden sind, kann dieser Überzug durch Anstrich oder Eintauchen in Lack oder Firnis oder dergl. in seiner Lage festgelegt und in seiner Haltbarkeit verstärkt werden. Der Zweck dieses Verfahrens ist, wie bereits oben erwähnt, die Sicherung zerbrechlicher Sprengstoffkörper gegen Auseinanderfallen und Bruch bei der Handhabung und Aufbewahrung. Selbstverständlich wird durch einen derartigen Überzug auch eine erhöhte Widerstandsfähigkeit der Sprengkörper gegen Feuchtigkeitsaufnahme erzielt, wie dies bereits in der britischen Patentschrift 2592 vom Jahre 1903 beschrieben und durch andere Verfahren bekannt geworden ist. Letztere Patentschrift verfolgt den ausschließlichen Zweck, Sprengstoffe wasserdicht zu umhüllen, indem man sie mit einer Mischung bzw. Lösung von Zelluloid, Azeton und Ölen direkt oder indirekt umgibt.

Patentanspruch: Verfahren, Sprengladungen eine größere Haltbarkeit gegen Bruch und Auseinanderfallen zu verleihen, dadurch gekennzeichnet, daß sie mit einem eng anliegenden trikotartigen Gewebe überzogen und dann mit einem Anstrich von Lack oder Firnis versehen werden.

D.R.P. 181574 vom 12. April 1906.

C. E. Bichel in Hamburg. — Verfahren zur Herstellung von Geschoß-, Minen- und Torpedofüllungen.

Sprengstoffe, welche sich als Füllungen von Geschossen, Minen und Torpedos eignen sollen, müssen eine möglichst große Unempfindlichkeit aufweisen, damit sie nur dann zur Detonation kommen, wenn eine solche beabsichtigt ist.

Ein Körper, der an sich gegen Stoß und Schlag schon äußerst unempfindlich ist, ist das Trinitrotoluol, jedoch können Fälle eintreten, in denen es erwünscht ist, die Unempfindlichkeit dieses Körpers noch zu erhöhen. Versuche haben nun gezeigt, daß dieser Zweck durch einen Zusatz von Naphthalin in gewünschter Weise erreicht werden kann. Der Zusatz kann in der Weise erfolgen, daß man entweder die beiden Körper durch Schmelzen mit einander vereinigt oder sie in Lösung zusammenbringt und dann das Lösungsmittel wieder entfernt, oder aber indem man sie mechanisch mischt und durch Druck eine Vereinigung bewirkt. Am meisten empfiehlt sich jedoch die erstgenannte Methode.

Es ist bekannt, daß Trinitrotoluol mit Naphthalin eine additionelle Doppelverbindung im Verhältnis von je 1 Molekül bildet. Diese Doppelverbindung läßt sich mit Trinitrotoluol in jedem Verhältnis zusammenschmelzen und sie entsteht auch beim direkten Zusammenschmelzen dieses Körpers mit Naphthalin in jedem Verhältnis. Die Verhältnisse, in denen diese beiden Körper für den vorliegenden Zweck zusammengeschmolzen werden sollen, begrenzen sich durch die Detonationsfähigkeit des erhaltenen Produkts einerseits und den Rückgang der Kraftäußerung andererseits. Ein geeignetes Verhältnis ist z. B. 5% Naphthalin und 95% Trinitrotoluol. Bei dieser Zusammensetzung ist die Detonationsfähigkeit und Kraftäußerung noch nicht wesentlich geringer als die des reinen Trinitrotoluols, sie beträgt nur wenige Prozent. Die Unempfindlichkeit gegen mechanische Einflüsse hat sich bei einem Produkt vorstehender Zusammensetzung aber erheblich gesteigert. Während reines Trinitrotoluol allein unter dem Fallhammer durch ein Gewicht von 20 kg bei einer Fallhöhe von 5 cm zur Detonation gebracht wird, ist dies erst bei dem angegebenen Sprengstoff bei einer Fallhöhe von 15 cm der Fall. Bei geringeren Gewichten zeigt sich noch ein größerer Unterschied in den Fallhöhen.

Ähnliche Zwecke, wie in der vorliegenden Erfindung beschrieben, werden auch in der deutschen Patentschrift 58379, Kl. 78c, verfolgt. Nach dieser Patentschrift werden Nitroverbindungen von Phenol, Kresol, Xylol, Naphthol bzw. ihrer Isomeren oder der Oxy- oder Karbonsäuren derselben mit Barium-Strontiumkarbonaten usw. neutralisiert und die erhaltenen Produkte mit Weichharz-, Wachs-, Ceresin-, Stearin- oder Paraffinlösung gemischt bzw. die einzelnen Teilchen damit umhüllt. Durch dieses Verfahren entsteht ein mechanisches Gemenge, welches im gewissen Sinne eine höhere Unempfindlichkeit gegen Stoß oder Schlag herbeiführt. Unterwirft man die so erhaltenen Produkte aber in kleinen Mengen der Fallhammerprobe, so zeigen sie genau dieselbe Empfindlichkeit wie ohne Beimischung oder Umhüllung, indem dann doch die einzelnen Teilchen der vorher genannten Nitroprodukte als solche der Fallhammerwirkung ausgesetzt sind. Nach dem Verfahren der vorliegenden Erfindung jedoch geht das Naphthalin eine vollständige chemische bzw. physikalische Bindung mit dem Trinitrotoluol ein, so daß auch unter dem Mikeoskop die einzelnen Komponenten nicht voneinander zu unterscheiden sind und auch in feinster Verteilung das Trinitrotoluol nicht als solches allein vom Fallhammer getroffen werden kann.

Nach der britischen Patentschrift 8468/1898 wird Kaliumpikrat mit Kautschuk gemischt bzw. die feinpulverisierten Teilchen des Pikrats mit einer Lösung von Kautschuk überzogen.

Derartig hergestellte Sprengstoffe jedoch zeigen genau dieselben Übelstände wie die nach dem Verfahren der deutschen Patentschrift 58379 hergestellten.

Patentanspruch: Verfahren zur Herstellung von Geschoß-, Minen- und Torpedofüllungen, dadurch gekennzeichnet, daß man Naphthalin mit Trinitrotoluol in verschiedenen Verhältnissen zusammenschmilzt oder ihre Vereinigung in Lösung oder unter Druck herbeiführt, zum Zwecke, den dabei entstehenden Sprengstoff gegen Stoß und Schlag unempfindlich zu machen.

D.R.P. 185957 vom 17. Juli 1906. Engl. Pat. 19215 vom 18. Juli 1907. Franz. Pat. 369371 vom 30. August 1906.

C. E. Bichel in Hamburg. — Verfahren zur Verdichtung schmelzbarer explosiver Nitrokörper.

Es wird im Interesse der Unterbringung von größeren Mengen Sprengstoffen in Granaten, Minen oder Torpedos erwünscht sein, die Dichte explosiver schmelzbarer Nitrokörper soviel als möglich zu erhöhen.

Beim Schmelzen solcher Körper, wie z. B. Trinitrotoluol, Pikrinsäure und verwandter Körper, unter gewöhnlichem Luftdruck zeigt das Trinitrotoluol eine Dichte von 1·54 und die Pikrinsäure eine solche von 1·62.

Versuche haben ergeben, daß, wenn man die genannten Stoffe schmilzt und mit den angewärmten Formen in einen abgeschlossenen Raum bringt, in welchem man sowohl ein Vakuum herstellen, als auch mehrere Atmosphären Druckluft aufspeichern kann, der betreffende Sprengstoff nach dem Erstarren je nach der Höhe des Luftdruckes eine höhere Dichte aufweist.

Es empfiehlt sich zunächst durch Entfernung der Luft aus dem gesamten Raum auch sämtliche in dem geschmolzenen Sprengstoffe enthaltene Luft zu entfernen. Durch diese Manipulation steigert sich das kubische Gewicht von Trinitrotoluol von 1·54 auf 1·58, wenn man die atmosphärische Luft vor dem Erstarren wieder einwirken läßt. Bei Einwirkung von 2 Atmosphären Druckluft hingegen ergab sich ein kubisches Gewicht von 1·6 und bei 3 bis 4 Atmosphären ein solches von 1·62.

Es ist nun zwar schon bekannt, die Dichte der zur Füllung von Hohlgeschossen dienenden Nitrokörper, wie z. B. von Trinitrotoluol, durch Kompression zu erhöhen, indem man mittels geeigneter Pressen kleine Preßkörper oder Preßstücke herstellt und dann diese auf eine möglichst hohe Dichte gebrachten Teil- oder Preßstücke mit Hilfe von geschmolzenem Trinitrotoluol zu beliebig großen Körpern miteinander verklebt oder vereinigt.

Von diesem bekannten Verfahren unterscheidet sich das Verfahren der vorliegenden Erfindung dadurch, daß es auf schmelzbare explosive Nitrokörper allgemein angewendet werden kann, sodann aber besonders dadurch, daß jegliches Pressen überhaupt wegfällt und trotzdem eine Dichte erreicht wird, welche nicht viel unter der durch Pressen erreichbaren liegt.

Der große Vorteil des vorliegenden Verfahrens liegt in der ungeheuren Einfachheit der Ausführung der Verdichtung der betreffenden Nitrokörper durch Schmelzen, Gießen und Anwendung eines Druckmittels während des Erstarrens. Das beschriebene Verfahren kann ohne besondere Vorbereitungen überall da, wo man die nötigen Gießformen und Dampf zur Verfügung hat, in beliebigem Umfange in kurzer Zeit ausgeführt werden, während die Verdichtung durch Pressen an den Ort der Aufstellung der Presse gebunden und der Gefahr der Explosion stets unterworfen ist.

Das Verfahren der Verdichtung durch Einwirkenlassen eines Druckmittels auf den erstarrenden Nitrokörper ist daher außerordentlich viel einfacher und billiger als das bekannte Preßverfahren.

Patentanspruch: Verfahren zur Verdichtung schmelzbarer explosiver Nitrokörper, darin bestehend, daß man die geschmolzenen Körper während des Erstarrens der Einwirkung von Druckluft aussetzt.

D.R.P. 185958 vom 9. Aug. 1906. Schweizer. Pat. 42736 und 54430 (Zusatz).

C. E. Bichel in Hamburg. — Verfahren zur Verdichtung schmelzbarer explosiver Nitrokörper.

Gemäß der durch das Patent 185957 geschützten Erfindung werden schmelzbare explosive Nitrokörper dadurch auf eine größere Dichte gebracht, daß dieselben während des Erstarrens der Einwirkung von Druckluft, an deren Stelle auch eine indifferente Gasart angewendet werden kann, ausgesetzt werden. Besonders wirksam hat sich dieses Verfahren erwiesen, wenn aus dem geschmolzenen Nitrokörper, bevor die Druckluft oder das gepreßte Gas auf ihn zur Einwirkung kommt, die darin enthaltenen Luftbläschen durch Absaugung entfernt werden.

Es hat sich nun bei weiteren Versuchen gezeigt, daß bei einer Steigerung des Luftdruckes über etwa 4 Atm. eine wesentliche Erhöhung der Dichte nur bei größeren Schmelzkörpern eintrat. Dagegen wurde die Beobachtung gemacht, daß durch schnelleres Abkühlen der Schmelzkörper bei gleichzeitiger Anwendung von Luftdruck ein feineres kristallinisches Gefüge und gleichzeitig eine noch etwas gesteigerte Dichte erzielt wird.

Die Abkühlung der Schmelzkörper kann durch Einsetzen der Gußformen in kaltes Wasser oder ein anderes Kühlmittel erfolgen. Im Großbetriebe wird man indessen besondere Apparate zur Ausführung des Verfahrens verwenden, wie ein solcher im Aufriß auf der beiliegenden Zeichnung in beispielsweiser Ausführungsform dargestellt ist. (Die nun folgende Skizze und Beschreibung des Apparates ist in Abschnitt VII auf Seite 316 wiedergegeben.)

Patentansprüche: 1. Weitere Ausbildung des durch das Patent 185957 geschützten Verfahrens zur Erzielung einer größeren Dichte bei schmelzbaren explosiven Nitrokörpern, dadurch gekennzeichnet, daß die geschmolzenen Nitrokörper während der Einwirkung von Druckluft oder Preßgas schnell abgekühlt werden.

2. Apparat zur Ausführung des Verfahrens nach Anspruch 1, gekennzeichnet durch eine zur Aufnahme der in Hülsen oder Geschosse gegossenen Nitrokörper dienende Form (*a*), welche luftdicht verschlossen mit der Druckluft- oder Preßgasleitung (*d*) verbunden und von einem Kühlmantel (*b*) zum Durchleiten des Kühlmittels umgeben ist.

D.R.P. 198213 vom 24. Mai 1906. Franz. Pat. 369661 vom 18. Juli 1906. Engl. Pat. 16882 vom Jahre 1906. Amerik. Pat. 896887 vom 30. August 1906. Schweizer. Pat. 44372 vom Jahre 1907.

C. E. Bichel, Hamburg. — Verfahren zur Herstellung eines plastischen, zur Füllung von Geschossen, Minen, Torpedos u. dgl. geeigneten Sprengstoffs.

Es ist bekannt, daß das Trinitrotoluol sich sowohl in kristallinischer als geschmolzener, als auch in gepreßter Form seiner verschiedenen zweckmäßigen Eigenschaften wegen zur Füllung von Geschossen, Minen und Torpedos besonders gut eignet. Hierbei macht sich jedoch für die Verwendung, besonders in Geschossen, welche keine Bodenverschraubung besitzen und deren Mundloch enger als die Höhlung ist, der Übelstand bemerkbar, daß das Einbringen des Sprengstoffs ohne Hohlräume in gepreßter Form unmöglich, in gegossener Form schwierig, und kristallinisch nur unter Staubbildung zu bewirken ist. Es war deshalb wünschenswert, unter Aufrechterhaltung der guten Eigenschaften des Trinitrotoluols, also besonders wegen seiner Unempfindlichkeit gegen Stoß und Schlag, seine Form dahin abzuändern, daß das einzufüllende Material bröckelig plastisch wird, so daß es sich bequem einbringen und feststampfen läßt.

Es kam dabei erst in zweiter Linie in Frage, daß dabei ein geringer Verlust an Kraftäußerung eintrat, während es als vorteilhaft für die Minenwirkung angesehen werden muß, wenn die Detonationsgeschwindigkeit etwas herabgesetzt wurde.

Zur Lösung der gestellten Aufgabe werden nach vorliegender Erfindung dem Trinitrotoluol feste, flüssige oder in Lösung gebrachte Harze allein für sich oder unter Beimengung von Dinitrotoluol zugesetzt, und zwar in der Weise, daß bei Anwendung flüssiger Harze, wie z. B. Kopaivabalsam, das kristallinische Trinitrotoluol mit oder ohne Erwärmung zu einem plastischen, gut detonierenden Sprengstoff in geeigneten Mischmaschinen umgearbeitet wird. Gleicherweise lassen sich Harze, welche in flüssigen Kohlenwasserstoffen gelöst sind, wie z. B. Lärchenterpentin, verwenden. Endlich kann man auch flüssige oder feste Harze, wie z. B. flüssigen Styrax oder Benzoeharz, mit sogenanntem flüssigen Dinitrotoluol vereinigen, und dieses Produkt mit Trinitrotoluol zu einem plastischen Sprengstoff verarbeiten.

In allen diesen Fällen kann man die Plastizität noch dadurch erhöhen, daß man entsprechende Mengen von Kollodiumwolle hinzufügt, um eine gelatinöse Plastizität hervorzurufen.

Die vorgenannten Körper werden mit oder ohne Zusatz von Kollodiumwolle zunächst ohne Trinitrotoluol gemengt und längere Zeit unter Erwärmen in einem geeigneten Mischgefäß, z. B. in einem Werner & Pfleidererschen Mischtrog umgerührt, so daß sie eine dicke Flüssigkeit bilden. Diese letztere wird alsdann dem Trinitrotoluol hinzugefügt und nochmals im Mischgefäß so lange umgerührt, bis eine homogene bröckelig plastische Masse entsteht.

Geeignet für dieses Verfahren sind sämtliche Harze, sowohl feste wie flüssige und auch das sogenannte flüssige Dinitrotoluol, jedoch wird man gut tun, alle Materialien sorgfältig zu reinigen. Die Kollodiumwolle kann man sowohl dem Gemisch, welches die Plastizität hervorrufen soll, gleich zu Anfang beimischen oder aber, wenn man die gesamte Mischung noch einmal stärker erwärmt, auch nachträglich. Das fertige Produkt zeichnet sich bei richtig gewählten Mischungsverhältnissen dadurch aus, daß die bröckelig plastische Masse an den Werkzeugen, welche zum Füllen von Geschossen, Minen und Torpedos benutzt werden, nicht haften bleibt, sich gut ohne Hohlräume einstampfen läßt und alsdann ein hohes kubisches Gewicht aufweist. Solange das Trinitrotoluol den wesentlichsten Bestandteil des Sprengstoffs bildet, kann man die Mischungsverhältnisse so wählen, daß die Sprengkraft desselben gegen die des reinen Trinitrotoluols nur unerheblich geringer wird.

Beispiele seien angegeben:

a) 87 Prozent Trinitrotoluol,
13 „ Kopaivabalsam;
b) 87 Prozent Trinitrotoluol,
12 „ Kopaivabalsam,
1 „ Kollodiumwolle.

a) 85 Prozent Trinitrotoluol,
15 „ Lärchenterpentin;
b) 85 Prozent Trinitrotoluol,
14 „ Lärchenterpentin,
1 „ Kollodiumwolle.

a) 85 Prozent Trinitrotoluol,
5 „ flüssiger Styrax,
10 „ flüssiges Dinitrotoluol;
b) 85·0 Prozent Trinitrotoluol,
4·5 „ flüssiger Styrax
0·5 „ Kollodiumwolle,
10·0 „ flüssiges Dinitrotoluol;
c) 85 Prozent Trinitrotoluol,
5 „ Benzoeharz,
10 „ flüssiges Dinitrotoluol;
d) 85·0 Prozent Trinitrotoluol,
4·5 „ Benzoeharz,
0·5 „ Kollodiumwolle,
10·0 „ flüssiges Dinitrotoluol.

Patentansprüche: 1. Verfahren zur Herstellung eines plastischen zur Füllung von Geschossen, Minen, Torpedos u. dgl. geeigneten Sprengstoffs aus Trinitrotoluol, darin bestehend, daß man dem Trinitrotoluol feste, flüssige oder in Lösung gebrachte Harze allein für sich oder unter Zusatz von flüssigem Dinitrotoluol beimengt.

2. Abänderung des Verfahrens nach Anspruch 1, darin bestehend, daß man entweder den harzigen Zumischkörpern oder dem Gemisch aus diesen mit Trinitrotoluol Kollodiumwolle beimischt.

Franz. Pat. 379506 vom 10. September 1906.

Société Schneider & Co. in Frankreich. — Verfahren zur Herstellung von Sprengladungen für Hohlgeschosse.

Die zur Füllung von Hohlgeschossen gewöhnlich aus hochnitrierten aromatischen Kohlenwasserstoffen und deren Derivaten bestehenden Sprengstoffe werden gewöhnlich im komprimierten Zustande verwendet. Hierdurch wird aber die Empfindlichkeit der Sprengstoffe ganz bedeutend vermindert, so daß man besondere Zündkapseln anwenden muß, falls eine sichere und vollkommene Explosion der Sprengstoffe stattfinden soll.

Nach vorliegender Erfindung soll nun die Empfindlichkeit derartiger stark komprimierter Sprengstoffe dadurch erhöht werden, daß man denselben 10 bis 15% Carborund oder Ferrosilicium oder ein Gemisch dieser beiden Stoffe zusetzt. Man verfährt hierbei zweckmäßig in der Weise, daß man den Sprengstoff vor der Pressung mit den gepulverten Stoffen mischt, das so erhaltene Produkt komprimiert und zur Füllung der Geschosse verwendet, oder daß man nur Schichten dieses Produkts in der ursprünglichen Sprengstoffmasse anordnet.

D.R.P. 201306 vom 29. September 1906. Franz. Pat. 392994 vom 6. August 1908.

Julius Rudeloff und A. & W. Allendorff in Schönebeck a. E. — Verfahren zur Herstellung eines besonders für Granat- und Torpedofüllungen geeigneten Sprengstoffs aus Trinitrotoluol und Sauerstoffträgern.

Es ist bekannt, daß das Trinitrotoluol für sich allein einen Sprengstoff von hoher Unempfindlichkeit und Beständigkeit darstellt, der jedoch für Kriegszwecke spezifisch nicht schwer genug ist und an Kraft bedeutend mehr leisten könnte, wenn er sauerstoffreicher wäre. Man hat deshalb bereits versucht, dem Trinitrotoluol Sauerstoffträger beizumischen. Diese Versuche sind entweder an der durch den Sauerstoffzusatz bedingten Herabsetzung der Kraftleistung, an den hygroskopischen Eigenschaften des Sauerstoffträgers oder an der Gefährlichkeit der Sprengstoffmischung selbst gescheitert. Hierzu kommt noch, daß durch den Sauerstoffzusatz das spezifische Gewicht der Mischung herabgedrückt und ihre Detonationsgeschwindigkeit entsprechend erhöht wird, beides große Nachteile, die die bisherigen Mischungen aus Trinitrotoluol und Sauerstoffträgern zur Verwendung für Granat- oder Torpedofüllungen ungeeignet machten.

Vorliegende Erfindung bezweckt, das Trinitrotoluol zur Vermeidung der vorgenannten Nachteile mit einem oder mehreren kräftigen Sauerstoffträgern zusammenzumischen, und zwar unter Zuhilfenahme eines spezifisch schweren Bindemittels, welches gestattet, das spezifische Gewicht der Mischung von Trinitrotoluol und Sauerstoffträgern bis zu 2·5 zu erhöhen, ohne die Kraftleistung der Sprengstoffmischung wesentlich zu vermindern.

Zu diesem Zwecke findet nach vorliegendem Verfahren als Bindemittel für das Trinitrotoluol und die diesem beizumischenden Sauerstoffträger eine Gelatine Verwendung, welche in bekannter Weise aus Nitrokohlenwasserstoffen und Nitrozellulose hergestellt ist. Das Verfahren wird zweckmäßig in der Weise ausgeführt, daß das Trinitrotoluol mit der Gelatine gemischt und mit dieser in einem geeigneten Apparate langsam auf etwa 82° C. erwärmt wird, worauf der bzw. die Sauerstoffträger der Mischung zugesetzt werden. Auf diese Weise läßt sich ein spezifisches Gewicht der Sprengstoffmischung von 1·8 erreichen, während durch Schmelzen von Trinitrotoluol und Sauerstoffträgern nur ein spezifisches Gewicht von etwa 1·58 erreichbar ist, das durch stärkstes Pressen nur auf etwa 1·66 erhöht werden kann.

Als sehr günstiger Sauerstoffzusatz hat sich eine Mischung von

Kaliumperchlorat oder Kaliumchlorat und Bleinitrat bewährt, durch welche sich das spezifische Gewicht der Sprengstoffmischung bei gleichbleibender Kraftleistung bis auf etwa 2·5 erhöhen läßt.

Nach den angestellten Versuchen haben sich folgende Mischungen am besten bewährt:

I.

Gelatiniertes Binitrotoluol (0·6 Kollodiumwolle)	18%
Trinitrotoluol	14%
Kaliumchlorat	68%
Summa	100%.

II.

Gelatiniertes Binitrotoluol (0·6 Kollodiumwolle)	18%
Trinitrotoluol	14%
Kaliumchlorat	60%
Bleinitrat	8%
Summa	100%.

Das Wesen vorliegender Erfindung ist somit nicht in der Mischungsweise der einzelnen Stoffe an sich, sondern darin zu erblicken, daß das spezifische Gewicht der aus Trinitrotoluol und Sauerstoffträgern hergestellten Sprengstoffmischung durch Verwendung einer an sich bekannten, aus Nitrokohlenwasserstoffen und Nitrozellulose bestehenden Gelatine als Bindemittel erheblich gesteigert werden kann, ohne daß die Kraftleistung der Sprengstoffmischung vermindert oder ihre Detonationsgeschwindigkeit erhöht wird; im Gegenteil wird bei der mit I bezeichneten Mischung durch richtige Ausnutzung des Sauerstoffs die Kraftleistung noch bedeutend gesteigert.

Patentansprüche: 1. Verfahren zur Herstellung eines besonders für Granat- und Torpedofüllungen geeigneten Sprengstoffs aus Trinitrotoluol und Sauerstoffträgern, dadurch gekennzeichnet, daß Trinitrotoluol mit einem oder mehreren Sauerstoffträgern unter Verwendung einer in bekannter Weise aus Nitrokohlenwasserstoffen und Nitrozellulose hergestellten Gelatine als Bindemittel zusammengemischt wird, zum Zweck, das spezifische Gewicht der Sprengstoffmischung ohne Beeinträchtigung ihrer Kraftleistung beträchtlich erhöhen zu können.

2. Ausführungsform des Verfahrens nach Anspruch 1, dadurch gekennzeichnet, daß das Trinitrotoluol zunächst mit der Gelatine gemischt und allmählich auf etwa 82° C. erwärmt wird, worauf der bzw. die Sauerstoffträger der Mischung zugesetzt werden.

3. Ausführungsform des Verfahrens nach Anspruch 1 und 2, gekennzeichnet durch die Verwendung einer Mischung von 18% gelatiniertem Binitrotoluol, 14% Trinitrotoluol und 68% Sauerstoffträgern, z. B. Kaliumchlorat, Kaliumperchlorat und Bleinitrat für sich allein oder in Mischung.

D.R.P. 212169 vom 17. April 1907.

Dynamit-Aktien-Gesellschaft vorm. Alfred Nobel & Co., Hamburg. — Verfahren zur Herstellung von Geschoßfüllungen.

Nachdem man neuerdings zur Füllung von Granaten an Stelle von Pikrinsäure Trinitrotoluol verwendet, hat man die Beobachtung gemacht, daß durch Eingießen von geschmolzenem Trinitrotoluol in die Granaten nach dem Erstarren dasselbe ein geringeres spez. Gew. besitzt als die Pikrinsäure. Es sind daher zur Erhöhung der spezifischen Dichte des Trinitrotoluols eine Reihe von Vorschlägen gemacht worden. — So hat man z. B. vorgeschlagen, durch starkes Pressen oder durch Zusatz von Dinitrotoluol die Dichte des Trinitrotoluols zu erhöhen. Das Pressen ist zeitraubend und kostspielig, der Zusatz von Dinitrotoluol aber nur ein Notbehelf, da allgemein Wert darauf gelegt wird, kein Gemisch als Granatfüllung zu verwenden, sondern einen einheitlichen chemischen Körper. — Es wurde nun gefunden, daß man auf höchst einfache Weise und ohne Zusatz anderer Verbindungen das Trinitrotoluol oder andere geeignete schmelzbare Nitrokohlenwasserstoffe in einer hinreichenden Dichte, z. B. von 1·6 erhalten kann, wenn man den etwas über seinen Schmelzpunkt erhitzten Körper in auf 0° herum abgekühlte Behälter eingießt, und zwar zweckmäßig derart, daß man den Gießkanal der Metallform durch eine Papierhülse künstlich verlängert und dann den Füllkanal bis in die Papierhülse vollgießt, also, wie man sich gewöhnlich in der Metallgießerei ausdrückt, einen verlorenen Kopf aufgießt. Der verlorene Kopf wird nach dem Erkalten abgedreht. In der Franz. P.-Schrift 369371 ist zwar schon darauf hingewiesen worden, daß die Dichtigkeit von Nitrokohlenwasserstoffen, die durch Pressen erhalten wird, noch um ein geringes erhöht werden kann, wenn die Masse während des Pressens noch abgekühlt wird. Hieraus ist jedoch nicht zu entnehmen, daß auch ohne Anwendung von Druck, lediglich durch einfaches Abkühlen eine für technische Zwecke brauchbare Dichte erhalten werden kann.

Patentanspruch: Verfahren zur Herstellung von Geschoßfüllungen, dadurch gekennzeichnet, daß man geschmolzenes Trinitrotoluol oder andere geeignete schmelzbare Nitrokohlenwasserstoffe in vorher abgekühlte Gießformen einfüllt.

Franz. Pat. 380996 vom 19. August 1907.

Carl Distler, Emilio Blecher und Carlos Lopez, Deutschland. — Herstellung von Sicherheitssprengstoffen mit aromatischen Nitroprodukten der Solventnaphtha.

Die aus Solventnaphtha, nach diesem Patent, sowie nach den D.R.P. 212906, 214887 und 242731 geschützten Verfahren hergestellten aromatischen Nitroverbindungen lassen sich zur Fabrikation von Sicherheitssprengstoffen verwenden. Sowohl die festen wie die flüssigen Nitroprodukte des Solventnaphtha, wie auch Mischungen der beiden eignen sich zu diesem Zwecke, vornehmlich in Mischungen mit Ammoniumnitrat oder anderen Nitraten, beispielsweise Kaliumnitrat, oder anderen sauerstoffabgebenden Komponenten, wie Ammonium- und Kaliumperchlorat, Kalium- und Ammoniumbichromat, ferner mit Metalloxyden, Peroxyden, z. B. Blei- und Bariumsuperoxyd. Zur Verstärkung der Brisanz dieser Explosivstoffe fügt man zweckmäßig leicht oxydierbare Metalle bei, wie Kupfer, Kupferlegierungen, Eisen oder dessen Legierungen, Aluminium usw. — Eine andere Klasse Explosivstoffe wird erhalten durch Mischen dieser Nitroprodukte der Solventnaphtha mit anderen Explosivstoffen wie Pikrinsäure, Hexanitrodiphenylamin, Kollodiumwolle mit oder ohne sauerstoffabgebende Körper. Im folgenden seien einige Beispiele verschiedener Zusammensetzungen gegeben:

1. Man mischt 12 Teile nitriertes Solventnaphtha mit 88 Teilen Ammonnitrat innig durch und erhält einen auf Stoß und Schlag vollkommen unempfindlichen Sprengstoff, der weder beim Erhitzen auf 200° noch in der Flamme explodiert, aber mit einem Explosionserreger mit großer Brisanz detoniert wird. Das Ammonnitrat kann zur Verminderung der Brisanz durch Kaliumnitrat oder Ammoniumperchlorat ersetzt werden.

2. Um gewisse Sprengwirkungen hervorzubringen ist es vorteilhaft, dem festen Nitroprodukte aus Naphtha gewisse Oxyde oder Peroxyde zuzufügen; wie z. B. in der Mischung: 12 Teile nitrierte Solventnaphtha, 85 Teile Ammonnitrat mit 3 Teilen Blei- oder Bariumsuperoxyd. Nach Beispiel

3. mischt man in obigem Verhältnis an Stelle der 3 Teile Peroxyd 2 Teile feinpulverisiertes Kupfer und erhält einen vorzüglich brisanten Sprengstoff.

4. Pikrinsäure kann mit nitrierter Solventnaphtha in jedem Verhältnis gemischt werden, sowohl mit den festen wie mit den flüssigen Anteilen.

5. Die öligen Nitrokörper der Solventnaphtha geben mit 88% Ammoniumnitrat sehr brisante Sprengmittel.

6. 94 Teile öliger Nitroprodukte der Solventnaphtha werden auf 100° erwärmt und nach und nach 6 Teile Kollodiumwolle eingetragen. Die Schießwolle geht in Lösung und beim Erkalten erstarrt das Ganze zu einem dicken Teig, der mit Zündkapsel zur Explosion gebracht werden kann. Wenn man zu der noch warmen Lösung nun ein Gemisch von 30 bis 40% Ammonnitratpulver und Mehl zugibt, so erhält man nach dem Erkalten eine harte, pulverisierbare Masse, die sich vorzüglich als Sprengstoff eignet. — Wie es sich von selbst versteht, ist mit den angeführten Beispielen die Zahl der möglichen Mischungen noch lange nicht erschöpft.

Amerik. Pat. 850589 vom 24. Oktober 1907.

Arthur La Mette in Wilmington, U. St. A. — Verfahren zum Überziehen von hygroskopischen Sprengstoffen.

Das Verfahren besteht im wesentlichen darin, daß man die zur Herstellung von Sprengstoffen dienenden hygroskopischen Sauerstoffträger, im besonderen Ammonnitrat mit einem aus einer Mischung von Nitronaphthalin und Nitrotoluol bestehenden Überzug versieht. — Zur Ausführung des Verfahrens verfährt man z. B. in der Weise, daß man 4—8 Gewichtsteile Trinitrotoluol schmilzt, in dieser Schmelze 4—8 Gewichtsteile Tetranitronaphthalin auflöst, und dann den Sauerstoffträger in diese Masse einträgt. Der so erhaltene Überzug ist sehr haltbar, da er nicht kristallinisch ist; er hat außerdem den Vorzug, die Sprengkraft der Explosivstoffe nicht herabzusetzen.

Schweiz. Pat. 48097 vom 11. März 1909.

Dr. P. Schatzmann, Isleten (Schweiz). — Verfahren zur Herstellung plastischer Sicherheitssprengstoffe, dadurch gekennzeichnet, daß Nitroglyzerin durch Auflösen in einem aromatischen Nitrokörper oder einem Gemenge von aromatischen Nitrokörpern (z. B. Dinitrotoluol und Trinitrotoluol), wobei der Schmelzpunkt des Auflösungsmittels 15° nicht überschreitet, phlegmatisiert wird, worauf in die so erhaltene phlegmatisierte Nitroglyzerinlösung Kollodiumwolle und Sauerstoffträger eingeknetet werden.

Amerik. Pat. 934990 vom 28. September 1909.

F. H. Briggs, Ohio, U. St. A. — Sprengstoff.

Nach vorliegender Erfindung soll ein sehr wirksamer, haltbarer Sprengstoff vom Rack-a-rock-Typus erhalten werden, wenn man einem Gemisch von Kaliumchlorat und Nitrobenzol (Mirbanöl) ein inertes, pulverförmiges Absorptionsmittel zusetzt. Beispielsweise wird eine Mischung von 112 Pfund Kaliumchlorat, 35 Pfund Mirbanöl und 24 Pfund Schießpulver empfohlen.

D.R.P. 227635 vom 25. Januar 1910. Engl. Pat. 17194 vom Jahre 1910.

Dr. C. E. Bichel in Hamburg. — Verfahren zur Verdichtung schmelzbarer explosiver Nitrokörper.

In den Patenten 185957 und 185958 ist dargetan, in welcher Weise man durch Anwendung von Luftdruck schmelzbaren Nitrokörpern eine höhere Dichte geben kann. Diese erhöhte Dichte hat unter anderem den Erfolg, daß die betreffenden Nitrokörper unempfindlicher gegen Schlag und Stoß werden, was besonders bei Verwendung der Nitrokörper als Geschoßsprengladungen erwünscht ist. — Um weiterhin eine möglichst große Unempfindlichkeit der Nitrokörper zu erreichen, wenn sie in Papphülsen als Geschoßsprengladungen verwendet werden sollen, ist es wünschenswert, daß die Bildung von Staub zwischen der Papphülse oder Pappbüchse und der Sprengladung durch etwaiges Abbröckeln des Nitrokörpers vermieden werde und die Papphülse den Sprengstoff vielmehr derart dicht umhülle, daß beim Beklopfen der fertigen Sprengladung sich kein hohler Klang zeigt. — Wenn das Ausgießen — auch unter Druck — einer Pappbüchse erfolgt, die sehr stark ausgetrocknet ist, so genügt schon eine feuchtere Atmosphäre, d. h. eine geringere Feuchtigkeitsaufnahme durch die Pappbüchse, um diese derart auszudehnen, daß sie sich stellenweise von der darin befindlichen Sprengladung löst.

Man vermeidet nun diesen Übelstand, und somit auch die Möglichkeit, daß sich zwischen der Pappbüchse und dem Sprengstoff Staub bildet, z. B. beim Transport (durch das Fahren der fertig geladenen Geschosse), dadurch, daß man das in den oben angeführten Patenten erläuterte Gießverfahren derart abändert, daß man die Pappbüchsen in Gießformen einsetzt, die um ein geringes weiter sind als die äußere Ausdehnung der Pappbüchsen, und dann mit Hilfe einer besonderen Vorrichtung beim Vollgießen der Pappbüchse den Luftdruck nur von innen auf die Pappbüchse wirken läßt. Durch den von innen auf die Pappbüchse wirkenden Luftdruck wird deren Elastizität derart in Anspruch genommen, daß sie sich dicht an die umhüllende Gießform anlegt und in dieser Form der Sprengstoff in der Papphülse erstarrt. Nach dem Erstarren des Sprengstoffes wirkt die Elastizität der Papphülse dauernd derart, daß zwischen derselben und dem Sprengstoff kein Zwischenraum bemerkbar wird.

Man erreicht die Einwirkung des Luftdruckes auf das Innere der Pappbüchse dadurch, daß man die Gießform *a*, wie die auf der folgenden Zeichnung (Fig. 17) gegebene beispielsweise Ausführungsform des Apparates zur Ausführung des Verfahrens erkennen läßt, im Innern mit einer Aussparung, und diese letztere mit einem herausnehmbaren ring- oder hülsenartigen Einsatz *r* versieht, der mit oder ohne elastische Abdichtungsmittel auf das Innere des oberen Randes der in die Gießform *a* eingesetzten Pappbüchse *p* drückt und ihn gegen den Absatz der Aus- sparung abdichtet.

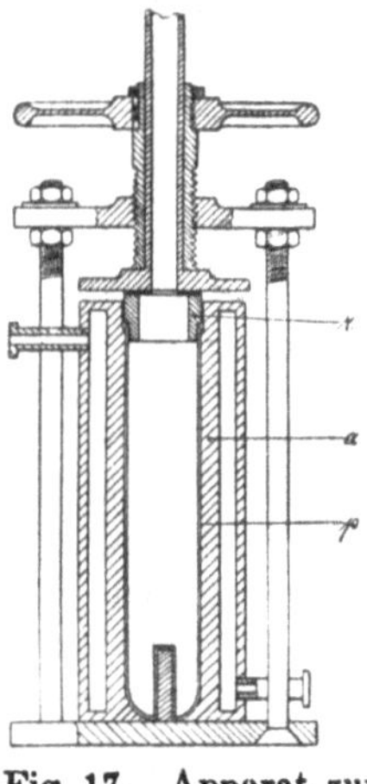

Fig. 17. Apparat zur Verdichtung schmelzbarer explosiver Nitrokörper.

Patentansprüche. 1. Abänderung des durch das Patent 185957 und dessen Zusatz 185958 geschützten Verfahrens zur Verdichtung schmelzbarer explosiver Nitrokörper, dadurch gekennzeichnet, daß der Luftdruck während des Erstarrens der Nitrokörper nur von innen auf die umhüllende, einen etwas geringeren Durchmesser als die Gießform besitzende Pappbüchse wirkt und diese dicht gegen die Wandung der Gießform preßt.

2. Apparat zur Ausführung des Verfahrens nach Anspruch 1 dadurch gekennzeichnet, daß die Gießform des durch Patent 185958 geschützten Apparates im Innern mit einem Einsatz (*r*) versehen ist, der den oberen Rand der Pappbüchse gegen die Gießform abdichtet.

D.R.P. 243981 vom 23. Dezember 1910.

Dr. Konrad Claessen, Berlin. — Heizbarer Gießtrichter zum Füllen von Geschossen und Sprengladungsbehältern mit geschmolzenen Sprengstoffen.

In einem besonderen, durch dieses Patent geschützten Apparat, wird mittels eines doppelwandigen, heizbaren Gießtrichters Sprengstoff in das Innere der Sprengladung so nachfließen gelassen, daß durch das nachfließende Material jeder Bildung von Hohlräumen vorgebeugt wird.

D.R.P. 244034 vom 21. Juli 1911.

Deutsche Sprengstoff-Aktien-Gesellschaft in Hamburg. — Verfahren und Vorrichtung zum Verdichten schmelzbarer explosiver Nitrokörper.

Nachstehend beschriebenes Verfahren hat den Zweck, auf einfachste Art die für Geschoß- usw. Ladungen dienenden organischen Nitrokörper auf eine möglichst hohe Dichte zu bringen und ein festes Anliegen an den Wandungen der Pappbüchse zu bewirken. — Es wurde gefunden, daß man schmelzbare Nitrokörper in Pappbüchsen oder für sich pressen kann, indem man sie in geeigneten Apparaten während des Erstarrens mechanischem Druck aussetzt, und zwar so, daß man einen Teil des verlorenen Kopfes flüssig hält und mittels eines Kolbens o. dgl. durch die flüssige Schicht den Druck auf die Ladung überträgt. (Die nun folgende Abbildung und Beschreibung dieser Vorrichtung ist im siebenten Abschnitt, S. 319 wiedergegeben.)

Patentansprüche: 1. Verfahren zum Verdichten schmelzbarer explosiver Nitrokörper, darin bestehend, daß man den oberen Teil des verlorenen Kopfes, während die Hauptmenge des Sprengstoffs in der Gießform erstarrt, flüssig und unter Druck hält.

2. Vorrichtung zur Ausführung des Verfahrens nach Anspruch 1, dadurch gekennzeichnet, daß die zum Einfüllen und Zusammendrücken des Nitrokörpers dienende, dicht abschließbare Gießform zum Erwärmen des oberen Teiles des verlorenen Kopfes mit einem beheizbaren Aufbau versehen ist, der gleichzeitig als Zylinder für den Preßkolben dient.

3. Vorrichtung nach Anspruch 2, dadurch gekennzeichnet, daß zwischen Gießform und dem zur Erwärmung dienenden Aufbau ein rohrartiges Zwischenstück eingeschaltet ist.

D.R.P. 249978 vom 3. Januar 1912. Engl. Pat. 9586 vom 23. April 1912.

Deutsche Sprengstoff-Aktien-Gesellschaft in Hamburg. — Schmelzapparat zum Verflüssigen von Nitrokörpern oder anderen chemischen Stoffen.

Der neue Schmelzapparat, der durch folgende Abbildung (Fig. 18) erläutert wird, gestattet einen kontinuierlichen Betrieb. Die Wände des doppelwandigen Schmelzkessels *A* sind durchweg schräg, wodurch die darin befindliche zu schmelzende Substanz oben eine größere Breite hat als unten. Dadurch wird erreicht, daß sie sich beim Niederschmelzen von den Wänden des Kessels nicht entfernen kann. Der Boden ist ebenfalls geneigt, und zwar von hinten nach vorn, so daß die Subctanz in dieser Richtung getrieben wird. Zum Ablaufen des geschmolzenen Produktes befindet sich am Boden ringsherum eine Rinne *a* und zum Schutz des Ablaufbaues *b* gegen Verstopfen durch feste Substanz sind vor demselben ziemlich dicht stehende Röhren *c* angebracht, welche den Boden mit der vorderen Kesselwand verbinden und durch Dampf geheizt werden. Der Ablaufhahn *b* ist bei normalem Betrieb stets offen und

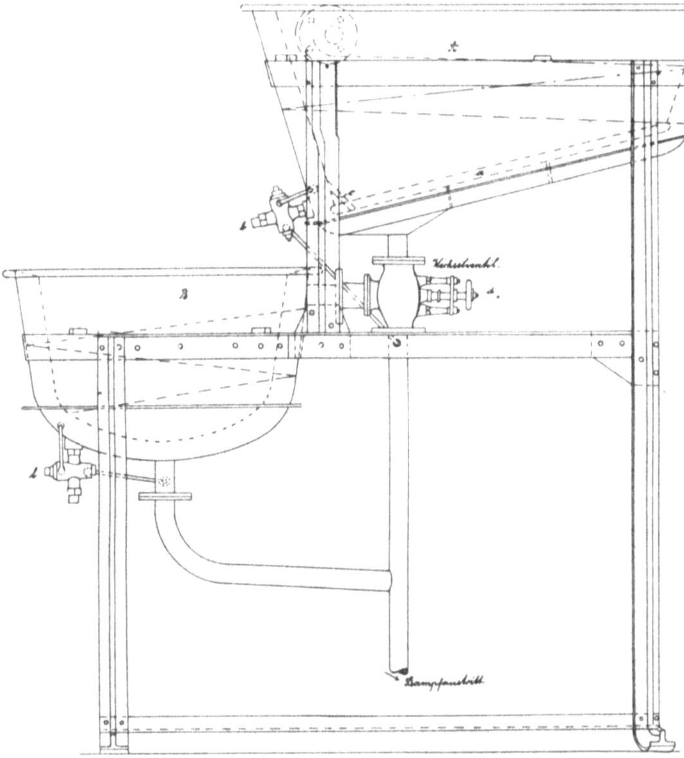

Fig. 18. Schmelzapparat zum Verflüssigen von Nitrokörpern oder andern chemischen Stoffen.

durch Dampf heizbar. Der Schmelzkessel steht in Verbindung mit einer Vorlage *B*, die das flüssige Produkt auffängt und die im Falle, daß dessen Temperatur zu niedrig geworden wäre, durch ein Wechselventil *d* Dampf erhält. Der Hahn *e* der Vorlage, durch den das flüssige Produkt abgelassen wird, ist ebenfalls heizbar. Die Bedienung des Apparates gestaltet sich sehr einfach. Die Substanz wird in den Schmelzkessel *A* eingefüllt; sie läuft verflüssigt, selbsttätig und kontinuierlich in die Vorlage und wird aus dieser abgelassen.

Patentanspruch: Schmelzapparat zum Verflüssigen von Nitrokörpern oder anderen chemischen Stoffen, dadurch gekennzeichnet, daß die Seitenwandungen auf den zur Ausflußöffnung geneigten Boden sich stumpfwinklig aufsetzen, der Boden mit einer ringsherum laufenden Abflußrinne versehen und vor der Ausflußöffnung ein siebplattenartiges heizbares Röhrensystem angeordnet ist.

D.R.P. 250122 vom 7. August 1910.

Dynamit-Aktien-Gesellschaft, Hamburg. — Verfahren zur Herstellung von Sprengstoffladungen aus schmelzbaren Sprengstoffen.

Für zahlreiche Sprengungen im Gelände, z. B. von Brückenpfeilern, Umlegung von Mauern, Sprengungen von Felsen, Wracks usw. verwendete man bisher vielfach gepreßte oder gegossene Sprengkörper, indem man diese Körper zum Zwecke der Sprengung nahe aneinander legt. Geschieht dies aber nicht sorgfältig, so leidet die Detonationsübertragung, so daß unvollständige Detonationen nicht selten sind. Außerdem ist die Herstellung gepreßter, gegossener Sprengkörper von bestimmter Form eine teure, und es liegt daher der Wunsch nahe, das billige kristallinische Sprengstoffprodukt, das sich bequem an jede Körperform anschmiegen läßt, in seiner Sprengwirkung zu verbessern. Das wird durch das vorliegende Verfahren wie folgt bewirkt. Granuliertes Trinitrotoluol z. B. besteht aus runden Körnern von der Größe starken Schrots. Es besitzt infolge des Schmelzprozesses und der glatten Oberfläche der einzelnen Körper eine besonders hohe kubische Dichte. Dies granulierte Trinitrotoluol wird mit kristallinischem Trinitrotoluol (von dem Charakter eines groben Mehls) oder auch mit plastischem Trinitrotoluol innig gemischt und dieses Gemisch lose, gegebenenfalls auch zusammengedrückt, oder schwach gepreßt verwendet. Dadurch, daß ein großer Teil des Gemisches aus geschmolzenem Trinitrotoluol besteht, steigt die Dichte des Gemisches, verglichen mit kristallinischem Trinitrotoluol ganz erheblich, und damit die Kraftwirkung bei der Explosion dementsprechend. Während der Detonation fällt dem kristallinischen oder dem plastischen Trinitrotoluol, das überall in dem Gemisch verteilt ist, die Aufgabe zu, die Detonationsfortpflanzung mit Sicherheit momentan durch die ganze Sprengstoffmenge zu bewirken. Bei Verwendung von granuliertem Trinitrotoluol allein würde dagegen die Fortpflanzung der Detonation bald versagen.

Engl. Pat. 26359 vom 10. November 1910.

Verfahren zur Herstellung von Sprengstoffen.

Die Erfindung betrifft die Herstellung eines aus Kaliumchlorat, Mononitrobenzol, Pikrinsäure und Kollodium bestehenden Sprengstoffes. 60 Teile Kaliumchlorat werden mit einer Lösung von Pikrinsäure oder Trinitrotoluol (16 T.) und Nitrobenzol (24 T.) gemischt. Dann erfolgt die Mischung mit 4 Teilen Kollodium; das Ganze wird bei 35° so lange durchgeknetet, bis der Äther-Alkohol verdunstet und die Masse gelatinös geworden ist. — Dieser Sprengstoff, der sich durch große Stabilität auszeichnen soll, kann dann in üblicher Weise patronisiert werden.

D.R.P. 255026 vom 1. Juni 1911. Engl. Pat. 16673 vom Jahre 1911.

Dynamit-Aktien-Gesellschaft vormals Alfred Nobel, Hamburg. — Verfahren zum Guß von Sprengladungen aus schmelzbaren Sprengstoffen.

Die bisher üblichen Verfahren zum Guß von Sprengladungen aus schmelzbaren Sprengstoffen arbeiten insofern langsam, als sie ein Erstarren der Sprengladung von ihrer Mantelfläche konzentrisch nach innen zu bedingen. Außerdem ist bei allen diesen Verfahren die Mittellinie der Sprengladung die Stelle, an der sich erfahrungsgemäß leicht Hohlstellen während des Erstarrungsprozesses bilden. Die vorliegende Erfindung will die Arbeitszeit vom Gusse bis zum Erstarren erheblich herabsetzen und eine durchaus homogene Beschaffenheit der Sprengladung besonders auch in ihrer Mittellinie gewährleisten.

Das Verfahren besteht in folgendem: In die Mittellinie der Gußform wird ein kalter stabförmiger Körper aus Sprengstoff eingebracht und durch geeignete Haltevorrichtung an seinem oberen Ende festgehalten. Das Eindringen des kalten Sprengstoffstabes kann entweder vor dem Einguß der Schmelze in die leere Gußform erfolgen oder aber auch nach Einfüllen der Schmelze, indem man den Stabkörper in diese hineinsenkt. Bei Verwendung eines Stabkörpers aus gepreßtem Sprengstoff in Papp- usw. Umhüllung dient der gepreßte Sprengstoff unmittelbar als Initiale, die sich an den die Zündladung des Zünders umfassenden Deckel- oder Bodenhut der Sprengladungsbüchse dicht anlegt. Durch die lange Form der fast die ganze Ladung durchsetzenden Initiale wird eine hochkräftige Detonationsübertragung auf die geschmolzene Hauptladung in sicherer Weise erzielt als durch die sonst üblichen, einseitig nahe am Zünder gelagerten, diesen umfassenden Initialen.

Die Vorzüge dieses Verfahrens bestehen darin, daß erstens infolge der schnellen Abkühlung des Gusses von innen und außen ein fein kristallinisches Gefüge des Gusses und eine größtmögliche Dichte erreicht wird und zweitens, daß durch besonders hohe Schußbeanspruchung kein Brechen größerer Kristalle, kein Zusammenschießen der Ladung vorkommen kann, da der Guß die höchst erreichbare Dichte bereits angenommen hat, eine Verdichtung darüber hinaus aber nicht möglich ist. Bewegungen innerhalb des Sprengstoffes bei hoher Schußbeanspruchung sind ausgeschlossen und deshalb auch eine vorzeitige Entzündung des Geschoßinhaltes. Von besonderer Bedeutung ist ferner der Umstand, daß der für den kalten stabförmigen Körper verwendete Sprengstoff eine von der Hauptsprengladung völlig abweichende chemische Beschaffenheit besitzen kann. Man ist daher in der Lage, für die Stabladung z. B. einen heftiger initiierenden brisanten Sprengstoff zu verwenden, während man als Hauptladung einen trägeren, aber hochstoßsicheren geschmolzenen Sprengstoff, z. B. Trinitrotoluol, benutzt.

D.R.P. 272469 vom 2. Juli 1911.

Julius Rudeloff in Berlin-Wilmersdorf. — Verfahren zur Verstärkung der Sprengwirkung von aus festen Körpern bestehenden Sprengladungen.

Gegenstand der Erfindung ist ein Verfahren zur Verstärkung der aus festen Körpern bestehenden Sprengladung bei Granaten, Minen, Torpedos u. dgl. Die Erfindung besteht darin, daß eine derartige Sprengladung auf mechanischem Wege unter möglichst hohe Pressung gesetzt und bis zur Explosion erhalten wird. Der Zweck des Verfahrens ist, eine beschleunigte Explosion, und damit eine Verstärkung der Sprengwirkung zu erhalten. Ob und in welchem Maße der Sprengstoff zur Erzielung größerer Dichte in bekannter Weise mechanisch zusammengepreßt ist, kann hierbei außer Betracht gelassen werden. Die erforderliche starke Pressung der Sprengladung kann in verschiedener Weise geschehen. Sie kann vor dem Schuß, oder auch durch den Schuß selbst herbeigeführt werden. Zweckmäßig wird die Pressung mit Hilfe eines in die Granate eingeführten Zylinders bewirkt, der durch eine geeignete Kraft gegen die dicht gepackte und gepreßte Sprengladung getrieben wird. Das Vortreiben des Zylinders kann hydraulisch oder durch Luftdruck vor dem Einführen der Granate ins Geschütz oder aber im Geschützrohr durch Eintreten eines Teils der Pulvertreibgase in den hinteren Raum zwischen Granatwandung und Zylinder oder auch durch eine besondere kleine Pulverladung erfolgen, welche durch den Schuß innerhalb des Rohres zur Explosion gebracht wird, und durch deren Verbrennung der Zylinder mit dem nötigen Druck gegen die Ladung hineingetrieben wird. Der Zylinder muß gut in die Granate hineinpassen und wird am Zurückgehen durch eine Rückschlagfeder oder kleine Zähne gehindert. Der Zylinder kann bei Schrapnells gleichzeitig als Treibspiegel oder Verschlußstück zwischen Sprengladung und Füllkugeln dienen und besonders gut bei dem modernen Einheitsgeschoß als Abschuß der Brisanzladung benutzt werden. Als Sprengstoffe können Trinitrotoluol, Schießbaumwolle, Pikrinsäure oder dgl. benutzt werden.

Engl. Pat. 13442 und 13443 vom 6. Juni 1911. Amerik. Pat. 1040793 und 1040794 vom 8. Oktober 1912.

Oswald Silberrad, England. — Chlorat- und Perchloratsprengstoff.

Ein plastischer Chloratsprengstoff, der sich durch hohe Stabilität auszeichnen soll, hat folgende Zusammensetzung: 65—70 Teile Kaliumchlorat, 12—13 Teile Nitrotoluol, 6—7 Teile Dinitrotoluol, 6—7 Teile Nitronaphthalin, 5—6 Teile Holzmehl und 0·5—2·5 Teile lösliche Nitrozellulose. Ein neuer Perchloratsprengstoff setzt sich zusammen aus: 63—70 Teilen Ammoniumperchlorat, 12—14 Teilen Nitrotoluol, 6—7 Teilen Dinitrotoluol, 6—7 Teilen Nitronaphthalin, 6 Teilen Holzmehl und 0·5 bis 2·5 Teilen löslicher Nitrozellulose.

Engl. Pat. 26334 vom 6. Juli 1911. Norweg. Pat. 22053. Amerik. Pat. 1058891 vom 15. April 1913.

S. A. G. Nauckhoff in Vinterviken, Schweden. — Sprengstoff.

Diese Erfindung bezweckt einen Sprengstoff herzustellen, welcher dem Dynamit hinsichtlich seiner Kraft, seiner Plastizität und Unempfindlichkeit gegen Feuchtigkeit gleichwertig, dabei aber ungefrierbar ist. Außerdem soll der Sprengstoff eine weniger zersplitternde Wirkung auf das Material ausüben als Dynamit. Als Basis dieses Sprengstoffes verwendet man eine aus sog. flüssigen Handels-Trinitrotoluol, oder — Dinitrotoluol und Nitrozellulose hergestellte Gelatine, welche mit geeigneten gepulverten Sauerstoffträgern z. B. Nitraten, Perchloraten gemischt wird. Beispielsweise wird folgende Mischung als Dynamitersatz empfohlen: 31% gelatiniertes Trinitrotoluol, bestehend aus 4% Nitrozellulose und 96% sogenanntem flüssigen Handelstrinitrotoluol, 43% Ammoniumperchlorat und 26% Natriumnitrat.

Schweiz. Pat. 57773 vom 9. September 1911.

Société Universelle d'Explosifs, Paris. — Verfahren zur Herstellung eines gelatinösen Sicherheitssprengstoffs.

Zur Bereitung dieses Sprengstoffs erhitzt man 21 bis 24 Gewichtsteile flüssiges Trinitrotoluol im Wasserbade auf 40 bis 50° und fügt allmählich 1 bis 2 Teile Kollodiumwolle mit einem Feuchtigkeitsgehalt von 10 bis 20% hinzu. — Sobald sich eine vollkommen homogene gelatinöse Masse gebildet hat, was nach etwa einer halben Stunde der Fall ist, setzt man bei derselben Temperatur nach und nach zu 22 bis 25 Teilen dieser Gelatine 78 bis 75 Teile Kaliumchlorat hinzu. Der Sprengstoff ist dann fertig und kann nach dem Erkalten in üblicher Weise patroniert werden. Der Sprengstoff bleibt auch bei längerer Lagerung plastisch, zersetzt sich nicht und gefriert nicht; er ist gegen Wasser vollkommen unempfindlich, brennt beim Entzünden ruhig ab und ist nur mit Hilfe von Initialzündsätzen zur Explosion zu bringen. — An Stelle von Kaliumchlorat können selbstverständlich auch andere Sauerstoffträger (Nitrate, Perchlorate) bei der Herstellung des Sprengstoffs zur Verwendung gelangen.

Engl. Pat. 13373 vom 6. Juni 1912.

Simon Adde in Grängesberg, Schweden. — Verfahren zur Herstellung von Sprengstoffen.

Es ist bekannt, Sprengstoffe auf der Basis einer aus Nitrozellulose und flüssigen Nitrotoluolen erzeugten Gelatine herzustellen. Nach der vorliegenden Erfindung sollen nun Sprengstoffe von erheblich besseren Eigenschaften erhalten werden, wenn man zur Bereitung einer solchen Gelatine die flüssigen Nitroverbindungen verwendet, welche bei der Herstellung von Mono-, Di- oder Trinitroxylol, Mono-, Di- oder Trinitrocumol oder von Di- und Trinitrobenzol erhalten werden. — Insbesondere sollen sich die mit Hilfe solcher Gelatinen hergestellten Sprengstoffe dadurch auszeichnen, daß sie selbst bei hohen Kältegraden (—20°) nicht gefrieren. — Die Gelatinen werden in bekannter Weise mit geeigneten Sauerstoffträgern zu plastischen Sprengstoffen verarbeitet. Beispielsweise wird folgende Mischung empfohlen:

20% Nitroxylol (flüssiges Di- oder Trinitroxylol),
5% Nitroglyzerin,
1% Schießbaumwolle,
40% Ammoniumperchlorat,
32% Ammoniumnitrat,
2% Ferrosilicium.

Schweiz. Pat. 63364 vom 6. Juni 1912.

Dr. Oswald Silberrad, Buckhurst Hill, Essex, Großbrit. — Explosivstoff.

Gegenstand vorliegender Erfindung ist ein Explosivstoff, welcher ein flüssiges, nitriertes Produkt enthält, das hauptsächlich aus den Nitroderivaten der Methylderivate des Naphthalins besteht. Zweckmäßig enthält der Explosivstoff das gemäß dem Verfahren des schweizerischen Patents 63125 aus einer zwischen 200 und 350° C siedenden Fraktion des Steinkohlenteers erhaltene, nitrierte Produkt, außerdem noch lösliche Nitrozellulose oder Kollodiumwolle und einen Zusatz von sauerstoffhaltigen Salzen. Der Explosivstoff ist plastisch und ziemlich stabil und fähig, eine große Menge hochnitrierter Verbindungen der Benzolreihe, wie Trinitrotoluol, welches fest ist, aufzulösen und, da die erhaltene Endlösung flüssig bleibt, ist dieses Produkt auch besonders für die Herstellung von plastischen Sicherheitsexplosivstoffen mit großer Explosivkraft und vollständiger Dauerhaftigkeit geeignet.

Beispiele: Der Explosivstoff enthält 10 Teile eines Produktes, das hauptsächlich aus Nitroderivaten der Methylderivate des Naphthalins besteht: 20 Teile hochnitrierte Verbindungen der Benzolreihe, 0·5 Teile lösliche Nitrozellulose oder Kollodiumwolle und 70 Teile Sauerstoff enthaltende Salze. Diese Mischung kann auch Stabilisatoren und Holzmehl enthalten.

Patentanspruch: Explosivstoff, dadurch gekennzeichnet, daß er ein flüssiges, nitriertes Produkt enthält, welches hauptsächlich aus den Nitroderivaten der Methylderivate des Naphthalins besteht.

Unteransprüche:

1. Explosivstoff gemäß Patentanspruch, dadurch gekennzeichnet, daß er ein aus einer zwischen 200 und 350° C siedenden Fraktion des Steinkohlenteers erhaltenes, nitriertes Produkt enthält.

2. Explosivstoff gemäß Patentanspruch, dadurch gekennzeichnet, daß er einen Stabilisator enthält.

3. Explosivstoff gemäß Patentanspruch, dadurch gekennzeichnet, daß er einen hochnitrierten Kohlenwasserstoff der Benzolreihe enthält.

Engl. Pat. 13860 vom 10. September 1912.

Dr. Oswald Silberrad in Buckhurst Hill, England. — Verfahren zur Herstellung von Sprengstoffen.

Die Erfindung bezweckt Sprengstoffe unter Verwendung der nach dem britischen Patent 13861 vom Jahre 1912, durch Nitrierung der Steinkohlenteerfraktion 200 bis 280° erhaltenen, vom Erfinder Nitrol genannten Nitroprodukte herzustellen. Es geschieht dies z. B. in der Weise, daß man lösliche Nitrozellulose mit Hilfe dieses „Nitrols" gelatiniert und diese Gelatine mit geeigneten Sauerstoffträgern und Holzmehl vermischt. Auch in Nitroglyzerinsprengstoffe läßt sich das Nitrol einführen. — Beispielsweise werden folgende Mischungen empfohlen:

1.	Nitrol	20—25%,
	Sauerstoffsalze	50—75%,
	Nitrozellulose	0·0—2%,
	Holzmehl	0·0—5%,
	Präservativ (z. B. Kampfer)	1%.
2.	Nitroglyzerin	85%,
	Nitrozellulose	10%,
	Nitrol	5%.

Brit. Pat. 19381 vom 24. August 1912. Amerik. Pat. 1092758 vom 7. April 1914.

Dr. Oswald Silberrad, Buckhurst Hill, Essex, England. — Sprengstoffe.

In den vorhergehenden Patentschriften sind Explosivstoffe beschrieben, welche ein flüssiges Nitroprodukt enthalten, das durch Nitrieren der bei 200 bis 350° siedenden Fraktion des Steinkohlenteers gewonnen wird. Der Erfinder hat nun festgestellt, daß die wirksamsten Bestandteile dieses Nitrokörpers („Nitrol") Nitro- bzw. Dinitroverbindungen der Methyl- und Dimethylderivate des Naphthalins sind. Gemäß der vorliegenden Erfindung werden nun diese Nitro- oder Dinitromethylnaphthalinverbindungen vom Erfinder in mehr oder weniger reinem Zustand nach bekannten Methoden direkt hergestellt und zur Herstellung von Sprengstoffen verwendet. Auch Initialzündsätze können aus diesen Verbindungen durch Vermischen mit Knallquecksilber erhalten werden.

Beispiele:

I.	Nitromethylnaphthalin	20 bis 25 Teile
	Sauerstoffträger (Nitrate, Chlorate, Perchlorate)	50 „ 60 „
	Kollodiumwolle	0 „ 5 „
	Holzmehl	0 „ 5 „
II.	Nitro- oder Dinitromethylnaphthaline	5 „ 10 „
	Nitroglyzerin	75 „ 90 „
	Lösl. Nitrozellulose	8 „ 12 „
III.	Trinitromethylnaphthalin	5 „ 10 „
	Knallquecksilber	95 „ 90 „

Amerik. Pat. 1038847 vom 17. September 1912 und 1043042 vom 29. Oktober 1912.

Oskar Binger Carlson in Mänsbo, Schweden. — Verfahren zur Herstellung von Sprengstoffen unter Verwendung von gewöhnlichem Harz.

Die beiden Erfindungen beziehen sich auf die Herstellung eines Kohlenstoffträgers, der in Mischung mit geeigneten Sauerstoffträgern Sprengstoffe von hoher Energie und, wenn erwünscht, von genügender Plastizität ergibt. Das erste Verfahren zur Herstellung dieses Körpers besteht im wesentlichen darin, daß man gewöhnliches Harz mit organischen Nitroverbindungen, z. B. Dinitrotoluol, bei Temperaturen von mindestens 40° mehrere Stunden, eventuell mehrere Tage lang erhitzt. Durch Vermischen dieses Produkts mit geeigneten Sauerstoffträgern können Sprengstoffe von den verschiedensten Eigenschaften dargestellt werden. Beispielsweise erhält man einen plastischen Sprengstoff aus 1 kg des neuen Körpers und 3·5 kg Ammoniumperchlorat oder aus 2 kg des Kohlenstoffträgers und 6·3 kg Kaliumchlorat. Nach dem zweiten Patent erhält man durch Einwirkung von Nitroderivaten des gewöhnlichen Harzes auf organische Nitrokörper zähe und viskose Produkte von niedrigem Schmelzpunkt, die sich vorzüglich als Kohlenstoffträger für Sprengstoffe eignen. Die Einwirkung dieser beiden Produkte muß ebenfalls bei 40° und längere Zeit, zuweilen tagelang geschehen. Durch Auswahl der Nitroverbindungen und geeignete Veränderung der Mengenverhältnisse lassen sich Schmelzpunkt und Viskosität der Produkte in beliebiger Weise variieren. — Durch Mischung dieser Produkte mit geeigneten Sauerstoffträgern, insbesondere mit Chloraten und Perchloraten, werden Sprengstoffe von hoher Dichte und Energie, und wenn erwünscht, in plastischer Form erhalten, die gegen Schlag und Stoß und auch gegen Einwirkung von Wasser unempfindlich sind.

Amerik. Pat. 1056389 vom Jahre 1912.

Louis Adinau in San Francisco.

Sprengstoff, bestehend aus 69·3 Teilen Bariumnitrat, 28·7 Teilen Trinitrotoluol und 2 Teilen Chromat.

Franz. Pat. 449785 vom 7. Oktober 1912.

Emil Raynaud, Belgien. — Sicherheitssprengstoffe aus Nitrokohlenwasserstoffen.

Diese Erfindung betrifft einen neuen Nitrokohlenwasserstoff, der geeignet ist, die bisher in der Fabrikation der Sicherheitssprengstoffe verwendeten Nitrokörper zu ersetzen, da er vor diesen den großen Vorteil der gefahrlosen Herstellung hat und bei der Nitrierung keine giftigen Wirkungen ausübt wie beispielsweise Benzol. — Diese neue Verbindung wird durch Nitrieren des unter dem Namen Lysol bekannten komplexen Gemisches aus dem Steinkohlenteer erhalten. Die Dichte des Lysols ist ungefähr 0·880; es besteht vorwiegend aus aromatischen Kohlenwasserstoffen der Benzolreihe. — Die Nitrierung des Lysols, die mit großer

Leichtigkeit geschieht, wird nach den bekannten Verfahren vorgenommen, und zwar in einer einzigen Operation und einer Weise, die weder Belästigung noch Vergiftungsgefahr in sich schließt. Die Ausbeute ist sehr groß und die erhaltene Nitroverbindung zeichnet sich in ihren Eigenschaften durch besondere Vorzüge vor den anderen Nitrokohlenwasserstoffen aus; sie besitzt einen Schmelzpunkt von 64°, wodurch sie den Schmelzpunkt anderer Nitrokörper, denen sie hinzugesetzt wird, zu erniedrigen vermag; sie ist ferner plastisch und körnbar und wegen ihrer fettigen Beschaffenheit besonders geeignet, in Mischung mit anderen Verbindungen gegen atmosphärische Einflüsse zu schützen. Außerdem zeigt der Nitrokörper, trotz seiner Plastizität, ein Detonationsvermögen, das kein anderer Nitrokohlenwasserstoff, wie wenig plastisch der auch sei, besitzt.

Patentanspruch: Darstellung einer neuen Nitroverbindung durch Nitrierung des unter dem Namen Lysol im Steinkohlenteer enthaltenen Kohlenwasserstoffs, die zur Herstellung von Sicherheitssprengstoffen besonders geeignet ist.

D.R.P. 279526 vom 30. März 1913.

Deutsche Sprengstoff A.-G., Hamburg. — 1. Verfahren zur Herstellung von Sprengladungen aus schmelzbaren Sprengstoffen durch Zentrifugieren, dadurch gekennzeichnet, daß den Gießformen bzw. den zur Aufnahme der Sprengladungen dienenden Hüllen eine solche Drehbewegung erteilt wird, daß die Zentrifugalkraft auf die Sprengstoffe in der Richtung ihrer Längsachse, d. h. gegen den Boden der Formen wirkt.

2. Verfahren nach Anspruch 1, dadurch gekennzeichnet, daß die in der Ruhelage senkrecht hängenden Sprengladungen einer horizontalen Drehbewegung derart unterworfen werden, daß sie sich in radialer Richtung einstellen.

Es ist bekannt, bei Herstellung von Sprengladungen aus schmelzbaren Sprengstoffen zur Erhöhung der Gußdichte und Beseitigung von Blasen die Sprengkörper um ihre Längsachse rotieren zu lassen. Bei dem verhältnismäßig geringen Durchmesser derartiger Sprengkörper ist aber, wenn die Umdrehungszahl gering ist, eine kräftige Einwirkung der Zentrifugalkraft wegen des zu geringen Rotationsradius und damit eine nennenswerte Dichterhöhung überhaupt ausgeschlossen, oder aber der Sprengstoff wird bei großer Drehzahl an den Wandungen der Gießformen hochgeschleudert, so daß infolge der durch die Rotation bewirkten parabolischen Einstellung des Gießmaterials in der Achse desselben ein tiefgehender Trichter entsteht, welcher zur Bildung von Hohlräumen Veranlassung gibt. Die Erfindung beseitigt diese Übelstände.

Franz. Pat. 465082 vom 20. November 1913.

Iwan Basil Tarnowski in Frankreich. — Verfahren zur Herstellung von Sprengstoffen.

Die Erfindung betrifft die Herstellung eines Sprengstoffs, welcher, ohne Nitroglyzerin zu enthalten, dem Dynamit nicht nur an Sprengkraft, sondern auch hinsichtlich anderer Eigenschaften überlegen sein soll. Als Basis für diesen Sprengstoff wird ein Gemisch aus Aluminiumpulver, Ammoniumperchlorat und einem Nitrokohlenwasserstoff verwendet, dem man zweckmäßig Stoffe wie Zellulose, Paraffin, Wachs oder dergl. zusetzt.

Beispiel: Aluminiumpulver 10%, Holzmehl 10%, Trinitrobenzol 13% und Ammoniumperchlorat 67%. — Falls der Sprengstoff für Sprengarbeiten in Minen verwendet werden soll, so muß man ihm noch ein Alkali- oder Erdalkalinitrat zusetzen, damit die bei der Explosion sich entwickelnden Chlor- bzw. Salzsäuregase neutralisiert werden.

II. Nitrierte Phenole.

D.R.P. 15508 vom 6. Februar 1880. Engl. Pat. 447 und 3846 vom Jahre 1880.

Max Tschirner in San Francisco. — Neuerungen in der Herstellung von Explosivstoffen.

Der neue Explosivstoff ist zusammengesetzt aus 1 Teil Trinitrophenol, 5 Teilen chlorsaurem Kalium und 1 Teil Kohlen- oder Mineralteer. Zuerst wird das Trinitrophenol mit dem Teer, dann das Kaliumchlorat mit dem Gemisch von Nitrophenol und Teer verrieben. Man erhält einen steifen Teig, dem Feuchtigkeit und Wasser nichts schaden. Das Gemisch wird in der gewöhnlichen Weise durch Perkussionskapseln zur Explosion gebracht.

D.R.P. 28539 vom 24. November 1883. Franz. Pat. 158502 vom Jahre 1883. Engl. Pat. 2428 vom Jahre 1883.

Punshon und Vizer in London. — Verfahren und Apparat zur Darstellung eines Sprengmittels aus Pikrinsäure und Salpetersäure.

In einem Gefäß befindet sich Pikrinsäure; in diese schiebt sich keilförmig ein aus leicht zerbrechlichem Material gefertigtes Gefäß mit Salpetersäure. Beide Gefäße sind durch eine Hülse zu einer Sprengpatrone vereinigt. Durch Zertrümmern des die Salpetersäure enthaltenden Gefäßes wird die explosive Verbindung am Gebrauchsorte erzeugt.

D.R.P. 32891 vom 26. Oktober 1884.

Béla Broncs in Wien. — Verfahren zur Herstellung eines neuen Sprengstoffs, „Bronolith" genannt.

Nach diesem Patent werden an Stelle der einfachen Pikrate, Doppelsalzverbindungen aus Natriumpikrat mit anderen Pikraten verwendet; die zu diesem Zwecke hauptsächlich benutzten Verbindungen sind pikrinsaures Barium-Natrium $2[C_6H_2(NO_2)_3O]Ba + 3[C_6H_2(NO_2)_3ONa] + 10H_2O$ und pikrinsaures Blei-Natrium $2[C_6H_2(NO_2)_3O]Pb + 3[C_6H_2(NO_2)_3NaO] + 10H_2O$. — Diese Verbindungen werden dargestellt, indem man eine Lösung von einem Äquivalent Barium- oder Bleipikrat, je nachdem man das eine oder andere Doppelsalz erzeugen will, mit einer Lösung von zwei Äquivalenten Natriumpikrat versetzt. Nach Abkühlung der Lösungen kristallisiert die Doppelsalzverbindung aus.

Um aus diesen Doppelsalzverbindungen Sprengstoffe herzustellen, werden dieselben vorzugsweise in Verbindung mit Kaliumpikrat und nitriertem Naphthalin, zur Verminderung der Verbrennungsgeschwindigkeit, verwendet, außerdem setzt man noch Kalisalpeter, Zucker irgendwelcher Art, Gummi und Kienruß zu. — Die Mengenverhältnisse der Bestandteile richten sich nach den Spezialzwecken; sie können aber mannigfach variieren, etwa innerhalb folgender Grenzen:

Barium-Natriumpikrat	30 bis 15%
Blei-Natriumpikrat	30 „ 8%
Kaliumpikrat	10 „ 2%
Nitriertes Naphthalin	5 „ 20%
Kalisalpeter	20 „ 40%
Zucker	1½ „ 2%
Gummi	2 „ 3%
Kienruß	½ „ 4%.

Von den genannten Bestandteilen werden die wasserlöslichen in Wasser gelöst, die andern pulverisiert der Lösung zugesetzt, und darauf das Ganze eingedampft und getrocknet. Der so gewonnene Sprengstoff, „Bronolith“ genannt, kann in Stücke oder Körner oder in Formen zu Patronen gepreßt werden.

Das nitrierte Naphthalin, das als Zusatz die Verbrennungsgeschwindigkeit des Sprengstoffes mäßigen soll, wird in folgender Weise dargestellt: 1 Teil Naphthalin wird in geschmolzenem Zustande mit 2 Teilen Natronsalpeter und 2½ Teilen konz. Schwefelsäure unter Erwärmen auf ca. 90° 2 Stunden behandelt: es bildet sich Mono- und Dinitronaphthalin. Nach Ablauf erwähnter 2 Stunden werden zu der Masse weitere 4 Teile Natronsalpeter und 5½ Teile konz. Schwefelsäure zugegeben und nun 10 Stunden lang bei 90 bis 100° erhitzt. Hierbei erhält man die hochnitrierten Di-, Tri- und Tetranitroverbindungen des Naphthalins, welche durch Waschen mittels warmen oder kalten Wassers von anhaftender Säure befreit werden.

Die Herstellung, Aufbewahrung und Handhabung des Bronolithes ist völlig gefahrlos. Er wird schon mit einer einfachen Zündschnur zur Explosion gebracht und kann als Füllung für Kartätschen, Bomben, Minen u. dergl. vorteilhaft verwendet werden.

Franz. Pat. 167512 vom 7. Februar 1885. D.R.P. 38734 vom 12. Januar 1886.

Eugène Turpin, Paris. — Verfahren zur Herstellung eines Explosivstoffs aus Pikrinsäure.

(Wortlaut des Patents auf S. 8—11.)

D.R.P. 46425 vom 27. März 1888.

Dr. Chandelon in Lüttich. — Verfahren zur Darstellung von Explosivstoffen mittels pikrinsaurer Kohlenwasserstoffe.

Diese neuen Sprengstoffe bestehen aus organischen Pikraten, vermischt mit einem oxydierenden Zusatz entweder aus Nitrat, Chlorat oder einer Mischung der beiden letzten bestehend. Die organischen Pikrate werden in der Weise hergestellt, daß man gepulverte Pikrinsäure in die erwärmte, geschmolzene Kohlenwasserstoffverbindung einträgt und direkt darin auflöst; die Kohlenwasserstoffpikrate kristallisieren bei der Abkühlung aus. Sie besitzen eine sehr große Beständigkeit; die gefährlichen Eigenschaften der Pikrinsäure haften ihnen in keiner Weise an, sie explodieren weder durch Stoß noch durch plötzliche Temperaturerhöhung. Die Mischung eines dieser Pikrate mit einem Alkalinitrat explodiert jedoch mit größter Heftigkeit unter Einfluß eines Zündhütchens.

Als Sauerstoffträger dienen vorzugsweise die Nitrate und Chlorate des Ammoniums, der Alkalien oder der alkalischen Erden. Die Mischungen vom organischen Pikrat mit Nitraten, die sog. „Nitrocatactine“ sind unempfindlich gegen Stoß, Reibung und Wärme und explodieren nur durch Einfluß von knallsaurem Salz. Die Gemenge von organischem Pikrat mit einem oder mehreren Chloraten, die sog. „Chlorocatactine“ explodieren leichter als die vorher erwähnten; in ihrer Wirkung lassen sie sich mit dem Dynamit vergleichen. Die durch Mischung eines Nitrocatactins mit einem Chlorocatactin erzeugten Verbindungen, die „Nitrochlorocatactine“, halten die Mitte zwischen den beiden vorher genannten Arten. Durch geeignete Wahl der Komponenten sowie deren Mengenverhältnissen kann man die Zusammensetzungen derart variieren, daß sie sich 1. zu Schießpulvern, 2. zu Sprengpulvern und 3. zu Sprengstoffen für Geschosse eignen. Beispielsweise seien folgende Zusammensetzungen angeführt:

Sprengpulver:	Pikrinsaures Dinitrobenzol	34·614%
	Ammoniumnitrat	39·414%
	Kaliumchlorat	25·972%
		100·000%

oder:

Pikrinsaures Mononitronaphthalin	28%
Ammoniumnitrat	45%
Kaliumchlorat	27%.

Sprengstoffe für Geschosse:

	1	2	3	4
Pikrinsaures Dinitrobenzol	35%		57%	34%
Pikrinsaures Mononitronaphthalin		33%		
Ammonsalpeter			17%	
Natronsalpeter				20%
Kaliumchlorat	65%	67%	26%	46%.

D.R.P. 49904 vom 11. Januar 1888. Engl. Pat. 370 vom Jahre 1888. Amerik. Pat. 376145.

Stephan Emmens, New York. — Verfahren zur Darstellung einer als Sprengstoff-Komponente zu benutzenden neuen Säure aus Pikrinsäure, sowie zur Darstellung von Sprengstoffen unter Benutzung derselben.

Zur Darstellung dieser neuen Säure, nach dem Erfinder benannten „Emmenssäure" wird rauchende Salpetersäure 1·52 bis zur Übersättigung mit käuflicher Pikrinsäure versetzt und gelinde erwärmt; rote Dämpfe entwickeln sich und beim Abkühlen kristallisiert die Emmenssäure aus, und zwar in Form reiner Kristalle vom F. P. 114 bis 115° (Pikrinsäure 122°), die in Wasser und Alkohol schwerer löslich sind als Pikrinsäure. Die Emmenssäure kann behufs Verwendung zu Sprengmitteln mit Alkalinitraten oder mit Chloraten gemischt bzw. verschmolzen werden und gibt dann eine viel wirksamere Explosionsmischung als die Pikrinsäure. Beim Zusammenschmelzen der Komponenten kann die Masse in Formen gegossen und nach dem Erstarren beliebig fein gekörnt werden; dieselbe läßt sich mit Hilfe einer Zündschnur, eines Zündhütchens u. dergl. zur Explosion bringen. Einige Beispiele für die Verwendung der Emmenssäure mögen folgen:

1. Ein Gewichtsteil geschmolzener Emmenssäure wird mit 1 Gewichtsteil Ammonnitrat gemischt und darauf 0·25 Gewichtsteile fein pulverisierten trockenen Natriumnitrates zugesetzt. Sobald das Ganze völlig geschmolzen ist, wird weiterhin 1 Gewichtsteil Ammonnitrat zugegeben, unter Umrühren geschmolzen und darauf erstarren gelassen.

2. 1 Gewichtsteil Emmenssäure, 1 Gewichtsteil Pikrinsäure und 2 Gewichtsteile Strontiumnitrat werden miteinander verschmolzen, mit 0·75 Gewichtsteilen Ammoniumnitrat vermischt und nach der völligen Verflüssigung abgekühlt, worauf das Ganze pulverisiert wird.

Solche Sprengstoffe nehmen in pulverisierter Form auch Nitroglyzerin auf und geben dann Explosivstoffe von äußerst rascher Wirkung.

Amerik. Pat. 422514 und 422515 vom 4. März 1890.

Stephan Emmens, New York.

Verfahren zur Herstellung eines Sprengstoffs aus Emmenssäure, dadurch gekennzeichnet, daß man den Schmelzpunkt dieser Säure durch Zusatz eines aromatischen Nitrokohlenwasserstoffs, z. B. Nitrobenzol erniedrigt.

D.R.P. 69897 vom 30. Januar 1892.

Chemische Fabrik Griesheim in Griesheim a. M. — Verfahren, Pikrinsäure in eine dichte und leichter schmelzbare Form zu bringen.

Bei der Herstellung von Sprengkörpern aus Pikrinsäure wird diese in der Regel in geschmolzenem Zustande in die Umhüllungen (Granate,

Torpedos usw.) eingegossen oder in trockenem Zustande hineingestampft. Beides ist mit einer gewissen Gefahr verbunden. Es ist daher wünschenswert, der Sprengladung außerhalb der Umhüllung die gewünschte Form zu geben. Unter den Bindemitteln, welche man hierzu wählen kann, sind solche vorzuziehen, die einen niedrigeren Schmelzpunkt als die Pikrinsäure haben. Sie dürfen ferner, um die Haltbarkeit der Ladung nicht zu beeinträchtigen, in keiner Weise chemisch darauf einwirken, sie dürfen nicht hygroskopisch sein, nicht in warmen Räumen oder bei heißer Witterung erweichen, müssen leicht in reinem Zustande herstellbar sein oder womöglich selbst explosive Eigenschaften besitzen, damit die Sprengkraft der Pikrinsäure nicht zu sehr vermindert wird.

Diese Anforderungen erfüllt am besten das Trinitrotoluol, ein völlig indifferenter und gefahrloser, leicht in reinem Zustande darstellbarer Körper vom Schmelzpunkt 82° C.

Die Sprengkörper werden in folgender Weise hergestellt:

Man bringt die Mischung von Pikrinsäure mit 5 bis 10% Trinitrotoluol in entsprechende Formen und erhitzt sie darin mit oder ohne Anwendung von Druck kurze Zeit auf eine Temperatur, welche höher als 82° C liegt. Das Trinitrotoluol schmilzt und kittet die Pikrinsäurekristalle zusammen, so daß die Mischung nach dem Erkalten eine harte Masse bildet. Wie die Herstellung dieser Sprengkörper völlig gefahrlos ist, so sind sie auch bei ihrer Benutzung und Versendung vollkommen gefahrlos.

Das Trinitrotoluol ist selbst ein Sprengstoff, jedoch von etwas geringerer Brisanz als die Pikrinsäure. Ein geringer Zusatz wird die Brisanz der Pikrinsäure nicht wesentlich beeinflussen. Es ist jedoch beim Berg- und Straßenbau, wie auch bei der kriegerischen Verwendung unter Umständen erwünscht, die Spannkraft der Pikrinsäure zu mäßigen. Durch einen größeren oder geringeren Zusatz von Trinitrotoluol läßt sich dies leicht erreichen. Bei der Anwendung zu bergmännischen und technischen Zwecken wird die Mischung in Patronenform gebracht. Um ein Abstäuben von Pikrinsäure an der Oberfläche dieser Patronen zu vermeiden, werden sie mit Paraffin oder ähnlichen Stoffen überzogen. An Stelle von Trinitrotoluol können auch ähnliche Nitrokörper, welche einen Schmelzpunkt zwischen 30° und 120° besitzen, wie z. B. Dinitrotoluol, Dinitrophenol, Di- und Trinitrokresol, Trinitrobenzol, Dinitrobenzol, nitrierte Xylole oder Naphthaline usw. benutzt werden.

Patentanspruch: Verfahren, die zur Füllung von Granaten usw. verwendete Pikrinsäure in eine dichte und leicht schmelzbare Form zu bringen, dadurch gekennzeichnet, daß man eine Mischung von Pikrinsäure mit Trinitrotoluol oder ähnlichen Nitrokörpern, deren Schmelzpunkt zwischen 30 und 120° C liegt, in einer geeigneten Form über diesen Schmelzpunkt hinaus erwärmt, so daß die Pikrinsäurekristalle durch den schmelzenden Zusatz zusammengekittet werden und nach dem Erstarren die gewünschte Form und eine nicht zu sehr herabgeminderte, durch das Verhältnis des Zusatzes regulierbare Sprengkraft besitzen.

D.R.P. 72945 vom 2. Februar 1893.

Dr. Phil. Otto Borgmann in Halle a. S. — Verfahren zur Darstellung von Sprengstoffen unter Verwendung der aus Dinitrophenolen und Ammoniak bezw. aromatischen Aminen erhaltenen Verbindungen.

Seit den schon im Jahre 1874 angestellten Versuchen von H. Sprengel über die Explosionsfähigkeit von Nitroverbindungen der aromatischen Reihe hat sich die Sprengtechnik mit großem Eifer dieser neuen Klasse von Sprengstoffen zugewendet. Fast ausschließlich sind es die Nitro- und Chlornitroverbindungen der Kohlenwasserstoffe Benzol, Toluol und Naphthalin, welche in dieser Richtung bisher eine technische Verwendung gefunden haben und die, gemischt mit einem Sauerstoffträger, unter den Namen Sekurit, Roburit, Bellit, und Carbonit usw. bekannt geworden sind.

Die vorliegende Erfindung beabsichtigt, die bei der Destillation der Steinkohle und der Braunkohle entstehenden Rohphenole, welche nach Abscheidung der Carbolsäure nur noch wenig Phenol, hauptsächlich aber die isomeren Kresole enthalten und für welche es noch keine rationelle Verwertung gibt, für die Sprengtechnik nutzbar zu machen. Bisher haben nur die Trinitrophenole, die Pikrinsäure und das Trinitro-m-kresol zu Sprengstoffen und in der Feuerwerkerei praktische Anwendung gefunden. Die leichte Explosionsfähigkeit dieser Verbindungen, zumal die ihrer Alkalisalze, dann auch der hohe Preis derselben haben indessen ihre allgemeine Anwendbarkeit zu Sprengstoffen bis jetzt nicht zugelassen. Ich habe nun gefunden, daß sich die leicht darstellbaren Dinitroderivate des Phenols und der Kresole als organische Sprengstoffkomponenten eignen, wenn man dieselben mit stickstoffhaltigen Basen vereinigt. Während die Verbindungen der Mononitrophenole mit Ammoniak so unbeständig sind, daß sie bereits beim Stehen an der Luft durch Ammoniakabgabe Zersetzung erfahren (Merz und Ris: Ber. d. chem. Ges., 19, 1752), ist durch die Einführung einer zweiten Nitrogruppe der saure Charakter der Phenole derart gestiegen, daß nicht allein gut kristallisierende, beständige Ammoniaksalze aus ihnen dargestellt werden können (Städel: Annal. d. Chem., 217, 167), sondern daß sogar aromatische Amine, wie Anilin, Toluidin und Naphthylamin, mit ihnen durchaus stabile, salzartige Verbindungen eingehen. Dadurch, daß diese letzteren bisher nicht bekannten Verbindungen wegen ihres niedrigen Schmelzpunktes ein sehr inniges Mischen mit dem anorganischen Sauerstoffträger gestatten, bewirken sie zugleich eine möglichst günstige Übertragung der Explosion. Aus diesem Grunde empfiehlt es sich auch, bei Anwendung von Dinitrophenol- bzw. Dinitrokresolammoniak, bei welchen wegen des hohen Schmelzpunktes und der dabei erfolgenden teilweisen Zersetzung nur ein trockenes Mischen mit dem Sauerstoffträger möglich ist, stets eine gewisse Menge der mit aromatischen Aminen erhältlichen Verbindungen behufs Herbeiführung einer innigeren Mischung zuzusetzen. In nachfolgender Tabelle gebe ich die Schmelzpunkte der in Betracht kommenden neuen Verbindungen an:

	Anilin	o-Toluidin	p-Toluidin	α-Naphthyl-amin
Dinitrophenol (Schmp. 113) . .	82	49	109	104
Dinitro-o-kresol (Schmp. 85·8) .	69	93	95	136
Dinitro-p-kresol (Schmp. 85) .	106	68·5	111	105

Die aufgeführten Dinitrophenole sind diejenigen, welche beim Nitrieren von Phenol, o-Kresol und p-Kresol oder aus einem Gemisch derselben fast ausschließlich gebildet werden; ein Dinitro-m-kresol ist nicht bekannt (vgl. Kolbe: Annal. d. Chem., 147, 67; Laurent: Annal., 43, 213; Névile und Winther: Ber. d. chem. Ges., 13, 1946; Armstrong und Field: Ber. d. chem. Ges., 6, 974; Frische: Annal., 224, 139).

Zur weiteren Charakterisierung der obigen Verbindungen füge ich hinzu, daß sie in Alkohol meist leicht, in Wasser mehr oder minder schwer löslich sind; sie kristallisieren fast alle in dünnen gelb bis braunen Nadeln. Bei einigen, dem Dinitrophenolanilin, dem Dinitrophenol-o-toluidin und dem Dinitro-o-kresolanilin, ist die Bindung so locker, daß sich jene Körper nicht ohne teilweise Zersetzung aus Alkohol bzw. Wasser umkristallisieren lassen. Man erhält die Verbindungen am einfachsten durch Zusammenschmelzen der Komponenten auf dem Wasserbade. Durch das nach dem vollzogenen Mischen mit dem Sauerstoffträger erfolgenden Erstarren jener Körper, werden die meist stark hygroskopischen Eigenschaften der anzuwendenden Alkalinitrate zum großen Teil aufgehoben. Die Verbindungen der Dinitrophenole sowohl mit den angeführten Aminen als auch mit Ammoniak explodieren weder durch Schlag, Stoß, noch Reibung; beim Entzünden brennen sie mit ruhiger Flamme ab.

Die Herstellung der Sprengstoffe geschieht auf folgende Weise:

Beispiel 1: In einem mit Rührwerk versehenen, doppelwandigen Kessel werden 87·5 kg gut getrocknetes und fein gemahlenes Ammonnitrat mit Dampf auf 80° angewärmt; sodann läßt man 12·5 kg Dinitrophenolanilin, erhalten durch Zusammenschmelzen von 8·3 kg Dinitrophenol und 4·2 kg Anilin, langsam unter gutem Rühren einfließen, stellt nach einer Viertelstunde den Dampf ab und kühlt mit Wasser, bis die Masse erstarrt ist.

Beispiel 2: Zu einem auf 85° angewärmten Gemisch von 175 kg Ammonnitrat und 20·9 kg Dinitrophenolammoniak läßt man 11·9 kg Dinitrokresolanilin, hergestellt durch Zusammenschmelzen von 3·8 kg Anilin und einem aus etwa gleichen Teilen Ortho- und Paraverbindung bestehenden Gemenge von 8·1 kg Dinitrokresol, langsam einfließen und bringt nach viertelstündigem Rühren die Masse durch Wasserkühlung zum Erstarren.

In den obigen Beispielen kann die 12·5 kg betragende Menge Dinitrophenolanilin ersetzt werden durch 11·9 kg Dinitrophenoltoluidin bzw. Dinitrokresolanilin, durch 11·3 kg Dinitrokresoltoluidin, durch 10·7 kg Dinitrophenol-α-Naphthylamin, durch 10·1 kg Dinitrokresol-α-Naphthylamin oder durch berechnete Gemische der betreffenden

Dinitrophenole und Basen; ferner können 20·9 kg Dinitrophenolammoniak durch 17·5 kg Dinitrokresolammoniak und 87·5 kg Ammonnitrat durch 44·2 kg Kaliumnitrat oder durch 37·2 kg Natriumnitrat ersetzt werden. Indessen können die angegebenen Zahlen innerhalb gewisser Grenzen Änderungen erfahren, ohne daß die Explosionsfähigkeit der Mischung ganz verloren geht.

Bei den hochschmelzenden Verbindungen ist es zweckmäßig, erst die Base und alsdann das Dinitrophenol einrühren zu lassen, so daß die fertige organische Komponente erst bei dem Mischen mit dem Sauerstoffträger entsteht.

Patentansprüche:

1. Verfahren zur Darstellung von Sprengstoffen unter Verwendung der aus Dinitrophenol (Schmp. 113°), Dinitro-o-kresol (Schmp. 85·8°) oder Dinitro-p-kresol (Schmp. 85°) oder einem Gemisch derselben mit Ammoniak, Anilin, o-Toluidin, p-Toluidin oder α-Naphthylamin gebildeten salzartigen Verbindungen.

2. Eine Ausführungsform des unter 1. gekennzeichneten Verfahrens, wonach die dort genannten Verbindungen mit Alkalinitraten zu Sprengstoffen vereinigt werden.

D.R.P. 73205 vom 18. April 1893 (Zusatz zu Nr. 72945).

Dr. Phil. Otto Borgmann in Halle a. S. — Verfahren zur Darstellung von Sprengstoffen unter Verwendung der aus Dinitrophenolen und Naphthalin bzw. den Nitroverbindungen des Benzols, Toluols oder Naphthalins erhaltenen Verbindungen.

In der Patentschrift Nr. 72945 ist ausgeführt worden, daß bei Verwendung von Dinitrophenol- bzw. Dinitrokresol-Ammoniak zu Sprengstoffen wegen des hohen Schmelzpunktes dieser Verbindungen und der beim Schmelzen erfolgenden teilweisen Zersetzung nur ein trockenes und daher ungenügendes Mischen mit den anorganischen Sauerstoffträgern erfolgen könne; es sei daher ein Zusatz einer der leicht schmelzenden Verbindungen der Dinitrophenole mit den aromatischen Aminen zur Herbeiführung einer innigeren Mischung erforderlich.

Es hat sich nun herausgestellt, daß zu diesem Zweck auch andere Nitroverbindungen dienen können, welche wie die obigen Verbindungen die Eigenschaft haben, verhältnismäßig niedrig zu schmelzen und beim Abkühlen zu erstarren, so daß ein Entmischen des fertigen Sprengstoffes nicht möglich ist. Als solche Körper haben sich außer den bekannten leichtschmelzenden Nitroverbindungen der Kohlenwasserstoffe Benzol, Toluol und Naphthalin auch die Naphthalinverbindungen der Dinitrophenole erwiesen. Eine dieser Verbindungen, Dinitrophenol-Naphthalin, ist bereits von „Gruner, Zeitschrift für Chemie 1868, S. 213“ erwähnt worden. Die Schmelzpunkte dieser Körper sind noch nicht bekannt. Es schmilzt: Dinitrophenol-Naphthalin bei 95°, Dinitro-o-Kresol-Naphthalin bei 66·5° C.

Die Herstellung der Sprengstoffe geschieht nach dem im Patent

Nr. 72945 am Beispiel 2 gekennzeichneten Verfahren, indem die dort angegebene Menge Dinitrokresol-Anilin ersetzt wird durch eine entsprechende Menge von Dinitrophenol- bzw. Dinitrokresol-Naphthalin oder von Nitroverbindungen des Benzols, Toluols oder Naphthalins.

Patentanspruch: Eine Ausführungsform des durch Patent Nr. 72945 geschützten Verfahrens, wonach zur Herstellung einer innigeren Mischung der Sprengstoffkomponenten außer den dort bereits genannten Dinitrophenol- bzw. Dinitrokresolaminen, Dinitrophenol- bzw. Dinitrokresolnaphthalin und die Nitroverbindungen von Benzol, Toluol und Naphthalin dem zu erwärmenden Gemisch zugesetzt werden.

Engl. Pat. 19931 vom 23. Okt. 1893.
M. Evelyn-Liardet. — Sprengstoff.

In erwärmtem Teer wird die gleiche Gewichtsmenge Pikrinsäure gelöst und hierauf zu dieser Mischung ein halber Gewichtsteil Sägemehl gegeben. Das Ganze wird in einer Mischmaschine mit Wasser erwärmt und nachher Kaliumperchlorat zugesetzt, worauf der Sprengstoff fertig ist.

Engl. Pat. 1982 vom 30. Januar 1894.
V. J. Feeny. — Sprengstoff.

Besteht aus einer Mischung von 20 Teilen Ammoniumchromat, 25 Teilen Kalium- oder Natriumpikrat und 55 Teilen Ammoniumpikrat.

Engl. Pat. 19684 vom Jahre 1894.
Sprengstoff

aus 25 Teilen Kaliumpikrat, 12 Teilen Ammoniumbichromat und 63 Teilen Ammoniumpikrat.

Engl. Pat. 9798 vom 19. Mai 1894.
J. Hauff. — Sprengstoff,

bestehend aus Trinitroresorcin, das entweder in granulierter Form, erhalten durch Kristallisation aus Alkohol und nachherigem Pulverisieren und Sieben, oder in gepreßten Körnern nach Art des Schwarzpulvers zubereitet wird.

Engl. Pat. 23007 vom Jahre 1894.
Sprengstoff

aus 34 Teilen Nitrophenol, 8 Teilen Nitronaphthalin und 58 Teilen Natriumnitrat.

D.R.P. 97581 vom 14. März 1897.
Dr. Friedrich Müller, Stefan Oberländer, Victor Hugo Fuchs und Siegmund Gomperz in Wien. — Verfahren zur gefahrlosen Herstellung von Sprengstoffen aus nitrierten Teerbestandteilen.

Bei der Herstellung von Sprengstoffen aus nitrierten Teerbestandteilen, wie beispielsweise des „Hellhofit“, bestand infolge der direkten

Nitrierung der rohen Teeröle und des Versetzens der Nitrierungsprodukte mit Sauerstoffträgern eine außerordentliche Gefahr, die vorliegendem Verfahren nach dadurch wirksam vermieden werden soll, daß man die beiden direkt aufeinander einwirkenden gefährlichen Bestandteile, jeden für sich an einen anderen festen Körper bindet, derart, daß man die zur Nitrierung bestimmten Teeröle zunächst mit gepulvertem Schwefel mengt, dann die Salpetersäure mit Kalisalpeter zu einem Brei anmacht und nun erst diese beiden breiartigen Massen behufs Nitrierung mengt.

Der neuartige Sprengstoff besteht seinem Wesen nach aus nitrierten Teerbestandteilen, vornehmlich nitrierter Karbolsäure unter Zusatz von Schwefel, Kalisalpeter, vollkommen entharzter und entsäuerter Zellulose (Holzfaser oder Holzmehl), welch letztere der Hauptsache nach als Träger des Sprengmittels dient.

Zur Erhöhung der Brisanz des Sprengstoffes bzw. zum Zwecke der vermehrten Sauerstoffabgabe empfiehlt sich ferner ein Zusatz von Braunstein oder einer anderen Sauerstoff abgebenden Substanz.

Die unter Einwirkung der Nitrierung entstehende Karbolsäure-Salpetersäure-Verbindung entfaltet ihre Sprengwirkung erst im besetzten Bohrloch durch den beim Entzünden entstehenden Druck der Verbrennungsgase und ist unter anderen Umständen vollständig gefahrlos, wie dies in der Natur der Sache liegt.

Zur Herstellung des Sprengstoffes geht man folgendermaßen vor:

In 10 Gewichtsteile feinst pulverisierten Schwefel werden 12 Gewichtsteile rohe, schwarze Karbolsäure (95%) eingerührt, so daß eine halbbreiige Masse entsteht; gesondert von dieser Mischung wird eine zweite hergestellt, indem man in 40 Gewichtsteile feinst pulverisierten Kalisalpeter 18 Gewichtsteile konzentrierte Salpetersäure (40° B.) gießt.

Erstere Mischung wird nun allmählich in die zweite (vorteilhaft in einem zu kühlenden Gefäß) eingetragen und innig gemischt, hierauf nach Aufhören der Reaktion der Salpetersäure auf die Karbolsäure das dadurch entstandene Gemisch mit 3 Gewichtsteilen kalzinierter Soda neutralisiert und 7 Gewichtsteile entharztes und entsäuertes Holzmehl und 10 Gewichtsteile eines Sauerstoff abgebenden Körpers, z. B. Braunstein, gleichmäßig zugesetzt. In noch feuchtem Zustande kann die gewonnene Masse nun in Patronen unter gleichmäßigem Druck gestopft und endlich bei einer Temperatur bis zu 35° C an der Luft getrocknet werden.

Der neue Sprengstoff ist beim Herstellen gefahrlos, ebenso gegen Schlag, Erschütterungen oder Erhitzung unempfindlich und brennt beim Entzünden ohne Explosionsgefahr ab, wenn er frei liegt, da die Sprengwirkung desselben erst eintritt, wenn die Gase durch Druck im verschlossenen Bohrloche sich vereinigen.

Bei der Explosion wird das Gestein nicht zersplittert, sondern nur gleichmäßig zerteilt.

Patentanspruch: Verfahren zur gefahrlosen Herstellung von Sprengstoffen aus nitrierten Teerbestandteilen, insbesondere Phenol, dadurch gekennzeichnet, daß man die Bestandteile vor der Nitrierung mit Schwefel und die Salpetersäure mit Kalisalpeter vermischt und erst dann beide Mischungen miteinander vereinigt, worauf in üblicher Weise neutralisiert und Zellulose als Träger und Braunstein als Sauerstoff abgebendes Mittel zugesetzt wird.

Engl. Pat. 11400 vom 4. Juni 1901.
E. Edwards. — Sprengstoff

aus gleichen Teilen Ammoniumpikrat und Bariumnitrat mit einem Zusatz von 15% Pikrinsäure.

D.R.P. 163350 vom 7. Juni 1901.
Dr. Alvaro Alberto da Silva in Rio de Janeiro (Brasilien). — Sicherheitssprengstoff.

Gegenstand vorliegender Erfindung ist ein Pikrinsäure oder ähnliche stickstoffhaltige organische Säuren (Oxypikrinsäure, Nitrokresylsäure) enthaltender Sicherheitssprengstoff, der sich von anderen Pikrinsäure enthaltenden Sprengkörpern durch seine große Stabilität und durch seine kleinkristallinische bzw. pulverförmige Beschaffenheit auszeichnet, wodurch dieser Sprengkörper imstande ist, große Mengen von flüssigen Sprengkörpern, wie Nitroglyzerin, ohne Beeinträchtigung seiner Stabilität und Explosionswirkung aufzunehmen. Es ist bekannt, daß die mit Pikrinsäure hergestellten Sprengstoffe so außerordentlich empfindlich sind, daß man reine Pikrinsäure bisher nicht mit Salpeter oder anderen die Verbrennung unterhaltenden Zusätzen vereinigen konnte. Auch die pikrinsauren Salze, welche an sich allein nicht durch Schlag explodieren, das heißt sowohl die Verbindungen der Pikrinsäure mit Alkalimetallen usw. als auch die Verbindungen derselben mit organischen Basen, wie Anilinpikrat, sind in Mischung mit den zu ihrer Explosion erforderlichen verhältnismäßig großen Mengen Alkalinitrat bzw. von knallsaurem Salz derart empfindlich, daß sie sogar der Selbstexplosion fähig sind. Ferner besitzen dieselben sowohl wie die Pikrinsäure nicht die zum Vermischen mit Nitroglyzerin oder ähnlichen Sprengstoffen nötige pulverförmige Beschaffenheit. Das am häufigsten für Sprengstoffe benutzte Ammoniaksalz der Pikrinsäure ist in Mischung mit Salpeter äußerst hygroskopisch, so daß die daraus hergestellten Sprengstoffmischungen leicht dem Verderben ausgesetzt sind und eine verhältnismäßig beschränkte Anwendung finden können.

Diese der Verwendung der wertvollen explosiblen Eigenschaften der Pikrinsäure und ähnlicher stickstoffhaltiger organischer Säuren zur Herstellung von Sicherheitssprengstoffen im Wege stehenden Schwierigkeiten sind bei vorliegender Erfindung dadurch vermieden, daß man die Pikrinsäure mit Guanidin verbindet. Das dabei entstehende Guanidinpikrat zeichnet sich gegenüber anderen Salzen der Pikrinsäure sowohl durch seine Schwerlöslichkeit als besonders durch seine außerordentliche Beständigkeit und seine kleinkristallinische, fast pulverförmige Beschaffenheit aus. Die Beständigkeit des Guanidinpikrats ist so groß, daß beim Mischen der Lösungen von organischen Pikraten mit Guanidinnitrat das Guanidinpikrat aus der Mischung ausgefällt wird, indem die Pikrinsäure eine größere Verwandtschaft zum Guanidin als zur Salpetersäure besitzt. Demgemäß kann man Guanidinpikrat mit Salpeter vermischen, ohne daß eine gegenseitige Umsetzung eintritt. In Mischung mit Salpeter tritt bei dem an sich bekannten Guanidinpikrat demgemäß ein einfaches Verpuffen beim Erhitzen an der Luft ein, und man hatte infolgedessen dieses Salz der Pikrinsäure bisher überhaupt nicht als explosionsfähig betrachtet und es bei der Herstellung von Sprengstoffen nicht benutzt. Demgegenüber hat es sich jedoch gezeigt, daß Guanidinpikrat bei Temperaturerhöhung bis auf etwa 325° C im geschlossenen Gefäß außerordentlich starke Sprengwirkungen zeigt. In Mischung mit verhältnismäßig geringen Mengen von Salpeter oder von knallsauren Salzen oder dgl. geht die Explosion im geschlossenen Gefäß sogar schon bei unterhalb 325° liegenden Temperaturen vor sich. Man hat demnach in dem Guanidinpikrat, welches sich anderen pikrinsauren Salzen gegenüber durch seine große Beständigkeit auch in Mischung mit Salpeter oder dgl., durch seinen Mangel an Hygroskopizität und durch seine pulverförmige physikalische Beschaffenheit auszeichnet, einen Körper, welcher sich vortrefflich als Sicherheitssprengstoff eignet. Bei den damit hergestellten Sprengstoffen ist eine Selbstexplosion, wie sie sonst bei der Verwendung von Pikrinsäure und der Mischungen derselben bzw. der Mischungen der pikrinsauren Salze leicht vorkommt, nicht zu befürchten. Außerdem ist die zur Unterhaltung der Verbrennung des entzündeten Sprengstoffes notwendige Menge von Salpeter bzw. der erforderliche Zusatz von knallsaurem Salz u. dgl. bedeutend geringer als bei den Mischungen anderer Pikrate.

Der so hergestellte Sprengstoff läßt sich ferner infolge seiner feinkörnigen oder pulverförmigen Beschaffenheit mit $^1/_3$ seines Gewichts an Nitroglyzerin unter Bildung einer teigigen, einen genügenden Zusammenhang besitzenden Masse vermischen, welche nicht allein im Aussehen, sondern auch was Sprengwirkung und Sicherheit betrifft, dem Dynamitgur ähnlich ist, indem die so erhaltene Mischung, ohne zu detonieren, Stöße verträgt, welchen die anderen Dynamitarten, ohne sich zu zersetzen, nicht zu widerstehen vermögen.

Das Guanidinpikrat ist wegen seiner großen Beständigkeit ferner dazu geeignet, in Sprengstoffmischungen die gewöhnlich zum Unterhalten der Verbrennung benutzten Körper ganz oder teilweise zu ersetzen, indem es, wie bemerkt, an freier Luft selbst in Mischung mit Salpeter oder mit anderen in der Feuerwerkerei benutzten Nitraten, ohne zu detonieren, verpufft.

Folgende Beispiele zeigen verschiedene Ausführungsformen der Erfindung:

a) 40 bis 30 Teile Guanidinpikrat,
   60 „ 70 „ Salpeter

mit oder ohne Zusatz von 1 bis 2% Guanidinnitrat.

Dieser wie Schwarzpulver gekörnte Sprengstoff eignet sich als Pulver für Bergwerke und für Schieß- und Sprenggeschosse.

b) 25 Teile Guanidinpikrat,
75 „ Schießbaumwollpulver

werden mit einem Lösungsmittel der Nitrozellulose mehr oder weniger fein gekörnt.

c) 30 Teile Guanidinpikrat,
10 „ Salpeter,
60 „ Nitrozellulose.

d) 75 Teile Guanidinpikrat,
25 „ Nitroglyzerin

detonieren mit einem sehr starken Zünder.

e) 80 bis 75 Teile Guanidinpikrat,
20 „ 25 „ überchlorsaures Kalium.

Diese verschiedenen Präparate können miteinander in verschiedenen Verhältnissen gemischt werden.

In den oben erwähnten Formeln kann Guanidinpikrat stets durch nitrokresylsaure oder oxypikrinsaure Salze des Guanidins ersetzt werden.

In den nitroglyzerinhaltigen Mischungen bietet das Guanidinpikrat, welches als Absorptionsmittel und als Abschwächungsmittel (zur Vermeidung der Sensibilität) wirkt, den Vorteil, daß die Verbrennungstemperatur dadurch erniedrigt wird, daß ein Überschuß von Kohlenstoff vorhanden ist, welcher auf diese Weise als Korrektiv des Nitroglyzerins wirkt, welches die Unbequemlichkeit einer zu hohen Temperaturerhöhung darbietet; überdies erzeugt das Guanidinpikrat durch sein Guanidin Ströme von Stickstoff, was den Gasdruck wesentlich erhöht.

Der Kalisalpeter kann auch mit Bariumnitrat, Bleinitrat usw. vermischt oder durch diese Stoffe ersetzt sein.

Amerik. Pat. 792716 vom 20. Juni 1905.

H. Maxim, New York. — Herstellung einer hochexplosiven Verbindung.

Ein Gemisch von 25 Teilen Pikrinsäure und 48 Teilen Dinitrophenol wird mit Wasser zwecks Schmelzens des Gemisches auf eine Temperatur erhitzt, die unter den Schmelzpunkten der einzelnen Bestandteile liegt, dann das Gemisch mit warmem Wasser gewaschen, und dieses Waschwasser abgekühlt, um den darin in Lösung befindlichen Explosivstoff auszuscheiden.

Amerik. Pat. 940580 vom 31. Oktober 1908.

Clarence U. Buck, Wellsboro. — Sprengstoff.

Diese Erfindung bezweckt die Herstellung eines lagerbeständigen, jeden Klimawechsel ertragenden Sprengstoffes, der sich zum Füllen von Minen, Granaten u. dgl. eignet. 50 Teile Pikrinsäure, 50 Teile Dinitrophenol und 4 Teile Kollodiumwolle werden zusammengeschmolzen und dann unter beständigem Umrühren zum Schlusse die Temperatur auf 350° erhöht. Dieses so erhaltene Produkt vom Schmelzpunkt 142° wird bezeichnet als Mischung I. Zur Herstellung der Mischung II werden z. B. 50 Pfund Bariumnitrat auf 130° erwärmt und mit 4—5 Pfund Paraffin vermischt. Zur Pulverbereitung werden dann je 10 Pfund der Mischung I und II vermengt, unter Zugabe von 5 Unzen Kohle, zweckmäßig Cannelkohle, welche die Wirkung des Sprengstoffes günstig beeinflußt. Bei der Herstellung von Granatfüllungen u. dgl. gibt man zweckmäßig die Mischung II zur Mischung I, während sich letztere noch in geschmolzenem Zustande befindet, da sie dann leichter und mit geringerer Entzündungsgefahr schmilzt. Handelt es sich dagegen um Sprengstoffe für allgemeine Sprengzwecke, bei denen ein Überschuß von Bariumnitrat zur Verwendung kommt, so wird die Mischung I nach dem Erstarren fein gemahlen und dann der Mischung II hinzugefügt, weil in diesem Falle letztere von der geschmolzenen Mischung I nicht aufgenommen würde.

Amerik. Pat. 951445 vom 7. Oktober 1904 und 974900, März 1905.
Hudson Maxim, New York. — Sprengstoffe.

Das erste Patent betrifft ein rauchloses Pulver aus Schießbaumwolle und Trinitroanisol; die beiden Komponenten werden zu gleichen Teilen zwischen erwärmten Walzen innig vermischt und das gleichmäßige, gelatineartige Produkt in der üblichen Weise gekörnt. Nach dem zweiten Patent wird das rauchlose Pulver aus Schießbaumwolle, Trinitroanisol und einem Sauerstoffträger bereitet, mit oder ohne Zusatz von Nitroglyzerin.

Engl. Pat. 28544 vom 31. Dezember 1908.
W. A. Andersen, Dänemark. — Verfahren zur Herstellung von Sprengstoffen.

Das Verfahren besteht im wesentlichen darin, daß Sprengstoffen bekannter Art Bleisuperoxyd in beträchtlichen Mengen zugesetzt wird. Infolge dieses Zusatzes soll die Sprengkraft der Explosivstoffe bedeutend erhöht werden, und zwar besonders bei Verwendung von aromatischen Nitrokohlenwasserstoffen, wie Pikrinsäure, Trinitrotoluol usw. als Sprengstoffbasis. Die Sprengstoffe können nach den üblichen Verfahren in fester, flüssiger oder plastischer Form hergestellt werden.

		1.	2.
Beispiele:	Bleisuperoxyd . . .	60%	45%
	Pikrinsäure.	40%	20%
	Trinitrotoluol . . .	—	10%
	Schießbaumwolle . .	—	15%
	Nitroglyzerin	—	10%.

D.R.P. 243063 vom 10. September 1910.
Alfred Lanfrey in Baccarat (Frankreich). — Verfahren zur Verhütung einer Reaktion von Pikrinsäure u. dgl. auf andere Stoffe bei Gegenwart von Feuchtigkeit.

Vorliegende Erfindung will verhindern, daß Trinitrophenol, Trinitroresorzin, Trinitrokresol usw. bei Anwesenheit von Feuchtigkeit eine saure Reaktion auf die Stoffe ausüben, mit denen sie in Berührung kommen. Dies geschieht durch eine Beimischung von trockenem Kalziumkarbonat, z. B. von 50 g feinpulvrigem Karbonat auf 1 kg Pikrinsäure. Die beim Auftreten von Feuchtigkeit feucht gewordenen Teile der Pikrinsäure werden neutralisiert, so daß sie keine saure Reaktion auf die Umgebung auszuüben vermögen. Daß es dabei nicht auf eine Neutralisierung der gesamten Pikrinsäure ankommt, beweist, daß schon eine geringe Beimengung fein pulverisierten Kalziumkarbonats alle jene Übelstände beseitigt, die mit der Aufbewahrung der Pikrinsäure verbunden sind.

D.R.P. 260311 vom 29. Oktober 1910. Franz. Pat. vom 26. Februar 1912.

Vereinigte Köln-Rottweiler Pulverfabriken in Berlin. — Verfahren zur Herstellung schlagwettersicherer Sprengstoffe.

Das Verfahren besteht darin, daß Alkalisalze der Nitrokresolsulfosäuren, insbesondere die Ammonsalze, mit Alkalinitraten mit oder ohne Zusatz von Trinitrotoluol oder anderen Sprengstoffkomponenten vermengt werden. Zur Herstellung der betreffenden Salze werden die unreinen Sulfosäuren des Kresols verwendet; beispielsweise werden 100 g o-Kresolsulfosäure (bestehend aus 87 % Sulfosäure, 4·5 % freier Schwefelsäure und 8·5 % Wasser) mit einer Lösung von 60 g (1 Mol.) Natronsalpeter in 120 g Wasser nitriert, wobei ohne Zufuhr von Wärme die Reaktion nach kurzer Zeit von selbst eintritt, und zwar unter Ausscheidung von orangeroten Kristallen, die samt der Mutterlauge zur Trockne eingedampft werden. Man erhält so in Wasser vollkommen lösliches nitrokresolsulfosaures Natron, das mit Nitraten gemischt, heftig explodierende Gemenge ergibt und außerdem bekannten Sprengstoffgemischen zugesetzt, deren Wettersicherheit sehr günstig beeinflußt. — Beispielsweise entzündet ein Gemisch von 83 % Natronsalpeter und 17 % Trinitrotoluol ein 8- bis 9 %iges Gasgemisch bei einer Ladung von 375 g. Die Ausweitung im Trauzl-Zylinder beträgt bei 10 g Ladung 105 ccm. Mischt man nun hierzu 10 % nitrokresolsulfosaures Natrium, so erhöht sich die Sprengkraft auf 140 ccm und die Sicherheit steigt auf eine Ladung von 550 g. Man vermag der Grundmischung bis zu 50 % des Nitrosalzes beizumengen und kann dabei die Sprengkraft bis auf eine Ausweitung von 250 ccm steigern, ohne die Schlagwettersicherheit zu beeinträchtigen.

D.R.P. 260312 vom 13. Dez. 1910 (Zusatz zum obigen Patent).

Nach diesem Zusatz lassen sich auch die Alkalisalze der Mononitrophenolsulfosäuren, in gleicher Weise wie die Alkalisalze der Nitrokresolsulfosäuren verwerten. Die Sprenggemische lassen sich ohne Anwendung einer Sprengkapsel, allein schon mit Zündschnur detonieren und entwickeln eine hohe Sprengkraft. So ergaben Mischungen von 25% nitrophenolsulfosaurem Natrium und 75% Natriumnitrat bei 30 g Ladung im Normalböller eine Aufweitung von 218 ccm; während 25% nitrophenolsulfosaures Salz, 25% Nitrat mit 50% Perchlorat bei 40 g Ladung eine Aufweitung von 390 ccm ergab. Die Sprengstoffgemische werden zweckmäßig wie folgt dargestellt: Man löst z. B. 1 kg Phenolsulfosäure in 1 l Wasser auf und gibt dazu 500 g (1 Mol) Natriumnitrat, worauf in kurzer Zeit die Nitrierung unter lebhafter Reaktion erfolgt. Dann setzt man der Lösung je nach Bedarf 4, 5 oder 6 Mol Nitrat zu, mischt gründlich durch, läßt kristallisieren oder dampft zur Trockne. Die so erhaltene Sprengstoffmischung kann durch Zusatz von Chloraten, Perchloraten oder anderen Sprengstoffkomponenten in mannigfaltiger Weise verändert werden.

D.R.P. 260313 vom 9. Dezember 1911. (Zusatz zu Nr. 260311.)

Dieser Patentzusatz betrifft die Herstellung direkt detonierbarer Gemische mit Ammonsalpeter und den Alkalisalzen der Mononitrophenol- und Mononitrokresolsulfosäuren. Diese Mischungen haben vor den Ammonsalpetersprengstoffen den Vorteil der leichten Entzündlichkeit, so daß die Versager fast gänzlich ausgeschaltet werden; ferner kommt die lebendige Kraft vollkommen zur Geltung: Zersplitterung und Zermahlung des Gesteins fällt fast gänzlich weg.

Beispiele: 68% Ammonsalpeter,
32% Mononitrophenol- oder Mononitrokresolnatrium

oder: 78% Ammonsalpeter,
22% Trinitrophenol- oder Kresolsalze.

D.R.P. 267542 vom 28. April 1912.

Vereinigte Köln-Rottweiler Pulverfabriken in Berlin. — Verfahren zur Herstellung direkt detonierender Sprengstoffe.

In der französischen Patentschrift 425550 sind Sprengstoffmischungen aus Salzen der Mono- und Dinitrokresolsulfosäuren und der Mono- und Dinitrophenolsulfosäuren beschrieben, die mit und ohne Kapsel detonieren, und vermöge ihres Kristallwassergehalts Schlagwetter und Kohlenstaubgemische erst bei verhältnismäßig hohen Ladungen entzünden. Es wurde nun gefunden, daß auch die Salze der Mononitronaphthalinsulfosäure direkt detonierbare Sprengstoffgemische geben in Gemisch mit geeigneten Sauerstoffträgern, mit ähnlichen Eigenschaften wie die oben geschilderten Mischungen. — Bei der Herstellung vermengt man entweder das Nitronaphthalinsulfosalz mit der erforderlichen Menge Salpeter, z. B. 25% Salz mit 75% Chilesalpeter, oder man löst 1 Mol Sulfosäure in Wasser zusammen mit 7 Mol Nitrat und dampft das ganze Gemisch zur Trockne; man erhält auf diese Weise mononitronaphthalinsulfosaures Salz zusammen mit 6 Mol Nitrat in genügend inniger Mischung, die ohne weiteres als Sprengstoff verwertet werden kann. — Hinsichtlich der Wettersicherheit sei bemerkt, daß Schlagwetter- und Kohlenstaubgemische von 500 g einer wie oben beschriebenen Mischung nicht entzündet wurden. Wird der Natronsalpeter ganz oder teilweise durch Ammonnitrat ersetzt, so erhöht sich die Sicherheit noch beträchtlich; die Mischungen bedürfen dann aber einer Sprengkapsel zur Explosion. Die vorliegenden Sprengstoffe zeichnen sich vor den im französischen Patent 425550 beschriebenen durch ihren bedeutend niedrigeren Preis aus, außerdem sind sie noch weniger brisant als jene und gegen Stoß und Reibung unempfindlicher als selbst Sprengsalpeter.

Auch die binitrosulfosauren Salze des Naphthalins lassen sich zur Herstellung direkt detonierender Sprengstoffe verwenden.

Schweiz. Pat. 58685 vom 31. Mai 1911. Franz. Pat. 425550 vom 3. Februar 1911. Engl. Pat. 1712 vom 23. Februar 1911.

Adolf Voigt in Gießen. — Verfahren zur Herstellung eines Sicherheitssprengstoffes.

Der neue Sprengstoff wird erhalten durch Vermischen eines Kresolderivates, z. B. Mononitrokresolnatrium oder Kresolsulfosäure mit einem Sauerstoffträger. Wenn man z. B. Mononitrokresolnatrium mit Natriumnitrat in einem solchen Verhältnis mischt, daß der disponible Sauerstoff der Menge der oxydierbaren Teile entspricht, so erhält man einen Sprengstoff, welcher 30% kräftiger ist als die gewöhnlichen Nitratpulver. Durch Zusatz von Ammoniumnitrat wird ein solcher Sprengstoff außerdem in hohem Grade wettersicher.

Beispiele:	1	2	3	4
Mononitrophenol oder Sulfokresolsaures Natrium	25%	25%	22,5%	25%
Kalium- od. Natriumnitrat	65%	50%	45 %	65%
Kaliumperchlorat	10%	25%	22·5%	10% Trinitrotolul
Ammoniumnitrat			10 %	

D.R.P. 257319 vom 22. Nov. 1911. Franz. Pat. 440625 vom 26. Februar 1912. Engl. Pat. 28974 vom 22. Dez. 1911. Schweiz. Pat. 62589 vom 10. Febr. 1913.

Dr. F. Raschig in Deutschland. — Sprengstoffe.

Sprengstoff bestehend aus Nitraten oder Perchloraten und Salzen der Sulfosäuren des Kresols, Xylols, Cumols und Naphthols, die sich in billigster Weise aus dem Steinkohlenteer gewinnen lassen. — Beispielsweise vermischt man 86 Teile Ammonnitrat mit 14 Teilen kresolsulfosaurem Natrium unter Zusatz von 10 Teilen Wasser und trocknet dann die Masse 24 Stunden bei 80°.

Franz. Pat. 452554 vom 26. Nov. 1912. Brit. Pat. 26884 vom 12. Nov. 1912.

Rudolf Kolowratnik, Österreich. — Verfahren zur Herstellung brisanter Sprengstoffe mit Pikrinsäure.

Gegenstand vorliegender Erfindung ist ein Verfahren zur Herstellung brisanter Sprengstoffe aus Pikrinsäure als Hauptbestandteil, in Mischung mit einem oder mehreren Sauerstoffträgern gleichzeitig neben Kohlenstoff in Form von Lignit oder einer organischen Substanz wie Mehl, Holz, Torf. Zur Erhöhung der Brisanz kann man dann übrigens die beiden Mischungsbestandteile aus sauerstoffabgebender Substanz und Kohle durch Nitrokörper, speziell durch aromatische Nitro- oder Azoverbindungen ersetzen. Als Sauerstoffträger kommen in Betracht die Nitrate, besonders Natronsalpeter, und die Chlorate, als Nitro- und Azokörper unter anderen hauptsächlich Nitrotoluol, Nitronaphthalin, Nitrobenzol und Azobenzol. Man kann auch Nitrokresol und Nitroresorzin verwenden, indessen aber erhöhen diese Stoffe den Preis des Sprengstoffs zu stark.

Die gleichzeitige Anwendung von Sauerstoffträgern und Kohlenstoffträgern als Zusatz zu Pikrinsäure hat einerseits den Vorteil, den Fabrikationspreis zu erniedrigen, andererseits läßt sich damit Pikrinsäure in Lösung verwenden, da der Kohlenstoff sowohl als chemisch wie als absorbierend wirkender Bestandteil des Sprengstoffs dienen kann. Die auf dieser Grundlage hergestellten Sprengstoffe zeichnen sich durch hohe Stabilität gegen mechanische Einwirkungen und durch hohe Explosivkraft, die der des stärksten Dynamits gleichkommt, aus. Durch Anwendung von Nitro- oder Azokörpern kann die Sprengkraft noch beträchtlich erhöht werden, sofern man dabei weniger auf die Billigkeit als vielmehr auf die Explosivstärke Rücksicht nimmt. Das Herstellungsverfahren erläutert folgendes Beispiel:

Man löst Pikrinsäure in Äther oder in konzentrierter Sodalösung oder in Wasser, worin ein Teil der sauerstoffabgebenden Substanzen schon gelöst ist; diese Lösung wird dann mittels des zur Verwendung gelangenden kohlenstoffenthaltenden Bestandteils absorbiert, und zwar derart, daß eine homogene und für die folgende Behandlung leicht zu verarbeitende Masse entsteht. Die Mischung wird dann gemahlen und getrocknet. Folgende Beispiele mögen die quantitativen Mengenverhältnisse solcher nach obiger Beschreibung hergestellten Sprengstoffe dartun:

	1	2	3	4
Pikrinsäure	45	45	40	52
Natronsalpeter	40	28	35 bis 25	—
Sägemehl	9	6	10	13
Lignit	6	—	—	
Getreidemehl	-	3	—	—
Stärke	—	—	—	5
Kohle	—	6	—	—
Kaliumchlorat	—	—	10 bis 20	30
Soda	—	—	5	—
Nitronaphthalin	—	12	—	—

Die ersten zwei Mischungen zeichnen sich durch hohe Dichte und leichte Komprimierbarkeit aus und sind vorzüglich zum Sprengen harten Gesteins geeignet, während die beiden anderen als Sprengstoffe von außerordentlicher Kraft und Brisanz charakterisiert sind, die zur Detonation nicht einmal einer besonderen Initialzündung bedürfen. — Wie aus den Beispielen von selbst hervorgeht, lassen sich diese Sprengmischungen nicht als Treibmittel verwenden. — Die Herstellung solcher Explosivstoffe ist natürlich keineswegs in den angeführten Beispielen erschöpft, da die Bestandteile in allen möglichen Verhältnissen variieren können.

Es ist empfehlenswert, den fertigen Explosivstoff mit einem Überzug zu versehen, z. B. mit paraffiniertem Papier, Zinnfolie, geschmolzenem Wachs, Paraffin usw. Ein anderer wichtiger Punkt des Patents betrifft die Anwendung von Trinitrotoluol für diesen Überzug. Diese Schutzdecke beeinträchtigt den Sprengstoff nicht im geringsten, sondern vermehrt im Gegenteil dessen Brisanz, da das Trinitrotoluol selbst ein brisanter Explosivkörper ist. Die Imprägnierung geschieht durch Eintauchen des Sprengkörpers in geschmolzenes Trinitrotoluol.

III. Nitrierte aromatische Amine.

D.R.P. 84628 vom 26. Mai 1894.

Chemische Fabrik Griesheim in Frankfurt a. M. — Anwendung von Trinitranilin zu Sprengstoffen.

Bei unseren Versuchen über die Anwendung der Trinitroderivate des Benzols zu Sprengzwecken haben wir gefunden, daß sich das Trinitranilin vorteilhaft als brisanter Sprengstoff verwenden läßt. Das Trinitranilin besitzt vor dem Trinitrobenzol den Vorzug eines größeren Stickstoffgehaltes und teilt mit ihm den Vorzug vor der Pikrinsäure, in Wasser unlöslich und daher völlig lagerbeständig zu sein, keine sauren Eigenschaften und keine Farbstoffnatur zu besitzen. Die Art der Anwendung des Trinitranilins ist dieselbe wie bei dem Trinitrobenzol und der Pikrinsäure; es wird zweckmäßig in gepreßtem oder geschmolzenem Zustande verwendet und durch Knallquecksilber zur Detonation gebracht. Das Trinitranilin kann entweder für sich allein benutzt werden oder in Verbindung mit Sauerstoffträgern.

Patentanspruch: Die Verwendung von Trinitranilin mit oder ohne Beimischung von Sauerstoffträgern zur Herstellung von Sprengstoffen.

Franz. Pat. 376340 vom 3. April 1907.

Otto Freiherr v. Schroetter in Deutschland. — Verfahren zur Herstellung von Sprengstoffen.

Es wurde gefunden, daß das früher unter dem Namen „Aurantia“ als Farbstoff in den Handel gebrachte Hexanitrodiphenylamin (Diparapikrylamin) sich vorteilhaft zur Herstellung von Sprengstoffen verwenden läßt. Wie Pikrinsäure und andere brisante Sprengstoffe läßt es sich mit Hilfe einer Knallquecksilbersprengkapsel zur Explosion bringen; seine Wirkung ist jedoch derjenigen des Trinitrophenols und des Trinitrotoluols bedeutend überlegen. — Das Hexanitrodiphenylamin ist vollkommen stabil und handhabungssicher. — Durch Zusatz von anderen Stoffen, wie z. B. Nitrokohlenwasserstoffen mit niedrigem Schmelzpunkt läßt sich sowohl die Empfindlichkeit als auch die explosive Wirkung des Hexanitrodiphenylamins regeln.

D.R.P. 241697 vom 8. Juli 1910. — Franz. Pat. 425996 vom 13. Februar 1911. Österr. Pat. 55445. Schweiz. Pat. 55940 vom 9. Januar 1911.

Dr. B. J. Flürscheim in Fleet, England. — Verfahren zur Herstellung von Sprengstoffen.

Das Tetranitroanilin, das durch Behandeln von m-Nitranilin mit Schwefelsäure und einem Nitrierungsmittel, wie Natriumnitrat, in der Hitze erhalten wird, und die chemische Konstitution

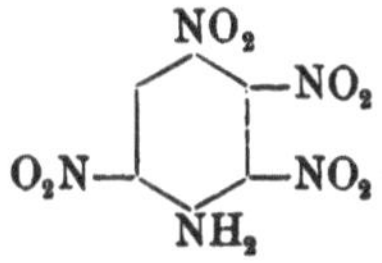

hat, vereinigt in sich, in höherem Maße als irgend eine andere Nitroverbindung, die für einen guten Sprengstoff erforderlichen Eigenschaften, nämlich hohe Sprengkraft (dieselbe ist höher als die irgend einer anderen als Sprengstoff angewandten festen Verbindung), einfache und billige Darstellungsweise, Beständigkeit gegen mechanische und Wärmeeinwirkungen, einheitliche Zusammensetzung, hohes spez. Gewicht usw. Für Sprengstoffzwecke eignen sich auch diejenigen Substanzen, welche sich vom Tetranitranilin durch Ersatz eines oder der beiden Wasserstoffatome der Amidogruppe ableiten, z. B. Acetyltetranitranilin, das aus Tetranitroanilin durch Erwärmen mit Essigsäureanhydrid und etwas Schwefelsäure erhältlich ist und bei etwa 170° unter Zersetzung schmilzt oder das bereits bekannte, aber bisher nicht in der Sprengstoffindustrie verwandte N-Methylnitrotetranitranilin vom F. P. 145°

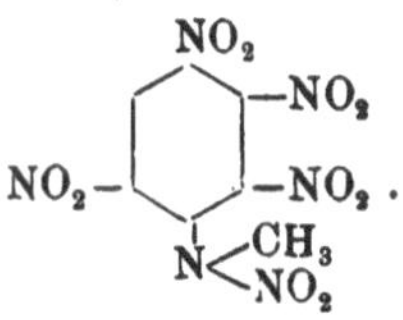

Tetranitranilin erweist sich als äußerst kräftiger Sprengstoff und kann — wobei es oft teilweise oder ganz durch die oben erwähnten Derivate, namentlich das Acetylderivat, ersetzt werden kann — in Sprengladungen, z. B. für Granaten, Torpedos, Schießladungen usw. vorzüglich Verwendung finden; es kann auch ferner, ebenso wie seine Derivate, mit anderen Nitrokörpern, z. B. Trinitrotoluol, Tetranitromethylanilin, mit Sauerstoffträgern und verbrennlichen Substanzen, z. B. Naphthalin, zusammen verwandt werden. Folgende Zusammensetzungen haben sich unter anderen als besonders zweckmäßig erwiesen:

1. Tetranitroanilin	13	Teile
Holzkohle	6	,,
Ammoniumnitrat	81	,,

2. Ein Teil Tetranitroanilin wird in $2^1/_2$ Teilen geschmolzenem m-Dinitrobenzol gelöst und die Mischung rasch gekühlt. Von dieser Mischung nimmt man 7 Teile und fügt von Holzkohle 6 Teile und von Ammoniumnitrat 87 Teile hinzu.

Engl. Pat. 18777 vom 11. Juli 1912.
Dr. B. J. Flürscheim in Rushmoor, England. — Verfahren zur Herstellung von Explosivstoffen.

Die Erfindung beruht auf der Beobachtung, daß sich Trinitroaminoanisol und Trinitroaminophenetol vorteilhaft zur Herstellung von Sprengstoffen verwenden lassen. Die Produkte können sowohl für sich allein als auch im Gemisch, z. B. als Füllmassen für Granaten u. dgl. verwendet werden. Auch eignen sie sich in Verbindung mit Nitrozellulose besonders zur Herstellung rauchloser Pulver.

IV. Andere aromatische Verbindungen.

D.R.P. 79314 vom 7. November 1893.
Chemische Fabrik Griesheim in Frankfurt a. M. — Verwendung von Trinitrobenzoesäure bzw. deren Salzen zur Herstellung von Sprengstoffen.

Im Anschluß an unsere Untersuchungen über die Verwendung von Trinitrobenzol zu Sprengzwecken haben wir gefunden, daß sich auch die Trinitrobenzoesäure, welche bei höherer Temperatur in Trinitrobenzol und Kohlendioxyd zerfällt, zur Herstellung von Sprengstoffen eignet.

Da das Molekül der Trinitrobenzoesäure bei der gleichen potentiellen Energie größer ist als das des Trinitrobenzols, so ist ihre Sprengwirkung etwas geringer.

Auch die Salze der Trinitrobenzoesäure, z. B. des Ammoniums, des Natriums, des Bariums, des Bleies, lassen sich zu Sprengzwecken verwenden.

Man wendet die Trinitrobenzoesäure in derselben Weise wie andere brisante Sprengstoffe, z. B. die Pikrinsäure oder das Trinitrobenzol, an, am besten im komprimierten Zustande, und bedient sich zur Detonation des Knallquecksilbers. Dasselbe gilt von ihren Salzen. Jedoch läßt sich die Trinitrobenzoesäure, sowie die Salze derselben auch nach Art des Roburits in Verbindung mit Sauerstoffträgern, wie Ammoniumnitrat oder dgl., verwenden.

Patentanspruch: Verwendung von Trinitrobenzoesäure oder deren Salzen mit oder ohne Beimischung oxydierender Substanzen zur Herstellung von Sprengstoffen.

D.R.P. 203190 vom 26. Januar 1907.

Westfälisch-Anhaltische Sprengstoff-Aktien-Gesellschaft in Berlin. — Füllmassen für Granaten und Minen sowie rauchschwache Schießpulver und Sprengstoffe für den Gruben- und Bergwerksbetrieb.

Nur wenige Nitroverbindungen bzw. Salpetersäureäther der aliphatischen Kohlenwasserstoffe sind an sich, d. h. ohne Sauerstoff abgebende Mittel, wie die verschiedenen Salpeter, als Sprengstoffe zu bezeichnen. Zu diesen Körpern gehören hauptsächlich die verschiedenen Salpetersäureester des Glyzerins und der Kohlehydrate. Diese Körper sind aber gegen Stoß und Schlag, überhaupt gegen mechanische Einflüsse, sehr empfindlich. Außerdem spalten sie bei längerem Lagern Stickstoffsauerstoffverbindungen ab und sind dann schon durch geringe Anlässe zur Detonation zu bringen. Man hat diese unangenehmen Eigenschaften der genannten Salpetersäureester auf verschiedene Weise zu verbessern gesucht, ohne jedoch ein vollständig befriedigendes Resultat zu erzielen. Aus diesem Grunde hat man z. B. als Füllmassen für Granaten und Minen, wozu derartig empfindliche Körper nicht geeignet sind, die Nitroverbindungen der aromatischen Kohlenwasserstoffe angewendet. Als solche kommen z. B. hauptsächlich in Betracht die verschiedenen Nitrophenole, Nitrotoluole, Nitraniline usw. Aber auch durch diese Verbindungen läßt sich der gewünschte Zweck nicht vollständig erreichen, und zwar beruhen die zu überwindenden Schwierigkeiten besonders darauf, daß der in den genannten Körpern enthaltene Benzolring nur schwierig vollständig zersetzbar ist.

Es wurde nun gefunden, daß die vorerwähnten Schwierigkeiten mit der Anwendung von nitrierten Dialkyloxamiden, z. B. Dinitrodimethyloxamid, Dinitrodiäthyloxamid und ähnlichen, nicht verbunden sind. Zur Herstellung von Dinitrodialkyloxamid soll man Dialkyloxamid mit konzentrierter Salpetersäure behandeln, wobei jedoch nur eine geringe Ausbeute erzielt wird. Versuche ergaben aber, daß die Nitroverbindungen sich quantitativ gewinnen lassen, wenn man die Dialkyloxamide bei Temperaturen von 15° C mit Salpeterschwefelsäure behandelt, aus welcher Säure sie sich meist als reinweiße Pulver ausscheiden.

Die Dinitrodialkyloxamide sind gegen Schlag außerordentlich unempfindlich, entwickeln dagegen bei der üblichen Prüfung im Bleizylinder eine große Kraft und lösen sich in vielen organischen Flüssigkeiten auf. Im Ölbade langsam erhitzt, verpufft z. B. das Dinitrodimethyloxamid nicht bei Temperaturen unter 200° C wie andere Salpetersäureester der aliphatischen Kohlenwasserstoffe, sondern sublimiert, ohne rote Dämpfe zu entwickeln.

Die genannten Eigenschaften, besonders aber die außerordentliche Unempfindlichkeit gegen mechanische Einflüsse und die bei der Detonation hervorgebrachte große Kraftäußerung machen die Dinitrodialkyloxamide ganz besonders geeignet zur Herstellung von Füllmassen für Granaten und Minen sowie zur Herstellung von Schießpulvern und Sprengstoffen für den Bergbau. Setzt man z. B. 5% Dinitrodimethyloxamid den Nitroglyzerin- und Nitrozellulosepulvern zu, so zeigt das erhaltene Produkt vollkommene Stabilität. Die Verbrennungsgeschwindigkeit und Verbrennungstemperatur wird vermindert und dadurch eine Erniedrigung des Drucks im Rohr bewirkt.

Patentanspruch: Verwendung von Dinitrodialkyloxamiden für sich oder in Mischung mit anderen Sprengstoffen und Sprengstoffkomponenten als Füllmassen für Granaten und Minen sowie als rauchschwache Schießpulver und Sprengstoffe für den Gruben- und Bergwerksbetrieb.

Franz. Pat. 391106 vom 19. August 1907.

Société Anonyme d'Explosifs et de Produits chimiques, Frankreich. — Neuer Sprengstoff.

Oxalsäure verbindet sich in der Wärme mit Aminophenolen und Aminonaphtolen unter Austritt zweier Moleküle Wasser; die so erhaltenen Körper lassen sich mit Salpeterschwefelsäuremischung quantitativ in die Hexanitroderivate überführen. Diese Nitroderivate sind sehr beständig, wenig empfindlich gegen Stoß und von niedriger Explosionstemperatur; sie lassen sich allein oder in Mischung mit andern Explosivstoffen verwenden, eignen sich aber besonders vorteilhaft zu Sicherheitssprengstoffen mit Ammoniumnitrat.

Das Hexanitroxanilid wird erhalten durch Behandeln des Oxanilides mit Salpeterschwefelsäure bei Wasserbadtemperatur: die Ausbeute ist quantitativ und das Hexanitroxanilid kristallisiert in Form sehr kleiner bräunlicher Schuppen vom F. P. 295 bis 300°. Seine Formel ist folgende:

$$\begin{array}{l} C_6H_2(NO_2)_3-NH-CO \\ \qquad\qquad\qquad\quad\;\; | \\ C_6H_2(NO_2)_3-NH-CO \end{array}.$$

Dieser Nitrokörper, der sich vorzüglich als Sprengstoff eignet, besitzt ungefähr gleiche Kraft wie Trinitrotoluol; er läßt sich in Mischung mit Ammoniumnitrat oder mit Chloraten und Perchloraten anwenden.

Franz. Pat. 391107 vom 19. August 1907.

Société Anonyme d'Explosifs et de Produits chimiques, Frankreich.

Die alkylierten Diamine der aromatischen Reihe lassen sich mit Leichtigkeit nitrieren und geben so kräftige Explosivstoffe, die sich besonders für Granatfüllungen, Minen, Torpedos und als Detonatoren eignen. Andererseits lassen sich diese Körper entweder für sich oder in Mischung mit anderen Explosivstoffen, sowie mit sauerstoffabgebenden Substanzen wie Nitraten, Chloraten und Perchloraten, verwenden. — Unter den Diaminen, die für die Herstellung der oben erwähnten Explosivstoffe in Frage kommen, sind zu nennen: die Phenylen-, Toluylen- und Naphthylendiamine. Die Alkylierung geschieht in der bekannten

Weise durch Erwärmen der Chlorhydrate mit Alkohol im Einschlußrohr. Die Alkylderivate lassen sich durch Destillation leicht trennen. Es ist überflüssig, vier Alkylgruppen einzuführen, da es sich gezeigt hat, daß die symmetrischen Dialkylderivate die gleichen Nitroprodukte wie tetralkylierte Diamine liefern.

Pentanitrodimethylmetaphenylendiamin von der Formel $C_6H(NO_2)_3\left(N{<}^{CH_3}_{NO_2}\right)_2$ wird erhalten durch Nitrierung des Dimethyl-m-phenylendiamins, oder des Tetramethyl-m-phenylendiamins mit Salpeterschwefelsäure. Man erhält einen braunen kristallinischen Körper, der bei 200 bis 204° unter Zersetzung schmilzt, sonst aber eine beträchtliche Beständigkeit gegen Wärme besitzt. Pentanitrodimethyl-m-phenylendiamin greift die Metalle nicht an; entzündet, brennt es lebhaft mit wenig leuchtender Flamme ab. Die Versuche im Bleiblock ergaben eine bedeutend größere Sprengkraft dieses Explosivkörpers als Schießwolle oder 75 % Dynamit. Mit Knallquecksilber detoniert er leicht und kann deshalb für Initialsätze, zur Verminderung des Knallquecksilberanteiles derselben, dienen.

D.R.P. 269826 vom 29. Oktober 1912.

Sprengstoff A.-G. Carbonit in Hamburg. — Herstellung von Sprengstoffen.

Versuche haben ergeben, daß das Hexanitrosulfobenzid, dargestellt durch Behandlung einer Suspension von Hexanitrodiphenylsulfid in Salpetersäure mit Oxydationsmitteln, die in Gegenwart dieser Säure Sauerstoff abspalten, sich außerordentlich gut als Sprengstoff eignet. Die Konstitution dieses Körpers ist folgende:

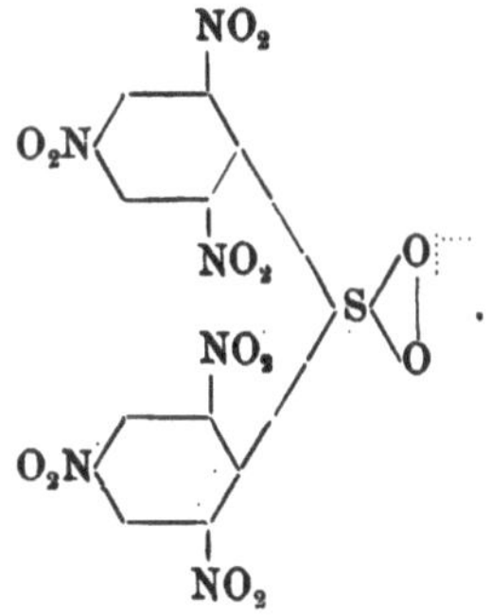

Er stellt feine gelbe Kristalle dar, welche nicht färben, keine Salze bilden und Metalle nicht angreifen, also der Pikrinsäure sowie anderen Nitrokörpern gegenüber große Vorteile besitzen. — Hexanitrosulfobenzid ist vollkommen beständig und zeigt weder beim Kochen mit Wasser noch mit Sodalösung irgendwelche Veränderung, selbst längeres Erhitzen auf 130° bringt keine Veränderung hervor; seine Verpuffungstemperatur ist eine sehr hohe, nämlich 250 bis 255°. Ferner ist es völlig lagerbeständig und gefahrlos bei der Handhabung und Verarbeitung und bietet weder Nachteile für die Gesundheit noch andere Schwierigkeiten.

Nach eingehenden Versuchen läßt sich das Hexanitrosulfobenzid sowohl allein als auch in Verbindung mit anderen Komponenten außerordentlich gut als Sprengstoff verwenden, so z. B. zur Füllung von Geschossen, Torpedos und Minen sowie zur Herstellung von Zündern und Sprengkapseln.

Britisches Pat. 18354 vom 12. August 1913. Belg. Pat. 258688. Carl Hartmann in Schlebusch, Deutschland. — Zur Füllung von Geschossen, Minen, Torpedos, Zündhütchen usw. dienende Explosivstoffe.

Das wesentliche Merkmal dieser Erfindung besteht darin, daß für den oben genannten Zweck Hexanitrodiphenylsulfid von der Formel

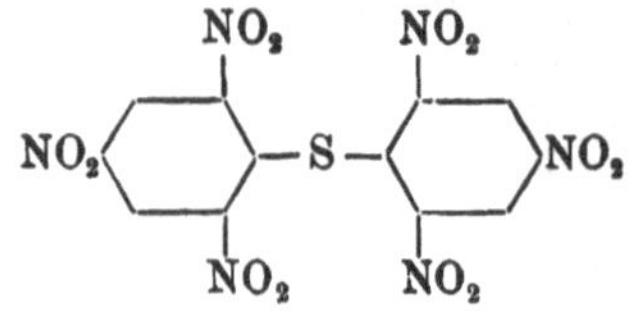

in kristallisierter oder komprimierter Form entweder für sich allein oder in Gemeinschaft mit anderen Explosivstoffen verwendet wird. Auch lassen sich in bekannten, Nitrokohlenwasserstoffe enthaltenden Sprengstoffen erstere mit Vorteil durch Hexanitrodiphenylsulfid ersetzen, z. B. im Donarit das Trinitrotoluol. Die Vorzüge, welche das Hexanitrodiphenylsulfid vor anderen als Explosivstoffe verwendeten Nitrokörpern aufweist, sind außer sehr großer Sprengkraft (die Ausbauchung im Trauzl-Zylinder bei der Explosion von 50 g beträgt 1630 ccm) große Stabilität, Ungiftigkeit und leichte Komprimierbarkeit. Es läßt sich beispielsweise ohne Gefahr unter einem Druck von 3000 kg pro Quadratzoll komprimieren, ohne hinsichtlich seiner Detonationsfähigkeit Einbuße zu erleiden.

V. Nitrierte aliphatische Verbindungen.

D.R.P. 26936 vom 4. August 1882. Eugène Turpin, Paris. — Verfahren zur Herstellung von Sprengstoffen mittels Untersalpetersäure.

Die Erfindung beruht auf der Eigenschaft der Untersalpetersäure, mit flüssigen oder halbflüssigen brennbaren Körpern der verschiedensten Art explosible Mischungen zu geben. Als solche flüssige oder halbflüssige brennbare Körper sind sowohl die flüssigen Kohlenwasserstoffe (Petroleum und Teer und deren Derivate, wie Petroleumäther, Toluol, Xylol, Benzol, Naphthol) als auch die Stickstoffverbindungen, z. B. Nitrobenzol, Nitroxylol, Anilinnitrat, Nitranilin, als endlich auch tierische und pflanzliche Fette und Öle, wie Schmalz, Butter, Leinöl usw. zu betrachten.

Das Verfahren besteht darin, daß man einen Raumteil Petroleumäther oder einen anderen der oben erwähnten Stoffe mit einem Raumteil Untersalpetersäure in einem vorteilhaft durch eine Kühlschlange oder sonstwie kühl gehaltenen Kessel mischt. Die fetten Körper müssen vor dem Mischen einer Vorbehandlung mit Untersalpetersäure unterworfen und hierdurch nitriert werden. Auf diese Weise entsteht ein nitrierter Körper, dem man alsdann nur $1^1/_2$ Teile seines Volumens Untersalpetersäure beizufügen braucht, um ihn explosiv zu machen. Die übrigen der genannten Körper verursachen keine Reaktion und werden, um sie explosiv zu machen, einfach mit Untersalpetersäure gemischt. Diese Gemische kann man alsdann durch einen indifferenten oder aber an sich schon explosiblen Körper, wie z. B. Kieselgur, Schießpulver absorbieren lassen. Entzündet, brennt das Gemisch mit ruhiger Flamme, explodiert aber heftig, wenn die Entzündung durch Stoß oder mittels Knallquecksilber eingeleitet wird. Will man die Gemische leichter explodierend machen, so versetzt man den mit der Untersalpetersäure zu mischenden brennbaren Körper mit 25 bis 100% Schwefelkohlenstoff; je mehr von letzterem genommen wird, desto leichter explodierend wird die Mischung.

Um besonders starke Wirkungen hervorzurufen, kann man auf 1 Teil Brennstoff bis zu 2 Teile Untersalpetersäure nehmen.

1. Beispiel. 1 Teil Petroleum von 0·72 Dichte wird mit $1^1/_2$ Teilen Untersalpetersäure gemischt, man erhält $2^1/_2$ Teile Explosivstoff.

2. Beispiel. Zur Herstellung eines billigeren Explosivstoffs mischt man 8 Raumteile Petroleum mit 2 Raumteilen Schwefelkohlenstoff und setzt dieser Mischung den gleichen Raumteil Untersalpetersäure zu.

3. Beispiel. Zur Erzeugung sehr hoher Sprengfähigkeit setzt man je 1 Raumteil Petroleum oder 1 Raumteil eines Gemisches von Petroleum und Schwefelkohlenstoff 2 Raumteile Untersalpetersäure zu.

Diese Angaben gelten für alle genannten Stoffe und lassen sich innerhalb der durch dieselben gegebenen Grenzen vielfach modifizieren.

Die Untersalpetersäure für sich läßt sich auf verschiedene Weise herstellen, entweder durch Zersetzen von Bleinitrat in der Wärme oder durch Einwirkung mehr oder weniger konzentrierter Salpetersäure auf Arsentrioxyd, Melasse, Stärkemehl oder andere reduzierende Körper. Es empfiehlt sich, die Untersalpetersäure als Anhydrid und frei von salpetriger Säure zu verwenden.

Franz. Pat. 384079 vom 16. November 1907. Engl. Pat. 26261 vom Jahre 1907.

Paul Winand, Deutschland. — Herstellung von Explosivstoffen.

Die Erfindung betrifft die Herstellung eines Explosivstoffs vom Typus Sprengel, der sich aus Tetranitromethan als sauerstoffabgebender und aus organischen Verbindungen als verbrennlicher Bestandteil zusammensetzt. Bis dahin hatte man für Sprengelsche Sprengstoffe dieser Art entweder konzentrierte Salpetersäure oder Stickstoffperoxyd als sauerstoffabgebenden Bestandteil angewandt, beides Flüssigkeiten, die infolge ihrer aggressiven Eigenschaften die Anwendung sehr erschwerten. Das Tetranitromethan als rein organische und sehr sauerstoffreiche Verbindung hat diese Nachteile nicht; sein Siedepunkt liegt viel höher (126°) als derjenige der Salpetersäure oder des Stickstoffperoxyds (86° und 24°), ferner verdampft es viel weniger, auch sind seine Dämpfe weniger schädlich als die der vorerwähnten Stickstoffsäuren. Tetranitromethan besitzt keine sauren Eigenschaften; es ist vollkommen neutral und stabil und reagiert beim Zusammenbringen mit verbrennlichen Substanzen nicht wie Salpetersäure und Stickstoffperoxyd. Ein weiterer Vorteil besteht darin, daß Tetranitromethan in Berührung mit Wasser unverändert bleibt und von seiner Wirkung nichts einbüßt.

Damit das Tetranitromethan in Verbindung mit brennbaren Substanzen nach vorliegender Erfindung den größten Nutzeffekt hervorbringe, muß die Mischung auf vollständige Verbrennung zusammengesetzt werden.

Beispiele: 1 Teil Tetranitromethan auf 70 Teile Benzol oder 5·5 Teile Alkohol oder 4·3 Teile Glyzerin oder 2·5 Teile Essigsäure.

D.R.P. 277594 vom 23. Aug. 1913.
Vereinigte Köln-Rottweiler Pulverfabriken in Berlin. — Verfahren zur Herstellung von Sprengstoffen.

Die Erfindung besteht in der Anwendung von Hexanitroäthan — $C_2(NO_2)_6$ — für sich allein oder im Gemisch mit anderen Stoffen als Sprengstoff. Das Hexanitroäthan ist eine feste, wenig flüchtige Substanz, von weißem kristallinischem Aussehen, neutraler Reaktion, nicht brennbar, beständig gegen Wärme und Feuchtigkeit. Hexanitromethan ist für sich allein oder durch heftigen Stoß oder Reibung nicht zur Explosion zu bringen, wohl aber durch Vermittlung einer Sprengkapsel. Zweckmäßigerweise mischt man es mit verbrennlichen Substanzen, die auch selbst explosiv sein können und gewinnt so, je nach den Mischungsverhältnissen und der Art der Bestandteile, besonders kräftige Treibmittel, Sprengmittel oder Zündmittel. Den bisher bekannten Nitrozellulose- oder Nitroglyzerinpulvern zugesetzt, gestattet es, deren ballistische Leistungsfähigkeit wesentlich zu steigern. Ein kräftiges Geschützpulver besteht z. B. aus 68 Teilen Nitrozellulose, 16 Teilen Hexanitroäthan, 9 Teilen Trinitrotoluol und 7 Teilen Diäthyldiphenylharnstoff. Die Bestandteile werden zunächst feucht innig gemischt, dann durch Wärme miteinander gelatiniert, getrocknet und schließlich mit Hilfe von geheizten Walzen oder Pressen in die gewünschte Form gebracht. Als starkes Sprengmittel, welches in seiner Wirkung die Sprenggelatine übertrifft, eignet sich eine Mischung von 36 Teilen Trinitrotoluol mit 64 Teilen Hexanitroäthan. Man schmelzt das Trinitrotoluol, löst das Hexanitroäthan in der Schmelze auf, läßt erkalten, körnt und patroniert die Masse. Die Mischung von 55 Teilen

Trinitrotoluol mit 45 Teilen Hexanitroäthan ist noch weniger stoßempfindlich als Trinitrotoluol, dennoch aber von weit größerer Energie; eignet sich also besonders gut zur Füllung von Granaten, Minen und Torpedos. Die vorgenannte Masse kann schon mit einer sehr geringen Menge Knallquecksilber detoniert werden und vermag dann andere Sprengstoffe vollständig zur Detonation zu bringen; sie eignet sich daher auch zur Füllung von Sprengkapseln. — Das Hexanitroäthan wird durch Nitrierung des von Scholl dargestellten Tetranitroäthankaliums (Ber. 31, 647) gewonnen. Als Nitrierungsmittel dient ein Gemisch von rauchender Salpetersäure vom spez. Gewicht 1·52 und Schwefelsäure vom spez. Gewicht 1·84. Die Nitrierung vollzieht sich glatt bei etwa 60° in üblicher Weise.

Sechster Abschnitt.

Eigenschaften und Verwendung der Nitrokörper.

I. Aromatische Nitrokohlenwasserstoffe.

1. Nitrobenzol.

Das Nitrobenzol ist kein Explosivstoff: weder durch Entzündung noch durch Schlag kann es unter gewöhnlichen Umständen zur Explosion gebracht werden. Wird es erhitzt, so zersetzt es sich unter Entwicklung von salpetrigen Dämpfen; Berthelot und Vieille haben aber nachgewiesen, daß es bei plötzlichem Erhitzen dennoch detonieren kann, wenn es in ein hocherhitztes Gefäß in solchen Mengen geworfen wird, daß durch dieselben die allgemeine Temperatur des Gefäßes nicht wesentlich verändert wird. Angezündet brennt es mit stark rußender Flamme. In Verbindung mit eigentlichen explosiven Körpern, wie Schießbaumwolle, Nitroglyzerin u. dergl., detoniert es unter der Einwirkung eines Knallquecksilberzündhütchens; jedoch übt es einen explosionsverzögernden, teilweise hindernden Einfluß auf diese Körper aus. Zu seiner inneren Verbrennung enthält Nitrobenzol viel zu wenig Sauerstoff im Molekül, bedarf also einer Sauerstoffzufuhr:

$$2\,C_6H_5NO_2 + 25\,O = 12\,CO_2 + 5\,H_2O + N_2 + 2\cdot732{,}3\text{ Cal.}$$

In der Sprengtechnik findet das Mononitrobenzol nur noch untergeordnet Anwendung, während es früher einen wichtigen Bestandteil mehrerer Sprengstoffklassen bildete. Bei den Sprengelschen Sprengstoffen spielte es eine große Rolle, indem es mit der zur vollständigen Verbrennung nötigen Salpetersäure gemischt, einen sehr kräftigen und billigen Sprengstoff ergab:

Nitrobenzol . . .	28·1	Teile
Salpetersäure . .	71·9	„

Als sauerstoffabgebende Komponente kommt nur rote rauchende Salpetersäure in Betracht; diese wird kurz vor der Verwendung mit dem Nitrobenzol gemischt, und in säurebeständigem Material (Glasflasche) eingeschlossen, mit starker Initialladung zur Explosion gebracht. Da das Arbeiten mit so außerordentlich aggressiven Sprengflüssigkeiten praktisch mit großen Nachteilen verbunden war, so ist man von diesen, wenn auch äußerst wirksamen Sprengmitteln, bald völlig abgekommen.

Nitrobenzol bildet auch einen Bestandteil einiger Ammonsalpetersprengstoffe, so z. B. im Bellit, von der Zusammensetzung:

Ammonnitrat . .	1	Teil,
Nitrobenzol . . .	1·9	Teile.

Heute jedoch ist es fast ganz durch das billigere, vorteilhafter verwendbare Nitronaphthalin ersetzt, nur bei einigen Sorten Cheddit — einem englischen Chloratsprengstoff — und in einigen neueren englischen Patenten (26359/1910 und 13442 und 13443 1911) ist Nitrobenzol als ein ziemlich wichtiger Bestandteil noch beibehalten worden (vgl. die ausführliche Darstellung „Chloratsprengstoffe“ in Band 5 dieser Sammlung), ebenso in mehreren amerikanischen Chloratsprengstoffen vom Rack-a-rock- und Sprengeltypus).

2. Dinitrobenzol.

Während das Mononitrobenzol weder durch Schlag noch durch Initialimpuls zur Explosion zu bringen ist, verhält sich die Dinitroverbindung in dieser Beziehung schon wie ein echter, wenn auch äußerst unempfindlicher Sprengstoff. Mit einem 2 kg-Fallhammer tritt erst bei 200 cm Höhe Explosion ein, während unter gleichen Verhältnissen die bemerkenswert stabile Pikrinsäure schon bei 25, und das stoßsichere Trinitrotoluol bei 108 cm Fallhöhe explodieren. Dinitrotoluol findet in der Sprengstofftechnik eine ausgedehnte Anwendung; neben dem größeren Sauerstoffgehalt hat diese Verbindung vor dem Nitrobenzol den Vorzug der festen (F.P. 86 bis 87°) bequem zu verarbeitenden Form.

Dinitrobenzol bildet den Hauptbestandteil vieler Ammonsalpeter- und Chloratsprengstoffe, wie z. B. Bellit, Roburit, Sekurit, Kinenit, Tonit Nr. 3 und anderen, wovon einige Zusammensetzungen aus folgender Tabelle ersichtlich sind.

	Bellit		Sekurit		Tonit	Roburit	
	Nr. 1	Nr. 3	Nr. 1	Nr. 2	Nr. 3	deutsch	englisch
Ammonnitrat . . .	82—85	92—95	75	77·7	—	87·5	86—89
Kaliumchlorat . . .	—	—	—	—	—	—	—
Ammonoxalat . . .	—	—	—	2·9	—	—	—
Ammonsulfat . . .	—	—	—	—	—	5·0	—
Bariumnitrat . . .	—	—	—	—	68	—	—
Dinitrobenzol (meta)	15—18	5—8	25	19·4	13	7·0	9—13
Dinitrochlorbenzol .	—	—	—	—	—	—	—
Kaliumpermanganat	—	—	—	—	—	0·5	—
Chlornaphthalin . .	—	—	—	—	—	—	0—2
Schießbaumwolle. .	—	—	—	—	19	—	—

Schon früher fand das Dinitrobenzol Anwendung in den Hellhoffiten (Engl. Pat. 1315 vom Jahre 1879 und 1285 bis 1287 und 2775 vom Jahre 1880). Zur Füllung von Hohlgeschossen hatte man damals ein Gemisch von 1 Teil Dinitrobenzol und $1^1/_2$ Teilen rauchender Salpetersäure vorgeschlagen: die beiden Bestandteile wurden getrennt in das Geschoß eingebracht, und zwar derart, daß sich die Mischung derselben entweder während der Flugzeit oder erst beim Aufschlagen des Geschosses vollzog. Der Hellhoffit stellt eine rote dicke Flüssigkeit von 1·40 spez. Gewicht dar, die gegen Stoß sehr wenig empfindlich ist und zur Detonation starke Sprengkapseln erfordert. Um die Handhabung dieses flüssigen Sprengstoffs zu erleichtern, hat man die Flüssigkeit durch Kieselguhr absorbiert und den so erhaltenen Guhr-Hellhoffit in Bleikapseln gebracht. Diese Art Sprengstoff ist aber wegen der unbequemen Handhabung gänzlich aufgegeben worden. — (Über die spezielle Anwendung des Dinitrobenzols zu Ammonsalpeter-, Chlorat- und Perchloratsprengstoffen vergleiche man auch hier die Darstellungen in Band 4 und 5 dieser Sammlung).

3. Trinitrobenzol.

Trinitrobenzol ist von allen hochnitrierten aromatischen Kohlenwasserstoffen derjenige, der sich vermöge seiner chemischen Zusammensetzung, sowie seiner physikalischen und chemischen Eigenschaften am besten als brisanter Sprengstoff eignet. Zwar reicht auch hier der Sauerstoff im Molekül nicht aus, um die Verbindung bei der Detonation vollständig zu oxydieren und zu vergasen:

$$2C_6H_3(NO_2)_3 = 3C + 9CO + 3H_2O + 3N_2$$

aber das Verhältnis ist schon bedeutend günstiger als beim Trinitrotoluol. Ähnlich seinem nächsten Homologen kann das kristallisierte Trinitrobenzol — es bildet farblose Kristalle vom F. P. 121° — durch Schmelzen und Pressen verdichtet werden. Über die Zunahme der Dichte bei Drucken bis zu 4000 Atmosphären gibt das bei Trinitrotoluol angeführte Diagramm (S. 295) Auskunft. Auch hierin stellt sich Trinitrobenzol günstiger als Trinitrotoluol, da sein spezifisches Gewicht im Maximum 1·67, dasjenige des Trinitrotoluols nur 1·62 erreichen kann. Aber schon diese kleine Differenz vermag die Wirkung eines Sprengstoffs in Geschoßfüllungen wesentlich zu steigern. In bezug auf die Detonationsgeschwindigkeit übertrifft es das Trinitrotoluol ebenfalls (s. Tabelle I, S. 414); dieselbe wurde von Dautriche[1] zu 7347 m bei einer Dichte von 1·64 bis 1·66 gefunden, während das Trinitrotoluol im Maximum nur eine solche von 7140 m aufwies. Bei Versuchen im Bleiblock wurden 10 g Sprengstoff mit Sprengkapseln von 1·5 g detoniert; es ergab sich folgendes Vergleichsresultat:

Trinitrobenzol . . .	24·1 ccm Ausbauchung
Trinitrotoluol . . .	21·6 „ „
Pikrinsäure	22·8 „ „

Ferner wurden in 1 m tiefen Bohrlöchern je 150 der obigen Sprengstoffe detoniert und das Volumen der Erdauswürfe bestimmt. Es ergaben:

Trinitrobenzol . . .	0·40 Liter pro g Sprengstoff
Trinitrotoluol . . .	0·44 „ „ „ „
Pikrinsäure	0·40 „ „ „ „

Da das Trinitrobenzol nach den Fallhammerversuchen sich als bedeutend weniger schlagempfindlich als Pikrinsäure, wenn auch nicht so unempfindlich wie Trinitrotoluol erweist, so stünde seiner Anwendung als Militärexplosivstoff nichts im Wege, als seine sehr schwierige Herstellung. Trotzdem Trinitrobenzol schon in einem Patente der Chemischen Fabrik Griesheim vom Jahre 1893 als Sprengstoff vorgeschlagen wurde, hat es deswegen bis heute noch keine Anwendung gefunden.

4. Nitrotoluol.

Das Mononitrotoluol $C_7H_7NO_2$, wie es technisch durch Nitrieren des Toluols erhalten wird, ist ein flüssiges Gemisch von flüssigem ortho- und festem, bei 54° schmelzendem para-Nitrotoluol, das dem Nitrobenzol sehr ähnlich ist und gleich diesem ähnliche Eigenschaften aufweist. Nitrotoluol findet auch in ähnlicher Weise Anwendung als Bestandteil von Sicherheitssprengstoffen, von Chloratsprengstoffen u. a. (vgl. Bd. 4 u. 5 dieser Sammlung: Ammonsalpeter- und Chloratsprengstoffe).

[1] Mem. poud. salp. XVI, 27—39.

Unter den neuesten Zusammensetzungen, die als verbrennlicher Bestandteil größtenteils Nitrotoluole enthalten, sei ein Chlorat- und Perchloratsprengstoff von O. Silberrad (Engl. Pat. 13442 und 13443 vom 6. Juni 1911) angeführt. Der Chloratsprengstoff, der sich durch hohe Stabilität und Plastizität auszeichnen soll, besteht aus 65 bis 70 Teilen Kaliumchlorat, 12 bis 13 Teilen Nitrotoluol, 6 bis 7 Teilen Dinitrotoluol, 6 bis 7 Teilen Nitronaphthalin, 5 bis 6 Teilen Holzmehl und 0·5 bis 2·5 Teilen löslicher Nitrozellulose. Der Perchloratsprengstoff setzt sich zusammen aus: 63 bis 70 Teilen Ammoniumperchlorat, 12 bis 14 Teilen Nitrotoluol, 6 bis 7 Teilen Dinitrotoluol, 6 bis 7 Teilen Nitronaphthalin, 6 Teilen Holzmehl und 0·5 bis 2·5 Teilen löslicher Nitrozellulose.

Obgleich man in der Sprengstofftechnik den festen, trockenen Explosivkörpern fast stets den Vorzug vor den flüssigen gibt, so hat sich doch die Anwendung von öligen Nitrokörpern wie z. B. Nitrobenzol, Nitrotoluol, flüssigem Dinitrotoluol usw. sehr vorteilhaft bei Sicherheitssprengstoffen erwiesen. Dadurch wurde die Herstellung von sogen. plastischen Sicherheitssprengstoffen ermöglicht, welche, wie bereits der Name besagt, infolge ihrer Plastizität leicht jeden Hohlraum, jedes Bohrloch ausfüllen können, wenn man sie mit leichtem Druck hineinpreßt. Diese Eigenschaft bietet im Minenbetrieb große Vorteile, indem dadurch die Sprengwirkung erhöht wird. — Aber auch in anderer Hinsicht bieten die öligen Nitrokohlenwasserstoffe als Sprengstoffbestandteil noch Vorzüge, da sie ähnlich dem Paraffin und den Fetten imstande sind, die pulverisierten Nitrat- oder Chloratkörner schmierfettartig zu überziehen und diese dadurch gegen Feuchtigkeit und Wasser zu schützen und auch die Schlag- und Stoßempfindlichkeit solcher Zusammensetzungen zu vermindern. Vor Substanzen wie Paraffin, Fetten haben die Nitrokohlenwasserstoffe aber den Vorteil, daß sie als Nitrokörper nicht als indifferente, sondern als aktiv wirkende Bestandteile bei der Explosion in Betracht kommen.

5. Dinitrotoluol.

Das technische Dinitrotoluol ist ein Gemisch dreier Isomeren; es bildet gelbliche Kristallkuchen, die zwischen 66 bis 68° schmelzen. Es siedet gegen 300° unter teilweiser Zersetzung und verbrennt dann unter Zurücklassung einer porösen Masse aus Kohle; wird es jedoch in geschlossenem Gefäß gegen 300° erhitzt, so tritt Explosion unter schwacher Detonation ein. Es explodiert auch durch Schlag, ist aber nach den Fallhammerversuchen noch unempfindlicher als Dinitrobenzol.

Dinitrotoluol kommt vermöge seines geringen Sauerstoffgehalts nur als Explosivstoffkomponente in Frage; ganz ähnlich dem Dinitrobenzol bildet es einen mehr oder weniger wichtigen Bestandteil von Ammonsalpeter- und Chloratsprengstoffen. So z. B. ist Dinitrotoluol enthalten in den Gesiliten I, II und III der Sprengstoffwerke Dr. R. Nahnsen & Co., in den Kohlenwestfaliten, dem Neuwestfalit, den wettersicheren Gelatinedynamiten, dem Hydrinwestfalit der Westfälisch-Anhaltischen Sprengstoff-A.-G. und anderen. — Ein neuer Chedditttyp mit Dinitrotoluol hat folgende Zusammensetzung: Natriumchlorat 79 Teile, Dinitrotoluol 16 Teile und Rizinusöl 5 Teile.

6. Trinitrotoluol.

A. Eigenschaften.

Die Reinheit des Trinitrotoluols hängt einerseits von der Sorgfältigkeit der Nitrierung, hauptsächlich aber von der Reinheit des Ausgangsproduktes ab; je reiner das Toluol und die Nitrozwischenprodukte sind, desto reiner wird das Endprodukt der Nitrierung, das Trinitrotoluol. In der Technik unterscheidet man 3 Sorten Trinitrotoluol:

1. Trinitrotoluol, vom F. P. 72 bis 74°,
2. „ „ „ 77 „ 79°,
3. „ „ „ 81 „ 82°,

das aber durch Nitrierung nicht direkt darstellbar ist wie die beiden niedriger schmelzenden Sorten, sondern erst durch Umkristallisieren des 77/79 grädigen aus Alkohol erhalten wird.

Erstarrungspunkte von Bi- und Trinitrotoluol-Mischungen (nach F. Langenscheidt).

Binitrotoluol %	Trinitrotoluol %	E. P. °C	Binitrotoluol %	Trinitrotoluol %	E. P. °C
100	0	69·5	12	88	73·0
90	10	65·5	11	89	73·5
80	20	60·3	10	90	73·2
70	30	52·8	9	91	74·8
60	40	48·0	8	92	75·0
50	50	46·0	7	93	75·6
40	60	51·5	6	94	76·3
30	70	59·0	5	95	77·0
20	80	67·0	4	96	77·7
15	85	70·0	3	97	78·3
14	86	71·8	2	98	79·0
13	87	72·0	1	99	79·5
				100	80·3—4

Das technisch reine Trinitrotoluol ist α- oder 1,2,4,6-Trinitrotoluol von der Formel

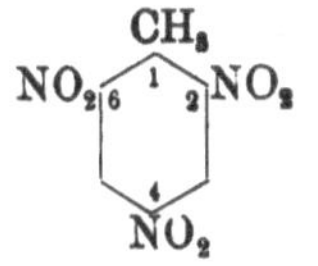

Symmetrisches oder α-Trinitrotoluol.

Sein Schmelzpunkt bzw. Erstarrungspunkt liegt bei 80·6°, E. Molinari und M. Giua ermittelten ihn erst kürzlich zu 80·65° bei 755 mm Druck. Das symmetrische Trinitrotoluol bildet in reinem Zustande rhomboedrische Kristalle in Form glänzender Nadeln von mattstrohgelber Farbe, die auf den Schmelzpunkt erhitzt, eine durchsichtig gelbe Flüssigkeit bilden. Erhitzt man das geschmolzene Trinitrotoluol weiter, so sublimiert es zuerst etwas und entwickelt darauf Dämpfe; plötzlich auf 242° gebracht, kann es zuweilen explodieren, verbrennt aber gewöhnlich unter starker Rauchentwicklung. Wird es direkt mit einer Flamme erhitzt, so entzündet es sich und brennt langsam ohne Detonation unter Rußbildung ab.

1. Physikalische Eigenschaften. Trinitrotoluol ist in Wasser sehr schwer löslich, nämlich bloß zu 0·021% bei 15° und 0·164% bei 100°. Seine Hygroskopizität beträgt nur 0·05%. Auch in Alkohol ist die Löslichkeit gering; 100 Teile dieses Lösungsmittels lösen nicht mehr als 1·6 Teile Trinitrotoluol bei 22° und 10 Teile bei 58°. In Äther, Aceton, Benzol, Toluol und Ligroin dagegen löst es sich sehr leicht; eine Ausnahme macht der Schwefelkohlenstoff, der in der Kälte nur 0·39%, in der Wärme jedoch erheblich mehr löst. Es ist ferner in konzentrierter Schwefelsäure löslich und kann daraus durch Wasserzusatz abgeschieden werden.

Die Dichte feinkristallisierten Trinitrotoluols schwankt zwischen 0·8 bis 1; ihre Kenntnis ist nur insofern von Bedeutung, als sich damit die in Kisten einmagazinierten Mengen an kristallisiertem Trinitrotoluol schätzungsweise bestimmen lassen. Von viel größerer Wichtigkeit ist dagegen die Dichte, wenn es sich um Geschoßfüllungen mit Trinitrotoluol handelt. In vielen Büchern und Zeitschriften findet man neben den verschiedensten Angaben über die Dichte des Trinitrotoluols sehr hohe Zahlen, die in Wirklichkeit auch bei den stärksten Drucken nicht erreicht werden. Solche falsche Angaben können nicht anders erklärt werden, als aus dem Interesse gewisser Fabrikanten, die Dichte möglichst hinaufzudrücken, aus jener Zeit, wo das Trinitrotoluol hauptsächlich seines geringen spez. Gewichts wegen noch hart im Konkurrenzkampfe mit der Pikrinsäure lag. Verschiedenerorts will man sogar Dichten von 1·68 bis 1·70 erreicht haben, was aber sicher auf Irrtum zurückzuführen ist. Die größte Dichte, die vor 1905 mit kristallinem Trinitrotoluol in Geschoßfüllungen erreicht wurde, betrug 1·58, diejenige mit geschmolzenem Trinitrotoluol 1·54, während diejenige von geschmolzener Pikrinsäure bis auf 1·64 stieg. Seit dieser Zeit gelangte man indessen durch Anwendung verschiedener Verfahren dazu, das spezifische Gewicht des Trinitrotoluols in Hohlgeschossen

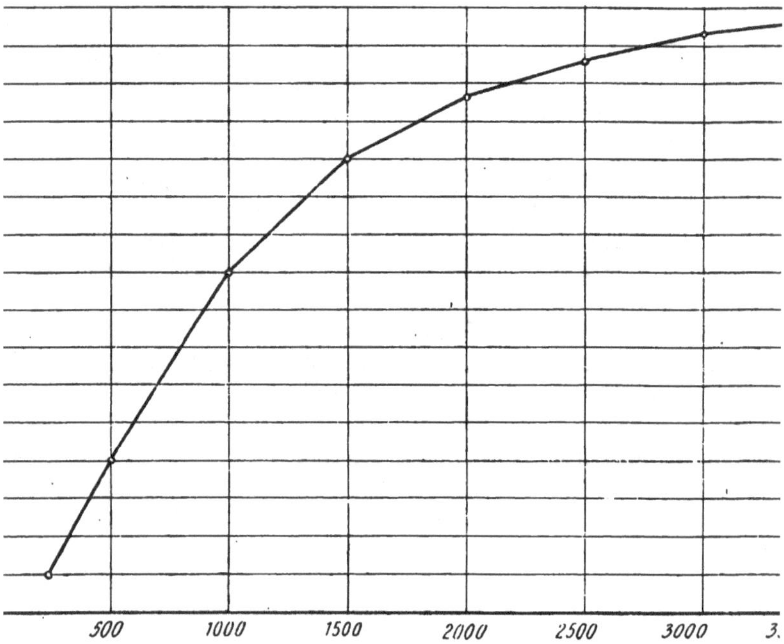

Fig. 19. Diagramm, welches die Zunahme der Dichte von kristallisiertem Trinitrotoluol mit wachsendem Drucke illustriert.

beträchtlich zu erhöhen. Wiederholte und peinlich genaue Versuche, unternommen von der „Società italiana dei prodotti esplodenti" im Etablissement von Cengio, haben vorstehende Resultate[1] ergeben (Fig. 19).

Im folgenden Diagramm (Fig. 20) ist das Abhängigkeitsverhältnis der Dichte des Trinitrotoluols mit steigendem Drucke von 275 bis zu 4125 kg pro ccm ersichtlich; vergleichsweise sind auch noch die Kurven für Trinitrobenzol und Pikrinsäure eingezeichnet,

[1] Zeitschr. f. Schieß- u. Sprengst. 1913, 407.

wie sie nach den Untersuchungen von H. Dautriche[1] erhalten worden sind. Nach diesen übereinstimmenden Versuchen ist also mit Sicherheit festgestellt, daß die mittlere Dichte von kristallisiertem oder granuliertem Trinitrotoluol, wie sie sich praktisch in

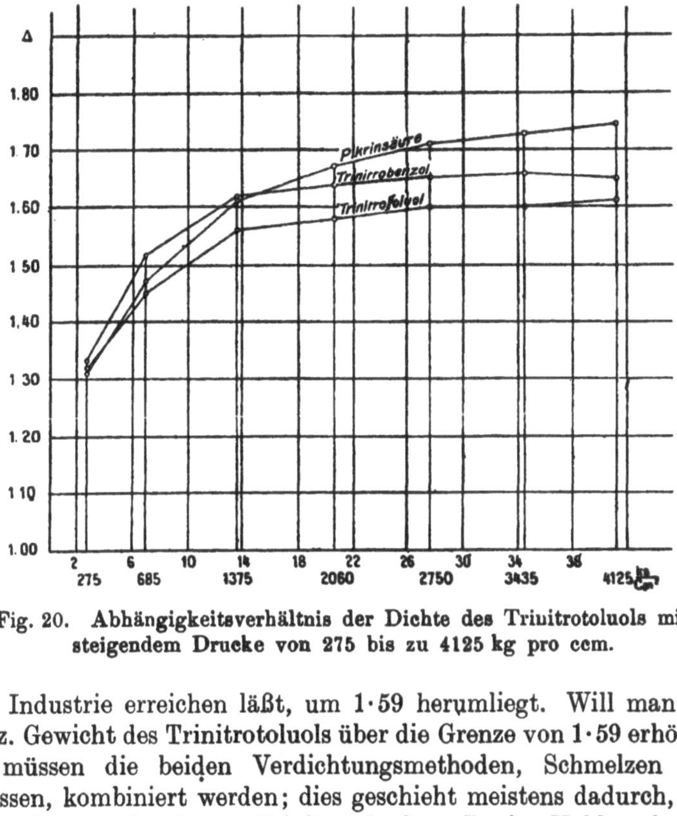

Fig. 20. **Abhängigkeitsverhältnis der Dichte des Trinitrotoluols mit steigendem Drucke von 275 bis zu 4125 kg pro ccm.**

der Industrie erreichen läßt, um 1·59 herumliegt. Will man das spez. Gewicht des Trinitrotoluols über die Grenze von 1·59 erhöhen, so müssen die beiden Verdichtungsmethoden, Schmelzen und Pressen, kombiniert werden; dies geschieht meistens dadurch, daß man das geschmolzene Trinitrotoluol, z. B. in Hohlgeschossen unter 3 bis 4 Atmosphären Druck erstarren läßt. Es werden so Dichten bis zu 1·63 erhalten. (Vgl. Diagramm S. 315).

2. Zersetzung durch Licht und Wärme. Im Gegensatz zur Pikrinsäure verbindet sich das Trinitrotoluol weder in der Kälte noch in der Hitze mit Metallen, da es keine reaktionsfähige saure Gruppe enthält. An trockner oder feuchter Luft bleibt es völlig unverändert; hellem Tageslicht längere Zeit ausgesetzt, bräunt es sich langsam an der Oberfläche. Es wurde ferner gezeigt, daß der Erstarrungspunkt des Trinitrotoluols sinkt, wenn dasselbe

[1] Zeitschr. f. Schieß- u. Sprengst. 1912, 401.

der Bestrahlung ausgesetzt ist, ja Molinari und Giua fanden, daß die unter dem Einfluß des Tageslichts vor sich gehende Veränderung in drei Monaten den Schmelzpunkt bis auf 74° herabdrücken kann. Dieser optischen Wirkung folgt stets eine geringe

kristallisiert

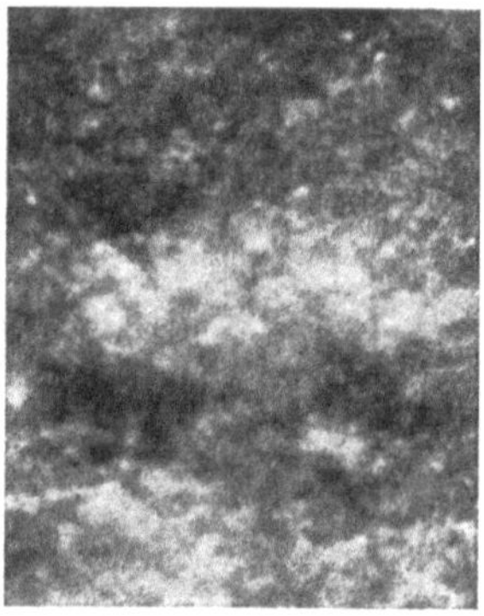

gepreßt

geschmolzen

Fig. 21. Mikrophotographische Abbildungen von Trinitrotoluol.

Zersetzung des Trinitrotoluols, welche durch den unlöslichen Rückstand beim Lösen des Produkts in Aceton nachgewiesen wird. Ähnliche Wirkungen auf den Schmelzpunkt des Trinitrotoluols bringt anhaltende Wärme hervor.

Über die Zersetzung des Trinitrotoluols unter Einfluß von Wärme sind von Verola[1] eingehende Untersuchungen angestellt worden. Danach beginnt die Zersetzung von Trinitrotoluol schon bei Temperaturen, welche erheblich unter seiner Ent-

[1] Mémorial poudr. et salp. Zeitschr. f. Schieß- u. Sprengst. 1912, 213.

flammungstemperatur an freier Luft liegen. Die Zersetzung beschleunigt sich während der ersten Stunden der Erhitzung. Sie wird schon bei 150° erkennbar und vermehrt sich rasch bei zunehmender Temperatur; von 200° an geht sie in eine plötzliche Zersetzung über, wenn man dem Trinitrotoluol nicht eine indifferente Masse zusetzt. Man hat ferner die Temperatur bestimmt, bei welcher die Zersetzung stürmisch und mit einer plötzlichen Reaktion endigt, indem man eine kleine Menge des Sprengstoffs im Reagensglas bei steigender Temperatur im Ölbad erhitzte. Bei zwei aufeinander folgenden Versuchen hat man so die Temperatur 281° bis 286° gefunden. In der Tat kann die zunehmende Geschwindigkeit dieser Zersetzungsreaktion die Menge der entwickelten Wärme soweit steigern, daß sich die Temperatur des Sprengstoffs allmählich hebt, trotzdem die Wärmequelle konstante Temperatur hat und also gleichsam abkühlend wirkt. Diese Wahrnehmung wurde von 200° an gemacht. In zwei kleinen, zu einer Spitze ausgezogenen Glaskugeln wurde trockenes Trinitrotoluol für sich und mit getrocknetem Quarzsand in einem Ölbad auf 200° erhitzt, wobei die offene, ausgezogene Spitze aus dem Öl heraus in die freie Luft ragte. Nach fünfstündiger Erhitzung entstieg das unvermischte Trinitrotoluol der ersten Glaskugel in Form einer schwärzlichen Masse, während in der zweiten Kugel, wo der Sand die durch die Zersetzung überschüssig gebildete Wärme absorbierte, selbst nach 9 Stunden kein stürmischer Zersetzungsverlauf stattfand.

Sehr interessant ist der Einfluß der Erhitzung des Trinitrotoluols auf seinen Schmelzpunkt. Die Trinitrotoluolproben von den oben erwähnten Zersetzungsversuchen wurden mit Toluol aus den Röhren herausgelöst, und dann nach Verdunsten des Lösemittels auf Quecksilber zum Schmelzen gebracht.

Muster des zweiten Versuchs bei 180°:	Schmelzpunkt	78°
„ „ „ „ . . . . 201°:	„	77°
„ „ „ „ . . . . 217·5°:	„	59°.

Man beobachtet also eine um so größere Erniedrigung des Schmelzpunkts, je tiefergehend der Sprengstoff zersetzt wurde. Diese Eigentümlichkeit wurde ausgenützt für das Studium des Einflusses der Erhitzungen bei 130° und 145 bis 150° auf trocknes Trinitrotoluol mit einem anfänglichen F.P. von 80·7°. Nach hundertstündiger Erhitzung auf 130° im Ölbad beobachtet man keinerlei Schmelzpunktsänderung; jedoch bei Erhitzung des gleichen Musters auf 145 bis 150° wurden folgende Resultate erhalten:

nach	0stündiger	Erhitzung:	F.P.	80·75°
„	18	„	„	80·66°
„	42	„	„	80·55°
„	80	„	„	80·25°
„	108	„	„	79·75°
„	127	„	„	80·20°
„	158	„	„	80·13°
„	177	„	„	79·90°.

Man beobachtet also eine ungleichmäßige, aber unzweifelhafte Schmelzpunktserniedrigung, welche eine gewisse Zersetzung des Trinitrotoluols bei Temperaturen von 150° ab dartut. Dagegen erscheint der Sprengstoff bei 130° noch sehr stabil zu sein. Man erkennt ferner, daß, wenn man den Schmelzpunkt des Trinitrotoluols durch Trocknen erhöhen will, man nicht über 130° hinausgehen darf; denn durch eine Erhitzung bei höherer Temperatur würde man den Schmelzpunkt erniedrigen, statt ihn zu erhöhen.

Aus den vorstehenden Untersuchungen geht also hervor, daß das Trinitrotoluol Temperaturerhöhungen, wie sie bei der Verarbeitung zu Geschoßfüllungen usw. vorkommen, ohne Schaden für seine Stabilität aushält. Ein zersetzender Einfluß macht sich erst bei höheren Temperaturen (über 145°) geltend, und selbst dann noch ist dieser geringer als bei Salpetersäureester-Sprengstoffen. Die Versuche haben also ein für Trinitrotoluol günstiges Resultat ergeben, und die vom Verfasser gezogene Schlußfolgerung, Trinitrotoluol sei einer der stabilsten Sprengstoffe, durchaus gerechtfertigt.

3. Explosionsprodukte. Die Zersetzung des Trinitrotoluols bei der Explosion kann durch folgende Gleichungen ausgedrückt werden:

$$2C_6H_2\cdot CH_3\cdot (NO_3)_2 = 12CO + 5H_2 + 3N_2 + 2C\,,$$

oder:

$$= 12CO + 2CH_4 + H_2 + 3N_2.$$

Dem Molekül dieses Sprengstoffes mangeln also 21 Atome Sauerstoff zur vollständigen Verbrennung:

$$2C_7H_6(NO_2)_3 + 21O = 14CO_2 + 5H_2O + 3N_2\,.$$

Nimmt man die zweite Zersetzungsgleichung als den der Wirklichkeit am meisten entsprechenden Ausdruck an, so entstünden aus zwei Molekülen festen Trinitritoluols 18 Moleküle verschiedener Gase oder aus einem Liter (= 1·6 kg) des festen Sprengstoffs 1200 l Gas, berechnet auf gewöhnliche Temperatur. C. E. Bichel analysierte die Explosionsgase von vollständig detoniertem Trini trotoluol und erhielt

70·5% Kohlenoxyd,
3·7% Kohlensäure,
1·7% Wasserstoff,
19·9% Stickstoff,
4·2% Kohle.

Anders fällt aber die Zusammensetzung dieser Explosionsgase aus, wenn das Trinitrotoluol bei hohen Ladedichten detoniert wird, wie das in der Praxis immer der Fall ist. Da tritt stets Methan auf und das obige Verhältnis verschiebt sich zugunsten der Kohlensäure und zuungunsten des Kohlenoxyds und des Wasserstoffs.[1] Poppenberg und Stephan[2] fanden folgendes Gasverhältnis, als sie Trinitrotoluol bei einer Ladedichte von 0·02 detonierten;

	I.	II.
CO_2 . . .	1·93%	1·66%
CO	59·01%	60·60%
CH_4 . . .	1·97%	1·90%
H_2	25·50%	25·80%
N_2	16·05%	16·08%,

aber folgende Zahlen, als sie den Sprengstoff in einem Bleiblock unter Arbeitsleistung verschossen:

CO_2	20·60
CO	46·02
CH_4	1·40
H_2	7·61
Kohlenwasserstoffe . .	1·08.

Nach den Ansichten der oben erwähnten Autoren würden sich die stark abweichenden Zusammensetzungen der Explosionsgase dadurch erklären lassen, daß man annimmt, die Explosionsprodukte reagierten noch miteinander während des Abkühlungsprozesses,— so daß die Gase im Moment der Detonation eine ganz andere Zusammensetzung hätten, als durch die Analyse derselben nach der Abkühlung ermittelt wird. Die während des Abkühlungsprozesses verlaufenden Reaktionen werden als sekundäre[3] bezeichnet, da sie die Explosionstemperatur und den Explosionsdruck nicht beeinflussen. Als solche sekundäre Reaktionen werden die Entstehung des Methans und die Bildung der Kohlensäure an-

[1] Die Versuche über Zersetzung der Sprengstoffe unter Arbeitsleistung sind auf eine Anregung von H. Kast zurückzuführen.

[2] Zeitschr. f. Schieß- u. Sprengst. 1910, 294 u. 295.

[3] Nach H. Kast besteht ein Widerspruch zwischen den Angaben von P. und St., daß sich CO_2 sekundär bildet, und dem Befund bei der Sprengung unter Arbeitsleistung, wo sich tatsächlich primär mehr CO_2 bildet.

gesehen; letztere muß dabei während der Abkühlungsperiode bei der Änderung des Wassergasgleichgewichts entstehen. (Über die Bildung des Methans aus experimentellen und theoretischen Erwägungen vgl. Pikrinsäure S. 345).

Im Zusammenhange mit der Beschaffenheit der Explosionsgase steht auch die Frage, inwiefern bei den explosiven Vorgängen Dissoziationserscheinungen beteiligt sein können. Als dissoziationsfähige Endprodukte kämen hauptsächlich Kohlensäure und Wasser in Betracht. Nach dem gegenwärtigen Stand der Forschungen läßt sich diese Frage dahin beantworten, daß solche Dissoziationen keine erhebliche Rolle spielen können, weil der gleichzeitig herrschende hohe Explosionsdruck dem Zerfall in eine größere Anzahl von Molekülen entgegenwirkt. Im übrigen liegt für die praktischen Explosionsfälle, wie sie im Bohrloch und in der Schußwaffe meist unter sehr hohen Drucken vorkommen, kein Bedürfnis vor, auf die sonst freilich nicht zu vernachlässigende Dissoziation Rücksicht zu nehmen.

Neben den untergeordneten Dissoziationsvorgängen wäre noch zu untersuchen, ob bei den Explosionsgasen vielleicht nicht entgegengesetzte Reaktionen stattfinden könnten. Die Thermodynamik lehrt nämlich, daß endotherme Verbindungen, d. h. solche, die sich unter Wärmeaufnahme bilden, bei hohen Temperaturen immer beständiger werden. Da sich nun bei den hohen Explosionstemperaturen das Gleichgewicht rasch einstellt, so ist anzunehmen, daß die bei der betreffenden Temperatur möglichen Verbindungen sich auch in einer dem Gleichgewicht nahe entsprechenden Menge bilden werden.[1] So entstehen bei der Knallgasexplosion bei Gegenwart von Luft jedesmal Stickoxyd, und bei einem Überschuß an Sauerstoff Wasserstoffsuperoxyd, — beides sehr leicht zersetz- und dissozierbare Körper, und es ist darum nicht unwahrscheinlich, daß bei den hohen Explosionstemperaturen der Sprengstoffe noch andere, vorläufig unbekannte Verbindungen entstehen.

Durch Knallquecksilber-Initiierung kommt das stabile Trinitrotoluol leicht und heftig zur Explosion; in gepreßtem Zustande jedoch sind ziemlich kräftige Sprengkapseln erforderlich, und um in Formen gegossenes Material zu detonieren, müssen Zündladungen von nicht zu stark gepreßtem Trinitrotoluol vorgelegt werden. Die Detonationsgeschwindigkeit des Sprengstoffs wächst mit dessen Dichte[2]; sie hängt aber auch von der Art der Initialladung

[1] Auf die Bedeutung der Bildung endothermer Verbindungen hat H. Kast zuerst hingewiesen (vgl. Zeitschr. f. Schieß- u. Sprengst. 1910, 249).

[2] Vgl. Tabelle S. 400.

ab. Dautriche erhielt 1912 mit gepreßtem Trinitrotoluol von 1·6 Dichte bei Initiierung mit einer Knallquecksilbersprengkapsel und einer Dynamitpatrone als Überträger eine Detonationsgeschwindigkeit von 7140 m, C. E. Bichel sogar von 7618 m pro Sekunde.

4. Sprengtechnische Eigenschaften. Die sprengtechnischen Eigenschaften des Trinitrotoluols im Vergleich zu Schießbaumwolle und Pikrinsäure gehen aus folgender Tabelle[1] hervor:

Sprengstoff	Dichte	Fallhöhe, bis zu welcher einschließlich 0,1 g des Explosivstoffs durch ein 2 kg-Fallgewicht nicht detonierten	Detonationsgeschwindigkeit in Meter pro Sek.	Pro kg Sprengstoff entwickelte Gasmenge im Liter	Bleiblock-Ausbauchung netto in cm^3
Schießbaumwolle trocken . . .	1·22 gepreßt	5 cm	6383	887	1810
Schießbaumwolle feucht	1·35 gepreßt	40 „	5230	901·7	1400
Pikrinsäure	0·85 Krist. 1·62 geschmolz. 1·48 gepreßt	20 „	8183	768	1520
Trinitrotoluol . . .	0·90 kristall. 1·55 geschmolz. 1·62 unt. Druck geschmolz.	80 „	7620	850	1485
	1·60 bis 1·65 gepreßt	—	—	—	—

Obwohl, wie aus obiger Zusammenstellung hervorgeht, Trinitrotoluol der Pikrinsäure hinsichtlich der Sprengwirkung wie der Brisanz etwas unterlegen ist, so genügt es doch für alle praktischen Zwecke vollkommen. Der Unterschied ist indessen so gering, daß er gegenüber den vielen anderen Eigenschaften, die Trinitrotoluol zum Militärsprengstoff prädestinieren, ganz zurücktritt. Darunter gehört in erster Linie die Unempfindlichkeit des Trinitrotoluols. Die Empfindlichkeit der verschiedenen Sprengstoffe unter dem Fallhammer mit einem Fallbär von 2 kg Gewicht geprüft, geht aus folgender Tabelle hervor:

	Explosion bei cm Höhe
Knallquecksilber	1
Hexanitrophenylendiamin . .	22

[1] Zeitschr. f. Schieß- u. Sprengst. 1913, 272.

	Explosion bei cm Höhe
Pikrinsäure	25
Trinitrobenzol	40
Trinitrotoluol	**108**
Dinitrophenol	120
Dinitrobenzol	200
Dinitrotoluol	250

Das Verhalten des Trinitrotoluols unter dem Fallhammer berechtigt zu dem Schluß, daß es in Granaten beim Schuß rohrsicherer ist, d. h. daß während des Schusses durch den Stoß des Geschoßbodens auf die Sprengstoffladung das Geschoß im Rohr nicht krepieren kann, daß also seine Anwendung bei allen Anforderungen, die man an einen brisanten Sprengstoff stellen muß, auch in dieser Hinsicht fast völlige Sicherheit bietet.

Was noch die Eigenschaften der beiden anderen Isomeren[1], des β- oder 1,2,3,4-Trinitrotoluols und des γ- oder 1,2,4,5-Trinitrotoluols betrifft, so sind sie in physikalischer Beziehung der α-Verbindung sehr ähnlich, und zeigen bezüglich der die Sprengtechnik interessierenden Eigenschaften, abgesehen von den Schmelzpunkten, keine wesentlichen Unterschiede. Sie haben alle annähernd dasselbe spezifische Gewicht von ca. 1·62, annähernd die gleiche Verpuffungstemperatur von etwa 290 bis 310°, annähernd die gleiche Verbrennungswärme von etwa 3660 Cal.; sie geben im Bleiblock, nach Trauzls Methode geprüft, die gleichen Ausbauchungen und zeigen unter dem Fallhammer etwa die gleiche Empfindlichkeit. Immerhin ließ sich feststellen, daß das β-Produkt etwas empfindlicher, das α-Produkt etwas weniger empfindlich ist als das γ-Produkt. Doch sind die Unterschiede praktisch von keiner Bedeutung.

5. Giftwirkung der Explosionsprodukte. Infolge des zur vollständigen Verbrennung ungenügenden Sauerstoffgehalts der meisten nitroaromatischen Sprengstoffe verbrennt der Kohlenstoff bei der Explosion nur zum kleinsten Teile zu Kohlensäure; der größte Teil verwandelt sich in Kohlenmonoxyd und veranlaßt damit die zum Teil bekannten Giftwirkungen der Explosionsgase. Während Nitroglyzerin und Dynamit bei der Explosion kaum nachweisbare Mengen von Kohlenmonoxyd liefern, enthalten die Explosionsprodukte des Trinitrotoluols und der Pikrinsäure durchschnittlich gegen 60% dieses Gases. Bei diesen hohen Prozentgehalten an sehr giftigem Kohlenmonoxyd wird den toxischen Nebenwirkungen der Explosionsgase besondere Aufmerksamkeit

[1] W. Will, Ber. 47, 711 (1914).

zu schenken sein, ganz besonders wenn es sich um Sprengungen in geschlossenen Räumen wie im Bergwerksbetrieb oder beim Tunnelbau handelt.

Für die Giftwirkung kommen — vollständige Detonation des Sprengstoffs vorausgesetzt — nur Kohlenoxyd und Kohlensäure in Betracht. Die Kohlensäure wirkt freilich erst in großen Mengen giftig, so daß sie bei der Explosion von Trinitrotoluol, bei 57·01% CO und 1·93% CO_2 und von Pikrinsäure bei 61·05% CO und 13·46% CO_2 wenig ins Gewicht fällt. Bei unvollkommener Explosion entstehen auch Stickoxyde, oft in sehr großen und schädlichen Mengen, wie z. B. beim „Auskochen" einer Sprengladung. Indessen stellt das Kohlenoxyd von den zur Entwicklung kommenden Explosionsgasen stets denjenigen Anteil dar, der einer eventuellen Vergiftung von Lebewesen Richtung und Stärke verleiht. L. Lewin und O. Poppenberg[1] haben in einer besonderen Abhandlung ihre experimentellen Untersuchungsergebnisse über die „Kohlenoxydvergiftung durch Explosionsgase" niedergelegt. Die Autoren verschossen verschiedene Sprengstoffe in abgeschlossenen Räumen, und zwar derart, daß die Verhältnisse denen der praktischen Hantierung im Leben gleichkamen; die entstandenen Explosionsprodukte wurden dann auf Versuchstiere, meistens Kaninchen einwirken gelassen, und die Vergiftungserscheinungen konstatiert. Dabei konnten die Resultate von Hüfner und Külz nur bestätigt werden. Diese besagen nämlich, daß, wenn in der Atemluft auch nur 0·25% Kohlenoxyd vorhanden sind, 60%, und bei 0·11% 50·6% des roten Blutfarbstoffes in Kohlenoxydhämoglobin umgewandelt und dem für das Leben erforderlichen Gaswechsel entzogen werden. Ja bei einem Gehalt von 0·041 Teilen Kohlenoxyd in 100 Teilen Atemluft werden noch etwa 39% des roten Blutfarbstoffes von den lebenswichtigen Funktionen des Atmungsprozesses ausgeschaltet.

Auf Grund exakter Untersuchungen vieler Unfälle kann man annehmen, daß der Tod eintritt, wenn etwa 65 bis 70% des Blutes in die Kohlenoxydverbindung umgewandelt sind. Bei einem durch Kohlenoxyd zugrunde gegangenen Arbeiter wurden nur noch 36% Oxyhämoglobin gefunden. Aber noch mehr als 64% des Sauerstoffhämoglobins können in Kohlenoxydhämoglobin umgewandelt sein; in Kohlengruben wurden Vergiftungsfälle mit 83% des letzteren festgestellt. Tier und Mensch nehmen das Kohlenoxyd schon aus einer Atmosphäre auf, die davon nur einen Teil auf 25000 Teile enthält; sie leiden schon bei einem Gehalt an 0·05 bis 0·2% und

[1] Zeitschr. f. Schieß- u. Sprengst. 1910, 4. u. 25.

sterben, wenn dieser auf 0·4 bis 0·5% steigt. Bemerkt sei noch, daß es keine Immunität gegen Kohlenoxyd gibt, sondern nur eine höhere oder geringere Empfindlichkeit; ebenso wenig findet eine Gewöhnung daran statt.

Um die Wirkung der Explosionsgase des Trinitrotoluols am Tier zu demonstrieren, wurden unter einer 470 Liter fassenden Sprengkiste, worin sich ein Kaninchen befand, 10 g des Sprengstoffs zur Detonation gebracht. Das Tier atmete 20 Minuten lang die Explosionsgase ein, die einen Gehalt von 0·5% Kohlenoxyd, aber keine Stickoxyde besaßen. Das herausgenommene Tier zeigte Bewegungslähmung, erweiterte, mit kohlenoxydhaltigem Blutfarbstoff gefüllte Ohrgefäße und mäßige Atmungsstörungen, erholte sich aber wieder. In einem kleinen Sprengkistenraum von 230 Litern atmete ein Kaninchen 30 Minuten lang eine mit den Explosionsgasen von 10 g Trinitrotoluol versehene Luft ein. Das Tier wurde tot aus dem Raume gebracht und zeigte alle typischen, den Kohlenoxydtod kennzeichnenden anatomischen Befunde. Die Wirkung der Explosionsgase der Pikrinsäure war, unter gleichen Versuchsbedingungen, derjenigen des Trinitrotoluols sehr ähnlich; bei einem Gehalt von 0·4% Kohlenoxyd in der Sprengkiste zeigten sich am Versuchstier alle Symptome der schweren Kohlenoxydvergiftung.

Ferner wurde auch die Frage untersucht, ob außer Kohlenoxyd und Kohlensäure noch andere mit den Sprengstoffen in Beziehung stehende Substanzen bei der Sprengung Giftwirkungen zeigen, und ob nicht etwa unzersetzter, bei der Explosion zerstäubter Sprengstoff hierbei in Betracht kommen könne. Die nicht quantitative Umsetzung des Trinitrotoluols bei der Detonation ist ja bekannt. Dampft man beispielsweise das Wasser, das zur Messung der Aufbauchung des Bleiblocks verwendet wurde, ein und versetzt es mit Alkali, so tritt häufig die für Trinitrotoluolprodukte charakteristische Rotfärbung ein. Demnach konnte mit einer Aufnahme unzersetzten Sprengstoffs in die Luftwege gerechnet werden, doch bewiesen die Versuche obiger Autoren, daß tatsächlich weder Trinitrotoluol noch Pikrinsäure in die tieferen Teile der Luftwege, vor allem in die Lunge eindringen, während sie in geringen Mengen im Munde vorhanden sind. Trotzdem ist es nicht auszuschließen, daß Menschen unter besonderen objektiven und subjektiven Bedingungen diese unzersetzten Sprengstoffe nicht nur in den Mund und den Magen, sondern auch in kleinen Mengen in die Luftwege aufnehmen könnten. Aber selbst, wenn dieser Fall einträte und wenn solche Mengen von Pikrinsäure, weil sie wasserlöslich ist, bald ins Blut gelangten, oder wenn das in Wasser unlösliche Trinitrotoluol allmählich den gleichen Weg nähme, so würde dies unter den Verhältnissen einer akuten Vergiftung völlig belanglos sein: denn das Kohlenoxyd wirkt so schnell giftig, daß bereits Lähmung und Tod eintreten, ehe einer der beiden genannten Stoffe sich zur Giftwirkung anschickt.

Eine zweite sich aufdrängende Frage, ob Pikrinsäure und Trinitrotoluol erst nachträglich durch Spätwirkung, wenn die Kohlenoxydvergiftung glücklich überstanden ist, sich im menschlichen Organismus äußern könnten, läßt sich dahin beantworten, daß die Mengen, die maximal von diesen Stoffen auf den genannten Wegen aufgenommen werden können, bestimmt unterhalb derjenigen Mengen liegen, die bei Menschen nur halbwegs stark vergiften. So stellte Lewin[1] fest, daß die giftig wirkende Dosis von Pikrinsäure 1 bis 2 g beträgt, und daß von den pikrinsauren Alkalien 0·6 bis 1·0 g selbst längere Zeit von Menschen vertragen wurden. Andererseits gelang es den Autoren durch Versuche zu konstatieren, daß auch Trinitrotoluol in verhältnismäßig großen Gaben nur geringe subakute Störungen hervorruft. Nach alledem kann also die Gefahr einer nachträglichen Vergiftung durch diese Stoffe als belanglos angesehen werden.

6. Explosive Eigenschaften. Über die explosiven Eigenschaften des Trinitrotoluols ist bereits schon im Jahre 1891 in der Zeitschrift für angewandte Chemie von Häussermann ausführlich berichtet worden. Dem Artikel, Heft 17, Seite 508 sei folgendes entnommen:

Da es sich bei der Beurteilung des Wertes eines Sprengmittels, abgesehen von seiner mechanischen Leistungsfähigkeit, in erster Linie darum handelt, ob es sich auch bei längerem Aufbewahren unter gewöhnlichen Verhältnissen nicht verändert, sondern eine ganz konstante Zusammensetzung und gleichmäßige Beschaffenheit beibehält, damit durch ein- und dieselbe Menge genau dieselben Wirkungen erzeugt werden können, so wurde das Trinitrotoluol zunächst auf seine Unveränderlichkeit beim Lagern geprüft. Zu diesem Zwecke wurden Proben des reinen Nitrokörpers mehrere Monate lang bei wechselnden Temperaturen (—10 bis +50°) an der Luft liegen gelassen und dann untersucht, ob sich dieselben in irgendeiner Weise anders als das ursprüngliche Material verhielten. Falls das Präparat vorher durch Umkristallisieren aus Alkohol gereinigt war, ließ ich nach dieser Frist nur eine oberflächliche Gelbfärbung desselben beobachten, ohne daß eine bemerkenswerte Veränderung der übrigen Eigenschaften zu konstatieren war. In Produkten dagegen, welche nur durch Waschen mit Wasser und verdünnter Sodalösung von der anhängenden Säure befreit worden

[1] Lehrbuch der Toxikologie 1897.

waren, ließen sich nach kurzer Zeit häufig Spuren von salpetriger Säure dadurch nachweisen, daß man eine Probe im Reagenzglas mit eingehängtem Jodkaliumstärkepapier auf 70 bis 75° erhitzte.

In zweiter Linie handelt es sich bei der Vorprüfung eines für Sprengzwecke in Aussicht genommenen Körpers darum, wie er sich gegen Reibung, Schlag, Stoß und mäßiges Erhitzen verhält. Wenn auch die Widerstandsfähigkeit der meisten Sprengstoffe gegen diese Einflüsse, insbesondere gegen Schlag, nicht unbegrenzt ist, so muß doch jedenfalls die Unempfindlichkeit groß genug sein, um das Abfüllen des Körpers in Patronen, den Transport und die Verwendung auf der Verbrauchsstelle ganz gefahrlos erscheinen zu lassen. Im allgemeinen kann man daran festhalten, daß sich mit der Abnahme der Empfindlichkeit auch in gleichem Maße die Wahrscheinlichkeit einer unbeabsichtigten oder zufälligen Explosion vermindert. Es darf jedoch nicht übersehen werden, daß häufig mit zunehmender Unempfindlichkeit die Energie und auch die Zuverlässigkeit der Zündung abnimmt und somit leichter Versager vorkommen, was den Wert eines Sprengstoffs erheblich beeinträchtigt und unter Umständen ganz in Frage stellt. Um das Verhalten des Trinitrotoluols gegen Reibung u. dergl. kennen zu lernen, wurde eine Probe desselben zuerst für sich und dann mit Sand gemengt, im eisernen Mörser zerrieben, wobei sich keine auffällige Erscheinung kundgab. Durch Schlag auf dem Ambos gelang es nur, eine ganz unbedeutende, mit Rauchentwicklung verbundene Zersetzung hervorzurufen, und selbst als ein Stückchen des Nitrokörpers vorher in Zinnfolie gewickelt wurde, um die Umsetzung der lebendigen Kraft des Schlages in bloße Deformationsarbeit tunlichst zu vermeiden, konnte höchstens eine Verdichtung einzelner Teilchen beobachtet werden, ohne daß ein Knall oder eine deutliche Feuererscheinung auftrat. Eine Fortpflanzung der Entzündung findet selbst nicht auf die zunächst liegenden Teile statt; die Temperaturerhöhung, welche durch Umwandlung der einem Schlage von gewöhnlicher Stärke innewohnenden Energie in Wärme entsteht, genügt demnach nicht, die ganze Masse auf ihre Zersetzungstemperatur zu bringen.

Weitere Versuche ergaben, daß das Trinitrotoluol weder durch die Flamme eines brennenden Körpers, noch durch bloßes Erhitzen an der Luft in offenen Gefäßen zur Explosion gebracht werden kann. Auf dem Platinblech erwärmt, schmilzt es zunächst und verdampft dann bei steigender Temperatur, wobei es sich entzündet und ruhig mit stark rußender Flamme abbrennt. Wirft man einige Gramm auf eine in voller Rotglut befindliche eiserne Platte, so brennt es zwar sehr rasch ab, verhält sich jedoch dabei im großen und ganzen ebenso, wie andere leicht brennbare Körper. Beim Erhitzen im Reagensrohr beginnt es gegen 300° zu sieden; unterläßt man es, sofort die Wärmequelle zu entfernen, so schäumt es nach kurzer Zeit stark auf und zersetzt sich unter Feuererscheinung und schwacher Verpuffung, indem eine verkohlte Masse hinterbleibt und sich gleichzeitig große Rußwolken in der Luft abscheiden. Nur beim raschen Erhitzen größerer Mengen in bedecktem Gefäß findet eine mäßige Detonation statt, welche übrigens nur von einem sehr geringen Effekte begleitet ist.

Dieses Verhalten des Trinitrotoluols gegen Schlag und Reibung und gegen höhere Temperatur konnte in einem Gutachten[1] der Technischen Hochschule in Hannover vom 6. April 1903 nur bestätigt werden. Noch günstiger waren die Resultate für Sprengstoffmischungen mit Trinitrotoluol, z. B. Ammonsalpeter. Eine den Roburiten ähnliche Mischung konnte geschmolzen, in der Mühle gemahlen und auf alle Arten erhitzt werden, ohne dabei die geringste Explosivität zu verraten, ja selbst mit einem großen Fallhammer von 43 kg Gewicht war es unmöglich eine Explosion hervorzurufen.

Die hervorragende Beständigkeit und Unempfindlichkeit des Trinitrotoluols gegenüber mechanischen und thermischen Einwirkungen tritt da am auffälligsten zutage, wo, wie bei Fabrikunfällen durch Explosion und Brand, große Mengen dieses Sprengstoffs den detonationsgefährlichsten Einwirkungen ausgesetzt sind. Es mag daher von Interesse sein, das Verhalten des Trinitrotoluols bei der Explosion in der Trinitrotoluol-Abteilung der Sprengstoffwerke A. u. W. Allendorff in Schönebeck a. E. an Hand eines sachverständigen Berichtes[2] von Direktor J. Rudeloff des näheren darzulegen. Am 5. Mai 1909 erfolgte im Umkristallisationsgebäude der Trinitrotoluolfabrik, wo das Trinitrotoluol mit einem Schmelzpunkt von 77 bis 79° durch Umkristallisation aus Alkohol auf seine vollständige Reinheit von 81 bis 82° gebracht wird, eine heftige Explosion, welche die Zerstörung dieses Gebäudes zur Folge hatte und auch mehrere Menschenleben als Opfer forderte. Aus der Lage der umhergeschleuderten Apparate, der eingestürzten Wände usw. ging deutlich hervor, daß das Explosionszentrum sich in dem sogen. Trockenapparat befand. Dieser nach Art der Treber-Trockner eingerichtete Apparat ist ein liegender, zur Hälfte mit heißem Wasser heizbarer Kessel, der im Innern mit Schaufeln versehen ist, die das feuchte Trinitrotoluol durch fortwährendes Rotieren langsam zum Ausgang des ca. 8 m langen Kessels transportierten. In diesem Kessel hatte nun unbedingt die Explosion stattgefunden, da er vollständig zerstört war, und zwar als der einzige Apparat von allen, die in dem Raume waren, der durch die Kesselexplosion selber total zertrümmert wurde.

Die Ursache der Explosion konnte, da die betreffenden Leute, die darüber vielleicht hätten Auskunft geben können, bei der

---

[1] Glückauf 1907, 738 u. 739.

[2] Zeitschr. f. Schieß- u. Sprengst. 1909, 213.

Explosion umgekommen waren, nicht völlig aufgeklärt werden; sehr wahrscheinlich ist sie aber im Warmlaufen eines Vorgeleges zu suchen, wodurch an der Zentrifuge ein Brand entstand, der sich durch die stets in dem Raume befindlichen Alkoholgase mit kolossaler Geschwindigkeit hinauf — und in den Trockenapparat fortpflanzte und dort das Gemisch von Alkoholgasen und Luft zur Entzündung brachte, oder dann in einer der Zentrifugen selbst, sei es, daß diese von sich selber warmgelaufen war, oder sei es, daß durch Unachtsamkeit der Arbeiter sich dazwischengeworfene Holzstücke an der schnellrotierenden Zentrifuge entzündet haben. — Was nun die Explosion selber betrifft, so lautete das Urteil der Sachverständigen dahin, daß nach der Lage der zertrümmerten Gebäude und Apparate die Druckwirkung eine sehr heftige, jedoch für die Explosion eines brisanten Sprengstoffs von der Kraft des Trinitrotoluols viel zu gering gewesen sein muß, als daß angenommen werden könnte, es sei das in dem Trockenapparat befindliche, auf 400 kg zu schätzende Trinitrotoluol mit zur Explosion gekommen. Wäre letzteres geschehen, so hätte die Explosionsstätte selbst, d. h. der Raum unter dem hochgelagerten Trockenapparat eine viel größere Zertrümmerung der dort befindlichen Gegenstände hervorrufen müssen. Es kann deshalb mit Bestimmtheit angenommen werden, daß in dem Trockenapparat einzig und allein eine Gasexplosion stattgefunden hat, d. h., daß die in dem Apparat befindliche Mischung von Luft und Spiritusgasen gerade die zur Explosion nötige Zusammensetzung gehabt hat und durch die in den Trockenapparat hineinschlagende, von außen verursachte Flamme zur Explosion gekommen ist.

Die Katastrophe hat so große Beweise von der Widerstandsfähigkeit des Trinitrotoluols selbst bei größter Hitze erbracht, daß die obige Behauptung, es sei auf keinen Fall das ganze Trinitrotoluol in dem Trockenapparat mit explodiert, dadurch berechtigt wird, — brannte doch nicht nur das in der Zentrifuge befindliche, sondern auch das in mehreren 1000 kg aufgehäufte Trinitrotoluol ruhig, wenn auch mit kolossalen Stichflammen ab. Einen weiteren Beweis für die Widerstandsfähigkeit des Sprengstoffs haben die zur Auskristallisation gebräuchlichen Rührapparate ergeben, doppelwandige Apparate, die mit einem Rührwerke versehen sind und von denen zur Zeit der Explosion gerade 3 Apparate ganz mit einer Lösung von Trinitrotoluol und Spiritus gefüllt waren. Diese Apparate sind vollständig geschlossen und oben auf dem Deckel mit Schaugläsern versehen. Infolge des gewaltigen Feuers sind die Beobachtungsscheiben gesprungen und der in den Apparaten befindliche Spiritus hat zwei Tage lang gebrannt, bis es gelang, durch große Wassermengen die Flamme zu löschen. Nach der Löschung zeigte sich nun, daß das in den Apparaten befindliche Trinitrotoluol nicht einmal völlig mitverbrannt war; es hat also selbst die durch Verbrennung des Spiritus erzeugte Wärme, die noch durch die Außenwärme des Brandes enorm verstärkt wurde, nicht hingereicht, um das Trinitrotoluol, welches im feuchten Zustande in diesen Apparaten war, zur Verbrennung und zur Explosion zu bringen. Weiter hat die Katastrophe noch folgende Beweise für die Unempfindlichkeit des Trinitrotoluols gegeben: Ein hölzernes Sieb, das neben dem explodierten Druckapparat stand, ist ohne irgendwelche explosive Erscheinungen ruhig abgebrannt, obgleich dasselbe mit mehreren 100 kg Trinitrotoluol gefüllt war; ein Beweis hierfür ist, daß die zum Auffangen des gesiebten Materials benutzten Blechkästen, allerdings halb zerschmolzen, aber noch genau an ihren Plätzen stehend, aufgefunden wurden. Ein Blechgefäß mit Trinitrotoluol hingegen, das in der Nähe des Trockenapparates gestanden hat, ist ungefähr 300 m von der Fabrik gefunden worden, vollständig gefüllt mit Trinitrotoluol, von dem nur die obere Schicht eingeschmolzen war. Obgleich der Druck, der zum Fortschleudern eines solchen Gefäßes auf so weite Entfernung ein ganz gewaltiger gewesen sein muß und die Hitze, welcher das Trinitrotoluol ausgesetzt worden ist, ebenfalls eine sehr hohe sein mußte, so ist das Trinitrotoluol doch nicht zur Explosion gelangt. Ebenso ist das Trinitrotoluol, das an der Mauer des Packraumes stand, und zwar in Mengen von mehreren 1000 kg in Blechgefäßen, vollständig ohne irgendwelche explosiven Erscheinungen heruntergebrannt, wobei die Blechgefäße vollständig und unter einer solchen Temperaturentwicklung zerschmolzen, daß die daneben befindliche Mauer an der Oberfläche sogar geschmolzen wurde, — was auf eine Temperatur von 2000 bis 3000° schließen läßt. In einem der übrigen Räume standen außerdem noch einige hundert fertige Sprengladungskörper, die für das Ausland fertig in Papphülsen gegossen waren und die noch an demselben Tage verschickt werden sollten. Alle diese Sprengladungskörper sind ohne explosive Erscheinungen vollständig verbrannt, ebenso wie mehrere 100 kg Triplastit in Massenform, die sich in einem doppelwandigen Kessel befanden.

Die Explosionskatastrophe in der Allendorffschen Sprengstoffabrik hat also mit dem Trinitrotoluol an sich und mit dessen Eigenschaften nicht das geringste zu tun; im Gegenteil liefert sie einen Beweis mehr für die hervorragende Unempfindlichkeit und Gefahrlosigkeit des Trinitrotoluols bei der Handhabung.

B. Prüfung und Untersuchung des Trinitrotoluols.

Das erste und wichtigste Kriterium für die Reinheit des Trinitrotoluols ist sein Schmelzpunkt. In den amtlichen Abnahmevorschriften der einzelnen Staaten ist jeweilen genau angegeben, innerhalb welcher Grenzen der Schmelzpunkt sich bewegen darf; gewöhnlich dürfen Abweichungen bei dem gelieferten Material 0·5° nach oben oder unten nicht übersteigen. Es bereitet jedoch einige Schwierigkeit, den Schmelzpunkt des Trinitrotoluols genau festzustellen, da derselbe von den Versuchsbedingungen abhängig ist; darum hat man in den Prüfungsvorschriften allgemein den Erstarrungspunkt, der durch äußere Umstände weniger beeinflußt wird, an Stelle des Schmelzpunktes festgesetzt. Schmelzpunkt, bzw. Erstarrungspunkt beträgt bei chemisch-reinem Trinitrotoluol 80·6° C.

Die Bedingungen, die im einzelnen an Militär-Trinitrotoluol gestellt werden, weichen in den verschiedenen Staaten mitunter voneinander etwas ab; im allgemeinen können aber folgende Durchschnittsanforderungen gelten: Das Produkt soll nicht unter 79·5° erstarren und in heißem Äthylalkohol fast vollständig löslich sein. Gutes 81/82er Trinitrotoluol zeigt einen Erstarrungspunkt von 80·3 bis 80·4°; als unterste Erstarrungsgrenze mag wohl ein E.P. von 79·6° gelten, es entspricht dies einem Gehalt von etwa 0·75% an Dinitrotoluol. Auf Lackmuspapier muß es neutral reagieren; freie Schwefel- oder Salpetersäure darf nicht anwesend sein. 100 g Trinitrotoluol sollen sich vollständig in einem Gemisch von 300 ccm Benzol und 100 ccm Ligroin lösen; der nach dem Behandeln mit heißem Benzol auf dem Filter bleibende Rückstand darf nach dem Trocknen 0·1% nicht übersteigen. Eine kleine, im Reagensrohr geschmolzene und auf etwa 110° gehaltene Probe soll hell und klar sein, um gegebenenfalls darin suspendierte Fremdkörper, die nur in ganz geringer Menge vorhanden sein dürfen, nachweisen zu können. Geschmolzenes Trinitrotoluol soll keinerlei stechend riechende Dämpfe entwickeln. Die Asche darf nicht mehr als 0·1% betragen und nur sehr geringe Mengen Quarzstaub oder ähnliches enthalten. Auch die Feuchtigkeit soll 0·1% nicht überschreiten.

1. Chemische Anforderungen an Militär-Trinitrotoluol.[1]

Aus „Notes on military Explosives" by Erasmus M. Weaver, New York, 1912.

1. Das Material soll chemisch rein sein und ein hellgelbes, feines und gleichmäßiges kristallinisches Pulver darstellen. Es darf weder den Geruch irgendeines Nebenproduktes noch den eines Lösungsmittels, woraus es kristallisiert wurde, aufweisen.

---

[1] Eine von F. Langenscheidt ausgearbeitete Abnahmevorschrift für Trinitrotoluol ist im Anhang (S. 436) wiedergegeben.

2. Der Schmelzpunkt soll zwischen 80·5 und 81·5° liegen und scharf und bestimmt sein.

3. Asche soll nicht mehr als 0·1% vorhanden sein.

4. Unlösliche Bestandteile aus einer Lösung von 10 g in 150 ccm Alkohol sollen 0·15% nicht übersteigen.

5. Feuchtigkeit soll nicht mehr als 0·1% des Ganzen ausmachen.

6. Säure darf nicht anwesend sein.

7. Weder unverändertes Toluol, noch Dinitrotoluol, noch irgendein anderes Nebenprodukt darf gegenwärtig sein.

8. Der Stickstoffgehalt soll nicht kleiner als 18·30% sein (bestimmt nach der Verbrennungsmethode Dumas); reines Trinitrotoluol enthält 18·5% Stickstoff.

9. Das Material muß einer Wärmeprobe mit Jodkaliumstärkepapier bei 65·5° mindestens 30 Minuten standhalten.

2. Prüfung.

1. Erstarrungspunkt. — In einer sorgfältig getrockneten Porzellanschale von 15 cm Durchmesser und ungefähr 500 ccm Inhalt, schmilzt man etwa 200 bis 250 g Trinitrotoluol, aber so, daß die Temperatur nicht über 90° steigt; dann, wenn alles Trinitrotoluol geschmolzen ist, entfernt man die Wärmequelle und rührt mit einem geprüften Thermometer um. Die Temperatur fällt stufenweise bis das Trinitrotoluol zu erstarren beginnt, sie steigt aber wieder von diesem Punkte an; man hält nun mit Rühren inne und beobachtet das Thermometer, bis der höchste Punkt erreicht ist, und notiert diesen als Erstarrungspunkt.

2. Erweichungspunkt, Schmelzpunktanfang und Schmelzpunktende. Man bringt eine kleine, so fein wie nur möglich pulverisierte Menge Trinitrotoluol in eine einseitig zugeschmolzene Kapillarröhre von ungefähr $2^1/_2$ mm Weite, befestigt die Röhre mittels eines Kautschukrings an ein geprüftes Thermometer und stellt beides in ein Becherglas, das nahezu mit Wasser gefüllt ist. Man wärmt nun langsam an und notiert die Temperatur (*a*), bei der die Erweichung beginnt, die Temperatur (*b*), wo das Schmelzen eintritt und die Temperatur (*c*) wo es aufhört. (*a*) soll nicht kleiner als 79°, (*b*) nicht kleiner als 80·5° und (*c*) nicht größer als 82° sein.

3. Spezifisches Gewicht. In einem trockenen Gefäß schmilzt man eine gewisse Menge Trinitrotoluol, füllt damit ein Reagensglas und hängt dieses in ein Wasserbad, das mit siedendem Wasser erfüllt ist. Nun taucht man ein Aräometer in die Schmelzmasse des Reagensglases, läßt es für einige Minuten darinnen und

liest dann, sobald die Temperatur des Ganzen bei 100° angelangt ist, das spez. Gewicht des geschmolzenen Trinitrotoluols an der Skala ab. Das spez. Gewicht von dicht verpacktem Trinitrotoluol beträgt 1·55, dasjenige von geschmolzenem 1·65.

4. Sinterprobe. 5 g Trinitrotoluol werden aufs feinste pulverisiert, in einen Schmelztiegel von 40 mm Tiefe und 50 mm Durchmesser gegeben und das Ganze in einem Ofen während 1 Stunde einer Temperatur von 70° ausgesetzt. Der Probeinhalt soll nicht sintern.

5. Fleckenprobe. Eine kleine Probe feinst pulverisierten Trinitrotoluols wird auf einem Bogen von reinem, weißem Papier ausgebreitet und 24 Stunden darauf gelassen: es sollen sich keine Flecken bilden.

6. Aschenrückstand. In einen kleinen vorgewogenen Tiegel gibt man 8 g Trinitrotoluol, erwärmt langsam und vorsichtig, bis der Inhalt verbrannt ist, erhitzt dann stärker, etwa 15 Minuten lang, läßt erkalten, wägt und erhitzt von neuem bis zur Gewichtskonstanz.

7. Wärmeprobe. 2 g fein pulverisiertes Trinitrotoluol werden in ein reines und trockenes Reagensglas gegeben und darauf die Kaliumjodidprobe angewandt. Im Verlaufe von 30 Minuten darf keine Farbe zum Vorschein kommen.

8. Acidität. In einer Porzellanschale gibt man zu destilliertem Wasser 25 g Trinitrotoluol und kocht den Inhalt unter gutem Umrühren einige Minuten auf. Dann läßt man erkalten, setzt aber das Rühren fort bis zum Erstarren des Trinitrotoluols, fügt nun ein wenig Phenolphthalein hinzu und titriert mit $^1/_{100}$-n-Natronlauge genau auf neutral. Aus dem Titrierresultat kann die Schwefelsäure in 100 g des Explosivstoffs berechnet werden.

3. Nachweis von Trinitrotoluol in Sprengstoffen.

Für den qualitativen Nachweis der verschiedenen Komponenten eines Sprengstoffs werden meist 20 bis 25 g in Arbeit genommen und nacheinander mit Äther, kaltem Wasser und verdünnter Salzsäure behandelt. Der unlösliche Rückstand wird mit 30- bis 50facher Vergrößerung mikroskopiert. — Zur Identifizierung des Trinitrotoluols wird dieses nach dem Umkristallisieren aus Alkohol auf seinen Schmelzpunkt geprüft und durch seine weinrote Färbung mit Natronlauge erkannt. Zu diesem Zwecke löst man die Probe (Gegenwart von Nitroglyzerin z. B. stört die Reaktion nicht) in 2 bis 3 ccm Aceton oder Methylalkohol und fügt dann einige Tropfen 10%ige Lauge hinzu. Indessen ist zu beachten, daß auch andere Nitrokörper ähnliche Färbungen hervorrufen und dadurch störend wirken können; die Farbenreaktionen der wichtigsten hier in Frage kommenden Nitrokörper seien darum in nachstehender Tabelle angegeben.

Substanz	Aggregat-zustand	Farbe der Lösung	Farbänderung auf Zusatz von Kalilauge
Mononitrobenzol . .	flüssig	farblos	—
Dinitrobenzol . . .	kristallisiert	mattgelb	purpur bis tief weinrot
Trinitrobenzol . . .	„	farblos bis fahlgelb	lebhaftes Dunkelrot
Mononitrotoluol-o. .	flüssig	farblos bis fahlgelb	—
„ -m .	kristallisiert	„ „ „	schwach gelb
„ -p. .	„	„ „ „	—
Dinitrotoluol . . .	„	„ „ „	beim Stehen allmählich azurblau
Trinitrotoluol . . .	„	„ „ „	tief rotweinbraun
Mononitronaphthalin	„	farblos bis fahlgelb	—
Dinitronaphthalin .	„	fahlgelb	gelbrot
Trinitronaphthalin .	„	„	scharlachrot
Tetranitronaphthalin	„	„	gelbrot
Pikrinsäure	„	goldgelb	orangegelbe Pikratkristalle.

Trinitrotoluol gibt ferner mit Dimethylanilin eine braune, fast undurchsichtige Lösung, die in dünner Schicht braungelb gefärbt ist; es entsteht dabei die von Hepp (Ann. 215, 336) beschriebene Verbindung. Stärker und dunkler färbend als Dimethylanilin wirken Dimethyl- und Diäthyl-p-Toluidin, so daß diese beiden Substanzen zum Nachweis des Trinitrotoluols dienen können. Hinsichtlich der Dimethylanilinprobe ist jedoch zu beachten, daß sowohl o- wie p-Nitrotoluol in Dimethylanilin gelbe, und m-Dinitrotoluol in dicker Schicht orangerote und in dünner Schicht orangegelbe Lösungen geben.

C. Anwendung des Trinitrotoluols.

Das Trinitrotoluol mit dem F.P. 72 bis 74^0 wird ausschließlich als Zusatz zu Sprengstoffmischungen, an Stelle des früher benutzten Dinitrobenzols, Dinitrotoluols, Mono-, Bi- und Trinitronaphthalins usw. verwandt; denn erstens hat Trinitrotoluol den großen Vorzug hoher Kraftwirkung und dazu ganz ungefährlicher Handhabung, und zweitens ist es im Gegensatz zu den sehr giftigen Dinitroverbindungen, die wie Dinitrobenzol z. B., besondere Vorsichtsmaßregeln bei der Verarbeitung verlangen, vollkommen harmlos.

Während das Trinitrotoluol vom Schmelzpunkt 72 bis 74^0 fast nur in Kompositionen und mit Sauerstoffträgern Anwendung findet, wird das ganz reine Trinitrotoluol vom F.P. 80·6^0 allein für sich vorzugsweise zur Füllung von Bomben, Minen, Granaten und Torpedos verwendet, und ist schon daran, die bisher als unerreichbar dastehende Pikrinsäure ganz zu verdrängen. Bei der anerkannten Vorzüglichkeit der Pikrinsäure als Sprengstoff wird es nicht uninteressant sein, hier einige Gründe anzuführen, welche dem in seiner Sprengwirkung etwas schwächeren Trinitrotoluol, doch den Vorzug vor jener gaben.

Jeder Chemiker kennt den unangenehmen bitteren Geschmack, den Pikrinstaub oder Pikrinsäuregase hinterlassen, aber nur dem Fachmann sind zugleich die gesundheitsschädlichen Eigenschaften dieses feinen Pikrinstaubes und die herzlähmenden und verdauungsstörenden Wirkungen bekannt. Diese sogenannten giftigen Dämpfe machen sich aber nicht nur geltend bei der Fabrikation, sondern auch bei der Füllung der Granaten, d. h. beim Schmelzen der Pikrinsäure. Außer diesen, die Gesundheit der Arbeiter so überaus schädigenden Eigenschaften der Pikrinsäure, kommen noch ihre chemischen Eigenschaften als Säure, die Bildung der explosiven Pikrate in Betracht, welche die Handhabung der Pikrinsäure außerordentlich gefährlich machen. Es ist daher begreiflich, daß das chemisch so stabile, unempfindliche und vollkommen unveränderliche Trinitrotoluol, das weder bei der Darstellung noch bei der Verarbeitung gesundheitsschädigende Wirkungen ausübt, der Pikrinsäure als Sprengstoff den Rang abgelaufen hat.

1. Verfahren zur Verdichtung und Füllung von Geschossen.

Für Militärzwecke kommt nur das kristallisierte, technisch reine, sogenannte 81/82er Trinitrotoluol zur Anwendung; dazu muß es aber verdichtet werden, sei es nun durch Pressen oder Schmelzen oder durch Kombination beider Verfahren. Die Dichte des geschmolzenen Trinitrotoluols wechselt zwischen 1·54 und 1·57, wenn die Masse unter gewöhnlichem Atmosphärendruck erstarrt. Diese Art der Verdichtung ist bequem, und sie war auch die anfänglich am meisten angewandte, indem man das verflüssigte Trinitrotoluol direkt in die Hohlgeschosse goß; es bildete sich aber jeweilen nach dem Erkalten durch Zusammenziehung der Masse auf der oberen Seite ein Trichter, ebenso entstanden leicht Hohlräume, welche nach geeigneteren Verdichtungsmethoden suchen ließen, zumal auch die relativ geringe Dichte des geschmolzenen Sprengstoffs wenig für diese Methode sprach. Nun versuchte man das kristalline Trinitrotoluol mit hydraulischen Pressen zu komprimieren und das spezifische Gewicht durch Anwendung von Drucken bis zu 3000 Atmosphären so viel als möglich zu erhöhen; man erreichte so Dichten von 1·59 bis 1·60 und eine Trinitrotoluolmasse, die ganz homogen und von Hohlräumen durchaus frei, infolge ihrer Unempfindlichkeit mit Werkzeugen bearbeitet werden konnte. Indessen begegnete das gepreßte Trinitrotoluol der artilleristischen Verwendung großen Schwierigkeiten, da dieses für Schrapnells und Granaten z. B. kaum anzuwenden war; außerdem stellt das Pressen bei so hohen Drucken keine kleinen Anforderungen, besonders an die Apparatur; auch ist es nicht ohne Gefahr. Dies führte dann dazu, daß man wieder zum geschmolzenen Trinitrotoluol zurückkehrte und dessen Dichte zu erhöhen suchte. Die vielen Versuche, die zu diesem Zwecke angestellt wurden, waren bald mit Erfolg gekrönt. C.E.Bichel von der Sprengstoff-A-G. Carbonit in Hamburg war der erste, der sich mit diesem Problem befaßte. Im D.R.P. 185957 vom 17. Juli 1906 (Engl. Pat. 19215 vom Jahre 1907 und Franz. Pat. 369371 vom 30. August 1906) beschreibt er ein Verfahren zur Verdichtung explosiver schmelzbarer Nitrokörper, wie Trinitrotoluol, Pikrin-

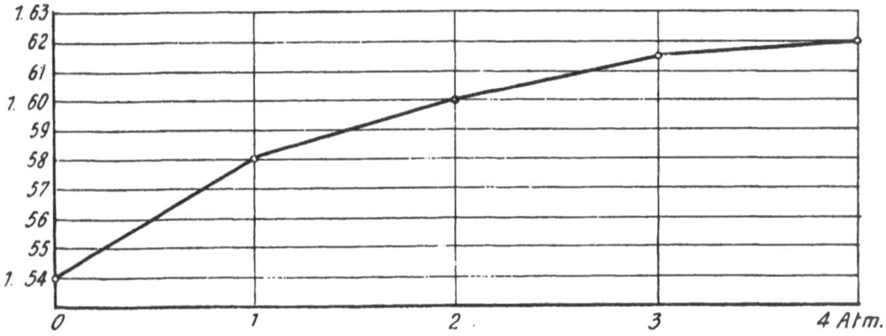

Fig. 22.

säure usw., wonach man den geschmolzenen Sprengstoff mit der angewärmten Form in einen Raum bringt, in welchem sich sowohl ein Vakuum als ein Luftüberdruck von mehreren Atmosphären herstellen läßt. Der betreffende Sprengstoff weist dann nach dem Erstarren, je nach der Höhe des Luftdrucks, eine höhere Dichte auf. Schon allein durch Entfernung der Luft aus dem geschmolzenen Trinitrotoluol steigert sich die Dichte von 1·54 auf 1·58, wenn man die atmosphärische Luft vor dem Erstarren wieder einwirken läßt; bei Einwirkung von 2 Atmosphären Druckluft hingegen ergibt sich ein kubisches Gewicht von 1·60 und bei 3 bis 4 Atmosphären ein solches von 1·62. In der italienischen Sprengstoffabrik in Cengio wurde bei 4 Atmosphären die größte Dichte von 1·624 erhalten, wie sich aus vorstehendem Diagramm[1] (Fig. 22) ergibt.

[1] E. Molinari u. E. Quartieri, Not. s. Expl. en Italie, 173.

In dem D.R.P. 185958 v. 9. Aug. 1906 (Zusatz zu Nr. 185957) wird angeführt, daß durch Steigerung des Luftdrucks über 4 Atmosphären eine wesentliche Erhöhung der Dichte nur bei größeren Schmelzkörpern eintrete, daß dagegen durch schnelles Abkühlen der Schmelzkörper bei gleichzeitiger Anwendung von Druck ein feineres Kristallgefüge und eine noch etwas gesteigerte Dichte erzielt wird. Die Abkühlung der Schmelzkörper kann durch Einsetzen der Gußformen in kaltes Wasser oder ein anderes Kühlmittel erfolgen; die verschiedenen Manipulationen werden in einem besonderen, von Bichel in dem erwähnten Patente skizzierten Apparate ausgeführt.

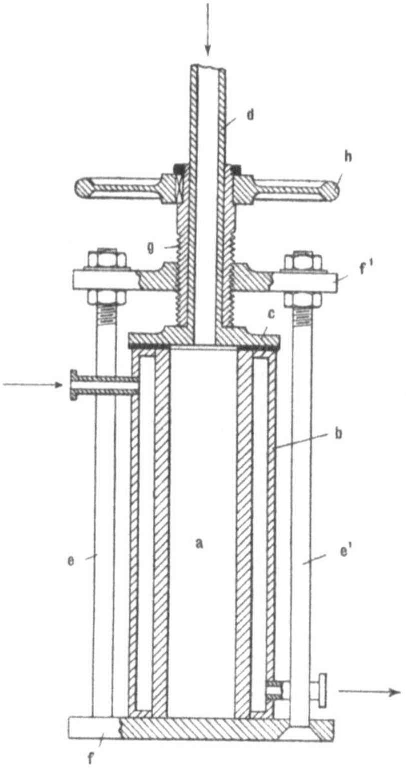

Fig. 23.
Apparat zur Verdichtung von Trinitrotoluol.

Der flüssige Sprengstoff wird in dazu geeignete Hülsen oder auch direkt in Geschosse gegossen, welche in einer luftdicht verschließbaren Form *a* Aufnahme finden. Die Form kann unmittelbar an die Druckluftleitung angeschlossen sein und entweder direkt ins Wasser gestellt werden oder von einem Mantel *b* umgeben und so gestaltet sein, daß durch den vorhandenen Raum zwischen Form und Mantel eine Kühlflüssigkeit hindurchgeleitet werden kann. Mit dem die Form am oberen Ende luftdicht abschließenden Deckel *c* kann dann die Druckluftleitung *d* verbunden sein. Die Form steht zwischen zwei durch Schraubenbolzen ee^1 miteinander verbundenen Brücken $f\ f^1$, und die obere Brücke f^1 enthält das Muttergewinde für eine mit Handrad *h* versehene, über die Druckluftleitung geschobene hohle Preßschraube *g*, welche den Deckel *c* luftdicht an den oberen Rand der Form *a* zu pressen vermag. Solche Einzelformen lassen sich dann in beliebig vielen Exemplaren zu einem System vereinigen.

In einem Zusatz — D.R.P. 227635 vom 25. Januar 1910 — hat Bichel sein oben beschriebenes Verfahren dahin abgeändert, daß er den Luftdruck während des Erstarrens der Nitrokörper nur von innen auf eine den Sprengstoff umhüllende Pappbüchse wirken läßt, so daß diese dicht gegen die Wandung der Gießform gepreßt wird. Vgl. die Patentbeschreibung auf S. 249. Nach einem Patente der Dynamit-Aktiengesellschaft in Hamburg (D.R.P. 212169 vom 17. April 1907) läßt sich Trinitrotoluol

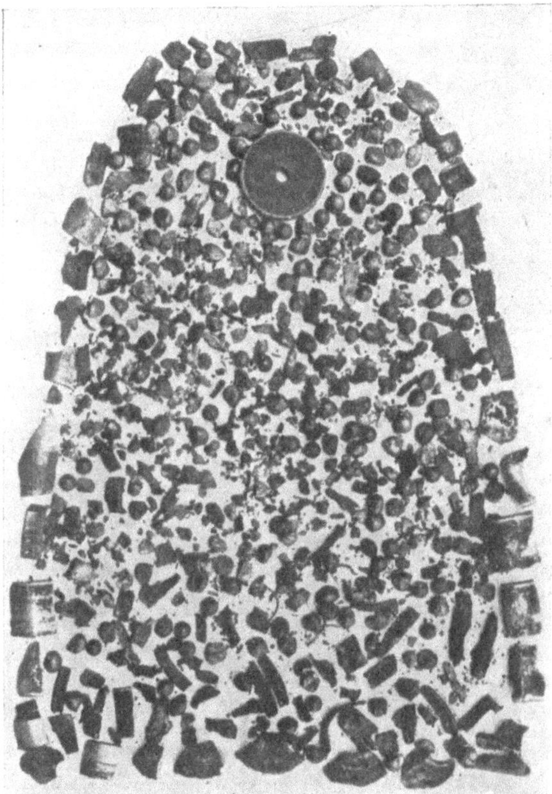

Fig. 24. Sprenggranate, gesprengt.

oder andere geeignete schmelzbare Nitrokohlenwasserstoffe in einer hinreichenden Dichte z. B. von 1·6 erhalten, wenn man den etwas über seinen Schmelzpunkt erhitzten Körper in Behälter eingießt, die auf 0° herum abgekühlt sind. Dabei verfährt man zweckmäßig derart, daß man den Gießkanal der Metallform durch eine Papierhülse künstlich verlängert und dann den Füllkanal bis in die Papierhülse vollgießt, also — wie man sich gewöhnlich in der

Metallgießerei ausdrückt — einen verlorenen Kopf aufgießt. Nach dem Erkalten wird der verlorene Kopf dann abgedreht.

Die beiden Abbildungen (Fig. 24, 25) illustrieren die Wirkung von Trinitrotoluolsprengladungen auf die Zerlegung eines 7·5 cm Granat-Schrapnells von 6·2 kg Gewicht, welches 300 Kugeln und 200 g Trotyl eingegossen enthält. Ladung der Bodenkammer

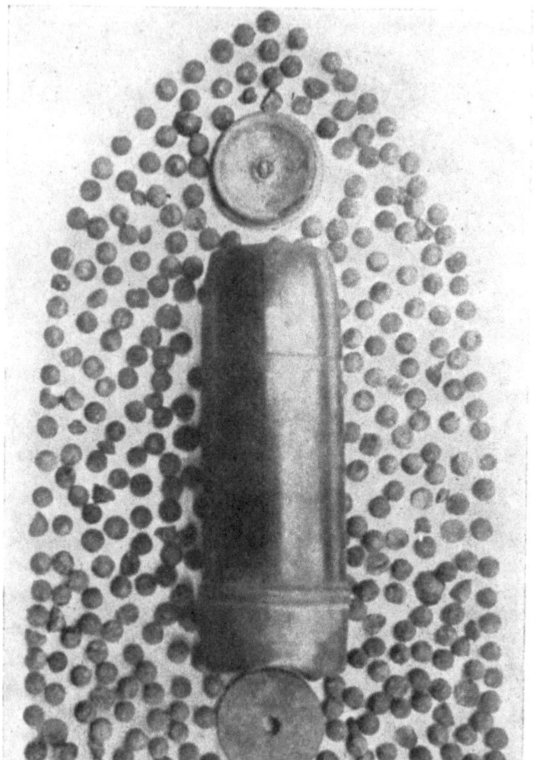

Fig. 25. Schrapnell.

75 g Schwarzpulver. Die erste Abbildung zeigt das Geschoß als Sprenggranate gesprengt, die zweite als Schrapnell verwendet. Im zweiten Falle kam das Trotyl, wie beabsichtigt, nicht zur Detonation, sondern wurde frei umhergeschleudert.

Andere Verfahren zur Herstellung dichter Sprengladungen aus Trinitrotoluol, vornehmlich zu Geschoßfüllungen sind beschrieben in den D.R.P. 244034 vom 21. Juli 1911 und 255026 vom 1. Juni 1911 der Dynamit-Aktiengesellschaft vorm. Alfred Nobel in Hamburg und in der D.R.P.-Anm. 23115 vom 29. März 1913 der Deutschen Sprengstoff-Aktien-Gesellschaft, Hamburg. Nach dem D.R.P. 244034 wird der obere Teil des verlorenen Kopfes, während die Hauptmenge des Sprengstoffs in der Gießform erstarrt, flüssig und unter Druck gehalten; die dazu verwendete, durch das gleiche Patent geschützte Vorrichtung zeigt nebenstehende Figur 26.

Eine Pappbüchse *a* befindet sich in einer Gießform *b*. Diese letztere ist etwas höher als die Pappbüchse selbst. Um die zum Warmhalten des oberen Teiles des verlorenen Kopfes nötige Einrichtung für verschieden weite Gießformen gebrauchen zu können, muß man sich eines Zwischenstückes *c* bedienen. Dieses besteht aus einem eisernen Rohr und sitzt auf der Pappbüchse innerhalb der Gießform auf. Auf dem oberen Rande des Rohres *c* ruht unter Zwischenschaltung einer Dichtungsringscheibe *h* eine Metallringscheibe *e*, auf welche ein Aufsatz *d* aufgeschweist ist. Dieser Aufsatz bildet einen doppelwandigen, durch Dampf oder einen anderen Wärmeerzeuger beheizbaren Hohlzylinder, der zu diesem Zweck mit einem Dampfeinlaß *i* und Dampfauslaß *k* versehen ist. Die Gießform *b* und das Zwischenstück *c* sind mit Hilfe von Bolzen *f* zwischen eine Bodenplatte *m* und den Ringflansch *e* eingespannt, so daß auf diese Weise das Ganze zusammen abgedichtet werden kann. In den heizbaren Aufsatz *d* ist ein sich in einem Bügel *n* oder dergl. führender Kolben *g* eingesetzt, mit dem der Druck auf den flüssig gehaltenen oberen Teil des Nitrokörpers ausgeübt wird.

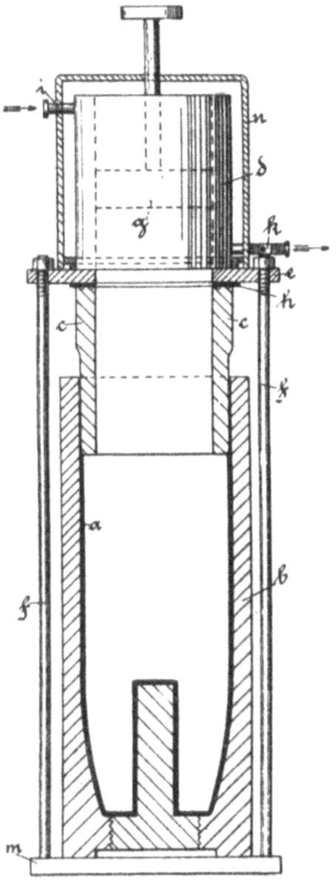

Fig. 26.
Vorrichtung zum Verdichten schmelzbarer explosiver Nitrokörper.

Die Bedienung der Vorrichtung ist sehr einfach. Man bringt die Pappbüchse *a* in die Gießform *b*, setzt das Zwischenstück und den Aufsatz *d*, *e* auf, dichtet ab und füllt den flüssigen Nitrokörper ein. Dann schließt man an die Dampfleitung an, erwärmt und schraubt den Kolben *g* herunter, wobei der Nitrokörper selbst das Schmiermittel abgibt. Der Druck wird gemessen durch geeichte Spiralen, die beim Niederschrauben des Kolbens zusammengedrückt werden. Der Druck kann selbstredend auch auf irgendwelche andere Art z. B. Auflegen eines Gewichts oder durch Druckluft erzeugt werden. Als vorteilhaft hat sich erwiesen, die Gießform bis etwa zum oberen Rand der Pappbüchse zu kühlen. — Das Verfahren bewirkt tatsächlich eine hohe Dichte (1·60 bis 1·62) und ein vollständiges Ausfüllen der Pappbüchse mit dem Nitrokörper. Hohlräume im Guß sind ausgeschlossen, weil mit dem Nitrokörper selbst nachgedrückt wird.

Auf wesentlich anderer Grundlage ruht die Erfindung in dem D.R.P. 255026; durch sie soll einerseits die Arbeitszeit vom Gusse bis zum Erstarren erheblich herabgesetzt und andererseits eine durchaus homogene Beschaffenheit der Sprengladung, besonders auch in ihrer Mittellinie gewährleistet werden. Zu diesem Zwecke wird in die Mittellinie der Gußform ein kalter, stabförmiger Körper aus Sprengstoff eingebracht, welcher durch eine geeignete Haltevorrichtung an seinem oberen Ende festgehalten wird. Das Einbringen des kalten Sprengstoffstabes kann entweder vor dem Einguß der Schmelze in die leere Gußform erfolgen oder aber auch nach Einfüllen der Schmelze, durch Einsenken des Stabkörpers in dieselbe. Bei Verwendung eines Stabkörpers aus gepreßtem Sprengstoff in Papp- usw. Umhüllung, dient der gepreßte Sprengstoff unmittelbar als Initiale, welche sich an den die Zündladung des Zünders umfassenden Deckel- oder Bodenhut der Sprengladungsbüchse unmittelbar anlegt. Durch die lange Form der fast die ganze Ladung durchsetzenden Initiale wird eine hochkräftige Detonationsübertragung auf die geschmolzene Hauptladung in sicherer Weise erzielt, als durch die sonst üblichen, einseitig nahe am Zünder gelagerten Initialen. Von besonderer Bedeutung für diese Erfindung ist der Umstand, daß der für den kalten stabförmigen Körper verwendete Sprengstoff eine von der Hauptladung völlig abweichende Zusammensetzung haben kann, so daß man in der Lage ist, für die Stabladung einen heftiger initiierenden brisanten Sprengstoff zu verwenden, während die Hauptladung aus einem trägen hochstoßsicheren geschmolzenen Sprengkörper wie Trinitrotoluol besteht. Nach dem D.R.P. 272469 vom 2. Juli 1914 lassen sich nach Rudeloff Sprengladungen in Granaten, Minen, Torpedos u. dergl. dadurch verstärken, daß man sie auf mechanischem Wege unter möglichst hohe Pressung setzt und diese bis zur Explosion erhält. Zweckmäßig wird die Pressung mit Hilfe eines in die Granate eingeführten Zylinders bewirkt, der durch eine geeignete Kraft, z. B. durch die Pulvertreibgase im Geschützrohr, oder durch eine besonders angebrachte kleine Pulverladung in die dicht gepackte Sprengladung getrieben wird. Der gut in die Granate hineinpassende Zylinder wird durch eine Rückschlagfeder oder durch kleine Zähne am Zurückgehen gehindert.

Als Sprengstoffe können Trinitrotoluol und Pikrinsäure z. B. benutzt werden. — Ein neues Verfahren zur Herstellung von Sprengladungen aus geschmolzenen Sprengstoffen durch Zentrifugieren ist in der D.R.P.-Anm. 23115 der Deutschen Sprengstoff-A.-G. in Hamburg niedergelegt. Danach wird den Gießformen bzw. den zur Aufnahme der Sprengladungen dienenden Hüllen eine solche Drehbewegung erteilt, daß die Zentrifugalkraft in der Richtung der Längsachse der Sprengkörper, d. h. gegen den Boden der Formen wirkt. Die in der Ruhelage senkrecht hängenden Sprengladungen werden durch eine horizontale Drehbewegung in radiale Richtung eingestellt.

Durchaus neuartige Brisanzsprengkörper, besonders geeignet für die Zwecke der Pionierarbeit, hat die Westfälisch-Anhaltische Sprengstoff-Aktiengesellschaft kürzlich patentieren lassen. Es handelt sich um Hohlkörper aus gepreßtem Sprengstoff, deren brisante Wirkung auf die Unterlage man dadurch vergrößert, daß man die dem zu zerstörenden Körper zugewandte

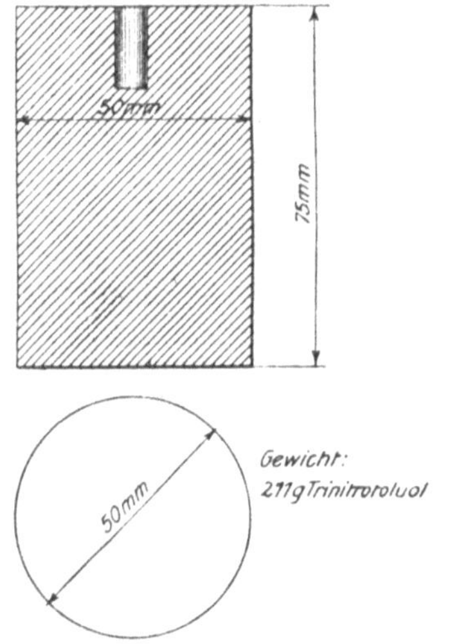

Fig. 27.

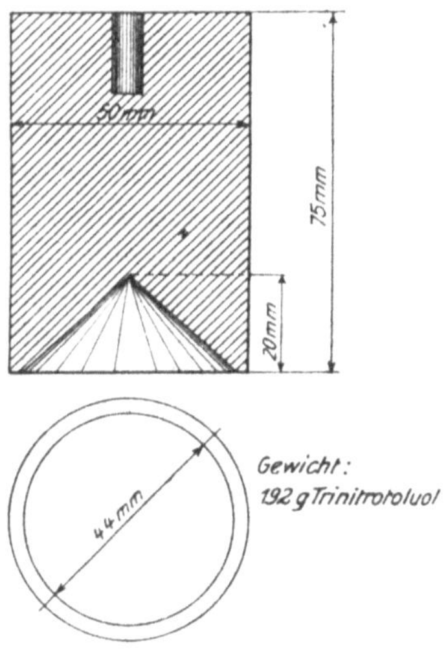

Fig. 28.

Fläche nach folgenden Abbildungsmustern[1] (Fig. 27, 28, 29, 30) aushöhlt.

Figur 27 zeigt eine der zylindrischen massiven Sprengpatronen, wie sie für Pioniersprengzwecke aus Pikrinsäure (Granatfüllung 88)

[1] Zeitschr. f. Schieß- u. Sprengst. 1914, 184—185.

oder aus Trinitrotoluol (Füllpulver 02, Trotyl, Tutol usw.) gepreßt werden. Die massive Patrone hat einen Durchmesser von 50 mm,

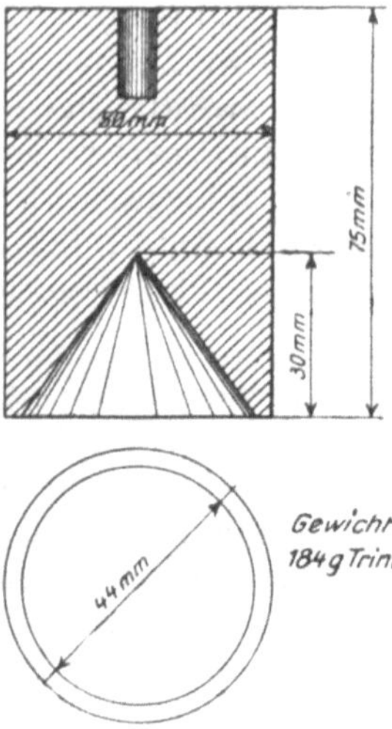

Fig. 29.

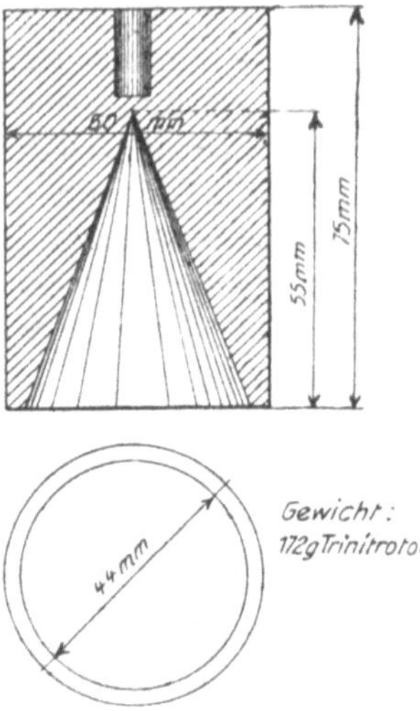

Fig. 30.

eine Höhe von 75 mm, enthält an der Oberseite eine kleine Bohrung für die Sprengkapsel und wiegt, wenn sie aus Trinitrotoluol gepreßt wird, ca. 211 g. Die drei anderen Patronen sind gemäß den beigegebenen Maßen kegelförmig ausgehöhlt und nehmen an Gewicht entsprechend ab. Schießt man nun diese 4 verschiedenen Bohrpatronen gegen eine 30 mm starke Stahlblechplatte, auf der sie mit ihrer Bodenfläche aufstehen, so erhält man, wie die folgende Abbildung (Fig. 31) zeigt, eine immer stärkere Wirkung, die bei dem Körper mit der größten Bohrung (55 mm Kegelhöhe) und dem kleinsten Gewichte (172 g) am größten ist. Die normale Bohrpatrone mit massivem Boden liefert nur einen starken Eindruck in der Stahlplatte, während die beiden Patronen mit dem größten Kegelvolumen die Platte vollständig durchschlagen.

Für die überraschende Tatsache, daß ausgebohrte Preßkörper trotz ihres geringen Gewichts gegenüber Vollkörpern eine größere Sprengwirkung auf die Unterlage ausüben, gibt Neumann[1] folgende Erklärung:

Die durch den Initialimpuls der Sprengkapsel hervorgerufene Detonation des Vollkörpers schreitet lagenweise nach unten fort. Daher

[1] Zeitschr. f. Schieß- u. Sprengst. 1914, 184—185.

bilden die untersten Teile des massiven Sprengkörpers, die zuletzt zur Detonation kommen, einen gewissen Schutz für die Stahlplatte gegen die Wirkung der Detonationsgase der oberen Teile desselben Sprengkörpers, so daß die Platte wahrscheinlich erst durch die Detonation der unteren Teile des Sprengkörpers angegriffen wird. Für die Richtigkeit dieser Annahme sprechen vor allem die Ergebnisse weiterer Versuche, nach denen ein Preßkörper aus brisanten Sprengstoffen der aromatischen Kohlenwasserstoffreihe von größerem Durchmesser eine stärkere Wirkung auf die untergelegte Stahlplatte ausübt, als ein Körper desselben Brisanzstoffs von geringerem Durchmesser, selbst wenn letzterer ein

Fig. 31. Vergleichende Wirkung der Brisanzkörper auf eine Stahlplatte.

größeres Gewicht an Sprengstoff enthält. Von Interesse wäre es aber sicher, experimentell einmal nachzuforschen, wie sich die Durchschlags- oder Stoßwirkung der massiven Sprengkörper unserer bisherigen normalen Form verhält, wenn man sie nicht in der üblichen Weise von oben, sondern in der Mitte oder von unten detoniert. Vielleicht wirken dann die Explosionsgase der oberen, dem Sprengobjekt abgewandten Sprengstoffschichten gleichsam wie ein Schirm und verstärken so die Stoßwirkung der Explosionsgase der zuerst ausgelösten unteren Schichten.

Diese praktisch sehr wichtige Erscheinung ist, wie eingehende Versuche ergeben haben, weder an bestimmte Abmessungen oder Größenverhältnisse der Sprengkörper noch an eine besondere Form des Hohlraumes gebunden. Ob die Ausbohrung kegel- oder treppenförmig, rund oder prismatisch sei, ist gleichgültig; immer hängt die Wirkung von der Größe der Aushöhlung ab.

2. Plastische Trinitrotoluolsprengstoffe (Plastrotyl, Triplastit).

Außer diesen Patentverfahren, die im besonderen die Vermehrung der Dichte des Trinitrotoluols betreffen, sind noch einige andere anzuführen, die sich mehr auf die Beschaffenheit, die Konsistenz des Sprengstoffs beziehen. Für die Verwendung des Trinitrotoluols macht sich in manchen Fällen, z. B. in Geschossen, welche keine Bodenverschraubung besitzen und deren Mundloch enger als die Höhlung ist, der Übelstand bemerkbar, daß das Einbringen des Sprengstoffs ohne Hohlräume in gepreßter Form unmöglich, in gegossener Form schwierig und kristallinisch nur unter Staubbildung zu bewirken ist. Bichel hat sich daher die Aufgabe gestellt, das einzuführende Trinitrotoluol in bröcklig-plastische Form zu bringen, so daß es sich bequem einführen läßt. Nach dem D.R.P. 193213 vom 24. Mai 1906 werden zur Lösung dieser Aufgabe dem Trinitrotoluol feste, flüssige oder in Lösung gebrachte Harze allein für sich oder unter Beimengung von Dinitrotoluol zugesetzt, und zwar in der Weise, daß bei Anwendung flüssiger Harze, wie z. B. Kopaivbalsam, das kristallinische Trinitrotoluol mit oder ohne Erwärmung zu einem plastischen, gut detonierenden Sprengstoff in geeigneten Mischmaschinen umgearbeitet wird; auch Harze, welche in flüssigen Kohlenwasserstoffen gelöst sind, wie z. B. Lärchenterpentin, lassen sich verwenden. Ebenso sind auch flüssige oder feste Harze, z. B. flüssiger Styrax oder Benzoeharz verwendbar, wenn man diese erst mit flüssigem Dinitrotoluol vereinigt und dann mit Trinitrotoluol zu einem plastischen Sprengstoff verarbeitet. In allen Fällen kann man die Plastizität noch dadurch erhöhen, daß man entsprechende Mengen von Kollodiumwolle hinzufügt, um eine gelatinöse Weichheit hervorzurufen.

Die Harze und das Dinitrotoluol werden — mit oder ohne Zusatz von Kollodiumwolle — zunächst ohne Trinitrotoluol gemengt und längere Zeit unter Erwärmen in einem geeigneten Mischgefäß (z. B. in einem Werner-Pfleidererschen Mischtrog) umgerührt, so daß sie eine dicke Flüssigkeit bilden; letztere wird alsdann dem Trinitrotoluol hinzugefügt, worauf nochmals im Mischgefäß so lange umgerührt wird, bis eine homogene bröckelig-plastische Masse entsteht. — Bei richtig gewählten Mengenverhältnissen zeichnet sich das fertige Produkt dadurch aus, daß die bröckelig-plastische Masse an den Werkzeugen, welche zum Füllen von Geschossen, Minen und Torpedos benutzt werden, nicht haften bleibt, sich gut ohne Hohlräume einstampfen läßt und alsdann ein hohes spez. Gewicht aufweist. Solange das Trinitrotoluol den wesentlichen Bestandteil des Sprengstoffes bildet, kann man die Mischungsverhältnisse so wählen, daß die Sprengkraft gegen die des reinen Trinitrotoluols nur wenig zurücksteht. — Folgende Beispiele sind angegeben:

	I		II		III			
Trinitrotoluol . . .	87	87	85	85	85	85	85	85
Kopaivbalsam . . .	13	12	—	—	—	—	—	—
Lärchenterpentin . .	—	—	15	14	—	—	—	—
Flüssiger Styrax . .	—	—	—	—	5	4·5	—	—
Flüss. Dinitrotoluol .	—	—	—	—	10	10	10	10
Benzoeharz	—	—	—	—	—	—	5	4·5
Kollodiumwolle. . .	—	1	—	1	—	0·5	—	0·5

Diese und ähnliche unter dem Namen Plastrotyl und Plastrit fabrizierten Zusammensetzungen haben indessen gegenüber dem reinen Trinitrotoluol den Nachteil, daß sie bloß eine Dichte von 1·2 bis 1·4 besitzen. Man hat daher versucht, plastischen Trinitrotoluolsprengstoffen durch Beimischung schwerer anorganischer sauerstoffabgebender Salze ein höheres spez. Gewicht zu verleihen, und gleichzeitig damit auch noch die Sprengkraft des Trinitrotoluols zu erhöhen. Das Trinitrotoluol ist nämlich bedeutend sauerstoffärmer als Pikrinsäure, und bei seiner Zersetzung entweicht so viel unwirksamer Kohlenstoff, daß eine Kraftvermehrung durch Zusatz von Sauerstoffträgern durchaus möglich erscheint. Es ist zwar nicht nötig, wie man früher glaubte, allen Kohlenstoff bei der chemischen Zersetzung in Kohlensäure umzusetzen, da das Maximum der Explosionswirkung durchaus nicht von seiner völligen Verbrennung abhängt, sondern im Gegenteil sehr häufig eine Verbrennung zu Kohlenmonoxyd derjenigen zu Kohlensäure vorzuziehen ist. Auf Grund dieser Voraussetzungen hat J. Rudeloff[1] (D.R.P. 201306 vom 29. Sept. 1906) einen schweren plastischen Trinitrotoluolsprengstoff aus reinem Trinitrotoluol und einem möglichst schweren Bindemittel mit einem schweren Sauerstoffträger hergestellt. Die Mischung ist so zusammengesetzt, daß bei der Explosion aller Kohlenstoff zu Kohlenoxyd verbrannt wird. Benutzt man Kaliumchlorat als Sauerstoffträger, so ergibt sich ein plastischer Sprengstoff von 1·85 bis 1·90 spez. Gewicht, der Pikrinsäure und Schießbaumwolle an Explosivkraft übertrifft; setzt man noch etwas Bleinitrat hinzu, so steigert sich die Dichte bis auf 2·0 und höher, ohne daß dabei die Sprengkraft eine wesent-

[1] Zeitschr. f. Schieß- u. Sprengst. 1907, 5.

liche Einbuße erlitte. Für Granat- und Torpedofüllungen werden folgende Mischungen genannt:

	I.	II.
Gelatiniertes Binitrotoluol . (0·6 Kollodiumwolle)	18%	18%
Trinitrotoluol	14%	14%
Kaliumchlorat	68%	60%
Bleinitrat	—	8%.

Ein neuer gelatinöser Trinitrotoluol-Sicherheitssprengstoff liegt vor in dem Schweiz. Pat. 57773 vom 9. Sept. 1911 der Société Universelle d'Explosifs, Paris. Zu dessen Herstellung erhitzt man 21 bis 24 Teile flüssiges Trinitrotoluol im Wasserbade bei 40 bis 50°, fügt 1 bis 2 Teile Kollodiumwolle mit 10 bis 20% Feuchtigkeit hinzu und versetzt das Ganze, sobald sich eine gleichmäßig gelatinöse Masse gebildet hat, mit 78 bis 75 Teilen Kaliumchlorat. Dieser Sprengstoff ist ungefrierbar, gegen Wasser vollkommen unempfindlich und soll bei längerer Lagerung nichts von seiner Plastizität einbüßen. — S. A. G. Nauckhoff in Schweden (Engl. Pat. 26334 vom 6. Juli 1911, Amerik. Pat. 1 058 891 (1913) benutzt zur Herstellung eines plastischen Sprengstoffs ebenfalls flüssiges Trinitrotoluol. Dieses wird mit Nitrozellulose zuerst gelatiniert und dann mit geeigneten gepulverten Sauerstoffträgern, z. B. Nitraten, Perchloraten gemischt. Beispielsweise wird folgende Mischung als Dynamitersatz empfohlen: 31% gelatiniertes Trinitrotoluol, bestehend aus 4% Nitrozellulose und 96% sog. flüssigen Handelstrinitrotoluol, 43% Ammonperchlorat und 26% Natriumnitrat.

3. Das Macarit.

Das Macarit, benannt nach dem belgischen Ingenieur J. de Macar, ist eine Mischung von Trinitrotoluol und Bleinitrat; die Zusammensetzung entspricht der Verbrennungsgleichung:

$$4C_6H_2\cdot CH_3\cdot(NO_2)_3 + 7Pb(NO_3)_2 = 28CO_2 + 10H_2O + 13N_2 + 7Pb,$$

d. h. zur vollständigen Vergasung des Trinitrotoluols sind auf 28·1 Teile desselben 71·9 Teile Bleinitrat erforderlich. Die ersten Versuche zur Herstellung dieses Sprengstoffs gehen auf das Jahr 1891, also gerade in die Zeit zurück, wo man, erschreckt durch mehrere Explosionen, die gefährliche Pikrinsäure durch andere stabilere Zusammensetzungen in den Geschossen zu ersetzen suchte. 1899 wurde das Macarit für Granat- und Minenfüllungen vorgeschlagen; in Belgien wurde es als Militärsprengstoff zu Geschoß-

und Torpedofüllungen benutzt, doch ist über dauernde Anwendung nichts bekannt geworden.

Außer seiner hohen Dichte von 2·2 bis 2·8 soll das Macarit folgende Vorzüge haben:

Handhabungssicherheit und Gefahrlosigkeit der Verarbeitung; genügende Unempfindlichkeit gegen Stoß, um als Geschoßladung bei jeder Anfangsgeschwindigkeit rohrsicher zu sein; gleichmäßige und vollständige Detonation mit den üblichen Zündern; Widerstandsfähigkeit gegen Wärme; nicht hygroskopisch zu sein; Beständigkeit gegen Metalle und Unveränderlichkeit bei der Lagerung.

Gegen Wärme ist das Macarit sehr beständig; 24 Stunden auf 95 bis 100° erhitzt, gibt es keine Spur roter Dämpfe von sich; ebenso wenig besteht bei dieser Temperatur Explosionsgefahr. Es ist schwer entzündlich und brennt, einmal entzündet, selbst bei größeren Massen langsam und ohne Explosion ab.

Zu Geschoßfüllungen wird das Macarit entweder gepreßt oder gegossen; im ersten Falle wird eine Dichte von 2·7 bis 2·8 erreicht, während die Dichte des geschmolzenen Sprengstoffs diesem Betrage etwas nachsteht. Die Detonationsgeschwindigkeit des Makarits wurde von Kast[1] zu 4600 bis 4700 m/s ermittelt, ist also bedeutend kleiner als diejenige des Trinitrotoluols.

Neben diesem, als Nr. 2 benannten und zu Geschoßfüllungen benutzten Macarit, besteht noch ein Typ Nr. 1, der sich aus 50 Teilen Trinitrotoluol und 50 Teilen Bleinitrat zusammensetzt und dessen Maximaldichte 2·2 beträgt.

4. Trinitrotoluol als Bestandteil andrer Sprengstoffe.

Trinitrotoluol findet auch ausgedehnte Anwendung als Bestandteil der verschiedensten Sprengstoffe; besonders bei den Sicherheitssprengstoffen hat es sich als Ersatz vieler Nitroverbindungen der aromatischen und der Naphthalinreihe eingebürgert. Vielfach wird das Trinitrotoluol in solchen Zusammensetzungen, zumal wenn es mit anderen Nitroverbindungen gemischt oder gelatiniert wird oder sonst einen kleinen Bruchteil der Sprengstoffmasse bildet, nicht in reiner kristallisierter Form angewendet, sondern je nach Maßgabe als 72/74 oder 77/79iger Trinitrotoluol. Für Ammonsalpetersprengstoffe wird vorzugsweise das 72/74er Produkt benutzt. So bildet Trinitrotoluol einen mehr oder weniger größeren Bestandteil (4 bis 17%) von folgenden Sicherheitssprengstoffen: Alldorfit, Permonit I und II, Faviersche Spreng-

[1] Zeitschr. f. Schieß- u. Sprengst. 1913, 89.

stoffe, Densit D und E, Baelenit, Donarit, Astralit, Wetter-Astralit, Fulmenit, Wetterfulmenit, Roburit II, Roburit IT, Roburit IIa, Sekurit, Neu-Dahmenit, Gelatine-Dahmenit, Chromammonit, Dorfit I und II u. a. Im folgenden seien einige Zusammensetzungen angeführt:

	Baelenit	Dorfit II	Donarit	Roburit	Wetter-Astralit	Neu-Dahmenit	Alldorfit
Ammonnitrat . .	85	61	80	75·5	74·5	68	81
Trinitrotoluol . . .	15	15	12	12·0	7·0	10	17
Mehl	—	4	4	6·0	—	2·5	2
Nitroglyzerin . . .	—	—	3·8	—	4·1	—	—
Kalisalpeter . . .	—	5	—	5·0	—	2·0	—
Natriumchlorid . .	—	15	—	5·0	10·0	15·5	—
Kollodiumwolle . .	—	—	0·2	—	—	—	—
Kaliumpermanganat	—	—	—	0·5	—	—	—
Paraffinöl	—	—	—	—	2·5	—	—
Holzkohle	—	—	—	—	1·0	2·0(Koks)	—

Auch in Verbindung mit Erdalkalinitraten werden Trinitrotoluolsprengstoffe dargestellt; so nach dem Amerik. Pat. 1056389 vom Jahre 1912 aus 69·3 Teilen Bariumnitrat, 28·7 Teilen Trinitrotoluol und 2 Teilen Chromat.

Von den neuesten Sprengstoffmischungen seien genannt, die Yonckite antigrisouteuse und Yonckite brisante von Daniel[1]; der letztere Sprengstoff soll sich besonders für militärische Zwecke eignen und vielleicht den Sprengstoff Melinit ersetzen können.

	Yonckite antigrisouteuse	Yonckite brisante
Ammoniumperchlorat . .	25	20
Ammoniumnitrat	30	27
Natriumnitrat	15	27
Bariumnitrat	—	6
Natriumchlorid	20	—
Trinitrotoluol	10	20

Nach eingehender Prüfung dieser Sprengstoffe, beschloß die französische Kommission die Fabrikation des ersten Typs durch den Staat abhängig zu machen. Auf die Verwendbarkeit der Yonckite brisante als Militärsprengstoff wurde besonders hingewiesen.

[1] Mém. poudr. salp. XVII, 170—172 (1913/14); vgl. Ztschr. f. Schieß- u. Sprengst. 1914, 152.

7. Höhere aromatische Nitroverbindungen.

(Nitroverbindungen des Xylols, Cumols, Mesitylens, der Solventnaphtha und des Teers.)

Die Nitroverbindungen der höheren Homologen des Benzols werden kaum mehr für sich als reine isolierte Nitrokörper, sondern stets als Gemisch mehrerer Nitroverbindungen, z. B. mehrerer Isomeren unter sich wie bei Xylol oder verschiedener Homologen mit anderen Sprengstoffbestandteilen verwertet. Schon beim Xylol, dem nächstfolgenden Homologen des Toluols, schenkt man der Reinheit der einzelnen Nitrierungsstufen viel weniger Aufmerksamkeit, sondern verwendet Mono-, Di- oder Trinitroxylole, unbekümmert darum, ob sie einen mehr oder weniger kleinen Prozentsatz an minder nitrierten Bestandteilen enthalten. Da die Unterschiede zwischen den höheren Kohlenwasserstoffen der aromatischen Reihe mit zunehmender Anzahl der Kohlenstoffatome immer geringer werden, so ist eine Trennung derselben meistens so schwierig, daß sie praktisch unmöglich wird. Man nitriert daher allgemein bestimmte Fraktionen der Solventnaphtha oder anderer geeigneter Teerdestillationen von höherem Siedepunkt und verwendet die so erhaltenen Nitrokörper direkt für die Sprengstofffabrikation.

Die Nitroxylole gleichen in ihrer Herstellungsart und in ihren Eigenschaften ganz den entsprechenden Nitrotoluolen; sie sind meistens flüssig, sowohl in der zwei- wie in der dreifach nitrierten Stufe, und werden deshalb ähnlich dem Nitrobenzol und dem Mono- und flüssigen Dinitrotoluol für plastische Sprengstoffe verwendet. Folgendes sind einige Zusammensetzungen dieser Art, fabriziert von dem Konsortium zur Verwertung des Sicherheitssprengstoffes „Monachit“ in München.

	Monachit IIb	Monachit IId	Monachit III
Ammonsalpeter . . .	64	64	Zusammensetzung wie Monachit IId, jedoch das Trinitroxylol in öliger Form.
Alkalinitrat	3	3	
Nitrozellulose . . .	1	1	
Holzkohle	1	1	
Alkalichlorid . . .	17	19	
Trinitroxylol	14	12	

Simon Adde in Grängesberg (Schweden) stellt einen neuen plastischen Sprengstoff (Brit. Pat. 13373 vom 6. Juni 1912) her, indem er zur Bereitung der Gelatine die flüssigen Nitroverbindungen verwendet, welche bei der Herstellung von Mono-, Di- oder Trinitroxylol oder von Mono-, Di- oder Trinitrocumol erhalten werden. Die mit Hilfe solcher Gelatinen bereiteten Sprengstoffe sollen sich dadurch auszeichnen, daß sie selbst bei hohen Kältegraden (bis -20^{0}) nicht gefrieren. Die Gelatinen werden mit Sauerstoffträgern verarbeitet, z. B. nach folgender Mischung:

Nitroxylol (flüssiges Di- oder Trinitroxylol) . .	20%
Nitroglyzerin	5%
Schießbaumwolle	1%
Ammoniumperchlorat	40%
Ammoniumnitrat	32%
Ferrosilicium	2%.

Ebenfalls zur Hauptsache aus Nitroxylolen bestehen die von Carl Distler, Emilio Blecher und Carlos Lopez (D.R.P. 212906, 214887 und 242731) hergestellten Nitroverbindungen aus Solventnaphtha, die nach dem Franz. Pat. 380996 vom 19. August 1907 zu Sicherheitssprengstoffen Verwendung finden. Diese Nitroverbindungen, die aus den zwischen 130 und 170^{0} übergehenden Kohlenwasserstoffen der Solventnaphtha stammen, enthalten gemäß den Siedepunkten, neben den Nitroprodukten der Xylole auch noch solche des Cumols, des Mesitylens u. a. Je nach den betreffenden kleinen Anteilen, die man aus der großen Fraktion 130 bis 170^{0} für sich nitriert, erhält man flüssige oder feste Nitrokörper; beide geben mit Ammonnitrat oder anderen Nitraten oder anderen sauerstoffabgebenden Komponenten, wie Ammonium- und Kaliumperchlorat oder Metalloxyden Sprengstoffe, vorzugsweise Sicherheitssprengstoffe. So erhält man durch inniges Vermischen von 12 Teilen nitrierter Solventnaphtha mit 88 Teilen Ammonnitrat einen gegen Stoß und Schlag vollkommen unempfindlichen Sprengstoff, der weder beim Erhitzen auf 200^{0} noch in der Flamme explodiert, aber durch Initialimpuls mit großer Brisanz detoniert. Andererseits kann man die Nitroprodukte der Solventnaphtha auch mit anderen Explosivstoffen wie Pikrinsäure, Hexanitrodiphenylamin, Kollodiumwolle, mit oder ohne sauerstoffabgebenden Körpern mischen.

Unter dem Namen „Nitrol“ benutzt Oswald Silberrad-England (Engl. Pat. 13860/1912, Schweiz. Pat. 63364/1912) die aus einer zwischen 200 und 350^{0} siedenden Fraktion des Steinkohlenteers erhaltenen Nitroprodukte zu Sprengstoffen. Das Nitrol ist hauptsächlich ein flüssiges Gemenge von Nitroderivaten verschiedener Methylnaphthaline. Der Explosivstoff ist plastisch und fähig, eine große Menge hochnitrierter Verbindungen der Benzolreihe, wie Trinitrotoluol aufzulösen und darum zur Herstellung von plastischen Sicherheitssprengstoffen mit großer Explosivkraft und Dauerhaftigkeit geeignet.

Beispiel:

Nitrol	10 Teile
Hochnitrierte Benzolkohlenwasserstoffe	20 „
Kollodiumwolle	0·5 „
Sauerstoffabgebende Körper	70 „

Die Mischung kann ferner Stabilisatoren und Holzmehl enthalten.

8. Nitronaphthaline.

A. Eigenschaften.

Von den vier verschiedenen, stufenweise höher nitrierten Naphthalinen wird in der Sprengstofftechnik besonders in Frankreich häufig Gebrauch gemacht, und zwar vorzugsweise zu Sicherheitssprengstoffen in Verbindung mit einem großen Prozentsatz sauerstoffgebender Materie in Form von Nitraten, meistens Ammonnitrat.

1. Mononitronaphthalin. Das technische Produkt ist ein Gemisch zweier Isomeren vom Schmelzpunkt 61 und 79°; es schmilzt bei 52° und ist ausgezeichnet durch sein Lösungsvermögen für höher nitrierte Naphthaline. Mononitronaphthalin zersetzt sich nicht bei langsamem Erwärmen, bei raschem dagegen tritt starke Verpuffung ein. Mit starker Sprengkapsel ist es detonierbar, wenn auch nur unvollständig.

2. Dinitronaphthalin. Das Dinitronaphthalin des Handels stellt eine Mischung der bei 240 und 170° schmelzenden α- und β-Verbindung dar; sein Schmelzpunkt liegt ungefähr bei 185°. Auch diese Nitroverbindung zeichnet sich wie die vorhergehende durch große Unempfindlichkeit aus.

3. Trinitronaphthalin. Handelstrinitronaphthalin ist ein Gemenge dreier isomerer Verbindungen vom Schmelzpunkt 122, 147 und 223° und schmilzt bei 214°. Es ist ein wenig explosiver als das vorhergehende Dinitroprodukt, hat aber vor diesem den Vorteil, daß es mit Nitraten viel leichter mischbar ist, immer pulverförmig und trocken bleibt, während Dinitro- und Mononitronaphthalin sich leicht zusammenballen.

4. Tetranitronaphthalin. Diese höchste Nitrierungsstufe des Naphthalins besteht aus zwei Isomeren, die als technisches Tetranitroprodukt gegen 200° schmelzen.

Über die Explosivität des Dinitro- und Trinitronaphthalins sind von W. Will Versuche angestellt worden. Danach sind diese beiden Nitronaphthaline gegen Schlag viel weniger empfindlich als Pikrinsäure; Verpuffung tritt erst beim Schlag mit einem Hammer von 0·3 kg ein. Mit dem 2 kg-Fallhammer geprüft, erweist sich Trinitronaphthalin als eine der unempfindlichsten Substanzen; nach obigem Autor[1] trat erst bei 175 cm Fallhöhe Explosion ein, während vergleichsweise Dinitrobenzol, das selbst schon an Unempfindlichkeit fast alle anderen aromatischen Nitroverbindungen übertrifft, schon eine solche bei 120 cm lieferte. Hüllt man die Nitrokörper in Stanniolpapier ein, so erfolgt allerdings eine Explosion, aber nur an der vom Schlage getroffenen Stelle, auch pflanzt sich die Reaktion nicht weiter fort. Bei langsamem oder schnellem Erwärmen (rotglühende Platte) tritt erst Schmelzen und dann Verbrennung, aber ohne Explosion ein. Reibung ist ganz ohne Wirkung; die beiden Nitronaphthaline lassen sich also ohne irgendwelche Gefahr bei gewöhnlicher Temperatur verarbeiten, da sie gegen mechanische Einflüsse außerordentlich unempfindlich und schwer entzündlich sind. Detoniert man 10 g Substanz mit einem 2 g starken Zündsatz im Bleiblock, so tritt nur unvollständige Explosion ein.

Erwärmt man indessen die beiden Nitronaphthaline auf 110°, so werden sie gegen Schlag empfindlicher, und zwar in der Weise, daß mit ihnen keine energische Operation (z. B. mahlen) mehr vorgenommen werden darf, wenn man sie gleichzeitig bei höherer Temperatur trocknet. Die ganze Masse könnte in Entzündung geraten, auch wenn eine Explosion sehr unwahrscheinlich ist.

Gewöhnlich sind die Nitronaphthaline der Technik Mischungen verschiedener Nitrierungsstufen, deren Explosivkraft von dem Stickstoffgehalt abhängig ist. In der manometrischen Bombe ergaben die einzelnen Nitroprodukte bei einer Dichte von 0·3 folgende Drucke:

Mononitronaphthalin	1208 kg/qcm
Dinitronaphthalin.	2355 „
Trinitronaphthalin	3275 „
Tetranitronaphthalin	3745 „

Tetranitronaphthalin zersetzt sich nach folgender Gleichung:

$$C_{10}H_4(NO_2)_4 = C_4 + 6CO + 2H_2O + 2N_2 \, .$$

Es ist daher, wie aus dem oben angegebenen Drucke und aus dieser Gleichung hervorgeht, auch für sich als Explosivstoff der Anwendung fähig; die Zersetzung ist sogar besser als beim Trinitrotoluol, wo das Verhältnis von unverbrennlichem Kohlenstoff zu Kohlenoxyd bedeutend ungünstiger ist als hier.

---

[1] Zeitschr. f. Schieß- u. Sprengst. 1906, 212.

B. Anwendung der Nitronaphthaline.

Wie bereits erwähnt, dienen die Nitronaphthaline größtenteils zur Herstellung von Sicherheitssprengstoffen, vorzugsweise vom Typus Favier. Aus ökonomischen wie auch aus anderen Gründen, ersetzt man mit ihnen die früher angewandten einfach nitrierten aromatischen Kohlenwasserstoffe, beispielsweise das Nitrobenzol, das sowohl in der Billigkeit wie in den sprengtechnischen Eigenschaften hinter der Naphthalinverbindung zurücksteht. Im ferneren sind die Nitronaphthaline als Zusatz für Nitroglyzerinsprengstoffe empfohlen worden, einerseits um ihre große Empfindlichkeit gegen mechanische Einflüsse abzuschwächen, andererseits um die Gefriertemperatur der Dynamite herabzusetzen. Um jedoch die Dynamite auf diese Art ungefrierbar zu machen, muß Nitronaphthalin in verhältnismäßig großen Mengen zugesetzt werden.

Die Favierschen Sicherheitssprengstoffe (anti-grisou Favier) enthalten neben anderen nitroaromatischen Verbindungen meistenteils Nitronaphthaline mit Nitraten in solchen Verhältnissen gemischt, als die vollständige Verbrennung es erfordert. Das Verhältnis für Mononitronaphthalin und Ammonnitrat ergibt sich aus folgender Gleichung:

$$2C_{10}H_7(NO_2) + 43NH_4NO_3 = 20CO_2 + 93H_2O + 44N_2 .$$

Danach erfordern 9·14 Teile Mononitronaphthalin, 90·86 Teile Ammonnitrat. Für Dinitronaphthalin ist das Verhältnis zu Ammonnitrat 12·5 zu 87·5;

$$C_{10}H_6(NO_2)_2 + 19NH_4NO_3 = 10CO_2 + 41H_2O + 20N_2 ,$$

und für Trinitronaphthalin 17 zu 83. Im folgenden seien einige der wichtigsten Zusammensetzungen dieser Sprengstoffklasse wiedergegeben:

	Explosiv-Type oder Antigrisou Nr. 1		Antigrisou Nr. 0	Antigrisou Nr. 2		Antigrisou Nr. 3	Explosiv Nr. 3	Grisounite couche	Grisounite roche
Ammonnitrat	88	87·40	80·57	81·49	80·40	82	17·48	95·5	91·5
Mononitronaphthalin	—	—	—	—	—	—	13·52	—	—
Dinitronaphthalin	12	12·60	6·36	11·11	11·70	—	—	—	—
Trinitronaphthalin	—	—	—	—	—	5	—	4·5	8·5
Ammonchlorid	—	—	13·07	7·40	—	13	—	—	—
Natriumnitrat	—	—	—	—	—	—	64	—	—

(Über die Darstellung und die sprengtechnischen Eigenschaften dieser und noch vieler anderer Zusammensetzungen vergleiche man Ammonsalpeter-Sprengstoffe, Band 4 dieser Sammlung.)

Außer den Nitronaphthalinen werden nach neuesten Patenten zur Herstellung von Sicherheitssprengstoffen vorteilhaft die Salze der Mononitronaphthalinsulfosäure verwendet, ähnlich wie das mit nitrophenol- und nitrokresolsulfosauren Salzen bereits angegeben worden ist. Die vereinigten Köln-Rottweiler Pulverfabriken (D.R.P. 267542 vom 28. April 1912) stellen direkt detonierbare Sprengstoffgemische entweder durch Vermischen von Nitronaphthalinsulfosalz (25%) mit 75% Chilesalpeter, oder durch Lösen von 1 Mol Sulfosäure und 7 Mol Nitrat zusammen in Wasser und nachherigem Eindampfen der Lösung zur Trockne her. Auf letztere Weise erhält man das mononitronaphthalinsulfosaure Salz mit 6 Mol Nitrat in so inniger Mischung, daß das Ganze sofort als Sprengstoff brauchbar ist. 500 g dieser Mischung entzünden Schlagwetter- und Kohlenstaubgemische nicht; wird jedoch der Natronsalpeter ganz oder teilweise durch Ammonnitrat ersetzt, so erhöht sich die Sicherheit noch beträchtlich. — Auch die binitrosulfosauren Salze des Naphthalins lassen sich zu direkt detonierbaren Sprengstoffen verwenden.

II. Nitrierte Phenole.

1. Nitrophenole.

Von den drei isomeren Mononitrophenolen kommen für die sprengtechnische Verwendung nur die ortho- und para-Verbindung in Betracht. o-Nitrophenol ist ein gelber, in kaltem Wasser schwer löslicher Körper, der bei 45° schmilzt und sich bei 214° ohne Zersetzung destillieren läßt; p-Nitrophenol ist leichter löslich in Wasser, es kristallisiert in farblosen, bei 114° schmelzenden Nadeln. Die Nitrophenole zeigen keinerlei explosive Neigungen; sie besitzen saure Eigenschaften und bilden fast mit allen Metallen Salze. Die ortho-Nitrophenolate sind gut kristallisierende Salze von meistens scharlachroter Farbe; die para-Nitrophenolate sind gelb. Die Salze sind nicht explosiv.

Die Sulfosäuren der Nitrophenole, die in der neuesten Zeit in Form ihrer Alkalisalze zu Sicherheitssprengstoffen Anwendung finden, sind 1. die p-Nitrophenol-o-sulfosäure und 2. die o-Nitrophenol-p-sulfosäure, welche beide mit 3 Mol Wasser kristallisieren. Das technische Produkt ist eine Mischung der beiden Nitrophenolsulfosäuren, ebenso die daraus gewonnenen Alkalisalze, von der Formel $C_6H_4NSO_6Na$ und $C_6H_3NSO_6Na_2$, die je mit zwei bzw. drei Molekülen Wasser kristallisieren.

Früher wurde das Nitrophenol kaum zu Sprengstoffmischungen verwendet; heute dagegen macht es nach einigen neuen Patenten einen wichtigen Bestandteil für Sicherheitssprengstoffe aus, sei es als Nitrophenol selbst oder in Form eines nitrophenolsulfosauren Alkalisalzes. Adolf Voigt in Gießen hat im Jahre 1911 einen Sicherheitssprengstoff folgender Zusammensetzung in mehreren Staaten patentieren lassen:

Mononitrophenol- oder sulfokresolsaures Natrium	25%	22·5%
Kalium- oder Natriumnitrat . .	65%	45 %
Kaliumperchlorat	10%	22·5%
Ammonnitrat	—	10 %.

Der Sprengstoff soll um 30% kräftiger sein, als die gewöhnlichen Nitratpulver und durch Zusatz von Ammoniumnitrat in hohem Grade wettersicher werden. Die Vereinigten Köln-Rottweiler Fabriken (D.R.P. 260312 vom 13. Dez. 1910) verwenden an Stelle des einfachen Nitrophenols die Alkalisalze der Mononitrophenolsulfosäuren zur Herstellung direkt detonierbarer Sprengstoffe. Die Herstellung und Verwendung geschieht analog, wie dies bei den Salzen der Nitrokresolsulfosäure (Seite 367) beschrieben ist.

2. Dinitrophenol.

Von den sechs verschiedenen Isomeren des Dinitrophenols kommt sprengtechnisch nur die α-Verbindung in Betracht.

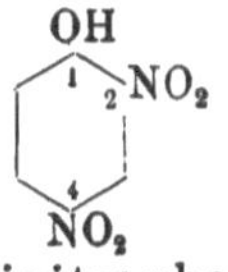

α-Dinitrophenol.

Das 1,2,4-Dinitrophenol ist ein in Wasser und heißem Alkohol leicht löslicher, schwach gelblicher, geruchloser Körper, der bei 114° schmilzt und bei schnellem Erhitzen sich unter schwacher Explosion zersetzt. Bezüglich der Schlagempfindlichkeit gehört das Dinitrophenol zu den ziemlich unempfindlichen Substanzen, immerhin ist es schon bedeutend empfindlicher als Dinitrobenzol oder gar Dinitrotoluol; nach Fallhammerversuchen klassifiziert es sich nach dem Trinitrotoluol, was allein auf den lockernden Einfluß der Hydroxylgruppe zurückzuführen ist. — Die Salze des Dinitrophenols sind von orangegelber Farbe und ebenfalls explosiv, besonders das neutrale Bleisalz $[C_6H_3(NO_2)_2O]_2Pb + 6H_2O$, welches zu den heftig detonierenden Verbindungen zählt.

Das Ammonium- und das Kaliumsalz kristallisieren in gelben Nadeln, die in Wasser und Alkohol wenig löslich sind.

Die Anwendung des Dinitrophenols in der Sprengstoffindustrie ist bis heute eine recht beschränkte geblieben, was sehr erklärlich ist. Einerseits besitzt das zweifach nitrierte Phenol nicht genügend Sauerstoff, um einen vollwertigen Sprengstoff abgeben zu können wie die Pikrinsäure z. B., andererseits ist seine Herstellung nicht so einfach, weil die Nitrierung immer genau berechnete und abgewogene Nitriermengen erfordert und selbst dann stets noch Pikrinsäure enthält, die schwierig zu entfernen ist. Zudem stellt sich das Dinitrophenol teurer als irgendeine andere Dinitroverbindung der aromatischen Kohlenwasserstoffreihe. Der einzige größere Versuch Dinitrophenol sprengtechnisch zu verwerten, datiert aus dem Jahre 1893. Dr. Otto Borgmann hat in den D.R.P. 72945 und 73205 vom gleichen Jahre ein Verfahren zur Darstellung von Sprengstoffen unter Verwendung der aus Dinitrophenolen und Ammoniak bzw. aromatischen Aminen und Kohlenwasserstoffen erhaltenen Verbindungen beschrieben. Dinitrophenol bzw. Dinitrokresol liefert nämlich mit Ammoniak, ja sogar mit Aminen wie Anilin, Toluidin, Naphthylamin, ferner mit Kohlenwasserstoffen wie Benzol, Toluol, Naphthalin stabile, salzartige Verbindungen, die wegen ihres niedrigen Schmelzpunktes ein sehr inniges Mischen mit einem anorganischen Sauerstoffkörper gestatten und darum eine möglichst günstige Explosionsübertragung bewirken. (Über Herstellung und Zusammensetzung dieser Sprengstoffe vergl. Abschn. V, Seite 265—267.) Indessen scheint man von diesen Versuchen später ganz abgekommen zu sein.

3. Trinitrophenol.

Pikrinsäure.

A. Eigenschaften.

a) Allgemeine physikalische und chemische Eigenschaften. Die Pikrinsäure ist ein fester, in langen flachen, glänzend zitronengelben Nadeln kristallisierender Körper von bitterem Geschmack. Sie ist in kaltem Wasser nur schwer löslich; nach Marchand löst sich ein Teil Pikrinsäure

bei 5°	in	106	Teilen	Wasser
15°	„	86	„	„
20°	„	81	„	„
22·5°	„	77	„	„
26°	„	73	„	„

bei 77° in 26 Teilen Wasser
100° „ 20 „ „

Pikrinsäure ist leicht löslich in Alkohol, Äther und Benzol, ferner in Chloroform, Petroleum, Schwefelkohlenstoff und in konzentrierter Salpeter- und Schwefelsäure. Die Lösung in konzentrierter Schwefelsäure (66° Bé) ist farblos; fügt man zwei bis drei Teile Wasser hinzu, so fällt die Pikrinsäure wieder aus. Die wässerige Lösung reagiert sauer, rötet Lackmuspapier und färbt animalische Gewebe wie Seide, Wolle, Haut usw. echt gelb. — Pikrinsäure ist ein schwaches Gift; ihre schlimmen Eigenschaften machen sich weniger bei der Herstellung als vielmehr bei der Verarbeitung und Verpackung des reinen Produkts in Form von Kristallstaub auf den Organismus geltend.

Pikrinsäure ist nicht hygroskopisch, sie zeichnet sich durch absolute Lagerbeständigkeit und Unzersetzlichkeit aus. Temperaturunterschieden und erhöhter Temperatur gegenüber ist sie unempfindlich; dagegen besitzt sie die unangenehme Eigenschaft, mit Metallen sehr leicht Salze zu bilden, welche bedeutend empfindlicher und gefährlicher als die Pikrinsäure selbst sind und durch ihre Detonation die Pikrinsäure mit zur Detonation bringen können. Die reine Pikrinsäure schmilzt bei 122° zu einem gelben Öl und sublimiert, vorsichtig weiter erhitzt, ohne sich zu zersetzen; bei plötzlicher Erhitzung jedoch explodiert sie. Obgleich schon große Mengen Pikrinsäure entzündet wurden, ohne zu explodieren, so hat sich doch gezeigt, daß sie unter außerordentlichen Umständen heftig wirkende Knallsätze bilden kann. Im Jahre 1887 fand in der chemischen Fabrik von Roberts, Dale & Co. bei Manchester eine verheerende Explosion von Pikrinsäure statt, und Versuche, welche Dr. Dupré und sodann in größerem Maßstabe Abel in Woolwich ausführten, ergaben, daß selbst oberflächliche Mischungen mit Bleiglätte oder Bleinitrat oder Strontiumnitrat u. dergl. heftig detonierende Mischungen ergaben, ja daß sogar bloße Berührung von Bleiglätte mit brennender Pikrinsäure zur Detonation der ganzen Masse führt. Seit diesen Untersuchungen hat man daher allgemein angenommen, daß bei den durch Brand verursachten Pikrinsäureexplosionen, die Pikrinsäure nie direkt Anteil an der Explosion gehabt habe, sondern daß die Explosion immer durch Zwischenbildung von Pikraten zustande gekommen sei. Nach Kast[1] hat diese Regel indessen nur beschränkte Gültigkeit, er äußert sich darüber wie folgt:

---

[1] Zeitschr. f. Schieß- u. Sprengst. 1911, 7.

„Außer den Explosionen, deren Ursache durch die chemische Natur der Pikrate hinreichend erklärt ist, finden sich in der Unfallstatistik jedoch noch andere angeführt, bei denen die Mitwirkung größerer Mengen von Pikraten von vornherein ausgeschlossen war. Man hat bei einzelnen dieser Fälle angenommen, daß die Pikrate zwar nicht direkt an der Explosion beteiligt waren, daß sie aber als Detonationserreger (Detonatoren) gewirkt und als solche die Explosion der Pikrinsäure eingeleitet und herbeigeführt haben. Diese Annahme hat aber wenig Wahrscheinlichkeit für sich. Die Detonationswirkung des kräftigsten der Pikrate, des Bleipikrats, bleibt hinter derjenigen der eigentlichen Detonatoren, wie Knallquecksilber weit zurück. Eine initiierende Wirkung der Pikrate ist nur dann anzunehmen, wenn größere Mengen zur Explosion kommen, wenn diese an einzelnen Stellen angehäuft sind und sich in direkter Berührung mit der Hauptmenge der Pikrinsäure befinden; dies ist aber meist nicht der Fall. Die Pikrate werden sich vielmehr nur auf größere Flächen in dünner Schicht verteilt, z. B. am Boden, den Wänden und den Rohrleitungen der Betriebsgebäude ansammeln. Eine gewisse Gefährlichkeit der Pikrate bleibt aber in diesen Fällen doch bestehen, insofern als diese Salze durch Stoß und Reibung leicht entzündbar, das Feuer in dünner Schicht besser fortleiten als die in den kleinen Mengen verhältnismäßig schwer entzünd- und brennbare und nicht direkt explodierbare Pikrinsäure. In der Tat ist diese Eigenschaft der Pikrate, insbesondere des Eisenpikrats, in manchen Fällen die Ursache eines Brandes gewesen.

Es ist nun bekannt und durch Versuche oft bestätigt worden, daß in Brand geratene Pikrinsäure selbst in Mengen bis zu 1000 kg ruhig abbrennt, ohne zu explodieren, namentlich an Orten, wo sie sich in geschmolzenem Zustand auf größere Flächen ausbreiten kann. Hier ist eine Überhitzung, welche die Vorbedingung einer Explosion bildet, so gut wie ausgeschlossen. Da wo aber eine solche Ausbreitung nicht möglich ist, z. B. wo sich größere Mengen des Sprengstoffs in Steintrögen und ähnlichen Orten befinden, oder wo bei kleineren Mengen eine Drucksteigerung wie z. B. in geschlossenen Gefäßen stattfinden kann, wird eine Explosion, wie M. Berthelot durch Versuche nachgewiesen hat, auch ohne das Vorhandensein von Detonatoren eintreten müssen, da hier die thermochemischen Bedingungen für eine Explosion vorliegen, die nach van t'Hoff darin bestehen, daß die Zufuhr der Energie rascher stattfindet als die Ableitung durch Leitung, Strahlung, Konvektion, Änderung des Aggregatzustandes (Schmelzen und Verdampfen). Die Überhitzung braucht sich nicht auf die ganze Masse zu erstrecken, sondern es genügt zu einer Einleitung der Explosion, daß sie lokal erfolgt, da in diesem Fall die zuerst detonierende Menge die Rolle des Detonators übernimmt."

b) Einwirkung auf Metalle. Die Prüfung der direkten Einwirkung von Pikrinsäure und Trinitrokresol auf Metalle bei Gegenwart von Wasser wurde von Kast[1] in zwei Versuchsreihen unternommen. Bei der einen wurden wäßrige Lösungen von Pikrinsäure und Trinitrokresol mit Metallpulver versetzt, bei der anderen wurden die beiden Substanzen mit Wasser zu einem Brei angerührt und in diesen Brei Metallplatten hineingestellt. Im ersten Fall wurden 10 g des Metallpulvers mit einer Lösung von 5 g Pikrinsäure oder Trinitrokresol in $2^1/_2$ Liter Wasser unter häufigem Umschütteln drei Wochen lang stehen gelassen; schon nach kurzer Zeit verfärbten sich die Flüssigkeiten, und zwar trat die Verfärbung mit Eisen, Zink, Kupfer und Aluminium bei Pikrinsäure schneller und stärker ein als bei Trinitrokresol. Nach drei Wochen wurde das Verhältnis der unveränderten zu der als Salz in Lösung gegangenen Pikrinsäure ermittelt: man fand, daß sowohl bei Pikrinsäure wie bei Trinitrokresol faßt die Gesamtmenge in Salz übergeführt worden war; die Menge unveränderter Pikrinsäure oder unveränderten Trinitrokresols betrug nirgends über 0·35 g. Die erhaltenen Salze stimmten bei Fallhammerversuchen in ihrer Explosivität ziemlich mit den reinen Salzen überein. In der zweiten Versuchsreihe wurden Metallplatten in einen Brei aus 50 g Pikrinsäure oder Trinitrokresol und etwa 200 g Wasser gestellt, nach 4 Wochen herausgenommen und die Menge der gebildeten Salze bestimmt. Sämtliche Salze (mit alleiniger Ausnahme des Aluminiums) wurden auch hier als explosiv befunden.

Aus allen diesen Untersuchungen geht hervor, daß Pikrinsäure und Trinitrokresol leicht direkt mit Metallen bei Anwesenheit von Wasser Salze bilden; ferner zeigt sich, daß die Einwirkung von Trinitrokresol auf Metalle unter den beschriebenen Umständen im allgemeinen langsamer vor sich geht, als die Einwirkung von Pikrinsäure.

Über die Einwirkung geschmolzener Pikrinsäure auf Schwermetalle sind von Saposchnikow[1] Untersuchungen angestellt worden. Diese Einwirkung ist besonders beim Füllen von Artilleriegeschossen mit Melinit von Bedeutung, da schon beim Eingießen des Sprengstoffs eine, wenn auch nur kurz dauernde Wirkung der Metalle auf die geschmolzene Pikrinsäure zu erwarten ist und sodann beim Aufbewahren der Melinitgeschosse eine gegenseitige Reaktion zwischen Metall und fester Pikrinsäure stattfinden kann.

Die Untersuchungen über die Wirkung der Metalle auf geschmolzene Pikrinsäure wurden folgendermaßen ausgeführt: In ein Gläschen wurde 1 g Metall in Form von Säge- oder Hobelspänen gegeben, dazu 2 g Pikrinsäure hinzugefügt und das Ganze

[1] Zeitschr. f. Schieß- u. Sprengst. 1911, 184.

in einen Thermostat bei 125° gestellt. Die schmelzende Pikrinsäure schützt das Metall vollkommen gegen Einwirkung der Luft; außerdem kommt die Pikrinsäure, bei dem zermalmten Zustande des Metalls, mit einer großen Oberfläche in enge Berührung, was die gegenseitige Wirkung sehr erleichtert. Folgende Tabelle zeigt die Resultate der Untersuchungen.

Metalle	Färbung der Pikrinsäure	Konsistenz	Gewichtsverlust des Glases mit der Probe g	Dauer der Erhitzung
Eisen . . .	bräunlich	blasenförmig	0·0069	$8^1/_2$ bis 9^h
Kupfer . .	dunkel mit grünlichem Schiller	„	0·0128	
Zink. . . .	dunkel	—	0·009	
Zinn. . . .	unverändert	—	0·0006	
Blei	bräunlich, dunkel	—	0·0056	
Mangan . .	schwarz	—	0·0035	
Nickel . .	hellgelb	—	Gew. unverändert	
Aluminium .	dunkelgelb	—	0·0029	
Messing . .	schwarz mit grünlicher Nuance	—	0·009	

Die zusammengeschmolzene Masse wurde aus jedem Glase mit heißem Wasser extrahiert und vermittelst passender Methoden die Menge der von der Pikrinsäure gelösten Metalle, welche die entsprechenden Pikrate gebildet hatten, aus den Lösungen bestimmt.

Metalle	Gewicht des gelösten Metalls	Gewichtsverhältnis Aluminium = 1	Relativzahlen für die Wirkung der Pikrinsäure auf Metalle von gleicher Oberfläche
Zinn	0	0	—
Aluminium . . .	0·0488	1	1
Eisen	0·1530	3·14	6·38
Kupfer	0·1754	3·60	8·22
Nickel	0·1862	3·80	7·33
Zink	0·2046	4·17	9·42
Blei	0·2798	5·63	34·51

Aus der letzten Kolonne ist die alle anderen Metalle um ein vielfaches übertreffende Reaktionsfähigkeit des Bleis mit fester Pikrinsäure ersichtlich, — eine insofern merkwürdige Tatsache, als Blei in wässerigen Pikrinsäurelösungen in bezug auf Einwirkung nur einen mittleren Rang in obiger Metallreihe einnimmt.

c) Dichte. Gepreßt oder geschmolzen besitzt die Pikrinsäure ein spezifisches Gewicht von 1·6 bis 1·7. Wie bei anderen

Nitrokörpern erreicht man auch hier die größte Dichte durch Pressen. In dem Diagramm (S. 295) sind die Dichten von Pikrinsäure bis zu Drucken von 4000 kg pro qcm neben denen von Trinitrobenzol und Trinitrotoluol graphisch wiedergegeben; danach beträgt die Dichte der Pikrinsäure bei einem

Druck kg/qcm	
275	1·315
685	1·480
1375	1·614
2060	1·672
2750	1·714
3435	1·731
4125	1·740.

Die mittlere Dichte der gegossenen Pikrinsäure beträgt 1·64, steht demnach hinter derjenigen, die durch hohe Drucke erhalten wird, bedeutend zurück. In geschmolzener Form ist sie gegen Stoß und Schlag weniger empfindlich und bedarf für ihre Detonation einer stärkeren Zündung, welche meist durch einen Zündladungskörper aus gepreßter Pikrinsäure bewirkt wird. Ebenso kann feuchte Pikrinsäure bis zu einem Wassergehalt von 10% durch eine Aufsatzladung von trockener Pikrinsäure detoniert werden.

d) Zersetzung. Obgleich die Pikrinsäure nicht genügend Sauerstoff zu ihrer vollständigen inneren Verbrennung enthält, ist sie doch einer der kräftigsten bekannten Explosivstoffe, da sie bei hoher Temperatur oder bei starker Initialzündung vollständig zerfällt. Angezündet, verbrennt sie mit tiefschwarzer, stark rußender Flamme unter Entwicklung schwarzer, bitterer Dämpfe, ohne zu explodieren; auf 300° erhitzt, verpufft sie. Wird Pikrinsäure in feinen Kristallen in einem geschlossenen Gefäße entzündet, so explodiert sie mit geringer Wirkung ähnlich wie Schießbaumwolle; wird dieselbe aber in gepreßtem oder geschmolzenem Zustande durch starke Zündhütchen abgefeuert, so detoniert sie mit großer Heftigkeit und übertrifft dann an Kraft und Sprengwirkung die Schießbaumwolle wie den stärksten Dynamit.

e) Sprengtechnische Eigenschaften. Die sprengtechnischen Eigenschaften der Pikrinsäure erläutern die beiden Übersichtstabellen unter Trinitrotoluol, Seite 301 u. 302. Was die Pikrinsäure vor den meisten anderen Sprengstoffen unterscheidet, ist ihre große lebendige Energie, d. h. die Stoßkraft, womit die Masse der Explosionsgase gegen die Raumwandungen geschleudert wird. Diese Stoßkraft berechnet sich nach der Formel $mv^2/2$, wo m die Masse und v die Detonationsgeschwindigkeit bedeutet.

Mit Recht sieht Bichel die dynamische Stoßarbeit eines Sprengstoffs als das wichtigste Charakteristikum an. Folgende Tabelle zeigt die Überlegenheit der Pikrinsäure in dieser Hinsicht.

	Ladedichte	Detonationsgeschwindigkeit in m/sek.	Stoßkraft in Sek./kg/m
Schwarzpulver	1·04	300	4578
Donarit (80 Ammonsalpeter, 12 Trinitrotoluol, 4 Sprenggelatine, 4 Mehl)	1·31	4137	872312
Schießbaumwolle	1·25	6383	2076589
Guhrdynamit 75%	1·58	6818	2369272
Trinitrotoluol	1·55	7618	2957896
Sprenggelatine	1·63	7700	3021916
Pikrinsäure	1·55	8183	3412920

Die Pikrinsäure ist also vermöge ihrer großen Detonationsgeschwindigkeit, selbst der Sprenggelatine an lebendiger Energie überlegen.

Was das Verhalten der Pikrinsäure gegen Stoß und Schlag betrifft, so erweist sich dieser Sprengkörper bei den Fallhammerversuchen als ziemlich unempfindlich. Pikrinsäure ist viel weniger empfindlich als z. B. Trinitroglyzerin, Guhrdynamit und Sprenggelatine, dagegen empfindlicher als Trinitrobenzol oder Trinitrotoluol; ihre Empfindlichkeit vergrößert sich jedoch bedeutend, sobald eine, wenn auch nur oberflächliche, Pikratbildung vorliegt. Bei ihrer Verwendung als Granatfüllmittel muß darum eine direkte Berührung der Säure mit dem Metall der Geschoßwandung peinlich vermieden werden; gewöhnlich schützt man die Geschosse durch Firnissen und Lackieren oder durch Sprengladungsbüchsen aus Pappe. Die große Detonationsgeschwindigkeit der Pikrinsäure, die mehr als 8000 Meter in der Sekunde beträgt, macht sie zu einem der sprengkräftigsten Körper, der als Füllmittel zu Granaten und für den Sprengdienst vorzügliches leistet. Auch die Ausbauchung im Bleiblock erreicht beträchtliche Werte; von den bekannten festen Sprengstoffen wird die Pikrinsäure nur vom Tetryl und Tetranitranilin übertroffen (vgl. Tabelle S. 375).

f) Über die Pikrinsäureexplosion in Griesheim am Main.[1] Am 25. April 1901 wurde die Chemische Fabrik Griesheim-Elektron von einem schweren Unglücksfall heimgesucht. Nachmittags 3 Uhr brach auf dem Dachstock des sogenannten Gelbraumes, in welchem die Pikrinsäure hergestellt wird, durch Heiß-

[1] Chemiker-Ztg. 1901, Bd. 25, 372.

laufen einer Welle ein zunächst unbedeutender Brand aus, der nicht schnell genug bewältigt werden konnte, weil das Wasser zum Löschen nicht sofort genügenden Druck hatte. In dem Gelbraum befanden sich 18 Nitriergefäße mit einem Fassungsraum von ca. je 100 kg. Da die Mannschaft der Fabrikfeuerwehr des Feuers nicht Herr werden konnte, so mußte die Fabrikleitung wegen drohender Gefahr Ordre zum Verlassen der Brandstätte geben. Kurz darauf ereigneten sich zwei gewaltige Explosionen, die den ganzen Umkreis zur Erschütterung brachten und von furchtbaren Folgen begleitet waren. Der Gelbraum wurde total demoliert, und die Anilinfabrik teils durch Explosion, teils durch das darauffolgende verheerende Feuer zerstört; 14 Menschen fanden den Tod und mehr als 100 wurden verwundet. Den Bewohnern von Griesheim und Umgebung bemächtigte sich eine außerordentliche Panik, die noch gesteigert wurde, als die Behörde, veranlaßt durch die Befürchtung, daß die in der Fabrik befindlichen Benzolbehälter noch explodieren könnten, die Räumung von ganz Griesheim anordnete. — Der Schaden, den die Fabrik erlitten hatte, wurde auf ca. 4 Millionen Mark geschätzt.

Die Ursache[1] der Explosionen konnte nachträglich festgestellt werden. Infolge des weiter um sich greifenden Brandes geriet die in zwei steinernen Trögen zu je 500 kg befindliche, also noch feuchte Pikrinsäure, nachdem sie durch die Hitze ausgetrocknet war, in Brand; es bildeten sich Dämpfe, die durch das herabfallende brennende Dachwerk am Entweichen verhindert wurden, und so kam es zu den verheerenden Explosionen. Der Unfall ist nur durch ein unglückseliges Zusammentreffen einer Reihe von ungünstigen Umständen zu erklären, da die Pikrinsäurefabrikation unter gewöhnlichen Verhältnissen nach allen bisherigen Verfahren ungefährlich ist, zeigt doch beispielsweise die Statistik, daß bei allen 15 Bränden und Explosionen von Pikrinsäure, die zwischen 1861 bis 1900 in England stattgehabt haben, in keinem einzigen Fall eine Explosion durch die Säure selbst eintrat. Bei der Explosion in Cornbrock, deren Eintreten die Unterstellung der Säure unter das Explosivgesetz veranlaßte, wurde die Explosion durch die Bildung von Bleipikrat, das sich infolge Entzündung der Säure in Gegenwart von Bleiglätte bildete, verursacht.

g) Explosionsprodukte. Wie jeder Sprengstoff der nitroaromatischen Reihe, enthält auch die Pikrinsäure nicht genügend Sauerstoff zur vollständigen inneren Verbrennung; daher scheidet sich bei der Zersetzung solcher Sprengstoffe stets Kohlenstoff in

[1] Zeitschr. d. Ver. deutsch. Ing., Bd. 46, 169 (1902).

wechselnden Mengen ab. Bei geringer Ladedichte findet man weniger als bei höherer; größer aber werden die Mengen, wenn der Sprengstoff unter Arbeitsleistung zur Detonation kommt. Poppenberg und Stephan[1] ermittelten bei der Detonation von je 10 g Sprengstoff in der Bombe folgende Mengen elementaren Kohlenstoffs:

	bei einer Ladedichte 0·2	im eignen Volumen verschossen
Pikrinsäure	0·029 g	0·6 g
Trinitrotoluol. . . .	0·482 g	1·72 g.

Die Zersetzung der Pikrinsäure hat man durch die Gleichungen ausgedrückt:

$$2C_6H_2(NO_2)_3OH = 3CO_2 + 8CO + C + 3H_2 + 3N_2$$

oder

$$2C_6H_2(NO_2)_3OH = CO_2 + H_2O + 11CO + 2H_2 + 3N_2$$

(für vollständige Vergasung).

Für sehr starke Ladedichten ist auch die Formel aufgestellt worden:

$$2C_6H_2(NO_2)_3OH = 12CO + 2H_2O + H_2 + 3N_2 .$$

In Wirklichkeit aber findet die Explosion nach keiner der obigen drei Gleichungen statt. Obwohl zahlreiches Material vorliegt, ist die Zersetzungsgleichung bei der Detonation noch nicht genau ermittelt.

Über den Einfluß des Explosionsdrucks auf die Beschaffenheit der Explosionsgase machten Noble und Abel die ersten Beobachtungen, als sie Schwarzpulver bei verschiedenen Ladedichten in der Explosionsbombe zur Explosion brachten. Weit ausgesprochener als bei Schwarzpulver, dessen Mischungsverhältnisse auf eine mehr oder weniger vollständige Oxydation abzielen, zeigt sich der Einfluß des Explosionsdruckes bei verhältnismäßig sauerstoffarmen Substanzen wie Pikrinsäure oder Trinitrotoluol. Sarrau und Vieille benutzten für ihre Untersuchungen mit Stickstoffgas gefüllte Explosionsbomben, deren innere Wandung mit Platin ausgelegt war. Als sie Pikrinsäure bei steigenden Ladedichten von 0·1 bis 0·5, entsprechend den Maximaldrucken 1000 bzw. 8000 Atmosphären in der Versuchsbombe verschossen, beobachteten sie bei der Untersuchung der Gaszusammensetzung ein Ansteigen des Kohlensäure- und Methangehalts und eine Abnahme des Wasserstoffs und des Kohlenoxyds. Sarrau fand:

[1] Zeitschr. f. Schieß- u. Sprengst. 1910, 310.

Explosionsgase ohne Wasser bei einer Ladedichte von	0·1	0·3	0·5
CO_2	7·61	15·40	20·55
CO	61·58	54·34	48·80
CH_4	1·19	5·75	7·83
H_2	12·52	6·31	3·06

Die angeführten Ergebnisse sind in der Versuchsbombe erhalten unter Bedingungen, bei denen die Explosionsgase keine Arbeit zu leisten hatten, sich daher nur durch Wärmeleitung abkühlten.

Nach der Auffassung der genannten Forscher kann die Zusammensetzung der gasförmigen Explosionsprodukte von Pikrinsäure und ähnlichen Substanzen, denen es an Sauerstoff zur völligen Oxydation der verbrennlichen Elemente mangelt, als Ergebnis zweier Reaktionsvorgänge dargestellt werden:

$$1.\quad \underset{1\,\text{Vol}}{CO} + \underset{1\,\text{Vol}}{H_2O} = \underset{1\,\text{Vol}}{CO_2} + \underset{1\,\text{Vol}}{H_2}$$

$$2.\quad \underset{2\,\text{Vol}}{2CO} + \underset{2\,\text{Vol}}{2H_2} = \underset{1\,\text{Vol}}{CO_2} + \underset{1\,\text{Vol.}}{CH_4}$$

Beide verlaufen, so lange hohe Temperaturen herrschen, mit solch großer Geschwindigkeit, daß sich das betreffende Gasgemisch jeden Augenblick im Gleichgewichte befindet. Je höher der Druck ist, um so mehr verschiebt sich das Gleichgewicht nach der Seite hin, die mit einer Volumverminderung (Gleichung 2) verknüpft ist. Wäre es möglich, die Schießversuche über Ladedichten von 0·5 hinaus bis auf eine Ladedichte von 1·0 auszudehnen, entsprechend einem Drucke von mehr als 40000 Atmosphären, dann würden als Endprodukte der explosiven Umwandlung derartiger Explosivstoffe vorwiegend die unter den gegebenen Bedingungen kondensiertesten Moleküle, also Kohlensäure und Methan auftreten.

Nach neueren Untersuchungen scheint diese Auffassung den experimentellen Tatsachen nicht mehr zu entsprechen; besonders ist es die zweite Gleichung Sarraus und Vieilles, die sich mit den Versuchsergebnissen nicht deckt. Nach eigenen Experimenten glaubt O. Poppenberg[1] annehmen zu müssen, daß im Moment der Detonation bei genügender Initialzündung die Pikrinsäure wie alle ihr ähnlichen Sprengstoffe sich unabhängig von der Ladedichte in ganz bestimmter einheitlicher Weise zersetzt, und daß die mit der Ladedichte wachsend gefundene Zusammensetzung der Zersetzungsprodukte lediglich eine Folge der später während der Abkühlungsperiode verlaufenen Reaktion ist. Durch diese kann das im Moment der Detonation ursprünglich vorhandene

[1] Technik des Kriegswesens, Berlin 1913, 292.

Gasgemisch vollkommen verändert werden, so daß die bei verschiedenen Ladedichten ganz abweichenden Untersuchungsergebnisse sich so erklären lassen. Von besonderem Interesse ist es, darüber annähernde Gewißheit zu haben, wie sich die Pikrinsäure bei der Detonation im Geschoß zersetzt. Zu diesem Zwecke brachte Poppenberg[1] in größeren evakuierten Stahlgefäßen kleine Geschosse zur Detonation. Es stand bei diesen Versuchen zu erwarten, daß das Gasgemisch so erhalten blieb, wie es im Moment der Detonation vorhanden gewesen war; denn bei der Zerlegung der Geschoßwandungen leisteten die Detonationsgase Arbeit[2], kühlten sich infolgedessen sehr schnell ab und hatten so keine Möglichkeit, miteinander zu reagieren. Folgendes Beispiel zeigt die Zusammensetzung der Explosionsgase nach einem solchen Versuch:

CO_2	29·4%
CO	44·5%
CH_4	0·5%
H_2	2·2%
N_2	23·4%.

In diesem Falle tritt der Methangehalt von nur 0·5% auffällig hinter jenen Fällen zurück, wo die Explosionsgase keine Arbeit leisteten und unter eigenem Druck bei relativ geringer Abkühlungsgeschwindigkeit Reaktionen unter sich eingehen konnten, — gemäß der oben angeführten Hypothese. Auf Grund eigener Untersuchungen glaubt Poppenberg den Schluß ziehen zu dürfen, daß im Moment der Explosion mehr Kohlenoxyd und Wasser vorhanden ist, als wie nach der Abkühlung der Gase durch Analyse ermittelt wird. Während des Abkühlungsprozesses verschiebt sich unter Kohlensäure- und Wasserstoffbildung das Gleichgewicht so lange, bis die Abkühlungsgeschwindigkeit größer als die Reaktionsgeschwindigkeit wird, und das Gleichgewicht erstarrt. Bei den Sprengstoffgasen, die unter hohem Druck stehen, liegen die Verhältnisse nun noch etwas komplizierter als beim gewöhnlichen Wassergasprozeß. Allgemein findet in einem chemischen System bei konstant gehaltener Temperatur durch Kompression eine Verschiebung des Gleichgewichts nach der Seite hin statt, nach welcher die Reaktion mit Volumverminderung verknüpft ist. Der außerordentlich große Druck der Sprengstoffgase bewirkt in gesteigertem Maße die Methanbildung,

$$CO + 3H_2 = CH_4 + H_2O\,,$$

---

[1] Zeitschr. f. Schieß- u. Sprengst. 1909, 284.

[2] Die Versuche über Zersetzung der Sprengstoffe unter Arbeitsleistung sind auf eine Anregung von H. Kast zurückzuführen.

d. h. der Wasserstoff, der entweder im Augenblick der Explosion vorhanden gewesen ist oder sich sekundär aus dem Kohlenoxyd und Wasser gebildet hat, wirkt reduzierend auf das Kohlenoxyd ein. Das Methan wird sich im wesentlichen bei den hohen Temperaturen, bei denen der Druck sehr groß ist, bilden und das Gleichgewicht wird bald erstarren, weil der Reaktionsgeschwindigkeit, die zur Methanbildung führt, Abkühlungsgeschwindigkeit und Druck entgegenwirken; das einmal gebildete Methan muß daher erhalten bleiben und kann sich nicht mehr im umgekehrten Sinne in Wasserstoff und Kohlenoxyd umsetzen. Es wird den übrigen Gasen beigemengt bleiben, ohne auf deren spätere Reaktion bei der Abkühlung mehr einzuwirken.

Daß die Bildung des Methans nach der oben angeführten Gleichung und nicht nach dem Ausdruck Sarraus und Vieilles

$$2CO + 2H_2 = CH_4 + CO_2$$

vor sich geht, haben Poppenberg und Stephan[1] experimentell nachzuweisen versucht. Sie erhitzten Kohlenoxyd und Wasserstoff durch glühende Nernststifte in Bomben und konnten nachher Methan und Wasser, aber nicht die äquivalente Menge Kohlensäure nachweisen; im Gegenteil wurde gefunden, daß sich auch aus Kohlensäure und Wasserstoff Methan (bis zu 6%) bildet. Übrigens liegt bei Sprengstoffen, die bei der Detonation freien Kohlenstoff abscheiden, auch die Möglichkeit einer synthetischen Vereinigung des Kohlenstoffs und Wasserstoffs zu Methan vor; die Menge des Methans aber, die sich auf diesem Wege bilden kann, ist auf Grund der Versuche von Pring sehr gering.

B. Prüfung und Untersuchung der Pikrinsäure.

Der qualitative Nachweis der Pikrinsäure in Sprengstoffen wird meistens wenig Schwierigkeiten begegnen: denn die Pikrinsäure unterscheidet sich — freilich gemeinsam mit dem Trinitrokresol — von den anderen Nitroverbindungen durch ihre Löslichkeit in kaltem und besonders heißem Wasser und von ihren Salzen durch ihre Löslichkeit in Benzol; ferner durch das charakteristische Färbungsvermögen der gelben wässerigen Lösungen für Wolle und Seide, und durch die fast quantitative Ausfällbarkeit mit Cinchoninsulfat oder besser Acridinchlorhydrat. Nach Kast[2] ist Pikrinsäure mit Acridinchlorhydrat noch in einer Lösung von 1 : 50000, mit Cinchoninsulfat bei 1 : 5000 erkennbar, während für Trinitrokresol das Verhältnis 1 : 100000 und 1 : 17000 beträgt.

---

[1] Zeitschr. f. Schieß- u. Sprengst. 1910, 268.

[2] Untersuchung d. Spreng- u. Zündstoffe, Braunschweig 1909, 973.

(Vgl. auch die Prüfungstabelle aromatischer Nitrokörper S. 313.) Wie bei anderen Nitroverbindungen gilt auch hier der Schmelzpunkt als das erste Kriterium für die chemische Reinheit der Pikrinsäure. Ganz reines Trinitrophenol schmilzt scharf (innerhalb eines Grades bei 122·5°, während der Schmelzpunkt des reinen Trinitrokresols bei 108° liegt. Dazu ist indessen noch zu bemerken, daß der Schmelzpunkt der Pikrinsäure mehr als bei irgend einem anderen nitroaromatischen Körper schon durch kleine Verunreinigungen stark herabgedrückt wird; so zeigte der japanische Schimosegranatsprengstoff bei einem genau ermittelten Pikrinsäuregehalt von 99·8% einen Schmelzpunkt von 118—119° — also gegen 4° Schmelzpunktserniedrigung bei nur 0·2% Verunreinigungen.

Für die Abnahmeuntersuchung von Pikrinsäure sind von den einzelnen Regierungen mehr oder weniger scharfe Bedingungen aufgestellt worden. Sie beziehen sich gewöhnlich auf Feuchtigkeit, fremde Bestandteile, Asche, ferner Schwefelsäure, Chlor, Oxalsäure und unter Umständen auf Salpetersäure, andere Nitroverbindungen und den Erstarrungspunkt. Die Anforderungen an Reinheit sind dabei sehr verschieden; so schwanken die zulässigen Maximalwerte für Feuchtigkeit zwischen 0·1 und 0·5%, für fremde Bestandteile zwischen „Spuren" und 0·2%, für Asche zwischen 0·1 und 0·3% und für Gesamtschwefelsäure zwischen „Spuren" und 0·2%.

1. Ermittlung des Feuchtigkeitsgehalts. 10 g der Pikrinsäureprobe werden fein gepulvert und im Vakuum über Schwefelsäure bei gewöhnlicher Temperatur bis zur Gewichtskonstanz getrocknet.

2. Erstarrungspunkt. In einem 25 mm weiten Reagensglase wird unter Anwendung eines Glyzerinbades so viel Pikrinsäure geschmolzen, daß die Schmelze das Quecksilbergefäß eines eingetauchten Thermometers um 2 cm überragt. Man läßt dann unter stetem Umrühren erkalten. Sobald die Masse zu erstarren beginnt, steigt das Thermometer etwas und bleibt dann längere Zeit auf demselben Temperaturpunkte stehen. Dieser Punkt, der genau bestimmt werden kann, ist der Erstarrungspunkt. — Der Erstarrungspunkt darf gewöhnlich nicht unter 120° liegen; in England ist eine Grenze von 119 bis 122·8° vorgeschrieben.

3. Fremde Bestandteile. Durch Lösen von 100 g in Äther oder besser Benzol und Abfiltrieren auf getrocknetem und gewogenem Filter bestimmt man die fremden Bestandteile einschließlich der Pikrate.

4. Asche. Durch Verbrennen des Filters mit dem unlöslichen

Rückstande und Glühen im Porzellantiegel erhält man die Aschenbestandteile. Pikrate zeigen sich dabei durch Verpuffen an und dürfen nicht vorhanden sein.

Handelt es sich um eine genaue Untersuchung der Pikrinsäure, um eine genaue Feststellung des Gehalts an Trinitrophenol, so kommen die beiden folgenden Methoden in Anwendung:

1. Ermittlung des Stickstoffgehalts. (Reine Pikrinsäure enthält 18·34%, Trinitrokresol 17·28% Stickstoff.)
2. Direkte Bestimmung der Pikrinsäure als Akridin- oder Nitronpikrat.

Ermittlung des Stickstoffgehalts. Mit dem Gasvolumeter kann der Stickstoffgehalt der Pikrinsäure nicht festgestellt werden. Entweder verfährt man nach der Verbrennungsmethode von Dumas oder bedient sich des Schulze-Tiemannschen oder auch des Kjeldahlschen Verfahrens, das von Williams[1] in nachstehender Weise für den gedachten Zweck adaptiert wurde:

0·5 g des fein gemahlenen Musters werden in ein langhalsiges, Kjeldahlsches Digerierfläschchen gegeben, 30 ccm konzentrierte Schwefelsäure, in welcher 2 g ganz stickstofffreie Salizylsäure aufgelöst wurden, darüber gegossen und das Ganze bis zur vollständigen Auflösung beiseite gestellt. Wenn die Lösung — häufig nach vielen Stunden — erfolgt ist, gibt man nach und nach 5 g kristallisiertes Natriumthiosulfat hinzu und erwärmt dann allmählich, bis die heftige Reaktion und das Schäumen vorüber ist. Hierauf fügt man einen Tropfen metallisches Quecksilber hinzu und kocht stark, bis die Flüssigkeit farblos und blaß bernsteingelb ist. Endlich oxydiert man vollständig mit ein wenig Kaliumpermanganat. Dies kann sehr beschleunigt werden, wenn man etwa 15 Minuten nach Beginn des Kochens 5—10 g gepulvertes Kaliumsulfat zusetzt. Nach beendigter Oxydation wird das Fläschchen gekühlt und sein Inhalt nebst 200 ccm Wasser und etwas Zink oder Platin zur Vermeidung des Stoßens in das Destillationskölbchen gegeben. Man fügt sodann noch etwas Kaliumsulfidlösung hinzu, um die Quecksilberverbindungen zu zersetzen, und dann genügend Ätzkali, um den Inhalt alkalisch zu machen. Hierauf destilliert man in $^1/_2$-n-Säure und titriert mit n/10-Ammoniak die nicht verbrauchte Säure zurück.

C. Wertbestimmung der Pikrinsäure.

Die von Anschütz[2] vorgeschlagene Methode zur Bestimmung von Pikrinsäure als Akridinpikrat hat als Fehlerquelle die Unbeständigkeit des Pikrats in heißer wässeriger Lösung, und das von E. Feder[3] vorgeschlagene Verfahren, wonach der Säuregehalt

---

[1] Journ. Frankl. Inst. 147, 206 (1899).
[2] Ber. 17, 439.
[3] Z. Unters. Nahrungs- u. Genußm. 12, 216.

durch die Jodit-Jodat-Methode ermittelt wird, setzt die Abwesenheit aller andern Säuren voraus.

Diese beiden Schwierigkeiten zur quantitativen Bestimmung der Pikrinsäure werden nach dem Verfahren von M. Busch und G. Blume[1] überwunden, wenn man die Fällung der Pikrinsäure mit Nitronacetat vornimmt; das hierbei entstehende Nitronpikrat $C_{20}H_{16}N_4 \cdot C_6H_2\left\langle\begin{matrix}OH\\(NO_2)_3\end{matrix}\right.$ ist bedeutend schwerer löslich als das Pikrat des Akridins, und vor allem auch angenehm durch seine Schwerlöslichkeit in Alkohol. Die Fällung, welche die Gegenwart von Brom- und Jodwasserstoff, Chlor- und Überchlorsäure, von salpetriger Säure, Salpetersäure und von Chromsäure ausschließt, wird in der Siedehitze in verdünnter Lösung ausgeführt und der Niederschlag bei 110° getrocknet. Praktisch verfährt man etwa so: Die zu untersuchende Lösung — bei einem Pikrat nimmt man ca. 0·2 g Substanz auf 150 ccm Wasser — wird mit Schwefelsäure (ca. 1 bis 2 ccm verd. H_2SO_4) angesäuert und zum beginnenden Sieden erhitzt; alsdann gießt man 10 ccm Nitronacetatlösung (10°/₀ige Lösung von Nitron in 5°/₀ Essigsäure) langsam ein und läßt auf Zimmertemperatur abkühlen. Man saugt den Niederschlag am besten unter Verwendung eines Neubauertiegels ab, wäscht mit kaltem Wasser (50 bis 100 ccm) und trocknet eine Stunde bei 110°. Das gefundene Gewicht $G \times 229/541$ ergibt die vorhandene Menge Pikrinsäure.

Da Nitronpikrat auch in Alkohol sehr schwer löslich ist, so kann man gegebenenfalls das zu untersuchende Pikrat in Alkohol lösen und die Flüssigkeit nach dem Ansäuern mit Schwefelsäure auf ca. 150 ccm mit Wasser zu verdünnen. Selbst in 50°/₀ Alkohol wurde noch eine annähernd richtige Zahl erhalten.

Die Pikrinsäureanalysen nach der Nitronmethode sind ebenso schnell wie einfach auszuführen und erfordern keinerlei Vorsicht; zu berücksichtigen ist nur, daß von den bekannteren Säuren die bereits oben erwähnten abwesend sein müssen.

Ein neues Verfahren zur Wertbestimmung von Pikrinsäure hat Korpsstabsapotheker Utz in der Zeitschr. f. analyt. Chemie 1908, S. 140 bis 144 bekanntgegeben.

Das von Utz ausgearbeitete neue Verfahren zur Wertbestimmung der Pikrinsäure gründet sich in erster Linie auf die Tatsache, daß Pikrinsäure beim Kochen mit Natronlauge zersetzt wird, wobei Ammoniak entweicht. Der Verfasser konnte nun durch Versuche feststellen, daß die Entwicklung von Ammoniak verhindert wird,

[1] Zeitschr. f. angew. Chem. XXI, 354 u. 355 (1908).

wenn man zugleich mit der Natronlauge etwas Wasserstoffsuperoxyd zusetzt; der Vorgang ist also ähnlich, wie ihn M. Busch[1] bei der Zersetzung der Salpetersäureester beobachtet hat. — Die weitere Ausführung des neuen Verfahrens erfolgt nach der ebenfalls von Busch angegebenen Methode der Bestimmung der Salpetersäure mittels „Nitrons". Diese Base, das Diphenyl-endanilodihydrotriazol

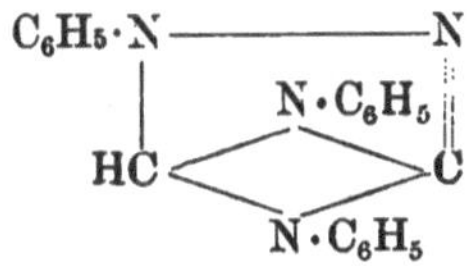

gibt mit Salpetersäure in Wasser äußerst schwer lösliche Verbindungen.

Die Bestimmung des Stickstoffgehalts der Pikrinsäure erfolgt unter Anlehnung an das von M. Busch und S. Schneider[2] für die Bestimmung des Stickstoffs in Nitrozellulose vorgeschlagenen Verfahren auf nachstehende Weise:

0·1 g der zu untersuchenden Pikrinsäure gibt man in ein Erlenmeyer-Kölbchen von etwa 150 ccm Fassungsvermögen, fügt dazu 5 ccm 30%ige, wässerige Natronlauge und 10 ccm 3%iges Wasserstoffsuperoxyd, das man zweckmäßig aus 1 g Perhydrol (Merck) und 9 g Wasser herstellt, und erhitzt zunächst gelinde, dann stärker etwa 20 Minuten bis 1/2 Stunde lang, wobei man das verdampfende Wasser von Zeit zu Zeit ersetzt und von Zeit zu Zeit auch einige Tropfen Wasserstoffsuperoxydlösung hinzufügt. Dann gibt man zur Flüssigkeit 40 ccm Wasser und weiter 10 ccm 3%iges Wasserstoffperoxyd, erwärmt auf 50° und läßt auf den Boden des Kölbchens mittels einer Pipette 40 ccm 5%ige Schwefelsäure einlaufen. Das Gemisch erwärmt man darauf noch auf 80° und setzt 12 ccm einer 10%igen Nitronlösung hinzu. Letztere bereitet man durch Auflösen von Nitron in 5%iger Essigsäure ohne Erwärmen; von einem etwa ungelöst bleibenden Rückstande ist abzufiltrieren.

Das Reaktionsgemisch stellt man sodann 1/2 bis 3/4 Stunden beiseite. Hat es Zimmertemperatur angenommen, so stellt man das Kölbchen in Eiswasser, wo es 1 bis 1 1/2 Stunden verbleibt; nach Verlauf dieser Zeit hat sich das Nitronnitrat vollständig am Boden des Gefäßes abgesetzt, und nun filtriert man den entstandenen Niederschlag mit Hilfe einer schwach saugenden Pumpe in einem Neubauertiegel oder auch in einem Filterröhrchen ab. Ist der Niederschlag völlig in den Tiegel oder das Filterröhrchen gebracht, so saugt man ihn fest an und wäscht ihn zum Schluß noch mit 10 bis 12 ccm Eiswasser, das man in 4 bis 5 Portionen aufgießt, aus. Auf diese Weise wird das Nitronnitrat vollständig rein

---

[1] Chemiker-Zeitung 1906, 596.

[2] Zeitschr. f. Schieß- u. Sprengst. 1906, 232.

erhalten. Die letzten Spuren des Waschwassers entfernt man durch scharfes Ansaugen und trocknet dann bei 105 bis 110° bis zur Gewichtskonstanz, die meist nach 45 Minuten erreicht ist.

1 Teil Nitronnitrat = 0·037406 g Stickstoff.

Bemerkt muß werden, daß die Flüssigkeit nach dem Ansäuern mit Schwefelsäure entweder vollständig farblos oder höchstens ganz schwach bernsteingelb gefärbt sein darf; eine stärkere Färbung zeigt an, daß die Zersetzung der Pikrinsäure noch nicht vollständig durchgeführt ist. In solchen Fällen erhält man neben den feinen weißen, seidenglänzenden Nadeln von Nitronnitrat auch noch größere, stark gelb gefärbte der entsprechenden Pikrinsäureverbindung.

Die Ausführung dieses Verfahrens ist sehr einfach und verhältnismäßig rasch durchführbar. Vergleichende Untersuchungen haben sehr gute Resultate ergeben.

Von den seltenen Verunreinigungen der Pikrinsäure kommen in Betracht:

1. Schwefelsäure. Wird durch Fällung mit Bariumchlorid bestimmt.

2. Chlor und Oxalsäure. Eine wässerige Lösung der Pikrinsäure (1 : 50) darf mit Silbernitrat oder Ammoniak, Essigsäure und Chlorkalzium keinen Niederschlag geben.

3. Salpetersäure. Wird durch die Diphenylaminreaktion erkannt.

4. Andere Nitroverbindungen. Durch fraktioniertes Umkristallisieren aus heißem Benzol kann man etwa vorhandene Begleitnitrokörper in der Mutterlauge anreichern. Das Dinitrophenol kann aus diesen Rückständen durch Wasserdampf abgetrieben und bestimmt werden.

Anwendung der Pikrinsäure.

Lange schon vor der Entdeckung der Detonationsfähigkeit der Pikrinsäure durch Turpin im Jahre 1885 war die Pikrinsäure als Spreng- und Treibmittel angewandt worden, aber nie für sich allein, sondern stets in Verbindung mit sauerstoffabgebenden Körpern. Die Pikrinsäure selber wurde dabei fast ausschließlich in Form ihrer Alkalisalze benutzt und mit anderen Sprengstoffbestandteilen in der verschiedenartigsten Weise vermischt und kombiniert, je nach dem Zwecke, den man zu erreichen gedachte. Über die Zusammensetzung und die Anwendung solcher Sprengstoffmischungen ist bereits in der geschichtlichen Einleitung (S. 6) das Nötige gesagt worden. Der reinen Pikrinsäure als Explosivstoff wurde damals noch wenig Wert beigemessen, da man allgemein der Ansicht huldigte, daß nur Substanzen, die genügend

Sauerstoff zur inneren Verbrennung besäßen — wie das derzeitig bekannte Nitroglyzerin oder die Schießbaumwolle — zu den eigentlichen Sprengstoffen zu zählen seien. Sprengel war der erste, der entgegen dieser Ansicht von der Pikrinsäure als von einem mächtigen Explosivstoffe sprach, der genügend verfügbaren Sauerstoff enthalte; indessen schien auch er in den herrschenden Vorurteilen befangen zu sein, da er diese höchst wichtige Erkenntnis bald wieder fahren ließ und sich mit einigen schwachen Versuchen begnügte. Vierzehn Jahre nach jenen Versuchen Sprengels erfolgte dann die Entdeckung Turpins, worüber bereits in der Einleitung ausführlich gesprochen worden ist.

1. Pikrinsäure für sich allein.

Schon im Jahre 1886 wurde die Pikrinsäure unter dem Namen Melinit als Militärsprengstoff, hauptsächlich zu Geschoßfüllungen eingeführt; über die Wandlungen, die der Melinit in der Zusammensetzung durchmachte, ist in der Einleitung berichtet worden, ebenso über die Verbreitung, welche die Pikrinsäure unter den verschiedensten Namen, wie Lyddit, Pertit, Pikrinit, Ekrasit usw. in den einzelnen Staaten erfuhr.

Die Anwendungsart der Pikrinsäure in der Sprengtechnik ist im allgemeinen die gleiche wie diejenige der aromatischen Nitrokörper überhaupt. Das lockere kristallisierte Reinprodukt muß auch hier zuerst verdichtet werden, sei es durch Pressen unter hohen Drucken oder durch Schmelzen, oder sei es durch Kombination beider Verfahren. Zur Erreichung hoher spezifischer Gewichte, wie sie zu Geschoß-, besonders zu Granatfüllungen in der Militärsprengtechnik gefordert werden, können für die Pikrinsäure die nämlichen Methoden angewandt werden, die für Trinitrotoluol und andere schmelzbare Nitrokohlenwasserstoffe gelten. (Vgl. D.R.P. 185957 und 185958 und 227635 von C. E. Bichel, S. 239, 240 u. 248.) Bei allen diesen Verfahren kommt nun für die Pikrinsäure noch ein anderer wesentlicher Umstand in Betracht: der hohe Schmelzpunkt dieser Säure, der zwischen 120 und 122° liegt und der, abgesehen von der größeren Kompliziertheit der Schmelzvorrichtungen, eine Steigerung der Empfindlichkeit des Sprengstoffs bedingt, so daß die Verarbeitung der Pikrinsäure namentlich unter Druck gefährlich werden kann. Bald nach der Entdeckung Turpins suchte man nach Verfahren, welche die Pikrinsäure in eine dichte und gleichzeitig leichter schmelzbare Form bringen sollten. Im D.R.P. 69897 vom Jahre 1892 trachtete die Chemische Fabrik Griesheim jene beiden Zwecke dadurch zu erreichen, daß sie eine Mischung von Pikrinsäure mit 5 bis 10% Trinitrotoluol in entsprechende Formen brachte, diese darin mit oder ohne Anwendung von Druck kurze Zeit über den Schmelzpunkt des Trinitrotoluols erhitzte und eine Verkittung der Pikrinsäurekristalle zu einer, nach dem Erkalten harten Masse bewirkte. Zur Erniedrigung des Schmelzpunktes der Pikrinsäure hat man eine lange Reihe der verschiedensten Körper als Beimischung vorgeschlagen (vgl. S. 14), scheint aber wieder, vornehmlich bei Geschoßfüllungen, wo es auf die Einheitlichkeit des Inhalts besonders ankommt, zur reinen Pikrinsäure zurückgekehrt zu sein. Wenigstens bestanden die englischen Lydditgranaten vom südafrikanischen Kriege und die japanischen Schimosegeschoßfüllungen aus dem russisch-japanischen Kriege aus beinahe reiner Pikrinsäure. Nach einer Publikation von Hans Hessen über die französischen Brisanzladungen[1], bildet die Pikrinsäure in teilweiser Verbindung mit Trinitrokresol noch heute die Basis für Geschoßfüllungen. Welche Zusätze noch gemacht werden, ist des näheren nicht bekannt geworden. Seit den achtziger Jahren des vergangenen Jahrhunderts findet man den Namen Melinit nicht nur für reine Pikrinsäuresprengladungen, sondern auch für wechselnde Gemische von Pikrinsäure mit Trinitrokresol; es ist aber zu beachten, daß dieser Name verschiedene Sorten bzw. Mischungen bezeichnet. Es gibt nämlich:

Melinit D,
„ O,
Kresylit Nr. 1,
„ „ 2,
„ „ 2 60/40.

Das Melinit D, welches hauptsächlich zur Initialzündung (Detonatoren, Zündladungen) Verwendung findet, besteht aus kleinen Kristallen von strohgelber Farbe, die bei 120° schmelzen, ist also annähernd reine Pikrinsäure. Es wird als Ladung zu verschiedenen Kriegsfeuern, als Sprengmunition für pioniertechnische Zwecke und als Geschoßfüllung für Brisanzgeschosse verwendet. Ferner sei bemerkt, daß das Melinit D ausschließlich zur Ladung der Detonatoren für zylinderförmige Sprengpatronen M/1890, von Sprengbüchsen M/1886 und für die Zündladungen sämtlicher Brisanzgeschosse benutzt wird. — Das Melinit O, das sogenannte mélinite ordinaire, stellt nichts weiter dar, als Melinit D mit einem kleinen Zusatz von Kresylit Nr. 2. Es läßt sich schwerer zur Detonation bringen, als das Melinit D. Seine Fertigung ist heute eingestellt.

---

[1] Zeitschr. f. Schieß- u. Sprengst. 1911, 297.

Das Kresylit Nr. 1 ist nichts weiter als Kresylit Nr. 2, dem eine kleine Menge Melinit D beigemengt ist. Das Kresylit Nr. 2 besteht aus ca. 5 bis 6 mm dicken amorphen Körnern, die mit pulverförmigem Staub vermischt sind; sein Schmelzpunkt schwankt zwischen 70 und 105^0. Nach erfolgter Umschmelzung nimmt es zuerst eine pastenartige Beschaffenheit an und benötigt dann bis zu seiner völligen Erstarrung zwischen 6 Stunden und 3 Tagen. Das Kresylit Nr. 2 60/40 ist eine Mischung von 60$^0/_0$ Kresylit Nr. 2 von ungefähr 105^0 Schmelzpunkt und 40$^0/_0$ Melinit D. In der äußeren Beschaffenheit gleicht es dem Kresylit Nr. 2. Nach der Umschmelzung nimmt es ca. 6 Stunden eine pastenförmige Konsistenz an, um dann beim Erstarren sehr kompakte, fast blasenförmige Gußkörper zu liefern.

Im allgemeinen besteht die Sprengladung dieser Brisanzgeschosse entweder aus einer entsprechenden Menge in Pulverform eingepreßt oder aber — in der Mehrzahl der Fälle — aus einer entsprechenden Menge in geschmolzenem Zustande eingegossenen Sprengstoffs, auf welche eine genügend stark bemessene Zündladung, die den Detonator umgibt, aufgesetzt ist. — Das Schmelzen der Sprengstoffe erfolgt in emaillierten oder bestens verzinnten Kesseln; die Erwärmung geschieht durch ein Ölbad, dessen Temperatur durch ein Thermometer auf 130 bis 135^0 erhalten wird. Die Wandungen der Geschoßhohlräume werden zunächst sehr sauber verzinnt oder aber mit einer dauerhaften Schicht von Japanlack überzogen. Nun gießt man den geschmolzenen Sprengstoff in das Geschoß ein, spart aber gleichzeitig in der oberen Mitte der Sprengladung eine zylindrische Höhlung für die Zündladung. Zu diesem Zwecke benutzt man entweder einen Trichter, dessen Hals als entsprechender Spindelfortsatz ausgebildet ist, oder man taucht die an die Mundlochbüchse angeschraubte Zündladung selbst in die noch flüssige Sprengladung ein. Die Zündladung besteht aus einem entsprechend geformten Metallzylinder, der entweder sauber verzinnt oder mit einem Lacküberzug versehen ist und der eine Ladung aus pulverisiertem Melinit D enthält, welche stark komprimiert ist. In diese festen Zündladungskörper ist oben in der Mitte ein Kanal für die Sprengkapsel aufgespart, welche 3 g Knallquecksilber enthält. Die zum Einpressen des Knallquecksilbers in die Sprengkapseln und der Zündladung in die Zündladungshülse benutzten Preßdrücke werden auf Grund eingehender Schießversuche so hoch gewählt, daß Rohrdetonierer infolge Zusammenschießens dieser Ladungen ausgeschlossen bleiben.

Als Artilleriesprengstoff ist die Pikrinsäure besonders in zwei Kriegen bekannt geworden: als Lyddit im südafrikanischen

Kriege und als Schimose im russisch-japanischen Kriege, wohl dem letzten großen Kriege, wo die Pikrinsäure eine wichtige Rolle spielte. Unter dem Namen „Schimose“ wurde die Pikrinsäure von den Japanern zu Geschoßfüllungen verwendet. Die Untersuchung einer nicht krepierten Feldgranate von 85 mm Kaliber aus der Mandschurei ergab nichts anderes als Melinit. Das Geschoß bestand aus zwei einzelnen Teilen, einem zylindrischen und einem auf diesem aufgeschraubten konischen Kopfteil. Dementsprechend war auch die Sprengladung in zwei Teilen angeordnet, einem zylindrischen mit einem inneren Kanal längs des Zylinders und einem konischen Teile, welcher der inneren Richtung des Kopfteils des Geschosses angepaßt ist. Jeder Teil der Ladung war für sich sehr sorgfältig in dünne Zinnfolie und darauf in Pergamentpapier, das oberflächlich noch mit Wachs oder Paraffin überzogen war, eingewickelt. — Im Boden des Geschosses befindet sich eine Öffnung, worin das Perkussionsrohr eingeschraubt ist; das Ende desselben liegt in einer zylindrischen Messing- oder Papierhülse, welche den Detonator enthält. Der Detonator in der Hülse füllt den ganzen Längskanal in dem zylindrischen Teile der Sprengladung aus. Das Gewicht des Sprengstoffs in einer Granate beträgt gegen 800 g. Die Analyse des explosiven Inhalts ergab geschmolzene Pikrinsäure. Der Granatsprengstoff ist eine geschmolzene, dunkelgelbe Masse von gleichmäßiger feiner Kristallstruktur, einer Dichte von 1·63 und einem Schmelzpunkt von 118 bis 119°; der Stickstoffgehalt beträgt 18·45% (für reine Pikrinsäure 18·3%). Der Gehalt an Trinitrophenol wurde durch Überführung in Cinchoninpikrat zu 99·8% ermittelt. Der Detonator besteht aus einem gelben, schwach zusammengepreßten Pulver, das sich als ebenfalls reine Pikrinsäure vom F.P. 120°, einem Stickstoffgehalt von 18·30% und einem Gehalt von 99·9% erwies.

Heute ist man in den meisten Staaten davon abgekommen, die Pikrinsäure zu Geschoßfüllungen zu verwenden; nur in Frankreich, wo man mit der Einführung des Trinitrotoluols noch zu zögern scheint, findet sie noch kriegstechnische Anwendung, hauptsächlich zu Zerstörungszwecken beim Genie und der Kavallerie.

2. Pikrinsäure als Bestandteil von Sprengstoffen.

Lange vor der Einführung des Melinits, ungefähr seit dem Jahre 1867, als Borlinetto eine Mischung von Pikrinsäure, Natronsalpeter und Kaliumchlorat als Sprengpulver empfahl, bis gegen 1886, als die reine Pikrinsäure in Frankreich zum Militärsprengstoff erklärt wurde, da verwendete man die Pikrinsäure nur als Bestandteil von Sprengstoffgemischen. Einige der wichtigsten Gemische sind bereits im ersten Abschnitt angeführt worden; stets handelt sichs hierbei um ein Gemenge von Pikrinsäure oder deren Salzen mit Sauerstoffträgern mit oder ohne organischen Zusätzen. Interessant ist ein Vorschlag aus dem Jahre 1883 (D.R.P. 28539), wonach die Pikrinsäure mit Salpetersäure nach Art der Sprengelschen Sprengstoffe Verwendung finden soll. Dieser früher unter dem Namen Oxonit bekannte Sprengstoff steht dem Hellhoffit am nächsten. In den achtziger Jahren waren ferner im Gebrauch der Sprengstoff Dienit (Mischung von Pikrinsäure mit 10 bis 30% pulverisierten Dinitrotoluols) und der Viktorit, bestehend aus über 50% Pikrinsäure, ungefähr 40% Kaliumchlorat und einer kleinen Menge Rizinusöl mit oder ohne Zusatz von Nitrat und Kohle (Engl. Pat. 11140 vom Jahre 1887). Beispiel: 110 Teile Pikrinsäure, 80 Teile Kaliumchlorat, 10 Teile Kaliumnitrat und 5 Teile Holzkohle. Die Mischung ist aber sehr reibungsempfindlich und wurde deshalb in England nicht zugelassen. Merkwürdiger ist die Anwendung der Pikrinsäure in Form einer „Emmenssäure", benannt nach dem Entdecker Stephan Emmens. Diese Säure entsteht durch Lösen von überschüssiger Pikrinsäure in warmer rauchender Salpetersäure; beim Abkühlen der Lösung kristallisiert die Emmenssäure in Kristallen von F.P. 114 bis 115° aus. 5 Teile dieses Produkts, zusammengeschmolzen mit 5 Teilen Ammonnitrat, geben mit 6 Teilen Pikrinsäure den Emmensit. Dieser Sprengstoff fand seinerzeit in den Vereinigten Staaten militärische Verwendung. (Amerik. Pat. 376145/1888 und 422514 und 422515/1890.) Anderen Pikrinsäuresprengstoffen begegnen wir in den englischen Patenten aus dem Jahre 1893 (Mischung von Teer und Pikrinsäure mit Sägemehl), 1982 und 19684 vom Jahre 1894 (Sprengstoffe aus Kalium- und [Ammonium-]pikrat mit Ammoniumbichromat) und 11400/1901 (Explosivstoff aus gleichen Teilen Ammoniumpikrat und Bariumnitrat unter Zusatz von 15% Pikrinsäure. Nach dem D.R.P. 163350 vom 7. Juni 1901 wird die Pikrinsäure oder ähnliche stickstoffhaltige organische Säuren wie z. B. Oxypikrinsäure oder Nitrokresylsäure zu Sicherheitssprengstoffen benutzt, indem man die Pikrinsäure oder andere ähnliche Säuren mit Guanidin verbindet. Guanidinpikrat zeichnet sich vor anderen Pikraten durch Schwerlöslichkeit und außerordentliche Beständigkeit, durch Mangel an Hygroskopizität und durch große Sprengwirkung aus. Guanidinpikrat ist chemisch sehr beständig, es setzt sich mit Salpeter gemischt, nicht um und explodiert erst bei 325°. Wird Guanidinpikrat mit der zur Verbrennung notwendigen Menge Salpeter vermischt, so entsteht ein Sprengstoff, welcher infolge seiner feinkörnigen, pulverförmigen Beschaffenheit bis $^1/_3$ seines Gewichtes Nitroglyzerin aufzusaugen vermag und den Dynamit konsistenzähnlich wird, diesen aber an Unempfindlichkeit gegen Stoß weit übertrifft. Von den Beispielen seien genannt:

	1.	2.	3.
Guanidinpikrat	40—30	75	80—75
Salpeter	60—70	—	—
Nitroglyzerin	—	25	—
Kaliumchlorat	—	—	20—25.

In diesen Mischungen kann das Guanidinpikrat stets durch nitrokresylsaure oder oxypikrinsaure Salze des Guanidins ersetzt werden.

Von den neueren Patenten sind zu nennen die Amerik. Patente 792716 vom 20. Juni 1905 von H. Maxim, Neuyork und 940580 vom 31. Okt. 1908 von C. U. Buck, Welsboro, welche beide Sprengstoffe aus Pikrinsäure und Dinitrophenol betreffen. Das erste beschreibt die Herstellung einer hochexplosiven Verbindung aus 25 Teilen Tri- und 48 Teilen Dinitrophenol, das zweite bezweckt die Darstellung eines lagerbeständigen, jeden Klimawechsel ertragenden Sprengstoffs, der sich zum Füllen von Minen, Granaten u. dergl. eignet. 50 Teile Pikrinsäure, 50 Teile Dinitrophenol und 4 Teile Kollodiumwolle werden zusammengeschmolzen und das erhaltene Produkt vom F.P. 142° als Mischung I bezeichnet. Zur Herstellung von Mischung II werden 50 Pfund Bariumnitrat auf 130° erwärmt und mit 4 bis 5 Pfund Paraffin vermischt. Zur Sprengstoffbereitung werden dann je 10 Pfund der Mischung I und II vermengt unter Zugabe von 5 Unzen Kohle, welche die Wirkung des Sprengstoffs günstig beeinflußt. W. A. Andersen, Dänemark (Engl. Pat. 28544 vom 31. Dez. 1908) beschreibt Sprengstoffe, die zur Hauptsache aus Bleisuperoxyd und Pikrinsäure bestehen:

	1.	2.
Bleisuperoxyd	60%	45%
Pikrinsäure	40%	20%
Trinitrotoluol	—	10%
Schießbaumwolle	—	15%
Nitroglyzerin	—	10%.

Die Herstellung brisanter Sprengstoffe aus Pikrinsäure als Hauptbestandteil, in Mischung mit einem oder mehreren Sauerstoffträgern gleichzeitig neben Kohlenstoff in Form von Lignit oder einer organischen Substanz wie Mehl, Holz, Torf ist Gegenstand des Franz. Pat. 452554 vom 26. Nov. 1912 von Rudolf Kolowratnik, Österreich.

Beispiele:	1.	2.	3.	4.
Pikrinsäure	45	45	40	52
Natronsalpeter . .	40	28	35—25	—
Sägemehl	9	6	10	13
Lignit	6	—	—	—
Getreidemehl . . .	—	3	—	—
Stärke	—	—	—	5
Kohle	—	6	—	—
Kaliumchlorat . . .	—	—	10—20	30
Soda	—	—	5	—
Nitronaphthalin . .	—	12	—	—

Man löst die Pikrinsäure in Äther oder in konzentrierter Sodalösung oder in Wasser, worin ein Teil der sauerstoffabgebenden Substanzen schon gelöst ist; diese Lösung wird dann mittels des zur Verwendung gelangenden kohlenstoffhaltenden Bestandteils absorbiert und die Mischung gemahlen und getrocknet. Die fertigen Explosivstoffe werden dann noch gewöhnlich mit einem Überzug aus paraffiniertem Papier, Zinnfolie, Wachs, Paraffin oder besonders vorteilhaft mit einem Überzug aus Trinitrotoluol, der die Brisanz des Sprengstoffs noch vermehrt, geschützt.

Pikrate.

Lange vor der Entdeckung der Detonationsfähigkeit der Pikrinsäure durch Turpin 1886, waren die explosiven Eigenschaften der Salze der Pikrinsäure, der Pikrate bekannt und ausgenutzt worden. Später, als dann die reine Pikrinsäure zu kriegstechnischen Zwecken, besonders zu Geschoßfüllungen allgemein in Anwendung kam, spielten die Pikrate bald eine berüchtigte Rolle, indem die zahlreichen Explosionen und Unglücksfälle, die sich mit der sonst nicht direkt explodierbaren Pikrinsäure ereigneten, auf die intermediäre Bildung von pikrinsauren Salzen zurückgeführt wurden. Die Salze der Pikrinsäure unterscheiden sich von der freien Pikrinsäure bekanntlich dadurch, daß sie direkt explodierbar sind, d. h. durch Stoß oder Schlag, durch Entzünden oder Erhitzen auf höhere Temperatur mehr oder weniger heftig verpuffen. Besonders empfindlich und gefährlich erwiesen sich die Schwermetallsalze, also gerade die Salze, deren Bildung in der Praxis am meisten möglich war, und es wurden daher schon frühzeitig von verschiedenen Ländern Vorschriften erlassen, dahingehend, daß bei der Fabrikation, Verarbeitung und Beförderung der Pikrinsäure die Berührung mit Metallen möglichst auszuschließen sei. Die Gefahr, die bei der Anwendung von Pikrinsäure für sich oder auch nur in Mischung als Zusatz zu anderen Sprengstoffen besteht, und die immer auf Rechnung einer Salzbildung zu setzen ist, macht eine eingehende Kenntnis der Eigenschaften der verschiedenen Pikrate notwendig; es sei darum im folgenden eine Übersicht über die Pikrate mit vergleichsweiser Zuziehung der entsprechenden Kresylate in verkürzter Form wiedergegeben, wie sie Kast[1] ausführlich aufgestellt hat.

Für die folgende Übersicht werden nur die neutralen Salze in Betracht gezogen, und zwar aus dem Grunde, weil sie zweifellos gefährlicher sind, als die basischen und es zweckmäßig ist, bei Versuchen immer die ungünstigsten Verhältnisse zugrunde zu legen. Die Darstellung der Salze der Pikrinsäure und des Trinitrokresols wurde nach den einfachsten stöchiometrischen Verhältnissen vorgenommen. Der Kristallwassergehalt der Salze, der naturgemäß die Gefährlichkeit gleichfalls bedeutend herabsetzt, wurde nur soweit berücksichtigt, als er sich beim Trocknen der Salze nicht leicht entfernen ließ.

Kaliumpikrat $C_6H_2(NO_2)_3OK$, rötlich-gelbe glänzende Nadeln, schwer löslich in Wasser und Alkohol.

Kaliumtrinitrokresylat $C_6H(NO_2)_3CH_3 \cdot OK \cdot H_2O$. Ähnlich wie das Pikrat, unterscheidet sich aber von diesem durch seine leichte Löslichkeit in Wasser.

Natriumpikrat $C_6H_2(NO_2)_3ONa \cdot H_2O$, sehr schwach rötlich-gelbe Nadeln, die leicht in Wasser, schwerer in Alkohol löslich sind.

Natriumtrinitrokresylat $C_6H(NO_2)_3CH_3 \cdot ONa \cdot 2H_2O$. Ähnlich dem Natriumpikrat, jedoch sehr leicht löslich in Wasser und Alkohol.

Ammoniumpikrat, $C_6H_2(NO_2)_3ONH_4$, schwach rötlich-gelber Nadeln, leicht löslich in Wasser, schwer in Alkohol.

Ammoniumtrinitrokresylat $C_6H(NO_2)_3CH_3 \cdot ONH_4$, ganz schwach rötlich-gelbe Nadeln, leicht löslich in Wasser, weniger in Alkohol.

Calciumpikrat, $[C_6H_2(NO_2)_3O]_2Ca \cdot 3H_2O$, sehr schwach rötlich-gelbe Blättchen, sehr leicht löslich in Wasser, leicht in Alkohol.

Calciumtrinitrokresylat, $[C_6H(NO_2)_3CH_3 \cdot O]_2Ca \cdot 4H_2O$, kleine blaß-rötlichgelbe Nadeln, sehr leicht löslich in Wasser und Alkohol.

Bariumpikrat $[C_6H_2(NO_2)_3O]_2Ba \cdot 3H_2O$, sehr schwach rötlich-gelbe Nadeln, schwer löslich in Wasser und Alkohol.

Bariumtrinitrokresylat, $[C_6H(NO_2)_3CH_3O]_2Ba \cdot H_2O$, kleine schwefelgelbe Blättchen, löslich in Wasser, schwer in Alkohol.

---

[1] Zeitschr. f. Schieß- u. Sprengst. 1911, 7—9, 31—34, 62—70.

Magnesiumpikrat, $[C_6H_2(NO_2)_3O]_2Mg \cdot 5H_2O$, rötlich-gelbe seidenglänzende Nadeln, leicht löslich in Wasser und Alkohol.

Magnesiumtrinitrokresylat $[C_6H(NO_2)_3CH_3O]_2Mg \cdot 6H_2O$, rötlich-gelbes feinkristallinisches Pulver, sehr leicht löslich in Wasser und Alkohol.

Zinkpikrat $[C_6H_2(NO_2)_3O]_2Zn \cdot 6H_2O$, rotgelbe Nadeln, leicht löslich in Wasser und Alkohol.

Zinktrinitrokresylat $[C_6H(NO_2)_3CH_3O]_2Zn \cdot 6H_2O$, rötlich-gelbes Kristallpulver, in Wasser und Alkohol sehr leicht löslich.

Kupferpikrat $[C_6H_2(NO_2)_3O]_2Cu \cdot 5H_2O$, gelbgrüne kleine Prismen, leicht löslich in Wasser und Alkohol.

Kupfertrinitrokresylat $[C_6H(NO_2)_3CH_3O]_2Cu \cdot 2H_2O$, feine grünlich-gelbe Nadeln, leicht löslich in Wasser und Alkohol.

Aluminiumpikrat (basisch) $[C_6H_2(NO_2)_3O]_2 \cdot AlOH \cdot 7H_2O$, rötlich-gelbe Nadeln, in Wasser und Alkohol leicht, aber nur bei überschüssiger Pikrinsäure löslich.

Aluminiumtrinitrokresylat (basisch) $[C_6H(NO_2)_3CH_3O]_2AlOH \cdot 5H_2O$, blaß-rötlich-gelbe Nadeln. Löslichkeit wie beim Pikrat.

Bleipikrat $[C_6H_2(NO_2)_3O]_2Pb \cdot H_2O$, schwefelgelbes Kristallpulver, schwer löslich in Wasser und Alkohol.

Bleitrinitrokresylat $[C_6H(NO_2)_3CH_3O]_2Pb \cdot H_2O$, wie das Pikrat, nur leicht löslich in Alkohol.

Eisenoxydulpikrat $[C_6H_2(NO_2)_3O]_2Fe \cdot 7H_2O$, durchsichtig grüne Blättchen, leicht löslich in Wasser, bei längerem Kochen sich zersetzend, sehr leicht löslich in Alkohol.

Eisenoxydultrinitrokresylat $[C_6H(NO_2)_3CH_3O]_2Fe \cdot 2H_2O$, grüngelbe Nadeln, sehr leicht löslich in Wasser, beim Kochen sich zersetzend unter Abscheidung eines braunroten Pulvers.

Eisenoxydpikrat $[C_6H_2(NO_2)_3O]_3Fe \cdot 11H_2O$, rötlich-gelbe Nadeln, schwer löslich in Wasser, bei längerem Kochen sich zersetzend unter Abscheidung eines braunroten Pulvers, in Alkohol mit roter Farbe löslich.

Eisenoxydtrinitrokresylat, dunkelbraun glänzende, sehr zersetzliche Kristalle, deren Untersuchung nicht möglich war.

Zinnsalze konnten auf keine Weise erhalten werden.

Zur Unterscheidung von Pikrinsäure und Trinitrokresol und der Pikrate von den Trinitrokresylaten eignet sich am besten die von Kast[1] beschriebene Reaktion, die auf der in verdünnter Kalilauge eintretenden Rotfärbung einer Mischung von Pikrinsäure und Trinitrokresol beruht.

---

[1] Kast, Anleitung usw., S. 974.

Sprengtechnische Eigenschaften der Pikrate und Kresylate.

1. Empfindlichkeit gegen Schlag. In bezug auf den Grad der Empfindlichkeit stehen die Schwermetallsalze in erster Reihe. Von diesen ist wiederum das Bleipikrat das empfindlichste, dann folgen die Eisen-, Kupfer-, Silber-, Erdalkali- und Alkalisalze. Unter Berücksichtigung des Kristallwassergehalts sind alle diese Salze mit Ausnahme der Ammonium- und basischen Aluminiumsalze empfindlicher als die betreffenden freien Säuren.

Nach den Fallhammerproben von Will[1] ergeben sich für nachstehende Pikrate folgende Verhältniszahlen für die Schlagempfindlichkeit:

Pikrinsäure	35—90 cm
Bleipikrat	5 cm
Eisenpikrat	7 „
Kupferpikrat	7 „
Zinkpikrat	60 „
Natriumpikrat	80 „
Ammonpikrat	80 „

Diese Resultate wurden mit einem 2 kg Fallgewicht erhalten, welches auf einen Stahlstempel fiel, der auf 0·1 g Substanz gesetzt war. Die Substanz wurde bei 40° getrocknet. Die Tabelle zeigt den außerordentlichen Unterschied der Empfindlichkeit einiger Schwermetallpikrate im Vergleich zu den Alkalipikraten; sie zeigt aber auch, daß die Alkalipikrate, verglichen mit der Pikrinsäure, in ihrer Empfindlichkeit stark überschätzt wurden. (Das große Höhenintervall bei der Pikrinsäure rührt von den verschiedenen Versuchsbedingungen her, unter denen die Fallhammerproben ausgeführt wurden, wie: Sprengstoff vorgetrocknet oder nicht vorgetrocknet, pulverförmig oder gepreßt, lose oder in Stanniol eingewickelt, ohne oder mit aufgesetztem Stahlstempel.) Die Empfindlichkeit der wasserfreien Bleisalze zu derjenigen anderer Sprengstoffe geht aus folgender Tabelle hervor:

Sprengstoff	Explosion bei einem Fallgewicht von	
	2 kg bei:	10 kg bei:
Nitroglyzerin, erstarrt	15 cm	3 cm
Sprenggelatine	10 „	4 „
Schießbaumwolle	10 „	4 „
Bleipikrat, wasserfrei	10 „	8 „
Bleitrinitrokresylat, wasserfrei	15 „	6 „

[1] Zeitschr. f. Schieß- u. Sprengst. 1906, 212.

Danach wären die Salze der Pikrinsäure und des Trinitrokresols nicht empfindlicher als Schießbaumwolle oder die Dynamite und keineswegs so empfindlich, wie man bisher allgemein angenommen hat. Sowohl bei diesen Versuchen wie auch bei denjenigen zur Bestimmung der Reibungsempfindlichkeit, zeigten sich im allgemeinen die Kresylate weniger sensibel als die Pikrate.

2. Empfindlichkeit gegen Wärme. Kast hat mit dem von ihm beschriebenen Apparat[1] vergleichende Verpuffungsproben der Pikrate und Kresylate angestellt und gefunden, daß die Heftigkeit der Verpuffung mit der Höhe der Verpuffungstemperatur nicht im Zusammenhang steht. Nach der Heftigkeit der Verpuffung stehen die Blei-, Calcium-, Barium-, Natrium- und Kaliumsalze, sowie das Kupferpikrat oben an, während bezüglich der Temperatur die Eisensalze, das Kupferpikrat und das Zink- und Ammoniumtrinitrokresylat am empfindlichsten sind. Die Trinitrokresolsalze verpuffen bei niedrigeren Temperaturen als die Pikrate und die Pikrinsäure. Beispielsweise wurde die Detonationstemperatur des Bleipikrats zu 285°, die des Bleitrinitrokresylats zu 255° und diejenige der beiden Kaliumsalze zu 337° und 285° gefunden; die Salze detonierten dabei sehr heftig und mit sehr scharfem Knall, wenn auch die Trinitrokresolsalze jeweilen ein wenig schwächer explodierten als die entsprechenden Pikrate.

Pikrinsäureester.

Von diesen Verbindungen sind neuerdings das Trinitroanisol und das Trinitrophenetol als Sprengstoff für sich oder in Mischung mit anderen Bestandteilen vorgeschlagen und teilweise angewandt worden. Trinitroanisol von der Formel

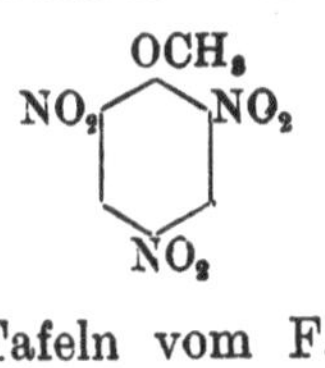

bildet gelbe monokline Tafeln vom F.P. 64°, Trinitrophenetol

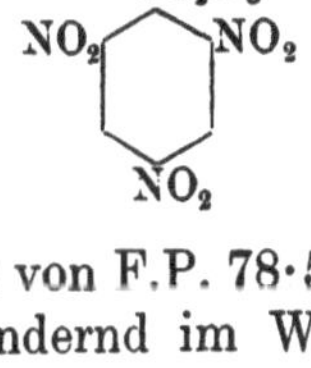

lange, fast farblose Nadeln von F.P. 78·5°. — Was der Anwendung dieser Pikrinsäureester hindernd im Wege steht, ist ihre leichte

[1] Kast, Zeitschr. f. Schieß- u. Sprengst. 1911, 70.

Hydrolysierbarkeit. Nach den Untersuchungen von F. Sparre und E. Masland wird Trinitroanisol durch Alkalikarbonat[1] lösung schon in der Kälte langsam, in der Wärme rascher in Alkalipikrat und Methylalkohol hydrolysiert. Reines heißes Wasser spaltet den Ester langsam unter Pikrinsäurebildung, während kaltes in schwächerem Maße die gleiche Wirkung auszuüben scheint. — In den Vereinigten Staaten findet das Trinitroanisol zur Herstellung von rauchlosen Pulvern Anwendung (Amerik. Pat. 951445 vom 7. Okt. 1904 und 974900 vom März 1905, Hudson Maxim, Neuyork). Nach dem ersten Patent werden gleiche Teile Schießbaumwolle und Trinitroanisol zwischen erwärmten Walzen innig vermischt, und das gelatinierte Produkt gekörnt; nach dem zweiten Patent werden zu dieser Mischung noch Sauerstoffträger mit oder ohne Nitroglyzerin zugesetzt.

Trinitrokresol.

Das in der Sprengstofftechnik angewandte Trinitroprodukt ist Trinitrometakresol, $C_6H.CH_3.OH.(NO_2)_3$; ein der Pikrinsäure ähnlicher, in gelben Nadeln kristallisierender und gegen 100° zu einem gelben Öl schmelzender Körper, der ebenfalls saure Eigenschaften aufweist und auch Seide und Wolle färbt. Trinitrokresol zeichnet sich vor der Pikrinsäure durch seine Schwerlöslichkeit in Wasser aus; 1 Teil löst sich erst in 450 Teilen Wasser bei 20° und in 123 Teilen bei 100°, weshalb es leicht erklärlich ist, daß Pikrinsäure bei Gegenwart von Feuchtigkeit Metalle schneller und stärker angreift, als Trinitrokresol unter gleichen Bedingungen. Im übrigen ist das Trinitrokresol hinsichtlich der physikalischen, chemischen und sprengtechnischen Eigenschaften der Pikrinsäure sehr ähnlich; die Schlag- und Stoßempfindlichkeit ist bei beiden Verbindungen annähernd die gleiche, wenn auch die Fallhammerversuche von Will[2] eher für eine größere Empfindlichkeit des Trinitrokresols gegenüber der Pikrinsäure sprechen. Andere Autoren dagegen heben als Hauptvorzug der Kresolverbindung gerade eine geringere Empfindlichkeit gegen Stoß und Schlag im Vergleich zu Pikrinsäure hervor. Erwiesen ist indessen die geringere Explosivität der Trinitrokresylate gegenüber den Pikraten, was für die Anwendung der freien Säure von großer Wichtigkeit ist. — Beim Erhitzen brennt das Trinitrokresol wie die Pikrinsäure schnell ab.

Die Untersuchung des technischen Trinitrokresols

---

[1] Zeitschr. f. Schieß- u. Sprengst. 1912, 416.
[2] Zeitschr. f. Schieß- u. Sprengst. 1906, 212.

geschieht ähnlich derjenigen von Pikrinsäure (vergl. S. 348). Der Erstarrungspunkt des reinen Produktes liegt bei 105°.

Trinitrokresol unterscheidet sich von der Pikrinsäure durch einen Mehrgehalt eines Kohlenstoffatoms und zweier Wasserstoffatome; es stellt sich also bei gleichem Sauerstoffgehalt etwas ungünstiger als die Pikrinsäure, so daß es dieser an Sprengkraft etwas unterlegen ist. Es bedarf zur Detonation eines stärkeren Initialimpulses als das Trinitrophenol, was auf eine geringere Empfindlichkeit gegenüber diesem hindeutet. In Frankreich wurde ein Gemisch von Pikrinsäure und Trinitrokresol — Kresylit genannt — als Füllmittel für Geschosse in geschmolzener Form verwendet. Infolge seines Trinitrokresolgehaltes war es unempfindlicher als die reine Pikrinsäure und durch ein hohes spezifisches Gewicht 1·76—1·78 ausgezeichnet; die Detonation der Ladung wurde durch einen Aufsatz von Schießwolle oder gepreßter Pikrinsäure bewirkt. Auch das reine Trinitrokresol fand in geschmolzenem Zustande an Stelle der Pikrinsäure Anwendung, sowohl zur Füllung von Hohlgeschossen wie von Torpedos. Für sämtliche, im französischen Heer noch angewandten Kresylitsorten ist es beim Umschmelzen charakteristisch, daß die Zeit, welcher sie nach erfolgtem Gießen bedürfen, um zu erstarren, von der Höhe der Schmelztemperatur und der Schmelzdauer abhängig ist. Sie sind alle mit einer Knallquecksilbersprengkapsel allein sehr schwer zu detonieren; um ihre Initiierung sicherzustellen, ist unbedingt erforderlich, zwischen sie und die Sprengkapsel eine entsprechend groß bemessene Zündladung aus pulverförmigem Melinit D einzuschalten. (Vergl. Melinite und Kresylite, S. 354.)

Trinitrokresylate.

Die Salze des Trinitrokresols sind denen der Pikrinsäure in jeder Beziehung ähnlich, in sprengtechnischer Hinsicht sind sie weniger empfindlich, weniger explosiv als die Pikrate, laufen aber neben diesen, abgesehen von dieser Differenz, ziemlich parallel (vide die tabellarische Zusammenstellung unter „Pikrate", S. 360).

Von den zahlreichen Salzen des Trinitrokresols hat allein das Ammoniumkresylat sprengtechnische Anwendung gefunden; es zeichnet sich vor allen anderen Salzen durch seine große Stabilität aus, es ist gegen Stoß sehr wenig empfindlich und explodiert selbst nicht beim Auftreffen einer Kugel. Trinitrokresolammonium ist ein gelbes, in Wasser leicht lösliches Salz, das gegen 100° schmilzt und als Sprengstoff wie Trinitrokresol oder Pikrinsäure in Hohlgeschosse gegossen werden kann. In Österreich wird unter dem Namen Ecrasit das Ammonsalz des Trinitrokresols als Armeesprengstoff verwendet. Dasselbe kann in gleicher Weise wie das Ammoniumpikrat hergestellt werden. Es wird entweder durch Rammen mit hölzernen Werkzeugen in die Geschosse eingepreßt oder durch Pressen in Formen gebracht. Es bedarf Zündhütchen von 2 g Füllung, um mit Sicherheit zur Explosion gebracht zu werden. Nach österreichischen Berichten ist es von schwefelgelber Farbe, fühlt sich fett an, soll gegen Feuchtigkeit, Temperaturunterschiede, Stoß und Reibung, selbst Gewehrschüsse unempfindlich sein, bei 100° schmelzen und, direkter Glut oder Flamme ausgesetzt, bloß verbrennen. Andererseits hat im Laboratorium des österreichischen Militärkomitees beim Füllen einer Granate mit Ecrasit eine Explosion stattgefunden, deren Ursache nicht ermittelt werden konnte. Die Wirkung des Ecrasits soll ungefähr die doppelte des Dynamits sein.

Außer der Anwendung des Trinitrokresols und des Trinitrokresolammoniums für sich allein, sind beide Verbindungen in Mischung mit sauerstoffabgebenden Körpern zur Herstellung von Sprengstoffen und Treibmitteln benutzt worden. Darunter gehört z. B. der von Louis Roux patentierte (Franz. Pat. 232068 v. 9. Aug. 1893, Engl. Pat. 4672/1897) Sprengstoff Veltérine, der nach der Zersetzungsgleichung

$$C_7H_4(NO_2)_3ONH_4 + 11\,NH_4NO_3 = 7\,CO_2 + 2\,H_2O + 13\,N_2$$

folgendermaßen zusammengesetzt ist:

Trinitrokresolsaures Ammonium	17 Teile
Ammonnitrat	83 „

Die beiden Bestandteile werden zusammengemahlen und dann in Patronen gepreßt. Der Sprengstoff brennt an der Luft, selbst in großen Mengen, ohne Explosion ab, erzeugt aber in Bohrlöchern den gleichen Effekt wie Dynamit Nr. 1 mit einem Detonator von 1,5 g. Veltérine C ist eine Mischung von Ammoniumkresylat mit Kaliumchlorat.

Trinitrokresol gibt ferner mit Ammonnitrat ein rauchschwaches Pulver, wenn man das Mengenverhältnis auf vollständige Verbrennung einstellt, also zwei Mol Trinitrokresol auf 19 Mol Nitrat nimmt.

Nach neueren Patenten wird statt des Trinitrokresols und dessen Ammonsalz das Kresol in Form von nitrokresolsulfosauren Salzen zu Sprengstoffmischungen angewandt. In Verbindung mit Nitraten, z. B. Natron- oder Ammonsalpeter mit oder ohne Zusatz anderer organischer Nitrokörper, sollen sich die

Nitrosulfokresylate durch große Sprengkraft, günstige Beeinflussung der Wettersicherheit bei Sicherheitssprengstoffen und durch Billigkeit der Herstellung auszeichnen. Folgendes sind einige Beispiele zur Herstellung schlagwettersicherer Sprengstoffe mittels nitrokresolsulfosauren Salzen (D.R.P. 260311 vom 29. Okt. 1910 und 260312 vom 13. Dez. 1910 der Vereinigten Köln-Rottweiler Pulverfabriken):

1.	Mononitrokresolsulfosaures Natrium .	25 %	
	Natriumnitrat	75 %	oder
2.	Mononitrokresolsulfosaures Natrium .	25 %	
	Nitrat	25 %	
	Perchlorat	50 %	

Die erste Sprengstoffmischung z. B. wird derart dargestellt, daß man Kresolsulfosäure in Wasser löst und dazu im Verhältnis von 1 Mol zu 1 Mol Natriumnitrat hinzugibt; die Nitrierung erfolgt nach kurzer Zeit unter lebhafter Reaktion, worauf man nach Bedarf 4·5 oder 6 Mol Nitrat zumischt. Dann läßt man kristallisieren oder dampft zu Trockne und verarbeitet den so erhaltenen Sprengstoff. Nach dem D.R.P. 260313 vom 9. Dez. 1911 der obigen Firma erhält man mit Ammonsalpeter direkt detonierbare Sicherheitssprengstoffe, die vor den anderen den Vorteil der leichten Endzündlichkeit haben, so daß Versager fast gänzlich ausgeschaltet werden.

Beispiel:	Ammonsalpeter	68 %
	Mononitrophenol oder Mononitrokresolnatrium	32 %

Nach dem Franz. Pat. 425550 vom 31. Mai 1911 von Adolf Voigt in Gießen werden zur Herstellung von Sicherheitssprengstoffen direkt sulfokresolsaure Salze mit Nitraten und Perchloraten verwendet.

Zu dieser Sorte von Sprengstoffen ist Nr. IV der Gruppe der Raschite zu zählen, welche sich aus 87 % Ammonsalpeter und 13 % kresolsulfosaurem Natrium zusammensetzt. Raschit III besteht aus 84 % Ammonnitrat und 16 % mononitrokresolsulfosaurem Ammonium.

III. Nitrierte aromatische Amine.

Trinitroanilin.

Der erste technisch verwendete Vertreter der Polynitroaniline ist das Trinitranilin, oder, wie es sonst auch wegen seiner Bildungsweise aus Pikrinsäure genannt wird, das Pikramin von der Formel

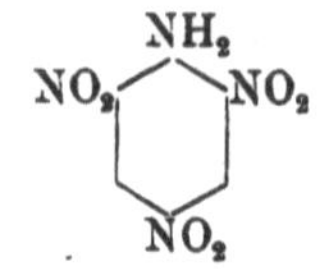

Es bildet dunkelgelbe Tafeln vom Schmelzpunkt 188° und gleicht in seinen explosiven Eigenschaften der Pikrinsäure, hat aber vor dieser den Vorzug der Wasserunlöslichkeit und der völligen Lagerbeständigkeit. Ferner besitzt es keine sauren Eigenschaften und ist auch kein Farbstoff.

Die sprengtechnische Anwendung des Trinitranilins entspricht ungefähr derjenigen der Pikrinsäure; sowohl in gepreßtem wie in geschmolzenem Zustande wird es durch Knallquecksilber zur Explosion gebracht. Außer dem Vorschlag der chemischen Fabrik Griesheim (D.R.P. 84628 vom 26. Mai 1894) hat das Trinitroanilin noch keine Verwertung gefunden.

Tetranitromethylanilin.

Diese Verbindung, technisch unter dem Namen Tetril, Tetryl, Tetralit bekannt, ist kein tetranitriertes Anilin, sondern ein Trinitromethylnitramin von der Formel

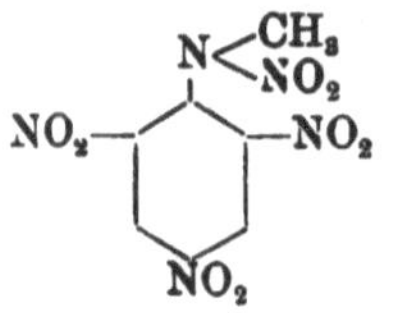

Reines Tetril ist eine mehlförmige, ganz schwach gelbe Substanz, deren Schmelzpunkt bei 129/130° liegt und die beim Erhitzen auf höhere Temperatur explodiert. Eine Entzündungsprobe aus 0·1 g Substanz in einem Reagenzglas, das in ein Ölbad eintaucht, erhitzt, zeigte den Verpuffungspunkt von 186°, also eine relativ niedrige Verpuffungstemperatur. In der Empfindlichkeit gegen Stoß und Schlag stellt sich das Tetryl nach den 5 kg-Fallhammerversuchen von Flürscheim[1] folgendermaßen:

	1.	2.	3. Versuch
Tetryl	25 cm	50 cm	35 cm
Tetranitranilin	45 „	60 „	50 „
Pikrinsäure	—	35 „	—

Die Empfindlichkeit des Tetryls kommt also derjenigen der Pikrinsäure etwa gleich.

[1] Zeitschr. f. Schieß- u. Sprengst. 1913, 184.

Tetranitromethylanilin ist eine endotherme Verbindung; die molekulare Bildungsweise verlangt nach den Untersuchungen von Koehler −40·8 Kal. Außer dem Tetranitranilin ist das Tetryl der einzige feste Explosivstoff, der neben dem größten Stickstoffgehalt am wenigsten Sauerstoff zur vollständigen inneren Verbrennung braucht.

Name	Prozent N	Bei 100 g Sprengstoff fehlen zur vollständigen inneren Verbrennung g O
Dinitrotoluol	15·4	114
Trinitrotoluol	18·5	74
Hexanitrodiphenylamin .	22·3	53
Pikrinsäure.	18·3	45
Tetryl	24·4	47
Tetranitranilin	25·6	32

An Sprengkraft wird das Tetryl nur vom Tetranitranilin übertroffen (vgl. die Tabelle unter Tetranitranilin S. 375).

Prüfung: Als Reinheitskriterium dient der Erstarrungspunkt, der in folgender Weise ermittelt wird. 10 g gut getrocknetes Tetranitromethylanilin werden in ein Reagenzglas von etwa 18 mm Durchmesser eingefüllt und in einem Glyzerinbade allmählich zum Schmelzen gebracht. Das letztere soll vorsichtig geschehen und zwar so, daß der geschmolzene Sprengstoff sich nicht über 135° erwärmt. In der Schmelze befindet sich ein geeichtes Thermometer und ein Rührer aus Draht. Bei langsamem Rühren tritt die Erstarrung ein, und der höchste Punkt wird als E.P. abgelesen; dieser liegt bei gutem Material bei 127·5 bis 128·2°, und man sollte bei diesem Sprengstoff den höchstmöglichen Erstarrungspunkt verlangen, keinesfalls unter 127·5°. — Interessant ist die Prüfung auf Säure, die gewöhnlich auf Schwefelsäure berechnet wird. Zu diesem Zweck werden 10 g Substanz mit 50 ccm Wasser ausgekocht, abgekühlt, filtriert und nachgewaschen, und dann unter Zusatz einiger Tropfen Phenolphthaleïn mit n/10 NaOH titriert. Man verbraucht regelmäßig 0·2 ccm Lauge und diese entsprechen 0·01 % Schwefelsäure; dies Resultat ist aber weder auf Konto der Schwefelsäure, noch auf Konto der Salpetersäure zu setzen. Vollständig säurefreies Tetril zeigt selbst Säurecharaktor, es löst sich in Wasser in geringer Quantität und dieser geringe Anteil neutralisiert die 0·2 ccm n/10 NaOH. Tetril löst sich auch in viel verdünntem Ammoniak allmählich vollständig auf, und zwar mit dunkelroter Farbe.

Als eigentlicher Sprengstoff hat das Tetrantromethylanilin bis heute noch keine, oder dann nur eine sehr untergeordnete Anwendung gefunden; zwei Mischungen, um deren Fabrikationserlaubnis die Société anonyme d'Explosifs et de Produits chimiques eingekommen ist, haben folgende Zusammensetzung:

	Fortex No. 1	Fortex antigrisouteux
Ammonsalpeter	70	78·4
Tetranitromethylanilin . .	30	21·5 .

Dagegen wird das Tetranitromethylanilin in größerem Maßstabe zu Initialzündern, Detonationsüberträgern an Stelle der Tinitrokohlenwasserstoffe verwendet. (Vgl. Amerik. Patent 827768 vom 25. Juli 1905 von W. Will, Berlin; D.R.P. 168490 vom 1. April 1905 von C. Claessen, Berlin, und D.R.P. 241697 vom 8. Juli 1910 von B. Flürscheim, England.)

Initialzünder.

Tetranitromethylanilin ist eine der am meisten verwendeten Substanzen zu modernen Sprengkapselfüllungen In den letzten Jahren wurde nämlich mehr und mehr versucht, Sprengkapseln, welche man früher ausschließlich durch Einpressen von reinem Knallquecksilber oder einem Gemisch desselben mit Kaliumchlorat ohne Innenkapselabdeckung herstellte, dadurch zu verbessern, daß man den wesentlichen Teil der bisherigen Ladung durch einen ungefährlicheren, wirksameren Sprengstoff, wie Trinitrotoluol, Trinitrobenzol, Tetranitromethylanilin, Tetranitranilin usw. ersetzte. Die Sprengkapseln sind zylindrische, an einem Ende geschlossene Kupferhülsen, deren lichte Weite, von 5 bis 8 mm wechselnd, dem üblichen Durchmesser der Zündschnüre entspricht. Je nach der Empfindlichkeit des zu zündenden Sprengstoffs werden die Kapseln in zehn verschiedenen Größen mit entsprechender Füllung gebraucht und mit Nummern 1 bis 10 bezeichnet. Füllung und Größenbezeichnung ergeben sich aus folgender Aufstellung:

Bezeichnung Nr. . .	1	2	3	4	5	6	7	8	9	10
Füllung in g	0·3	0·4	0·54	0·65	0·8	1·0	1·5	2·0	2·5	3·0

Zur Einleitung einer ordnungsgemäßen Explosion sind die Sprengkapseln fast bei allen Sprengstoffen notwendig. Für Gelatinedynamite genügen meist Kapseln Nr. 3, für Sprenggelatine und Karbonite braucht man Kapseln Nr. 5 bis 6; für Ammonsalpetersprengstoffe dagegen sind Nr. 8 bis 10 erforderlich,

Durch den teilweisen oder ganzen Ersatz der wirksamen

Initialmasse, des Knallquecksilbers z. B., durch einen der erwähnten aromatischen Nitrokörper, vornehmlich durch Tetranitromethylanilin, Tetranitranilin, ergeben sich nun viele Vorteile: erstens wird der Knallsatz viel billiger und ungefährlicher und zweitens ist die Initialwirkung eine bessere, da der betreffende Nitrokörper die Rolle eines Detonationsüberträgers übernimmt. Zudem sind diese neuen Initialsätze bei gleicher Wirkung unempfindlicher gegenüber mechanischen und chemischen Einflüssen und darum auch dauerhafter. Versager, wie sie im Bergwerksbetrieb durch Unbrauchbarwerden des Zündkapselinhalts nicht selten sind, kommen weniger vor.

In der langen Reihe der eigentlichen Explosionserreger steht von allen denen, die in den letzten Jahren vorgeschlagen, empfohlen, patentiert und zum Teil schon praktisch verwendet worden sind, das alte Knallquecksilber, bzw. das 80%ige Knallquecksilber-Kaliumchloratgemisch immer noch obenan. Neuerdings scheint das Knallquecksilber jedoch in den Schwermetallaziden, vornehmlich dem Bleiazid PbN_6, einen scharfen Konkurrenten zu bekommen. Dieses Salz der Stickwasserstoffsäure übertrifft das Knallquecksilber nicht nur bedeutend an Initiierfähigkeit, sondern auch ganz bedeutend an Stabilität und Haltbarkeit bei geringer Empfindlichkeit gegen Stoß und Schlag, was bei gepreßtem Salze besonders hervortritt. Das Bleiazid zeigt die überraschende Erscheinung, daß es bei Anwendung von sehr hohen Preßdrucken nicht nur nicht totgepreßt wird, sondern daß vielmehr seine Brisanz bei starker Pressung ungewöhnlich zunimmt, indem es bei höchstem Druck den stärksten Durchschlag aufweist.

Die neueren Initialzünder werden allgemein so hergestellt, daß man in eine Kupferhülse den Nitrokörper (Trinitro-

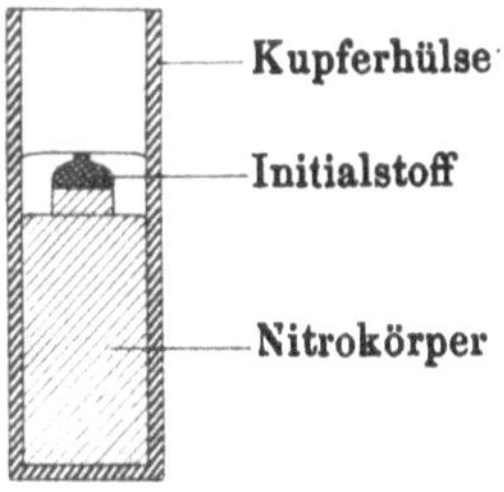

Fig. 32. Initialzünder.

toluol usw.) einpreßt und darauf die erforderliche Menge Initialzündstoffs (Knallquecksilber, Bleiazid) auflädt, etwa nach Art vorstehenden Schemas (Fig. 32).

Es zeigt sich, daß es bei dieser Anordnung der Initialladung einer ganz bestimmten Menge Zündstoffs bedarf, um den darunter liegenden Nitrokörper zur Detonation zu bringen und es konnte beobachtet werden, daß bei einer in dieser Weise hergestellten Kapsel, falls die Initialladung von Knallquecksilber etwas zu gering war, nur die Initialladung unter Zurücklassung des unteren Teiles mit dem unveränderten Nitrokörper detonierte. Daraus läßt sich nun eine einfache Methode ableiten zur vergleichsweisen Feststellung der Initiierfähigkeit von reinem Knallquecksilber, Knallquecksilber-Kaliumchloratgemisch und Bleiazid auf andere Sprengstoffe, wie Trinitrotoluol, Tetranitromethylanilin usw., die derart ausgeführt wird, daß beispielsweise je 1 g Nitrokörper in eine zylindrische Kupferhülse von 45 mm Länge und 6·85 mm Durchmesser gepreßt, darauf eine genau abgewogene Menge Initialzündstoff aufgeladen und dieser mit einer passenden, durchlochten Innenkapsel abgedeckt wird. Die Menge des aufgeladenen Initialzündstoffs wird so lange verringert, bis Versager eintreten. Nach dieser Methode[1] waren zur sicheren Detonation erforderlich für

	1 g Trinitrotoluol	1 g Tetranitromethylanilin
Knallquecksilber rein	0·35	0·4
Knallquecksilber-Kaliumchloratgemisch (80%)	0·30	0·2
Bleiazid	0·08	0·01

Die große Überlegenheit des Bleiazids gegenüber den beiden anderen Initialzündstoffen geht aus obigen Zahlen deutlich hervor. Damit aber bei Verwendung dieser drei Substanzen unbedingte Gewähr sicherer Zündung vorhanden ist, müssen die Grenzinitialladungen (bezogen auf je 1 g Trinitrotoluol und Tetranitromethylanilin) beträchtlich überschritten werden.

Die modernen Detonatoren haben sich aus den Zündladungskörpern, den detonationsübertragenden Zwischenmassen entwickelt. Bei unempfindlichen Sprengstoffen, wie nasser Schießbaumwolle z. B., gelingt die Detonation nur mittels eines Detonationsüberträgers wie trockener Schießbaumwolle; ebenso ist zur sicheren Detonation gegossenen oder gepreßten Trinitrotoluols ein Zündkörper, bestehend aus weniger gepreßtem Trinitrotoluol, notwendig. Durch den Impuls der Initiiermasse wird dann zuerst die Detonation der Zwischenladung bewirkt und die Zersetzung

[1] Rhein.-Westf. Sprengst. A.-G. Bleiazid, S. 14.

so auf das Ganze übertragen. Heute hat man nun Zündladung und Zwischenmasse in eins vereinigt, d. h. das Prinzip auf die Zündladung selber angewandt.

Tetranitranilin.

Tetranitranilin von der Formel

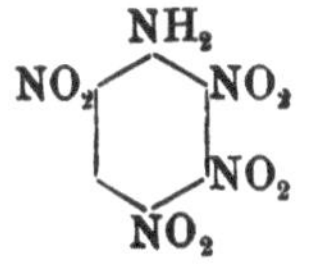

gehört zu den allermodernsten Explosivstoffen. Erst vor einigen Jahren von B. Flürscheim dargestellt, wird es heute nach den Patentverfahren des Entdeckers bereits in größerem Maßstabe fabriziert und sprengtechnisch verwertet (vgl. Engl. Pat. 3224/1910 und 3907/1910 sowie D.R.P. 243079 und 241697/1910 S. 76 u. 78).

Tetranitranilin bildet gelbe Kristalle, die in pulverisiertem Zustand eine intensiv rein gelbe Färbung aufweisen; es schmilzt mit teilweiser Zersetzung und daher bei einer Temperatur, die von der Art der Erhitzung abhängig ist. Erhitzt man in der Weise, daß die Temperatur pro Minute um 5° steigt, so tritt beim reinen Produkt bei 216 bis 217° Zersetzung ein; die Zersetzung durch Erhitzen ist aber nie explosionsartig. Die Dichte ist relativ hoch und beträgt 1·867. Tetranitranilin ist praktisch unlöslich in Wasser von gewöhnlicher Temperatur, dagegen wenig löslich in Benzol, Ligroin, mehr in Eisessig, Xylol, Nitrobenzol, Aceton (1 Teil in 6 Teilen beim Sieden) und Nitroxylol (1 Teil in 3 Teilen bei 150°). Die Verbindung ist sehr beständig; man kann leicht ein Produkt herstellen, das bei 71° das Reagenzpapier nach 60 Minuten nicht färbt; sie ist ferner neutral, wirkt also auf die Metalle nicht ein, und ist infolge ihrer hohen Stabilität gegen Stoß und Schlag ziemlich unempfindlicher als Tetril und bedeutend weniger empfindlich als Pikrinsäure (vgl. Tabelle S. 368).

Wasser wirkt bei gewöhnlicher Temperatur auf Tetranitranilin nicht ein; beim Kochen erfolgt Reaktion im Sinne folgender Gleichung:

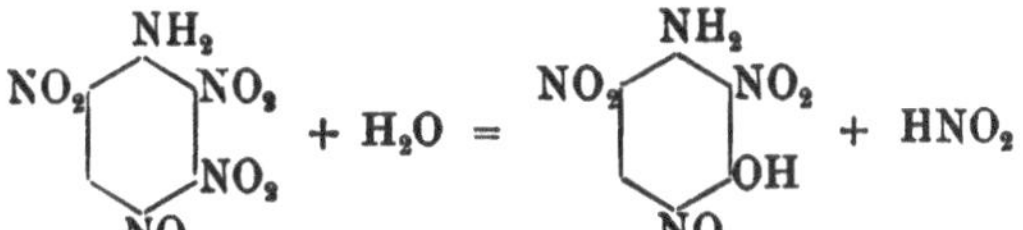

Trinitroamidophenol

Bei der Erwärmungsprobe zeigt sich Tetranitranilin stabiler als Tetryl: je 5 g Substanz wurden bei 100 und 120° im Vakuum erhitzt und die Gasentwicklung gemessen. Nachstehendes Diagramm (Fig. 33) gibt die Zersetzungskurven bei 120° wieder.

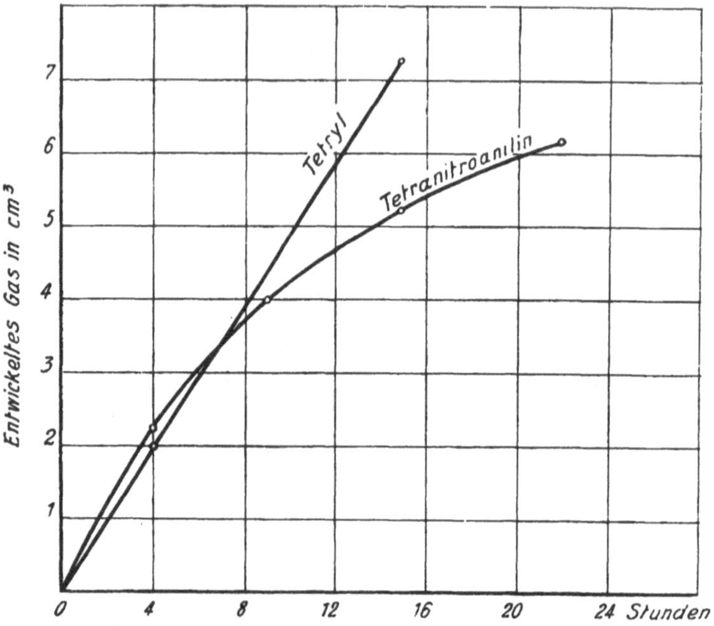

Fig. 33. Diagramm der Zersetzungskurven bei 120°.

Der Verpuffungspunkt des Tetranitranilins liegt bei 222°; derjenige des Tetryls bei 186°.

Ungeachtet der Reaktion mit kochendem Wasser ist Tetranitranilin als fester Körper beständig; nach siebenstündiger Behandlung der Verbindung mit Wasserdampf bei 100° wurden bloß ca. 1% in Trinitroaminophenol umgesetzt. Die Hygroskopizität des Tetranitranilins ist sehr gering; setzt man dasselbe bei gewöhnlicher Temperatur eine Woche hindurch einer Atmosphäre von 85% Feuchtigkeit aus, so ergibt sich eine Gewichtszunahme von nur 0·12%, während Tetryl um 0·30% an Gewicht zunimmt. Tetranitranilin ist vollständig neutral und wirkt auf Metalle nicht ein.

Unter allen Eigenschaften des Tetranitranilins ist seine Explosivwirkung die bemerkenswerteste; sie ist größer als diejenige irgendeiner anderen bisher bekannten festen Verbindung. Vergleichende Versuche mit je 10 g Substanz unter Anwendung einer Sprengkapsel Nr. 8 sind in folgender Tabelle zusammengestellt:

	Trinitrotoluol	Pikrinsäure	Tetryl	Schießwolle	Tetranitranilin	Dynamit mit 75% Nitroglyzerin und 25% Kieselguhr
Trauzlscher Bleiblock	254	297	375	290	430	300
Ballistisches Pendel	719	808	951	923	1056	900

Tetranitranilin detoniert ohne Rückstand; seine Empfindlichkeit gegenüber Knallquecksilber ist die gleiche wie bei Tetryl.

Die industrielle Anwendung des Tetranitranilins beschränkt sich wohl hauptsächlich auf Detonatoren und auf billige Sprengstoffe, die durch Zusatz kleiner Mengen einer hochwirksamen Verbindung, zweckmäßig verändert und verbessert werden sollen; denn einer trinitrotoluolähnlichen Verwendung des Tetranitranilins als Sprengstoff für sich stehen die Herstellungskosten im Wege. Über die Anwendung des Tetranitranilins als Beimischung zu billigen Sprengstoffbestandteilen gibt Flürscheim[1] einige Beispiele, wovon die folgenden wiedergegeben seien.

		Ausbauchung im Bleiblock durch 10 g Sprengstoff
Geschmolzene Mischung von Tetranitranilin und Dinitrobenzol (1 : 2)	6 Teile	265 cm^3
Ammonsalpeter	94 „	
Trinitrotoluol	6 „	220 „
Ammonnitrat	94 „	
Geschmolzene Mischung von Tetranitranilin und Dinitronaphthalin (1 : 2)	4 „	205 „
Ammonsalpeter	96 „	
Geschmolzene Mischung von Tetranitranilin (5), Mononitronaphthalin (3) und Dinitronaphthalin (7 Teile)	4·5 „	220 „
Ammonsalpeter	95·5 „	

In diesen Mischungen zeigt Tetranitranilin die Eigenschaft, schwer detonierbare Bestandteile von Sicherheitssprengstoffen, wie Dinitrotoluol, Nitronaphthaline, empfindlicher zu machen, so daß diese billigen Nitrokohlenwasserstoffe teurere Komponenten, wie Trinitrotoluol, zu ersetzen vermögen; ebenso vermag es auch stark zusammengepreßte Sprengstoffe detonationsempfindlicher zu machen.

[1] Zeitschr. f. Schieß- u. Sprengst. 1913, 187.

Von den zahlreich dargestellten Abkömmlingen des Tetranitranilins (vgl. Abschnitt 4, S. 196) sind das Trinitroaminoanisol von der Formel

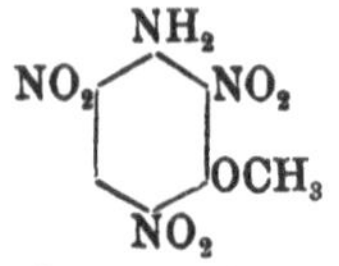

und das Trinitroaminophenetol

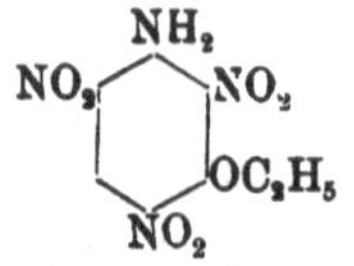

als Füllmassen für Granaten und zur Herstellung rauchloser Pulver vorgeschlagen worden (Engl. Pat. 18777 vom 11. Juli 1912. B. J. Flürscheim, England). Die erste Verbindung bildet blaßgelbe Kristalle, die bei 131° schmelzen, die zweite zitronenfarbige Kristalle vom Schmelzpunkt 107—108°.

Hexanitrodiphenylamin.

Das Hexanitrodiphenylamin oder Dipikrylamin ist ein intensiv gelber, sehr giftiger Körper, der sich, ohne zu schmelzen, zwischen 240 und 250° zersetzt.

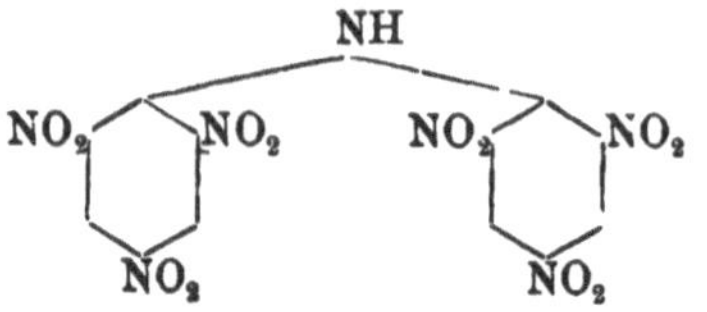

Es bildet Salze, von denen das Ammoniumsalz unter dem Namen „Aurantia" schon seit langem in der Färberei Anwendung gefunden hat.

Hexanitrodiphenylamin stellt einen Sprengstoff dar, der in bezug auf Schlag- und Stoßbeständigkeit hinter der Pikrinsäure etwas zurücksteht, diese jedoch infolge der günstigeren Zusammensetzung an Sprengkraft übertrifft. Der Sprengstoff ist stabil und handhabungssicher und läßt sich mit der Sprengkapsel vollständig detonieren; über die praktische Anwendung ist nichts Näheres bekannt geworden. Nach dem Franz. Pat. 376340 vom 3. April 1907 wird Hexanitrodiphenylamin, außer der Anwendung für sich allein auch als Zusatz zu anderen Stoffen, wie z. B. Nitrokohlenwasserstoffen mit niedrigem Schmelzpunkt vorgeschlagen; es soll damit die Empfindlichkeit wie die explosive Wirkung der betreffenden Sprengmischungen geregelt werden können.

IV. Andere aromatische Nitroverbindungen.

In dieser Gruppe existieren eine Anzahl meistens komplizierter Nitroverbindungen, über deren Anwendung — außer in den betreffenden Patentschriften — bislang noch nichts bekannt geworden ist. Fast allen diesen vorgeschlagenen Körpern steht entweder die Schwierigkeit oder dann die Kostspieligkeit der Herstellung einer praktischen Ausnutzung im Wege, so sehr sie sich auch in gewissen Beziehungen für die Sprengtechnik eignen mögen. Der Vorschlag der chemischen Fabrik Griesheim, Trinitrobenzoesäure und deren Salze für sich allein oder auch in Verbindung mit anderen Bestandteilen sprengstofflich zu verwerten (D. R. P. 79314 vom Jahre 1893), hat bis heute noch keine praktische Gestalt angenommen; ebensowenig der Versuch, Guanidinpikrat oder Guanidinnitrokresylat (D.R.P. 163350 vom Jahre 1901 von Dr. Alberto da Silva aus Rio de Janeiro) zu einer wichtigen Sicherheitssprengstoffkomponente zu machen.

Von neueren Vorschlägen seien die Dinitrodialkyloxamide der Westfälisch-Anhaltischen Sprengstoff-A.-G. in Berlin (D.R.P. 203190 vom 26. Januar 1907) erwähnt. Nitrierte Dialkyloxamide, wie Dinitrodimethyloxamid, Dinitrodiäthyloxamid und ähnliche, sollen wegen der außerordentlichen Unempfindlichkeit gegen mechanische Einflüsse einerseits und der großen Kraftäußerung bei der Detonation andererseits, die beste Füllmasse für Granaten, Minen usw. abgeben, und sich ferner für rauchschwache Schießpulver und Sprengstoffe für den Gruben- und Bergwerksbetrieb eignen. Ebenfalls ein Oxalsäurederivat liegt vor in dem Hexanitroxanilid der Société anonyme d'Explosifs et de Produits chimiques in Frankreich (Franz. Pat. 391106 vom 19. Aug. 1907). Dieser Körper, von der Formel

$$\begin{array}{l} C_6H_2(NO_2)_3\text{—NH—CO} \\ \qquad\qquad\qquad\quad | \\ C_6H_2(NO_2)_3\text{—NH—CO} \end{array}$$

schmilzt bei 295 bis 300° und hat ungefähr die gleiche Kraft wie Trinitrotoluol; er läßt sich in Mischung mit Ammonnitrat, Chloraten oder Perchloraten anwenden.

In dem Franz. Pat. 391107, gleichen Datums wie das obige, beschreibt die gleiche Gesellschaft ein Pentanitrodimethyl-m-phenylendiamin von der Formel $C_6H(NO_2)_3\left(N<^{CH_3}_{NO_2}\right)_2$ als besonders geeignet für Granat-, Minen- und Torpedofüllungen, sowie als Bestandteil für Zündsätze zur Verminderung des Knallquecksilberanteils derselben. Die Verbindung stellt einen braunen kristallinischen Körper dar, der zwischen 200 und 204° unter Zersetzung schmilzt, sonst aber gegen Wärme eine beträchtliche Beständigkeit besitzt. Versuche im Bleiblock ergaben eine bedeutend größere Sprengkraft, als beispielsweise Schießbaumwolle oder 75%iges Dynamit. Da dieser Explosivstoff Metalle nicht angreift und beim Entzünden ruhig abbrennt, so stünde der Verwendbarkeit dieses Körpers nichts im Wege, als die Kostspieligkeit seiner Herstellung, die bei einem aromatischen Diamin und gar noch bei einem alkylierten, besonders groß ist.

Schließlich sind aus jüngster Zeit noch zwei Patente der Sprengstoff-A.-G. Carbonit zu erwähnen (D.R.P. 269826 vom 29. Okt. 1912 und Engl. Pat. 18354 vom 12. Aug. 1913), die beide geschwefelte Nitrodiphenylamine betreffen, und zwar das erste Hexanitrosulfobenzid,

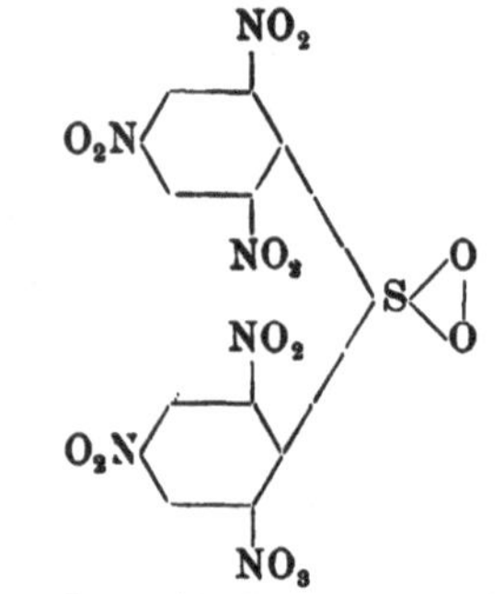

und das zweite Hexanitrodiphenylsulfid,

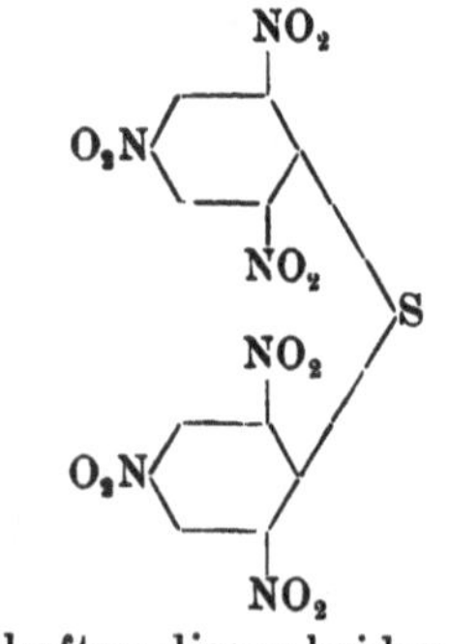

Über die Eigenschaften dieser beiden neu dargestellten Körper ist außer den betreffenden Patentangaben noch nichts bekannt geworden. Beide dürften sich wohl vor dem Hexanitrodiphenylamin, bei annähernd gleichen sprengtechnischen Eigenschaften, durch die billigere Herstellung auszeichnen. (Hinsichtlich des jüngsthin dargestellten Hexanitrodiphenyls und des Hexanitrodiphenyloxyds sei auf S. 25 und 81 verwiesen.)

V. Nitrierte aliphatische Verbindungen.

1. Tetranitromethan.

Von den zahlreichen Nitroverbindungen der gesättigten Kohlenwasserstoffe der Methanreihe ist außer dem Tetranitromethan $C(NO_2)_4$ noch keine sprengtechnisch zu verwerten versucht worden. In einem neueren Patente von Paul Winand (Franz. Pat. 384079 vom 16. Nov. 1907 und Engl. Pat. 1907), betreffend Herstellung eines Explosivstoffs vom Typus Sprengel, wird Tetranitromethan als sauerstoffabgebender Körper mit organischen Verbindungen als verbrennlicher Bestandteil gemischt. Das Tetranitromethan soll hierbei als rein organische, neutrale und sehr sauerstoffreiche Verbindung die unbequemen agressiven anorganischen sauerstoffabgebenden Komponenten, wie Salpetersäure oder Stickstoffperoxyd, in den Sprengelschen Sprengstoffen ersetzen. Infolge seines höheren Siedepunkts (126°), seiner geringeren Flüchtigkeit und darum geringeren Schädlichkeit der Dämpfe, hat es vor den erwähnten Stickstoffsäuren manche Vorzüge. Tetranitromethan besitzt ferner keine sauren Eigenschaften, ist vollkommen stabil und reagiert beim Zusammentreffen mit verbrennlichen Substanzen nicht wie konzentrierte Salpetersäure oder Stickstoffperoxyd; auch hat es den Vorteil, wegen seiner Unlöslichkeit in Wasser, in Berührung mit demselben unverändert zu bleiben und von seiner Wirkung nichts einzubüßen.

Zur Erzielung des größten Nutzeffekts muß das Tetranitromethan mit organischen Substanzen auf vollständige Verbrennung zusammengemischt werden, wie es folgende Beispiele dartun:

1 Teil Tetranitromethan auf 7·0 Teile Benzol oder 5·5 Alkohol oder 4·3 Glyzerin oder 2·5 Teile Essigsäure.

2. Hexanitroäthan.

Besser als das Tetranitromethan scheint sich das erst kürzlich von W. Will[1] dargestellte Hexanitroäthan für sprengstoffliche Verwertung zu eignen. Diese Substanz, deren Schmelzpunkt bei 142° liegt, zeichnet sich vor dem Tetranitromethan durch eine viel geringere Flüchtigkeit aus. Gegen Stoß und Schlag, sowie Reibung ist die Verbindung sehr unempfindlich; mit einem 2 kg-Fallgewicht konnte erst etwa bei einem Meter Fallhöhe Explosion bewirkt werden. Im Trauzlschen Bleiblock detoniert Hexanitroäthan unter dem Einfluß der Sprengkapsel Nr. 8 leicht und vollständig; es wurden Ausbauchungen von ungefähr 180 ccm erhalten.

---

[1] Ber. 47, 965 (1914).

Durch Vermischung von Hexanitroäthan mit wasserstoffhaltigen, organischen Substanzen gewinnt man, je nach dem Mischungsverhältnis und der Art der Bestandteile sehr kräftige Sprengmittel oder wirksame Zündmittel. Die technische Verwertung wäre nicht ausgeschlossen, falls es gelänge, die Haltbarkeit solcher Mischungen ausreichend zu sichern. Jedenfalls liegt mit dieser Verbindung, noch mehr als mit dem Tetranitromethan, ein eigenartiges, neues organisches Oxydationsmittel vor, dessen Eigenschaften zu weiterer Untersuchung einladen.

3. Nitriertes Petroleum.

Schon im Jahre 1882 hat Eugène Turpin das Petroleum für Sprengstoffzwecke auszunützen versucht. In seinem D.R.P. 26936 desselben Jahres beschreibt er explosive Mischungen vom Typus Sprengel, hergestellt durch Vermischen von Petroleum mit oder ohne andere organische Substanzen mit Untersalpetersäure. Dabei ist eine Vorbehandlung des Petroleums mit Untersalpetersäure erforlich, damit die reaktionsfähigen Beimengungen nitriert und für den späteren Zusatz von Untersalpetersäure indifferent werden. Zum Gebrauche wird dann 1 Teil des vorbehandelten Petroleums mit $1^1/_2$ Volumteilen Untersalpetersäure gemischt. Entzündet brennt das Gemisch mit ruhiger Flamme, explodiert aber heftig, wenn die Zersetzung durch Stoß oder mittels Knallquecksilber eingeleitet wird.

War bei dem obigen Verfahren Turpins die Nitrierung des Petroleums nur Nebenzweck, so wird die Herstellung von Nitrokörpern aus Petroleum zum ersten Male Hauptzweck in dem D.R.P. 154054 vom 23. April 1902 von Edeleanu und Filiti in Bukarest. Die nach diesem Patente technisch dargestellten Nitroprodukte werden erhalten aus hochsiedenden Petroleumfraktionen (S.P. 270 bis 380°) und stellen bei gewöhnlicher Temperatur halbfeste bis feste rotbraune, umkristallisierbare Massen dar, welche geruchlos sind und mit Schießbaumwolle zelluloidartige Zusammensetzungen geben. In der Sprengstoffindustrie haben diese Nitroprodukte des Petroleums noch keine Anwendung gefunden.

Neuerdings sollen nach einem Vorschlage A. S. Flexers Nitrokörpergemische, erhalten durch Nitrieren von 40 Teilen Petroleum, gemischt mit 6 Teilen Holzteer, sprengtechnische Verwertung finden (Österr. Pat. 59185 vom 15. Dez. 1912).

Siebenter Abschnitt.

Allgemeine Bestimmungs- und Untersuchungsmethoden der Explosivstoffe.

I. Charakterisierung der Explosivstoffe.

Das Charakteristikum eines Explosivstoffs ist, daß im Moment der Explosion Gase bei hoher Temperatur und in kurzer Zeit gebildet werden; denn entstünden bei der Zersetzung des Explosivstoffs die Gase allmählich, so könnten sie abgeführt werden, ohne daß eine Drucksteigerung einträte. Von wesentlicher Bedeutung ist also, daß eine Druckentwicklung und Drucksteigerung, hervorgerufen durch plötzliche Zersetzung eines Sprengstoffs, vorliegt. Läßt sich bei geeigneter Auslösung des explosiven Vorgangs die Geschwindigkeit der chemischen Umsetzung beeinflussen, sei es durch die Form, Dichte, Ladung oder den Laderaum, so hat man es mit einem Treibmittel zu tun. Vom Ort der Zündung, die, wie in der Waffe üblich, durch den Zündstrahl eines Zündhütchens eingeleitet wird, pflanzt sich von Schicht zu Schicht eine Wärmewelle fort, deren Geschwindigkeit von Druck und Temperatur abhängig ist. In ähnlicher Weise können bis zu einem gewissen Grade durch Wärmeübertragung auch die Sprengstoffe zerfallen; doch läßt sich infolge ihrer physikalischen Beschaffenheit die Geschwindigkeit ihrer Zersetzung nur in engen Grenzen variieren. Zur Auslösung der Energie eines brisanten Sprengstoffs bedient man sich des Initialimpulses einer Sprengkapsel aus Knallquecksilber oder einer anderen brisanten Verbindung wie Bleiazid. Wird so der Zerfall der Sprengstoffe eingeleitet, dann erfolgt die Zersetzung mit außerordentlicher Geschwindigkeit, die je nach der Art des Sprengstoffs bis zu 8000 Metern pro Sekunde betragen kann.

Man hat den Versuch gemacht, die Sprengstoffe in zwei Klassen, in solche I. Ordnung, wie Schießpulver, und in solche II. Ordnung, wie Dynamit, Pikrinsäure usw., einzuteilen. Die erste Gruppe ist durch direkte Explosionsfähigkeit gekennzeichnet; die zweite dagegen macht für die Explosion eine Initialzündung notwendig. Die Explosion des Schießpulvers ist nach Berthelot nur eine schnelle Verbrennung der fein verteilten Masse durch Wärmeübertragung von Schicht zu Schicht, die durch Drucksteigerung stark beschleunigt wird. Bei der Detonation der Sprengstoffe II. Ordnung dagegen entsteht durch die kinetische Energie des Detonatorstoßes auf adiabatischem Wege eine solche Wärmeentwicklung und Temperatursteigerung, daß die

„kritische Verbrennungsgeschwindigkeit" überschritten wird. Aus der Tatsache, daß die eigentlich brisanten Sprengstoffe erst der Anregung eines Primärexplosivstoffs, z. B. des Knallquecksilbers, bedürfen, um zu detonieren, hat man den Explosionsvorgang in einen primären und einen sekundären eingeteilt. Unter dem primären hat man die Zersetzung des Initialsprengstoffs bis zu dem Augenblicke der beginnenden Zersetzung der Sprengstoffmasse zu verstehen; der sekundäre Explosionsvorgang reicht vom ersten Zersetzungsstoß des Detonators bis zur völligen Vergasung (Maximaldruck und Maximaltemperatur) des Sprengstoffs. Dieses auffällige Verhältnis zwischen Initialzünder und Explosivstoff hat Abel in einer viel besprochenen und mehrfach angenommenen Hypothese zu erklären versucht. Nach ihm beruht die Initialwirkung auf Wellensynchronismus zwischen der Detonator- und Sprengstoffmasse; die Sprengstoffe sollten nur auf bestimmte Explosionswellen abgestimmt sein, wie in der Akustik die Saiten, die beim Anklingen eines bestimmten Tones oder Obertones mitzuschwingen imstande sind. Danach müßte Knallquecksilber diesen Synchronismus weitgehend mit den Explosionswellen anderer Sprengstoffe zeigen, da diese Quecksilberverbindung nach Abels Versuchen viel größere Initialkraft besitzt, als die heftigsten Sprengkörper, wie Chlor- und Jodstickstoff z. B., die Nitroglyzerin und Schießbaumwolle gar nicht zu detonieren vermögen.

Obschon die Abelsche Theorie des Wellensynchronismus zwischen Initialzünder und Sprengstoff durch viele Einwände erschüttert wird, kann sie heute doch nicht als völlig überwunden gelten. Abel stützte seine Hypothese u. a. auf die Beobachtung, daß Schießbaumwolle, wenn sie über Nitroglyzerin explodiert, dieses zur Detonation bringt, aber nicht umgekehrt oder nur in sehr viel größeren Mengen. Demgegenüber wendet Berthelot ein, daß gerade bei Annahme von Wellensynchronismus die Wirkung beider Sprengstoffe reziprok sein müßte. Ferner müßte jeder Sprengstoff den vollkommensten Wellensynchronismus mit sich selbst zeigen, also der beste Initialzünder für sich selbst sein. Durch Versuche sei auch schon gezeigt worden, daß durch Knallquecksilber detoniertes Dynamit zum Teil explodierte, zum Teil unverändert umhergeschleudert wurde. Andrerseits ist heute aber bekannt nnd dnrch Zwischenzündladungen erprobt, daß gepreßte oder geschmolzene Pikrinsäure oder Nitrokohlenwasserstoffe nur durch sich selber vollständig detonierbar sind.

Nach Berthelot und van't Hoff kann man sich den Zerfall einer Sprengmasse — die Detonation — durch eine Stoßwelle hervorgebracht denken. Infolge der momentanen Zersetzung des Initialkörpers üben dessen gasförmige Zersetzungsprodukte einen außerordentlich hohen Druck auf den Explosivstoff aus, so daß dieser durch die Wirkung der ungeheuren lebendigen Stoßkraft augenblicklich zerfällt und den Impuls auf die Nachbarschicht überträgt. In dieser Weise pflanzt sich die Stoßwelle durch mechanische, kalorische und chemische Wirkungen mit außerordentlicher Geschwindigkeit von Schicht zu Schicht fort. Die Zeit bis zum vollkommenen Zerfall des Sprengstoffs in feste, gas- und dampfförmige Produkte heißt die Detonationszeit und die Geschwindigkeit, mit der sich die Zersetzung vollzieht, die Detonationsgeschwindigkeit. An jedem Explosionsvorgang lassen sich zwei Phasen unterscheiden: die erste Phase von dem Momente der beginnenden Zersetzung der Sprengstoffmasse bis zum Maximum des Gasdrucks, bis zu dem Augenblicke, wo die Erwärmung der gebildeten Zersetzungsprodukte, und damit auch die Spannung derselben, ihren höchsten Punkt erreicht hat, und die zweite Phase, wo sich die Zersetzungsprodukte von ihrem höchsttemperierten Zustande durch den Einfluß der wärmeaufnehmenden Umgebung schon wieder abzukühlen beginnen. Die theoretisch höchste Temperatur und Spannung der Zersetzungsprodukte eines Explosivstoffs tritt in Wirklichkeit niemals ein, da schon während der ersten Phase, bei der Entstehung und Ausdehnung der Explosionsgase, Energie nach außen abgegeben wird, so daß eine Erniedrigung des theoretisch höchsten Drucks stattfindet.

Betrachtet man die Explosivstoffe vom chemischen Standpunkte, so muß man sie als unstabile Systeme bezeichnen, die bei äußeren Anlässen, wie Temperatursteigerung, Stoß und Schlag usw., unter Wärmeentwicklung in neue gasförmige stabile Verbindungen übergehen. Die Umwandlungsgeschwindigkeit ist eine Funktion der betreffenden Zusammensetzung des Explosivstoffs. Vergleicht man die verschiedenen Sprengstoffe bezüglich der Mengen des aus gleichen Gewichtsmengen entstehenden Gasvolumens und der frei werdenden Wärme, so ergeben sich zwischen den einzelnen Gruppen keine nennenswerten Unterschiede, wohl aber in der Geschwindigkeit der chemischen Umsetzung, die durch die Art der Auslösung der Zersetzung bedingt ist. Diese Umsetzungs- oder Detonationsgeschwindigkeit ist nun das charakteristischste Merkmal eines Explosivstoffs; sie ist das Maß für seine mechanische Wirkung, z. B. Zertrümmerung der Umgebung. Die verschiedene Detonationsgeschwindigkeit führt zur Unterscheidung der Schieß- und Sprengmittel; indessen ist die Grenze zwischen den beiden Klassen keine scharfe, sondern mehr durch die übliche Verwendung bedingt. So hat Schwarzpulver eine Detonationsgeschwindigkeit von 200 bis 300 m/s, die Schlagwettersicherheitssprengstoffe von 2500 bis 4000 m, die langsam detonierenden dynamitähnlichen Sprengstoffe von 4000 bis 5000 m, und die ganz brisanten Sprengstoffe eine solche von 8000 bis zu 9000 m.

Für die Wirkung eines Sprengstoffs sind drei Faktoren maßgebend: 1. die entwickelte Gasmenge, 2. die Menge der frei werdenden Wärme und 3. die Geschwindigkeit des chemischen Umsatzes — die Detonationsgeschwindigkeit. Was weiter noch von einem Sprengstoff zu wissen interessiert, ist die Menge der festen, flüssigen und gasförmigen Zersetzungsprodukte, ihre Höchsttemperatur und Zusammensetzung; ferner die Empfindlichkeit des Sprengstoffs gegen Schlag und Stoß, sowie bei schlagwetterischen Sprengstoffen ihre Flammenlänge und Dauer. Die frei werdende Wärme bedingt die Höhe der Explosionstemperatur, und diese gemeinsam mit der Gasmenge das Druckmaximum. Bezieht man diese Größen auf die Gewichtseinheit der Sprengstoffe in Kilogramm und mißt das Volumen in Litern, die Wärme in Kalorien, die Temperatur im absoluten Maß oder Celsiusgraden, den Druck in Atmosphären bei einem Liter Laderaum und die Geschwindigkeit in Metern der pro Sekunde zur Explosion kommenden Sprengstoffmasse, so ergeben sich die sogenannten Sprengstoffkonstanten:

1. Das Gasvolumen bei 0° und 760 mm Druck = V_0,

2. Die Wärmemenge = Q,

3. Die Explosionstemperatur = T oder t (berechnet aus Q und V_0),

4. Den Druck = f, der in einem Liter bei der Explosion von 1 Kilo ausgeübt wird, in Atmosphären gemessen,

5. Die Verbrennungsgeschwindigkeit oder Detonationsgeschwindigkeit.

Im Interesse der genauen Kenntnis eines jeden Sprengstoffs ist es wichtig, alle seine Eigenschaften ziffernmäßig zu kennen, gleichgültig, ob er für den Bergbau oder für militärische Zwecke gebraucht werden soll. Hiernach ergeben sich folgende Meßapparate zur Charakterisierung und Individualisierung eines Sprengstoffs:

1. Druckmesser zur Registrierung des Drucks der gebildeten Gase, welcher Apparat gleichzeitig zum Aufsaugen der Zersetzungsprodukte dient,

2. Sprengstoffkalorimeter zur Feststellung der bei der Explosion ausgelösten Wärmemengen zum Zwecke der Berechnung der Höchsttemperatur der Sprengstoffe,

3. Apparat zur Messung der Detonationsgeschwindigkeit.

4. Fallapparat zur Bestimmung der Empfindlichkeit gegen Stoß und Schlag.

5. Apparat zur Messung der Länge und Dauer der Stichflamme von Sprengstoffen (speziell für Sicherheitssprengstoffe).

Nach Ausführung aller Bestimmungen mit obigen Apparaten ergibt sich nach Bichel folgendes Schema für eine Sprengstoffuntersuchung:

1. Name des Sprengstoffs	2. Zusammensetzung des Sprengstoffs %/0	3. Detonationsgeschwindigkeit m/sek.	4. Druck von 100 g in 15 Liter-Kammer nach Ausschaltung d. Oberfläche kg pro qcm	5. Anzahl der entwickelten Kalorien von 1 kg Sprengstoff Kalorien	6. Berechnete Detonationstemperatur ° Celsius

7. Dauer der Stichflamme von 100 g Sprengstoff	8. Länge der Stichflamme von 100 g Sprengstoff	9. Gewichtsanalyse der Explosionsprodukte	10. Menge der Explosionsprodukte von 1 kg Sprengstoff bei 15° und 760 mm Atmosphärendruck			11. Bleiblock-Ausbauchung netto normal (nach Abzug des Bohrloches) ccm
			gasförmig Liter	dampfförmig Liter	fest g	

12.

Empfindlichkeit gegen Schlag und Stoß.

Fallgewicht:

100 g	250 g	500 g	1000 g	2000 g	5000 g
Explosion erfolgt bei einem Fall auf:					
cm	cm	cm	cm	cm	cm

II. Druck der Explosionsgase.

Der wirkliche Maximalgasdruck ist hauptsächlich von der Ladedichte abhängig, d. h. von dem Verhältnis des Ladungsgewichts in Gramm zum Verbrennungsraum in Kubikzentimetern. Diesen Quotienten bezeichnet man mit Δ. Danach ist der Gasdruck gleich dem Produkt aus dem spezifischen Druck, d. h. dem Druck, der in einem Liter bei der Explosion von einem Kilo ausgeübt wird, in Atmosphären gemessen, und der Ladedichte

$$P = f \cdot \Delta.$$

Berücksichtigt man in dieser Gleichung noch den Einfluß des Kovolumens, d. h. den nicht mehr zu verkleinernden Inhalt der Gasmoleküle selbst, der von der betreffenden Gasmenge bei 0° und 760 mm eingenommen wird, und der etwa $^1/_{1000}$ dieses Volumens beträgt ($\alpha = {}^1/_{1000}\, v_0$), so erhält man für obigen Ausdruck

$$P = \frac{f \cdot \Delta}{1 - \alpha \Delta}.$$

Das Kovolumen vermindert also den Raum, in welchem die Explosion vor sich geht und erhöht dadurch den Gasdruck. Dies zeigt sich daran, daß das Volumen der Explosionsgase bei konstanter Temperatur nicht unbegrenzt entsprechend der Druckzunahme abnimmt.

1. Berechnung des Gasdrucks.

Aus dem Verhältnis des Explosionsvolumens v_t zu dem Volumen der ursprünglichen Substanz v_0 läßt sich der Gasdruck ermitteln. Das Volumen des Sprengstoffs ist bekannt, und das Explosionsvolumen kann bei Kenntnis der Explosionstemperatur berechnet werden: Nach dem Gesetze von Gay-Lussac ist nämlich $v_t = \frac{v_0 (273 + t)}{273}$. Die Größe des Gasdrucks ist eine für jeden Sprengstoff charakteristische Größe und wird gewöhnlich mit f bezeichnet. Berthelot nannte diese Größe den spezifischen Druck, d. i. den Druck, der von der Gewichtseinheit (einem Kilo Sprengstoff) bei der Explosionstemperatur t in der Raumeinheit (einem Liter) — also bei der Ladedichte 1 — ausgeübt wird. Die Berechnung des spezifischen Drucks f erfolgt nach dem Mariotteschen Gesetze, wonach die Volumina umgekehrt proportional den Drucken sind. Bezeichnet $v_{0\,k}$ das Volumen der von 1 kg Sprengstoff bei 0° und 760 mm gelieferten Explosionsgase, $v_{t \cdot k}$ das Volumen derselben Menge bei der Explosionstemperatur t und 760 mm, p_0 den atmosphärischen Druck

(1·033 kg auf 1 qcm), so verhält sich nach dem Gesetze von Mariotte:

$$f : p_o = v_{t \cdot k} : v_{ok};\ \text{also}\ f = \frac{p_o v_{t \cdot k}}{v_{ok}} = \mathbf{1{,}033} \cdot v_{tk},$$

wenn für v_0 als Raumeinheit 1 angenommen wird. Setzt man nun in die letzte Gleichung den berechneten Wert des Explosionsvolumens $\left(v_{tk} = \frac{v_{ok}(273 + t)}{273}\right)$, so ergibt sich

$$f = \frac{1{,}033 \cdot v_{o \cdot k}(273 + t)}{273}.$$

Bei diesen Berechnungen wird vorausgesetzt, daß die Gase den Gesetzen der Ausdehnung durch die Wärme und der Volumenänderung durch Druckänderung gehorchen. Diese als Gay-Lussacs und Boyle-Mariottes bekannten Gesetze sind aber nur zutreffend für etwa Atmosphärendruck und Temperaturen nicht höher als 500 bis 600°, daher bei den sehr starken Drucken und sehr hohen Temperaturen, unter denen sich die Explosionsvorgänge abspielen, nicht mehr streng gültig. Die berechneten Werte stellen deshalb nur Annäherungswerte dar.

Berthelot betrachtet das Produkt aus spezifischem Gasvolumen und Explosionstemperatur $v_0 \cdot t = \frac{v_0 \cdot Q}{c}$ als Maß für die mechanische Arbeitsleistung der Sprengstoffe und nennt die Größe $v_0 \cdot Q$ das charakteristische Produkt des Sprengstoffs. Dieser Ausdruck kann jedoch nicht als Wertmesser für die Explosivstoffe gelten, da einer der wichtigsten Faktoren, nämlich die Detonationsgeschwindigkeit, nicht berücksichtigt ist.

2. Experimentelle Bestimmung des Gasdrucks.

Da die theoretischen Ermittlungen des Gasdrucks nach obiger Ausführung nicht als zuverlässig gelten können, so hat man schon früh auf praktischem Wege einen Ersatz dafür gesucht, durch direkte Messung des Gasdrucks in Druckbomben. Einer der ältesten, allerdings primitiven Apparate stammt von dem Grafen Rumford aus dem Jahre 1792. Er bestand im wesentlichen aus einem schmiedeeisernen Mörser und diente zur Messung der Pulvergasdrucke, und zwar in der Weise, daß man über die Mörseröffnung der Reihe nach schwerere Gewichte auflegte, bis diese durch die Gase nicht mehr abgehoben wurden. Vollkommnere, wenn auch noch ungenügende Vorrichtungen lieferten Rodman 1857 und Uschatius in Form von Kerbapparaten, wobei ein keilförmiger oder kreissegmentförmiger stählener Meißel, welcher mit einem durch die Explosionsgase bewegten Kolben verbunden ist, auf einer Kupferplatte einen mehr oder weniger langen Einschnitt erzeugt. Von späteren Druckmessern, die in verbesserter Form heute noch angewandt werden, sind zu nennen: das Feder-Dynamometer von Le Boulangé und die manometrischen Wagen von Deprez und Sébert (Accélérographe). Ein heute noch benutzter Druckmesser ist der Stauchapparat, der Crusher gauge des englischen Kapitäns Noble (1868), der in etwas abgeänderter Form von Berthelot und Vieille, sowie von Sarrau und Vieille zu Druckbestimmungen benutzt worden ist. Hierbei wird ein weicher Kupferzylinder, der sich zwischen einem dem Druck der Gase ausgesetzten Stempel und einer Widerlagsplatte befindet, mehr oder weniger zusammengedrückt; man vergleicht diese Stauchung mit der durch direkte Hebelbelastung erhaltenen und in einer Vergleichstabelle ersichtlichen Stauchung. In dieser Form jedoch ist der Apparat etwas umständlich in der Handhabung; statt des Kupferzylinders bedient man sich jetzt vielmehr einfacher Bomben, die im wesentlichen aus einem starkwandigen hohlen Stahlzylinder mit eingeschraubtem Verschlußkopfe bestehen. Im Militärversuchsamt zu Berlin wird für Sprengmittel eine Nickelstahlbombe von 30 mm Wandstärke, 60 mm Laderaumdurchmesser, 200 mm Länge und einem Volumen von 570 ccm benutzt. Der Sprengstoff wird in Form 10 g schwerer Patronen in der Mitte des Laderaumes aufgehängt und mit dünnem Draht an der Sprengkapsel festgebunden, die ihrerseits an Entzündungsdrähten aufgehängt ist. Die Zündung geschieht auf elektrischem Wege, indem man die mit der Sprengkapsel verbundenen Platindrähte zum Glühen bringt.

Die Stauchungswerte werden für die betreffende Ladedichte angegeben. Zu diesem Zwecke muß der Ladungsraum vorher durch Auswägen mit Wasser oder Quecksilber genau ausgemessen worden sein. Man hat auch statt der einfachen Druckbombe eine Registrierbombe verwendet, bei welcher an Stelle des Kupferzylinders eine Spiralfeder eingeschaltet ist.

C. E. Bichel benutzt zu diesen Untersuchungen eine Vorrichtung, welche mit größeren Sprengstoffmengen zu experimentieren gestattet. Die Explosionsbombe ist hier vergrößert zu einer Explosionskammer, bestehend aus einem 80 cm langen zylindrischen Stahlblock von 50 cm Durchmesser, welcher mit einem Elektromotor auf einer festen Auflagerung von Mauerwerk ruht und durch zwei verankerte Bügel festgehalten wird. Die zur Aufnahme des Sprengstoffs bestimmte Kammer hat einen Inhalt von genau 15 Litern und gestattet die Anwendung von reichlich 100 g brisanten Sprengstoffs. Die Ladungsdichte, innerhalb welcher gemessen wird, beträgt also bei 100 g Sprengstoff von der Dichte 1 z. B. 100 : 15000 oder 1 : 150. Senkrecht über der Sprengladung ist ein Federindikator angebracht, wie solche für die Messung des Dampfmaschinendrucks üblich sind. Ein

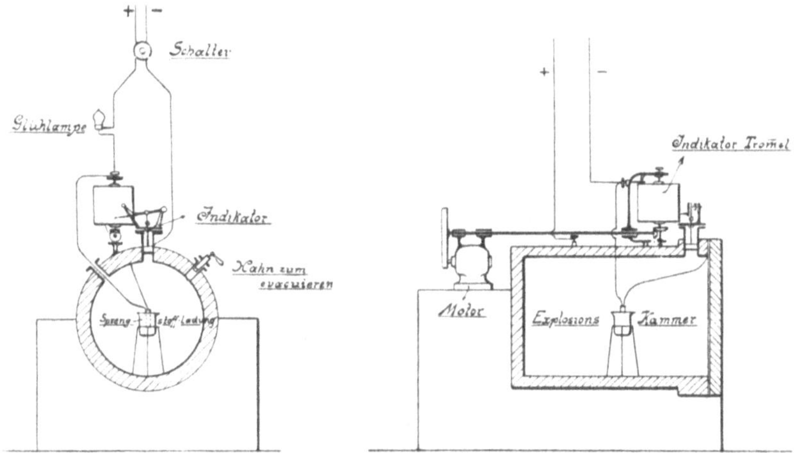

Fig. 34. Schema des Druckmessers von Bichel.

Schreibstift, welcher mit der Feder in Verbindung steht, verzeichnet ein Diagramm auf einer durch Uhrwerk rotierenden Trommel.

Verschlossen wird der Durchmesser durch einen 9 cm starken Deckel, welcher von 12 starken Schrauben mit Muttern festgehalten und noch durch einen starken Bügel angedrückt wird. Die Dichtung zwischen Deckel und Explosionskammer erfolgt durch einen Bleiring.

Für die Handhabung des Druckmessers gibt Bichel[1] folgende Gebrauchsanweisung:

Zur Messung des Explosionsdruckes empfiehlt es sich, nicht mehr Sprengstoff zu nehmen, als einem Drucke von 50 bis 60 kg pro qcm entspricht, also je nach Kraft des Sprengstoffs 100 bis 200 g. Die Sprengstoffladung wird bei pulverigen Sprengstoffen in einem dünnwandigen Gläschen oder Papierhülle, bei plastischen ohne Umhüllung auf ein leichtes Drahtgestell in der Form eines Dreifußes in der Mitte der Explosionskammer aufgestellt. — Die Zündung der Sprengstoffladung erfolgt durch einen elektrischen Strom von genügender Spannung. Der Strom geht zunächst durch einen doppelpoligen Ausschalter, welcher deshalb nötig ist, weil im weiteren Verlauf ein Pol an die Explosionskammer und somit an die Erde geht. In den Stromkreis ist zur Sicherheit eine rote Glühlampe einzuschalten, welche anzeigt, ob der Strom eingeschaltet ist und welche gleichzeitig als Widerstand dient. Die

[1] Methoden u. App. der Sprengst.-A.-G. Carbonit, S. 19.

beiden Drähte gehen nun zum Durchmesser, der eine an die Explosionskammer selbst, der andere an den isolierten Stift oberhalb der Schreibtrommel, gleichzeitig aber auch durch den isolierten Stopfen in die Explosionskammer an die Sprengkapsel. Jetzt kann der Strom nur von dem isolierten Stift durch die Kontaktfeder und den Bügel zur Explosionskammer zurückgehen. Die Einschaltung des Stromes erfolgt erst, wenn die Schreibtrommel die erwünschte Umdrehungsgeschwindigkeit erlangt hat. Bei der Umdrehung hebt dann ein kleiner Stift an der Trommel die Kontaktfeder von dem isolierten Stift ab, und der Strom muß jetzt seinen Weg durch die Sprengkapsel nehmen und diese entzünden. Auf diese Weise wird es erreicht, daß das Diagramm stets am Anfange eines jeden Papierstreifens beginnt. Das Indikatorpapier wird auf die Schreibtrommel so aufgelegt, daß das eine Ende desselben in die kleine Nute auf der Schreibtrommel eingelegt und dann glatt um diese herumgelegt wird. Zwei Gummibänder halten das Papier fest.

Alsdann wird die Schreibtrommel so zwischen die Spitzenschrauben des Bügels eingesetzt, daß sie nicht wackelt, aber auch nicht unnötig festsitzt. Der Schreibarm des Indikators wird so festgestellt, daß der Schreibstift leicht auf das Indikatorpapier drückt. Die Schreibtrommel wird durch einen Elektromotor angetrieben. Ihre Umdrehungsgeschwindigkeit wird durch elektrische Kontaktsignale, welche die Achse des Elektromotorvorgeleges hervorbringt, vermittelst einer arretierbaren Sekundenuhr gemessen. — Da ein Sprengstoff bei seiner Verwendung im Bohrloch usw. keine Luft oder Sauerstoff zur Verfügung hat, wird die Kammer vor dem Schuß vermittelst einer Luftpumpe luftleer gepumpt. Nach dem Evakuieren wird das Ventil geschlossen und die Explosionskammer ist fertig zum Schuß. Nach dem Schuß wird das Diagramm von der Schreibtrommel abgenommen und gemessen. Hierzu wird der geradlinige Teil der obersten wellenförmig verlaufenden Linie bis über den Anfang des Diagramms verlängert und dort ihr Abstand von der Vakuumlinie gemessen. Das auf dem Indikator angegebene Maß für 1 kg ist je nach der Größe des Kolbens durch 10 oder 25 zu dividieren, z. B. bei Feder zu 6 kg bei normalem Kolben 10 mm = 1 kg, bei dem Kolben 1 : 10 1 mm = 1 kg, bei dem Kolben 1 : 25 0·4 mm = 1 kg. (Über das Diagramm, welches der Indikator auf die Trommel zeichnet, ist zu bemerken, daß dieses zwar eine bildliche Darstellung des Explosionsvorganges und somit eine Beurteilung des Sprengstoffs ermöglicht, daß aber wegen der geringen Ladedichte der Vorgang in der ersten Phase der Explosion stark verzerrt erscheint; es darf also der dargestellte Bewegungsvorgang nicht als ein absolutes Maß des wirklich stattfindenden Sprengverlaufes angesehen werden, die Detonationszeit muß vielmehr besonders gemessen werden.)

Der von dem Indikator angegebene Druck hängt, bei gleichem Sprengstoff, ab von der Sprengstoffmenge, dem Volumen der Explosionskammer und von der inneren abkühlenden Oberfläche der Explosionskammer. Die Wirkung der letzteren eliminiert man, indem man durch Einsetzen von einem oder mehreren Stahlklötzen in eine Explosionskammer die innere Oberfläche verändert, aber das Volumen beibehält. Man erreicht dies am besten, wenn man eine Explosionskammer von 20 Litern zu Hilfe nimmt und deren Volumen durch Einsetzen von Eisenzylindern von einem Volumen zu 5 Litern auf 15 Liter verringert. Bei jeder der angewendeten Oberflächen gibt man eine Anzahl von Schüssen ab, nimmt das Mittel der beobachteten Drucke und trägt diese als Ordinate, die Oberfläche aber als Abszisse auf. Durch Verbindung der Ordinatenpunkte entsteht dann eine gerade Linie, die in der zur Abszisse (Oberfläche = 0) gehörigen Ordinate den Druck nach Ausschaltung des Oberflächeneinflusses angibt. So gaben z. B. 50 g Guhrdynamit in der 15 Literkammer bei verschiedenen inneren Oberflächen folgende Drucke:

Innere Oberfläche	Druck
7600 qcm	17·4 kg/qcm
6600 ,,	18·5 ,,
5000 ,,	19·7 ,,
3600 ,,	20·76 ,,

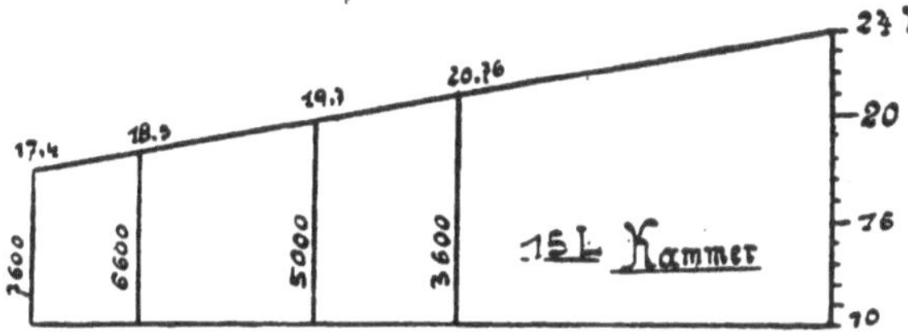

Fig. 35.

Trägt man diese Werte in der beschriebenen Weise auf, so ergibt sich für die Oberfläche gleich „0“ ein Druck von 24·0 kg.

Was die in der umstehenden Tabelle dargestellten Beziehungen zwischen Ladedichte und Maximaldruck betrifft, so ist zu betonen, daß es sich für höhere Ladedichten, aufwärts von einem Maximaldruck von etwa 6000 Atmosphären an, um errechnete Zahlen handelt. Eine unmittelbare Bestimmung des Maximaldrucks für die Ladedichte 1, also des spezifischen Drucks, ist bisher nur für Schwarzpulver möglich gewesen.

Man erhält den Druck der Gase des „im eigenen Volumen“ detonierenden Sprengstoffs durch Multiplikation des spezifischen Druckes mit dem spezifischen Gewicht der reinen Substanz. Dies ist z. B. für Knallquecksilber 4·42. Dieser Körper würde demnach, da der spezifische Druck *f* 6600 kg beträgt, bei der Detonation im eigenen Volumen einen Druck von 4·42 · 6600 kg = 28800 kg pro Quadratzentimeter hervorbringen.

Beziehung zwischen Ladedichte und Maximaldruck (in Atmosphären pro Quadratzentimeter) für einige Explosivstoffe.

Ladedichte	Schwarzpulver	Nitroglyzerin	Schießbaumwolle	Pikrinsäure	Ammonsalpeter	Knallquecksilber
0·1	336	1098	1061	983	542	468
0·2	708	2351	2343	2174	1217	966
0·3	1123	3847	3921	3650	2077	1501
0·4	1587	5640	5912	5523	3211	2072
0·5	2112	7829	8502	7982	4779	2686
0·6	2708	10560	12000	11350	7082	3347
0·7	3393	14060	17020	16240	10800	4062
0·8	4201	21520	24810	24030	17870	4952
0·9	5126	25270	38500	38310	36250	5683
1·0	6236	35010	—	—	—	6602
1·2	9255	—	—	—	—	8726
1·4	14130	—	—	—	—	11320
1·6	29340	—	—	—	—	14560
1·8	—	—	—	—	—	18790
2·0	—	—	—	—	—	24350
2·4	—	—	—	—	—	43970

Unter den neueren Apparaten zur Messung des Explosionsdrucks erscheint eine Vorrichtung zur Messung des Explosionsdrucks unter Wasser von besonderem Interesse, nachdem die Verwendung von Sprengstoffen in Seeminen und Torpedos allgemein geworden ist.

Der hierzu verwendete Apparat[1] besteht aus einer Druckbombe mit Deckel, einer Schwimmboje, an welche der Apparat beim Experimentieren in verschiedenen Tiefen unter Wasser aufgehängt werden kann, aus einem Schaltbrett und einer Zündleitung zur Einleitung der Detonation. Die Druckbombe selbst enthält einen Indikator, dessen Kolben durch den Boden der Bombe hindurch geht, eine Schreibtrommel, die mit Indikatorpapier überzogen wird, einen Elektromotor und die Kontaktvorrichtung zur Betätigung eines Resonanztachometers sowie zur telephonischen Beobachtung der Umdrehungsgeschwindigkeit der Trommel. Der Deckel wird mit zwölf Schrauben wasserdicht auf die Bombe aufgesetzt. Durch denselben führt ein sechs- bis siebenaderiges Kabel, welches gestattet, von Land aus durch die Schalttafel den Elektromotor in Bewegung zu setzen.

Die mit Hilfe dieses Apparates erhaltenen Diagramme zeigen je nach der Menge des Sprengstoffs, seiner Tiefe unter Wasser und seiner Entfernung von dem Indikator zwei bis drei Maxima, welche ungefähr innerhalb einer Zehntelsekunde er-

[1] C. E. Bichel in „Methoden uud Apparate zur Prüfung von Sprengstoffen" 1913.

folgen. Es geht daraus hervor, daß eine Detonation unter Wasser stets mehrere Schläge gibt, was man auch bei den Experimenten durch das Gehör leicht bestätigt finden kann.

III. Detonationsgeschwindigkeit.

1. Bestimmungsmethoden.

Die Fortpflanzungsgeschwindigkeit der Detonation in den gebräuchlichen Sprengmitteln ist schon im Jahre 1885 von Berthelot und Vieille eingehend studiert worden; die seitdem gemachten Untersuchungen haben eigentlich nicht viel mehr als das bereits angesammelte, statistische Material weiter ergänzt. Auch die Methoden zur Bestimmung der Detonationsgeschwindigkeit sind im Prinzip die gleichen geblieben, nur daß die Apparate verbessert und damit die Ausführung bequemer und die Ergebnisse genauer geworden sind. Um die Detonationsgeschwindigkeit irgendeines Explosivstoffs kennen zu lernen, wird etwa nach folgender Anordnung verfahren:

Das betreffende Sprengmittel wird in Form eines ununterbrochenen Stranges in eine Metallröhre von mehreren Metern Länge eingefüllt. In das eine Ende des Stranges wird die elektrische Zündkapsel eingeführt, während quer durch den Strang in genau gemessenem Abstande zwei dünne Kupferdrähte geführt werden, die je einen elektrischen Stromkreis schließen. Das Ganze wird zweckmäßig in den Erdboden vergraben. Sobald nun die abgeschossene Sprengkapsel die Detonation an dem einen Ende des Sprengstoffstranges einleitet, reißt der nächste Kupferdraht und unterbricht hierdurch den ersten Stromkreis. Indem die Explosion den Strang durchläuft, trifft sie auf den zweiten Kupferdraht und unterbricht durch dessen Zerstörung auch dort den Strom; gleichzeitig geht natürlich auch das Metallrohr in Stücke. Mißt man vermittelst empfindlicher Vorrichtungen — dem Flugzeitmesser von Le Boulangé oder dem Funkeninduktor von Siemens z. B. — die Zeit, welche zwischen beiden Drahtunterbrechungen verstreicht, so ergibt eine einfache Umrechnung die auf 1 Sekunde bezogene Detonationsgeschwindigkeit. Die Länge der Versuchsstrecke kann sehr verschieden sein; sie richtet sich stets nach dem Zeitintervall, das die Methode noch mit einiger Genauigkeit zu messen gestattet. Sie muß aber genügend lang sein, um die Versuchsfehler möglichst zu verringern. Berthelot hat bei seinen Versuchen, bei Anwendung des Le Boulangé-Chronographen, des Velocimeters und des Fallchronographen von Sebert, Strecken bis zu 200 m Länge angewendet. Die Detonation einer solch langen

Patronenstrecke hat naturgemäß manche Unannehmlichkeiten im Gefolge (hohe Kosten, Belästigung der Umgebung usw.). Man hat daher neuere Methoden ausgearbeitet, welche kleinere Zeiträume und damit die Fortpflanzungsgeschwindigkeit an kürzeren Strecken zu messen gestatten. Mettegang[1] hat einen Apparat angegeben, der schon bei einer wesentlich kürzeren Patronenreihe (zweckmäßig nicht unter 3 m Länge) die Detonationsgeschwindigkeit zu messen erlaubt. Ein ähnlicher Apparat ist bei dem Militärversuchsamt in Berlin in Gebrauch; mit ihm läßt sich schon bei 40 bis 50 cm

Fig. 36. Siemens-Funkenchronograph. Vorderansicht.

langen Sprengstoffstrecken die Detonationsgeschwindigkeit mit hinreichender Genauigkeit bestimmen. Der hierzu verwendete Siemens-Funkenchronograph liefert so genaue Messungen, daß sich sogar bei kürzeren Meßstrecken bis herab zu 20 und 10 cm die Größenordnung mit einiger Sicherheit feststellen läßt.

[1] C. E. Bichel in Zeitschr. f. Schieß- u. Sprengst. 1908, 403.

Der Apparat[1] wird durch die drei Ansichten (Fig. 36, 37, 38) veranschaulicht.

T ist die Trommel, *S* die mit ebenso viel Teilstrichen, wie der Meßtrommelumfang Millimeter zählt, versehene und von der Achse abnehmbare Teilscheibe, *N* der Nonius zum Ablesen, *H* der verschiebbare Schlitten mit den zu den Funkenspitzen für die einzelnen Meßkreise führenden Meßdrähten; A_1 bis A_8 sind die Ausschalter für die dahinter liegenden Funkeninduktoren. *M* bezeichnet die Stelle für den Elektro-

Fig. 37. Siemens-Funkenchronograph. Hinteransicht.

motor zum Antreiben der Meßtrommel. Figur 38 zeigt die Schalttafel: Bei *B* befindet sich der Anlasser zum Motor. *F* ist ein elektroakustischer Frequenzmesser nach Hartmann-Kempf, der zur Messung hoher Umdrehungszahlen besonders geeignet ist. Die verwendeten Meßtrommeln hatten einen Umfang von 45 bis zu 100 cm und die Messungen wurden bei Umfangsgeschwindigkeiten von 100 bis 162 m/s vorgenommen. Die weiteren Versuche werden mit einer Trommel ausgeführt, deren Umfangsgeschwindigkeit 250 m/s erreicht.

---

[1] Kast, Zeitschr. f. Schieß- u. Sprengst. 1913, 90.

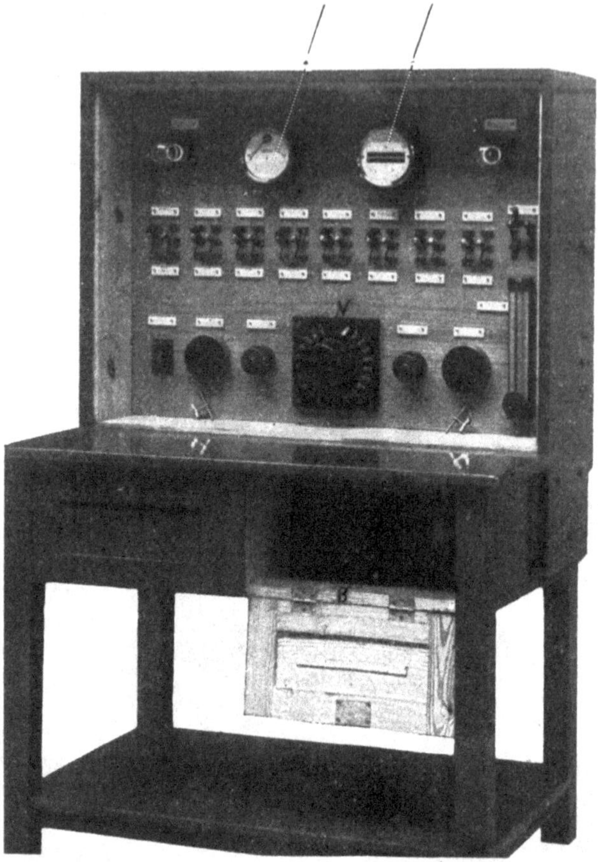

Fig. 38. Siemens-Funkenchronograph. Schalttafel.

Im folgenden sei eine Versuchsanordnung zur Bestimmung der Detonationsgeschwindigkeit nach Dr. Mettegang wiedergegeben (Fig. 39).

Der Apparat besteht in der Hauptsache aus vier Teilen, und zwar:

1. Aus der berußten Trommel mit Platinspitzen, Zahnbetrieb und Meßvorrichtung,
2. aus dem Elektromotor,
3. aus dem Vibrationstachometer,
4. aus den Funkeninduktoren.

Von irgendeiner Stromquelle wird der Strom abgezweigt und geht — entsprechend der Anzahl der Funkeninduktoren — durch je 10 parallel geschaltete Glühlampen als Widerstand nach den Primärspulen der Funkeninduktoren und von dort wieder zurück zur Stromquelle. Die Sekundärspulen sind mit einem Pol je an eine Platinspitze vor der berußten Trommel, mit dem anderen Pol an das Lager derselben angeschlossen. Die Drähte zu den Primärspulen gehen durch die zu durchschießende Patronenreihe. Wird nun der Primärstrom durch die Detonation der Patronenreihe und Zerreißen der Drähte unterbrochen, so

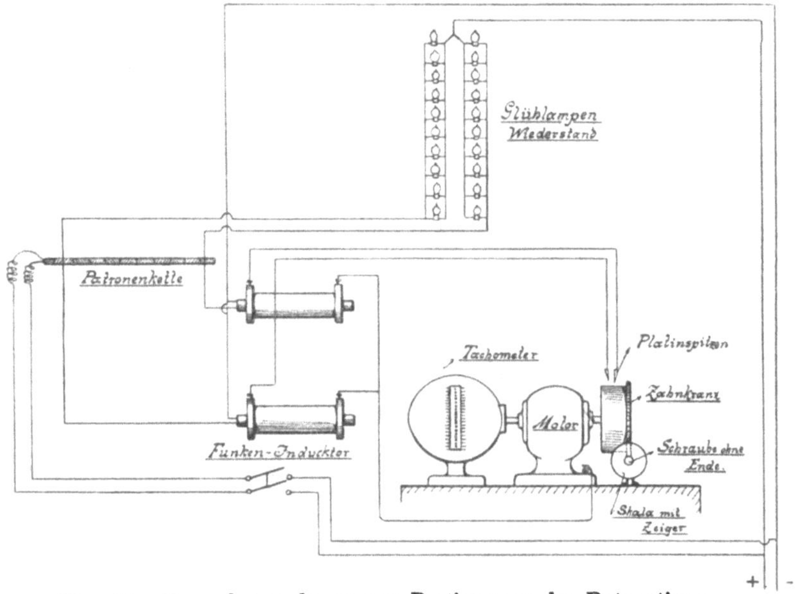

Fig. 39. **Versuchsanordnung zur Bestimmung der Detonationsgeschwindigkeit nach Mettegang.**

springt gleichzeitig in den Sekundärleitungen je ein Funke von den Platinspitzen auf die berußte Trommel über. Die überspringenden Funken zeigen sich auf der berußten Trommel nicht als einzelne Punkte, sondern durch die oszillatorische Entladung der Elektrizität als Punktreihen. Es sei nun angenommen, der beschriebene Apparat habe zwei Platinspitzen, mithin auch zwei Funkeninduktoren. Da bei der Detonation der Patronenreihe zunächst der erste Draht reißt und nach einem Zeitteilchen erst der zweite, dabei aber die Trommel weiter rotiert, haben die Anfänge der Funkenreihen eine gewisse Entfernung voneinander; diese zeitliche Entfernung der Punktreihen, bezogen auf die Länge des Rohres, in welchem die Patronenreihe bzw. der Sprengstoff liegt, gibt die Detonationsgeschwindigkeit des betreffenden Sprengstoffs, und zwar in Metern pro Sekunde an. Die Länge der Patronenreihe betrage nun 3 m, die Entfernung der Anfänge der Punktreihen auf der berußten Trommel 20 mm, und

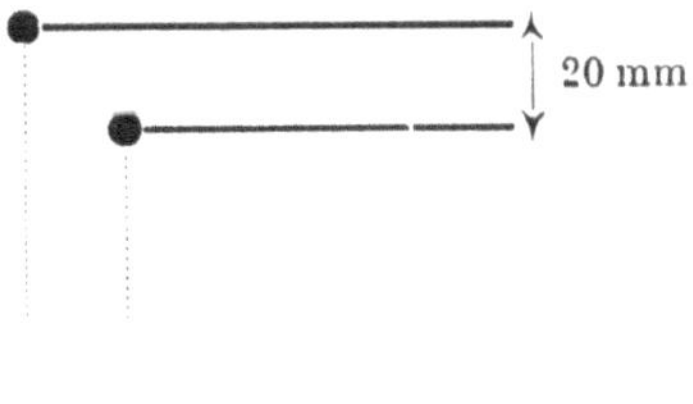

die Umdrehungsgeschwindigkeit der Trommel 50 m/s, also 20 mm in 0·0004 Sekunden, so hat die Detonation einen Weg von 3 Metern in 0·0004 Sekunden zurückgelegt, würde also in 1 Sekunde $^1/_{0\cdot0004} \times 3 = 7500$ m zurücklegen. Die Detonationsgeschwindigkeit beträgt daher in diesem Falle 7500 m pro Sekunde.

Kast[1] weist auf die Fehlerquellen hin, die sich sowohl aus den Apparaten wie aus der Versuchsanordnung ergeben. Als erste Fehlerquelle führt er die Funkenstreuung des Apparates an; diese beträgt bei gut konstruierter Meßtrommel in ruhendem Zustande und gut konstruierten Funkenspitzen bei deren höchster Annäherung an die Trommel etwa 0·1 mm. Dies entspricht bei 140 m Umdrehungsgeschwindigkeit und einer Sprengstoffstrecke von 50 cm einen Fehler von 1%, also bei 7000 m Detonationsgeschwindigkeit einer Abweichung von 70 m. Der Fehler kann durch Verlängerung der Strecke und durch Erhöhung der Umdrehungsgeschwindigkeit entsprechend verringert werden. Die zweite Fehlerquelle, welche in der Versuchsanordnung begründet ist, liegt in der Verzögerung, die beim Durchreißen der Meßdrähte durch die Detonation entsteht. Die Verzögerung wird beeinflußt durch: 1. die Dicke der Meßdrähte, 2. die Möglichkeit der Meßdrähte, dem Druck auszuweichen und 3. die angewandte Stromspannung. Die Verzögerung kann durch folgende Versuchsanordnung sichtbar gemacht werden (Fig. 40):

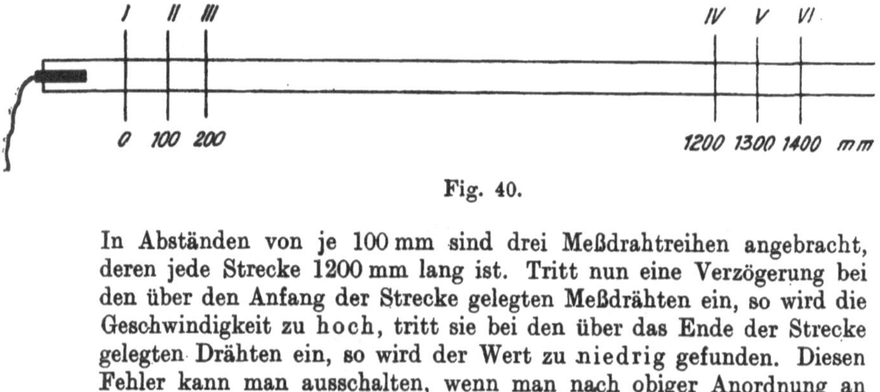

Fig. 40.

In Abständen von je 100 mm sind drei Meßdrahtreihen angebracht, deren jede Strecke 1200 mm lang ist. Tritt nun eine Verzögerung bei den über den Anfang der Strecke gelegten Meßdrähten ein, so wird die Geschwindigkeit zu hoch, tritt sie bei den über das Ende der Strecke gelegten Drähten ein, so wird der Wert zu niedrig gefunden. Diesen Fehler kann man ausschalten, wenn man nach obiger Anordnung an derselben Strecke mindestens drei Messungen vornimmt; es ergibt sich dann ohne weiteres aus dem Funkenbild, bei welchem Meßdraht eine Verzögerung eingetreten ist, so daß man dann den betreffenden Meßkreis für die Berechnung ausschalten kann. Die Erscheinung erläutert nebenstehende Skizze (Fig. 41).

Je dünner die Meßdrähte sind, um so weniger wird die Verzögerung in die Erscheinung treten; allein auch bei Anwendung dünnster Meßdrähte — Kupferdrähten von 0·1 mm Durchmesser z. B. — wird dieser Fehler nie ganz zu vermeiden sein. Man wird daher da, wo es sich um

[1] Zeitschr. f. Schieß- u. Sprengst. 1913, 91.

genaue Werte handelt, zu den oben skizzierten Parallelmessungen an derselben Strecke Zuflucht nehmen.

Richtiges Funkenbild

Fehlerhaftes Funkenbild (Verzögerung bei I und IV)

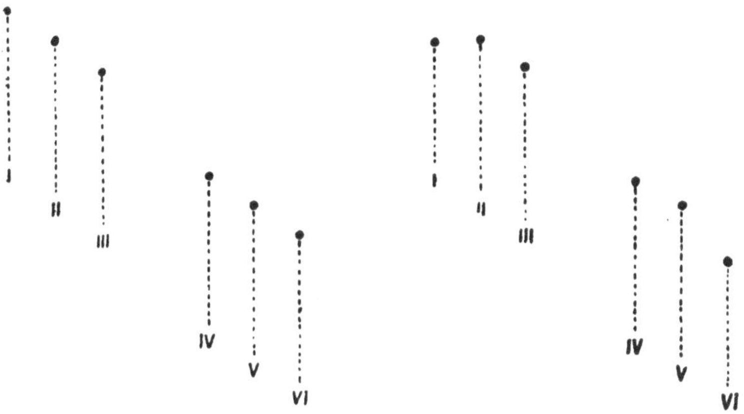

Fig. 41.

Ein anderes Haupterfordernis ist, daß die Meßdrähte unverrückbar fest gespannt werden; geschieht dies nicht, so werden ganz unbrauchbare Werte erhalten. Besondere Aufmerksamkeit ist ferner der Stromstärke und der Spannung des Meßstroms zu widmen. Die Stromstärke darf nicht so groß werden, daß Erwärmung oder gar Glühen der Meßdrähte eintritt; ebenso muß die Spannung möglichst klein gehalten werden, um einen kurz dauernden Funken beim Zerreißen des Meßkreises und damit eine möglichst rasche Unterbrechung zu erzielen, weil sonst auch hier Verzögerungen eintreten. Kast benutzte für seinen Apparat eine Stromstärke von etwa 1 Ampère bei frei liegenden Sprengstoffen, eine solche von 1·5 Ampère bei Sprengungen im Metallrohr bei 6 und 10 Volt Spannung. Zur Speisung des Meßstromes reicht eine Akkumulatorenbatterie von 5 Zellen aus. Zur Kontrollierung der Stärke des Meßstroms und damit auch von fehlerhaften Stellen in den Meßleitungen, empfiehlt sich die Anwendung eines kleinen einfachen Ampèremeters (*P* in Figur III) mit einem Vielfachumschalter (*V* in Figur III) für die verschiedenen Meßkreise.

2. Abhängigkeit der Detonationsgeschwindigkeit von der Beschaffenheit des Sprengstoffs.

Von großer praktischer Wichtigkeit sind die Beziehungen zwischen Detonationsgeschwindigkeit und physikalischer Beschaffenheit eines Sprengstoffs. Schon Abel und Bertholot erkannten aus ihren Untersuchungen die verschiedenen Faktoren, welche diese Konstante eines Sprengstoffs beeinflussen. Darunter gehören

a) der Einfluß des Durchmessers des Sprengstoffstreckenstranges,

b) der Einfluß der Festigkeit des Einschlusses,

c) der Einfluß der kubischen Dichte des Sprengstoffs.

Die Arbeiten von Abel und Berthelot sind später durch andere, und zwar von Bichel bezüglich des Einflusses des Patronendurchmessers und von Dautriche bezüglich des Einflusses der kubischen Dichte und des Patronendurchmessers ergänzt worden. Es wurde bei diesen Untersuchungen festgestellt, daß bis zu einer gewissen Grenze die Detonationsgeschwindigkeit mit dem Durchmesser, der Festigkeit des Einschlusses und mit der Dichte zunimmt. Kast konnte diese Ergebnisse bestätigen; wir geben in der folgenden Tabelle[1] einige Resultate seiner ausführlichen Bestimmungen der Detonationsgeschwindigkeiten von Nitrosprengstoffen bei verschiedenem Durchmesser der Sprengstoffstrecke.

Sprengstoff	Stärke des Einschlusses	Durchmesser des Sprengstoffs in m/m	Detonationsgeschwindigk. m/s
Pikrinsäure gepreßt 1·50	Frei auf Holzlatte, unverdämmt	10	6960—6860
Desgl. 1·49—1·56	Frei auf Holzlatte mit Sand verdämmt	21	6850—6925
Pikrinsäure gegossen 1·68—1·70	Frei auf Holzlatte mit Sand verdämmt	21	7245—7265
	Eisenrohr von 10 mm Wandstärke	29	7285
	Eisenrohr von 25 mm Wandstärke	160	7290
Trinitrotoluol gegossen u. gepreßt 1·5	Bleirohr von 0·8 mm Wandstärke	4·3—4·5	4990
Trinitrotoluol gepreßt 1·45	Frei auf der Holzlatte, unverdämmt	10	6420
Desgl. 1·47	Frei auf der Holzlatte mit Sand verdämmt	21	6465
Trinitrotoluol gegossen 1·59	Eisenrohr von 3 mm Wandstärke	21	6555—6700
	desgl. von 10 mm Wandstärke	29	6700
	desgl. von 50 mm Wandstärke	300	6710

[1] Zeitschr. f. Schieß- u. Sprengst. 1913, 134.

Wie aus dieser Zusammenstellung hervorgeht, kommt die Festigkeit des Einschlusses gegenüber den von den detonierenden Sprengstoffen entwickelten sehr großen Drucken bei höheren Ladedichten nur wenig mehr in Betracht; man wird daher bei hohen Ladedichten durch festeren Einschluß kaum eine nennenswerte Erhöhung der Detonationsgeschwindigkeit erzielen. Dagegen läßt sich bei kleineren Ladedichten der Geschwindigkeitswert wesentlich vergrößern.

Von unverhältnismäßig größerem Einfluß auf die Detonationsgeschwindigkeit ist die Erhöhung des Durchmessers der Sprengstoffstrecke. Besonders groß ist der Sprung bei Durchmessern unter 10 und über 10 mm, wie das aus obiger Tabelle bei Trinitrotoluol hervorgeht: bei einer Vergrößerung des Sprengstoffdurchmessers von 4·5 auf 10 mm erhöht sich die Detonationsgeschwindigkeit um beinahe 1500 m. Andererseits zeigt die Tabelle aber auch, daß bei einem einheitlichen Sprengstoff wie Trinitrotoluol oberhalb des Durchmessers von 10 mm eine wesentliche Erhöhung der Detonationsgeschwindigkeit nicht mehr eintritt, daß sie viel mehr selbst bei einem Durchmesser von 300 mm annähernd konstant bleibt. Bei Ammonsalpetersprengstoffen dagegen konnte eine Zunahme der Detonationsgeschwindigkeit bis zu 40 bis 50 mm Durchmesser festgestellt werden.

3. Kubische Dichte und Detonationsgeschwindigkeit.

Schon früher hatte man eine Proportionalität zwischen der kubischen Dichte und der Detonationsgeschwindigkeit eines Sprengstoffs erkannt; man glaubte, daß mit steigender Dichte auch die Geschwindigkeit der Zersetzung wachsen müsse, weil durch die Annäherung der Moleküle eine leichtere und schnellere Übertragung der Detonation ermöglicht werde. Dautriche beobachtete dann die auffallende Erscheinung, daß die Detonationsgeschwindigkeit mit der Dichte nicht unbeschränkt zunimmt, sondern bei einer bestimmten Dichte ein Maximum erreicht, um dann wieder rasch abzunehmen. Daraufhin wies Kast[1] nach, daß diese Beobachtung nur für einzelne wenige Sprengstoffe, für den Ammonsalpetersprengstoff Monachit z. B., aber in keinem Falle für die einheitlichen nitroaromatischen Sprengstoffe gelte. Trägt man bei diesen Sprengstoffen die Detonationsgeschwindigkeit und die kubische Dichte in ein Koordinatensystem ein, so erhält man nach Kast folgende Kurven:

[1] Zeitschr. f. Schieß- u. Sprengst. 1913, 135.

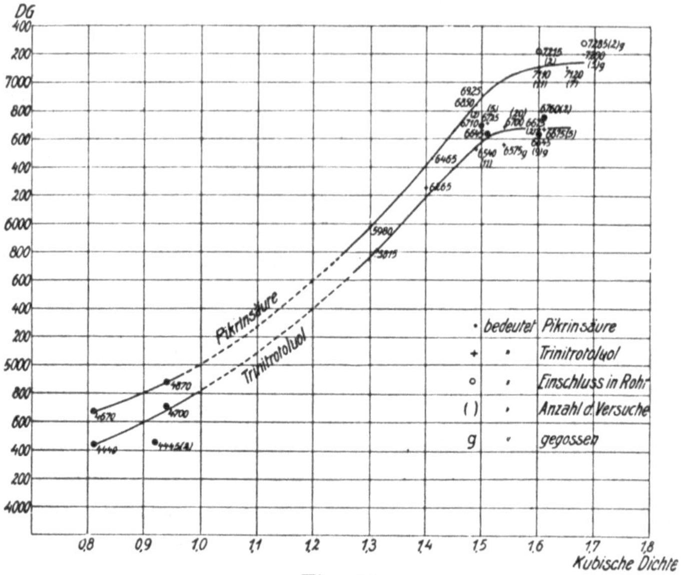

Fig. 42.

Bei kleinen Dichten steigen die beiden Kurven ziemlich rasch, verlaufen aber gegen die Maximaldichten hin immer ebener. Bemerkenswert ist ferner, daß sich der Geschwindigkeitswert bei längeren Strecken auf die mittlere kubische Dichte der Strecke einstellt: Trinitrotoluol in Körpern von 1·40 und 1·57 spez. Gewicht abwechselnd aneinander gereiht ergab denselben Wert (6570 m/s) wie eine Strecke von Körpern mit der gleichmäßigen Durchschnittsdichte von 1·49 (6550 m/s).

Dagegen konnte Kast die Beobachtung Dautriches an dem Ammonsalpetersprengstoff Monachit, bestehend aus 81 Teilen Ammonsalpeter, 5 Teilen Kalisalpeter, 13 Teilen Nitroverbindungen aus Solventnaphtha (Nitroxylole) und 1 Teil Mehl, bestätigen. Wie die folgende Tabelle zeigt, bekommt man bei wachsender Dichte zunächst eine Zunahme bis zu einem Maximum bei 1·20 kubischer Dichte, dann eine Abnahme der durchschnittlichen Geschwindigkeit. Diese Abnahme tritt trotz der verstärkten Zündung und der Vergrößerung des Patronendurchmessers ein.

Monachit:	Dichte	Detonationsgeschwindigkeit
	1·02	3995
	1·13	4565
	1·18	4775
	1·20	4835
	1·33	3600
	1·46	3235
	1·56	1755

Tabelle[1] der Detonationsgeschwindigkeiten einheitlicher Nitrosprengstoffe bei steigenden kubischen Dichten (nach Kast).

Sprengstoff	Anordnung	Kubische Dichte	Detonationsgeschwindigkeit mm
Pikrinsäure gepreßt	Gestopft in Gasrohr (mm Weite) 40	0·81	4670
	26	0·94	4870
	Auf Holzlatte in Körpern von 21 mm Durchmesser mit Sand verdämmt	1·30	5980
		1·41	6465
		1·49	6885
		1·50	7110
	Wie vor mit und ohne Sandverdämmung	1·59—1·60	7110
		1·65—1·67	7120
	In Gasrohr von 21 mm	1·60	7220
Desgl. gegossen	Auf Holzlatte in Körpern von 21—29 mm Durchmesser mit Sand verdämmt	1·68—1·70	7200
	In Eisenröhren von 29 bis 160 mm Weite und 10 bis 25 mm Wandstärke		7285
Trinitrotoluol gepreßt		0·81	4440
		0·94	4700
		1·31	5815
		1·40	6265
		1·49—1·50	6500—6720
		1·54	6700
	Auf Holzlatte in Körpern von 21 mm mit Sand verdämmt	1·61	6655
	In Eisenrohr von 10 mm Wandstärke und 29 mm Weite	1·61	6760
Trinitrotoluol gegossen	Auf Holzlatte	1·54	6575
		1·59—1·60	6675
	In Eisenröhren	1·57—1·60	6630—6690
Tetranitromethylanilin, gepreßt	Auf Holzlatte mit Sand verdämmt	1·53	7075
		1·63	7215
Hexanitrodiphenylamin, gepreßt	Desgl.	1·58	7095
		1·67	7145

4. Detonationsübertragung.

Nach Berthelot hat man sich das Fortschreiten der Detonation in den Sprengstoffen nach Art der Schallwellen zu denken.

[1] Zeitschr. f. Schieß- u. Sprengst. 1913, 134.

Auch der Schall pflanzt sich unter Umständen mit gewaltiger Geschwindigkeit, in Stahldraht beispielsweise mit 4700 m Geschwindigkeit fort. Beide Bewegungen, die Explosionswelle und die Schallwelle ähneln sich ferner darin, daß sie mit gleichförmiger Geschwindigkeit fortschreiten. Die Frage liegt nun nahe, ob die Explosionswelle im Sinne akustischer Resonanzerscheinungen durch das Medium der Luft oder anderer Körper auf gleiche oder andere Explosivstoffe übertragbar sei und indirekt Detonation hervorrufen könne. Diese Frage ist zu bejahen; sie ist durch zahlreiche Experimente und Explosionskatastrophen bestätigt worden. Ein interessanter Fall von Explosionsübertragung auf größere Entfernung ereignete sich 1895 bei Schürpol am Rhein. Man war damit beschäftigt, eine größere Ladung Dynamit auf ein Transportschiff zu überführen, als die bereits 20000 kg schwere Schiffsladung explodierte. Am Rheinufer standen 3 Schubkarrenladungen von je 175 kg Dynamit; zwei davon, in einer Entfernung von 22 und 28·5 m, explodierten mit infolge Influenzwirkung, während die dritte in einer Entfernung von 48 m unversehrt blieb. Die Detonationsübertragungsfähigkeit, d. h. das Vermögen eines Sprengstoffs, die eingeleitete Explosion mehr oder weniger leicht auf benachbarte Schichten zu übertragen, ist einerseits von den besonderen Eigenschaften des Sprengstoffs, hauptsächlich von der Detonationsgeschwindigkeit abhängig; andererseits spielt die explodierende Menge insofern eine Rolle, als dicke Sprengstoffschichten die Explosion sehr viel besser übertragen als dünne Schichten.

Die Prüfung auf Detonationsübertragungsfähigkeit geschieht am einfachsten in der Weise, daß man eine Anzahl Patronen des betreffenden Sprengstoffs in steigenden Entfernungen voneinander, auf einer festen Unterlage (Bleiplatten oder Stahlbleche) auflegt, eine davon zur Detonation bringt und die Entfernung mißt, bei welcher die Übertragung gerade noch stattgefunden hat. Die Versuchsbedingungen sind aber hier bei der Prüfung an freier Luft viel schärfer, als sie den Verhältnissen im Bohrloch oder in der Granate entsprechen.

IV. Verbrennungswärme und Explosionstemperatur.

Alle Explosionsvorgänge sind exothermer Natur, d. h. bei der Zersetzung eines jeden Sprengstoffs wird Wärme frei, gleichgültig ob der Sprengstoff selbst ein endothermes oder exothermes Gebilde ist. Die in jedem Sprengstoff schlummernde chemische Energie löst sich bei der Explosion in Form eines momentanen Oxydationsprozesses aus und kann in Kalorien gemessen werden.

Der Energieinhalt der Explosivstoffe wird meist für ungewöhnlich groß gehalten; in Wahrheit aber stehen fast alle Sprengmittel hierin den gewöhnlichen Heizstoffen nach. 1 kg Petroleum liefert bei der Verbrennung zu Kohlensäure und Wasser etwa 12000 Kalorien, Steinkohle bis zu 8000 und trocknes Holz immer noch 3500 bis 4000 Kalorien; während Nitroglyzerin als einer der energiereichsten Sprengstoffe bloß 1600 Kalorien liefert. Im Grunde genommen sind die Explosivstoffe eine wenig ergiebige und recht kostspielige Wärmequelle; was ihnen vor den Brennstoffen den Anschein großer Energieüberlegenheit gibt, ist einzig und allein die Möglichkeit, diese Kraft in einem sehr kleinen Zeitraum zur Entfaltung zu bringen. Die Explosionswärme des Knallquecksilbers beträgt bloß 410 Kalorien, gehört also zu den kleinsten, und doch explodiert diese energiearme Substanz unter den größten Wirkungen, weil die Zersetzung in unmeßbarer Zeit vor sich geht.

Auf den nahen Zusammenhang der Explosionsvorgänge mit thermochemischen Verhältnissen hat besonders Berthelot hingewiesen und bereits schon die üblichen Methoden und Apparate eingeführt zur Bestimmung der Explosionswärme.

1. Bestimmung der Verbrennungswärme eines Explosivstoffs.

In einer Versuchsbombe, die in einem Wasserkalorimeter steht, bringt man eine abgewogene Menge des Sprengstoffs durch Zündung zur Explosion. An einem empfindlichen Thermometer wird die Temperatursteigerung beobachtet; diese ergibt unter Berücksichtigung des Korrektionsgliedes nach Regnault mit dem Wasserwert des Systems multipliziert die freigewordene Wärmemenge. Von dieser ist die Kondensationswärme des bei der Zersetzung entstandenen Wassers in Abzug zu bringen. Die so erhaltene Kalorienzahl stellt die Verbrennungswärme Q (Wasser gasförmig) dar, und wird dann auf die von 1 kg Sprengstoff abgegebene Explosionswärme Q_k umgerechnet.

Zur Ausführung von Messungen verwendet C. E. Bichel ein Sprengstoffkalorimeter, das sich für Wärmemengen bis zu 100 g brisanter Sprengstoffe eignet. Nachstehende Abbildung (Fig. 43) zeigt den Apparat, bestehend aus der Kalorimeterbombe, dem Kalorimetergefäß mit wärmeschützender Umhüllungstonne, dem Thermometer mit Ablesevorrichtung und der Einspann- und Hebevorrichtung. Die Kalorimeterbombe besteht aus einer geschmiedeten Stahlflasche von etwa 30 Liter Inhalt, die oben durch einen Deckel mit Überwurfmutter luftdicht verschlossen werden kann. An einer Seite ist die Flasche durchbohrt zur Aufnahme eines Stopfens mit isolierter Stromzuführung zwecks Zündung des Schusses, an der anderen Seite ist eine Durchbohrung zum Einschrauben des Ventils behufs Evakuierung und Ablassen der Explosionsgase. Der Sprengstoff (60 bis 100 g) wird in der Mitte der Bombe aufgehängt und elektrisch gezündet. In das Kalorimetergefäß aus Nickelblech bringt man etwa 70 Liter Wasser.

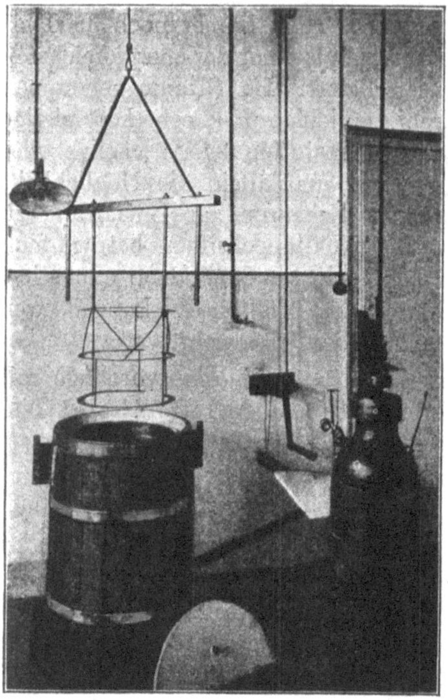

Fig. 43. Sprengstoff-Kalorimeter.

Diese Bombe läßt keine höheren Ladedichten als etwa von 0·01 zu; man hat daher andere Kalorimeterbomben konstruiert, welche, in Anpassung an die Verhältnisse im Bohrloch, noch ein Arbeiten mit Ladedichten bis zu 0·5 gestatten. Ein solcher Apparat wird in der Zentralstelle Neu-Babelsberg verwendet. Gleichzeitig wird auch der Einfluß des Knallquecksilbers herabgedrückt, da unter den in der Bombe herrschenden Bedingungen alle Sprengstoffe ausnahmslos schon durch eine Kapsel Nr. 1 detonieren.

Die Nickelstahlbombe besitzt einen Inhalt von 44 bis 45 ccm; sie ist durch einen Schraubenkopf verschließbar, in dem eine Zündvorrichtung isoliert eingebracht ist, welche sowohl die Anwendung des Platindrahtes, wie auch der Sprengkapselzündung gestattet. Die Isolierung und Abdichtung geschieht mit Hilfe von Speckstein- bzw. Porzellanplättchen und Hartgummiringen. Zum Evakuieren und zur Entnahme von Gasproben ist an der Seite der Bombe ein eingeschraubtes Ventil angebracht. Die Luft wird bis auf einige Millimeter Quecksilber entfernt. Sofern man eine Sprengkapsel verwendet, wird diese mit dem Zünder an dem Schraubenkopf befestigt; geschieht aber die Zündung mit einem glühenden Drahte, so wird eine kleine Menge des Sprengstoffs in ein am Schraubkopf befestigtes Stannioltiegelchen hineingebracht, in dem der Zündungsdraht mit dem Schraubenkopf verbunden eingebettet liegt. Die im Tiegelchen befindliche kleine Menge des Sprengstoffs detoniert und initiiert die am Boden der Bombe befindliche Hauptmenge. Bei den Kalorimeterbestimmungen wird die Bombe in Messinggefäße, die mit der entsprechenden bis auf 0·1 g genau abgewogenen

Menge Wasser gefüllt sind, auf einem Hartgummiuntersatze aufgestellt. Das hierzu dienende Wasser wird zweckmäßig etwas über Zimmertemperatur gehalten. Das Rühren geschieht mit Hilfe eines angepaßten, ebenfalls aus Hartgummi bestehenden Rührers, der durch einen kleinen Elektromotor getrieben wird. Die Temperatursteigerung zeigt ein in Hundertstelgrade geteiltes Thermometer, das ununterbrochen durch einen elektrisch betriebenen Klopfer erschüttert wird, um ein Hängenbleiben des Quecksilberfadens zu verhindern. Mit der Ablesung wird gewöhnlich nach Ablauf einer halben Stunde, von der Zündung an gerechnet, begonnen, und zwar durch ein Fernrohr, das hinter einer Panzerschutzvorrichtung aufgestellt ist. Die Wassermenge wird zweckmäßig so groß gewählt, daß die Temperaturerhöhung bei den einzelnen Versuchen nicht mehr als 1 bis $1^1/_2{}^0$ beträgt, wodurch die Korrekturfaktoren möglichst niedrig gehalten werden. Zum Schutz gegen äußere Temperaturschwankungen steht das Kalorimetergefäß während des Versuchs in einem Eichenholzfäßchen, an welches gleichzeitig die mechanische Rührvorrichtung befestigt ist.

2. Explosionstemperatur.

Unter der Explosionstemperatur oder Verbrennungstemperatur ist diejenige Temperatur zu verstehen, bis zu welcher die Explosionsprodukte durch die bei der Umwandlung entwickelte Wärme erhitzt werden können. Eine direkte Messung der hohen Explosionstemperaturen bietet außerordentliche Schwierigkeiten; man ist daher fast ausschließlich auf die theoretische Berechnung angewiesen. Beträgt die Explosionswärme eines explosiblen Systems Q Kalorien und wird die mittlere Wärme seiner Explosionsprodukte mit c bezeichnet, dann ist die Temperatursteigerung t gegeben durch die Gleichung:

$$t = \frac{Q}{c}.$$

Unter dieser Annahme ergibt Schwarzpulver mit einer Explosionswärme $Q = 620$ Kalorien und einer mittleren spezifischen Wärme der Verbrennungsprodukte, bezogen auf konstantes Volumen $c = 0{\cdot}185$, eine Verbrennungstemperatur $t = 620/0{\cdot}185 = 3350^0$. Auf analoge Weise erhält man für Schießwolle zwischen 5000 und 6000^0 und für Nitroglyzerin gar zwischen 7000 und 8000^0 liegende Temperaturen, also Beträge von einer Höhe, deren Glaubwürdigkeit aus mehrfachen Gründen angezweifelt werden kann. Allen diesen Berechnungen liegt die Annahme zugrunde, daß die spezifische Wärme der Gase von der Temperaturhöhe unabhängig sei. Nach neueren Erfahrungen ist aber die mittlere spezifische Wärme c des in Rücksicht zu ziehenden Gasgemenges keine Konstante, sondern eine Funktion der Temperatur t, und zwar nicht unbeträchtlich wachsend mit zunehmender Temperatur. Nimmt man an, daß der Wert c für jede Temperatur durch den Ausdruck $c = a + b \cdot t$, worin a und b empirisch ermittelte Größen bedeuten, wiedergegeben wird, dann erhält man für Q die Beziehung:

$$Q = a \cdot t + b \cdot t^2$$

und für t die gesuchte Temperatur

$$t = \frac{-a + \sqrt{a^2 + 4b \cdot Q}}{2b}.$$

Mallard und Le Chatelier leiteten aus ihren Versuchen für die Konstanten a und b folgende Werte ab:

CO_2, SO_2 . . . . $c = 6{\cdot}26 + 0{\cdot}0037\,t$
H_2O . . . . $c = 5{\cdot}61 + 0{\cdot}0033\,t$
N_2, H_2, O_2, CO . . . . . $c = 4{\cdot}80 + 0{\cdot}0006\,t.$

Bezeichnet man mit $\alpha, \beta, \gamma, \delta \ldots$ die relativen Mengen, in welchen bei einem Explosionsvorgange die genannten gasförmigen Produkte auftreten, dann ergibt sich für die Konstanten a und b:

$$a = 6{\cdot}26\,\alpha + 5{\cdot}61\,\beta + 4{\cdot}8\,(\gamma + \delta + \ldots),$$
$$b = 0{\cdot}0037\,\alpha + 0{\cdot}0033\,\beta + 0{\cdot}0006\,(\gamma + \delta \ldots)$$

und für die Explosionstemperatur, z. B. von Schießbaumwolle, wenn diese nach der Gleichung

$$C_{24}H_{29}O_{62}N_{11} = 12\,CO_2 + 6\,H_2O + 12\,CO + 8{\cdot}5\,H_2 + 5{\cdot}5\,N_2$$

zerfällt, $t = 2710^0$. Analog liefert Nitroglyzerin $t = 3470^0$.

Ist die Explosionswärme eines aus mehreren Komponenten bestehenden Sprengstoffs nicht bekannt, so kann sie auf thermochemischem Wege nach einer von Berthelot angegebenen Methode errechnet werden, und in weiterer Folge auch die theoretische Explosionstemperatur.

Aber auch die nach obiger verbesserter Formel berechneten Explosionstemperaturen können nur als Annäherungswerte betrachtet werden. Die Berechnung gründet sich auf Annahmen, die in Natur nicht vorhanden oder viel komplizierter sind. Es ist zu berücksichtigen, daß wir über die chemische Beschaffenheit der Explosionsprodukte bei dem Explosionsvorgange nicht genügend unterrichtet sind. Namentlich wissen wir nicht, ob die Explosionsgase im Moment der Explosion die gleichen sind, wie man sie nach der Abkühlung auf analytischem Wege findet, und ob sie bei der hohen Temperatur dissoziert oder als Elemente frei vorhanden oder zu einfacheren Verbindungen zusammengetreten sind. In diesem Falle würde die im Moment der Explosion entwickelte Wärme geringer sein. Andererseits verringert sich die Dissoziation in dem

Maße, als der Druck beträchtlicher wird. Den Einfluß der Dissoziation auszuschalten, ist wohl kaum angängig. Im allgemeinen scheint das Temperaturmaximum erheblich unterhalb der theoretisch gefundenen Werte zu liegen.

Die Explosionstemperatur t läßt sich auch zum Maximaldruck P in Beziehung setzen, und zwar durch die Gleichung:

$$P = \frac{V_2}{V_1}\left(1 + \frac{t}{273}\right).$$

V_1 und V_2 bedeuten hierin die Volumina der an dem Explosionsvorgange beteiligten Stoffe vor und nach der Explosion, bezogen auf 0^0 und 760 mm Druck. Der Raum, welchen die von 1 g des explosiblen Systems erzeugten Gase bei 0^0 und 760 mm Druck einnehmen, ausgedrückt in Kubikzentimeter, ist ein im allgemeinen konstantes Merkmal für jeden Explosivstoff. Analog der Definition des spezifischen Gewichtes spricht man hierbei vom spezifischen Gasvolumen eines Sprengstoffs. Dieses spezifische Gasvolumen kann man mit geeigneten Gasometern ermitteln, nachdem man die Explosion vorher in einer Bombe vollzogen hat.

Von Berthelot ist das Produkt aus spezifischem Gasvolumen und Temperatursteigerung $V_0 \cdot t = V_0 \cdot Q$ als relatives Maß für die mechanische Arbeitsleistung der Explosivstoffe vorgeschlagen worden oder auch, sofern es sich um Explosionsgase annähernd gleicher spezifischer Wärme handelt, der Ausdruck $V_0 \cdot Q$, den er als das charakteristische Produkt des Sprengstoffs bezeichnet. Diese Größe ist aber keineswegs als zuverlässiger Wertmesser für Explosivstoffe zu betrachten, wie aus der folgenden Zusammenstellung (S. 410) hervorgeht.

Um den Energieinhalt oder die theoretische Arbeitsleistung eines Sprengstoffs zu bestimmen, hat man nur dessen Explosionswärme, ausgedrückt in Kalorien, mit dem mechanischen Wärmeäquivalent (1 Kalorie = 425 mkg) zu multiplizieren. Die theoretische Arbeitsleisung (A) drückt aber die tatsächliche Sprengwirkung eines Explosivstoffs so wenig aus wie das charakteristische Produkt. Ein großer Teil der Wärme wird durch Leitung und Strahlung entfernt, und die dynamische Leistung wird teilweise wieder in Wärme umgewandelt durch Reibung usw. In Schießwaffen soll nur $^1/_5$ bis $^1/_6$ der im Schießstoff enthaltenen Energie zum Fortschleudern des Geschosses nutzbar gemacht werden, bei Sprengarbeit noch weniger. Aus obiger Tabelle ist das verschobene Wertverhältnis der Sprengstoffe in bezug auf Arbeitsleistung gegenüber dem charakteristischen Produkt ersichtlich, — ein Beweis, wie unzulässig, absolut genommen, solche Vergleiche sind.

Sprengstoff	Explosionswärme Q Kalorien (Wasser flüss.)	Explosionstemperatur	Spezifisches Volumen	Charakteristisches Produkt		Arbeitsleistung	
				$V_0 \cdot Q$	Wertverhältnis	A in mkg	Wertverhältnis
Sprenggelatine (7% Kollodiumwolle)	1640	3540	710	1164000	100	700000	100
Nitroglyzerin	1580	3470	712	1125000	97	670000	96
Dynamit 75%	1290	3160	628	810000	70	550000	79
Schießbaumwolle (13% Stickstoff)	1100	2710	859	945000	81	465000	66
Kollodiumwolle (12% Stickstoff	730	1940	974	711000	61	310000	44
Ammonsalpeter 10% Nitronaphthalin	930	2120	925	860000	74	385000	58
Pikrinsäure	810	2430	877	710000	61	345000	49
Trinitrotoluol	730	—	—	—	—	312000	44
Schwarzpulver	685	2770	285	195000	17	290000	41
Ammonsalpeter	630	2120	937	590000	50	265000	38
Knallquecksilber	410	3530	314	129000	11	175000	25

V. Energieberechnung der Sprengstoffe.

Wendet man die physikalischen Begriffe der mechanischen Energieformen auf die Sprengstoffe an, so kann man mit potentieller Energie diejenige Energieform bezeichnen, welche im Sprengstoff als chemische Energie aufgespeichert ist. Diese ist von der chemischen Zusammensetzung des Sprengstoffs abhängig. Die Arbeit, welche ein Sprengstoff vermöge seiner chemischen Zusammensetzung maximal zu leisten vermag, kann durch das Produkt aus entwickelter Wärmemenge Q und dem mechanischen Wärmeäquivalent A (= 425 mkg) ausgedrückt werden.[1] Dieser Ausdruck, den man auch das Potential des Sprengstoffs nennt, bezeichnet jedoch die praktisch ausnutzbare Arbeitsfähigkeit nicht genügend, da sich die Wärmemenge Q weder genau bestimmen noch berechnen läßt. Es ergibt sich dies aus der Überlegung, daß das spezifische Volumen der Explosionsprodukte, das je nach der Zusammensetzung der Sprengstoffe sehr wechseln kann, nicht berücksichtigt ist. Darum hat Berthelot an Stelle des genannten Ausdrucks das „charakteristische Produkt" des Sprengstoffs eingeführt, d. h. das Produkt aus der bei der Explosion entwickelten Wärmemenge

[1] Zeitschr. f. Schieß- u. Sprengst. 1913, 65.

mit dem bei der Explosion entwickelten Gasvolumen. Dieses Produkt ist aber nichts anderes, als der möglichst vereinfachte Ausdruck des Boyle-Mariotte-Gay-Lussacschen Gesetzes:

$$\frac{p_0 v_0}{T_0} = \frac{p v}{T}.$$

Setzt man $T_0 = 273^0$, so ergibt sich $p v = p_0 v_0 \frac{T}{273} = E$, welcher Ausdruck die Arbeitsfähigkeit oder potentielle Energie[1] darstellt.

Zur Berechnung hat man für v_0 das bei der Zersetzung des Sprengstoffs entwickelte Gasvolumen (reduziert auf 0^0 und 760 mm), für p_0 den ursprünglichen Druck, also 1 Atmosphäre, und für v das Volumen des Explosionsraumes, d. h. das von den Gasen unmittelbar nach der Explosion wirklich eingenommene Volumen, zu setzen. Zur Ableitung des Berthelotschen Ausdrucks kann man $T = Q / c$ (Quotient aus Wärmemenge und spezifischer Wärme) setzen:

$$E = p v = \frac{Q}{c} \frac{v_0}{273}$$

oder, da C bei den Sprengstoffen nicht wesentlich verschieden ist und 1/273 überall vorkommt,

$$E = p v \sim Q v_0 \quad \text{(Ausdruck Berthelots).}$$

Da aber das Volumen des Explosionsraums den Gasen nur insoweit zur Verfügung steht, als es von den Gasmolekülen nicht selbst beansprucht wird, so bedarf die Gleichung

$$p v = p_0 v_0 \frac{T}{273}$$

nach van der Waals einer Korrektur, wodurch der Explosionsraum um den von den Molekülen eingenommenen Raum — Volumkorrektion oder Kovolumen genannt — vermindert wird. Die Gleichung lautet dann:

$$p(v - \alpha) = \frac{p_0 v_0}{273} T.$$

Dieser Wert für die Arbeitsfähigkeit eines Sprengstoffs ist aber ein rein theoretischer, der in Wirklichkeit nie erreicht wird, da ein Teil der Wärme und somit der nutzbaren Arbeit schon während der Zersetzung durch Leitung, Strahlung usw. verloren geht, so daß der sich aus der obigen Formel ergebende theoretische Temperaturwert T und somit auch der von der Temperatur abhängige Gasdruck p nicht erreicht wird. Daraus folgt, daß sich die kinetische Energie eines Sprengstoffs um so mehr dem

[1] Zeitschr. f. Schieß- u. Sprengst. 1913, 65.

theoretischen Werte obiger Gleichung nähern wird, je kürzer die Zeit ist, in der er zerfällt; denn je schneller die Reaktion vor sich geht, je weniger Wärme geht verloren und um so mehr kann die chemische potentielle Energie des Sprengstoffs in mechanische Energie umgesetzt werden. Die gewaltige Arbeitsleistung der Sprengstoffe gegenüber der Arbeitsleistung eines gewöhnlichen Verbrennungsvorganges erklärt sich eben dadurch, daß die Wärmeenergie in einer sehr kurzen Zeit frei wird. Die momentan freiwerdende Energie äußert sich als Stoßkraft, deren Größe durch die Formel[1] $\frac{m v^2}{2}$ ausgedrückt werden kann, wo m die Masse der Explosionsprodukte (Gewicht, dividiert durch die Beschleunigung der Schwere 9·81) und v die experimentell ermittelte Detonationsgeschwindigkeit bedeutet.[2]

Die Bedeutung der Sprengstoffe beruht also nach dem Vorhergehenden in erster Linie auf ihrer großen, in der Zeiteinheit geleisteten Arbeit, ihrem großen Nutzeffekt, nicht aber auf ihrem großen Arbeitsvermögen, d. h. ihrer Energiemenge; denn diese steht meist hinter derjenigen zurück, welche bei chemischen Prozessen frei wird. Die Menge der in der Volumeinheit des explosiven Systems aufgespeicherten Energie, die Energiekonzentration oder Energiedichte, ist von großer praktischer Bedeutung, und hieraus läßt sich auch leicht erkennen, weshalb z. B. explosive Gasmischungen keinen Eingang in die Sprengtechnik finden können.

1. Bestimmung der Brisanz.

Für die Bewertung der Sprengstoffenergie kommen also drei Faktoren in Betracht:

1. Die verfügbare Energiemenge,
2. die Geschwindigkeit der Energieentwicklung oder Detonationsgeschwindigkeit,
3. die Energiekonzentration oder Energiedichte.

Diese drei Faktoren, die Energiemenge, die Zeit und die Energiekonzentration, müssen in dem mathematischen Ausdruck für die Arbeitsleistung, der Brisanz der Sprengstoffe enthalten sein, derart, daß diese der Energiemenge (E) und Energiekonzentration direkt, der Zeit der Energieentwicklung (t) umgekehrt proportional ist. Da die Energiekonzentration in unmittel-

---

[1] Bichel, Glückauf 41 (1905), 465.

[2] Nach Kast drückt die Bichelsche Formel $\frac{m v^2}{2}$ nicht die Stoßkraft aus und ist überhaupt unbrauchbar.

barer Beziehung zur kubischen Dichte des Sprengstoffs (d) steht, so erhält man als Ausdruck für die Brisanz

$$B = \frac{E}{t} d.$$ [1]

Stauchprobe. Eine direkte Ermittlung des absoluten Brisanzwertes von detonierenden Sprengmitteln ist nicht möglich. Die beste praktische Vergleichsprüfung ist die Stauchprobe. Diese beruht darauf, daß ein Zylinder aus weichem Metall der Stoßwirkung ausgesetzt wird, welche ein Sprengstoff bei der Detonation an freier Luft auf die Unterlage ausübt. (Bezüglich der Beschreibung der hierzu verwendeten Stauchapparate und Methoden sei auf die ausführliche Darstellung in Band IV dieser Sammlung über Explosivstoffe, S. 163 bis 167 verwiesen.) Erwähnt sei nur die Stauchprobe in deutscher Ausführung. Den hierzu verwendeten Apparat (Fig. 44, 45) beschreibt Kast[2]

Fig. 44.
Stauchapparat.

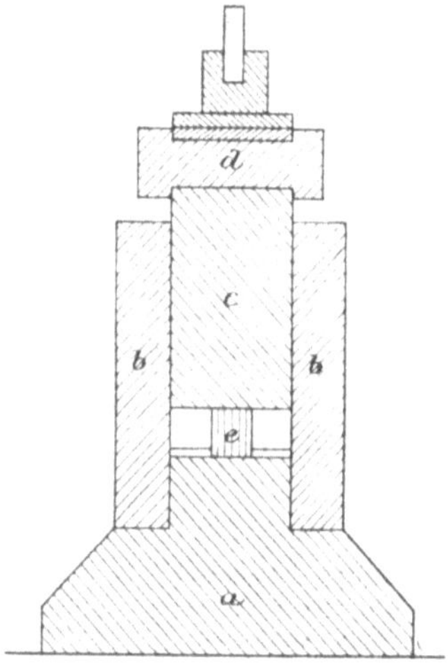

Fig. 45.
Stauchapparat, Durchschnitt.

folgendermaßen: Auf den Stahlklotz *a* ist ein hoher Stahlzylinder *b* aufgesetzt, in den der 680 g schwere Stahlstempel *c* saugend eingepaßt ist. Der Stempel trägt eine 20 mm dicke, 320 g schwere widerstandsfähige Nickelstahlplatte *d*, die zum Schutz gegen allzu große Deformierung von zwei 4 mm dicken, runden Bleiplatten

[1] Die Brisanzgleichung $B = \frac{E}{t} d$ ist zuerst von Kast auf dem VIII. Internationalen Kongreß in New York 1912 aufgestellt worden.

[2] Untersuchungen Schieß-Sprengstoffe S. 1031.

bedeckt ist. *e* ist der genau zentrierte Kupferzylinder. Auf die Mitte der Bleiplatte wird die in der Regel 10 g schwere Sprengstoffpatrone (Durchmesser = 21 mm) mit Sprengkapsel versehen, aufgesetzt. Die Zündung erfolgt mit Bickfordscher Zündschnur, die man in ein über den Apparat gesetztes Gestell einklemmt.

Die Stauchung des Metallzylinders ist sonst unter gleichen Verhältnissen von der Größe der Fläche abhängig, mit welcher der Sprengstoff auf der Unterlage aufliegt. Die Höhe des Sprengstoffkörpers und damit die Menge des Sprengstoffs ist von einer gewissen Grenze an ohne Einfluß, da die Stoßwirkung auf die Unterlage mit der Entfernung des Sprengstoffmittelpunkts rasch abnimmt. Innerhalb dieser Grenze, welche sich leicht ermitteln läßt und bei der der Maximalwert der Stauchung liegt, ist die Dichte des Sprengstoffs von großer Wichtigkeit, weil mit wachsender Dichte der Sprengstoffmittelpunkt der Unterlage genähert wird. Die folgende Tabelle[1] I zeigt die Abhängigkeit der Brisanz (Stauchwirkung) von der Detonationsgeschwindigkeit und der kubischen Dichte von Nitrosprengstoffen.

Tabelle I.

	Kubische Dichte	Stauchwirkung mm	Detonationsgeschwindigkeit
Tetranitromethylanilin	1·42	3·57	—
	1·53	3·91	7145
	1·59	3·94	7160
Pikrinsäure	1·34	2·81	6160
	1·46	3·34	6700
	1·53	3·55	7000
	1·60	3·88	7100
Trinitrochlorbenzol	1·66	3·36	6800
Hexanitrodiphenylamin	1·32	3·32	—
Trinitrobenzol	1·35	2·93	6300
	1·51	3·39	6900
	1·60	3·35	7000
Trinitrotoluol	1·34	2·80	5940
	1·50	3·13	6590
	1·60	3·13	6680
Trinitrokresol	1·37	2·78	—
	1·46	2·99	—
	1·63	3·31	6850
Makarit	2·65	2·52	4600
(30 Trinitrotoluol, 70 Bleinitrat)	2·75	2·86	4700

Die Stauchungswerte sind infolge der vom Stempel aufgenommenen kinetischen Energie dynamischer Natur und nur

[1] Kast, Zeitschr. f. Schieß- u. Sprengst. 1913, 89.

vergleichsweise verwertbar; sie stehen in keiner Beziehung zur Größe der Sprengwirkung im Bleizylinder, nehmen aber mit der Detonationsgeschwindigkeit ab. Folgendes sind einige Vergleichsresultate nach Kast:

Sprengstoff	Stauchung mm	Bleiblock-ausbauchung ccm	Detonations-geschwindigk. m/s
Pikrinsäure, gepr. 1·60	3·00	290	7660
Pikrinsäure + 16% Al, gepr. 1·70 .	2·73	365	6850
Ammonal (patroniert in Zinnfolie) .	1·04	425	4170

In dieser Ausführungsform eignet sich die Stauchprobe besonders zur Prüfung von Kriegssprengmitteln, die ja auch frei aufliegend gesprengt werden.

2. Sprengwirkung.

Im Laufe der Zeit sind eine Reihe von Methoden zur Bestimmung der Sprengwirkung vorgeschlagen worden, von denen jedoch keine vollauf befriedigt hat. Zur Beurteilung eines Sprengmittels müssen daher stets mehrere Methoden nebeneinander angewendet werden, wenn ein richtiges Bild der Wirkungsweise eines Explosivstoffs entstehen soll. Eine der am meisten angewandten Methoden ist die

Prüfung im Trauzlschen Bleizylinder. Der Trauzlsche Bleiblock ist eines der einfachsten Mittel zur vergleichsweisen Messung der Sprengwirkung verschiedener Sprengstoffe; die Prüfung geschieht dabei unter Bedingungen, die denen im Bohrloch bei der praktischen Sprengarbeit möglichst angenähert sind. Das Sprengmittel wird innerhalb eines zylindrischen Bleiklotzes zur Explosion gebracht und als Wirkung der entstandene Hohlraum — die Ausbauchung — als Maß genommen.

Da es bei der Ausführung der Prüfung auf die Einhaltung bestimmter Versuchsbedingungen ankommt, ist von den Vertretern der Industrie auf dem V. internationalen Kongreß für angewandte Chemie zu Berlin 1903 eine Vereinbarung getroffen worden, die folgenden Wortlaut hat:

A. Abmessung des Apparates. Der Apparat besteht aus einem Bleizylinder (Fig. 46) von 200 mm Höhe und 200 mm Durchmesser. In der Achse des Zylinders befindet sich eine 125 mm tiefe und 25 mm weite Ausbohrung, welche zur Aufnahme des Sprengstoffs bestimmt ist. Das für die Zylinder verwendete Blei soll möglichst reines raffiniertes Weichblei sein, und die für die Versuchsreihe bestimmten Zylinder sollen ein und derselben

Schmelze entstammen. Eine Skizze einer zweckmäßigen Form zum Gießen der Bleizylinder ist in Fig. 47 gegeben. Zur Erwärmung des Gießstutzens ist ein glühend gemachter Ring um den Stutzen zu legen.

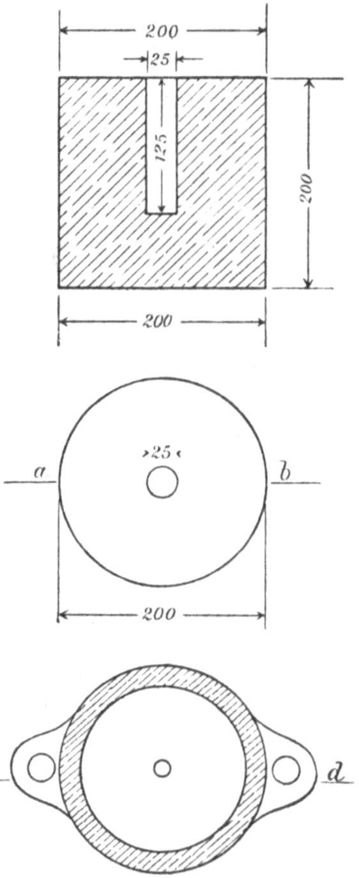

Fig. 46. Bleizylinder.

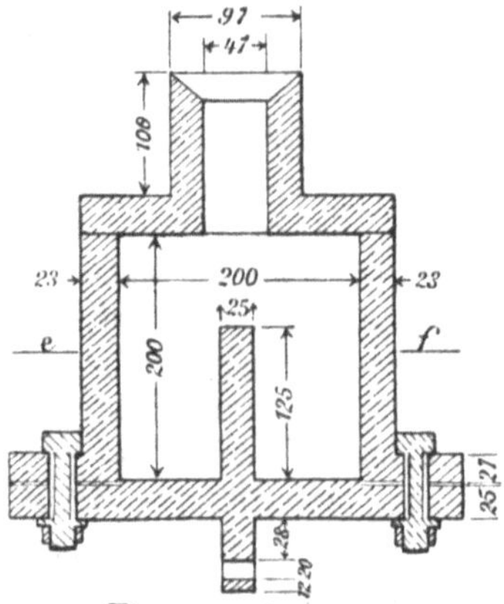

Fig. 47. Gießform.

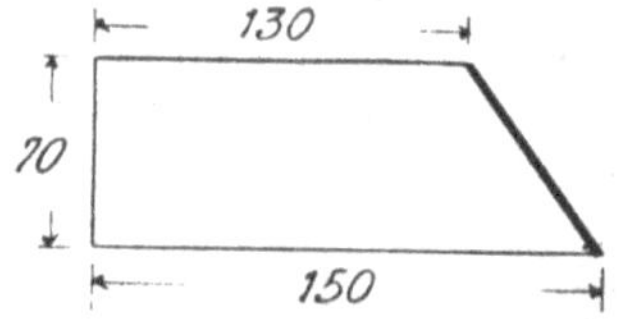

Fig. 48.

B. Beschreibung des Verfahrens. Zu den Versuchen sind Bleizylinder zu verwenden, welche nach dem Gusse genügend lange gestanden haben, um eine gleichmäßige Temperatur von 15 bis 20° durchweg mit Sicherheit zu erhalten. Eine Menge von 10 g des zu prüfenden Sprengstoffs wird abgewogen und in Zinnfolie von 80 bis 100 g pro Quadratmeter nach den Abmessungen von Fig. 48 zu einer Patrone von 25 mm Durchmesser geformt. Als Initialzündung wird in die Mitte des Sprengstoffs eine Sprengkapsel mit 2 g Ladung mit ausschließlich elektrischer Zündung eingesetzt. Die Patrone wird mit Hilfe eines Holzstäbchens bis auf den Grund des Bohrlochs hinuntergeführt und sanft angedrückt, während die Zünddrähte in der Mitte des Bohrlochs gehalten werden. Zum Besatz dient scharf getrockneter Quarzsand, welcher durch ein Sieb von 0·35 mm Drahtstärke und 144 Maschen pro Quadratzentimeter durchläuft. Diesen Sand läßt man gleichmäßig einlaufen, bis der Hohlraum vollständig gefüllt ist und streicht den etwaigen Sandüberschuß von der Oberfläche ab. Der so fertig vorbereitete Schuß wird elektrisch abgetan. Nach dem Abfeuern des Schusses wird der Bleiblock umgestülpt und etwaige Rückstände mit der Bürste entfernt. Die danach bis zur vollkommenen Füllung von dem gebildeten Hohlraum aufgenommene Anzahl Kubikzentimeter Wasser nach Abzug der Zylinderausbohrung ergeben das Maß für die Wirkung des Sprengstoffs.

C. Bewertung der Messung. 1. Bleizylindermessungen können nur Anspruch auf zuverlässige Vergleichsresultate machen, wenn sie für ein und dieselbe Art von brisanten Sprengstoffen angewendet werden. Bei größeren Unterschieden in der Geschwindigkeit der Druckentwicklung verschiedener Sprengstoffe ist ein Vergleich der Ergebnisse nicht mehr zulässig. 2. Angaben über die Wirkung von Sprengstoffen sind stets aus mindestens drei Versuchsergebnissen zu entnehmen. 3. Die Zuverlässigkeit der Messung wird wesentlich beeinflußt: a) Durch die Gleichmäßigkeit der Temperatur des Bleies zur Zeit der Messung. Als solche wird 15 bis 20° als normal angeschrieben; b) von der Gleichmäßigkeit des Besatzmaterials; c) von der Gleichmäßigkeit der Messung.

So nahe die Bleizylinderprüfung den natürlichen Verhältnissen im Bohrloche kommt, so entbehren trotzdem die Versuchsergebnisse oft der wünschenswerten Übereinstimmung.

Die Unterschiede sind wohl größtenteils in der Verschiedenheit des Materials begründet: in dem gleichmäßig nachgiebigen Blei kommt die treibende Kraft bei der verhältnismäßig kleinen, in Bewegung zu setzenden Masse leichter zur Geltung, als z. B. bei hartem, sprödem, abspringendem Gestein, wo die nachdrängenden Gase keine weitere Wirkung, wie bei dem in Bewegung befindlichen Blei entfalten können. Es ist leicht einzusehen, daß sich die Bleiblockprobe nur für brisante Sprengstoffe eignet; Schießpulver mit einer Detonationsgeschwindigkeit von bloß 200 m/s versagt da vollständig. Bei der relativ langsamen Verbrennungsgeschwindigkeit dieser und ähnlicher Explosivstoffe entweichen die Explosionsgase durch den losen Sandbesatz ohne eine Wirkung auf die einschließende Umgebung auszuüben. In solchen Fällen unternimmt man besser einen praktischen Sprengversuch.

Die erhaltenen Werte sind nur Vergleichswerte, und auch dies nur so weit, als die geprüften Sprengmittel im Energiebetrage nicht zu sehr voneinander abweichen; sie sind nach den Untersuchungen Kasts von der Sprengstoffdichte unabhängig und bilden demnach keinen Maßstab für die Brisanz, wenn auch größere Unterschiede in der Detonationsgeschwindigkeit sich bei der Prüfung mehr oder weniger bemerklich machen. Folgende Tabelle gibt eine Übersicht über die Bleiblockausbauchungen der bekanntesten Explosivstoffe.

Sprengstoff	Ausbauchung ccm	Wertverhältnis (Sprenggelatine = 100)		Ballistisches Pendel
		nach der Ausbauchung	nach der vorhandenen Energie	
Nitroglyzerin	600	115	96	—
Sprenggelatine (8% Kollodiumwolle)	520	100	100	—
Guhrdynamit (75%)	350	67	79	900
Pikrinsäure	300	58	49	808
Trinitrotoluol	285	55	44	719
Tetranitromethylanilin	375	72	—	951
Tetranitranilin	430	83	—	1056
Schießwollpulver	150	29	54	—
Knallquecksilber	150	29	25	—
Schießpulver	30	6	41	—

3. Das ballistische Pendel.

Bei diesen Methoden zur Ermittlung der Sprengwirkung wird nicht die Kraft des Sprengmittels direkt gemessen, sondern die Kraft der Explosionsgase an dem Ausschlag eines schweren Pendels. Ein ballistischer Pendelapparat, der auf der englischen Versuchsstrecke in Woolwich benutzt wird, besteht aus einer Kanone und einem in bestimmter Entfernung davor befindlichen Mörser von etwa 5 t Gewicht und einem Kaliber von 32 cm. Gegen diesen Hohlraum wird nun der Schuß aus der Kanone gerichtet; der Mörser, der an einem Gestell aufgehängt ist, dient als Pendel und macht einen Ausschlag, der abgelesen werden kann.

Ein neuer Pendelapparat kommt im Eastern Laboratory zu Chester, Pa., zur Anwendung; eine Beschreibung davon findet sich in der Zeitschrift für Schieß- und Sprengstoffwesen 1913, 263.

Fig. 49 gibt die Seitenansicht, Fig. 50 den Grundriß des Apparates.

Der Schwingkörper AS, der in seinem Innern die Explosionsräume A und B enthält, ist 475 Pfund schwer und wird von zwei 3 m langen Stahlstangen (auf Fig. 49 nur eine sichtbar) gehalten, die mit ihrem oberen Ende E in Schneiden aufgehängt sind, um frei schwingen zu können. In dem Laderaum B wird eine Probe des zu bestimmenden Explosivstoffs (gewöhnlich 10 g) untergebracht; der Raum A dient zur Aufnahme des Geschosses C (von gleichem Querschnitt), das eine axiale Durchbohrung D trägt, die von der Zündschnur knapp ausgefüllt wird. Das herausragende linke Ende der Zündschnur wird angezündet, die Explosion treibt das Geschoß heraus und wirft es gegen eine Art Kugelfang; das Pendel aber erfährt einen Rücklauf, der in Winkelgraden gemessen wird und anscheinend nur von dem Druck der Zersetzungsgase im Moment der Explosion, nicht aber von Änderungen in der Geschwindigkeit der Detonation abhängig ist. Der Betrag des Ausschlages, in Winkelgraden angegeben, ist das Maß für die Stärke des Sprengstoffs.

Zur genauen Messung der Stärke eines Explosivstoffs ist das ballistische Pendel dem D r u c k m e s s e r und dem T r a u z l b l o c k vorzuziehen; damit

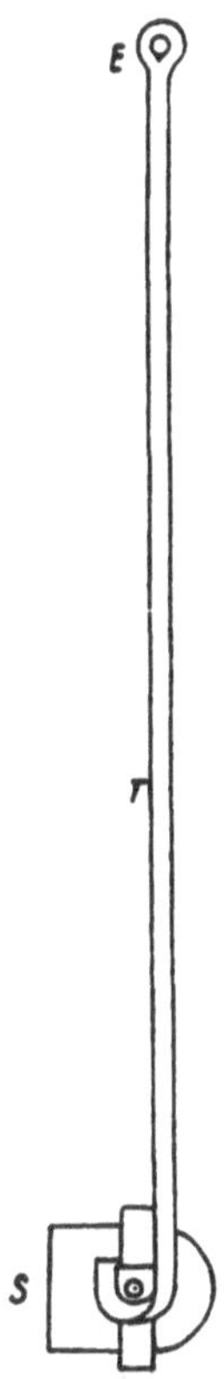

Fig. 49.
Pendelapparat.
Seitenansicht.

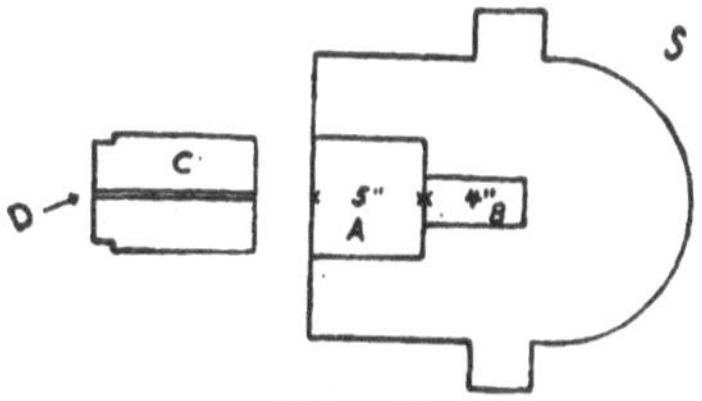

Fig. 50.
Pendelapparat. Grundriß des Apparates.

es aber diesen Vorzug rechtfertigt, müssen bei seiner Verwendung verschiedene Bedingungen eingehalten werden, deren Notwendigkeit erst die Erfahrung bei langandauerndem Gebrauch gelehrt hat. Störende Unregelmäßigkeiten können z. B. entstehen durch Erwärmung der Wände des Schußraumes und des Geschosses, ebenso durch Korrosion, durch Ansammeln harter Sprengstoffbestandteile an der Rückseite des Schußraumes. Ferner machte man die Beobachtung, daß der Ausschlag eines Sprengstoffs in bestimmtem Maße davon abhängig ist, mit welchem Sprengstoff man in den vorhergehenden Schüssen experimentiert hatte. Z. B. Karbonit, direkt nach einer Reihe von Versuchen mit Sprenggelatine abgeschossen, gab einen Rücklauf von 16·56°; bei einer Reihe von Karbonitschüssen hingegen sank der Ausschlag immer mehr, bis er im Mittel auf 15·56° blieb; andererseits zeigte ein Schuß mit Sprenggelatine, wenn er nach einer Serie von Karbonitschüssen abgegeben wurde, einen entschieden geringeren Ausschlag als sonst. Um derartige Fehler zu eliminieren, müssen Nachprüfungen mit Normalsprengstoffen ausgeführt werden. Als Normalsprengstoff geeignet wurde Trinitrotoluol befunden: das Verhältnis der Stärke dieses zur Stärke des Untersuchungssprengstoffs, gibt dann die „spezifische Stärke" ab. Hierzu bestimmt man den Ausschlag, den 10 g des Untersuchungsstoffs liefern, und versucht mit verschiedenen Mengen Trinitrotoluol, bis man diejenige findet, die denselben Ausschlag gibt. Beträgt z. B. diese Menge 7·5 g, so hat der untersuchte Sprengstoff die spezifische Stärke 7·5:10=0·75.

Wie aus der vorhergehenden Tabelle (S. 418) hervorgeht, stimmen die mit dem ballistischen Pendel gefundenen Werte nur annähernd mit den Ausbauchungswerten im Bleiblock überein; eine strenge Proportionalität zwischen den nach diesen beiden Methoden ermittelten Zahlen besteht also nicht.

VI. Sensibilität der Explosivstoffe.

Ob ein Sprengstoff praktisch verwertbar sei, hängt vor allem von seiner Empfindlichkeit ab. Sowohl die anorganische wie die organische Chemie kennt eine größere Anzahl explosiver Verbindungen, die in jeder Beziehung zu den besten Sprengstoffen gehörten, wenn ihre Anwendung nicht an der übergroßen Empfindlichkeit scheiterte (z. B. flüssiges Ozon, Chlorstickstoff, verflüssigtes Acetylen, Diazoverbindungen). Bei allen diesen Substanzen ist die Gefahr einer unbeabsichtigten Explosion so groß, daß eine praktische Anwendung derselben gänzlich ausgeschlossen ist. Andererseits gibt es auch Explosivstoffe von zu geringer Empfindlichkeit (z. B. Ammonnitrat oder feuchte Sicherheitssprengstoffe), welche in der Praxis nicht verwendbar sind, da die stärksten zur Verfügung stehenden Initialimpulse die Sprengenergie nicht mehr auszulösen vermögen. Für die Anwendung eines Sprengstoffs treten daher stets praktische Rücksichten in den Vordergrund, welche der zulässigen Sensibilität von Explosivstoffen eine Grenze sowohl nach der Seite der leichten

Auslösbarkeit, wie nach der anderen hoher Unempfindlichkeit ziehen.

Die großen Verschiedenheiten, welche unter den explosionsfähigen Substanzen in bezug auf Empfindlichkeit beobachtet werden, führt man teils auf chemische, teils auf physikalische Ursachen zurück. Besonders ist es die Wärmetönung bei der Bildung vieler Explosivstoffe, die einen entscheidenden Einfluß auf die Empfindlichkeit der Verbindung ausübt, und es ist schon lange bekannt, daß die stark endothermischen Körper gerade zu den sensibelsten Explosivstoffen gehören. Empfindlichkeit, chemische Konstitution und Wärmetönung sind offenbar in jedem Explosivstoffe miteinander verknüpft; aber die vorhandenen gesetzmäßigen Beziehungen treten nicht klar zutage, sondern werden meistens durch Einflüsse physikalischer Beschaffenheit wie Aggregatzustand, Zähigkeit, Dichte und Härtegrad, verdeckt oder wenigstens verschleiert. Die Empfindlichkeit einer Sprengmischung steht auch in keinem Verhältnis zu der Empfindlichkeit ihrer Bestandteile. So kann ein durchaus indifferenter Zusatz von Glaspulver oder Sand die Sensibilität eines Sprengstoffs gegenüber Stoß und Reibung sehr erhöhen; andererseits können Zumischungen von fetten Ölen, Paraffin, Kampfer und Wasser seine Empfindlichkeit vermindern.

Es ist nicht möglich, den Empfindlichkeitsgrad der verschiedenen Explosivstoffe absolut zu ermitteln; die üblichen Methoden beschränken sich nur darauf, die qualitativen Unterschiede zu erkennen. Bei diesem Prüfen handelt es sich um folgende Feststellungen:

1. Schlag- oder Fallhammerprobe. Die dazu benutzte Vorrichtung besteht aus einem Fallhammer, einem Ambos und einer Meßvorrichtung. Folgende Abbildung (Fig. 51) zeigt einen Fallhammer, wie er beim K. Militärversuchsamt Berlin im Gebrauch ist. Der Fallhammer, dessen Gewicht in der Regel 2 kg beträgt, fällt zwischen zwei Gleitschienen frei herab. Zur Feststellung der Fallhöhe ist an der einen Schiene ein Maßstab angebracht; das Fallgewicht selber kann mit Hilfe eines auf den Schienen verschiebbaren Verbindungsstücks und einer durch einen Druckknopf auslösbaren Klaue in beliebiger Höhe festgehalten werden. Man legt eine geringe Menge Sprengstoff mit einem Stanniolblättchen bedeckt auf den Amboß und wechselt so lange mit der Fallhöhe, bis man diejenige Höhe festgestellt hat, bei welcher der Sprengstoff gerade noch zur Explosion kommt. Dieserart erhaltene Werte sind jedoch sehr unsicher, weil die Dicke der Sprengstoffschicht und die Größe der Schlagfläche bei jedem

Versuche wechseln. Man hat daher besondere kleine Stoßapparate konstruiert, bei denen ein Stempel in eine sichere Führung leicht beweglich und in eine Vertiefung in der (auswechselbaren) Unterlage mit kleinem Spielraum eingepaßt ist. Mit gutem Erfolge hat Kast[1] folgende Form des Stempelapparates (Fig. 52) verwendet:

a ist ein Stahlring, in den zwei gut gehärtete Stahlstempel *b* genau eingepaßt sind. Der untere Stempel dient als Fuß für den Apparat, der obere mit abgerundeter Kuppe als Schlagbolzen. Die genau 0·5 qcm großen Stoßflächen sind eben geschliffen. Zwischen beide Stempel wird der Sprengstoff in dünner Schicht so eingebracht, daß die Fläche des unteren Stempels völlig bedeckt ist. Der Apparat, der mittels eines Metallringes *c* auf dem Amboß *d* festgehalten werden kann, hat den Vorzug, daß der Sprengstoff dem Stoße nicht ausweichen kann, eine reibende Wirkung möglichst ausgeschlossen

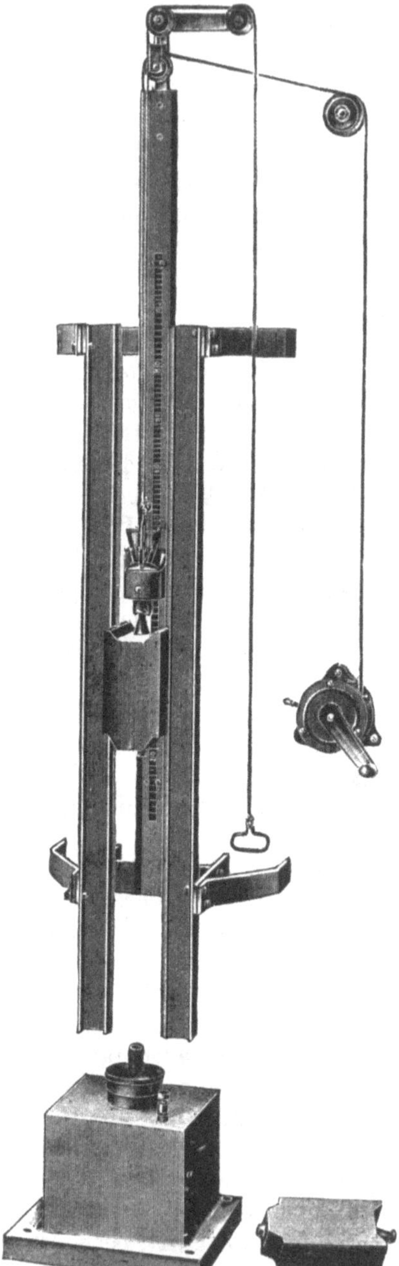

Fig. 51. Fallhammer.

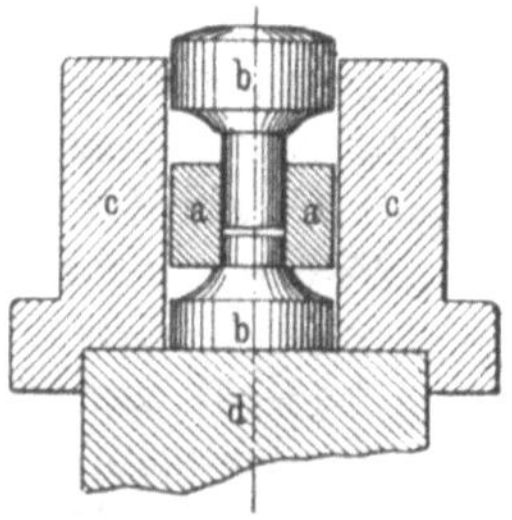

Fig. 52. Stempelapparat.

[1] Untersuchung der Spreng- und Zündstoffe. S. 1015.

ist, und feste und flüssige Sprengstoffe in jedem beliebigen Zustande geprüft werden können.

Die Proben werden gewöhnlich mit 0·04 bis 0·1 g des Sprengstoffs ausgeführt, und außer dem meistens gebräuchlichen 2 kg-Fallhammer werden solche von 0·5, 5, 10 und 20 kg benutzt. In der Regel wird jeder Sprengstoff mit einem 2-kg- und einem 10-kg-Fallhammer geprüft; während gleichzeitig dieselbe Prüfung an einem Vergleichssprengstoff, wie Pikrinsäure, Trinitrotoluol usw., durchgeführt wird. Bei jeder Fallhöhe sind 6 Versuche (jedesmal mit einer neuen Probe auszuführen) und bei jedem Versuch darf das Gewicht nur einmal fallen. Die Versuchstemperatur soll 15 bis 20° betragen. Als Empfindlichkeitsgrenze gilt diejenige Fallhöhe, von der ab in möglichst ununterbrochener Reihenfolge mindestens einmal deutliche Explosion auftritt. Über die Prüfung von Sprengstoffen auf Schlagempfindlichkeit nach der Fallhammermethode (vgl. die ausführlichen Angaben von Kast, Z. f. Sch. u. Spr. 1909, 263—265).

2. Reibungsprobe. In einem unglasierten Porzellanmörser von 10 cm innerem Durchmesser und 6 cm Höhe werden 0·05 bis 0·1 g Substanz mit unglasiertem Pistill bei gewöhnlicher Temperatur heftig gerieben. Erwärmt man die Reibschale oder fügt man dem Explosivstoffe scharfen Sand hinzu, so wird diese Prüfung verschärft. Ein brauchbarer geeigneter Apparat ist noch nicht bekannt geworden.

3. Beschußprobe. Die zu prüfende Substanz wird mit einem Gewehr auf kurze Entfernung beschossen, wobei die Dicke der durchschossenen Schicht, die Geschwindigkeit des Geschosses und andere Bedingungen vermannigfaltigt werden können. Diese Prüfung soll anzeigen, inwieweit die Sprengmittel in vorschriftsmäßiger Verpackung in größeren Mengen dem Beschusse aus Feuerwaffen gegenüber sicher sind. Zu diesem Zwecke werden die Packgefäße in der Längsrichtung mit dem Infanteriegewehr beschossen, und die Entfernung oder die Anzahl Schüsse festgestellt, bei welcher der Sprengstoff explodiert. Das Gewehr wird hierfür in einen Schießbock eingespannt und mit einer Schnur von einem Unterstande aus abgezogen. Die Art der Verpackung, ob lose oder in Patronen, die Länge der Schicht usw. spielt bei diesem Versuche eine große Rolle. Lose verpackte Sprengstoffe verhalten sich ungünstiger als in Patronen verpackte.

4. Verpuffungsprobe. Zur Bestimmung der Verpuffungstemperatur kann man sich des Horsleyschen Apparates bedienen, der im wesentlichen aus einer halbkugelförmigen, je nach Bedürfnis mit geschmolzenem Paraffin oder geschmolzenem Zinn

gefüllte eisernen Schale besteht. Neuerdings verwendet man an Stelle geschmolzenen Paraffins oder Zinns die leicht schmelzbare Woodsche Legierung. In das Metallbad werden dann kleine, in Reagenzgläsern untergebrachte Proben des Sprengstoffs eingesetzt und bis zum Zersetzungspunkt erhitzt. Ein im Militärversuchsamt verwendeter Apparat besteht aus einer eisernen Schale von 14 cm Durchmesser und 7 cm Höhe. Die Schale wird bis zu 2 cm unter den Rand mit Woodschem Metall gefüllt, und in die Mitte des Bades ein gegen Explosion geschütztes Thermometer 50 mm tief eingetaucht. Rings um das Thermometer sind in Abständen von 50 mm drei Reagenzgläser von 15 mm lichter Weite und 120 mm Länge 20 mm tief in das Bad eingetaucht. Die mit 0·5 g Sprengstoff gefüllten Probegläser werden bei 100° in das geschmolzene Metallbad eingesetzt und die Temperatur mit Hilfe eines Dreibrenners um 20° in der Minute so lange gesteigert, bis Verpuffung oder Zersetzung eintritt. Das Thermometer schützt man durch eine Metall- oder Asbesthülse, die eigene Person durch eine vor den Apparat gestellte Schutzscheibe.

Neben der Verpuffungsprobe werden gewöhnlich noch folgende Versuche angestellt: Man bringt das Bad mit der leeren Probierröhre auf die gefundene Verpuffungstemperatur und fügt nunmehr die Sprengstoffprobe hinzu, oder man stellt die Badtemperatur auf 10° über und auf 10° unter den Verpuffungspunkt ein und beobachtet jedesmal die Zeit bis zur eintretenden Verpuffung. Die Versuche werden je nach der Natur des Sprengstoffs mit 0·1 bis 0·5 g ausgeführt und zwei- bis dreimal wiederholt.

5. Verhalten gegen direkte Zündung. Man entzündet eine kleine Menge (5 bis 10 g) auf einem Eisenbleche mit einem brennenden Holzspan, eine zweite mit einem glühenden dicken Eisendrahte und eine dritte durch Einwerfen in eine rotglühende Eisenschale und beobachtet, ob der Sprengstoff langsam oder schnell verpufft. Die Probe kann verschärft werden, wenn man den Sprengstoff auf bestimmte Temperatur, z. B. auf 100 bis 200°, vorwärmt und dann erst entzündet. Schließlich wird auch noch das Verhalten eines Sprengmittels in verpacktem Zustande (Holzkisten, Blechbüchsen) inmitten eines lebhaften Feuers beobachtet.

6. Verhalten gegen eine Knallquecksilbersprengkapsel. Eine Hülse aus Zinnfolie wird mit der zu prüfenden Substanz gefüllt, in deren Mitte eine Knallquecksilberkapsel eingeführt ist, und diese gezündet. Je nach der Stärke der zur Auslösung der Explosion erforderlichen Sprengkapsel beurteilt man den

Empfindlichkeitsgrad des Explosivstoffs. Anstatt den Sprengstoff frei liegend zu prüfen, kann man ihn in einen Bleizylinder einschließen; unter diesen Umständen zeigen sich Substanzen noch als explosibel, die an freier Luft keine Zersetzung erfahren. Da die Sprengkapselwirkung als eine kombinierte Stoß- und Flammenwirkung aufgefaßt werden kann — die erstere überwiegt allerdings die zweite bedeutend —, so bildet diese Prüfung eine gleichzeitige Prüfung gegen mechanische und thermische Einflüsse.

Achter Abschnitt.

Verordnungen und Gesetzesvorschriften.

Bestimmungen

über die Prüfung von Sprengstoffen gemäß Anlage C. Ia der Eisenbahn-Verkehrsordnung.

A. Sprengmittel.

II. Organische Nitrokörper oder Gemenge von solchen,[1] und zwar:

a) in Wasser unlösliche, keine explosiven Salze bildend: Trinitrotoluol, auch im Gemenge mit Dinitrotoluol, Terpentin und höchstens $0 \cdot 5\%$ Kollodiumwolle (Plastrotyl), Trinitroxylol, Trinitromesitylen, Trinitropseudokumol, Trinitrobenzol, Trinitro-chlorbenzol, Trinitroanilin, Trinitronaphthalin, Tetranitronaphthalin, Hexanitrodiphenylamin, Tetranitromethylanilin;

b) in Wasser löslich: Pikrinsäure, Trinitrokresol, Trinitronaphthol, Tetranitronaphthol;

alle diese Stoffe a) und b) auch im Gemenge miteinander.

Prüfungsvorschriften

der deutschen Eisenbahnverwaltung.

A. Sprengmittel.

II. Organische Nitrokörper oder Gemenge aus solchen.

Als Vergleichssprengstoff für die Nitrokörper und dergl. der 1. Gruppe dient fein gepulverte Pikrinsäure vom Erstarrungspunkt

---

[1] Unter die Nitrokörper zählen nur die eigentlichen Nitroverbindungen, nicht aber die im allgemeinen weniger beständigen Säureester.

nicht unter 120°, als Vergleichssprengstoff für die Nitrokörper und dergl. der 2. und 3. Gruppe dient fein gepulvertes Tetranitromethylanilin vom Erstarrungspunkt nicht unter 124°.

Die Prüfung muß sich erstrecken auf:

1. Chemische Analyse und Identitätsreaktion (Schmelzpunkt oder dergleichen),
2. Wasserlöslichkeit und Neigung zur Salzbildung (Verhalten gegenüber Lackmuspapier),
3. Verhalten bei der Warmlagerung,
4. Verhalten bei der Zündung,
5. Verhalten gegen mechanische Einwirkung (Stoß, Schlag, Reibung).

Vorbereitung der Nitrokörper. Vor der Untersuchung werden die Körper fein gepulvert und gesiebt und anderweit gleichmäßig fein zerteilt und dann 24 Stunden lang im Vakuumexsikkator über Chlorkalzium getrocknet.

Zu 1. Schmelzpunktbestimmung. Kleine Proben sind in enge Röhren einzufüllen und unter Benutzung eines Normalthermometers zu schmelzen.

Zu 2. a) Wasserlöslichkeit. 1 g des Stoffes wird in einem mittels Glasstopfens verschlossenen Gefäße mit 100 ccm destilliertem Wasser von 15 bis 20° während $^1/_2$ Stunde wiederholt geschüttelt, alsdann wird der nichtgelöste Stoff auf einem gewogenen Filter gesammelt, getrocknet und gewogen.

b) Verhalten gegenüber Lackmuspapier. Die nach a) erhaltene Lösung wird mit empfindlichem blauem Lackmuspapier geprüft. Hierbei ist das Papier zwecks Feststellung der Rotfärbung mit Wasser abzuwaschen.

c) Neigung zur Bildung von gefährlichen Salzen.

1. Die nach a) erhaltene Lösung wird bei gewöhnlicher Temperatur mit einem entfetteten, blanken Bleiblech 24 Stunden in Berührung gelassen. Nach Entfernung der Lösung durch Abspritzen mit Wasser (nötigenfalls auch nach sanftem Abtreiben mit einem feuchten Wattebäuschchen) wird festgestellt, ob eine Einwirkung, insbesondere Salzbildung stattgefunden hat.

2. 0·5 g werden in einer Lösung von 1 g Natronhydrat in 10 ccm Wasser 5 Minuten lang geschüttelt. Das Filtrat wird mit Salzsäure übersättigt. Ein Niederschlag deutet auf Salzbildungsvermögen.

3. Die nach 2 erhaltene Lösung wird mit Essigsäure ganz

schwach angesäuert und dann mit Bleiessig versetzt. Ein etwa entstehender Niederschlag wird getrocknet und nach I zu 6 auf Empfindlichkeit geprüft.

Zu 3. Lagerung der Nitrokörper bei 75°. Wie unter 3 der Prüfungsvorschriften für Ammoniaksalpetersprengstoffe beschrieben. Falls eine wesentliche Änderung der Beschaffenheit oder des Gewichts der Nitrokörper festgestellt wird, ist nach I zu 6 zu prüfen, ob auch die Empfindlichkeit gegen mechanische Einwirkungen geändert ist. Die Vergleichssprengstoffe zeigen keine Änderung.

Zu 4. Verhalten bei der Zündung.

a) Zündversuch mit Schwarzpulverzündschnur: 3 g des pulverförmigen Sprengstoffs werden in ein gewöhnliches Reagenzglas gefüllt, durch leises Aufstoßen wird eine ebene Oberfläche hergestellt. Auf die Mitte der Probe wird dann eine 20 cm lange, langsam (1 m in 100 Sekunden) brennende Schwarzpulverzündschnur lose aufgesetzt und entzündet. Dieser Versuch wird mit jedem Sprengstoff 2mal ausgeführt. Pikrinsäure entzündet sich hierbei nicht.

b) Einwerfen von Proben in eine rotglühende Eisenschale. — Eine halbkugelförmige Schale aus 1 mm starkem Eisenblech mit 12 cm Durchmesser wird durch einen gut brennenden Dreibrenner auf einem Stativring zur Rotglut erhitzt. Man beginnt mit dem Einwerfen kleiner Proben (0·5 g) und erhöht die Menge, wenn keine Detonation erfolgt, bis zu 5 g, die auf einmal einzuwerfen sind. Der Versuch wird 2mal wiederholt. Pikrinsäure und Tetranitromethylanilin explodieren nicht.

c) Erhitzen kleiner, in Reagenzgläsern untergebrachter Proben im Woodschen Metallbad bis zum Zersetzungs-(Verpuffungs-)punkt. — Eine eiserne Schale von 14 cm Durchmesser und 7 cm Höhe wird bis 2 cm unter den Rand mit Woodschem Metall gefüllt. In die Mitte des Bades wird ein in ganze Grade eingeteiltes und gegen Explosionswirkung geschütztes Thermometer (0 bis 360°) 30 mm tief eingetaucht. Rings um das Thermometer sind in Abständen von 50 mm 3 Reagenzgläser von 15 mm lichter Weite und 120 mm Länge 20 mm tief in das Bad eingetaucht. Jedes Reagenzglas wird mit 0·2 bis 0·5 g der Probe beschickt und bei 100° in das Metallbad eingesetzt. Die Temperatur des Bades wird dann in der Minute um 20° gesteigert, bis Verpuffung erfolgt oder die Temperatur von 320° erreicht ist. Pikrinsäure entzündet sich bei etwa 300°, explodiert aber nicht. Tetranitromethylanilin entzündet sich bei 190° und bläst dabei ohne Explosion aus.

d) Abbrennen größerer in Eisenblechkästen untergebrachter Proben im Holzfeuer. — Würfelförmige Kästchen aus 1 mm starkem Eisenblech von 85 mm innerer Weite, vernietet, mit nach außen umgebörtelten 8 bis 9 mm breiten Rändern und aufschiebbarem Deckel werden mit der Probe gefüllt (Inhalt 0·5 bis 1 kg). Darauf wird der Deckel aufgehoben und durch kreuzweises Umbinden des Kästchens mit Eisendraht befestigt. Dieses wird dann in ein lebhaft brennendes Holzfeuer eingesetzt und darin mindestens 10 Minuten lang belassen. Pikrinsäure brennt lebhaft ab, explodiert aber nicht. Tetranitromethylanilin verbrennt unter Verpuffung.

Zu 5. Verhalten gegen mechanische Einwirkung.

a) Gegen Stoß und Schlag unter dem Fallhammer.

Vorbereitung der Sprengstoffe. Die Proben müssen fein zerteilt sein und — höchstens 1 cm hoch geschichtet — im Vakuumexsikkator über Chlorkalzium 24 Stunden lang vorgetrocknet werden. Die Fallhammervorrichtung besteht aus einem Fallgewicht mit Aufhängevorrichtung, zwei Schienen zur Führung des fallenden Gewichts und einem Amboß aus gehärtetem Stahl, der in eine gußeiserne, in solidem Mauerwerk verankerte Unterlage eingelassen ist. Etwa 0·05 bis 0·1 g des Sprengstoffs werden in dünner Schicht auf dem Amboß ausgebreitet und mit einem kurzen, gehärteten Stahlstempel bedeckt. Anstatt den Sprengstoff lose auf den Amboß zu legen, kann man sich auch des Stempelapparates bedienen. Vgl. Zeitschrift f. Schieß- und Sprengstoffwesen, 1906, S. 289. Jeder Sprengstoff muß mit einem 2-Kilo- und mit einem 10-Kilofallhammer geprüft werden. Bei jeder Fallhöhe sind 6 Versuche, jedesmal mit einer neuen Probe auszuführen, bei jedem Versuch darf jedes Gewicht nur einmal auffallen. Die Versuchstemperatur muß 15 bis 20° betragen. Diejenige Fallhöhe, bei welcher die Probe anfängt regelmäßig (unter 6 Versuchen 1 mal) zu detonieren (deutlicher Knall oder vollständige Verpuffung), ist für den Empfindlichkeitsgrad maßgebend. Vor jedem Versuch sind Amboß und Stempel sorgfältig zu reinigen.

b) Gegen Reibung im unglasierten Porzellanmörser.

Vorbereitung der Sprengstoffe wie unter a). Versuchsanordnung: Unglasierter Porzellanmörser von 10 cm innerem Durchmesser und 6 cm Höhe, mit unglasiertem Pistill; der Mörser ist vor dem Versuche sorgfältig zu reinigen. — Die Reibprobe wird mit je 0·05 g Substanz bei gewöhnlicher Temperatur ausgeführt. Der Versuch ist 2 mal zu wiederholen. Die Vergleichssprengstoffe bräunen sich an den Reibungsstellen, ohne zu knistern.

Muster 6.

Bezeichnung	Löslichkeit in kaltem Wasser		Schmelzpunkt °C	Reaktion der wässerigen Lösung	Neigung zur Bildung gefährlicher Salze		
	löslich %	unlöslich %			Einwirkung auf Bleiblock	Ansäuern der Lösung in Natronlauge mit Salzsäure	Prüfung der mit Essigsäure ganz schwach angesäuerten Lösung mit Bleiessig
Tetranitromethylanilin							
Versuchssprengstoff							

Muster 11.

Bezeichnung	Verhalten der Stoffe			
	bei der Schlagprobe	gegen Zündschnur	beim Einwerfen in eine glühende Eisenschale	
			Art des An- und Abbrennens	Zeitdauer vom Einwerfen bis zum Erlöschen
Pikrinsäure .				
Versuchsstoff				

Eisenbahn-Verkehrsordnung.

Vorschriften über bedingungsweise zur Beförderung zugelassene Gegenstände.

(§ 54 Abs. 2A.)

I. Explosionsgefährliche Gegenstände.

Ia. Sprengstoffe.

Zur Beförderung sind zugelassen:

A. Sprengmittel.

1. Gruppe. Handhabungssichere Sprengstoffe, die in unbeschränkten Mengen als Stückgut befördert werden dürfen.

b) Organische Nitrokörper, soweit sie bei Stoß, Reibung oder Entzündung nicht gefährlicher als reine Pikrinsäure und 48 Stunden bei 75° gelagert beständig (gewichtsbeständig) sind, und zwar:

a) In Wasser unlöslich, keine explosiven Salze bildend: Trinitrotoluol, auch im Gemenge mit Dinitrotoluol, Terpentin und höchstens 0·5% Kollodiumwolle (Plastrotyl), Trinitroxylol, Trinitromesitylen, Trinitropseudokumol, Trinitrobenzol, Trinitrochlorbenzol, Trinitroanilin, Trinitronaphthalin, Tetranitronaphthalin, Hexanitrodiphenylamin.

β) In Wasser löslich. Pikrinsäure, Trinitrokresol, Trinitronaphthol, Tetranitronaphthol, alle diese Stoffe (a und b) auch im Gemenge miteinander.

2. Gruppe. Sprengstoffe, die nur in Mengen bis zu 200 kg als Stückgut befördert werden dürfen, bei Aufgabe in größeren Mengen aber wie die Sprengstoffe der 3. Gruppe zu befördern sind.

a) Organische Nitrokörper, in Wasser unlösliche, nasse, mit einem Gehalt von mindestens 25% Wasser (75 Teile Trockenstoff und 25 Teile Wasser), soweit sie bei Stoß, Reibung oder Entzündung nicht gefährlicher als Tetranitromethylanilin und 48 Stunden bei 75° gelagert beständig (gewichtsbeständig) sind.

3. Gruppe. Sprengstoffe, die nur in Wagenladungen befördert werden dürfen.

a) Organische Nitrokörper oder Gemenge von solchen, die bei Stoß, Reibung oder Entzündung nicht gefährlicher sind als Tetranitromethylanilin und 48 Stunden bei 75° gelagert beständig (gewichtsbeständig) sind.

Beförderungsvorschriften.

A. Verpackung.

1. Gruppe der Sprengmittel.

2. Organische Nitrokörper und Gemenge aus solchen (b). Die Stoffe müssen in starke, dichte, sicher verschlossene Holzbehälter fest verpackt sein. Statt der Holzbehälter können auch sogenannte amerikanische Pappfässer verwendet werden. Die Behälter müssen die deutliche Aufschrift „Nitrokörper. 1. Gruppe" tragen. Zur Verpackung von wasserlöslichen Nitrokörpern darf kein Blei verwendet werden.

2. Gruppe der Sprengmittel.

1. Nasse organische Nitrokörper (a). Die mit Wasser angefeuchteten Nitrokörper sind in haltbare Holzbehälter mit Zinkblecheinsatz, die zwischen Deckel und oberem Rande eine Gummidichtung besitzen, zu verpacken.

Der Inhalt eines Behälters darf höchstens 25 kg betragen. Die Behälter müssen die deutliche, gedruckte oder schablonierte Aufschrift „Nasse Nitrokörper. 2. Gruppe" tragen.

3. Gruppe der Sprengmittel.

1. Organische Nitrokörper und Gemenge von solchen (a). Verpackung wie bei den organischen Nitrokörpern der 1. Gruppe (b). Die Aufschrift auf den Gefäßen hat zu lauten: „Nitrokörper. 3. Gruppe“.

B. Aufgabe.

Als Eilgut dürfen nicht aufgegeben werden: Sprengmittel der 2. und der 3. Gruppe. Die Sprengmittel der 2. Gruppe werden nur in Mengen bis zu 200 kg als Stückgut angenommen.

Für die Sprengmittel der 2. Gruppe in Mengen über 200 kg und für die Sprengmittel der 3. Gruppe, die nicht nach der Vorschrift unter A. d) verpackt sind, ist noch folgendes zu beobachten:

a) Diese Stoffe dürfen nicht nach Stationen und Bahnstrecken aufgegeben werden, wo ihre Beförderung verboten ist.

b) Die Annahme kann, wenn die Sendung nicht mit Sonderzügen befördert wird, von vornherein auf bestimmte Tage und Züge beschränkt werden. Die Bestimmung der Tage und Züge unterliegt der Genehmigung der Landesaufsichtsbehörde.

c) Die Frachtgebühren sind bei der Aufgabe zu entrichten. Mit Nachnahme belastete Sendungen sind ausgeschlossen. Die Angabe des Interesses an der Lieferung ist unzulässig.

d) Jede Sendung muß — vorbehaltlich besonderer Vereinbarungen mit der Eisenbahn im Einzelfalle — mindestens 1. Tag vor der Aufgabe unter Vorlegung einer genauen und vollständigen Abschrift des Frachtbriefes bei der Abfertigungsstelle angemeldet werden. Die Sendung darf nur zu der von der Abfertigungsstelle schriftlich bestimmten Tageszeit ausgeliefert werden.

e) Sendungen in Sonderzügen sind der Aufgabebahn mindestens 8 Tage vor der Aufgabe unter Bezeichnung der Bestimmungsstation anzumelden.

C. Bescheinigungen. Frachtbriefe.

Bei den Sprengmitteln der 1. und 2. Gruppe muß jede Sendung von einer Bescheinigung eines von der Eisenbahn anerkannten Chemikers begleitet sein, daß der Sprengstoff den Bestimmungen unter Ia der Anlage C zur Eisenbahn-Verkehrsordnung entsprechend zusammengesetzt ist und die dort vorgeschriebene Prüfung bestanden hat. Außerdem muß auf dem Frachtbriefe vom Absender unter amtlicher Beglaubigung der Unterschrift bescheinigt sein, daß die Verpackung des Sprengstoffs diesen Vorschriften entspricht.

Bei den Nitrokörpern der 1. und 3. Sprengmittelgruppe muß im Frachtbrief angegeben sein, ob sie in Wasser löslich sind.

Für die Sprengmittel der 2. Gruppe in Mengen über 200 kg und für die Sprengmittel der 3. Gruppe ist folgendes zu beachten:

a) Die Frachtbriefe dürfen keine anderen Gegenstände umfassen. Die darin enthaltene Bezeichnung des Sprengstoffs ist mit roter Tinte zu unterstreichen. Die Frachtbriefe müssen außer Anzahl, Gattung, Zeichen und Nummer der Behälter auch das Rohgewicht jedes einzelnen Behälters enthalten.

b) Auf dem Frachtbriefe muß vom Absender bescheinigt sein, daß die Beschaffenheit und Verpackung der Sprengstoffe den Vorschriften unter Ia der Anlage C zur Eisenbahn-Verkehrsordnung entspricht.

D. Beförderungsmittel.

Zur Beförderung aller Sprengstoffe müssen bedeckte Güterwagen verwendet werden.

Mit Blei ausgekleidete oder mit Blei bedeckte Wagen dürfen zur Beförderung von wasserlöslichen Nitrokörpern (1. und 3. Gruppe der Sprengmittel) nicht verwendet werden (vgl. C, Abs. 2).

Für die Sprengmittel der 2. Gruppe in Mengen über 200 kg und für die Sprengmittel der 3. Gruppe gilt folgendes:

a) Nur Wagen mit federnden Stoß- und Zugvorrichtungen, fester sicherer Bedachung, dichter Verschalung und gut schließenden Türen, möglichst ohne Bremsvorrichtung, dürfen verwendet werden.

b) Wagen, in deren Innerem eiserne Nägel, Schrauben, Muttern oder dergleichen hervorstehen, dürfen nicht verwendet werden.

c) Wagentüren und Fenster sind verschlossen zu halten und zu dichten. Papier darf hierzu nicht verwendet werden.

d) Wagen, deren Achsenlager kürzlich erneuert worden oder die demnächst zur Untersuchung in der Werkstätte bestimmt sind, dürfen nicht verwendet werden.

e) Die Sendungen müssen vor der Aufgabe- bis zur Bestimmungsstation in demselben Wagen befördert und dürfen unterwegs nur bei unabweislicher Notwendigkeit umgeladen werden.

f) Die beladenen Wagen müssen oben auf der Vorder- und Hinterwand oder an den beiden Längsseiten die deutlich sichtbare viereckige schwarze Flagge mit einem weißen „P“ tragen.

E. Verladung.

Spreng- und Schießmittel sowie explosionsfähige Stoffe der Abt. C dürfen nicht mit sprengkräftigen Zündungen (1b Ziffer 4) zusammen in demselben Wagen verladen werden.

Mit wasserlöslichen Nitrokörpern der 1. und 2. Gruppe der Sprengmittel darf Blei nicht in denselben Wagen verladen werden (vgl. C, Abs. 2).

Kleinere Sendungen von Sprengmitteln der 2. Gruppe dürfen nur in Mengen bis insgesamt 200 kg in denselben Wagen verladen werden. Die Annahme zur Beförderung kann demgemäß beschränkt werden.

Für das Verladen der Sprengmittel der 2. Gruppe in Mengen über 200 kg und der Sprengmittel der 3. Gruppe ist noch folgendes zu beachten:

a) Die Behälter müssen in den Eisenbahnwagen so fest lagern, daß sie gegen Scheuern, Rütteln, Stoßen, Umkanten und Herabfallen aus oberen Lagen gesichert sind. Insbesondere dürfen Tonnen nicht aufrecht gestellt, sie müssen vielmehr gelegt, gleichlaufend mit den Längsseiten des Wagens verladen und durch Holzunterlagen unter Haardecken gegen jede rollende Bewegung gesichert werden.

b) Die Wagen dürfen nur bis zu zwei Dritteln ihres Ladegewichts beladen werden.

c) Es dürfen nur Mengen bis zu 1000 kg mit anderen Gütern zusammen verladen werden, vorausgesetzt, daß letztere nicht leicht entzündlich sind und nicht früher als die Sprengmittel ausgeladen werden.

d) Die Sprengmittel dürfen nicht von den Güterböden oder Gütersteigen aus, sondern müssen auf möglichst abgelegenen Seitensträngen und tunlichst kurz vor Abgang des Zuges, mit dem sie befördert werden sollen, verladen werden. Das Verladen hat der Absender unter sachverständiger Aufsicht zu besorgen. Die besonderen Ladegeräte und Warnungszeichen (Decken, Flaggen u. dergl.) sind vom Absender herzugeben und werden dem Empfänger mit dem Gute ausgeliefert.

e) Unberufene sind von dem Verladungsplatze fern zu halten, und dieser ist, wenn ausnahmsweise bei Dunkelheit verladen wird, mit fest- und hochstehenden Laternen zu erleuchten, die aber nicht mit Petroleum gespeist sein dürfen.

Für die Sprengmittel der 2. Gruppe in Mengen über 200 kg und für die Sprengmittel der 3. Gruppe sowie für Schießmittel der 2. Gruppe, die nicht nach der

Vorschrift unter A. d) verpackt sind, ist noch folgendes zu beachten:

F. Vorsichtsmaßregeln in den Bahnhöfen und während der Fahrt.

Weder beim Verladen noch während der Beförderung darf in oder an den Wagen geraucht oder Feuer oder offenes Licht gehalten werden.

Vorüberfahrende Lokomotiven haben — tunlichst auch beim Begegnen auf freier Strecke — Feuertür und Aschenklappen geschlossen zu halten, auch darf das Blaserohr nicht verengt sein. Während der Vorüberfahrt muß die Verladung unterbrochen, die Wagentüren müssen verschlossen und der noch unverladene Teil der Sendung muß mit einer Decke feuersicher geschützt sein.

Beladene Wagen müssen von ihrer Lokomotive mindestens durch vier andere, nicht mit feuergefährlichen Stoffen beladene Wagen getrennt sein. Im Sinne dieser und der Bestimmung unter G, Abs. 3 sind Steinkohlen, Braunkohlen, Koks und Holz nicht feuergefährlich.

Wagen mit Sprengstoffen dürfen niemals abgestoßen werden, sind auch zum Verkuppeln mit größter Vorsicht anzuschieben.

Bei längerem Halten auf Unterwegsstationen sind die Wagen in möglichst abgelegene Nebengeleise zu fahren. Dauert der Aufenthalt voraussichtlich länger als 1 Stunde, so ist der Ortspolizeibehörde Anzeige zu machen.

G. Bestimmung der Züge und Einstellung der mit Sprengstoffen beladenen Wagen in die Züge.

Sprengstoffe dürfen niemals mit Personenzügen, mit gemischten Zügen nur da befördert werden, wo keine Güterzüge fahren.

Güterzügen und gemischten Zügen dürfen nicht mehr als 8 mit Sprengmitteln der 2. Gruppe in Mengen über 200 kg oder mit Sprengmitteln der 3. Gruppe beladene Achsen beigegeben werden. Größere Mengen dürfen nur in Sonderzügen befördert werden.

Die Wagen mit solchen Stoffen sind in die Züge möglichst entfernt von der Lokomotive, jedoch so einzureihen, daß ihnen noch drei Wagen folgen, die nicht mit leicht feuerfangenden Stoffen beladen sind. Mindestens vier solcher Wagen müssen den mit Sprengstoffen beladenen Wagen vorangehen. Diese sind unter sich und mit den vorangehenden und nachfolgenden Wagen fest zu verkuppeln; die gehörige Verbindung ist auf jeder Zwischenstation, wo der Aufenthalt es gestattet, sorgfältig zu prüfen. Vor und nach Wagen, worin loses Pulver in Mengen von höchstens 15 kg Rohgewicht oder andere Sprengstoffe in Mengen von höchstens 35 kg Rohgewicht verladen sind, ist die Einstellung besonderer Schutzwagen nicht erforderlich.

Weder an den mit Sprengstoffen beladenen, noch, wenn die Beförderung mit den gewöhnlichen Zügen erfolgt, an dem nächsten hinter und vor ihnen laufenden Wagen dürfen die Bremsen besetzt werden. Dagegen muß der am Schlusse des Zuges befindliche Wagen eine bediente Bremse haben.

H. Begleitung der Sprengstoff-Sendungen.

Bei Aufgabe mehrerer Wagenladungen ist der Absender verpflichtet, zur Bewachung der Ladung besondere Begleitung beizugeben. Die Begleiter dürfen während der Fahrt ihren Platz weder in, noch auf den beladenen Wagen nehmen.

I. Benachrichtigung der Unterwegsstationen und der an der Beförderung beteiligten Verwaltungen.

Sämtliche auf der Fahrt zu berührenden Stationen und das Personal der Züge, mit denen unterwegs gekreuzt wird oder die überholt werden, sind von Abgang und Ankunft der Sendungen rechtzeitig zu benachrichtigen, damit jeder unnötige Aufenthalt vermieden und jede Gefahr möglichst ausgeschlossen wird.

Wenn eine Sendung auf eine andere Bahn übergehen soll, so ist deren Verwaltung sobald als möglich von der Zuführung in Kenntnis zu setzen.

K. Ankunft auf der Bestimmungsstation und Auslieferung der Sendungen.

Der Empfänger muß durch die Empfangsstation im voraus, außerdem aber sofort nach Ankunft der Sendung, die Empfangsstation durch eine Vorstation unter Bezeichnung des Zuges von dem Eintreffen benachrichtigt werden. Die Übernahme hat innerhalb 3 Tagesstunden, die Entladung innerhalb weiterer 9 Tagesstunden nach Ankunft und Anmeldung zu erfolgen.

Begleitete Sendungen (vgl. H), die der Empfänger nicht innerhalb 3 Tagesstunden übernimmt, sind ohne Verzug von den Begleitern zu übernehmen.

Ist das Gut 12 Tagesstunden nach der Ankunft nicht abgefahren, so ist es ohne Verzug vom Bahnhofe zu entfernen und der Ortspolizeibehörde zu weiterer Verfügung zu übergeben. Die Übergabe von Sprengstoffen aller Art an die Ortspolizeibehörde hat auch dann — und zwar auch auf Unterwegsstationen — zu erfolgen, wenn die Sendung in einen solchen Zustand geraten ist, daß die weitere Aufbewahrung auf der Station oder die Weiterbeförderung bedenklich erscheint.

Bis zur Übernahme ist die Ladung besonders zu bewachen.

Die Sprengstoffe dürfen nicht auf den Gütersteigen oder in den Güterböden entladen und gelagert werden, sondern nur auf möglichst abgelegenen Seitensträngen oder in räumlich von den Güterböden getrennten, nicht gleichzeitig anderen Zwecken dienenden Schuppen unter Beachtung der unter E und F gegebenen Vorschriften.

(Vgl. ferner den Entwurf einer Abänderung der Polizeiverordnung, betreffend den Verkehr mit Sprengstoffen, vom 14. September 1905.)

Anhang.

Abnahmevorschrift für Trinitrotoluol.

Nach F. Langenscheidt (Zeitschr. f. Schieß- u. Sprengst. 1915).

A. Das Trinitrotoluol ist lose.

1. Es soll frei sein von den zum Umkristallisieren benutzten Lösungsmitteln, wie Alkohol, Benzol usw. 25 g Substanz werden in flacher Porzellanschale drei Stunden bei einer Temperatur von 70° getrocknet. Höhere Temperaturen sind nicht empfehlenswert, da das Trinitrotoluol verdampft resp. sublimiert.

2. Es soll möglichst frei sein von mineralischen Verunreinigungen. Obige 25 g werden portionsweise auf ein aschefreies Filter und mit heißem Benzol in Lösung gebracht. Das Filter wird mit Alkohol und dann mit Äther gewaschen und dann verascht.

3. Die Schmelze soll hellgelb und völlig blank sein. In einem zylindrischen Glasgefäß wird reines Glyzerin auf 100 bis 120° C erhitzt. Das Trinitrotoluol befindet sich in Reagenzgläsern, die man mit Hilfe eines Metalldeckels mit kreisförmigen Ausschnitten in das Glyzerinbad hängen kann. Das geschmolzene Trinitrotoluol darf nicht trübe sein und keine braune oder rötliche Färbung besitzen. Der letztere Zustand deutet auf fehlerhaftes Waschen hin.

4. Der Erstarrungspunkt soll mindestens 80° C betragen. 50 g trockenes Trinitrotoluol werden in einem geeigneten Reagenzglas, wie eben beschrieben, zum Schmelzen gebracht. In der Schmelze befindet sich ein geprüftes Thermometer, das in $^1/_{10}$

Grade geteilt ist, und zwar so, daß das Quecksilber sich möglichst in der Mitte der Schmelze befindet. Hat die Schmelze eine Temperatur von etwa 100° C erreicht, so nimmt man das Reagenzglas aus dem Bad, säubert es und befestigt es an einem Ständer in einer Klammer. Mittels eines eigens gebogenen Rührers aus dickem Kupferdraht bewegt man nun das geschmolzene Trinitrotoluol langsam, wobei das Thermometer stufenweise sinkt. Einige Grade unter dem Schmelzpunkte tritt das Erstarren ein, an dem Trübwerden der Masse erkennbar. Nun steigt das Thermometer infolge der durch die Kristallisation freiwerdenden Wärme wieder, bis es bei fortwährendem Rühren den höchsten Stand erreicht hat, den Erstarrungspunkt. Zur Bestimmung des Erstarrungspunktes genügen 50 g, es werden aber bis zu 250 g vorgeschrieben.

5. Das Trinitrotoluol soll frei sein von Säure, also von Schwefelsäure und Salpetersäure. 50 bis 100 g Trinitrotoluol werden mit 100 cm³ destilliertem Wasser etwa 10 Minuten lang unter gutem Umschütteln ausgekocht und nach gutem Abkühlen abfiltriert. Nun werden 100 cm³ des angewandten Wassers mit $^{n}/_{10}$ Natronlauge und dann das Filtrat in der gleichen Weise titriert. In den meisten Fällen wird man Neutralität feststellen.

B. Das Trinitrotoluol ist gepreßt und gegossen.

1. Das Material soll gleichmäßig sein. Hierüber gibt uns das spez. Gewicht Auskunft. Das spez. Gewicht bestimmt man am sichersten durch die Bestimmung des Gewichtsverlustes in Wasser, nicht durch Ausmessen. Wir wiegen den Körper zuerst in der Luft, wickeln dann einen dünnen Draht um denselben und stellen sein Gewicht im Wasser fest. Aus dem so erhaltenen Volumen errechnen wir das spez. Gewicht. Es liegt in der Regel zwischen 1·55 bis 1·6.

Die chemische Untersuchung vollzieht sich genau wie bei losem Trinitrotoluol. Da die Formen der hydraulischen Pressen häufig eingefettet werden, so tut man gut, die äußeren Schichten abzuschaben und nur das Innere zur weiteren Untersuchung zu nehmen.

C. Das Trinitrotoluol ist Sprengstoffkomponente.

Nicht selten kommt es vor, daß Kompositionssprengstoffe zur Begutachtung vorliegen, bei welchen es sich aber um Mischungen von Trinitrotoluol mit anderen Substanzen anorganischer oder organischer Natur handelt. Hier ist zu berücksichtigen, daß durch verschiedene Manipulationen — Extraktion, Abdampfen und dergleichen mehr — sich die chemischen Eigenschaften der Komponenten manchmal etwas verschieben. In solchen Fällen sind stets

Korrektionen oder Konzessionen zugunsten des Sprengstoffes nur recht und billig. Längeres Erhitzen setzt den Erstarrungspunkt des Trinitrotoluols immer um einige Zehntel Grade herunter, so daß es gerechtfertigt erscheint, Proben vor dem Mischungsprozeß zu entnehmen und auch diese mit in den Kreis der Untersuchung zu ziehen. Dies sollte regelmäßig ausgeführt werden, wenn es sich um Sprengstoffe handelt, welche nach dem Pressen mit einem Paraffinüberzug oder mittels des galvanischen Stromes mit Metallüberzügen versehen werden. Sowohl das Paraffin wie die beim Galvanisieren verwandten Hilfsmaterialien dringen den Druckflächen entlang gern bis in das Innere des Sprengstoffes, sind nachher schwer wieder zu entfernen und drücken die chemischen Eigenschaften der isolierten Komponenten zu deren Ungunsten herab.

Literatur.

Beilstein, Handbuch der organischen Chemie.

Berthelot, Sur la force des matières explosives d'après la thermochimie. Paris 1883.

C. E. Bichel, Untersuchungsmethoden für Sprengstoffe. Berlin 1902 und 1913.

C. E. Bichel, Sprengstoffmessungen unter Berücksichtigung des zeitlichen Verlaufs der Explosion. Sonderdruck aus der „Zeitschrift für das gesamte Schieß- und Sprengstoffwesen". 1908.

R. Biedermann, Die Sprengstoffe, ihre Chemie und Technologie. Leipzig 1910.

H. Blücher, Auskunftsbuch für die chemische Industrie. Berlin 1913.

H. Brunswig, Explosivstoffe. Leipzig 1909.

H. Brunswig, Die Explosivstoffe. Einführung in die Chemie der explosiven Vorgänge. Leipzig 1914. (Sammlung Göschen.)

Paul F. Chalon, Les Explosifs modernes. Paris et Liège 1911.

J. Daniel, Dictionnaire des matières explosives. Paris 1902.

L. Gody, Traité théorique et pratique des matières explosives. Namur 1907.

O. Guttmann, Schieß- und Sprengmittel. Braunschweig 1900.

O. Guttmann, Die Industrie der Explosivstoffe. Braunschweig 1895.

C. Haeussermann, Sprengstoffe und Zündwaren. Stuttgart 1894.

H. Kast, Anleitung zur chemischen und physikalischen Untersuchung der Spreng- und Zündstoffe. Braunschweig 1909.

Lassar-Cohn, Arbeitsmethoden. Hamburg und Leipzig 1903.

G. Lunge, Chemisch-technische Untersuchungsmethoden. Berlin 1911.

G. Lunge und E. Berl, Taschenbuch für die anorganisch-chemische Großindustrie. Berlin 1913.

J. de Macar et S. Delattre, Les Explosifs militaires violents. Liège 1909.

Meyer und Jacobson, Lehrbuch der organischen Chemie. Leipzig 1902.

E. Molinari et E. Quartieri, Notices sur les Explosifs en Italie. Milan 1913.

O. Poppenberg, Explosivstoffe. Berlin und Leipzig 1913. (Technik des Kriegswesens.)

Rheinisch-Westfälische Sprengstoff-A.-G., Bleiazid. 1913.

Gerald Sanford, J. Daniel, Explosifs nitrés. Paris 1898.

L. Spiegel, Der Stickstoff. Braunschweig 1903.

L. Vennin et G. Chesneau, Les Poudres et Explosifs. Paris et Liège 1914.

E. M. Weaver, Notes on Military Explosives. New York 1912.

Annalen der Chemie.

Berichte der deutschen chemischen Gesellschaft. Berlin.

Zeitschrift für das gesamte Schieß- und Sprengstoffwesen. München.

Meyers Jahrbuch der Chemie.

Mémorial des Poudres et Salpêtres. Paris.

Chemikerzeitung. Cöthen.

Zeitschrift für angewandte Chemie. Leipzig.

Zeitschrift für physikalische Chemie. Leipzig.

Die chemische Industrie. Berlin.

Patente.

Autorenregister.

Sachregister.

FSC
www.fsc.org
MIX
Papier | Fördert
gute Waldnutzung
FSC® C083411

Kolibri 360 GmbH
Ferdinand-Jühlke-Straße 7
99095 Erfurt, Deutschland
produktsicherheit@kolibri360.de